T20-Elec V10.0 天正电气软件标准教程

麓山文化　编著

本书是介绍 T20-Elec V10.0 天正电气软件的项目实战型案例教程，全书通过大量工程案例，深入讲解了该软件的各项功能及其在建筑电气设计中的应用。

本书共 11 章，按照建筑电气设计的流程，系统、全面地讲解了 T20-Elec V10.0 天正电气软件的基本功能和相关应用。第 1 章首先介绍了建筑电气施工图和建筑电气设计基础，然后介绍了 T20-Elec V10.0 的初始设置和用户界面等软件基本知识；第 2 ~ 9 章按照电气施工图的绘制流程，全面、系统地介绍了 T20-Elec V10.0 的各项功能，内容包括平面图、系统图、电气计算、文字与表格、尺寸与符号标注、绘图工具、文件布图和图库图层；第 10 和 11 章详细讲解了综合运用 T20-Elec V10.0 绘制住宅楼和写字楼两套电气设计图的方法。

本书配套资源（扫描封四二维码即可获取）中除提供了全书所有实例的 DWG 源文件外，还包含了全书案例的教学视频。通过这些生动的讲解，可以大大提高读者学习的兴趣和效率。

本书采用案例式编写模式，实战性强，特别适合自学，以及作为高等院校相关专业的教学用书，也可以作为建筑电气设计人员的参考资料。

图书在版编目（CIP）数据

T20-Elec V10.0 天正电气软件标准教程 / 麓山文化编著. -- 北京：机械工业出版社，2025. 2. -- ISBN 978-7-111-77351-1

Ⅰ. TU85-39

中国国家版本馆 CIP 数据核字第 202512SU00 号

机械工业出版社（北京市百万庄大街 22 号　邮政编码 100037）

策划编辑：黄丽梅　　责任编辑：黄丽梅　王　珑

责任校对：潘　蕊　李小宝　　封面设计：马精明

责任印制：任维东

北京中兴印刷有限公司印刷

2025 年 4 月第 1 版第 1 次印刷

184mm × 260mm · 26.75 印张 · 676 千字

标准书号：ISBN 978-7-111-77351-1

定价：99.00 元

电话服务　　网络服务

客服电话：010-88361066　　机　工　官　网：www.cmpbook.com

010-88379833　　机　工　官　博：weibo.com/cmp1952

010-68326294　　金　书　网：www.golden-book.com

封底无防伪标均为盗版　　机工教育服务网：www.cmpedu.com

前　言

天正公司从 1994 年开始在 AutoCAD 图形平台上开发了一系列建筑、暖通、电气等专业软件，这些软件（特别是建筑软件）应用非常广泛，深受中国建筑设计师喜爱。在我国的建筑设计领域，天正系列软件的影响力可以说无所不在。

近十年来，天正系列软件不断推陈出新，T20-Elec V10.0 是天正公司利用 AutoCAD 图形平台开发的新一代电气软件，其以先进的图形对象理念服务于建筑电气设计，已成为 AutoCAD 电气制图常用的软件之一。

本书内容

本书共 11 章，按照建筑电气设计的流程，系统、全面地讲解了 T20-Elec V10.0 天正电气软件的基本功能和相关应用。

第 1 章首先介绍了建筑电气施工图和建筑电气设计基础，然后介绍了 T20-Elec V10.0 的初始设置和用户界面等软件基本知识。

第 2~9 章按照电气施工图的绘制流程，全面、系统地介绍了 T20-Elec V10.0 的各项功能，内容包括平面图、系统图、电气计算、文字与表格、尺寸与符号标注、绘图工具、文件布图和图库图层。在讲解各功能模块时，全部采用了“功能说明 + 举例”的案例教学模式，可以帮助读者在动手操作过程中深入地理解和掌握各模块的功能。

第 10 和 11 章详细讲解了综合运用 T20-Elec V10.0 绘制住宅楼和写字楼两套电气设计图的方法。

本书特点

内容丰富 讲解深入	本书全面、深入地讲解了 T20-Elec V10.0 天正电气软件的各项功能，包括平面图、系统图、电气计算、文字与表格、尺寸与符号标注等，确保读者可轻松绘制各类电气施工图
项目实战 案例教学	本书采用项目实战的编写模式，可让读者不仅了解各项功能，还能练习和掌握其具体操作方法
专家编著 经验丰富	本书的编者具有丰富的教学和写作经验，具有先进的教学理念、富有创意和特色的教学设计以及富有启发性的教学方法
边讲边练 快速精通	本书几乎每个知识点都配有相应的实例，这些经过编者精挑细选的实例具有重要的参考价值，使读者可以边做边学，从新手快速成长为高手
视频教学 学习轻松	本书配套资源收录了全书实例的高清教学视频，使读者不但可以享受专家课堂式的讲解，还能大大提高学习兴趣和效率

配套资源二维码：

本书编者

本书由麓山文化编著，由于编者水平有限，书中难免存在错误和疏漏之处。在感谢您选择本书的同时，也希望您能够把对本书的意见和建议告诉我们。

读者服务邮箱：lushanbook@qq.com

读 者 QQ 群：368426081

编　者

目　录

第 1 章 T20-Elec V10.0 概述

● 本章导读

T20-Elec V10.0 是天正公司最新研发的电气设计软件，其以 AutoCAD 2024 为平台，应用于专业电气设计图样的绘制。

新版本的 T20-Elec V10.0 与旧版本相比，不但强化了某些绘图功能，而且删除了旧版本中一些冗余的功能，既净化了软件系统，又提高了软件的运行效率。

本章将介绍新版本 T20-Elec V10.0 的应用知识以及建筑电气设计的基础知识。

● 本章重点

◈ 建筑电气施工图的识读

◈ 建筑电气设计基础

◈ T20-Elec V10.0 初始设置

◈ T20-Elec V10.0 用户界面

◈ T20-Elec V10.0 新功能

1.1 建筑电气施工图的识读

本节将介绍电气施工图的识读步骤，摘录建筑电气制图标准中的制图规范供读者参考。此外，还将介绍相关的电气知识，如建筑电气设计基础等。

1.1.1 电气平面图

建筑电气平面图主要用来表达某一电气工程中电气设备、装置和线路的平面布置，一般在建筑平面图的基础上绘制。

电气平面图包含的内容有：

- 配电线路的方向、相互连接关系；
- 线路编号、敷设方式及规格型号等；
- 各种电器的位置、安装方式；
- 各种电气设施进口线的位置及接地保护点等。

图 1-1 所示为绘制完成的电气平面图。

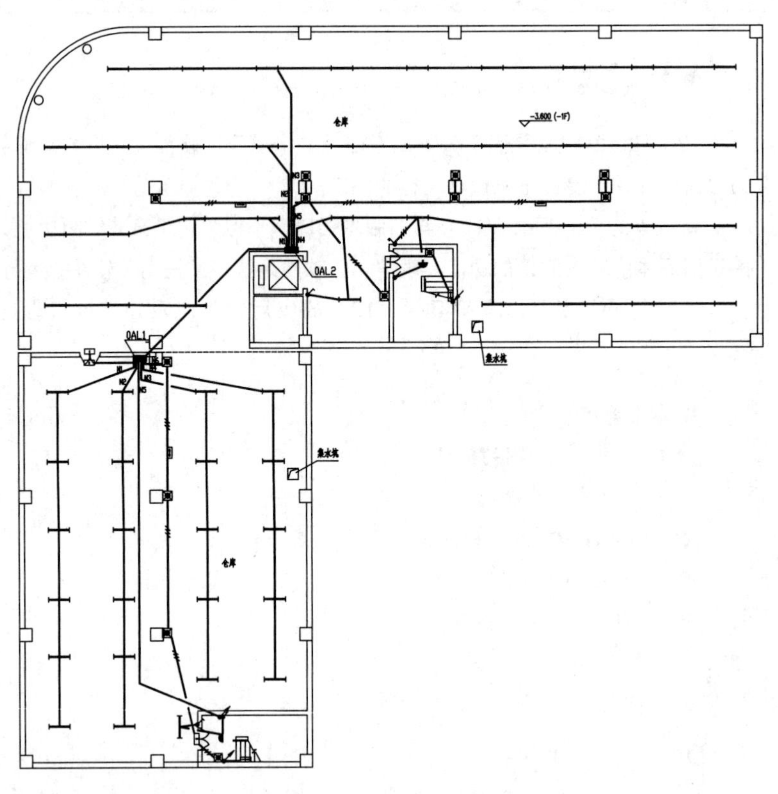

图 1-1　电气平面图

1.1.2 电气系统图

电气系统图是表现建筑室内外电力、照明及其他电器的供电与配电的图样。图 1-2 所示为绘制完成的电气系统图。

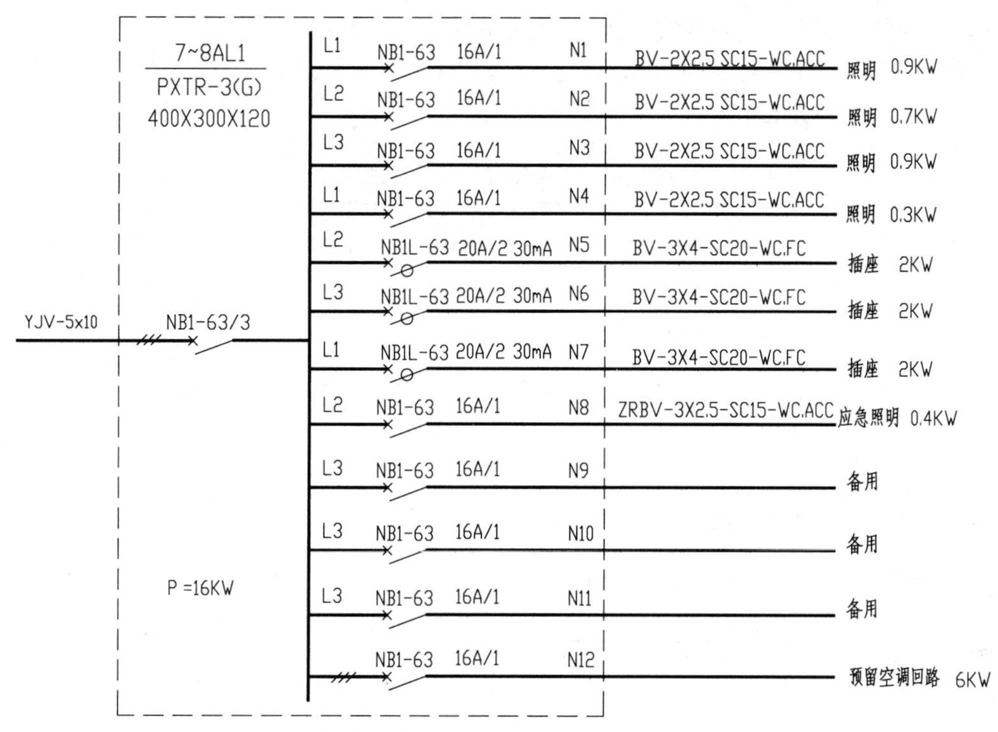

图 1-2　电气系统图

1.1.3　电气施工图的识图步骤

(01) 查看施工图集中的设计说明，了解建筑电气的设计思路。

(02) 查看图纸目录，了解图纸的张数及类型。

(03) 在查看电气平面图时，可结合规格表和电气符号图表了解图样内容，读懂图样中电气符号的意义。

(04) 在读电气平面图时，应按照房间的顺序有次序地阅读，了解线路的走向、设备的安装位置等。

(05) 电气平面图应与电气系统图一起对照阅读，弄清楚图样中所表达的意思。

1.1.4　建筑电气制图标准

1. 图线

建筑电气专业的图线宽度（*b*）应根据图纸的类型、比例和复杂程度，按现行国家标准《房屋建筑制图统一标准》(GB/T 50001—2017）的规定选用，并宜设置为 0.5mm、0.7mm、1.0mm。

电气总平面图和电气平面图宜采用三种以上的线宽绘制，其他图样宜采用两种及以上的线宽绘制。

在同一张图纸内，相同比例的各图样宜选用相同的线宽组。

在同一个图样内，各种不同线宽组中的细线可统一采用线宽组中较细的细线。

建筑电气专业常用的制图图线、线型及线宽可按表 1-1 选用。

图样中可使用自定义的图线和线型（应在设计文件中明确说明）。自定义的图线、线型不应与国家现行的有关标准相矛盾。

表 1-1 制图图线、线型及线宽

图线名称		线型	线宽	一般用途
实线	粗		b	本专业设备之间电气通路连接线、本专业设备可见轮廓线、图形符号轮廓线
	中粗		0.7b	
			0.7b	本专业设备可见轮廓线、图形符号轮廓线、方框线、建筑物可见轮廓线
	中		0.5b	
	细		0.25b	非本专业设备可见轮廓线、建筑物可见轮廓线，尺寸、标高、角度等标注线及引出线
虚线	粗		b	本专业设备之间电气通路不可见连接线，线路改造中原有线路
	中粗		0.7b	
			0.7b	本专业设备不可见轮廓线、地下电缆沟、排管区、隧道、屏蔽线、连锁线
	中		0.5b	
	细		0.25b	非本专业设备不可见轮廓线及地下管沟、建筑物不可见轮廓线等
波浪线	粗		b	本专业软管、软护套保护的电气通路连接线、蛇形敷设线缆
	中粗		0.7b	
点画线			0.25b	定位轴线、中心线、对称线，结构、功能、单元相同围框线
双点画线			0.25b	辅助围框线、假想或工艺设备轮廓线
折断线			0.25b	断开界线

2. 比例

电气总平面图、电气平面图的制图比例宜与工程项目设计的主导专业一致，制图比例可按表 1-2 选用，并应优先选用常用比例。

电气总平面图、电气平面图应按比例制图，并应在图样中注明制图比例。

一个图样宜选用一种比例绘制，选用两种比例绘制时应做说明。

表 1-2 制图比例

序号	图名	常用比例	可用比例
1	电气总平面图、规划图	1∶500、1∶1000、1∶2000	1∶300、1∶5000
2	电气平面图	1∶50、1∶100、1∶150	1∶200
3	电气竖井、设备间、电信间、变配电室等的平面图和剖面图	1∶20、1∶50、1∶100	1∶25、1∶150
4	电气详图、电气大样图	10∶1、5∶1、2∶1、1∶1、1∶2、1∶5、1∶10、1∶20	4∶1、1∶25、1∶50

3. 编号和参照代号

当同一类型或同一系统的电气设备、线路（回路）、元器件等的数量大于或等于 2 时，应进行编号。

当电气设备的图形符号在图样中不能清晰地表达其信息时，应在其图形符号附近标注参照代号。

编号宜选用 1、2、3……数字顺序排列。

参照代号采用字母代码标注时，参照代号宜由前缀符号、字母代码和数字组成。当采用参照代号标注不会引起混淆时，参照代号的前缀符号可省略。

由于参照代号数量较多，在本书中不能一一举例，详情请参阅《建筑电气制图标准》（GB/T 50786—2012）。

参照代号可表示项目的数量、安装位置、方案等信息。参照代号的编制规则应该在设计文件里说明。

1.1.5 图形符号

图形符号摘录如下。

1. 灯具图例

在绘制电气施工图时，灯具图例可按表 1-3 选用。

表 1-3　灯具图例

名称	图例	名称	图例
单管荧光灯		五管荧光灯	5
安全出口指示灯	E	格栅顶灯	
自带电源事故照明灯		聚光灯	
普通灯		壁灯	
半嵌入式吸顶灯		荧光花吊灯	
安装插座灯		嵌入筒灯	
顶棚灯		局部照明灯	

2. 开关图例

在绘制电气施工图时，开关图例可按表 1-4 选用。

表 1-4　开关图例

名称	图例	名称	图例
开关		双联开关	
三联开关		四联开关	
防爆单极开关		具有指示灯的开关	
双控开关		定时开关	
限制接近按钮		按钮	
延时开关	t	钥匙开关	
中间开关		定时器	T

3. 插座图例

在绘制电气施工图时，插座图例可按表 1-5 选用。

表 1-5　插座图例

名称	图例	名称	图例
电视插座	TV	电话插座	TP
网络插座	TD	双联插座	2
安装插座		密闭插座	
空调插座	K	插座箱	
单相插座	1P	单相暗敷插座	1C
单相防爆插座	1EX	带保护点的插座	
密闭单相插座		带联锁的开关	
带熔断器的插座		地面插座盒	
风扇		轴流风扇	

4. 动力设备图例

在绘制电气施工图时，动力设备图例可按表 1-6 选用。

表 1-6　动力设备图例

名称	图例	名称	图例
电热水器		280° 防火阀	280°
接地		配电屏	A
接线盒		电铃	
信号板、箱、屏		电阻箱	
电磁阀		直流电焊机	
直流发电机	G	交流发电机	M ~
电磁阀		小时计	h
电度表	Wh	钟	
电阻加热装置		电锁	
管道泵		风机盘管	±
分体式空调器（空调器）	AC	分体式空调器（冷凝器）	AF
整流器		桥式全波整流器	
电动机起动器		变压器	
调节起动器		风扇	

5. 箱柜设备图例

在绘制电气施工图时，箱柜设备图例可按表 1-7 选用。

表 1-7　箱柜设备图例

名称	图例	名称	图例
屏、箱、台、柜		动力照明配电箱	
信号板、箱、屏		电源自动切换箱	
自动开关箱		刀开关箱	
带熔断器的刀开关箱		照明配电箱	
熔断器箱		组合开关箱	
事故照明配电箱		多种电源配电箱	
直流配电盘		交流配电盘	
电度表箱		鼓形控制器	

6. 消防设备图例

在绘制电气施工图时，消防设备图例可按表 1-8 选用。

表 1-8　消防设备图例

名称	图例	名称	图例
感温探测器		感烟探测器	
感光探测器		气体探测器	
感烟感温探测器		定温探测器	
消火栓起泵按钮		报警电话	
手动报警装置		火灾警铃	
火灾警报扬声器		水流指示器	
防火阀 70 度		湿式自动报警阀	
集中型火灾报警控制器	C	区域型火灾报警控制器	Z
输入输出模块	I/O	电源模块	P
电信模块	T	模块箱	M
火灾电话插孔		水流指示器（组）	L
信号阀		雨淋报警阀（组）	
室外消火栓		室内消火栓（单口、系统）	
火灾报警装置		增压送风口	

7. 广播设备图例

在绘制电气施工图时，广播设备图例可按表 1-9 选用。

表 1-9　广播设备图例

名称	图例	名称	图例
传声器		扬声器	
报警扬声器		扬声器箱	
带录音机		放大器	
无线电接收机		音量控制器	
播放机		音箱	
有线广播台		静电式传声器	
监听器		传声器插座	M

8. 电话设备图例

在绘制电气施工图时，电话设备图例可按表 1-10 选用。

表 1-10　电话设备图例

名称	图例	名称	图例
有线终端站		警卫电话站	
电话机		带扬声器电话机	
人工交换机		扩音对讲设备	
功放单元		警卫信号总报警器	
放大器		电视	
带阻滤波器		有线转接站	
均衡器		卫星接收天线	

9. 电气线路线型符号

在绘制电气施工图时，电气线路线型符号可按表 1-11 选用。

表 1-11 电气线路线型符号

序号	线型符号		说明
1	S	——S——	信号线路
2	C	——C——	控制线路
3	EL	——EL——	应急照明线路
4	PE	——PE——	保护接地线
5	E	——E——	接地线
6	LP	——LP——	接闪现、接闪带、接闪网
7	TP	——TP——	电话线路
8	TD	——TD——	数据线路
9	TV	——TV——	有线电视线路
10	BC	——BC——	广播线路
11	V	——V——	视频线路
12	GCS	——GCS——	综合布线系统线路
13	F	——F——	消防电话线路
14	D	——D——	50V 以下的电源线路
15	DC	——DC——	直流电源线路

10. 电气设备标注方式

在绘制电气施工图时，电气设备标注方式可按表 1-12 选用。

表 1-12　电气设备标注方式

序号	标注方式	说明
1	$\frac{a}{b}$	用电设备标注 a—参照代号；b—额定容量（kW 或 kVA）
2	-a+b/c	系统图电气箱（柜、屏）标注 a—参照代号；b—位置信息；c—型号
3	-a	平面图电气箱（柜、屏）标注 a—参照代号
4	$a-b\frac{cXdXl}{e}f$	灯具标注 a—数量；b—型号；c—每盏灯具的光源数量； d—光源安装容量；e—安装高度（m）；l—光源种类；f—安装方式； “—”（a、b 间连线）—吸顶安装
5	$\frac{aXb}{c}$	电缆梯架、托盘和槽盒标注 a—宽度（mm）；b—高度（mm）；c—安装高度（m）
6	a/b/c	光缆标注 a—型号；b—光纤芯数；c—长度
7	a-b(cX2Xd)e-f	电话线缆的标注 a—参照代号；b—型号；c—导体对数； d—导体直径（mm）；e—敷设方式和管径（mm）； f—敷设部位

11. 文字符号

图样中线缆敷设方式、敷设部位和灯具安装方式的标注可选用表 1-13 中的文字符号。

表 1-13　文字符号

序号	名称	文字符号
1	穿低压流体输送到用焊接钢管（钢导管）敷设	SC
2	穿普通碳素钢电线套管敷设	MT
3	穿可挠金属电线保护套管敷设	CP
4	穿硬塑料导管敷设	PC
5	穿阻燃半硬塑料导管敷设	FPC
6	穿塑料波纹电线管敷设	KPC
7	电缆托盘敷设	CT
8	电缆梯架敷设	CL
9	金属槽盒敷设	MR
10	塑料槽盒敷设	PR
11	钢索敷设	M
12	直埋敷设	DB
13	电缆沟敷设	TC
14	电缆排管敷设	CE

12. 线缆敷设部位文字符号

在绘制电气施工图时，线缆敷设部位标注的文字符号可按表 1-14 中的选用。

表 1-14　线缆敷设部位标注的文字符号

序号	名称	文字符号
1	沿梁或跨梁（屋架）敷设	AB
2	沿柱或跨柱敷设	AC
3	沿吊顶或顶板面敷设	CE
4	吊顶内敷设	SCE
5	沿墙面敷设	WS
6	沿屋面敷设	RS
7	暗敷设在顶板内	CC
8	暗敷设在梁内	BC
9	暗敷设在柱内	CLC
10	暗敷设在墙内	WC
11	暗敷设在地板或地面下	FC

1.2 建筑电气设计基础

给水排水设备、暖通设备、电气设备是建筑中必不可少的附属设备，可为人们日常的生产生活提供便利。本节将介绍建筑电气设计的基础知识，包括常见的电气系统（如强电系统、弱电系统、建筑防雷系统）的含义以及绝缘导线与电缆的表示方法。

1.2.1 强电系统

在电力系统中，36V 以下的电压称为安全电压，1kV 以下的电压称为低压，1kV 以上的电压称为高压。

直接供电给用户的线路称为配电线路。如果用户电压为 380/220V，则称为低压配电线路，也就是家庭装修中所说的强电（因为是家庭电气系统中的最高电压）。

强电一般是指交流电电压在 24V 以上，如家庭中的电灯和插座等，电压为 110~220V。家用电器中的照明灯具、电热水器、取暖器、冰箱、电视机、空调、音响设备等均为强电电气设备。

1.2.2 弱电系统

弱电系统一般是指直流电路或音频线路、视频线路、网络线路、电话线路，直流电压一般在 24V 以内。

弱电系统主要包括以下几个方面。

1. 电话通信系统

电话通信系统可以实现电话（包括三类传真机、可视电话等）的通信功能，为星形拓扑结构，使用三类（或以上）非屏蔽双绞线，传输信号的频率在音频范围内。

2. 计算机局域网系统

计算机局域网系统可为实现办公自动化及各种数据传输提供网络支持，为星形拓扑结构，使用五类（或以上）非屏蔽双绞线传输数字信号，传输速率可达 100Mb/s 以上。

3. 音乐 / 广播系统

音乐 / 广播系统可通过安装在现场（如商场、车站、餐厅、客房、走廊等处）的扬声器播放音乐，还可以通过传声器对现场进行广播。多路总线结构传输由功率放大器输出的定压 120V/120Ω 的音频信号通过驱动现场的扬声器来发声，传输线路需要使用铜芯绝缘导线。

4. 有线电视信号分配系统

有线电视信号分配系统可将有线电视信号均匀地分配到楼内各个用户点，采用分支器、分配器进行信号分配。为了减小信号失真和衰减，使各用户点信号质量达到规定的要求，其布线为树形结构，并且随着建筑物的形式及用户点的分布不同而不同。该系统使用 75Ω 射频同轴电缆传输多路射频信号。

5. 保安监控系统

保安监控系统可通过安装在现场的摄像机、防盗探测器等设备，对建筑物的各个出入口和一些重要场所进行监视和异常情况报警等。视频信号的传输采用星形结构，使用视频同轴电缆，控制信号的传输采用总线结构，传输线路使用铜芯绝缘导线。

6. 消防报警系统

该系统由火灾报警及消防联动系统、消防广播系统、火警对讲电话系统等几部分组成。

火灾报警及消防联动系统是通过设置在楼内各处的火灾探测器、手动报警装置等对现场情况进行监测，当有报警信号时，根据接收到的信号，按照事先设定的程序联动相应设备，用以控制火势蔓延。其信号传输采用多路总线结构，但对于重要消防设备（如消防泵、喷淋泵、正压风机、排烟风机等）的联动信号传输有时采用星形结构来控制。信号的传输使用铜芯绝缘导线（有的产品要求使用双绞线）。

消防广播系统用于在发生火灾时指挥现场人员安全疏散，采用多路总线结构，信号传输使用铜芯绝缘导线（该系统可与音乐 / 广播系统合用）。

火警对讲电话系统用于指挥现场消防人员进行灭火工作，采用星形和总线型两种结构，信号传输使用屏蔽线。

1.2.3 建筑物防雷系统

建筑物应根据其重要性、使用性质、发生雷电事故的可能性和后果安装防雷系统。建筑物按防雷要求分为三类。

第一类防雷建筑物：

1）制造、使用或储存炸药、火药、起爆药、化工品等大量爆炸物质的建筑物。这类建筑物会因电火花而引起爆炸，造成巨大破坏和人身伤亡。

2）具有 0 区或 10 区爆炸危险环境的建筑物。

3）具有 1 区爆炸危险环境的建筑物。这类建筑物会因电火花而引起爆炸，造成巨大破坏和人身伤亡。

第二类防雷建筑物：

1）储存国家级重点文物的建筑物。

2）国家级的会堂、办公建筑物、大型展览馆和博物馆、火车站、国宾馆、国家级档案馆、大型城市的重要给水水泵房等一些特别重要的建筑物。

3）国家级计算中心、国际通信枢纽等对国民经济有重要意义且装有大量电子设备的建筑物。

第三类防雷建筑物：

1）省级重点文物所在的建筑物及省级档案馆。

2）预计雷击次数大于或等于 0.01 次 /a，且小于或等于 0.05 次 /a 的部、省级办公建筑物和其他重要或人员密集的公共建筑物，以及火灾危险场所。

3）预计雷击次数大于或等于 0.05 次 /a，且小于或等于 0.25 次 /a 的住宅、办公楼等一般性民用建筑物或一般性工业建筑物。

各类建筑物的防雷措施简介如下。

1. 第一类防雷建筑物的防雷措施

1）应安装独立避雷针或架空避雷线（网），使被保护的建筑物及风帽、放散管等突出屋面的物体均处于接闪器的保护范围内。架空避雷网的网格尺寸不应大于 5m×5m 或 6m×4m。

2）排放爆炸危险气体、蒸气或粉尘的放散管、呼吸阀、排风管等管口，其管口外以下的空间应处于接闪器的保护范围内。当无管帽时，应设置管口上方半径为 5m 的半球体。接闪器与雷电的接触点应设在上述空间之外。

3）排放爆炸危险气体、蒸气或粉尘的放散管、呼吸阀、排风管等，排放物达不到爆炸浓度、长期点火燃烧、一排放就点火燃烧及发生事故时排放物才达到爆炸浓度的通风管、安全阀、接闪器的保护范围仅保护到管帽，无管帽时可只保护到管口。

2. 第二类防雷建筑物的防雷措施

1）金属物体可以不装接闪器，但应和屋面防雷装置相连接。

2）在屋面接闪器保护范围之外的非金属物体应装接闪器，并和屋面防雷装置相连接。

3）引下线不应少于两根，并且应该沿建筑物四周均匀或对称布置，其间距不应大于 18m。当利用建筑物四周的钢柱或柱子钢筋作为引下线时，可按跨度设置引下线，但引下线的平均间距不应大于 18m。

3. 第三类防雷建筑物的防雷措施

1）第三类防雷建筑物预防直击雷的措施适宜采用装设在建筑物上的避雷网（带）或避雷针，或者是由这两种混合组成的接闪器。避雷网（带）应沿屋角、屋脊、屋檐和檐角等易受雷

击的部位敷设，并在整个屋面组成不大于 20m × 20m 或 24m × l6m 的网格。

2）平屋面的建筑物，当其宽度不大于 20m 时，可只沿屋面敷设一圈避雷带。

3）每根引下线的冲击接地的电阻不宜大于 30Ω，其接地装置宜与电气设备等接地装置共用。防雷的接地装置适宜与埋地金属管道相连，当不共用、不相连时，两者在地中的距离不应小于 2m。

1.2.4 绝缘导线与电缆的表示

在电气管道的敷设中，导线和电缆是必不可少的。由于导线和电缆的型号很多，所以在电气设计中，一般有指定的型号来定义相对应的导线或电缆。认识并了解导线和电缆的表示方法，可以为读懂电气图或者购买电气设备提供方便。

1. 绝缘导线

低压供电线路及电气设备的连接线多采用绝缘导线。绝缘导线按绝缘材料分为橡胶绝缘导线与塑料绝缘导线，按线芯材料分为铜芯和铝芯，其中还有单芯和多芯的区别。导线的标准截面面积有 0.2mm^2、0.3mm^2、0.4mm^2、0.5mm^2 等。

在表 1-15 中列出了常见绝缘导线的型号、名称以及用途。

表 1-15　常见绝缘导线的型号、名称以及用途

型号	名称	用途
BXF（BLXF）	氯丁橡胶铜（铝）芯线	适用于交流 500V 以下、直流 1000V 及以下的电气设备和照明设备使用
BX（BLX）	橡胶铜（铝）芯线	
BXR	铜芯橡胶软线	
BV（BLV）	聚氯乙烯铜（铝）芯线	适用于各种设备、动力、照明线路的固定敷设
BVR	聚氯乙烯铜芯软线	
BVV（BLVV）	铜（铝）芯聚氯乙烯绝缘和护套线	
RVB	铜芯聚氯乙烯平行软线	适用于各种交直流电器、电工仪器、小型电动工具、家用电器装置的连接
RVS	铜芯聚氯乙烯绞型软线	
RV	铜芯聚氯乙烯软线	
RX，RXS	铜芯、橡胶棉纱编制软线	

注：B—绝缘电线，平行；R—软线；V—聚氯乙烯绝缘，聚氯乙烯护套；X—橡胶绝缘；L—铝芯（铜芯不予表示）；S—双绞；XF—氯丁橡胶绝缘。

2. 电缆

电缆按用途可以分为电力电缆、通用电缆、专业电缆、通信电缆、控制电缆和信号电缆等，按绝缘材料可分为纸绝缘材料电缆、橡胶绝缘材料电缆和塑料绝缘材料电缆等。电缆的结构主要有三个部分，即线芯、绝缘层和保护层，保护层又分为内保护层和外保护层。

根据电缆的型号可辨别出电缆的结构、特点和用途。

在表 1-16 中列出了电缆型号字母代号。

表 1-16　电缆型号字母代号

类　别	绝缘材料种类	线芯材料	内保护层	其他特征	外保护层
电力电缆（不表示）	Z—纸绝缘	T—铜	L—铅套	D—不滴流	两个数字，见表 1-17
K—控制电缆	X—橡胶绝缘	（不表示）	L—铝套	F—分相护套	
P—信号电缆	V—聚氯乙烯	T—铜	H—橡胶套	P—屏蔽	
Y—移动式软电缆	Y—聚乙烯	L—铝	V—聚氯乙烯	C—重型	
H—市内电话电缆	YJ—交联聚乙烯	T—铜	Y—聚乙烯		

表 1-17 列出了电缆外保护层数字代号。

电缆型号举例：

VV-10000-3×50+2×25，表示聚氯乙烯绝缘、聚氯乙烯内保护层、额定电压为 10000V、采用 3 根 50mm² 铜芯线和 2 根 25mm² 铜芯线的电力电缆。

YJV22-3×75+1×35，表示交联聚乙烯绝缘、聚氯乙烯内保护层、双钢带铠装、聚氯乙烯护套、采用 3 根 75mm² 铜芯线和 1 根 35mm² 铜芯线的电力电缆。

表 1-17　电缆外保护层数字代号

第一个数字		第二个数字	
代号	铠装层类型	代号	外皮层类型
0	无	0	无
1	—	1	纤维烧包
2	双钢带	2	聚氯乙烯护套
3	细圆钢丝	3	聚乙烯护套
4	粗圆钢丝		

1.3 T20-Elec V10.0 初始设置

在初次使用 T20-Elec V10.0 时，对其进行自定义设置可以使软件更贴合用户的使用习惯，从而提高绘图效率。

进行 T20-Elec V10.0 中的初始设置时，可以设置图形尺寸、导线粗细、文字字形、字高和宽高比等初始信息。

初始设置命令的调用方法如下：

- 命令行：输入 OPTIONS 按 Enter 键。
- 菜单栏：单击“设置”→“初始设置”命令。

输入 OPTIONS 按 Enter 键，系统弹出“选项”对话框，选择“电气设定”选项卡，即可进入电气初始设置界面，如图 1-3 所示。

“选项”对话框“电气设定”选项卡中各选项的含义介绍如下：

❑ “平面图设置”选项组

“设备块尺寸”选项：设定设备图块的大小。

“设备至墙距离”选项：调用“沿墙布置”命令插入设备时，可以自定义设备离墙的距离。

“导线打断间距”选项：设置导线在执行打断命令时距离设备块和导线的距离。

“高频图块个数”选项：在“天正电气图块”对话框中，系统自动记忆用户最后使用的图块，并置于对话框的最上端，如图 1-4 所示。

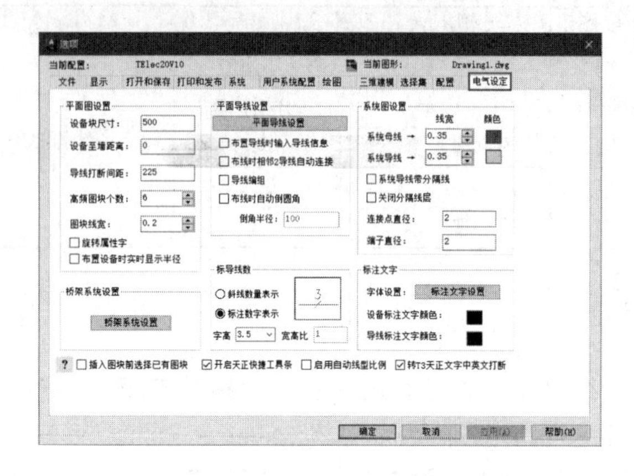

图 1-3 “选项”对话框“电气设定”选项卡

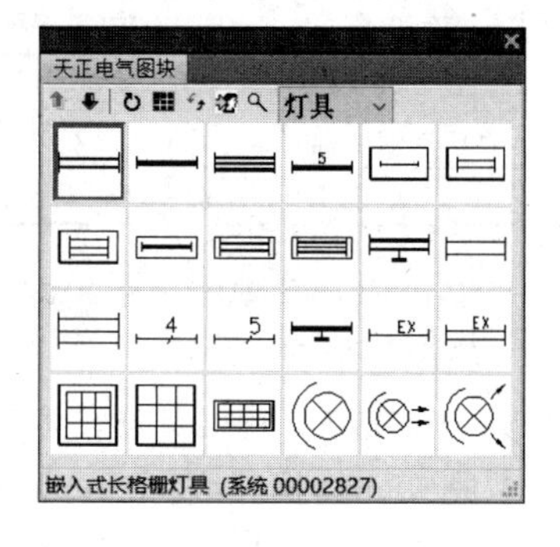

图 1-4 “天正电气图块”对话框

“图块线宽”选项：设置插入的设备块的线宽，默认值为 0.2。

“旋转属性字”选项：默认情况下不选择该项。表示在旋转带属性字的图块时，属性字保持为 0° 。例如，插入空调插座，“K”始终面向读图者。

“布置设备时实时显示半径”选项：选中该选项，在布置电气设备的时候实时显示影响半径范围。

❑ “平面导线设置”选项组

“平面导线设置”按钮：单击该按钮，弹出“平面导线设置”对话框，如图 1-5 所示。“平面导线设置”对话框中各选项的含义如下：

1）“线宽”选项：可在文本框中输入线宽参数，或者单击向上 / 向下按钮来调整线宽。

2）“颜色”选项：单击颜色色块，弹出“选择颜色”对话框，在其中可选择颜色更改导线的显示效果。

3）“线型”选项：在下拉列表中可选择导线线型。

4）“回路编号”选项：在下拉列表中可更改回路编号。

5）“标注”选项：单击导线标注文本框右侧的按钮，弹出“导线标注”对话框，在其中可修改导线的标注信息，如图 1-6 所示。

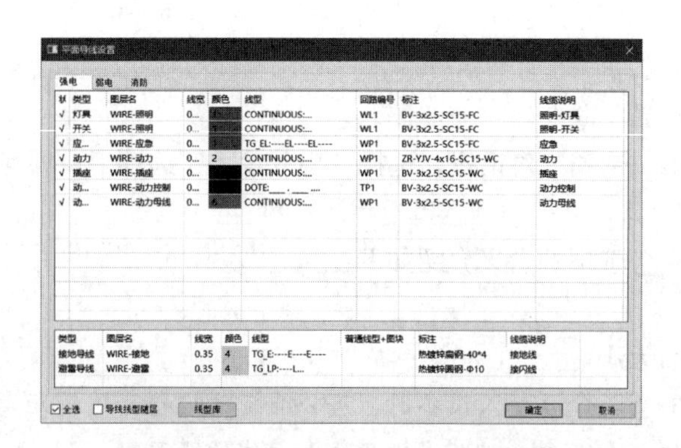

图 1-5 “平面导线设置”对话框

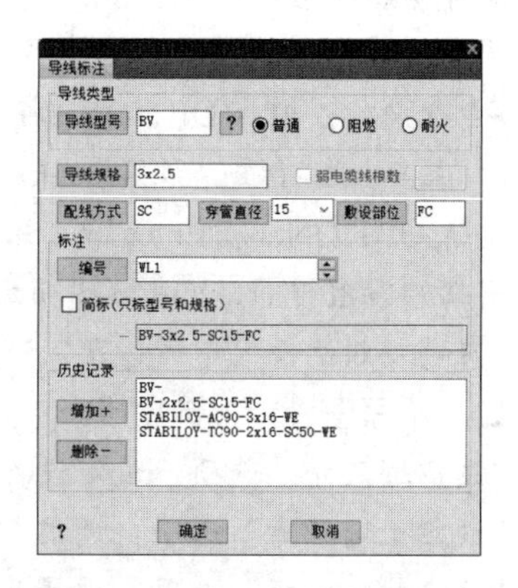

图 1-6 “导线标注”对话框

“布置导线时输入导线信息”选项：取消选择该项，在执行“平面布线”命令时，系统弹出的对话框中不显示导线的信息，如图 1-7 所示。选择该项，可以在弹出的对话框中显示当前导线的信息，方便用户及时更改，如图 1-8 所示。

图 1-7　不显示导线的信息

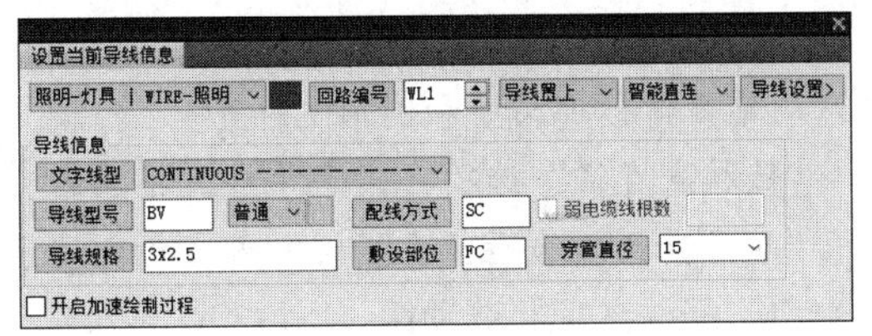

图 1-8　显示当前导线的信息

“布线时相邻 2 导线自动连接”选项：选择该项，在执行“平面布线”命令时，所绘制的导线与相邻导线自动连接成一根导线。反之亦然。

“导线编组”选项：为导线创建编组，方便用户管理。

“布线时自动倒圆角”选项：选择该项，将激活“倒角半径”选项，在其中可指定倒角半径值，且创建导线时会自动进行倒圆角操作，如图 1-9 所示。取消选择该项，则不对导线进行倒圆角操作，如图 1-10 所示。

图 1-9　进行倒圆角操作　　　图 1-10　不进行倒圆角操作

❑ “标导线数”选项组

系统提供了两种标注导线的方式，分别是“斜线数量表示”和“标注数字表示”。这主要是针对于三根导线而言，既可以用 3 根斜线来表示 3 根导线，如图 1-11 所示，也可以用标注数 3 来表示 3 根导线，如图 1-12 所示。

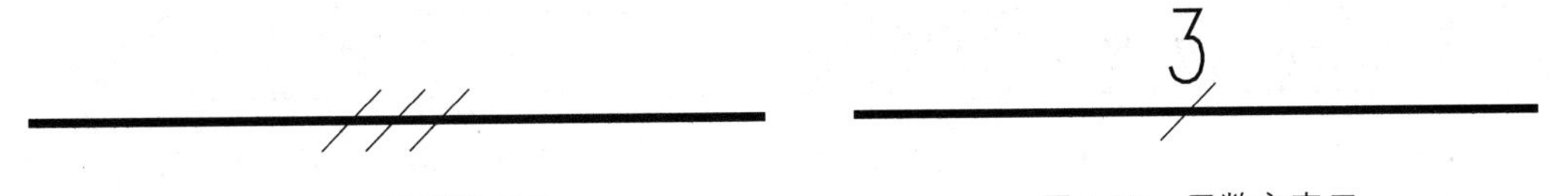

图 1-11　用斜线表示　　　图 1-12　用数字表示

“字高”选项：用来设定标注文字的大小。

“宽高比”选项：设定标注文字的字宽和字高比例，用来调整文字的宽度。

❑ “系统图设置”选项组

“系统母线”选项：该选项用来设定系统图导线的宽度和颜色。在“线宽”文本框中可以设定导线的宽度，将线宽改为 0，可以绘制细导线。单击“颜色”选项下的色块，弹出“选择颜色”对话框，在其中可更改导线的颜色。

“系统导线”选项：与“系统母线”选项设置方法一致。

“系统导线带分隔线”选项：该选项可以控制调用“系统导线”绘制分格线的默认设定，也可影响自动生成的系统图导线是否画分隔线。

“关闭分隔线层”选项：选择该选项，可以隐藏系统图导线中的分隔线，使打印输出的文件清晰地显示标注文字和图形元件等。

“连接点直径”选项：设置导线连接点的直径，数值是出图时的实际尺寸。

“端子直径”选项：设置固定或可拆卸端子的直径，数值是出图时的实际尺寸。

❑“标注文字”选项组

“标注文字设置”按钮：单击该按钮，系统弹出“标注文字设置”对话框，如图 1-13 所示。在其中可设置对应的标注类型的字体属性参数。

“设备标注文字颜色”/“导线标注文字颜色”选项：单击选项右侧的色块，打开“选择颜色”对话框。在其中可设置设备标注文字与导线标注文字的颜色，如图 1-14 所示。

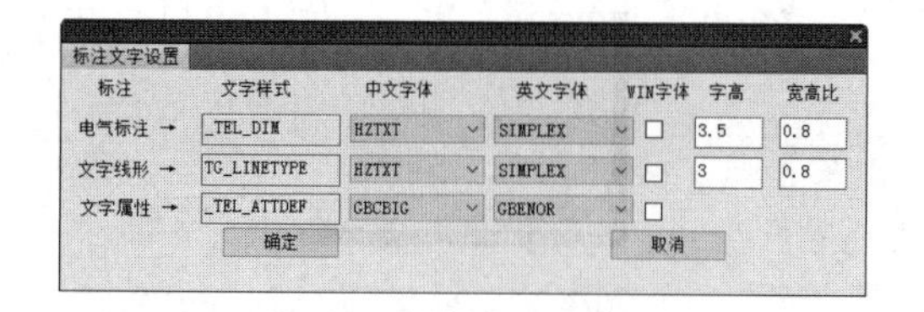

图 1-13 “标注文字设置”对话框

图 1-14 “选择颜色”对话框

❑“插入图块前选择已有图块”选项：选择该选项，除了“任意布置”命令外，其他的平面布置命令在执行后都会提示用户选择图中已有的图块。此举可提高绘图速度。

❑“开启天正快捷工具条”选项：可以设置是否在屏幕上显示天正快捷工具条。

选项设置完成后，单击“确定”按钮关闭对话框，即可应用新设置来进行绘图。

1.4 T20-Elec V10.0 用户界面

T20-Elec V10.0 依附于 AutoCAD 使用，并建立了自己的菜单系统（包括屏幕菜单和快捷菜单），但是保留了 AutoCAD 所有的下拉菜单和图标菜单，不加以补充或修改。

本节将介绍 T20-Elec V10.0 用户界面的组成及使用。

1.4.1 屏幕菜单

天正软件的屏幕菜单位于界面的左侧，涵盖了天正软件的所有功能。屏幕菜单以树状结构折叠多级子菜单。将鼠标指针移至菜单选项上，单击，即可展开菜单并查看当中包含的子菜单，如图 1-15 所示。

另外，在选定的菜单项上右击，在弹出的快捷菜单中也可显示其所包含的子菜单，如图 1-16 所示。

在屏幕菜单的空白处右击，在弹出的快捷菜单中选择“自定义”命令，系统弹出“天正自定义”对话框，如图 1-17 所示。在该对话框中选择选项卡，即可对其中的参数进行设置。

> **提示**
> 按 Ctrl+“+”组合键，可以快捷打开或关闭屏幕菜单。

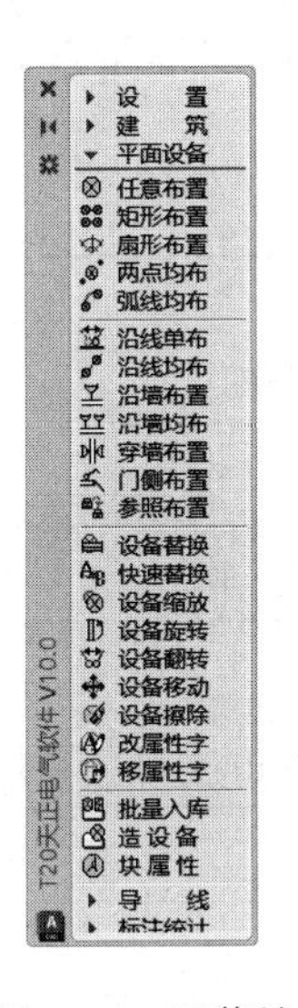

图 1-15 子菜单

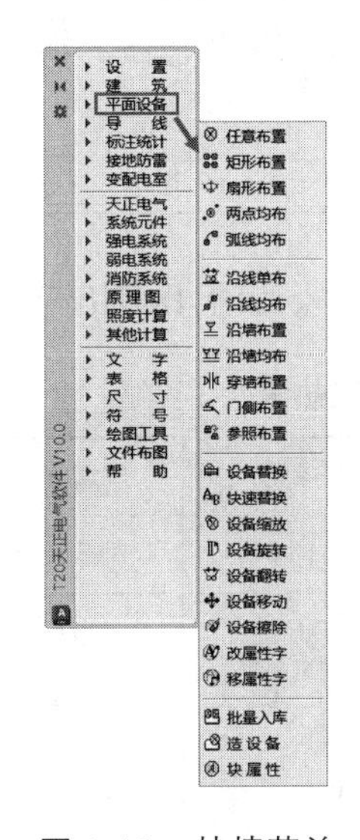

图 1-16 快捷菜单

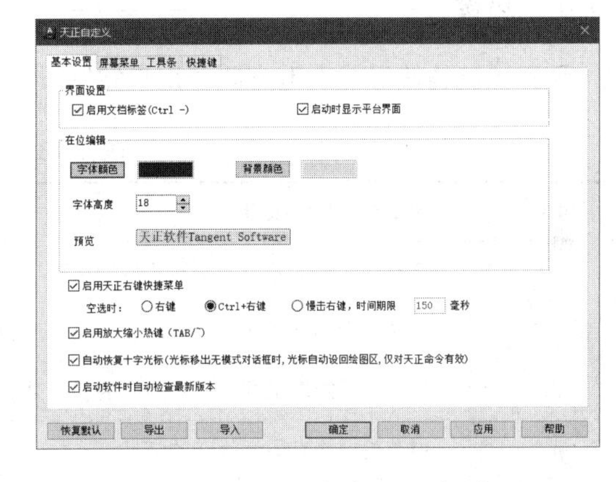

图 1-17 “天正自定义”对话框

1.4.2 快捷菜单

右击所弹出的菜单为快捷菜单。

在绘图区域中选择不同的图形，右击，可以弹出不同的快捷菜单，如图 1-18 所示。在没有选中任何对象的情况下，则弹出常用的快捷菜单，如图 1-19 所示。

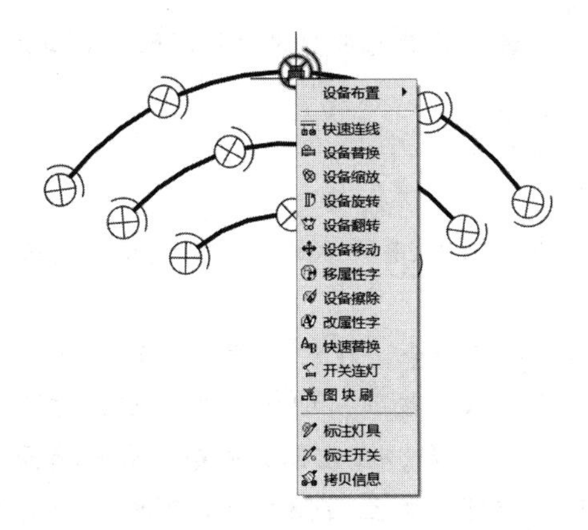

图 1-18 快捷菜单

图 1-19 常用的快捷菜单

1.4.3 命令行

天正软件中的大部分命令都可以通过命令行、屏幕菜单和快捷菜单操作来实现。对于命令行中的命令，则以命令的快捷方式来调用，如执行“平面布线”命令，在命令行中输入“PMBX”按下 Enter 键即可。也有少数功能不能通过命令行来执行，需要从屏幕菜单上选取。

执行某个命令后，命令行提示如下：

```
请输入起始点 { 选取行向线 [S] }< 退出 > : * 取消 *
```

其中，花括号前的文字内容为当前命令的提示操作，花括号后的内容则为按下 Enter 键后执行的操作。输入花括号内的字母，则进入该字母所定义的内容。输入字母后，不需要按 Enter 键即可执行操作。

1.4.4 热键

天正热键的使用极大地方便了用户绘制设计图样。表 1-18 列出了天正热键。

表 1-18 天正热键

F1	帮助文件的切换键	F9	屏幕光标捕捉的开关键
F2	屏幕的图形显示与文本显示的切换键	F11	对象追踪的开关键
F3	对象捕捉的开关	Tab 键	以当前光标位置为中心，缩小视图
F6	状态行的绝对坐标与相对坐标的切换键	Ctrl+“+”	屏幕菜单的开关
F7	屏幕的栅格点显示状态的切换键	Ctrl+“–”	文档标签的开关
F8	屏幕光标正交状态的切换键		

1.4.5 快捷工具条

天正软件的快捷工具条（见图 1-20）默认位于工作界面的下方，命令行的上方。在快捷工具条中可以把天正电气的所有命令放置进去。用户也可以按照自己的使用习惯，添加或删除命令来定制工具条。

图 1-20 快捷工具条

定制工具条的步骤如下：

01 执行“设置”→“工具条”命令，系统弹出如图 1-21 所示的“定制天正工具条”对话框。在对话框中可以添加或删除指定的命令。

02 展开左上角的“菜单组”下拉列表，选择菜单命令，在对话框左侧的列表框中显示出该菜单命令的命令列表。选择某个命令，单击“加入”按钮，即可添加到右侧的命令列表，同时在快捷工具条上显示。例如，选择“导线”菜单命令，在左侧的命令列表中选择“导线连接”命令，如图 1-22 所示。单击“加入”按钮，即可添加至右侧的命令列表，如图 1-23 所示。

图 1-21 “定制天正工具条”对话框

图 1-22 选择命令

03 在右侧的命令列表中选中某个命令，单击“删除”按钮，即可将选定的命令删除。

04 在右侧的命令列表中选中某个命令，单击向上箭头↑或向下箭头↓，可以调整选定的命令在快捷工具条中的排序。

05 在快捷命令后的文本框中输入字母、数字等参数，可以定义选定命令的快捷键，如图 1-24 所示。

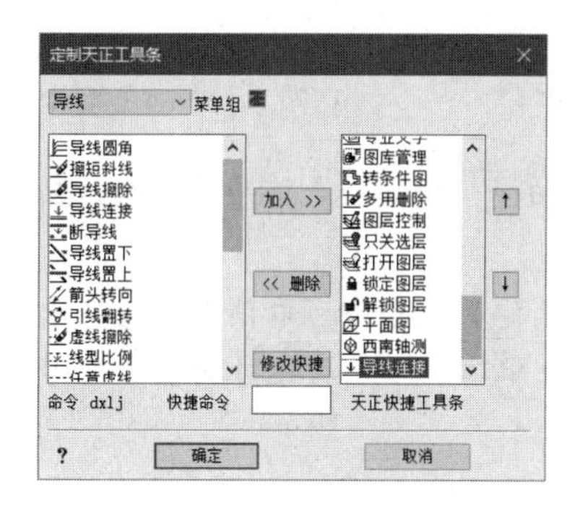

图 1-23 添加命令

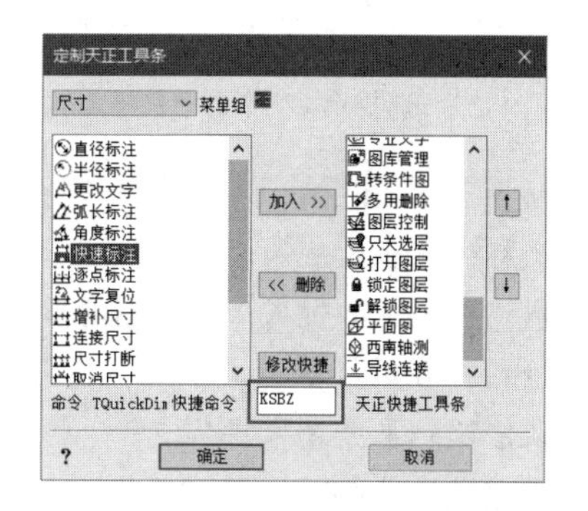

图 1-24 定义选定命令的快捷键

06 定义快捷键后，单击“修改快捷”按钮，在该命令的右侧显示出为其定义的快捷键，如图 1-25 所示。

07 单击“确定”按钮，弹出如图 1-26 所示的提示对话框，提醒用户已经为命令指定了快捷键。

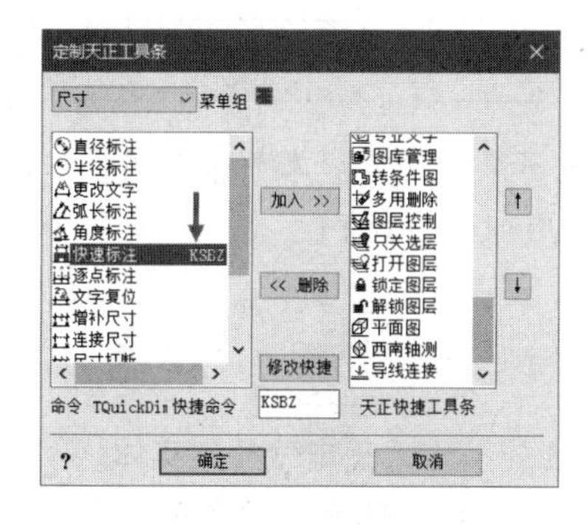

图 1-25 显示快捷键

图 1-26 提示对话框

1.4.6 在位编辑

利用在位编辑功能，可以输入上下标符号、钢筋符号和加圈符号，还可以调用专业词库中的文字，而且天正软件可以智能定义在位编辑框的大小，使得编辑框不会受到图形与当前显示范围的影响。

❑ 文字内容的在位编辑方法

➢ 启动：双击文字标注及各种符号标注，即可进入在位编辑状态。或者在选中的对象上右击，在弹出的快捷菜单中选择相应的命令对其进行编辑。例如，选中灯具图形，右击，在弹出的快捷菜单中选择“文字编辑”命令，如图 1-27 所示；打开“单行文字”对话框，输入文字，如图 1-28 所示；单击“确定”按钮，即可更改文字，如图 1-29 所示。

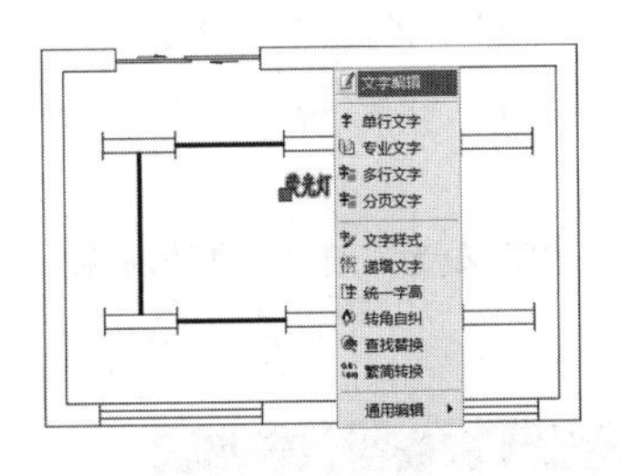

图 1-27　选择命令

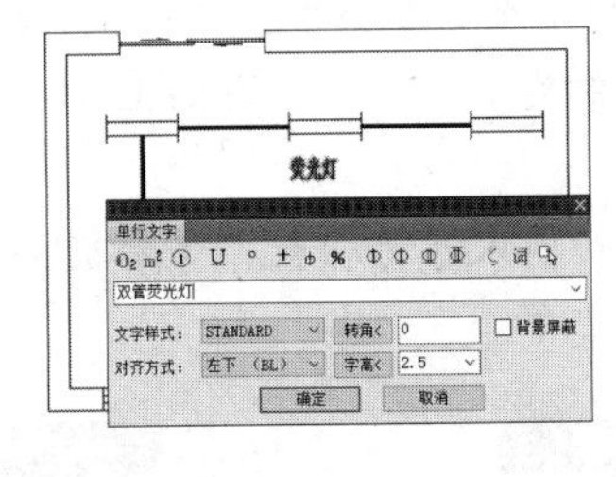

图 1-28　输入文字

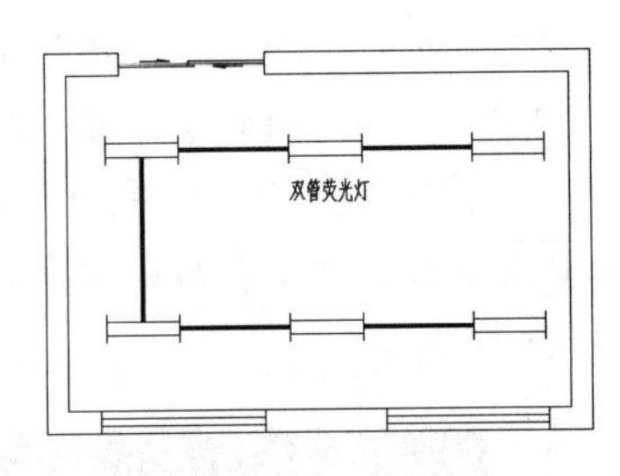

图 1-29　更改文字

➢ 切换：按 Tab 键，可以在多个字段对象中进行切换，如切换表格的单元格、轴号标注及坐标的 XY 数值等。

➢ 取消：按 Esc 键或者右击选择快捷菜单中的取消编辑命令即可取消在位编辑命令。

➢ 确定：在编辑单行文字时，按 Enter 键可以结束编辑。在编辑框外的空白处单击，可确认修改结果并结束操作。

❑ 表格的在位编辑

双击待修改的表格中的单元格，可进入在位编辑状态，如图 1-30 所示。按 Tab 键或者↑、↓、←、→方向键，可以在表格的单元格之间进行切换，选择表格的内容可对其进行编辑。

序号	名称	单位	数量
1	三管荧光灯	盏	7
2	壁灯	盏	2
3	防水插座	个	5

图 1-30　进入在位编辑状态

1.5 T20-Elec V10.0 新功能

T20-Elec V10.0 除了沿袭旧版本的功能外，还改进了某些功能。本节将介绍版本的改进内容，帮助读者熟悉软件，以使读者在练习绘图的过程中更加得心应手。

1. 更新创建与编辑桥架的命令

“桥架填充”命令：支持一键填充和框选填充桥架。

“线生桥架”命令：可以将图中的线、多段线、圆弧转换为天正电气桥架实体。

“桥架设置”命令：增加桥架“系统设置”功能，如图 1-31 所示。可以自定义绘制桥架时的系统类型，如图 1-32 所示。还可以将数据导出备份。

图 1-31　增加桥架“系统设置”功能

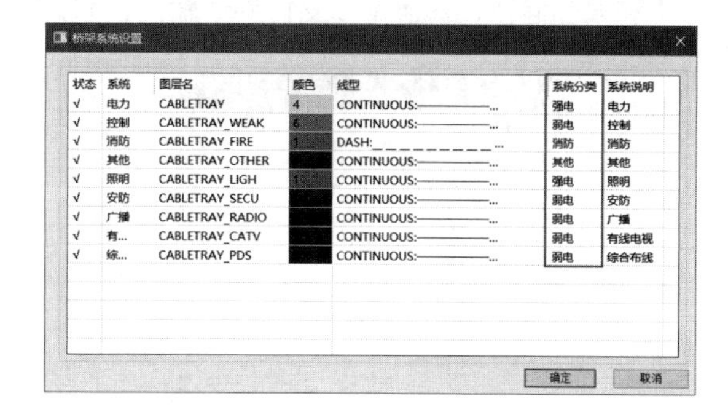

图 1-32　自定义系统类型

“绘制桥架”命令：增加专属中心线图层。每一类桥架有与其对应的中心线图层，修改桥架规格后，与之相连的桥架变径可以实现自动变更管径。

“编辑桥架”命令：为新增内容，可以编辑桥架参数，实现批量修改桥架参数，同时连接构件会自动调整。

“桥架升降”命令：为新增内容，支持桥架在空间高度上整体抬高或降低指定的高度（见图 1-33），实现批量调整桥架的标高。

“桥架连接”命令：为新增内容，可以自动判断桥架连接关系，生成连接构件，支持多层桥架。

“桥架计算”命令：新增“自定义线缆外径”选项，如图 1-34 所示。方便用户自定义线缆外径参数值。

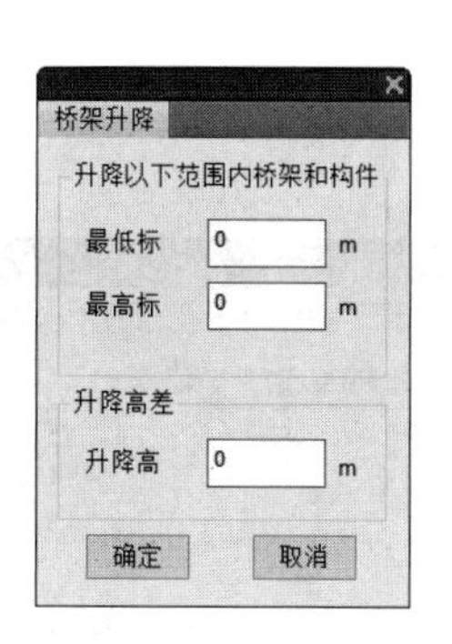

图 1-33　设置高度值

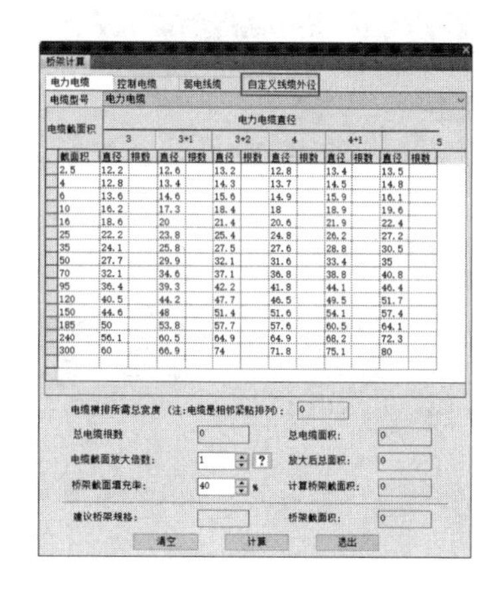

图 1-34　新增选项

“桥架标注”命令：增加桥架系统分类类别，增加标注系统说明。可以根据“桥架系统设置”中的系统说明进行标注。

“两层连接”命令：可以增加弯通构件连接倾斜桥架。

“绘制竖管”命令：执行该命令，打开“垂直桥架样式”对话框。其中，“垂直桥架宽高”选项可用来设置垂直桥架的规格，“水平靠左”和“水平靠右”选项可用来设置沿墙绘制弯通竖管的方式，如图 1-35 所示。

“偏移升降”命令：为新增内容，在弹出的如图 1-36 所示的对话框中可以设置桥架的局部升降和局部偏移，弯通角度支持手动输入，同时相连接的桥架构件之间可以实现联动移动。

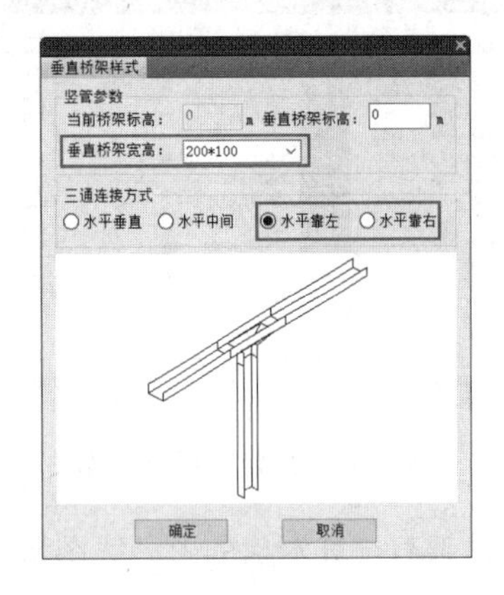

图 1-35 “垂直桥架样式”对话框

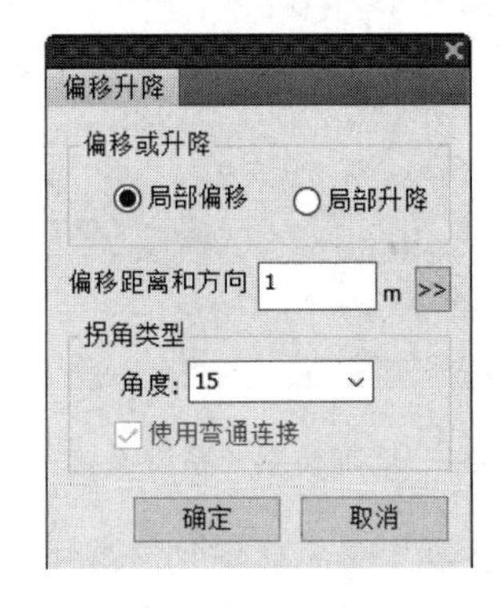

图 1-36 “偏移升降”对话框

2. 更新布线与布置设备的命令

“平面布线”命令：在“选项”对话框中选择“布置导线时输入导线信息”选项（见图 1-37），弹出“设置当前导线信息”对话框，其中增加了“文字线型”选项、“弱电缆线根数”选项，如图 1-38 所示。同时支持调整当前图层线型。用户可以根据需要，创建新的文字线型，可以设置两个文字之间的间距以及在导线上的位置。此外，新增“开启加速绘制过程”选项，用以提高绘制导线的速率。

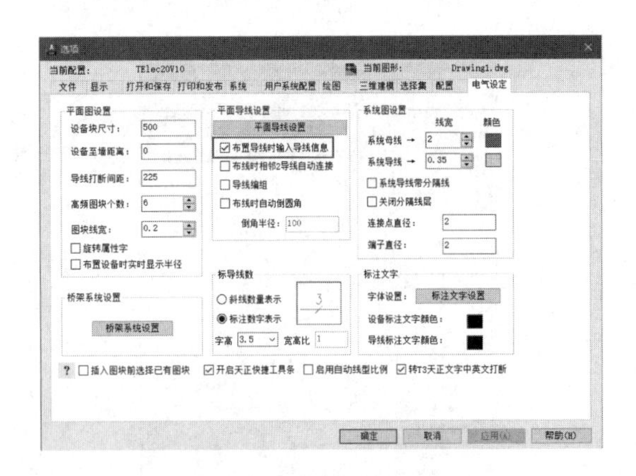

图 1-37 选择选项

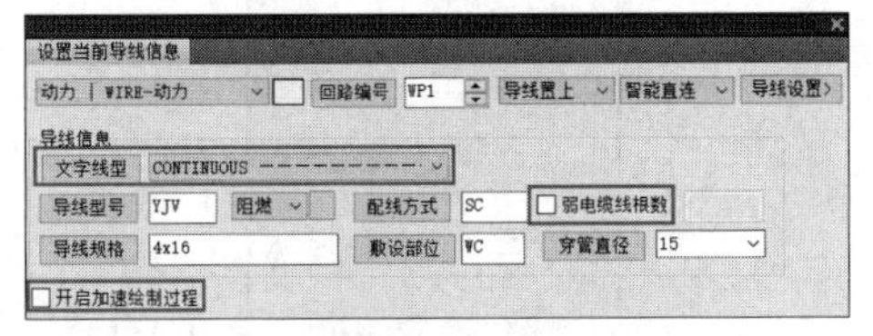

图 1-38 新增选项

在“选项”对话框中选择“导线编组”选项（见图 1-39），可以在导线相交打断后，其连线关系不会被断开，即选中其中某一段导线后，其余与之相连的导线也能同时被选中，仍然被认为与其是同一根导线。

“设备连线”命令：执行该命令，弹出“设备连线”对话框，其中增加了“任意设备之间连线”选项，如图 1-40 所示。用户可以选择放置导线的图层，提供“连接设置”的方式，包括“就近连接”和“正交连接”。选择“连接设备个数限值”选项，将选择范围内的所有设备按设定的个数限值分别连接。在命令行中提供了选择防火分区、支持电气区域划分的选项，可以按防火分区和区域划分分别连接设备。

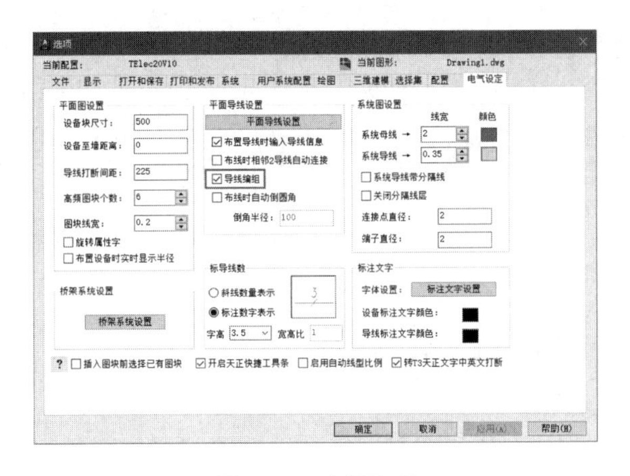

图 1-39　选择选项

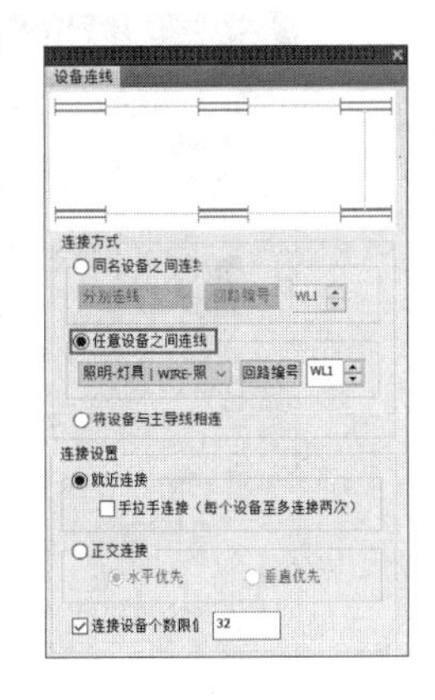

图 1-40　“设备连线”对话框

“快速连线”命令：执行该命令，弹出“快速连线”对话框，在其中可以快速将天正电气设备自动连接到桥架、母线、电缆沟，如图 1-41 所示。

“沿墙布线”命令：支持沿建筑物墙体方便快捷地绘制导线。

“绘制干线”命令：为新增内容，支持从任意设备引出干线，也支持从干线上再引出干线。在“图层特效管理器”中新增干线图层，并兼容旧版本使用的干线图层。

“任意布置”命令：在命令行中增加了“旋转属性字（R）”选项，可以在布置设备的过程中，选择属性字是否跟随设备一同旋转。

“沿墙均布”命令：执行该命令，弹出“沿墙均布”对话框，其中增加了“间距”选项，如图 1-42 所示。可以按照间距来沿墙布置设备。

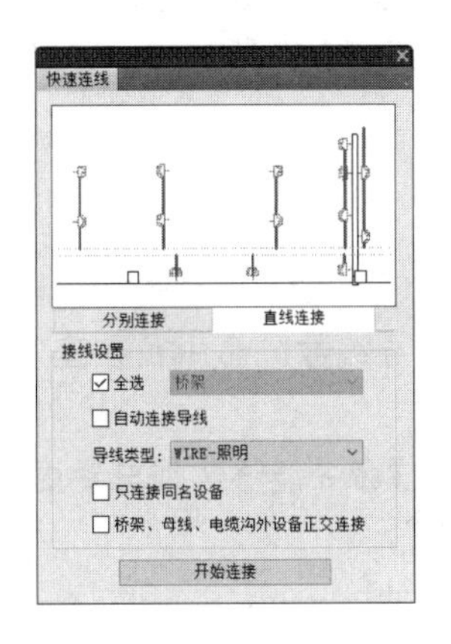

图 1-41　“快速连线”对话框

图 1-42　增加“间距”选项

“沿线均布”命令：增加“间距”选项，可按照间距沿线布置设备。在选择线段的时候，如果选择的是多段线，并且多段线存在多段连续的情况，用户可以选择某段线段进行布置设备，或者选择连续的多段进行布置。

“导线连接”命令：在“选项”对话框中选择“布线时相邻 2 导线自动连接”选项（见图 1-43），在执行“导线连接”命令时可以将导线合并为 1 段导线。

“导线擦除”命令：可以在删除导线的同时一起删除导线标注。

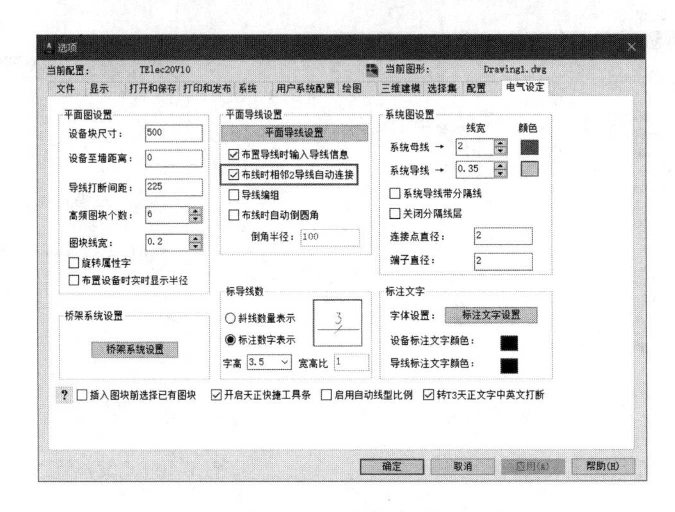

图 1-43　选择选项

“参照布置”命令：参照样板图块，在某类图块的相对位置批量布置另一图块。该命令可用于在排烟口等图块上布置输入输出模块等。

“任意布置”“沿墙均布”“沿墙布置”“穿墙布置”“沿线均布”“弧线均布”命令：这些命令可替换原有的工作方式，做到即选即插，提高用户的工作效率。

“穿墙布置”“沿墙均布”命令：支持 T3（天正 3 格式）外部参照条件图，方便用户布置设备。

“两点均布”命令：增加从起点处开始按间距布置设备。

“平面设备”菜单下的各种布置图块的命令：这些命令均增加了当前图库类别内上、下翻页的快捷键，直接通过键盘即可控制翻页，省去了利用鼠标反复点选的操作，可提高工作效率。

双击导线，可以对该导线信息进行编辑。

3. 更新标注导线与设备的命令

“多线标注”命令：可以标注电缆高度。

“导线标注”“多线标注”“回路编号”“标导线数”“改导线数”命令：在这些标注中，当修改其中一个标注后，其他几个标注也可以实现实时更新。

“标导线数”命令：导线根数不同，穿管管径也不同，该命令能够实现自动更新穿管管径，以适应导线根数的变化。

“引出标注”“索引符号”命令：在这两个命令右击弹出的快捷菜单中增加了“加引注点”“删引注点”“符号对齐”命令（见图 1-44），方便用户实时编辑标注结果。

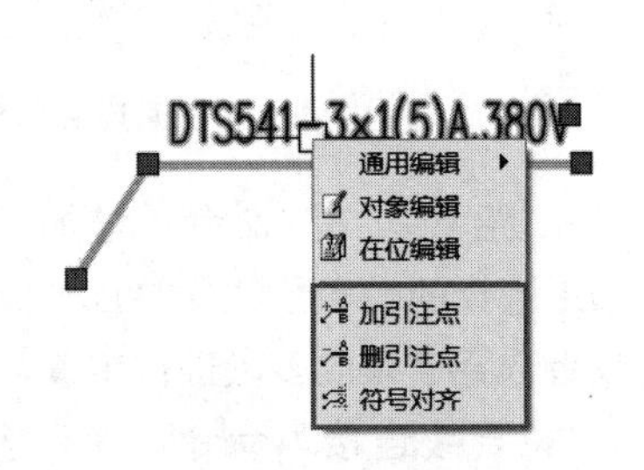

图 1-44　右键快捷菜单

“元件标注”命令：提供元件型号、厂家等数据的自定义功能，支持 Excel 批量导入数据。

“做法标注”命令：增加斜线引出样式。

“批量标注”命令：可对图中导线快速进行批量标注，支持特性为“圆弧”的导线。

“引出标注”：新增“背景屏蔽”功能。

4. 更新计算命令

“照度计算”“多行照度”命令：可用于建立自定义光源用户数据库。支持对用户数据进行修改编辑，支持光源分类、光源种类的自定义添加，支持数据库备份。

“逐点照度”命令：执行该命令，弹出“逐点照度计算”对话框，在其中可以计算空间的每点照度，显示计算空间最大照度、最小照度值。还可以进行不规则区域的计算，可以在充分考虑光线遮挡因素的情况下绘制等照度分布曲线图，输出 Word 计算书，如图 1-45 所示。

“照度计算”命令：支持不规则房间照度计算，录入新型灯具信息，支持用户自定义光源，绘制照度计算表，增加常用 Philips 光源参数，完善计算书。按照《建筑照明设计标准》(GB/T 50034—2024) 的规定输入要求照度值和功率密度值，可根据功率密度在计算书上判断是否节能。支持用户输入灯具数来反算照度。

“路面照度”命令：为新增内容。执行该命令，弹出“路面照度计算 - 利用系数法”对话框，在其中可以利用系数法来计算路面在要求照度下所需的路灯间距并进行校验，如图 1-46 所示。

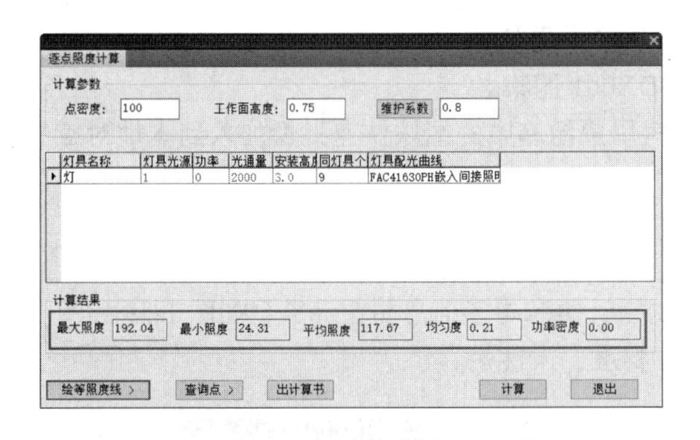

图 1-45 “逐点照度计算”对话框

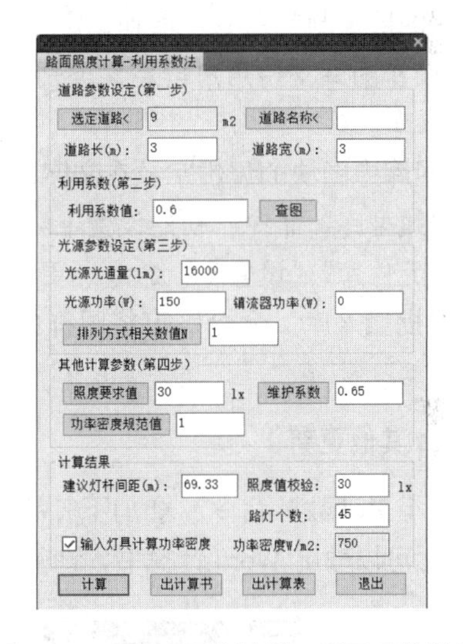

图 1-46 “路面照度计算 - 利用系数法”对话框

“投光照度”命令：为新增内容，可以利用系数法计算大面积场地在要求照度下所需要的投光灯个数并进行校验。

“UGR 计算”命令：为新增内容。执行该命令，弹出“统一眩光值计算”对话框，在其中可以计算室内照明场所的统一眩光值 UGR，如图 1-47 所示。

“负荷计算”命令：支持回路表格输入，回路自动计算，计算书更加详尽。

“导光管”命令：为新增内容。执行该命令，弹出“导光管照度计算 - 利用系数法”对话框，在其中可以利用系数法计算采光区域在要求照度下需要的导光管数并进行校验，如图 1-48 所示。

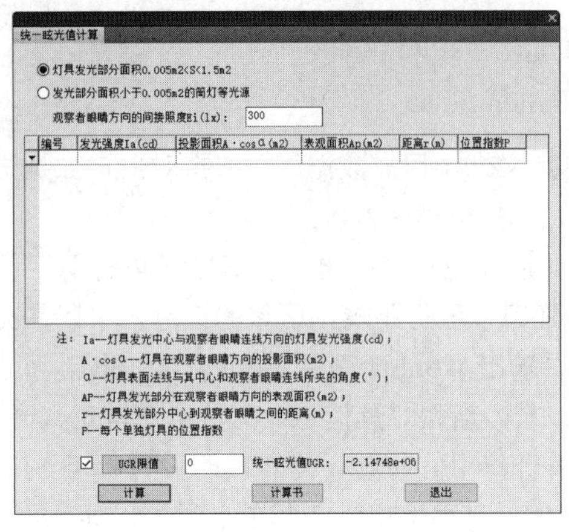

图 1-47 “统一眩光值计算”对话框

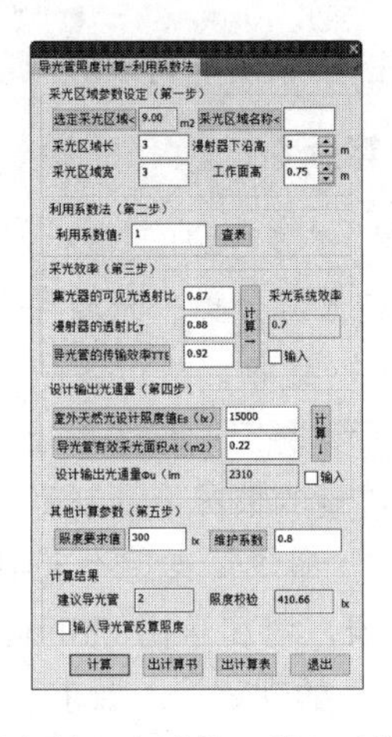

图 1-48 “导光管照度计算 - 利用系数法”对话框

5. 更新图库与图层命令

“图库管理”命令：增加应急灯具分类，并增加相应图层。

“图层控制”命令：增加锁定、解锁电气层与非电气层的功能。

设备图库支持用户自定义类别。在“图库管理”中定义，注意要同时修改用户图库，否则无法入库。

图库中图块的属性字放在文字图层，不会影响颜色打印。

“线型库”命令：初始设置中导线的线型从这里读取。

“元件库”“设备库”命令：更新支持 23DX001 图集。

“批量入库”命令：可将图样中天正电气用户图库中的图块快速批量加入到本地对应的设备库中。

6. 其他更新

“年累计数”命令：增加不等高建筑物防雷计算和电子信息防雷计算，如图 1-49 和图 1-50 所示。可以输出 Word 计算书，计算表格更加标准、人性化。

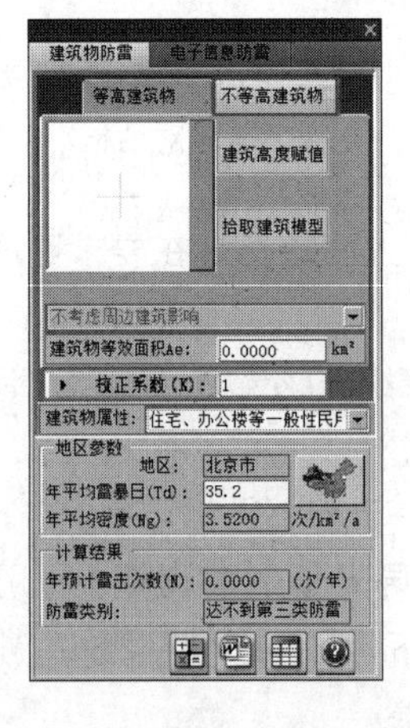

图 1-49 不等高建筑物防雷计算

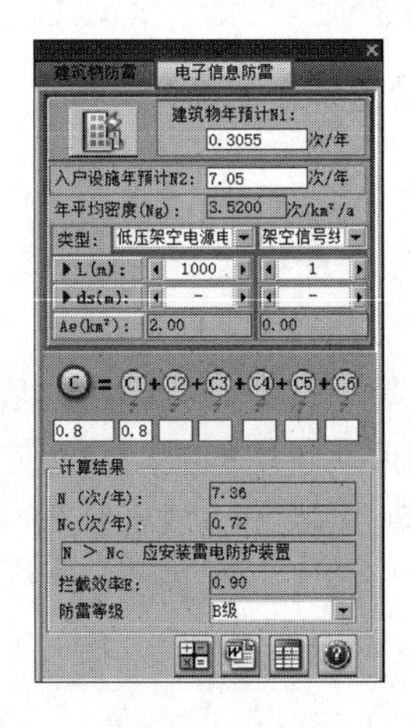

图 1-50 电子信息防雷计算

新版天正电气系统更新了电气规范。

“自动避雷”命令：支持天正 3 建筑条件图。

“配电引出”命令：可以引出干线，并配合设备连线功能将干线与设备相连，在平面统计时，可以统计出从配电箱引出后连接到设备这段距离的长度及导线信息，并能进行标注。

“自动接地”命令：自动搜索封闭的外墙线，沿墙线按一定偏移距离绘制接地线。

“绘接地网”命令：执行该命令，弹出“绘接地网”对话框，在其中可按照定义的间距绘制水平及垂直接地线，可将接地网四边导线设置为圆角，如图 1-51 所示。

“预留孔洞”命令：执行该命令，弹出“预留孔洞”对话框，在其中可根据设定的孔洞类型及样式绘制预留孔洞并能对其进行标注，如图 1-52 所示。

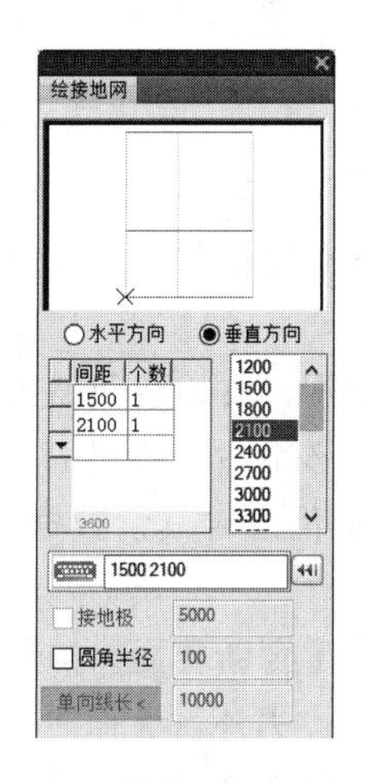

图 1-51 “绘接地网”对话框

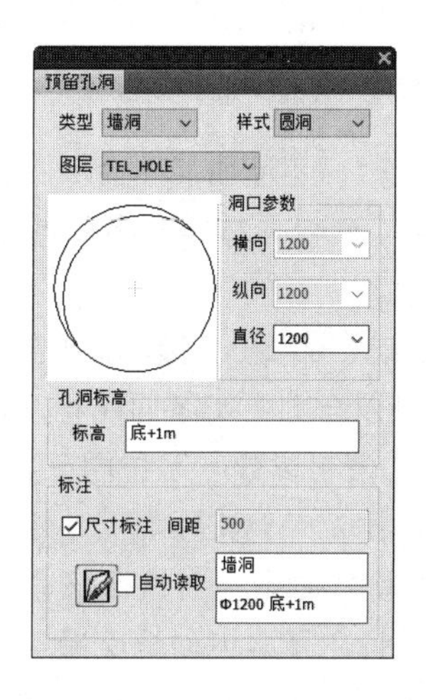

图 1-52 “预留孔洞”对话框

“提取清册”命令：支持从系统图中提取电缆相关信息，包括回路编号、电缆型规、起点名称编号、终点设备名称编号。将提取的相关信息导出电缆清册，可以支持多个系统图同时提取，为电缆敷设提供数据基础。

“电缆敷设”命令：导入电缆清册表、电机表，可以自动进行电缆敷设，自动绘制电缆敷设图，自动计算每一回路的电缆长度，也可以逐条手工敷设，统计电缆及穿管长度，导出清册。方便查询每一条电缆路径，该路径自动高亮显示；可以查看每段桥架的电缆填充率，不同的填充率采用不同的颜色高亮显示；可以对已经敷设的电缆进行自动标注，并可将电缆及穿管长度导出器材表进行分类汇总。

“设备定义”“显示半径”“隐藏半径”命令：对于消防、安防、广播和应急灯具设备图块，增加有效半径参数，可以通过“显示半径”“隐藏半径”命令控制显示或隐藏。

“快速替换”命令：支持将天正暖通和天正给水排水设备快速替换为图样中的天正电气图块。

“生成剖面”命令：剖切范围中包括天正墙体时，在弹出的对话框中设置剖面屋顶参数，可以根据需要设计屋顶样式，如图 1-53 所示。

“温感烟感”命令：执行该命令，弹出“消防保护布置”对话框，在其中可优化自动布置方式，修改编辑功能，如图 1-54 所示。在移动设备时导线跟着移动，并增加复制功能。

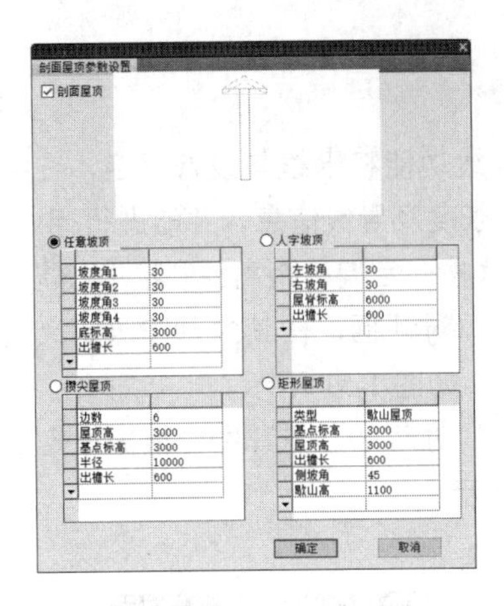

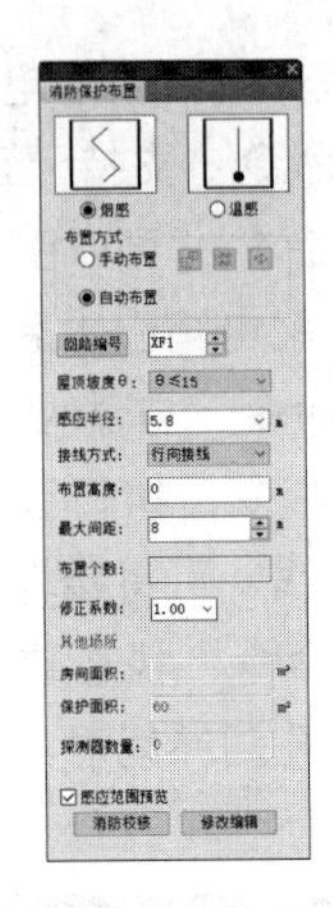

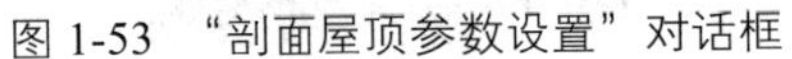

图 1-53 “剖面屋顶参数设置”对话框　　　　图 1-54 “消防保护布置”对话框

“平面三通”“平面四通”命令：使用该命令绘制的构件，可以自定义各端参数。

“造设备”命令：自定义多段线设备，布置时能跟随图块线宽变化，支持一个设备块内包含多个属性字。

“系统生成”命令：可以自动绘制任意形式的配电箱系统图，支持双回路进线，同时优化计算方式，可以自动平衡各回路相序，进行负荷计算。在执行该命令后弹出的对话框中增加了系统图样式、绘制参数、系统图三相 / 单相、进线型号、配电信息等其余数据的导入与导出，可以将所有数据记录到文件。

“低压短路”命令：在执行该命令后弹出的对话框中采用了全新界面，操作便捷，扩充了变压器类型，计入了大电动机反馈电流的影响，如图 1-55 所示。另外，计算书更加详尽。

“回路检查”命令：可以自动搜索相关联回路，搜索中的回路进行亮闪提示，并可对该回路进行添加回路编号，还可以查看回路中设备量及功率，为自动生成系统图提供基础。

“截面查询”命令：可以根据计算工作电流及导线、电缆载流量查询导线、电缆截面积及穿管管径。

“弱电系统”命令：执行该命令，弹出“弱电系统”对话框，其中新增加了广播、电话、消防和通信等系统类别（见图 1-56），方便绘制多种类型的弱电系统图。

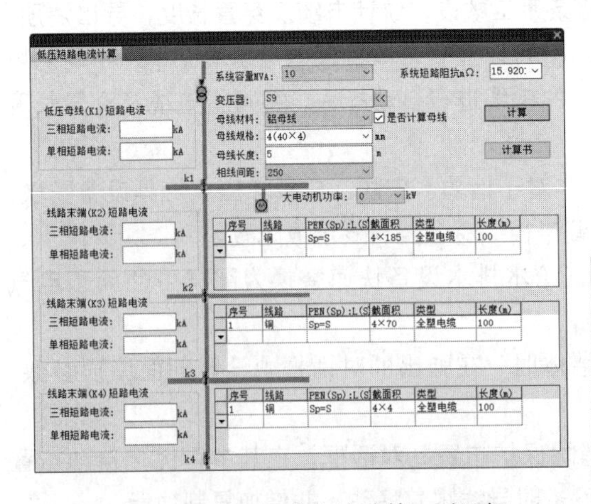

图 1-55 “低压短路电流计算”对话框

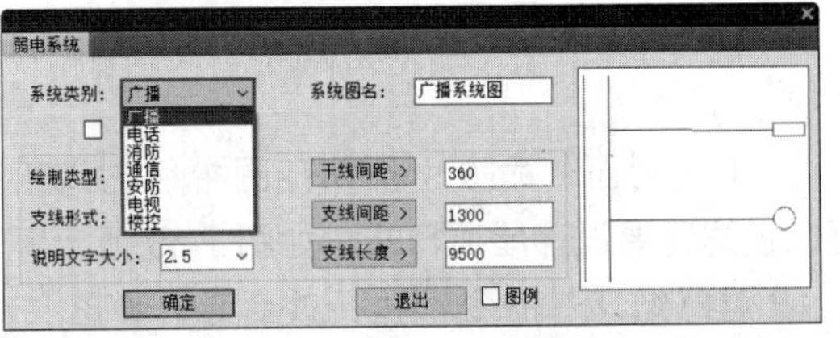

图 1-56 “弱电系统”对话框

“弱电连接”命令：在执行该命令后弹出的对话框中增加了连接方式，更新了接线设置，如图 1-57 所示。

“平面统计”命令：在执行该命令后弹出的对话框中可以按不同属性字分开统计，支持区域统计，如图 1-58 所示。

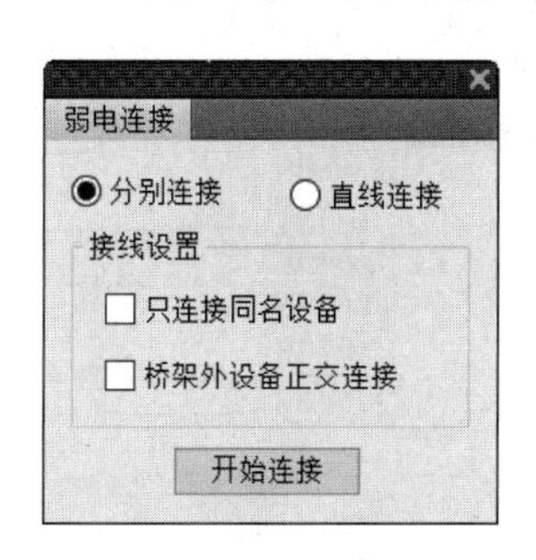

图 1-57 “弱电连接”对话框

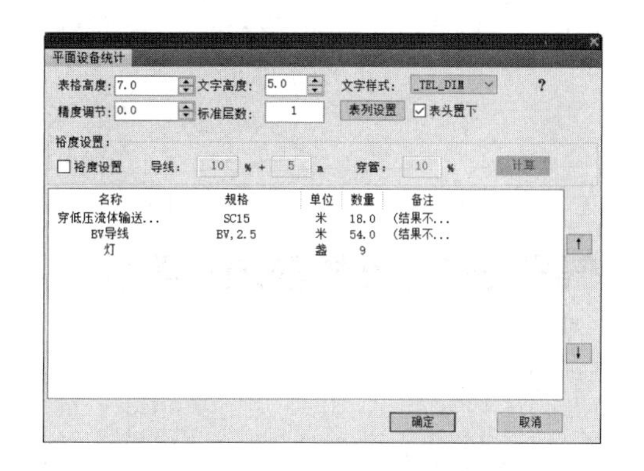

图 1-58 “平面设备统计”对话框

“合并统计”命令：支持将按区域 / 楼层 / 防火分区统计的统计表进行合并，支持合并消防统计表格。

“统计查询”命令：增加了按属性字和设备名称查询，对执行“平面统计”命令得到的表格能够通过表格准确查询设备位置。

“标注设备”命令：支持自动批量标注设备。

“转出 WPS”命令：将天正表格转出为 WPS 中的表格。

“转入 WPS”命令：根据 WPS 中选中的表格，创建或更新图中相应的天正表格。

“设备擦除”命令：支持同时擦除设备的有效半径和设备标注。

“查找替换”命令：在执行该命令后弹出的对话框中增加了“设置增量”选项（见图 1-59），能支持回路编号。

“电气归零”命令：为新增内容，可以将导线及设备的 Z 轴标高归零。

“设备编号”命令：为新增内容。在执行该命令后弹出的对话框中可以设置批量在某个设备旁边按照编号规则进行标注编号，如图 1-60 所示。

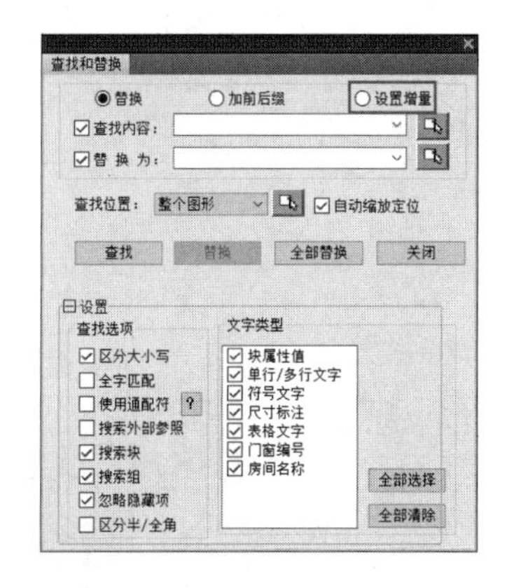

图 1-59 “查找和替换”对话框

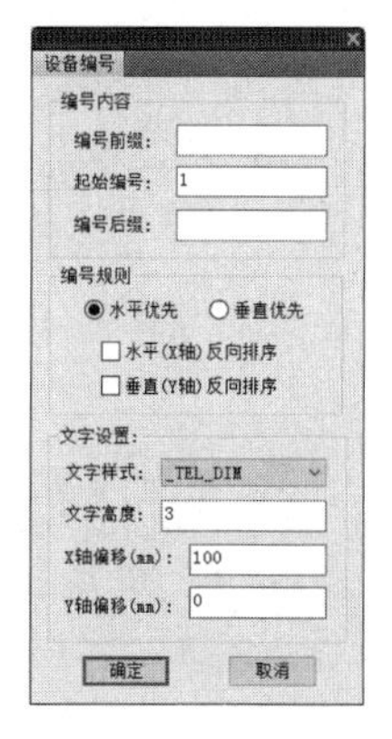

图 1-60 “设备编号”对话框

“区域划分”命令：为新增内容。在执行该命令后弹出的对话框中可以如图 1-61 所示创建区域，并结合“平面统计”命令，按区域统计数量。

“设备定义”命令：在执行该命令后弹出的对话框中对所有设备类别均可以设置“有效半径”值，如图 1-62 所示。

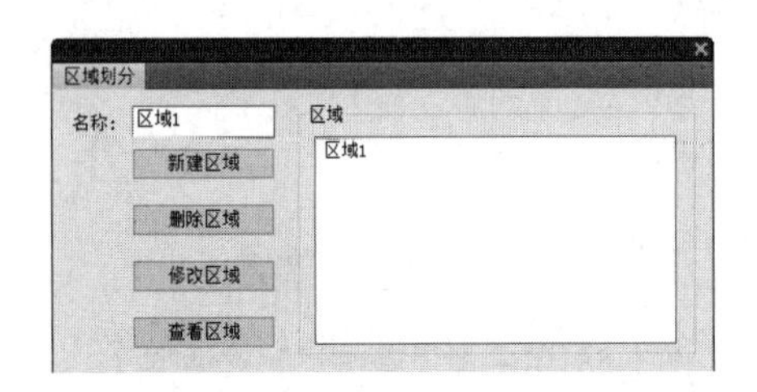

图 1-61 “区域划分”对话框

图 1-62 “设备定义”对话框

“过滤选择”命令：执行该命令后弹出的对话框如图 1-63 所示。

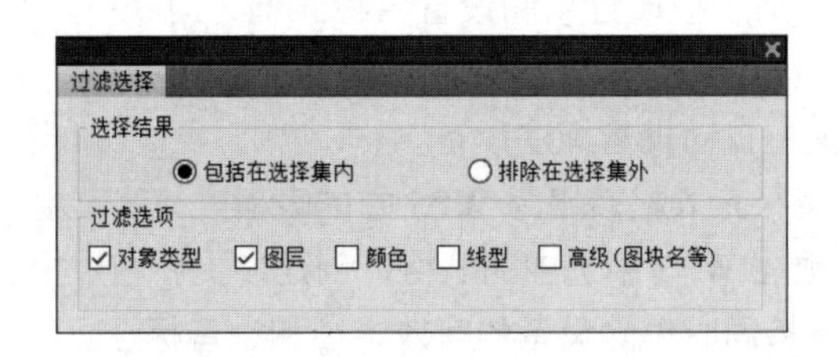

图 1-63 “过滤选择”对话框

第 2 章 平面图

● **本章导读**

本章将介绍绘制电气平面图的相关知识，包括布置和编辑电气设备、布置和修改导线、标注与平面统计、接地防雷以及变配电室。T20-Elec V10.0 提供了便捷绘制电气图的方法，用户可选择系统提供的设备插入电气平面图中，还可以在预演图中查看布置的效果。在布置设备后，可执行相关的命令对已布置的设备进行编辑修改，如删除设备、标注设备等。

本章分 7 个小节，分别介绍了在绘制电气平面图时需要用到的各类命令。

● **本章重点**

◈ 设备布置
◈ 设备编辑
◈ 导线布置
◈ 修改导线
◈ 标注与平面统计
◈ 接地防雷
◈ 变配电室

2.1 设备布置

设备布置是指在平面图中布置电气设备的各种方法，包括任意布置、矩形布置和扇形布置等。建筑电气设计中的一个重要步骤就是在平面图中布置设备，在天正软件中，布置电气设备就是将一些事先绘制完成的设备图形插入电气平面图中。

本节将介绍布置设备的一些常用方法。

2.1.1 任意布置

调用“任意布置”命令，可以在平面图中绘制各种类型的电气设备图块。图 2-1 所示为调用“任意布置”命令布置设备的结果。

“任意布置”命令的执行方式如下：

- 命令行：输入“RYBZ”按 Enter 键。
- 菜单栏：单击“平面设备”→“任意布置”命令。

下面以布置如图 2-1 所示的设备为例，讲解调用“任意布置”命令的方法。

01 按 Ctrl+O 组合键，打开配套资源提供的“第 2 章 / 2.1.1 任意布置 .dwg”素材文件，结果如图 2-2 所示。

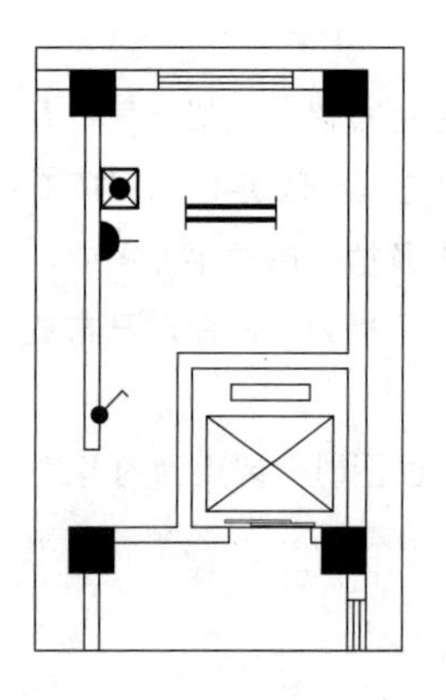

图 2-1 任意布置设备

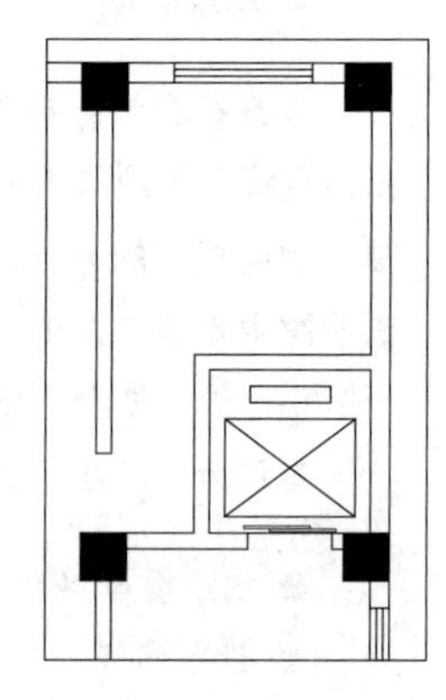

图 2-2 打开素材文件

02 在命令行中输入“RYBZ”按 Enter 键，系统弹出“天正电气图块”对话框。在该对话框中选择设备类型为“灯具”，再选择“双管荧光灯”，如图 2-3 所示。

03 在“任意布置”对话框中设置参数，如图 2-4 所示。

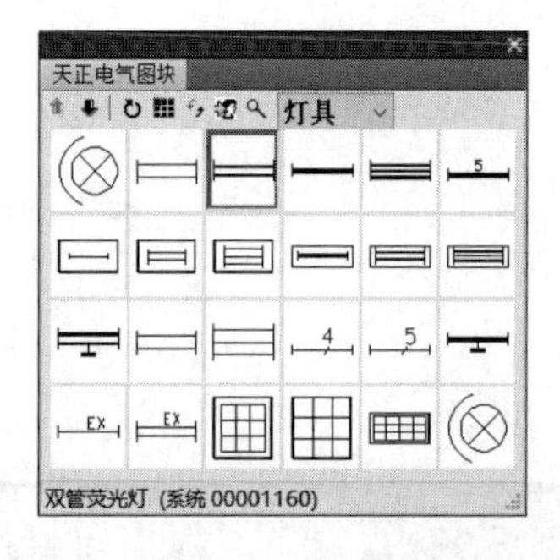

图 2-3 选择灯具

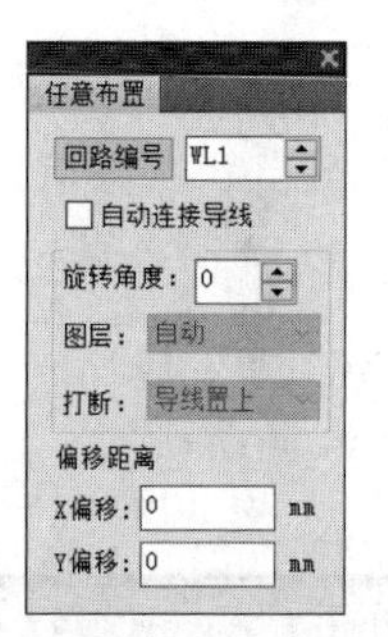

图 2-4 “任意布置”对话框

[04] 命令行提示如下：

```
命令：RYBZ ↙
请指定设备的插入点 { 转 90（A）/ 旋转属性字（R）/ 放大（E）/ 缩小（D）/ 左右翻转（F）/
X 轴偏移（X)/Y 轴偏移（Y)/ 设备类别（上一个 W/ 下一个 S)/ 设备翻页（前页 P/ 后页 N)/ 直插（Z)}
<退出>：                    // 在图中指定插入点并按 Enter 键，布置灯具的结果如图 2-5 所示。
```

[05] 在“天正电气图块”对话框右上角的设备类型下拉列表中选择“应急灯具”选项，再在该对话框中选择“自带电源疏散照明灯”，如图 2-6 所示。

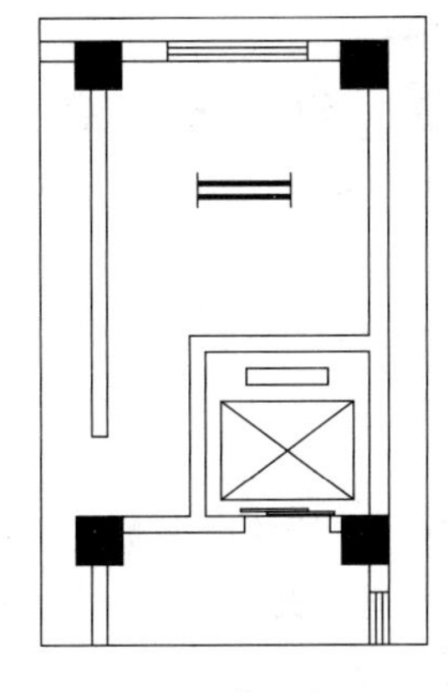

图 2-5　布置灯具

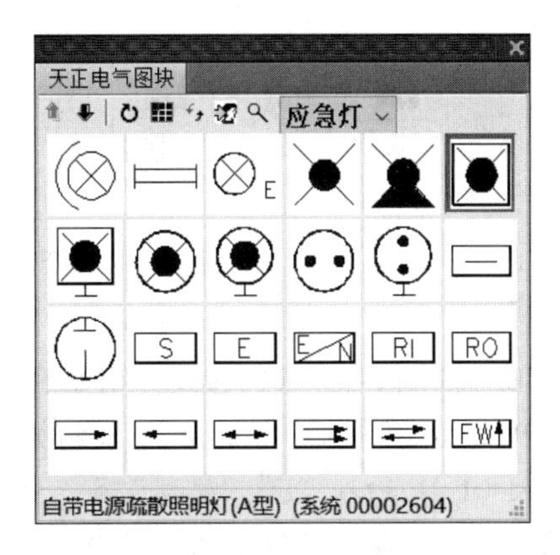

图 2-6　选择灯具

[06] 在图中指定位置布置 / 灯具，按 Enter 键结束操作，结果如图 2-7 所示。

[07] 在“天正电气图块”对话框中选择设备类型为“插座”，再选择“暗装单相插座”，如图 2-8 所示。

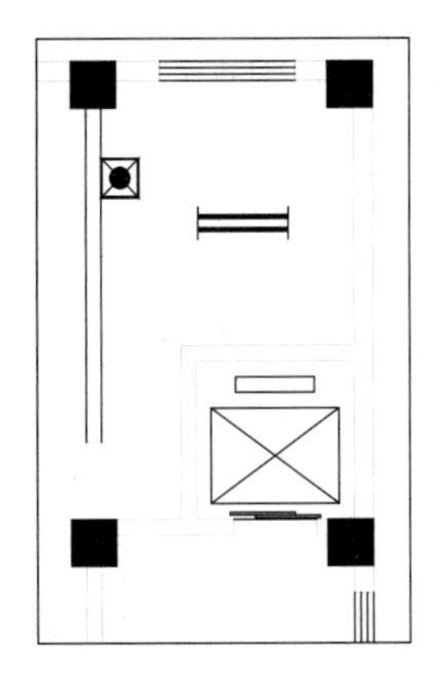

图 2-7　布置灯具

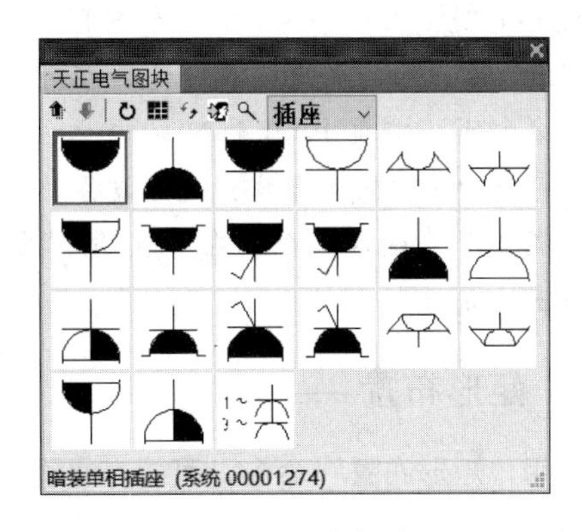

图 2-8　选择插座

[08] 在命令行中输入“A”，选择“转 90（A）”选项，翻转插座的角度。然后在图中指定插入位置，按 Enter 键结束操作，布置插座的结果如图 2-9 所示。

[09] 在“天正电气图块”对话框中选择设备类型为“开关”，再选择“开关”，如图 2-10 所示。在图中指定插入位置，按 Enter 键即可插入开关。

[10] 任意布置设备的结果如图 2-1 所示。

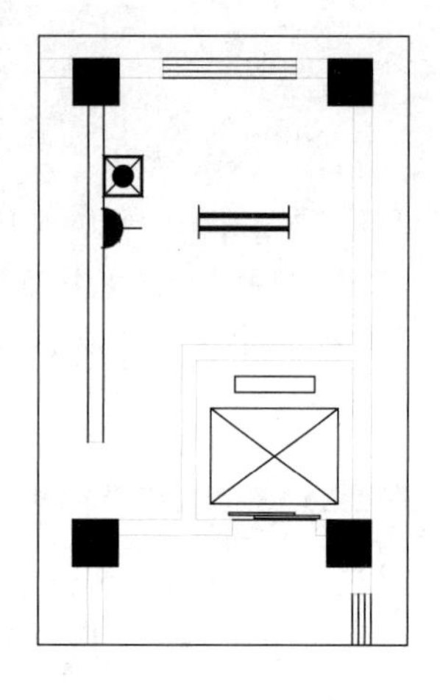

图 2-9　布置插座

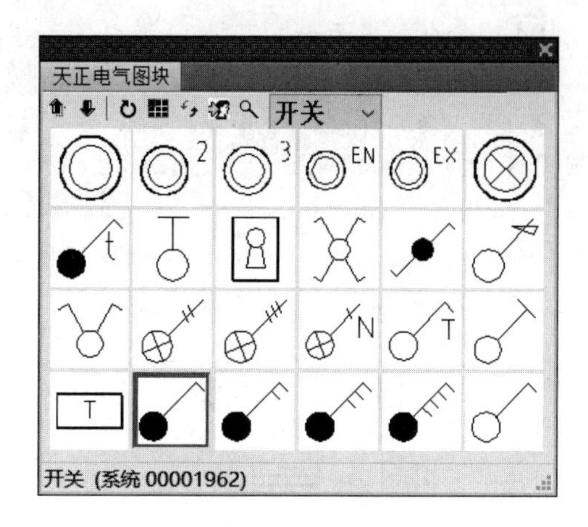

图 2-10　选择开关

RYBZ 命令行各选项的含义介绍如下：

转 90（A）：输入“A”，更改设备的角度。连续输入“A”可持续地调整设备的角度。

放大（E）：输入“E”，放大设备。连续输入“E”可持续地放大设备。

缩小（D）：输入“D”，缩小设备。连续输入“D”可持续地缩小设备。

左右翻转（F）：输入“F”，左右翻转设备。

X 轴偏移（X）：输入“X”，在设备插入点的左 / 右方向上偏移一定距离。输入正值，向右偏移；输入负值，向左偏移。

Y 轴偏移（Y）：输入“Y”，在设备插入点的上 / 下方向上偏移一定距离。输入正值，向上偏移；输入负值，向下偏移。

设备类别（上一个 W/ 下一个 S）：输入“W”，向上翻设备类别表；输入“S”，向下翻设备类别表。该命令可帮助用户快速地在对话框中查找、选择设备类别。

设备翻页（前页 P/ 后页 N）：输入“P”，向前翻设备列表；输入“N”，向后翻设备列表。该命令可帮助用户快速查找、选择设备。

直插（Z）：输入“Z”，在“直插”“断开”“平铺”三种方式之间切换。用户可选择适当的方式布置设备。

2.1.2　矩形布置

调用“矩形布置”命令，可以在平面图中绘制一个矩形选框，并在选框内布置各种电气设备。图 2-11 所示为调用“矩形布置”命令布置设备的结果。

“矩形布置”命令的执行方式如下：

➢ 命令行：输入“JXBZ”按 Enter 键。

➢ 菜单栏：单击“平面设备”→“矩形布置”命令。

下面以布置如图 2-11 所示的设备为例，讲解调用“矩形布置”命令的方法。

01 按 Ctrl+O 组合键，打开配套资源提供的“第 2 章 / 2.1.2 矩形布置 .dwg”素材文件，结果如图 2-12 所示。

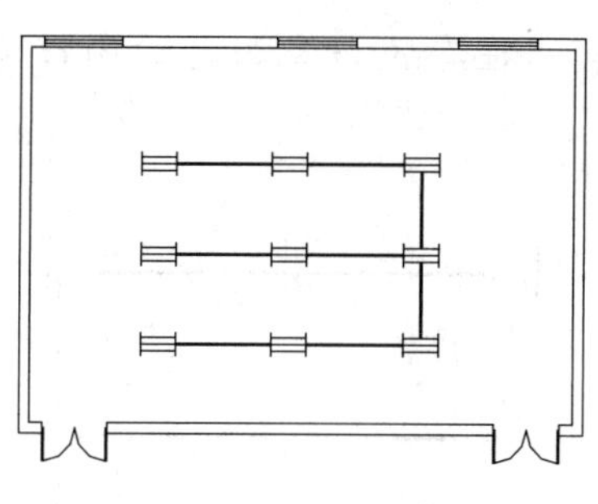

图 2-11　矩形布置设备

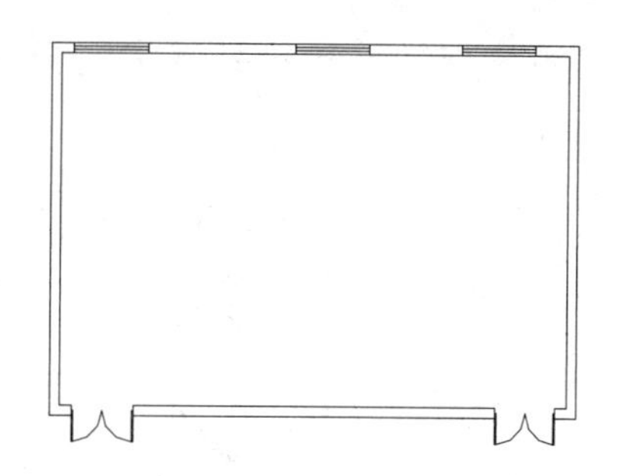

图 2-12　打开素材文件

02　在命令行中输入“JXBZ”按Enter键，在弹出的“天正电气图块”对话框中选择“三管荧光灯”，如图 2-13 所示。

03　在“矩形布置”对话框中设置参数，如图 2-14 所示。

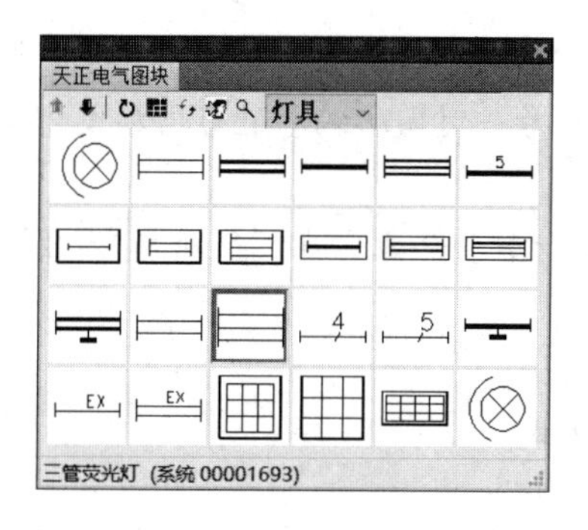

图 2-13　选择灯具

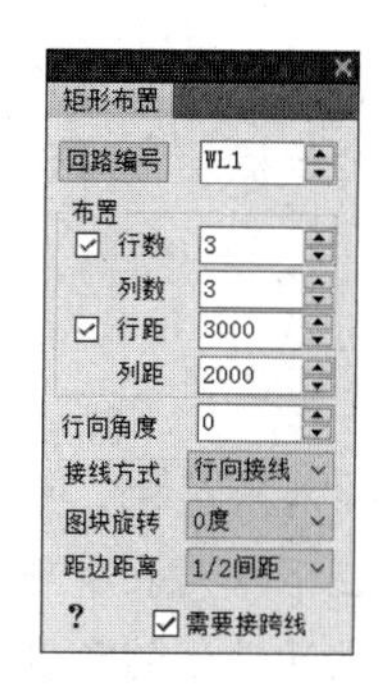

图 2-14　“矩形布置”对话框

04　命令行提示如下：

```
    命令：JXBZ ↙
    请输入起始点 { 选取行向线 (G)/ 设备类别 ( 上一个 W/ 下一个 S)/ 设备翻页 ( 前页 P/ 后页 N)}
<退出>：
    请输入终点：                          // 指定布置设备的范围，如图 2-15 所示。
    请选取接跨线的列：                    // 选取右边的列，如图 2-16 所示。
```

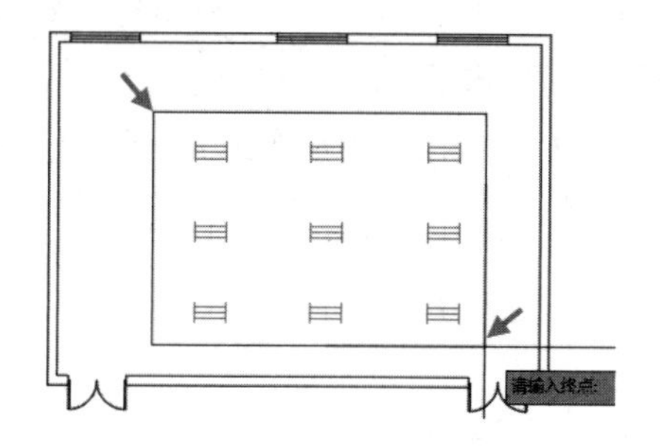

图 2-15　指定布置设备的范围

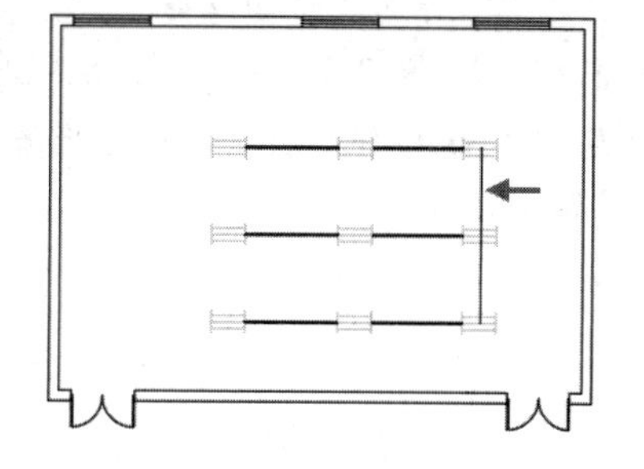

图 2-16　选择接跨线的列

05　矩形布置设备的结果如图 2-11 所示。

在“矩形布置”对话框中设置“行向角度”为 45°，可以改变角度布置设备，结果如图 2-17 所示。

在“图块旋转”下拉列表中选择旋转角度，可以在布置设备时自动调整角度，如图 2-18 所示。

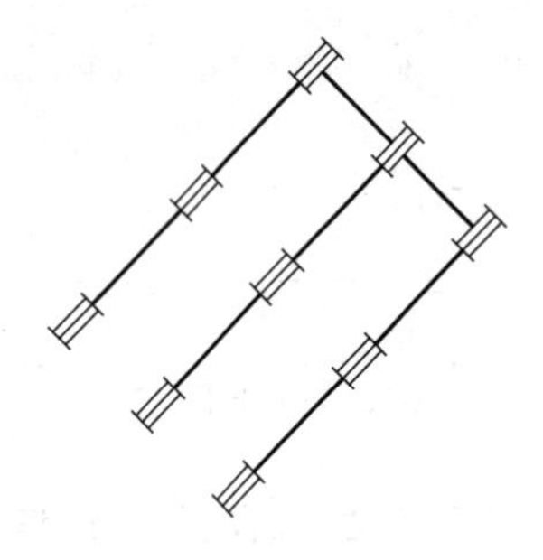

图 2-17　改变行向角度布置设备

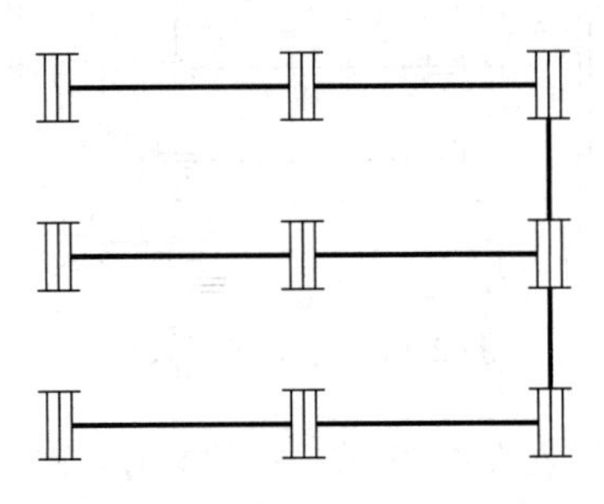

图 2-18　调整角度布置设备

“矩形布置”对话框介绍如下：

回路编号：在文本框中可以输入设备和导线所在回路的编号，单击“回路编号”按钮，弹出“回路编号”对话框。在对话框中可以自定义回路编号、对回路编号进行增加或删除回路的操作。

布置：在“行数”“列数”文本框中可设置设备的行数和列数，在“行距”“列距”文本框中可设置行距和列距。

行向角度：输入角度值，可改变布置设备的角度。

接线方式：在下拉列表中可选择连接设备导线的方式。

图块旋转：设置设备的角度。

距边距离：输入或选择参数，可定义最外侧设备与矩形选框的间距。

2.1.3 扇形布置

调用“扇形布置”命令，可以在扇形房间内按扇形排列布置各种电气设备。图 2-19 所示为使用“扇形布置”命令布置设备的结果。

“扇形布置”命令的执行方式如下：

- 命令行：输入“SXBZ”按 Enter 键。
- 菜单栏：单击“平面设备”→“扇形布置”命令。

下面以布置如图 2-19 所示的设备为例，讲解调用“扇形布置”命令的方法。

01 按 Ctrl+O 组合键，打开配套资源提供的“第 2 章 / 2.1.3 扇形布置 .dwg”素材文件，结果如图 2-20 所示。

图 2-19　扇形布置设备　　　　图 2-20　打开素材文件

02 在命令行中输入“SXBZ”按 Enter 键，在弹出的“天正电气图块”对话框中选择“四管荧光灯”，如图 2-21 所示。

03 在“扇形布置”对话框中设置“行数”为 4、“每行数量”为 5，选择“每行递减”选项，设置参数为 1，如图 2-22 所示。

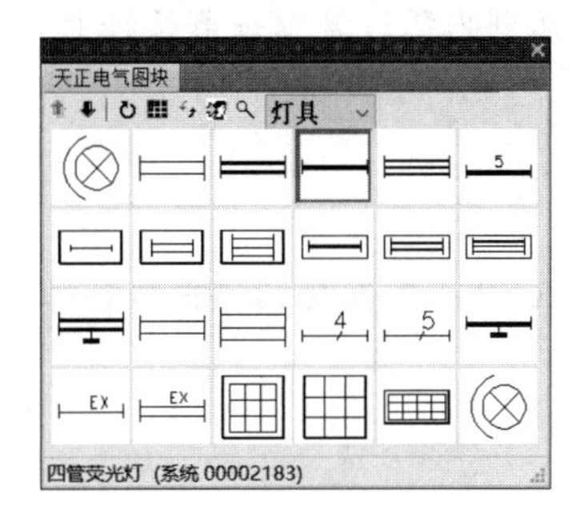

图 2-21 选择灯具

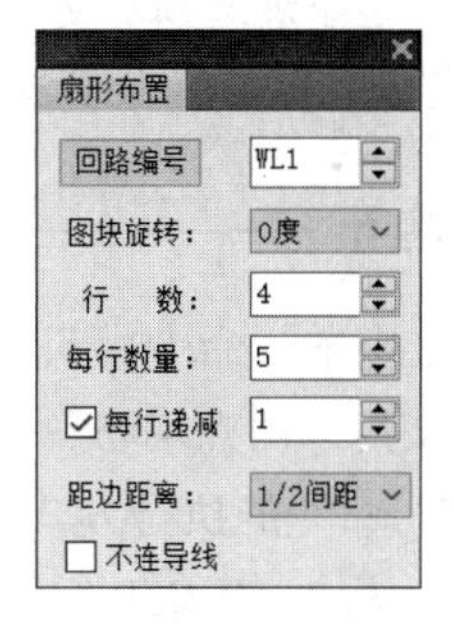

图 2-22 “扇形布置”对话框

04 命令行提示如下：

```
命令：SXBZ ↙
请输入扇形大弧起始点 <退出>:        // 单击指定 A 点，如图 2-23 所示。
请输入扇形大弧终点 <退出>:          // 单击指定 B 点，如图 2-24 所示。
点取扇形大弧上一点 <退出>:          // 单击指定 C 点，如图 2-25 所示。
点取扇形小弧上一点:                 // 向右移动鼠标，在适当位置单击，点取扇形小弧上一点，如图 2-26 所示。
```

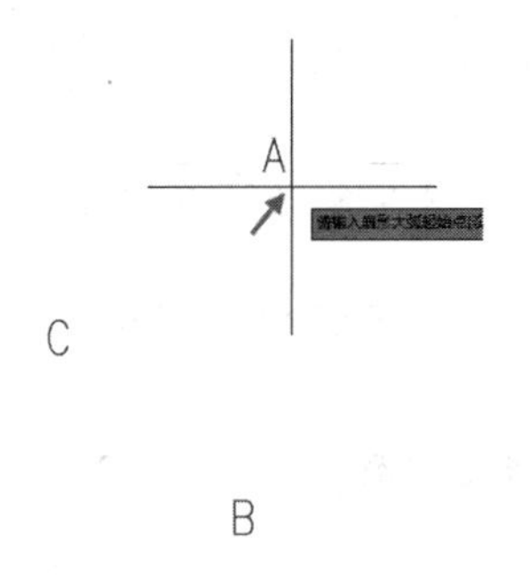

图 2-23 指定 A 点

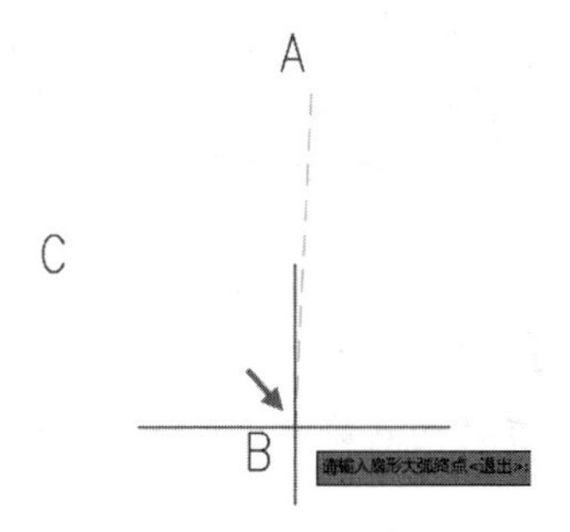

图 2-24 指定 B 点

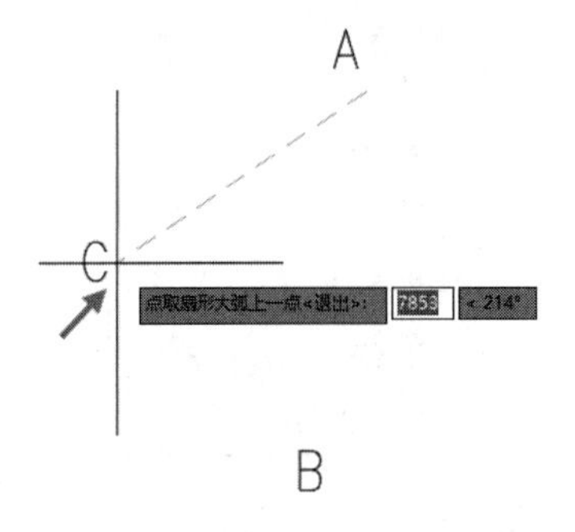

图 2-25 指定 C 点

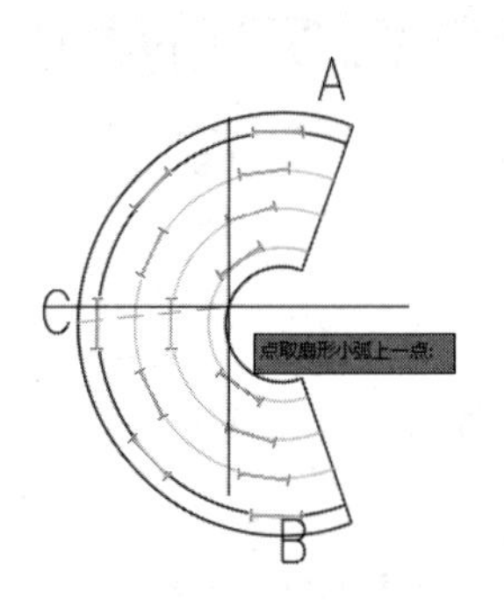

图 2-26 点取扇形小弧上一点

05 使用扇形布置方式布置电气设备的结果如图 2-19 所示。

“扇形布置”对话框中的选项介绍如下：

行数：输入或选择扇面内需要布置设备的行数。

每行数量：设置扇形面外弧上沿线插入设备的数量。

每行递减：选择该选项，可在布置设备时，使从外弧到内弧过渡中每条弧线上布置的设备数量按自定义的每行递减的数量递减。

2.1.4 两点均布

调用“两点均布”命令，可在图中指定的两个点之间沿一条直线均匀布置各种电气设备。图 2-27 所示为使用“两点均布”命令布置设备的结果。

“两点均布”命令的执行方式如下：

- 命令行：输入“LDJB”按 Enter 键。
- 菜单栏：单击“平面设备”→“两点均布”命令。

下面以布置如图 2-27 所示的设备为例，讲解调用“两点均布”命令的方法。

01 按 Ctrl+O 组合键，打开配套资源提供的“第 2 章 / 2.1.4 两点均布 .dwg”素材文件，结果如图 2-28 所示。

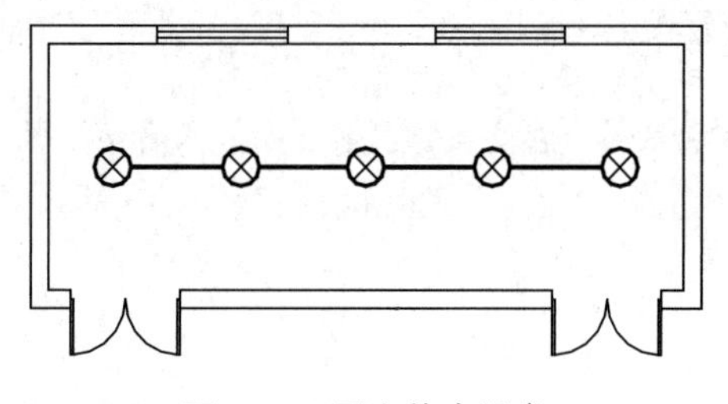

图 2-27 两点均布设备

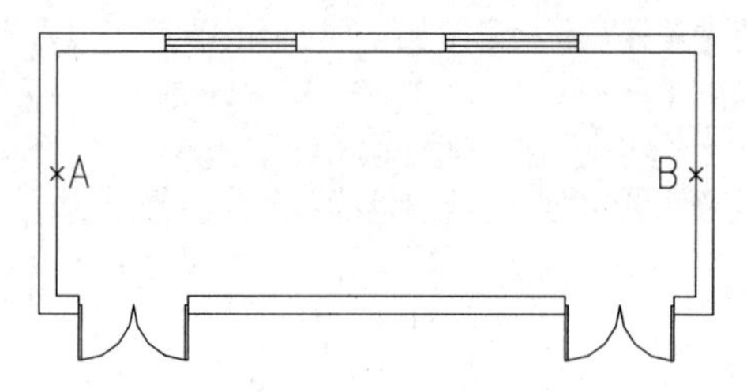

图 2-28 打开素材文件

02 在命令行中输入“LDJB”按 Enter 键，在弹出的“天正电气图块”对话框中选择“灯”，如图 2-29 所示。

03 在“两点均布”对话框中选择“数量”选项，设置参数为 5，如图 2-30 所示。

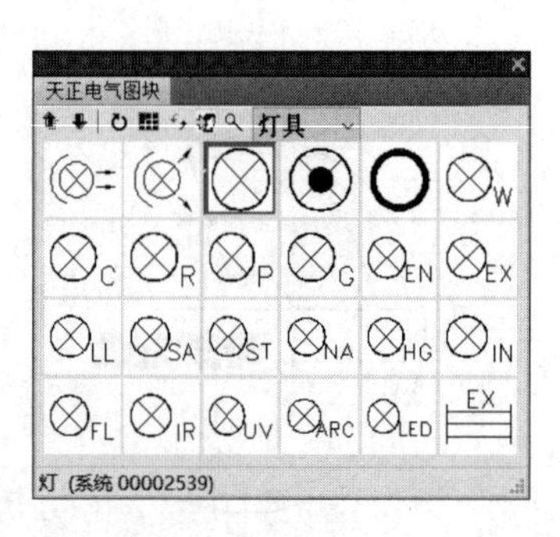

图 2-29 选择灯具

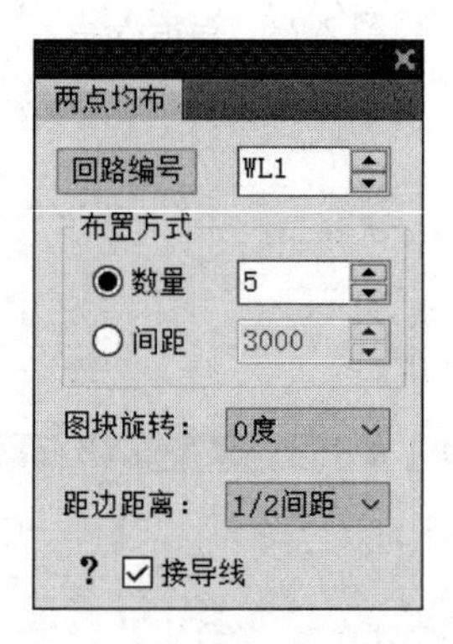

图 2-30 “两点均布”对话框

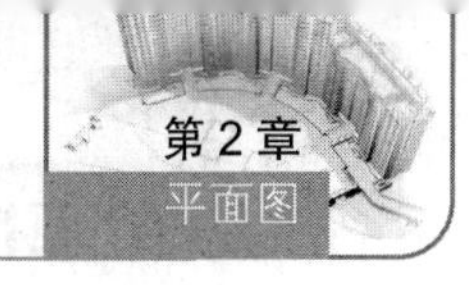

04 命令行提示如下：

```
命令：LDJB ↙
请输入起始点 < 退出 >：                    // 单击 A 点。
请输入终点：                               // 单击 B 点。布置结果如图 2-27 所示。
```

在“两点均布”对话框中选择“间距”选项，设置参数为2200，如图2-31所示。

在图中分别指定起始点和终点，使用“两端对齐”的方式布置电气设备的结果如图2-32所示。

图2-31 选择并设置“间距”值

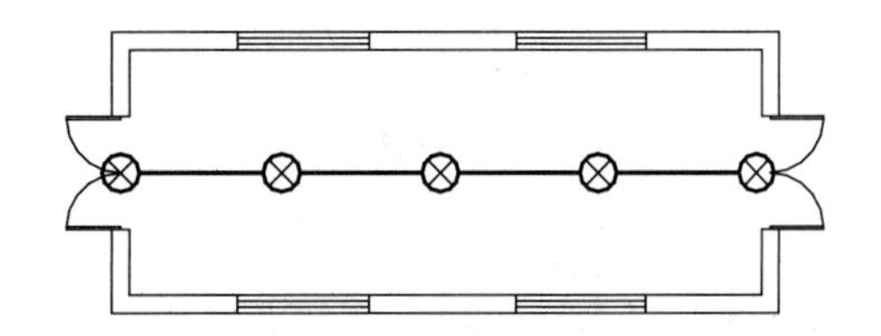

图2-32 使用“两端对齐”布置设备

“两点均布”对话框中的选项介绍如下：

数量：输入或选择参数，确定在两点之间沿直线布置设备的数量。

间距：指定设备的间距，按照固定的间距布置设备。

2.1.5 弧线均布

调用“弧线均布”命令，可在两点之间沿一条弧线均匀布置各种电气设备。图2-33所示为调用“弧线均布”命令布置电气设备的结果。

“弧线均布”命令的执行方式如下：

- 命令行：输入“HXBZ”按 Enter 键。
- 菜单栏：单击“平面设备”→“弧线均布”命令。

下面以布置如图2-33所示的设备为例，讲解调用“弧线均布”命令的方法。

01 按Ctrl+O组合键，打开配套资源提供的“第2章/2.1.5弧线均布.dwg”素材文件，结果如图2-34所示。

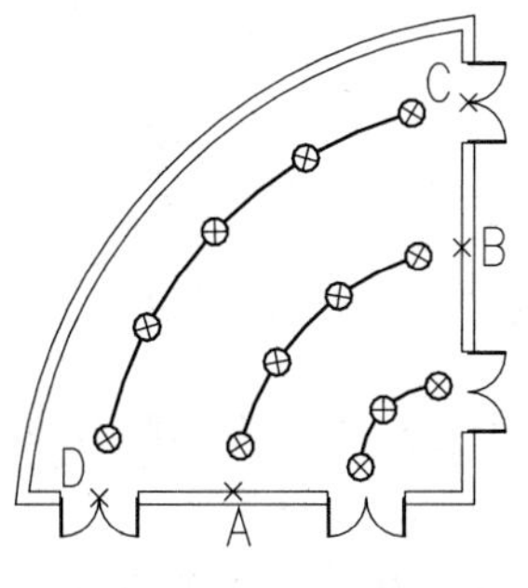

图2-33 弧线均布设备

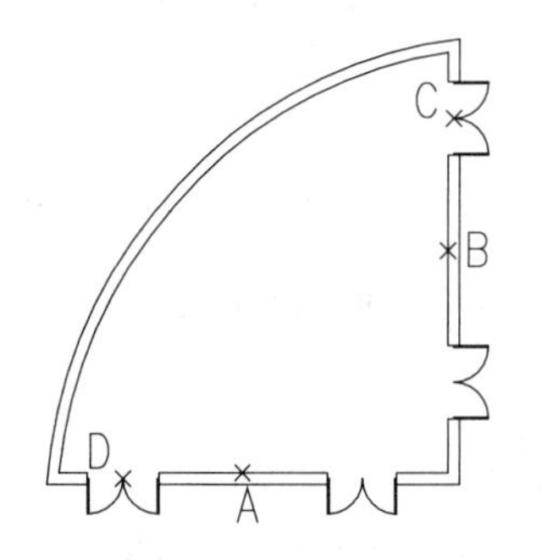

图2-34 打开素材文件

[02] 在命令行中输入“HXBZ”按 Enter 键，在弹出的“天正电气图块”对话框中选择“灯”，如图 2-35 所示。

[03] 在“弧线均布”对话框中选择“数量”选项，设置数量为 3，如图 2-36 所示。

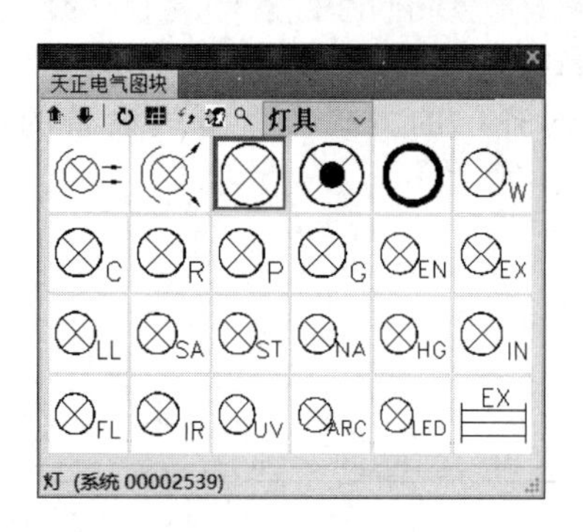

图 2-35　选择灯具

图 2-36　“弧线均布”对话框

[04] 命令行提示如下：

```
命令：HXBZ ↙
请输入起始点 <退出>：                    // 如图 2-37 所示。
请输入终点 <退出>：                      // 如图 2-38 所示。
点取弧上一点：                           // 如图 2-39 所示，弧线均布 3 个设备的结果如图 2-40 所示。
```

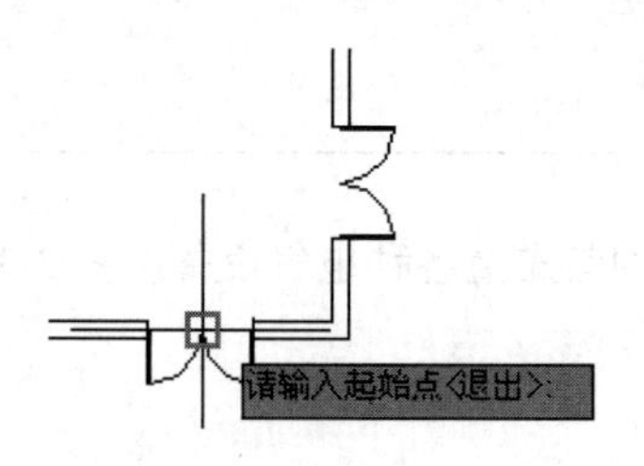

图 2-37　指定起始点

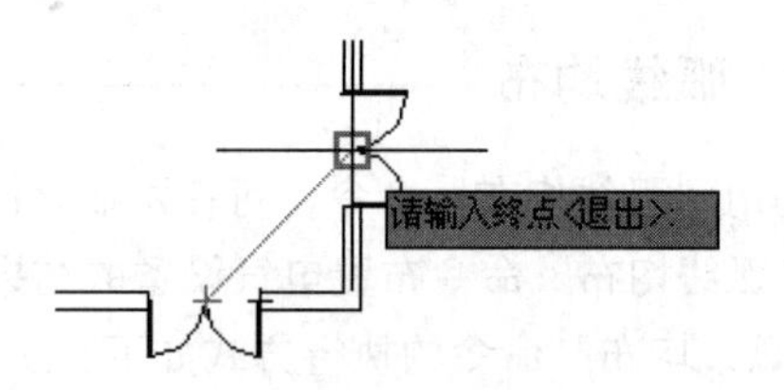

图 2-38　指定终点

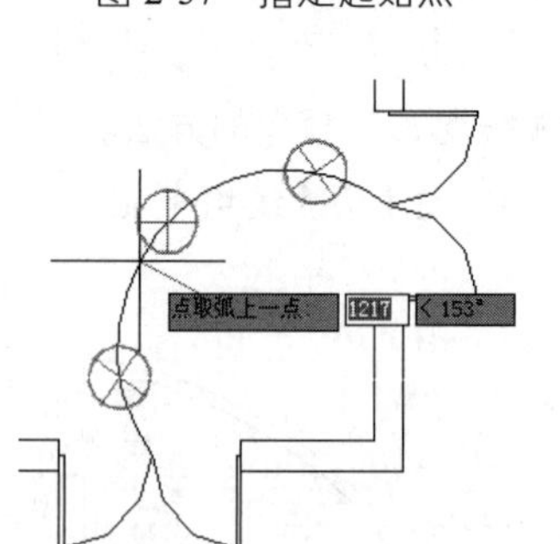

图 2-39　点取弧上一点

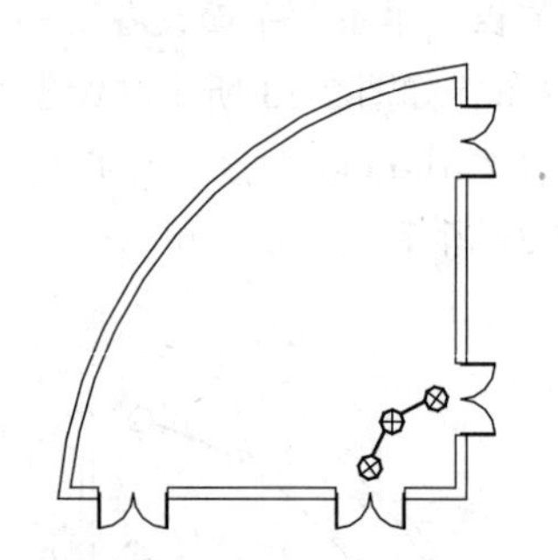

图 2-40　弧线均布 3 个设备

[05] 在“弧线均布”对话框中的“布置方式”选项组中更改“数量”为 4，单击 A 点和 B 点布置电气设备。

[06] 更改“数量”为 5，单击 C 点和 D 点布置电气设备，结果如图 2-33 所示。

2.1.6 沿线单布

调用“沿线单布”命令，可以在指定的直线、墙体上布置灯具、开关等电气设备，动态决定布置的方向。图 2-41 所示为调用“沿线单布”命令布置电气设备的结果。

“沿线单布”命令的执行方式如下：

➢ 命令行：输入“YXDB”按 Enter 键。

➢ 菜单栏：单击“平面设备”→“沿线单布”命令。

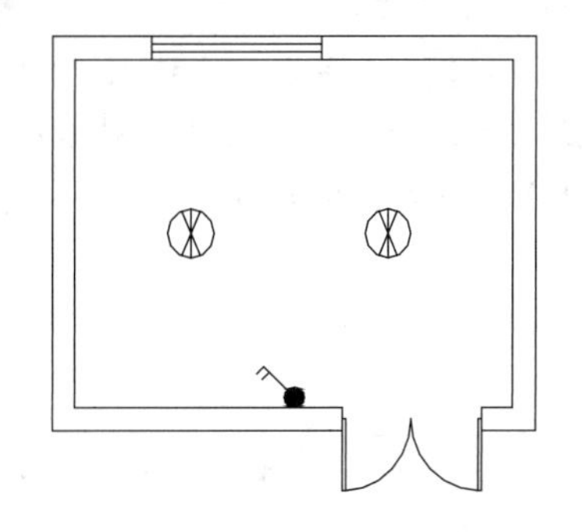

图 2-41 沿线单布设备

下面以布置如图 2-41 所示的设备为例，讲解调用“沿线单布”命令的方法。

01 按 Ctrl+O 组合键，打开配套资源提供的“第 2 章 / 2.1.6 沿线单布 .dwg”素材文件，结果如图 2-42 所示。

02 在命令行中输入“YXDB”按 Enter 键，在弹出的“天正电气图块”对话框中选择“双联开关”，如图 2-43 所示。

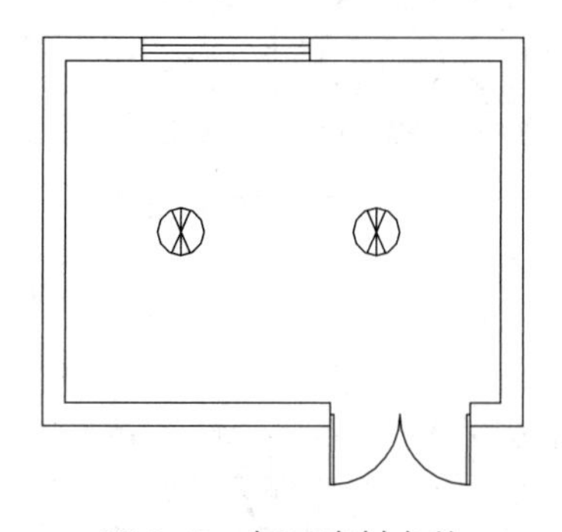

图 2-42 打开素材文件

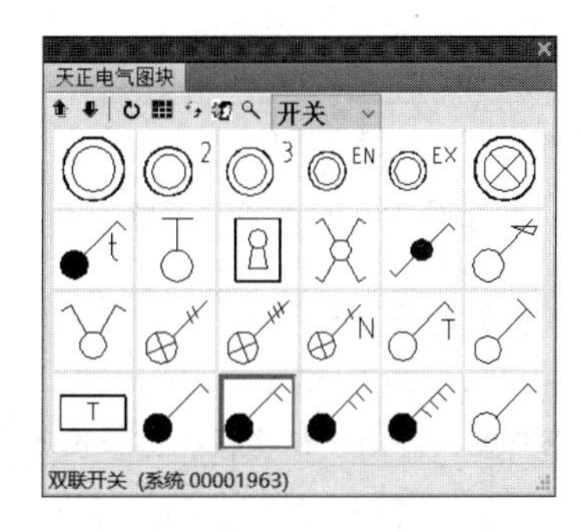

图 2-43 选择开关

03 命令行提示如下：

```
命令：YXDB↙
请拾取布置设备的墙线、直线、弧线（支持外部参照）{门侧布置（A）/设备类别（上一个W/下一个S）/设备翻页（前页P/后页N）}<退出>:
                    //拾取墙线，沿线布置开关的结果如图 2-41 所示。
```

提示

在调用“沿线单布”命令布置电气设备的过程中，对墙线的图层、线型等参数不做要求，直线、圆弧、多段线等也可作为拾取对象。

2.1.7 沿线均布

调用“沿线均布”命令，可以在图中沿着一条直线均匀布置各种电气设备，设备的角度依据选中直线的方向而定。图 2-44 所示为调用“沿线均布”命令布置电气设备的结果。

“沿线均布”命令的执行方式如下：

➢ 命令行：输入“YXJB”按 Enter 键。

➢ 菜单栏：单击“平面设备”→“沿线均布”命令。

下面以布置如图 2-44 所示的设备为例，讲解调用“沿线均布”命令的方法。

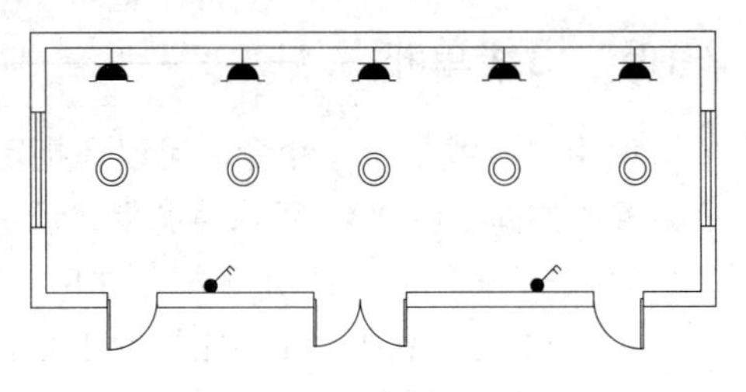

图 2-44　沿线均布设备

[01] 按 Ctrl+O 组合键，打开配套资源提供的“第 2 章 / 2.1.7 沿线均布 .dwg”素材文件，结果如图 2-45 所示。

[02] 在命令行中输入“YXJB”按 Enter 键，在弹出的“天正电气图块”对话框中选择“半嵌式吸顶灯”，如图 2-46 所示。

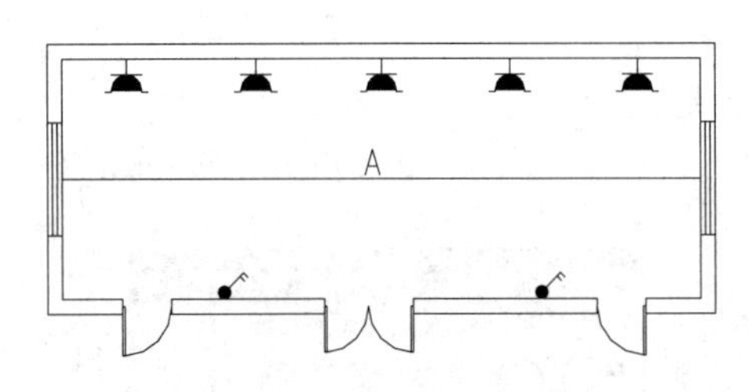

图 2-45　打开素材文件

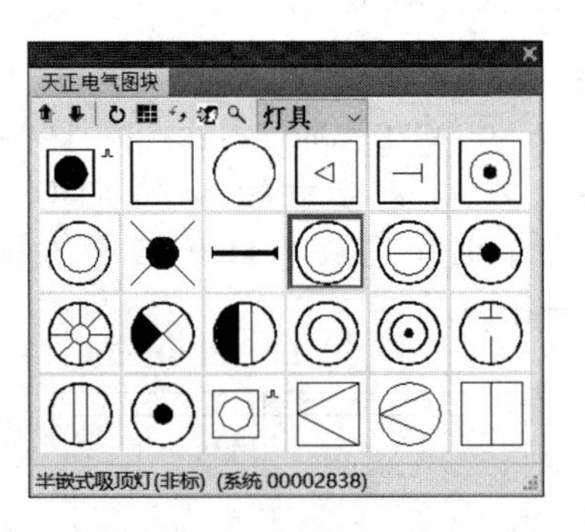

图 2-46　选择灯具

[03] 命令行提示如下：

```
命令：YXJB↙
请拾取布置设备的墙线、直线、弧线（支持外部参照）{设备类别（上一个W/下一个S）/设备翻页（前页P/后页 N）}<退出>:                    //拾取素材中的A直线。
请给出欲布置的设备数量 {垂直该线段[R]}<2>5              //指定均布数目，操作结果如图2-44所示。
```

2.1.8　沿墙布置

调用“沿墙布置”命令，可以在图中沿墙线布置电气设备，设备的角度依墙线方向而定。图 2-47 所示为调用“沿墙布置”命令布置电气设备的结果。

“沿墙布置”命令的执行方式如下：

- 命令行：输入“YQBZ”按 Enter 键。
- 菜单栏：单击“平面设备”→“沿墙布置”命令。

下面以布置如图 2-47 所示的设备为例，讲解调用“沿墙布置”命令的方法。

[01] 按 Ctrl+O 组合键，打开配套资源提供的“第 2 章 / 2.1.8 沿墙布置 .dwg”素材文件，结果如图 2-48 所示。

[02] 在命令行中输入“YQBZ”按 Enter 键，在弹出的“天正电气图块”对话框中选择“安全型三极暗装插座”，如图 2-49 所示。

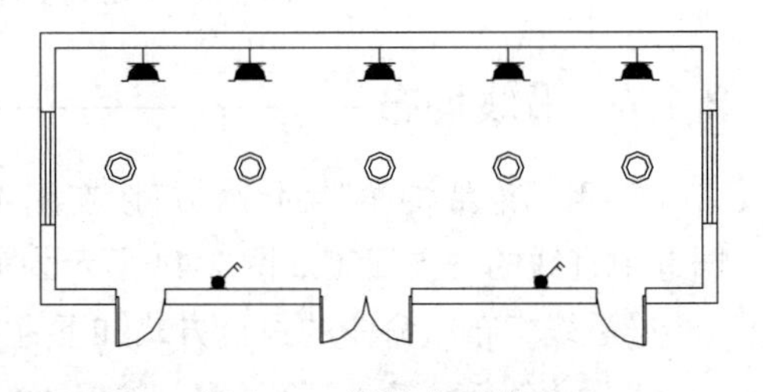

图 2-47　沿墙布置设备

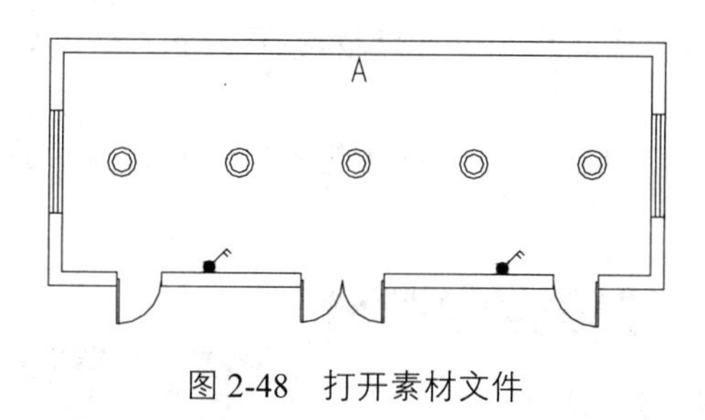

图 2-48　打开素材文件

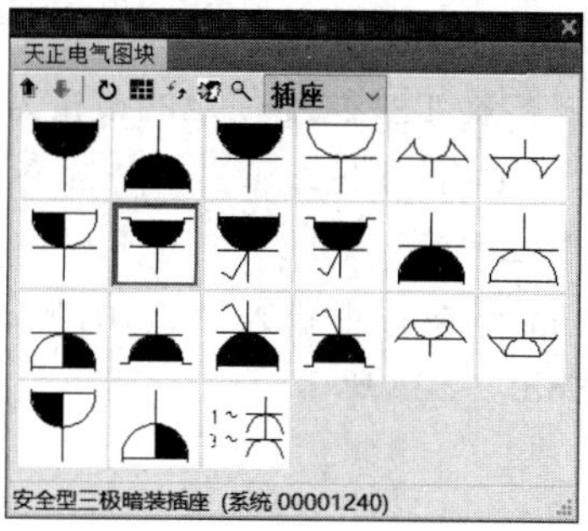

图 2-49　选择插座

03　命令行提示如下：

```
命令：YQBZ ↙
请拾取布置设备的墙线 { 设备类别 ( 上一个 W/ 下一个 S)/ 设备翻页 ( 前页 P/ 后页 N)}<退出>:
                          // 连续选取 A 墙线，布置设备的结果如图 2-47 所示。
```

提示

用户可以自定义设备的离墙尺寸，方法是打开“选项”对话框，选择“电气设定”选项卡，在“平面图设置”选项组中设置“设备至墙距离”参数，如图 2-50 所示。

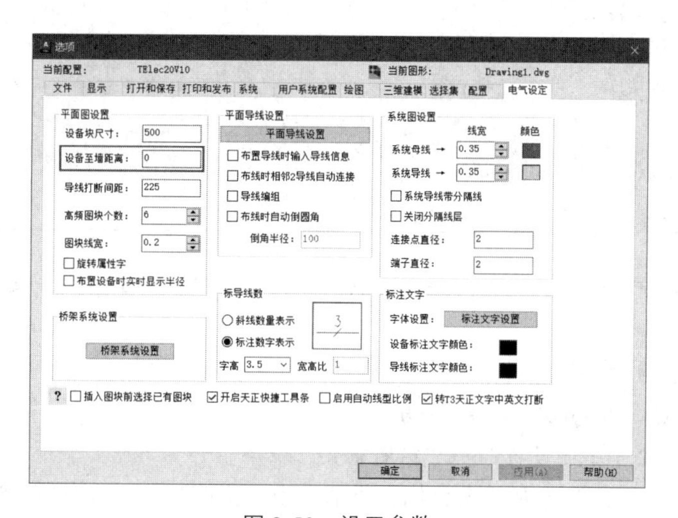

图 2-50　设置参数

2.1.9　沿墙均布

调用“沿墙均布”命令，可以在图中沿着墙线均匀布置电气设备，设备的角度依据墙线的方向而定。图 2-51 所示为调用“沿墙均布”命令布置电气设备的结果。

“沿墙均布”命令的执行方式如下：

➢ 命令行：输入“YQJB”按 Enter 键。

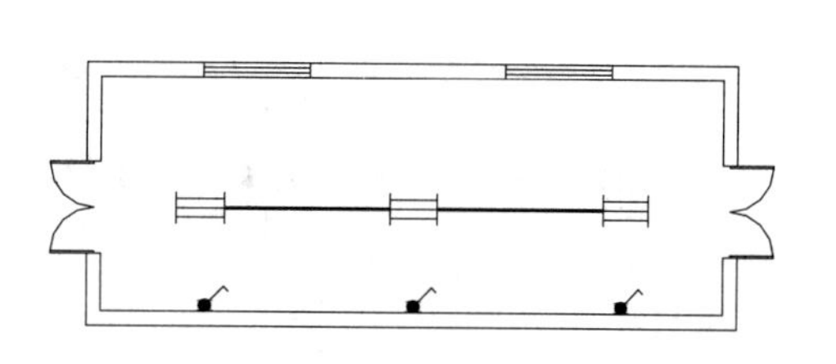

图 2-51　沿墙均布设备

➢ 菜单栏：单击“平面设备”→“沿墙均布”命令。

下面以布置如图 2-51 所示的设备为例，讲解调用“沿墙均布”命令的方法。

01 按 Ctrl+O 组合键，打开配套资源提供的“第 2 章 / 2.1.9 沿墙均布 .dwg”素材文件，结果如图 2-52 所示。

02 在命令行中输入“YQJB”按 Enter 键，在弹出的“天正电气图块”对话框中选择“开关”，如图 2-53a 所示。

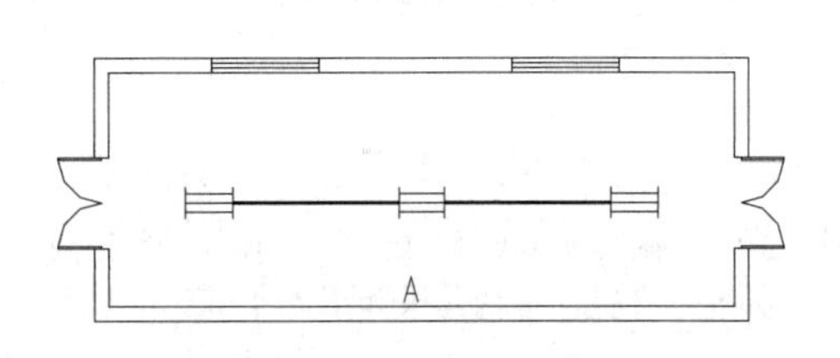

图 2-52 打开素材文件

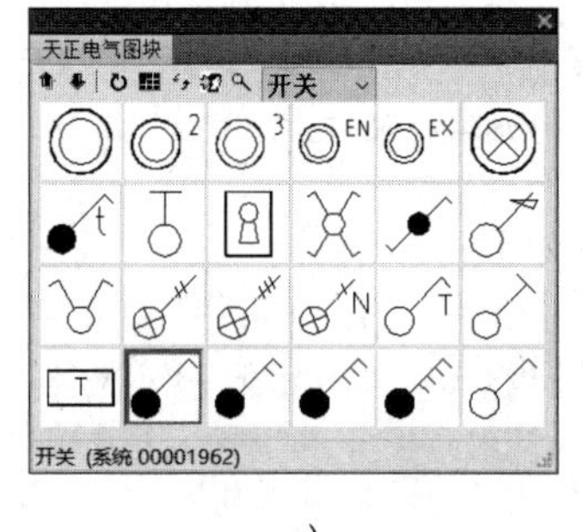

a)

b)

图 2-53 选择开关及设置参数

03 在“沿墙均布”对话框中设置参数，如图 2-53b 所示。

04 命令行提示如下：

```
命令：YQJB↙
请拾取布置设备的墙线 { 设备类别 ( 上一个 W/ 下一个 S) / 设备翻页 ( 前页 P/ 后页 N)}< 退出 >:
                                    // 选取 A 墙线。
请给出欲布置的设备数量 <2>3          // 指定数量，操作结果如图 2-51 所示。
```

2.1.10 穿墙布置

调用“穿墙布置”命令，可以穿越墙体布置电气设备。图 2-54 所示为调用“穿墙布置”命令布置设备的结果。

“穿墙布置”命令的执行方式如下：

➢ 命令行：输入“CQBZ”按 Enter 键。

➢ 菜单栏：单击“平面设备”→“穿墙布置”命令。

下面以布置如图 2-54 所示的设备为例，讲解调用“穿墙布置”命令的方法。

01 按 Ctrl+O 组合键，打开配套资源提供的“第 2 章 / 2.1.10 穿墙布置 .dwg”素材文件，如图 2-55 所示。

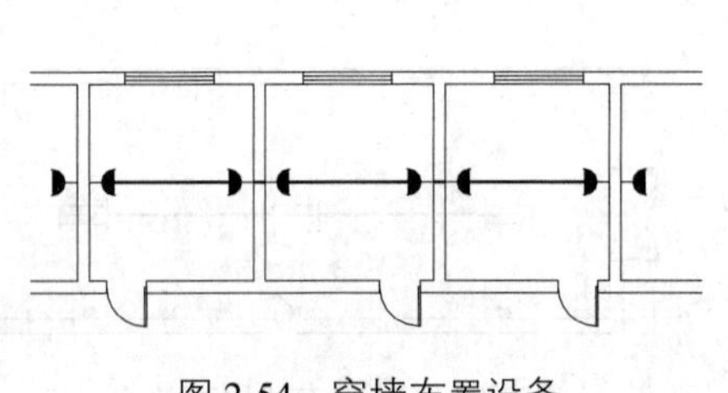

图 2-54 穿墙布置设备

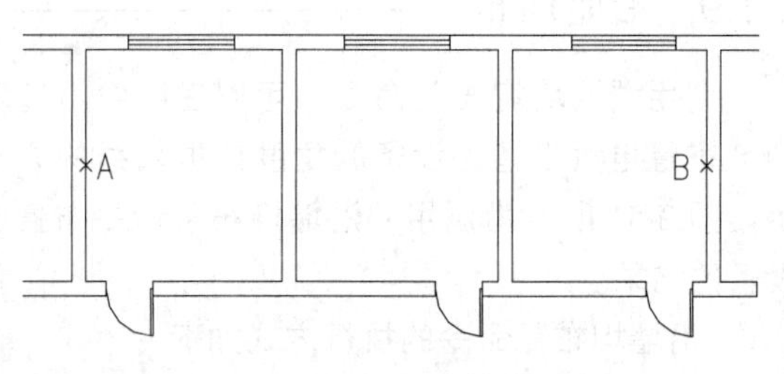

图 2-55 打开素材文件

02 在命令行中输入“CQBZ”按Enter键，在弹出的“天正电气图块”对话框中选择“暗装单相插座”，如图2-56所示。

03 在“穿墙布置”对话框“布置方式”选项组中选择“双侧”选项，再选择“接导线”选项，如图2-57所示。

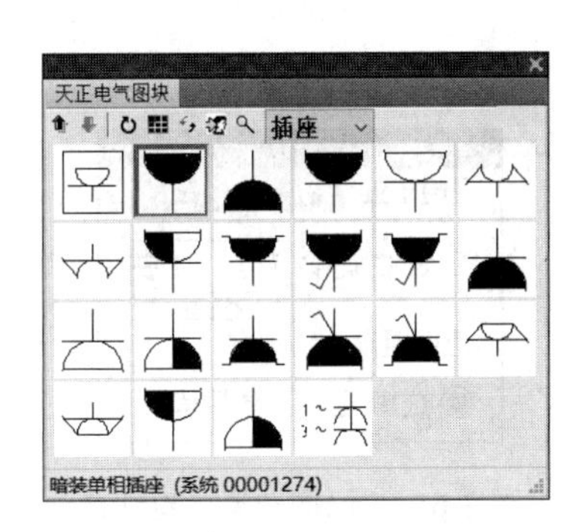

图2-56 选择插座

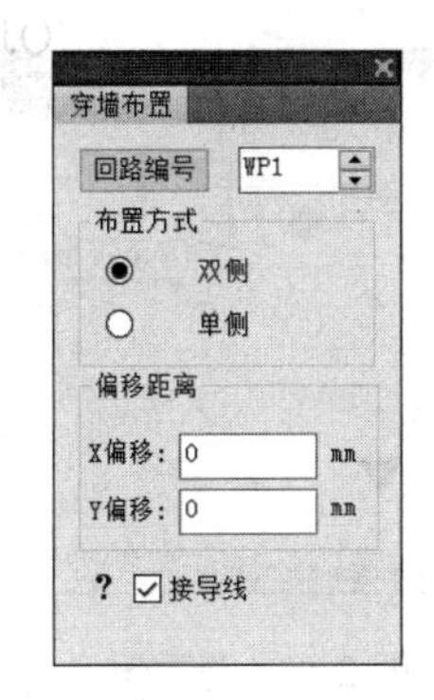

图2-57 “穿墙布置”对话框

04 命令行提示如下：

```
命令：CQBZ↙
请点取布置设备直线的第一点{设备类别(上一个W/下一个S)/设备翻页(前页P/后页N)}<退出>:                        //指定A点。
请点取布置设备直线的下一点<退出>:        //指定B点，布置设备的结果如图2-54所示。
```

提示

执行“穿墙布置”命令，也可以穿越弧墙布置设备。

2.1.11 门侧布置

调用“门侧布置”命令，可以在门的一侧布置电气设备。图2-58所示为调用“门侧布置”命令布置设备的结果。

“门侧布置”命令的执行方式如下：

- 命令行：输入“MCBZ”按Enter键。
- 菜单栏：单击“平面设备”→“门侧布置”命令。

下面以布置如图2-58所示的设备为例，讲解调用“门侧布置”命令的方法。

01 按Ctrl+O组合键，打开配套资源提供的“第2章/2.1.11门侧布置.dwg”素材文件，如图2-59所示。

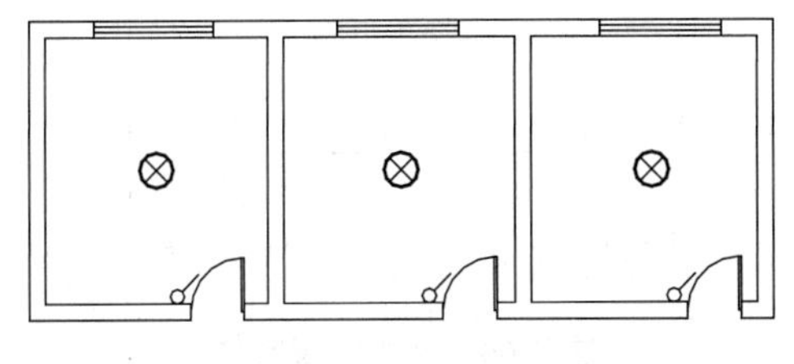

图2-58 门侧布置设备

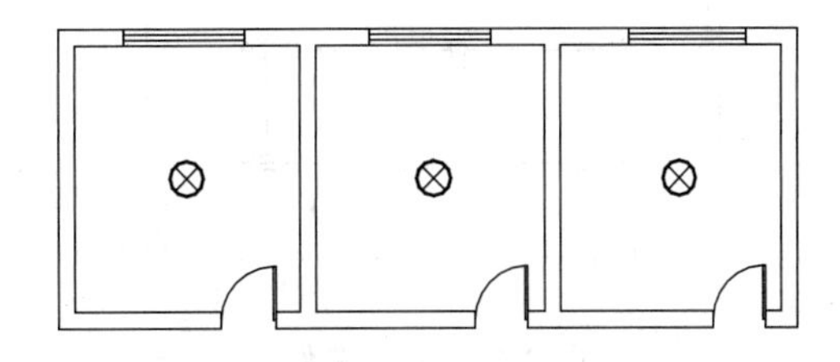

图2-59 打开素材文件

02 在命令行中输入“MCBZ”按 Enter 键，在弹出的“天正电气图块”对话框中选择“开关”，如图 2-60 所示。

03 在“门侧布置”对话框中选择“选择门”选项，设置“距门距离”为 200，如图 2-61 所示。

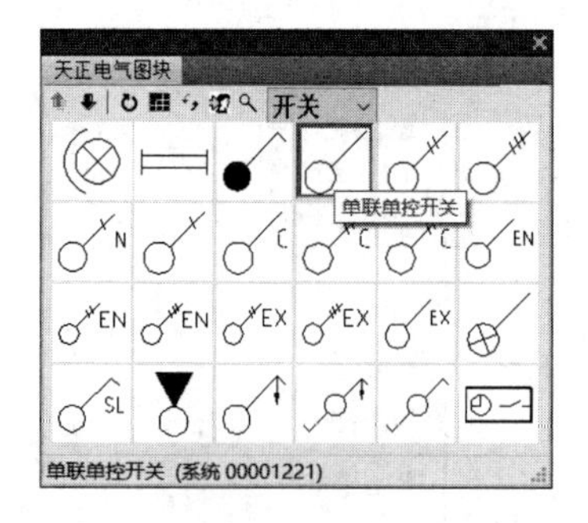

图 2-60 选择开关

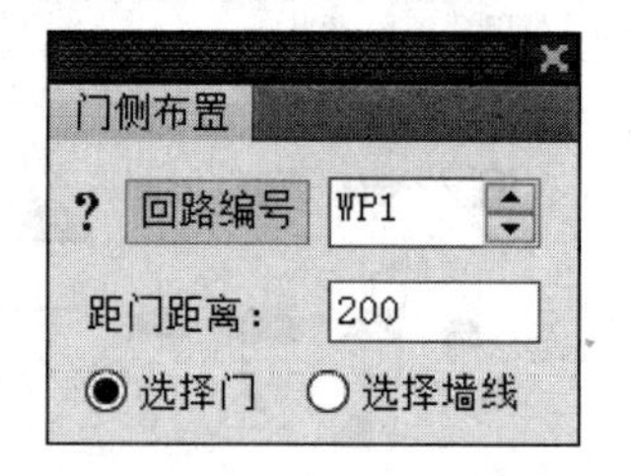

图 2-61 “门侧布置”对话框

04 命令行提示如下：

```
命令：MCBZ ↙
请拾取门 { 设备类别（上一个 W/ 下一个 S）/ 设备翻页（前页 P/ 后页 N）}< 退出 >：找到 3 个，
总计 3 个                    // 拾取门图形，按 Enter 键即可布置设备，结果如图 2-58 所示。
```

2.1.12 参照布置

调用“参照布置”命令，可参照已有的设备布置方式，以相同的方式在图中布置其他设备。图 2-62 所示为调用“参照布置”命令布置设备的结果。

“参照布置”命令的执行方式如下：

➢ 命令行：输入“CZBZ”按 Enter 键。

➢ 菜单栏：单击“平面设备”→“参照布置”命令。

下面以如图 2-62 所示的设备为例，讲解调用“参照布置”命令的方法。

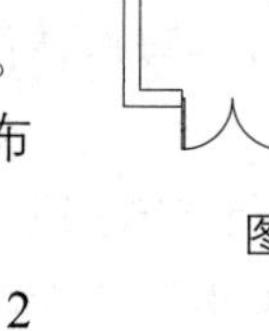

图 2-62 参照布置设备

01 按 Ctrl+O 组合键，打开配套资源提供的“第 2 章 / 2.1.12 参照布置 .dwg”基准文件和参照布置文件，如图 2-63 和图 2-64 所示。

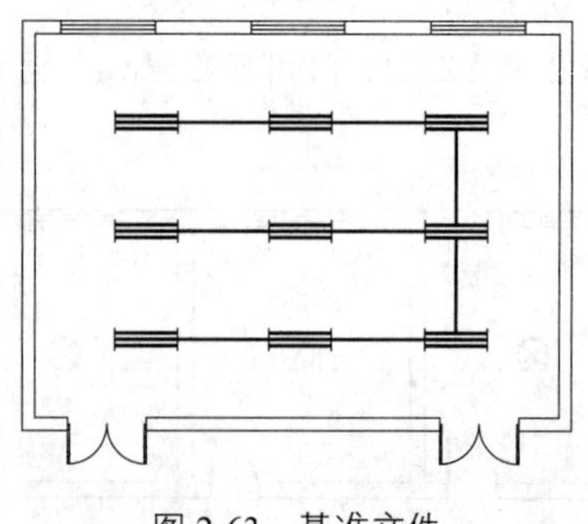

图 2-63 基准文件

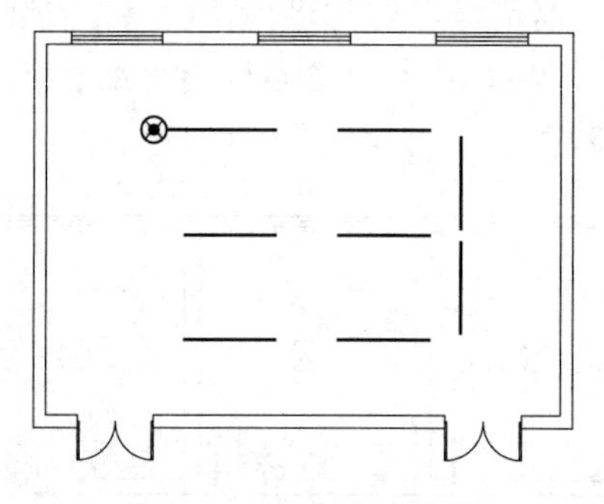

图 2-64 参照布置文件

02 在命令行中输入“CZBZ”按 Enter 键，命令行提示如下：

```
命令：CZBZ ↙
请选择基准图块<退出>:                                  // 如图 2-65 所示。
请选择参照布置的图块（可以多个）<退出>：找到 1 个         // 如图 2-66 所示。
选择范围或选择闭合曲线：                                // 按 Enter 键。
```

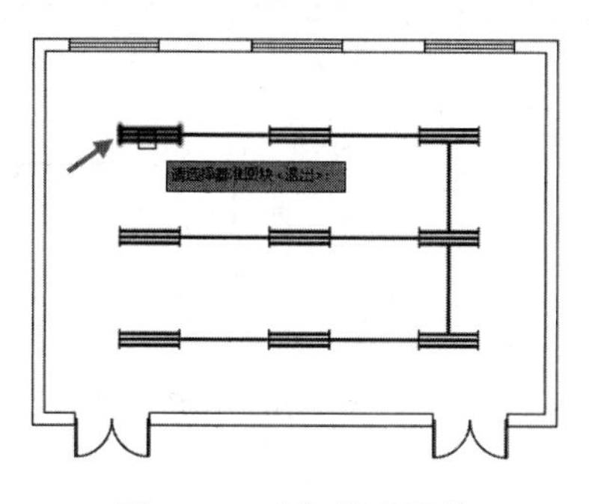

图 2-65 选择基准图块

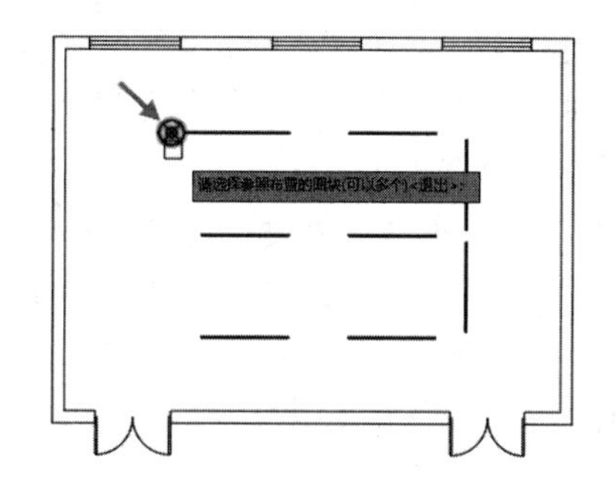

图 2-66 选择参照布置的图块

03 观察参照布置的结果，发现有的导线与灯具不连接，如图 2-67 所示。

04 选择导线，在两端显示蓝色的夹点。将鼠标指针置于夹点上，激活夹点。按住鼠标左键不放，向左拖动鼠标，使夹点与灯具边界线重合，如图 2-68 所示。

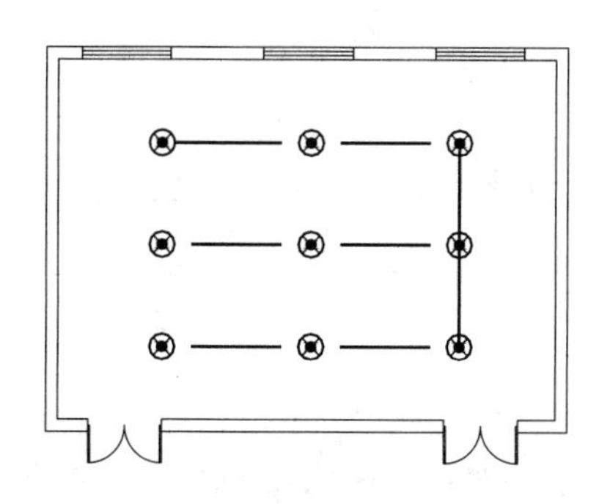

图 2-67 有的导线与灯具不连接

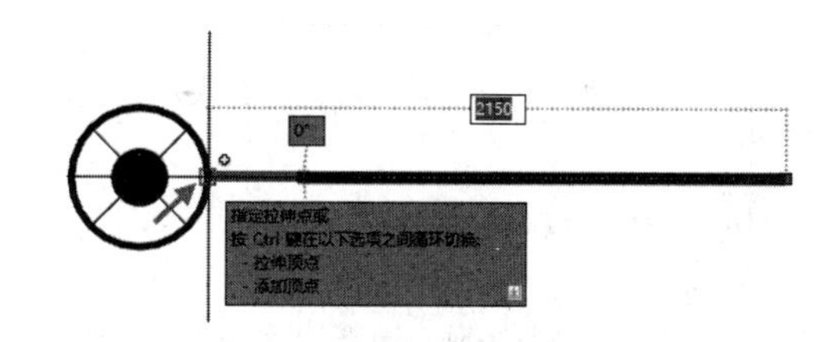

图 2-68 使夹点与灯具边界线重合

05 在适当的位置松开鼠标左键，即可使导线与灯具连接，结果如图 2-69 所示。

06 重复上述操作，继续激活其他夹点，完成全部导线与灯具的连接，结果如图 2-62 所示。

图 2-69 使导线与灯具连接

2.2 设备编辑

当电气图中的设备存在错误时，需要对设备进行修改或重新布置。天正软件提供了编辑电气设备的命令。执行设备编辑命令，可以编辑修改选中的电气设备，而不用重新绘制。本节将介绍编辑设备的方法。

2.2.1 设备替换

调用“设备替换”命令，可以用选定的设备替换图中已有的设备。图 2-70 所示为设备替换的结果。

“设备替换”命令的执行方式如下：

- 命令行：输入“SBTH”按 Enter 键。
- 菜单栏：单击“平面设备”→“设备替换”命令。

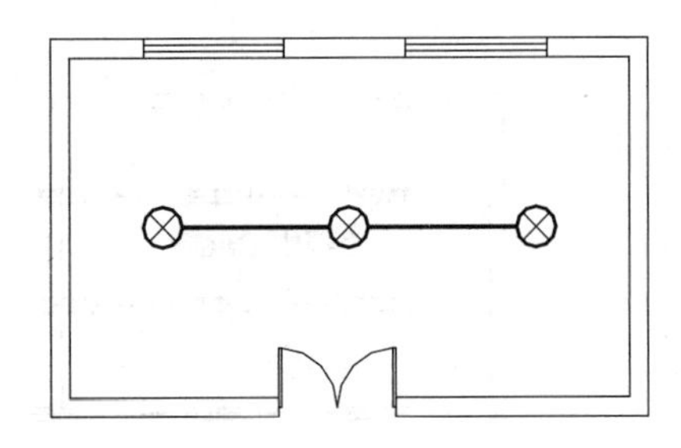

图 2-70 设备替换的结果

下面以如图 2-70 所示的设备替换为例，讲解调用“设备替换”命令的方法。

01 按 Ctrl+O 组合键，打开配套资源提供的“第 2 章 / 2.2.1 设备替换 .dwg”素材文件，如图 2-71 所示。

02 在命令行中输入“SBTH”按 Enter 键，在弹出的“天正电气图块”对话框中选择“灯”，如图 2-72 所示。

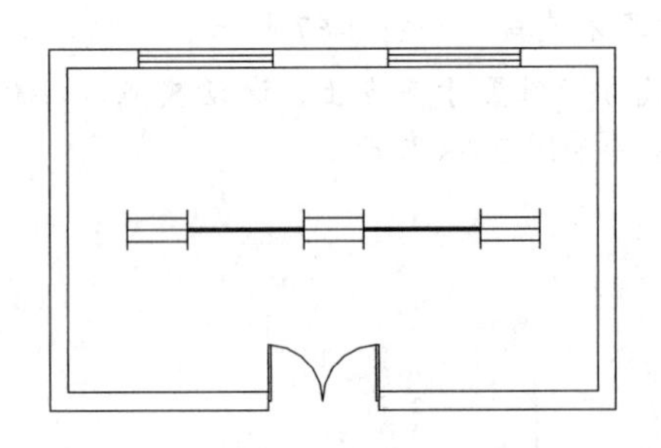

图 2-71 打开素材文件

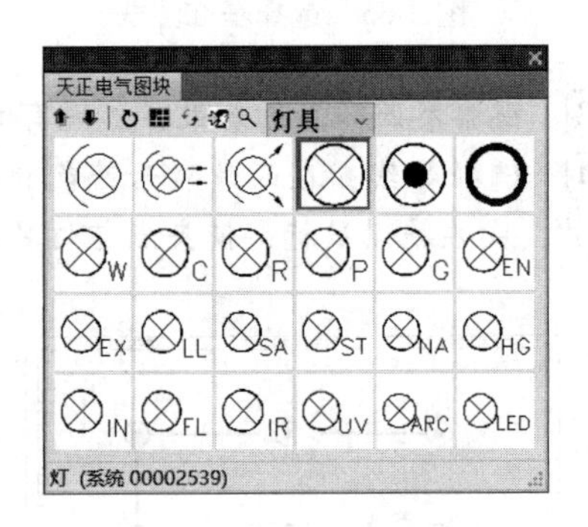

图 2-72 选择灯具

03 命令行提示如下：

```
命令：SBTH ↙
请选取图中要被替换的设备(多选)<直接替换同名设备请按回车>：找到 3 个，总计 3 个
                                  //选择素材文件中的灯具设备。
是否需要重新连接导线<Y>：          //按 Enter 键，进行设备替换操作，结果如图 2-70 所示。
```

2.2.2 快速替换

调用“快速替换”命令，可以快速地替换图中的文字或者设备。图 2-73 所示为调用“快速替换”命令替换设备的结果。

“快速替换”命令的执行方式如下：

- 命令行：输入“KSTH”按 Enter 键。
- 菜单栏：单击“平面设备”→“快速替换”命令。

下面以如图 2-73 所示的设备替换为例，讲解调用“快速替换”命令的方法。

01 按 Ctrl+O 组合键，打开配套资源提供的“第 2 章 / 2.2.2 快速替换 .dwg”素材文件，如图 2-74 所示。

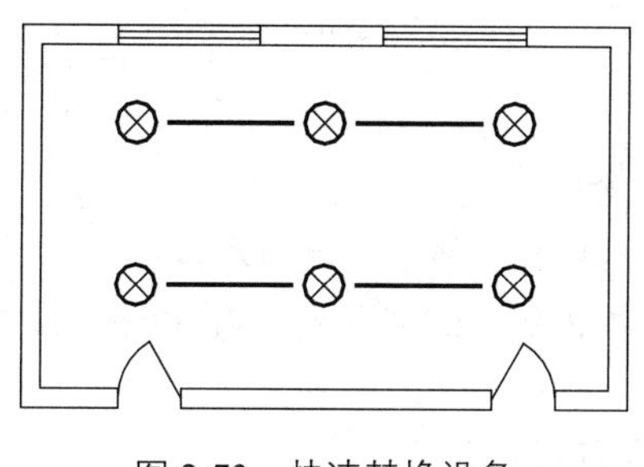

图 2-73　快速替换设备

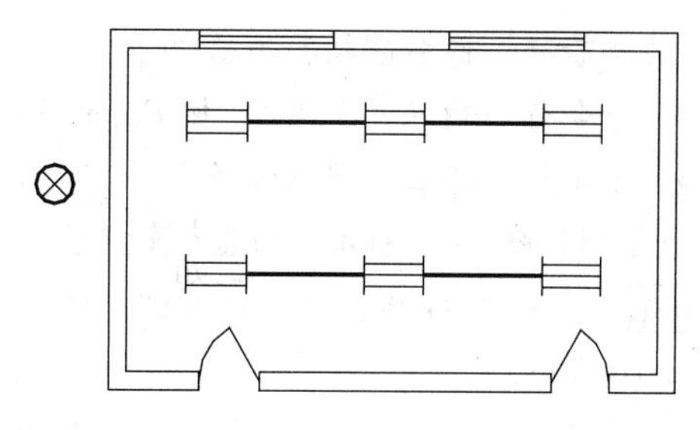

图 2-74　打开素材文件

02 在命令行中输入“KSTH”按 Enter 键，命令行提示如下：

```
命令：KSTH ↙
请选择基准文字或图块互换 [A]<退出>：                //选择吸顶灯图形。
请选择要替换的图块<退出>：找到 6 个，总计 6 个     //选择三管荧光灯图形，快速替换设备
的结果如图 2-73 所示。
```

2.2.3 设备缩放

调用“设备缩放”命令，可以改变图中已有设备的大小。图 2-75 所示为调用“设备缩放”命令的操作结果。

“设备缩放”命令的执行方式如下：

➢ 命令行：输入“SBSF”按 Enter 键。

➢ 菜单栏：单击“平面设备”→“设备缩放”命令。

下面以如图 2-75 所示的设备缩放为例，讲解调用“设备缩放”命令的方法。

01 按 Ctrl+O 组合键，打开配套资源提供的“第 2 章 / 2.2.3 设备缩放 .dwg”素材文件，如图 2-76 所示。

02 在命令行中输入“SBSF”按 Enter 键，命令行提示如下：

```
命令：SBSF ↙
请选取要缩放的设备<缩放所有同名设备>：找到 1 个    //选择左上角的灯具。
请输入缩放比例 <1>2                         //输入比例因子，设备缩放的结果如图 2-75 所示。
```

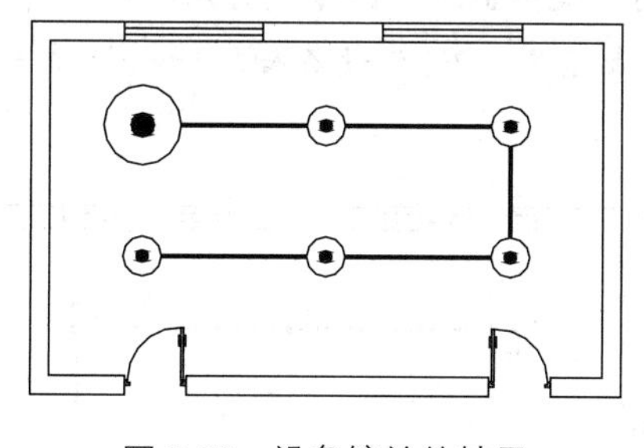

图 2-75　设备缩放的结果

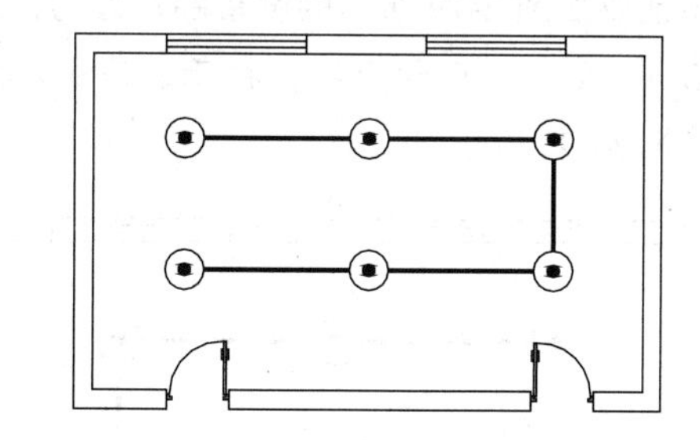

图 2-76　打开素材文件

2.2.4 设备旋转

调用“设备旋转”命令，可旋转已有设备的方向，并保持设备的插入点不变。图 2-77 所示为调用“设备旋转”命令的结果。

“设备旋转”命令的执行方式如下：

➢ 命令行：输入“SBXZ”按 Enter 键。

➢ 菜单栏：单击“平面设备”→“设备旋转”命令。

下面以如图 2-77 所示的设备旋转为例，讲解调用“设备旋转”命令的方法。

01 按 Ctrl+O 组合键，打开配套资源提供的“第 2 章 / 2.2.4 设备旋转 .dwg”素材文件，如图 2-78 所示。

02 在命令行中输入“SBXZ”按 Enter 键，命令行提示如下：

```
命令：SBXZ ↙
请选取要旋转的设备 <退出>：指定对角点：找到 6 个 // 选择素材文件中待旋转的灯具设备。
请输入旋转角度 { 取方向线 [L]}<退出>：90              // 指定旋转角度，结果如图 2-77 所示。
```

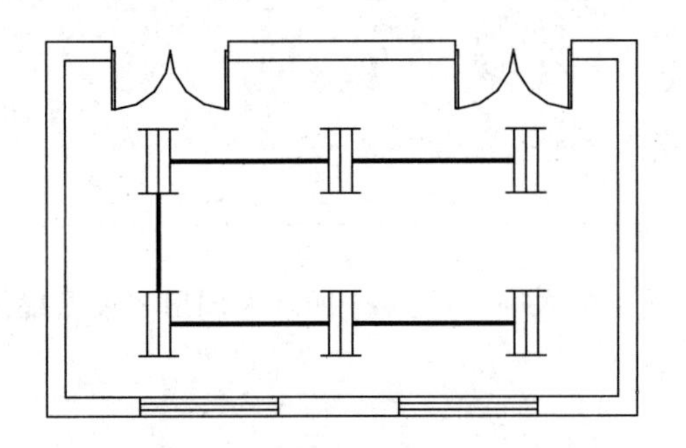

图 2-77 设备旋转的结果

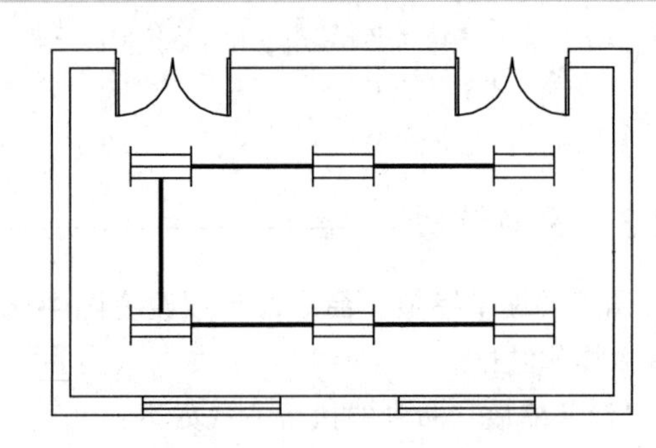

图 2-78 打开素材文件

2.2.5 设备翻转

调用“设备翻转”命令，可以将平面图中的设备沿 Y 轴做镜像翻转。图 2-79 所示为调用“设备翻转”命令的结果。

“设备翻转”命令的执行方式如下：

➢ 命令行：输入“SBFZ”按 Enter 键。

➢ 菜单栏：单击“平面设备”→“设备翻转”命令。

下面以如图 2-79 所示的设备翻转为例，讲解调用“设备翻转”命令的方法。

01 按 Ctrl+O 组合键，打开配套资源提供的“第 2 章 / 2.2.5 设备翻转 .dwg”素材文件，如图 2-80 所示。

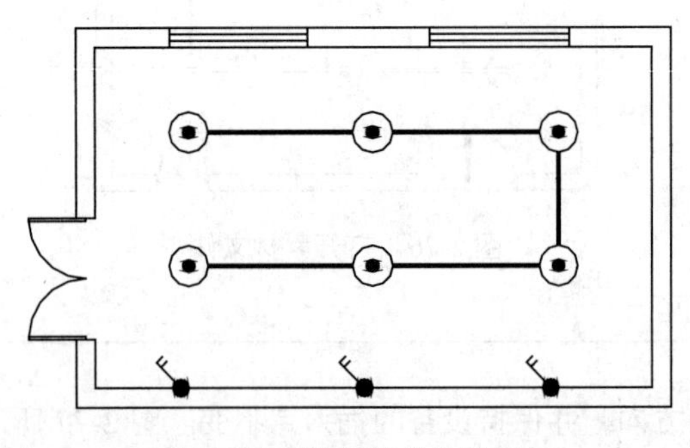

图 2-79 设备翻转的结果

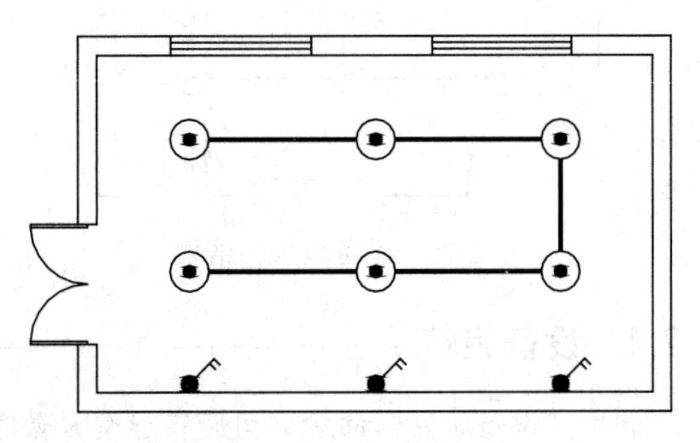

图 2-80 打开素材文件

[02] 在命令行中输入“SBFZ”按Enter键，命令行提示如下：

```
命令：SBFZ ↙
请选取要翻转的设备 <退出>：指定对角点：找到 3 个
                    //选择设备并按Enter键，设备翻转的结果如图2-79所示。
```

2.2.6 设备移动

调用“设备移动”命令，可以移动图中的电气设备。图2-81所示为调用“设备移动”命令的结果。

“设备移动”命令的执行方式如下：

- 命令行：输入“SBYD”按Enter键。
- 菜单栏：单击“平面设备”→“设备移动”命令。

下面以如图2-81所示的设备移动为例，讲解调用“设备移动”命令的方法。

[01] 按Ctrl+O组合键，打开配套资源提供的“第2章/2.2.6 设备移动.dwg”素材文件，结果如图2-82所示。

[02] 在命令行中输入“SBYD”按Enter键，命令行提示如下：

```
命令：SBYD ↙
请选取要移动的设备 <退出>：          //选择中间的灯具。
点取位置或 [转90度(A)/左右翻(S)/上下翻(D)/对齐(F)/改转角(R)/改基点(T)]
<退出>：          //向上移动鼠标指针，在适当的位置单击，设备移动的结果如图2-81所示。
```

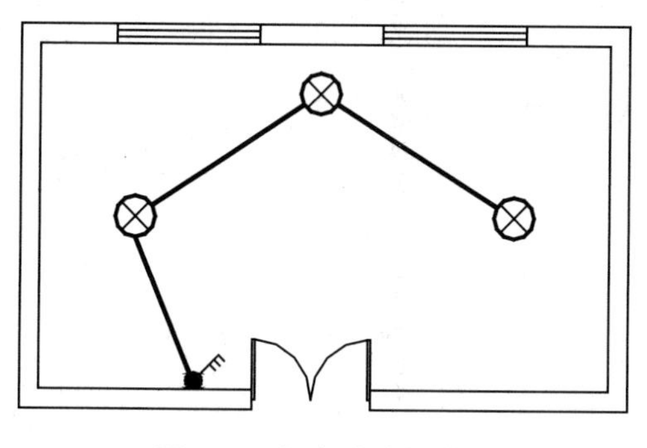

图2-81　设备移动的结果

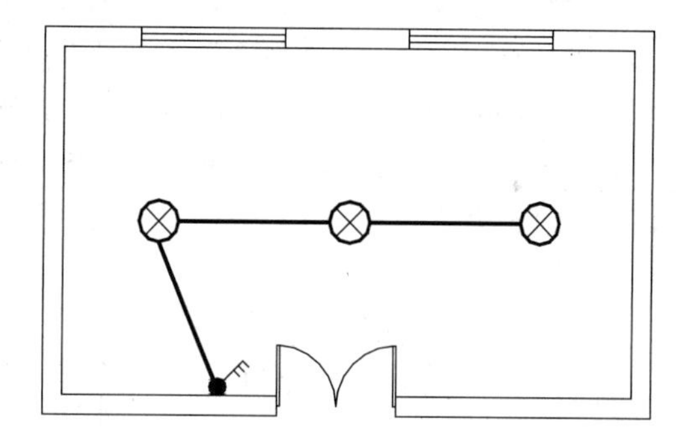

图2-82　打开素材文件

2.2.7 设备擦除

调用“设备擦除”命令，可以擦除图中的设备。图2-83所示为调用“设备擦除”命令的结果。

“设备擦除”命令的执行方式如下：

- 命令行：输入“SBCC”按Enter键。
- 菜单栏：单击“平面设备”→“设备擦除”命令。

下面以如图2-83所示的设备擦除为例，讲解调用“设备擦除”命令的方法。

[01] 按Ctrl+O组合键，打开配套资源提供的“第2章/2.2.7 设备擦除.dwg”素材文件，如图2-84所示。

02 在命令行中输入“SBCC”按 Enter 键，命令行提示如下：

```
命令：SBCC ↙
请选取要删除的设备 <退出>：找到 3 个，总计 3 个
                        //选择插座，按 Enter 键即可将其擦除，结果如图 2-83 所示。
```

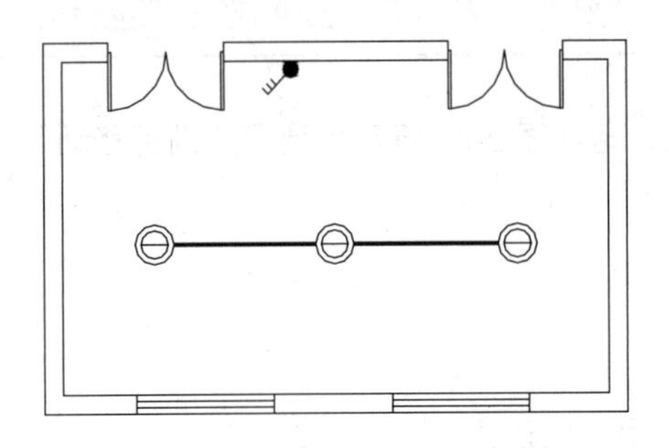

图 2-83 设备擦除的结果

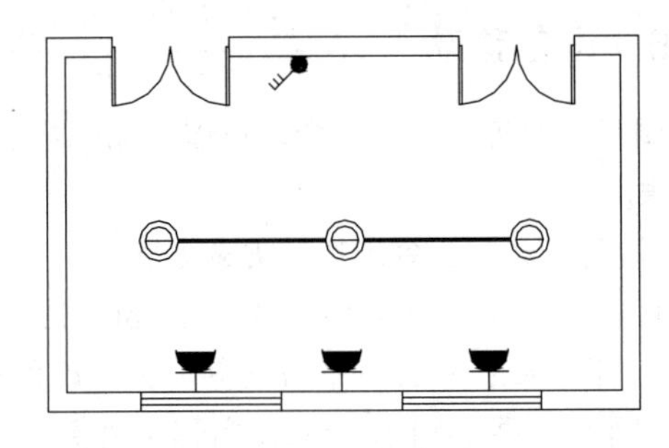

图 2-84 打开素材文件

2.2.8 改属性字

调用“改属性字”命令，可以修改图中设备的属性文字。图 2-85 所示为调用“改属性字”命令的结果。

“改属性字”命令的执行方式如下：

- 命令行：输入“GSXZ”按 Enter 键。
- 菜单栏：单击“平面设备”→“改属性字”命令。

下面以如图 2-85 所示的改属性字为例，讲解调用“改属性字”命令的方法。

01 按 Ctrl+O 组合键，打开配套资源提供的“第 2 章 / 2.2.8 改属性字 .dwg”素材文件，结果如图 2-86 所示。

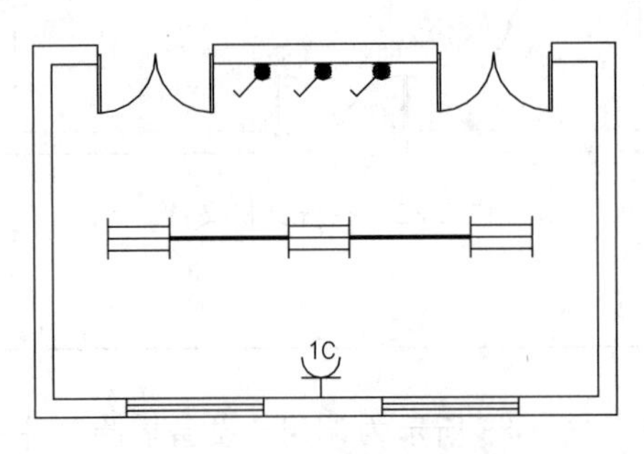

图 2-85 改属性字的结果

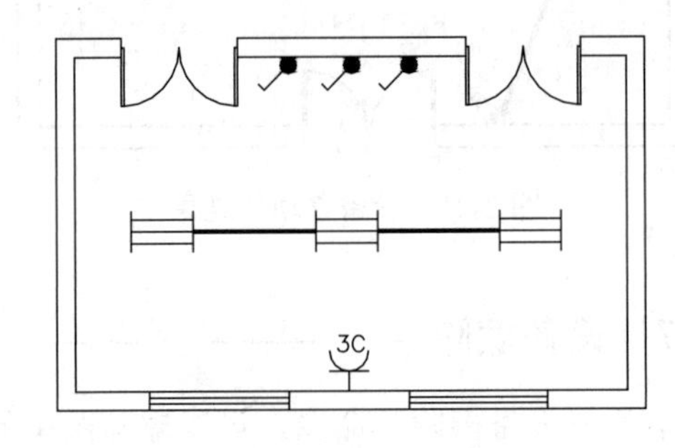

图 2-86 打开素材文件

02 在命令行中输入“GSXZ”按 Enter 键，命令行提示如下：

```
命令：GSXZ ↙
请选取要改属性字的设备 <退出>：找到 1 个          //选择设备，打开“编辑属性字”对话框，如图 2-87 所示。
```

03 在该对话框中修改属性字参数，如图 2-88 所示。

04 单击“确定”按钮关闭对话框，修改属性字的结果如图 2-85 所示。

图 2-87 “编辑属性字”对话框

图 2-88 修改属性字参数

2.2.9 移属性字

调用“移属性字”命令，可以移动设备属性文字的位置。图 2-89 所示为调用“移属性字”命令的结果。

“移属性字”命令的执行方式如下：

- 命令行：输入“YSXZ”按 Enter 键。
- 菜单栏：单击“平面设备”→“移属性字”命令。

下面以如图 2-89 所示的移动属性字为例，讲解调用“移属性字”命令的方法。

01 按 Ctrl+O 组合键，打开配套资源提供的“第 2 章 / 2.2.9 移属性字 .dwg”素材文件，如图 2-90 所示。

02 在命令行中输入“YSXZ”按 Enter 键，命令行提示如下：

```
命令：YSXZ ↙
请选择需要移动属性字的图块 <退出>：找到 1 个        // 选择设备。
选择参考图块 <移动所有>：                          // 按 Enter 键。
请确定基点 <退出>：                                // 指定移动基点。
请点取放置位置 <退出>：               // 指定移动目标点，移属性字的结果如图 2-89 所示。
```

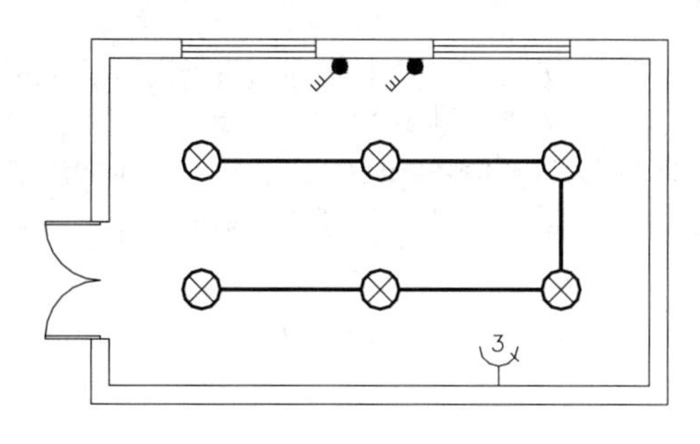

图 2-89 移属性字的结果

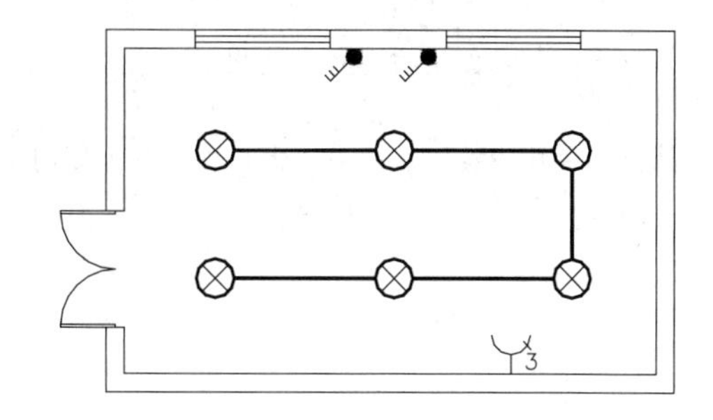

图 2-90 打开素材文件

2.2.10 块属性

调用“块属性”命令，可以为设备添加属性文字。为电视插座添加属性文字的结果如图 2-91 所示。

“块属性”命令的执行方式如下：

- 命令行：输入“KSX”按 Enter 键。

➢ 菜单栏：单击“平面设备”→“块属性”命令。

下面以如图 2-91 所示的添加属性文字为例，讲解调用“块属性”命令的方法。

01 按 Ctrl+O 组合键，打开配套资源提供的“第 2 章 / 2.2.10 块属性 .dwg”素材文件，如图 2-92 所示。

02 在命令行中输入“KSX”按 Enter 键，命令行提示如下：

```
命令：KSX ↙
请输入要写入块中的属性文字 <退出>：TV                // 输入属性文字。
请点取插入属性文字的点（中心点）<退出>：              // 选取文字的中心点。
字高 <200>：                      // 按 Enter 键，完成块属性的添加，结果如图 2-91 所示。
```

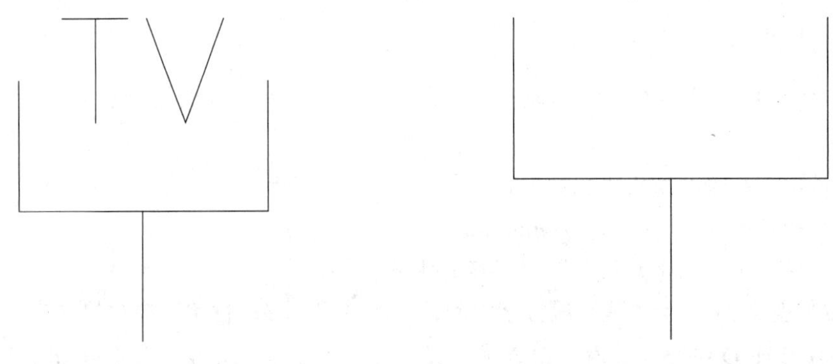

图 2-91 添加属性文字　　　　图 2-92 打开素材文件

2.2.11 造设备

调用“造设备”命令，可以改造或者重定义图形，并将之加入设备库供用户调用。下面介绍将 2.2.10 节中已添加属性文字的电视插座加入设备库的方法。

01 在命令行中输入“ZSB”按 Enter 键，命令行提示如下：

```
命令：ZSB ↙
请选择要做成图块的图元 <退出>：                     // 选择图 2-91 所示的图形。
请点选插入点 <中心点>：                            // 单击图 2-93 中的 A 点。
请点取要作为接线点的点（图块外轮廓为圆的可不加接线点）<继续>：
                                                  // 单击图 2-94 中的 B 点。
```

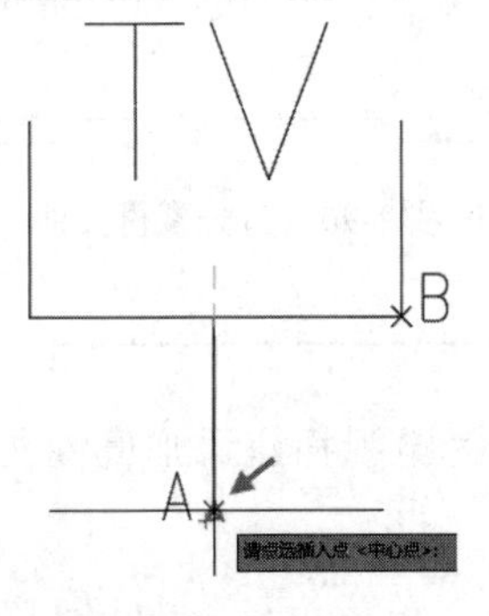

图 2-93 选择插入点

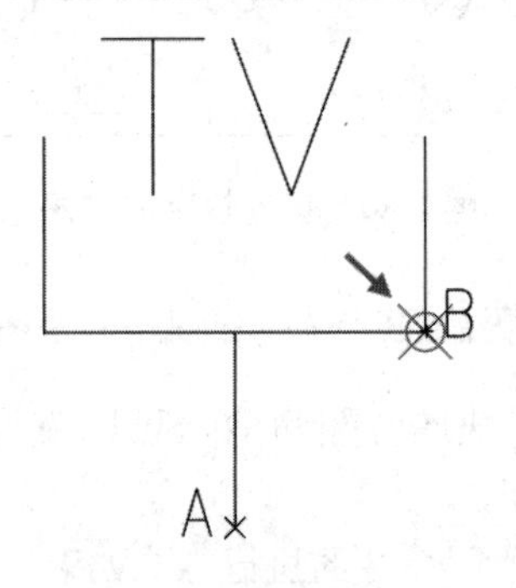

图 2-94 选择接线点

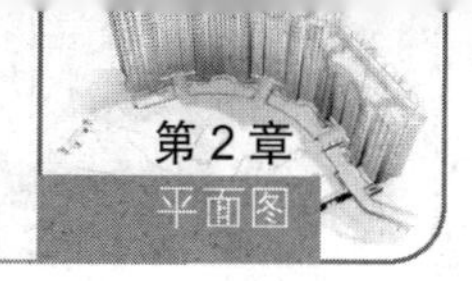

02 按 Enter 键，系统弹出“入库定位”对话框。在树状结构中选取要入库的设备类型，如选择“电视”，在“图块名称”文本框中输入设备的名称，如图 2-95 所示。

03 单击“新图块入库”按钮，即可将设备存入图库。如果用户需要调用设备，插入设备时在“天正电气图块”对话框中选择设备类型，即可看到已入库的设备，如图 2-96 所示。

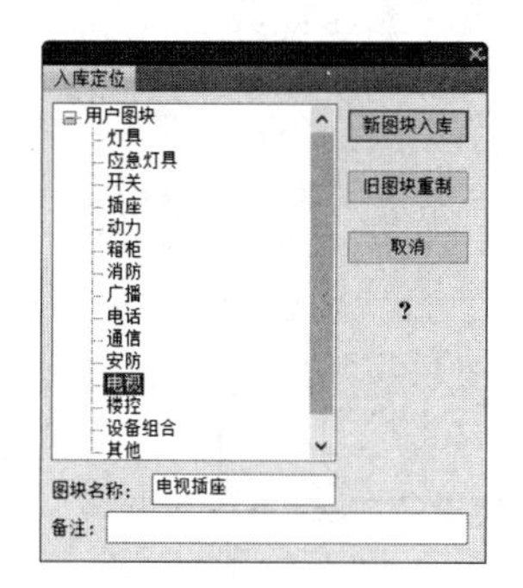

图 2-95 “入库定位”对话框

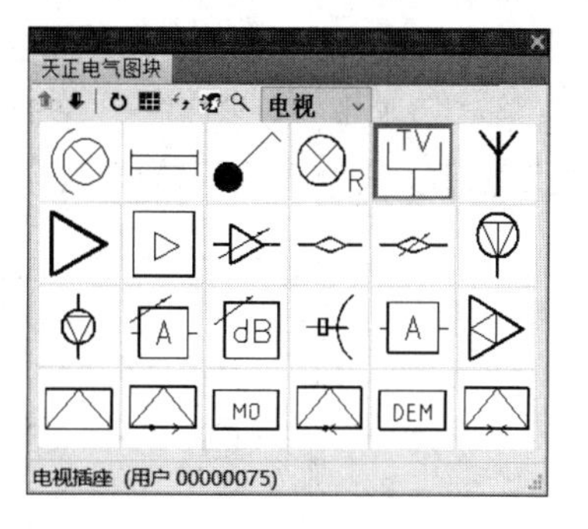

图 2-96 已入库设备

提示

可以在需要的位置选取、设置接线点。如果所选设备的外形为圆形，则不必添加接线点，因为在 T20-Elec V10.0 中圆形设备连接导线的时候，导线的延长线是经过圆心的。

2.3 导线布置

导线用于连接各种类型的电气设备，在平面图中占了很大的一部分。打开“选项”对话框，如图 2-97 所示。单击“平面导线设置”选项组中的“平面导线设置”按钮，可以打开“平面导线设置”对话框，如图 2-98 所示。

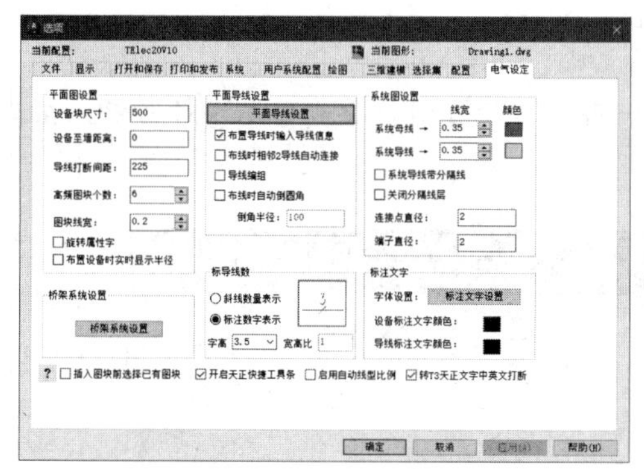

图 2-97 “选项”对话框

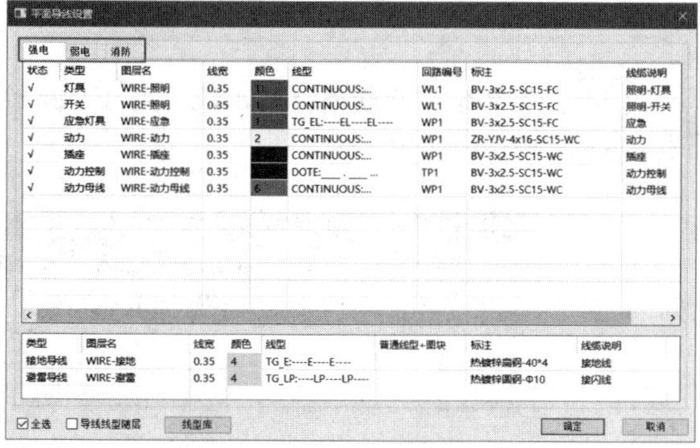

图 2-98 “平面导线设置”对话框

在对话框中导线的类型被分为三个部分，分别是强电、弱电及消防。在对话框中可以对导线的线宽、颜色、线型等属性进行设置。

本节将介绍绘制导线的方法。

2.3.1 平面布线

调用“平面布线”命令，可以在图中绘制直导线以连接各设备元件，且在布线的同时自带“轴锁”功能。图 2-99 所示为调用“平面布线”命令的结果。

“平面布线”命令的执行方式如下：

➢ 命令行：输入“PMBX”按 Enter 键。

➢ 菜单栏：单击“导线”→“平面布线”命令。

下面以绘制如图 2-99 所示的导线为例，讲解调用“平面布线”命令的方法。

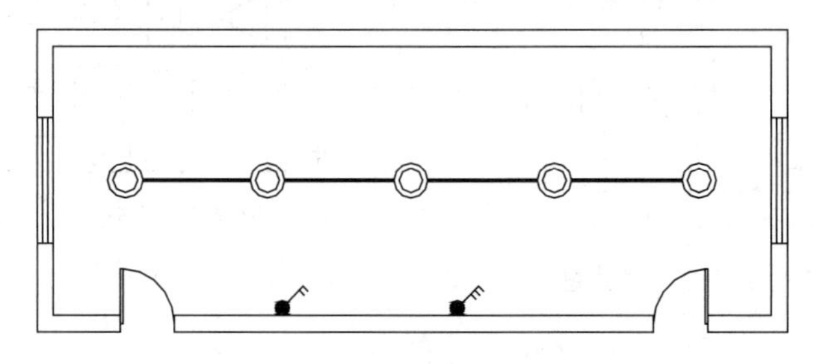

图 2-99 平面布线的结果

01 按 Ctrl+O 组合键，打开配套资源提供的“第 2 章 / 2.3.1 平面布线 .dwg”素材文件，如图 2-100 所示。

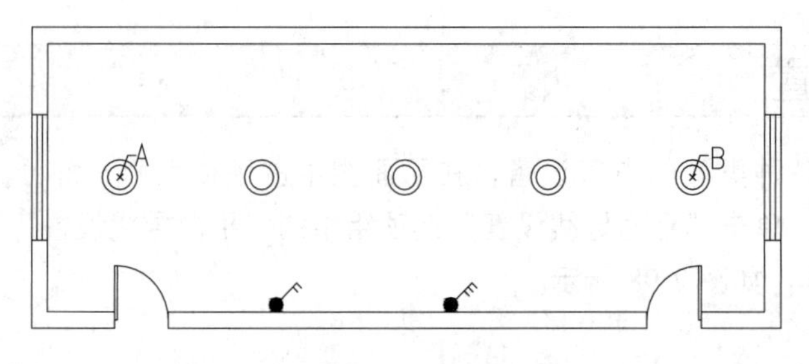

图 2-100 打开素材文件

02 在命令行中输入“PMBX”按 Enter 键，弹出“设置当前导线信息”对话框，在其中设置参数，如图 2-101 所示。

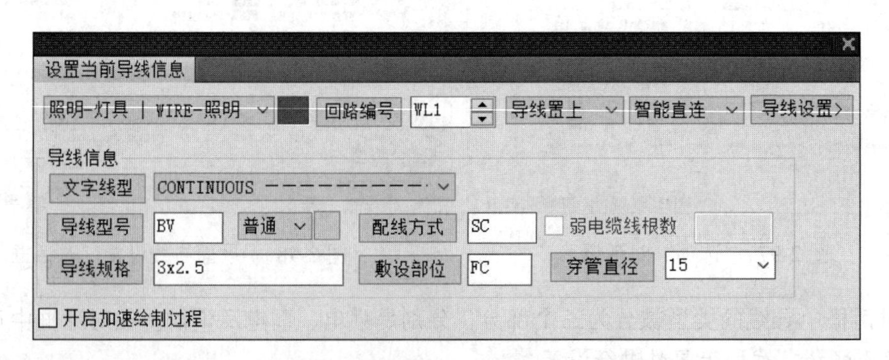

图 2-101 “设置当前导线信息”对话框

[03] 命令行提示如下：

命令：PMBX ↙

请点取导线的起始点 { 弧段（A）/ 导线类型（上一个 W/ 下一个 S）/ 导线（置上 / 置下 / 不断）(D)/ 连接方式（智能 / 自由 / 垂直）(F) }< 退出 >：　　　　// 单击素材文件中的 A 点。

直段下一点 { 弧段（A）/ 导线类型（上一个 W/ 下一个 S）/ 选取行向线（G）/ 导线（置上 / 置下 / 不断）(D) / 连接方式（智能 / 自由 / 垂直）(F) / 回退（U）}< 结束 >：

　　// 单击素材文件中的 B 点，按 Enter 键退出，平面布线的结果如图 2-99 所示。

命令行中选项的含义如下：

弧段（A）：输入“A”，可绘制弧形导线。

导线类型（上一个 W/ 下一个 S）：输入“W”，在“设置当前导线信息”对话框中向上翻转左上角的导线类型表，帮助用户选择导线类型；输入“S”，可向下翻转、查找导线类型。

选取行向线（G）：输入“G”，可以参照图中已有的线段绘制导线，导线的方向与所参照的线段相同。

导线（置上 / 置下 / 不断）(D)：输入“D”，可以切换相交导线的打断方式。

连接方式（智能 / 自由 / 垂直）(F)：输入“F”，可选择导线的连接方式。

2.3.2 沿墙布线

调用“沿墙布线”命令，可以墙线为参考，平行绘制导线。图 2-102 所示为调用“沿墙布线”命令的结果。

“沿墙布线”命令的执行方式如下：

➢ 命令行：输入“YQBX”按 Enter 键。

➢ 菜单栏：单击“导线”→“沿墙布线”命令。

下面以绘制如图 2-102 所示的导线为例，讲解调用“沿墙布线”命令的方法。

[01] 按 Ctrl+O 组合键，打开配套资源提供的“第 2 章 / 2.3.2 沿墙布线 .dwg”素材文件，如图 2-103 所示。

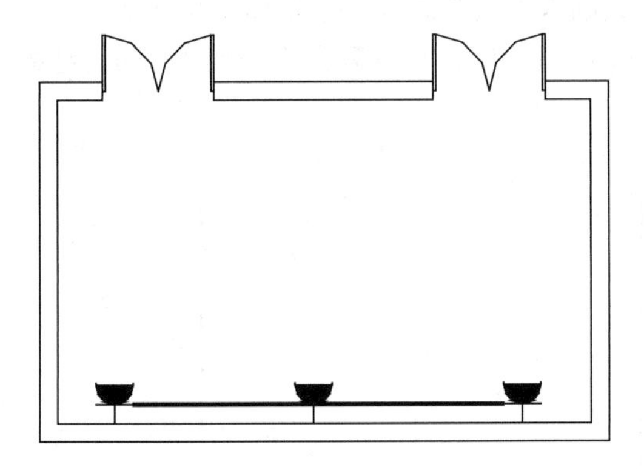

图 2-102　沿墙布线的结果

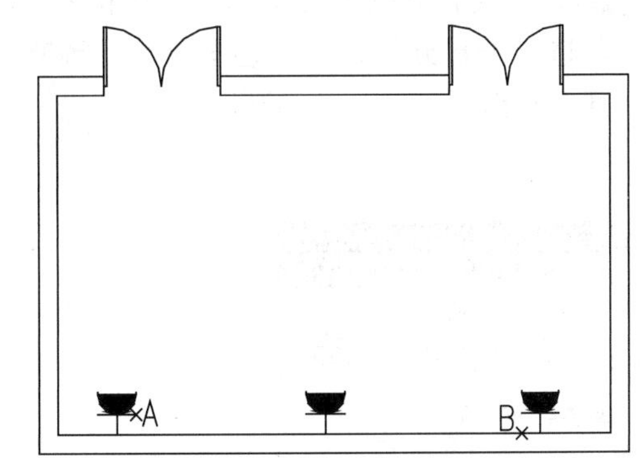

图 2-103　打开素材文件

[02] 在命令行中输入“YQBX”按 Enter 键，在弹出的“设置当前导线信息”对话框中选择导线图层为“插座”图层，如图 2-104 所示。

03 命令行提示如下：

命令：YQBX ↙
请点取导线的起始点 [输入参考点（R）]< 退出 >： // 单击图 2-103 中的 A 点。
请拾取布置导线需要沿的直线、弧线 < 退出 >： // 单击图 2-103 中的 B 点。
请输入距线距离 <250>： // 按 Enter 键退出绘制，沿墙布线的结果如图 2-102 所示。

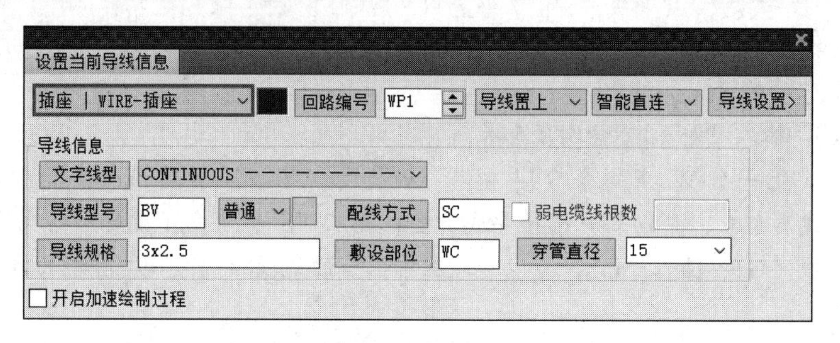

图 2-104 选择导线图层

“设置当前导线信息”对话框中的“开启加速绘制过程”选项介绍如下：

1）使用“布线时自动倒圆角”绘制导线时，如果圆弧经过直线段，不再进行打断处理。

2）导线相交不打断时，导线经过标导线数、沿线文字时，不再自动避让。

2.3.3 系统导线

调用“系统导线”命令，可以引出系统图或者原理图中的导线，并且在导线上按固定的间隔绘制短分隔线。

“系统导线”命令的执行方式如下：

- 命令行：输入“XTDX”按 Enter 键。
- 菜单栏：单击“导线”→“系统导线”命令。

执行上述任意一项操作，弹出“系统图 - 导线设置”对话框，如图 2-105 所示。选择“馈线”选项，在图中分别选取导线的起点和终点，绘制常规状态馈线，结果如图 2-106 所示。

勾选“绘制分隔线”复选框，则绘制带分隔线的馈线，且分隔的间距均为 750，结果如图 2-107 所示。

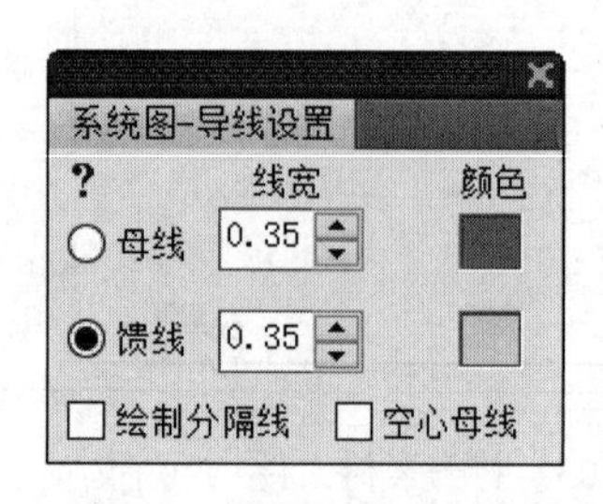

图 2-105 “系统图 - 导线设置”对话框

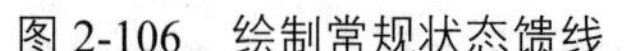

图 2-106 绘制常规状态馈线

图 2-107 绘制带分隔线的馈线

选择“母线”选项，绘制母线，结果如图 2-108 所示。

勾选“空心母线”复选框，绘制空心母线，结果如图 2-109 所示。

勾选“绘制分隔线”复选框，绘制带分隔线的母线，结果如图 2-110 所示。

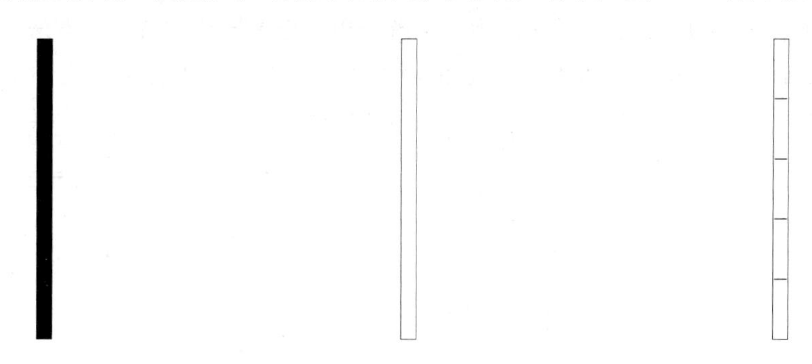

图 2-108　绘制母线　　图 2-109　绘制空心母线　　图 2-110　绘制带分隔线的母线

使用“系统导线”命令与使用“平面布线”命令绘制导线的区别是：利用“系统导线”命令绘制的导线按等间距绘制短分隔线，这些分隔线的间距为 750，刚好是元件块长度的一半。在导线上插入电气元件时，插入点可以选择在分隔线与导线的交点上，以保证绘图的准确和图形的美观。只能绘制直导线，不能绘制弧线。

用户可以在如图 2-111 所示的“选项”对话框中的“电气设定”选项卡中设置系统图参数。在“系统图设置”选项组中，用户可以设置“系统母线”“系统导线”的线宽和颜色。通过选择或者取消选择“系统导线带分隔线”和“关闭分隔线层”选项，可设置分隔线的显示效果。

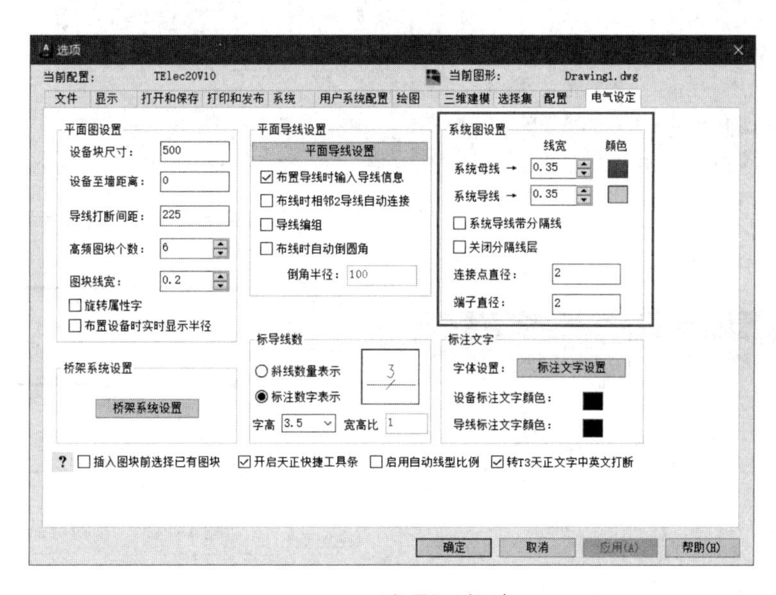

图 2-111　“选项”对话框

2.3.4　任意导线

调用“任意导线”命令，可以在图中绘制直导线或者弧形导线。图 2-112 所示为调用“任意导线”命令的结果。

“任意导线”命令的执行方式如下：

- 命令行：输入“RYDX”按 Enter 键。
- 菜单栏：单击“导线”→“任意导线”命令。

下面以绘制如图 2-112 所示的导线为例，讲解调用“任意导线”命令的方法。

01 按 Ctrl+O 组合键，打开配套资源提供的“第 2 章 / 2.3.4 任意导线 .dwg”素材文件，如图 2-113 所示。

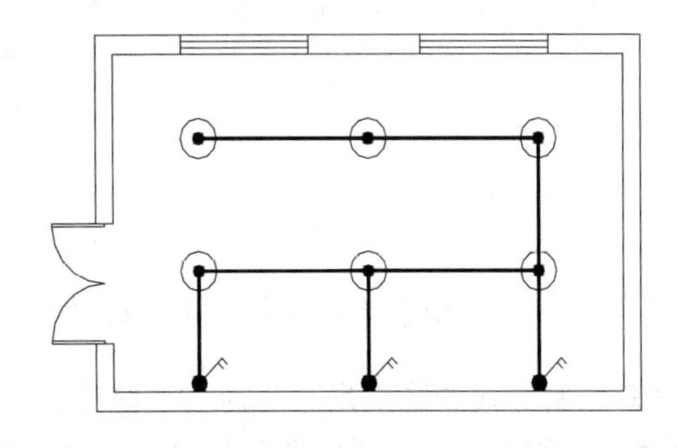

图 2-112 绘制任意导线

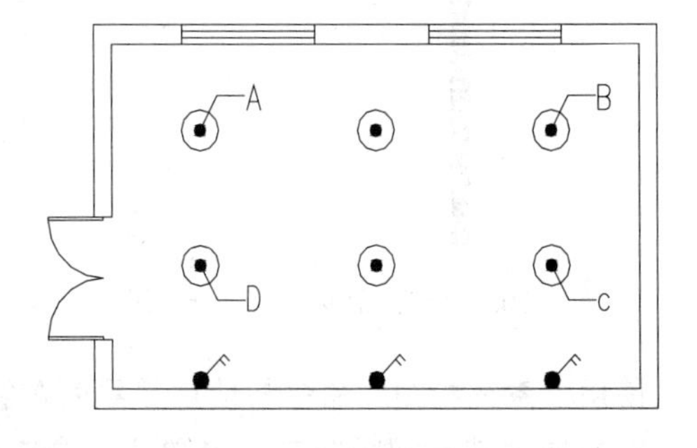

图 2-113 打开素材文件

02 在命令行中输入“RYDX”按 Enter 键，在弹出的“设置当前导线信息”对话框中选择导线图层为“照明”图层，如图 2-114 所示。

03 命令行提示如下：

```
命令：RYDX↙
请点取导线的起始点:（当前导线层->WIRE-照明；宽度->0.35；颜色->红）或［点取图中曲线（P）/点取参考点（R）]<退出>:    //单击A点。
直段下一点［弧段（A）/回退（U）}<结束>:    //单击B点。
直段下一点［弧段（A）/回退（U）]<结束>:    //单击C点。
直段下一点［弧段（A）/回退（U）]<结束>:    //单击D点，绘制导线的结果如图2-115所示。
```

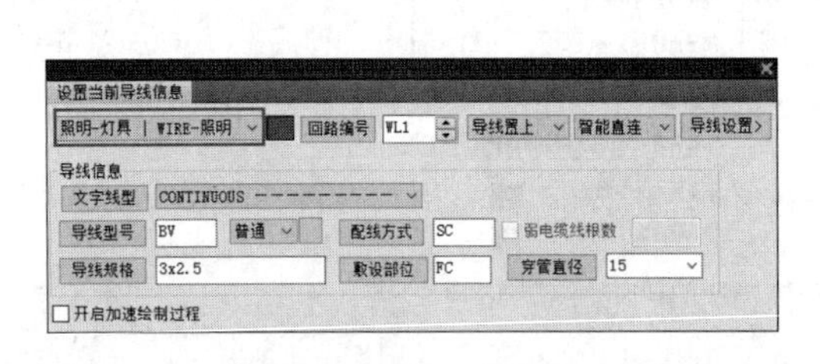

图 2-114 选择导线图层

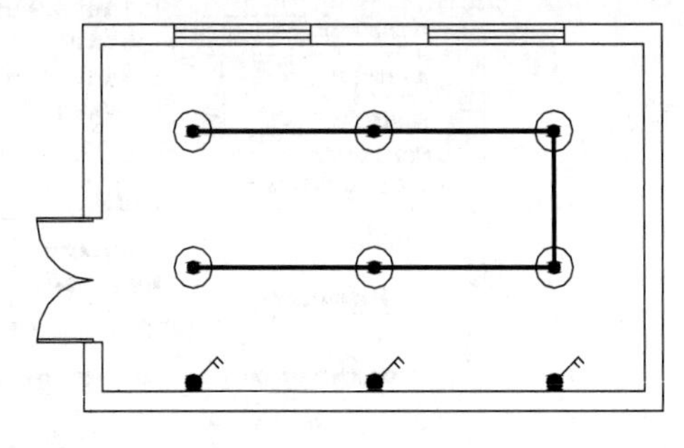

图 2-115 绘制导线

04 重复执行“RYDX”命令，继续绘制灯具与开关之间的连接导线，结果如图 2-112 所示。

> **提示**
> 输入“P”，即选择“点取图中曲线（P）”选项，再选择图中的直线或者多段线，可以发现在所选的线段上方创建了导线。

2.3.5 绘制光缆

调用“绘制光缆”命令，可以自定义光缆的路径以及光缆标识的间距。图 2-116 所示为调用“绘制光缆”命令的结果。

“绘制光缆”命令的执行方式如下：

➢ 命令行：输入“HZGL”按 Enter 键。

➢ 菜单栏：单击“导线”→“绘制光缆”命令。

执行上述任意一项操作，命令行提示如下：

```
命令: HZGL ↙
请点取光缆的起始点: 或 [ 点取图中曲线 (P) / 点取参考点 (R) ]< 退出 >:
                                        // 指定光缆的起点。
直段下一点 [ 弧段 (A) / 回退 (U) }< 结束 >:      // 移动鼠标指定光缆的终点。
请输入光缆标识的间距 (ESC 退出) <500>: 1500
                          // 输入间距，按 Enter 键即可绘制光缆，结果如图 2-116 所示。
```

图 2-116 绘制光缆

2.3.6 配电引出

调用“配电引出”命令，可以从配电箱中引出导线。图 2-117 所示为调用“配电引出”命令绘制导线的结果。

“配电引出”命令的执行方式如下：

➢ 命令行：输入“PDYC”按 Enter 键。

➢ 菜单栏：单击“导线”→“配电引出”命令。

下面以绘制如图 2-117 所示的导线为例，讲解调用“配电引出”命令的方法。

01 按 Ctrl+O 组合键，打开配套资源提供的“第 2 章 / 2.3.6 配电引出 .dwg”素材文件，如图 2-118 所示。

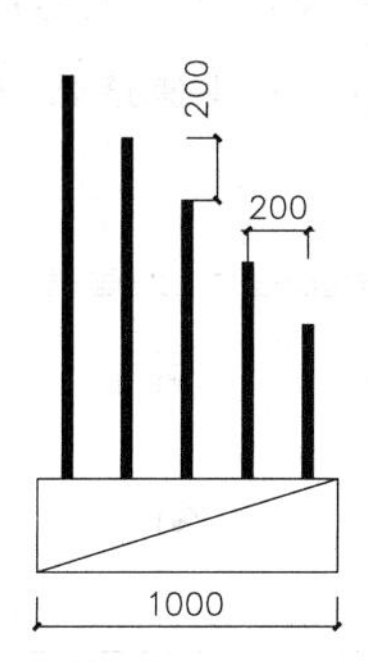

图 2-117 绘制配电引出导线

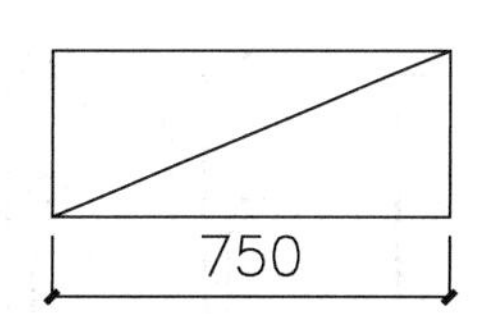

图 2-118 打开素材文件

02 在命令行中输入“PDYC”按 Enter 键，在弹出的“配电引出”对话框中设置参数，如图 2-119 所示。

[03] 命令行提示如下：

命令：PDYC ↙
请选取配电箱 <退出>：　　　　　　　　// 选择素材文件中的配电箱，鼠标指针向上移动，在适当的位置单击，按 Enter 键退出绘制，结果如图 2-117 所示。

在“配电引出”对话框中选择“引出式”选项，设置“引线距离”为 300，其他参数保持不变，绘制配电引出导线的结果如图 2-120 所示。

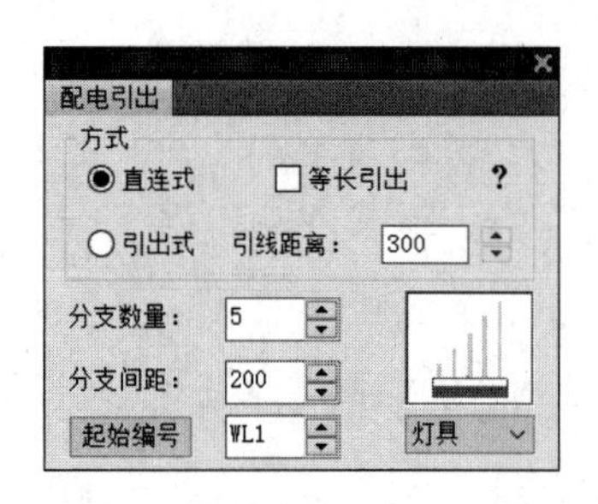

图 2-119　“配电引出”对话框

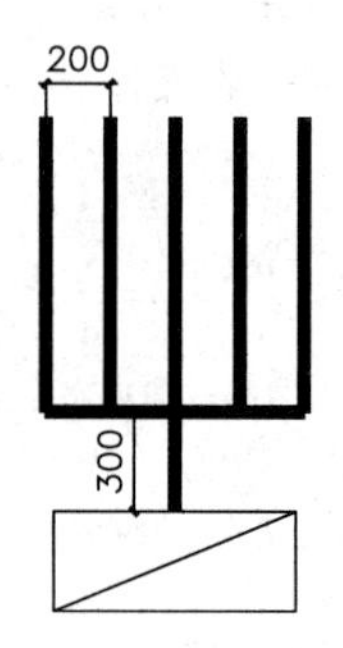

图 2-120　绘制配电引出导线

提示

使用“直连式”方式绘制配电箱引出导线时，根据引出线数目的多寡，系统会自动调整配电箱的长度以适应引出线。若选择“等长引出”复选框，则绘制的引出线长度一致。

2.3.7　快速连线

调用“快速连线”命令，可迅速地将电气设备自动连接到桥架、母线、电缆沟。图 2-121 所示为调用“快速连线”命令绘制导线的结果。

“快速连线”命令的执行方式如下：

- 命令行：输入“KSLX”按 Enter 键。
- 菜单栏：单击“导线”→“快速连线”命令。

下面以绘制如图 2-121 所示的连接导线为例，讲解调用“快速连线”命令的方法。

[01] 按 Ctrl+O 组合键，打开配套资源提供的“第 2 章 / 2.3.7 快速连线 .dwg”素材文件，如图 2-122 所示。

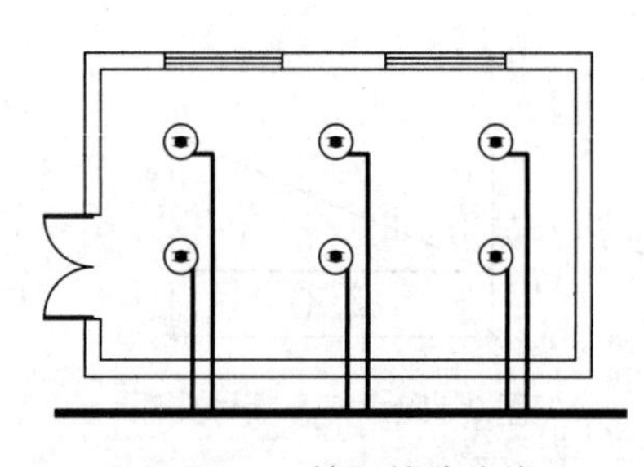

图 2-121　绘制快速连线

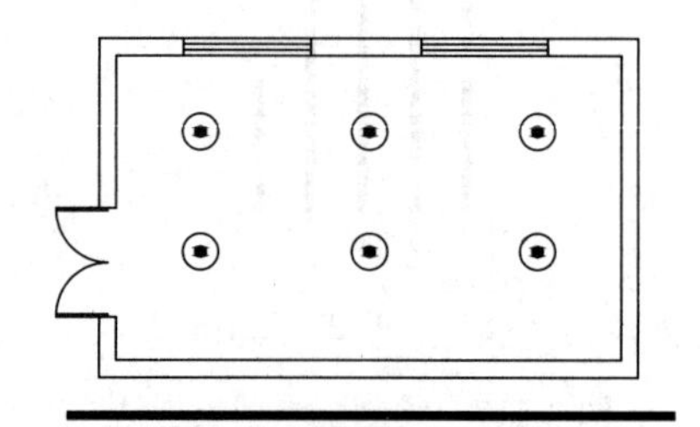

图 2-122　打开素材文件

[02] 输入“KSLX”按 Enter 键，打开“快速连线”对话框，选择“分别连接”选项卡，设置参数，如图 2-123 所示。

03 单击“开始连接”按钮，在图中选择要连接的设备和线路，如图 2-124 所示。

04 按 Enter 键创建连接，结果如图 2-121 所示。

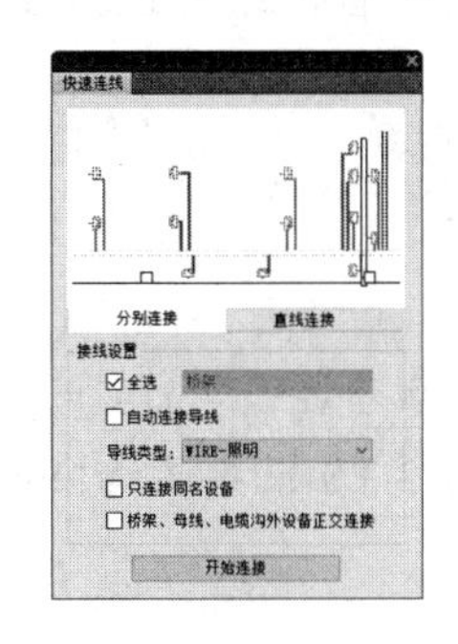

图 2-123 “快速连线”对话框

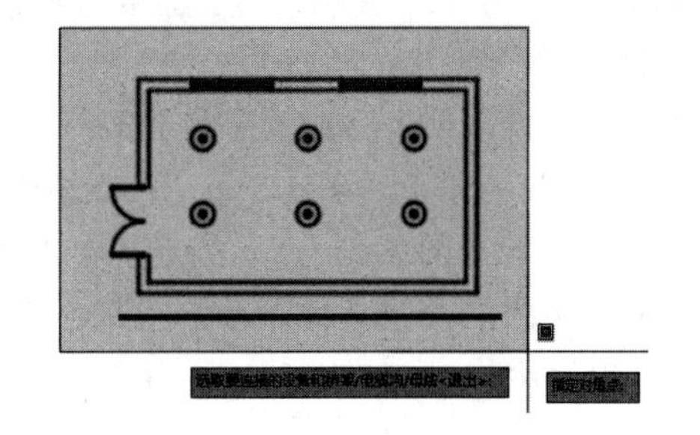

图 2-124 选择设备和线路

连接操作结束后，仍旧弹出“快速连线”对话框。若选择“直线连接”选项卡，设置参数后单击“开始连接”按钮，在图中选择设备与线路，按 Enter 键创建连接，则结果如图 2-125 所示。

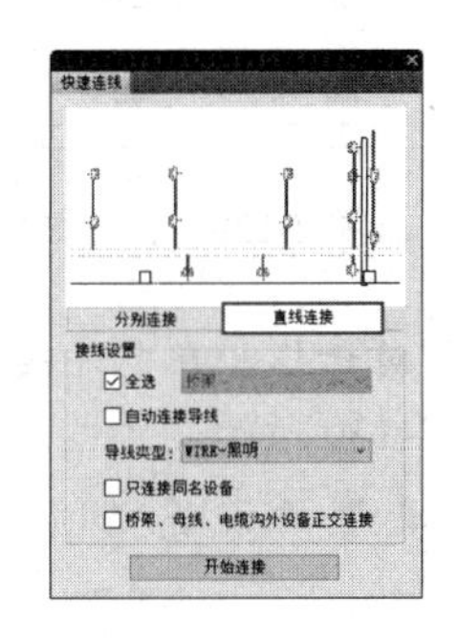

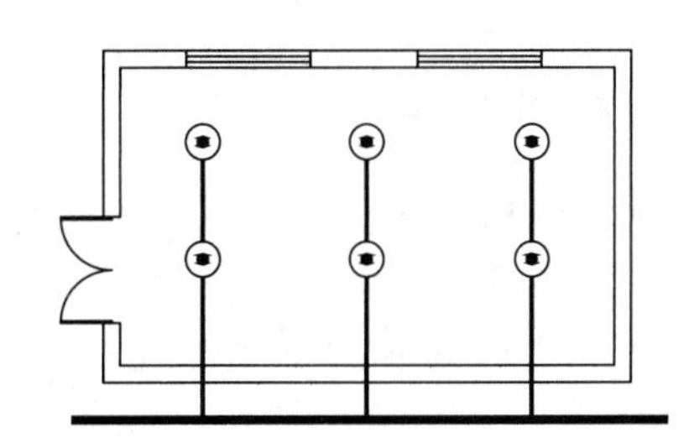

图 2-125 创建“直线连接”

在“接线设置”选项组中取消选择“全选”选项，激活右侧的选项，在下拉列表中显示出接线的类型，如图 2-126 所示。选择其中一种，即可创建指定的接线类型。

如果取消选择“全选”选项，系统会自动识别所选设备的类型来创建连接。

在“导线类型”下拉列表中提供了多种类型的导线供用户选择，如图 2-127 所示。若选择“自动连接导线”选项，则“导线类型”选项不可用，系统会自动识别所选设备并创建相应的导线类型。

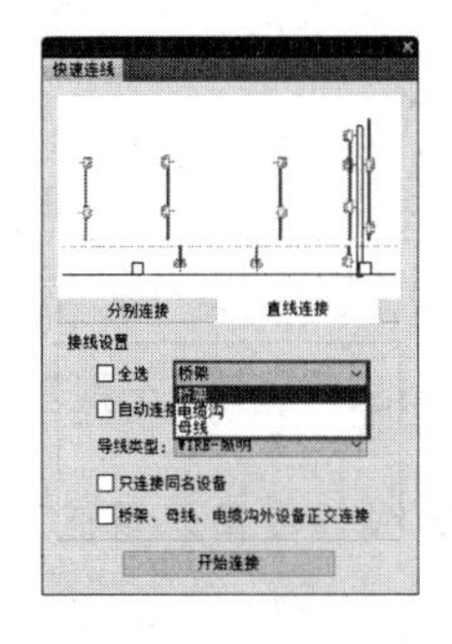

图 2-126 接线类型

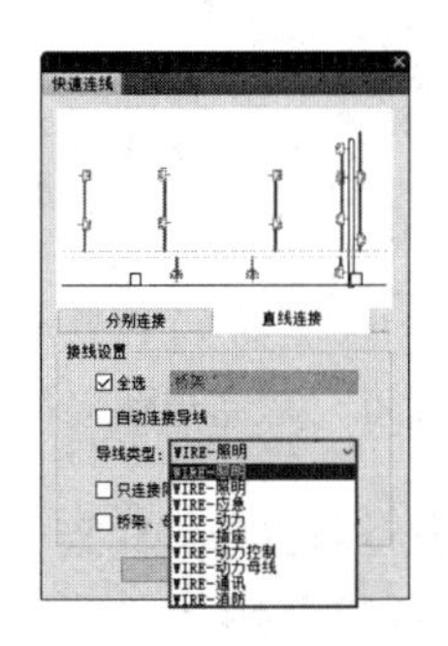

图 2-127 导线类型

2.3.8 设备连线

执行“设备连线”命令，可以使用相应导线连接同名设备，或者连接设备与主导线。图 2-128 所示为执行“设备连线”命令绘制导线的结果。

“设备连线”命令的执行方式如下：

- 命令行：输入“SBLX”按 Enter 键。
- 菜单栏：单击“导线”→“设备连线”命令。

下面以绘制如图 2-128 所示的连接导线为例，讲解调用“设备连线”命令的方法。

01 按 Ctrl+O 组合键，打开配套资源提供的“第 2 章 / 2.3.8 设备连线 .dwg”素材文件，如图 2-129 所示。

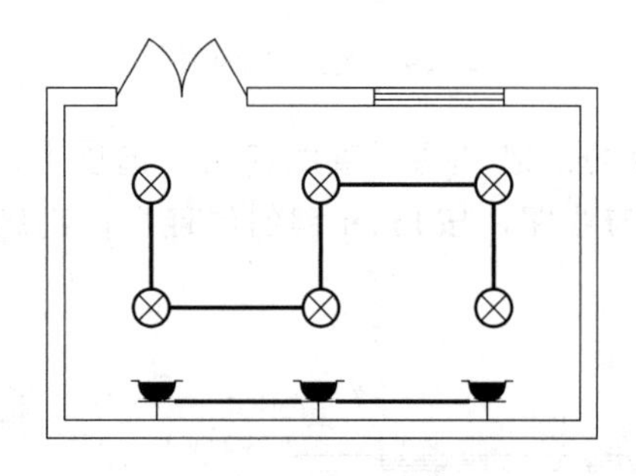

图 2-128 绘制设备连线

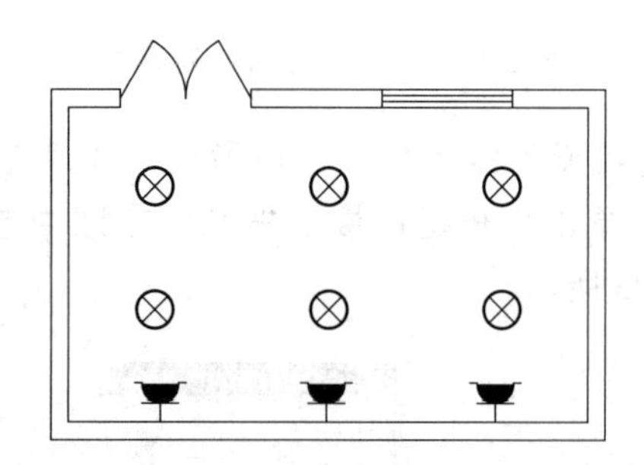

图 2-129 打开素材文件

02 输入“SBLX”按 Enter 键，打开“设备连线”对话框。在“连接方式”选项组中选择“同名设备之间连线”，选择“批量连线”方式，如图 2-130 所示。

03 在图中选择所有的设备，即可快速在不同类型的设备之间创建连接线路，如图 2-128 所示。

选择“分别连线”方式，可激活“回路编号”选项，用户可以自定义回路编号值，如图 2-131 所示。但是每次只能为同类型的设备创建连接线路。

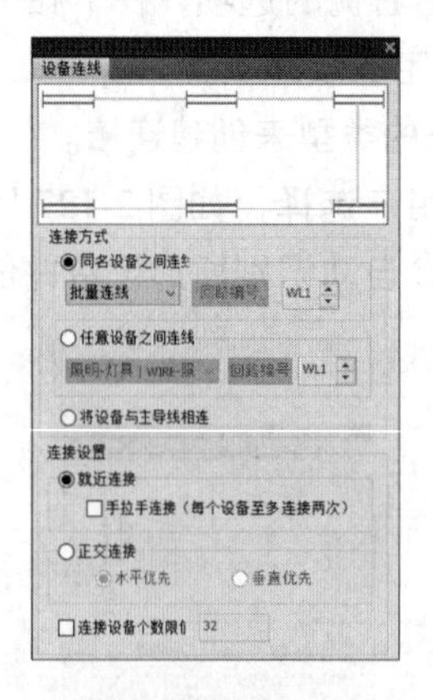

图 2-130 “设备连线”对话框

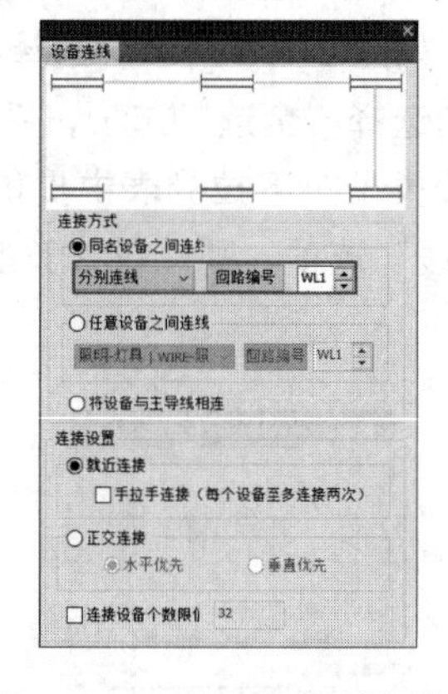

图 2-131 选择“分别连线”

选择“将设备与主导线相连”选项，在图中分别选择主导线与设备，可在二者之间创建连接导线，如图 2-132 所示。

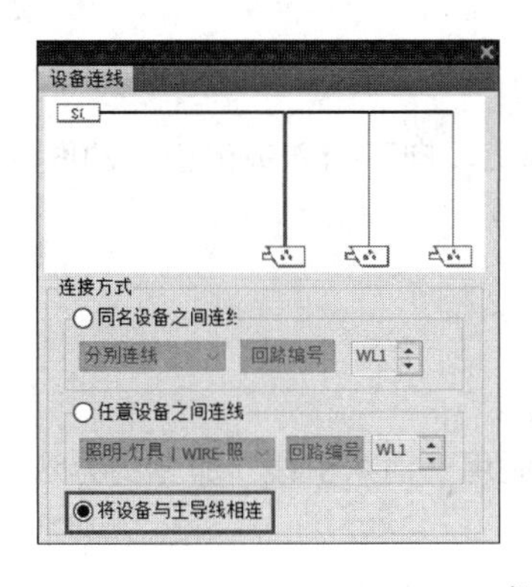

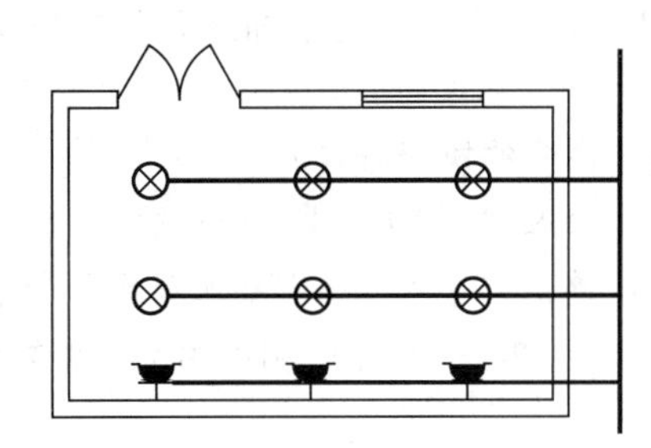

图 2-132　将设备与主导线相连

2.3.9　绘制干线

调用“绘制干线”命令，可以在设备或已有干线之上绘制干线。图 2-133 所示为在多种电源配电箱上绘制干线的结果。

“绘制干线”命令的执行方式如下：

➢ 命令行：输入“HZGX”按 Enter 键。

➢ 菜单栏：单击“导线”→“绘制干线”命令。

下面以绘制如图 2-133 所示的干线为例，讲解调用“绘制干线”命令的方法。

01　单击“平面设备”→“任意布置”命令，在弹出的“天正电气图块”对话框中选择多种电源配电箱，在任意位置单击放置设备，如图 2-134 所示。

图 2-133　绘制干线

图 2-134　多种电源配电箱

02　单击“导线”→“绘制干线”命令，根据命令行的提示，将鼠标指针放置在多种电源配电箱上，指定绘制干线的起点，如图 2-135 所示。

03　向上移动鼠标指针，指定干线的下一点，如图 2-136 所示。绘制干线的结果如图 2-133 所示。

图 2-135　指定起点

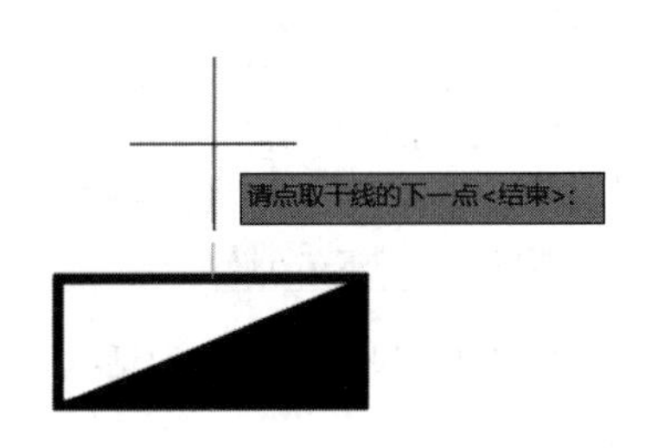

图 2-136　指定下一点

2.3.10 插入引线

调用“插入引线”命令，可以插入表示导线向上、向下引入或者引出的图块。图2-137所示为引线示例。

“插入引线”命令的执行方式如下：

➢ 命令行：输入“CRYC”按Enter键。

➢ 菜单栏：单击“导线”→“插入引线”命令。

下面以绘制如图2-137所示的引线为例，讲解调用“插入引线”命令的方法。

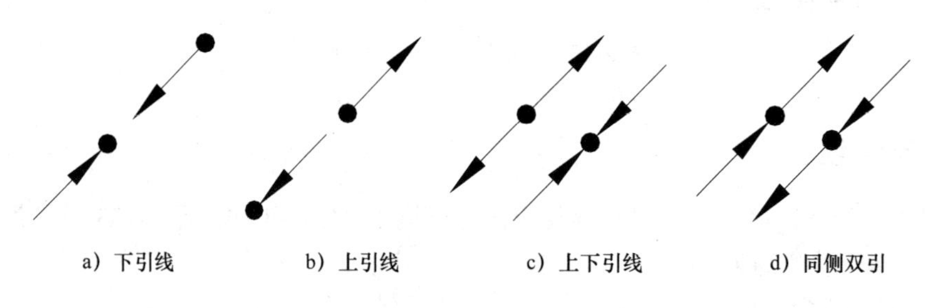

图2-137 引线示例

01 在命令行中输入“CRYC”按Enter键，弹出“插入引线”对话框，如图2-138所示。

02 命令行提示如下：

命令：CRYX↙
请点取要插入引线的位置点{引线翻转（A）}<退出>：
//在“插入引线”对话框中选择引线的类型，在图中选取位置，即可插入引线。

在执行命令的过程中，输入“A”，即选择“引线翻转”选项，可以翻转引线的方向。

提示

在“插入引线”对话框的“尺寸”下拉列表中可选择引线的尺寸，如图2-139所示。选择“引线翻转”选项，可以翻转引线的方向。

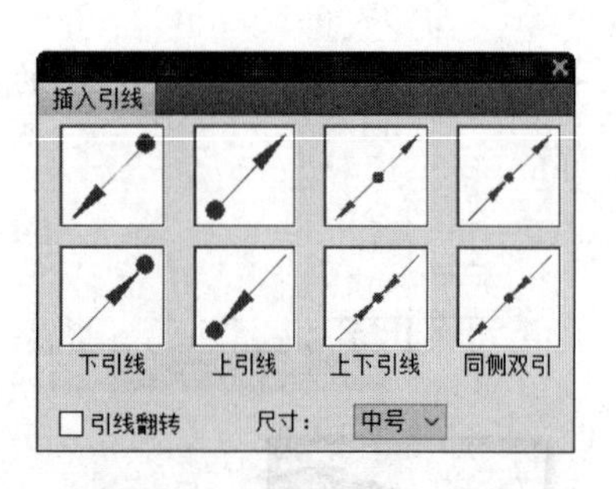

图2-138 “插入引线”对话框

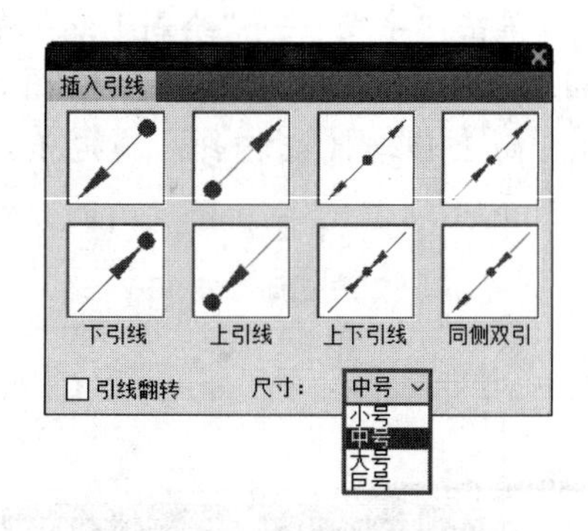

图2-139 选择引线的尺寸

2.3.11 引线翻转

调用“引线翻转”命令，可以 Y 轴为基准翻转引线。图 2-140 所示为引线翻转的前后对比。

“引线翻转”命令的执行方式如下：

➢ 命令行：输入“YXFZ”按 Enter 键。

➢ 菜单栏：单击“导线”→“引线翻转”命令。

执行上述任意一项操作，命令行提示如下：

```
命令：YXFZ ↙
请选定一个要翻转的引线 <退出>：  //选择如图 2-140a 所示的引线，翻转结果如图 2-140b 所示。
```

a）翻转前　　b）翻转后

图 2-140　引线翻转的前后对比

2.3.12 箭头转向

调用“箭头转向”命令，可以改变引线中箭头的方向。图 2-141 所示为箭头转向的前后对比。

“箭头转向”命令的执行方式如下：

➢ 命令行：输入“JTZX”按 Enter 键。

➢ 菜单栏：单击“导线”→“箭头转向”命令。

执行上述任意一项操作，命令行提示如下：

```
命令：JTZX ↙
请选定一个要翻转的引线 <退出>：  //选择如图 2-141a 所示的引线，转向结果如图 2-141b 所示。
```

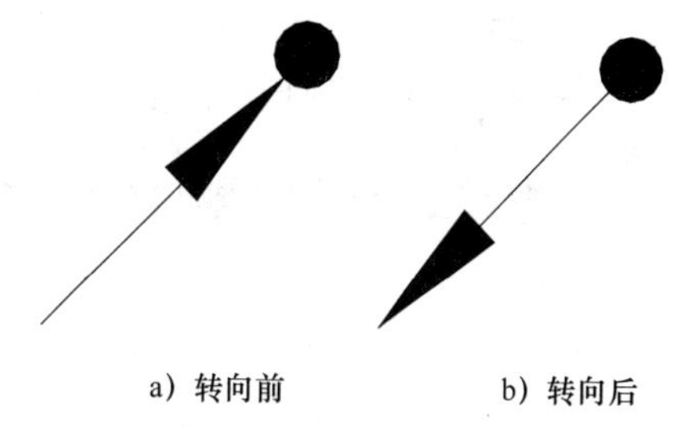

图 2-141　箭头转向的前后对比

2.4 修改导线

修改导线的命令有导线置上、导线置下和断直导线等，执行这些命令可以对选中的导线进行再编辑。本节将介绍操作方法。

2.4.1 编辑导线

调用“编辑导线”命令，可以改变导线的线型、图层、颜色、线宽、回路编号和导线标注信息。

“编辑导线”命令的执行方式如下：

➢ 命令行：输入“BJDX”按 Enter 键。

➢ 菜单栏：单击“导线”→“编辑导线”命令。

执行上述任意一项操作，命令行提示如下：

```
命令：BJDX ↙
请选取要编辑导线 <退出>：  //选择导线，弹出“编辑导线”对话框，如图 2-142 所示。
```

在“编辑导线”对话框中可以修改导线的一系列属性，包括图层、颜色和线宽等。单击“天正线型库”按钮，弹出“天正线型库”对话框，如图 2-143 所示。在该对话框中可加载所需要的线型。

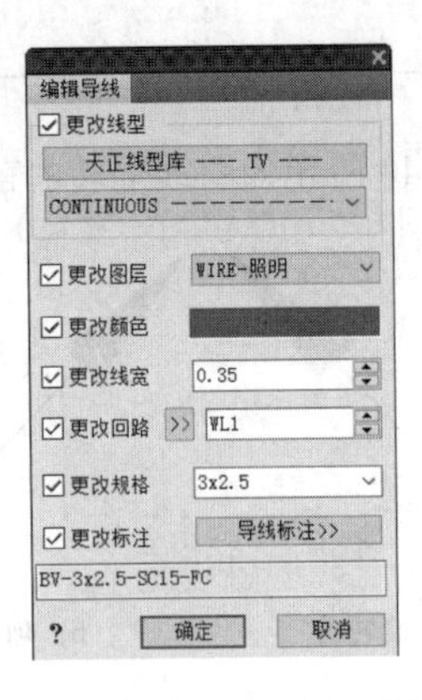

图 2-142 “编辑导线”对话框

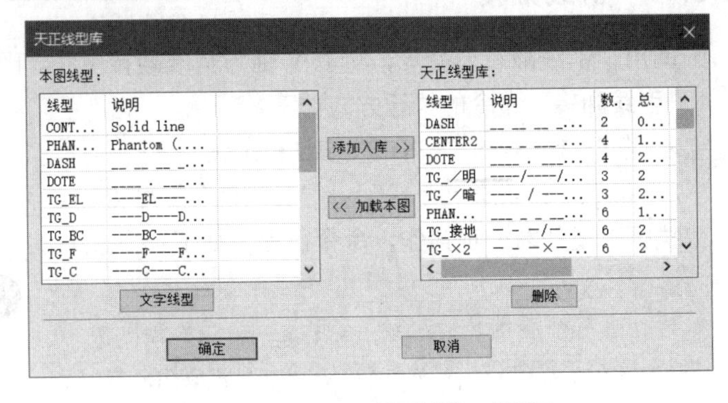

图 2-143 “天正线型库”对话框

如果没有适用的线型，用户可以单击“文字线型”按钮，打开“带文字线型管理器”对话框，如图 2-144 所示。在其中可通过自定义参数创建合适的线型，并存储入库，方便后续调用。

在“编辑导线”对话框中单击“导线标注”按钮，打开“导线标注”对话框，如图 2-145 所示。在该对话框中可以修改参数，重定义标注导线的方式。

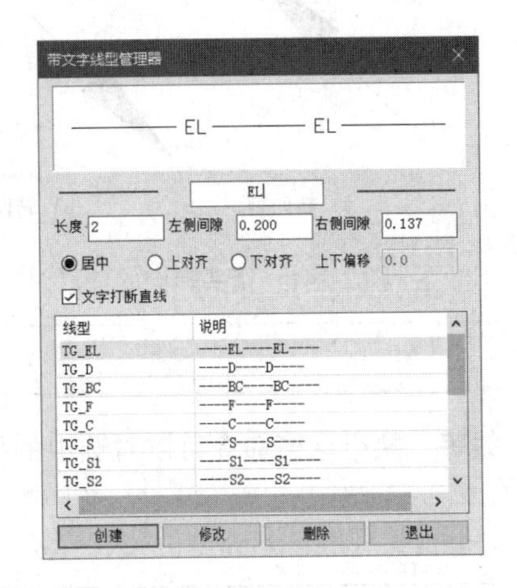

图 2-144 “带文字线型管理器”对话框

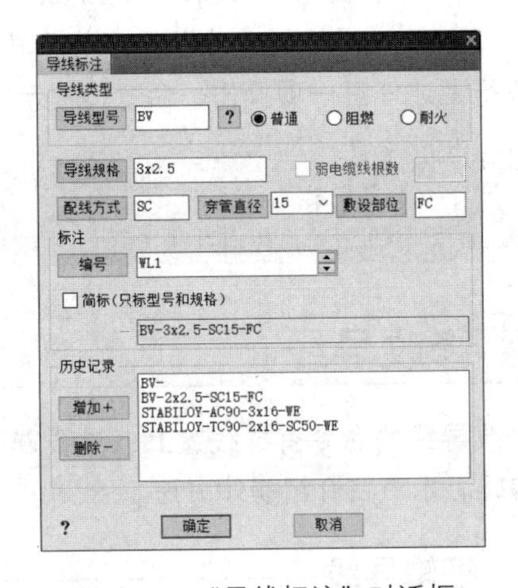

图 2-145 “导线标注”对话框

2.4.2 导线置上

调用“导线置上”命令，可以调整选中导线的位置，使之位于其他导线之上，并在相交处将其他导线打断，以方便显示位于最上方的导线。图 2-146 所示为调用“导线置上”命令的结果。

“导线置上”命令的执行方式如下：

➢ 命令行：输入“DXZS”按 Enter 键。

➢ 菜单栏：单击“导线”→“导线置上”命令。

下面以如图 2-146 所示调整导线的位置为例，讲解调用“导线置上”命令的方法。

01 按 Ctrl+O 组合键，打开配套资源提供的“第 2 章 / 2.4.2 导线置上 .dwg”素材文件，如图 2-147 所示。

[02] 在命令行中输入“DXZS”按 Enter 键，命令行提示如下：

命令：DXZS ↙
请选取导线 <退出>：找到 2 个，总计 2 个　　　　　　// 分别选择 A 导线和 B 导线，按 Enter 键完成操作，导线置上的操作结果如图 2-146 所示。

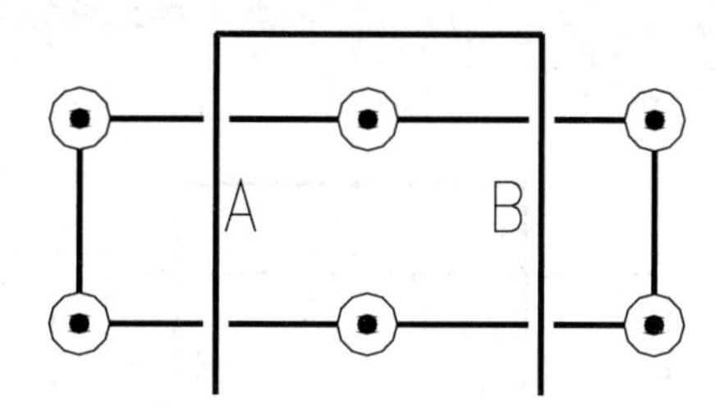

图 2-146　导线置上的操作结果

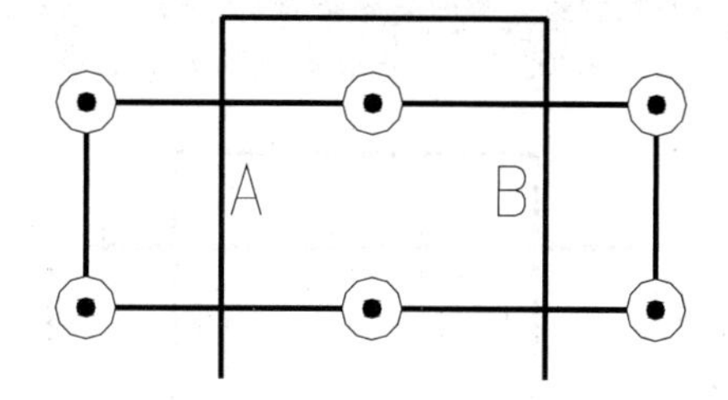

图 2-147　打开素材文件

提示

导线打断的间距可以通过以下方式进行调整：执行“工具”→“选项”命令，打开“选项”对话框，选择“电气设定”选项卡，在“平面图设置”选项组的“导线打断间距”文本框中修改打断间距，如图 2-148 所示。

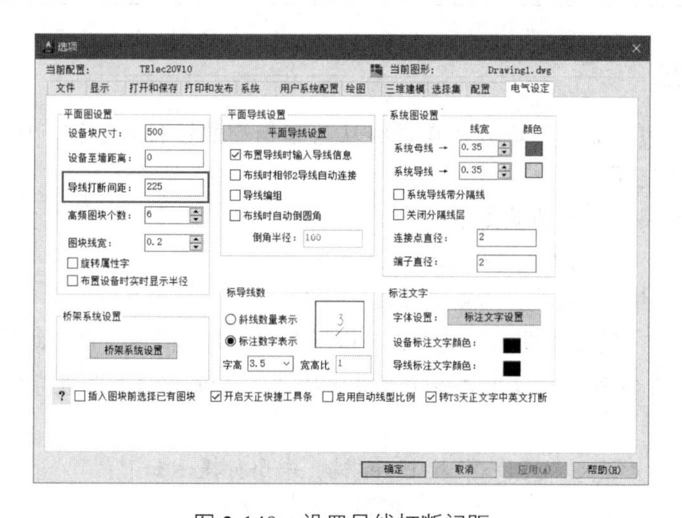

图 2-148　设置导线打断间距

2.4.3　导线置下

调用“导线置下”命令，可以调整选中导线的位置，使之位于其他导线的下方，并在相交处将选中的导线打断。图 2-149 所示为执行“导线置下”命令的结果。

“导线置下”命令的执行方式如下：

- 命令行：输入“DXZX”按 Enter 键。
- 菜单栏：单击“导线”→“导线置下”命令。

下面以如图 2-149 所示调整导线的位置为例，讲解调用“导线置下”命令的方法。

01 按 Ctrl+O 组合键，打开配套资源提供的“第 2 章 / 2.4.3 导线置下 .dwg”素材文件，如图 2-150 所示。

02 在命令行中输入“DXZX”按 Enter 键，命令行提示如下：

命令：DXZX ↙

请选取要被截断的导线 <退出>：找到 2 个，总计 2 个　　　　//分别选择 A 导线和 B 导线，按 Enter 键完成操作，导线置下的操作结果如图 2-149 所示。

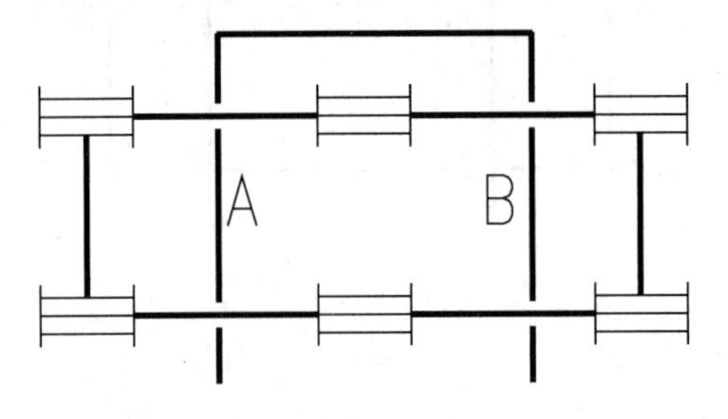

图 2-149　导线置下的操作结果

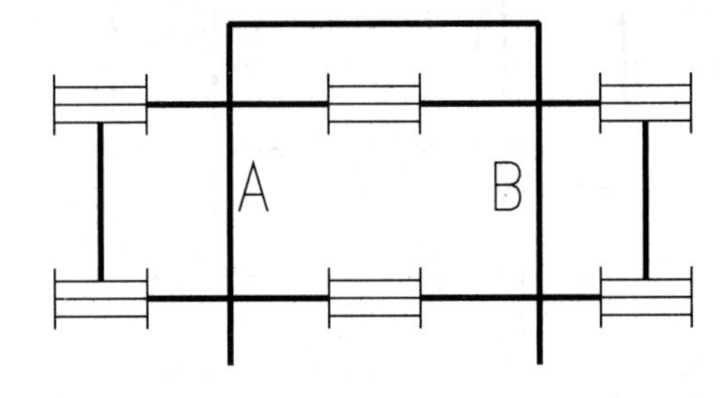

图 2-150　打开素材文件

提示

可以通过绘制选框的方式选择待编辑的导线，被选中的导线会统一进行打断处理。

2.4.4 断直导线

调用“断直导线”命令，可以将直导线从与其相交的设备处断开。图 2-151 所示为执行“断直导线”命令的结果。

“断直导线”命令的执行方式如下：

- 命令行：输入“DZDX”按 Enter 键。
- 菜单栏：单击“导线”→“断直导线”命令。

下面以如图 2-151 所示的操作结果为例，讲解调用“断直导线”命令编辑导线的方法。

01 按 Ctrl+O 组合键，打开配套资源提供的“第 2 章 / 2.4.4 断直导线 .dwg”素材文件，如图 2-152 所示。

02 在命令行中输入“DZDX”按 Enter 键，命令行提示如下：

命令：DZDX ↙

请选取要从设备处断开的直导线 <退出>：　　　　//选择 A 导线，断直导线的操作结果如图 2-151 所示。

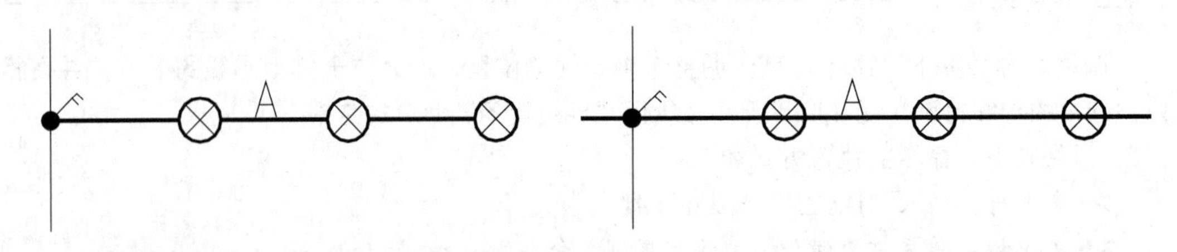

图 2-151　断直导线的操作结果　　　　图 2-152　打开素材文件

> **提示**
> 本命令对弧导线没有用。

2.4.5 断导线

调用“断导线”命令，可以在导线上指定两点截断导线。图2-153所示为执行“断导线”命令的操作结果。

“断导线”命令的执行方式如下：

- 命令行：输入“DDX”按Enter键。
- 菜单栏：单击“导线”→“断导线”命令。

下面以如图2-153所示的打断导线为例，讲解调用“断导线”命令的方法。

01 按Ctrl+O组合键，打开配套资源提供的“第2章/2.4.5 断导线.dwg”素材文件，如图2-154所示。

02 在命令行中输入“DDX”按Enter键，命令行提示如下：

```
命令：DDX↙
请选取要打断的导线 <退出>：                //选取A点。
再点取该导线上另一截断点 <导线分段>：       //选取B点，断导线的操作结果如图2-153所示。
```

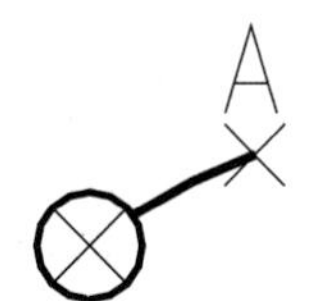

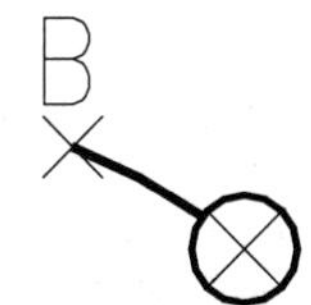

图2-153 断导线的操作结果

图2-154 打开素材文件

2.4.6 导线连接

调用“导线连接”命令，可以连接被截断的两根导线。图2-155所示为执行“导线连接”命令的操作结果。

“导线连接”命令的执行方式如下：

- 命令行：输入“DXLJ”按Enter键。
- 菜单栏：单击“导线”→“导线连接”命令。

下面以如图2-155所示的连接导线为例，讲解调用“导线连接”命令的方法。

01 按Ctrl+O组合键，打开配套资源提供的“第2章/2.4.6 导线连接.dwg”素材文件，如图2-156所示。

02 在命令行中输入“DXLJ”按Enter键，命令行提示如下：

```
命令：DXLJ↙
请拾取要连接的第一根导线<退出>：  //选择A导线。
请拾取要连接的第二根导线<退出>：  //选择B导线，导线连接的操作结果如图2-155所示。
```

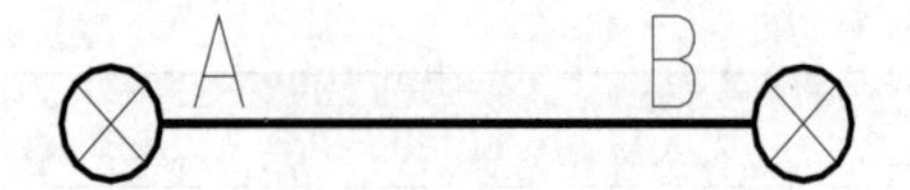

图 2-155　导线连接的操作结果

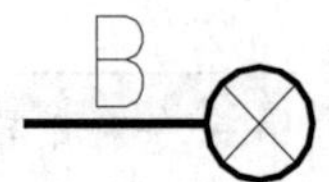

图 2-156　打开素材文件

提示

导线连接只能选择两根被打断的导线，且要求选中的两根导线位于同一直线或者同一弧线上。

2.4.7　导线圆角

调用“导线圆角”命令，可以用弧导线连接选中的直导线。图 2-157 所示为执行“导线圆角”命令的结果。

“导线圆角”命令的执行方式如下：

➢ 命令行：输入“DXYJ”按 Enter 键。

➢ 菜单栏：单击“导线”→“导线圆角”命令。

下面以如图 2-157 所示的绘制导线圆角为例，讲解调用“导线圆角”命令的方法。

01　按 Ctrl+O 组合键，打开配套资源提供的“第 2 章 / 2.4.7 导线圆角 .dwg”素材文件，如图 2-158 所示。

02　在命令行中输入“DXYJ”按 Enter 键，命令行提示如下：

```
命令：DXYJ↙
圆角半径=300.000000
请拾取连接的主导线<退出>:                                  //拾取A导线。
请拾取要圆角的分支导线<倒拐角>：找到1个                      //拾取a导线。
请拾取要圆角的分支导线<倒拐角>：找到1个，总计2个             //拾取b导线。
请拾取要圆角的分支导线<倒拐角>：找到1个，总计3个             //拾取c导线。
请拾取要圆角的分支导线<倒拐角>：找到1个，总计4个             //拾取d导线。
请输入倒角大小(0为导线延长)：500                             //输入参数，向下移动鼠标指针并单击，完成圆角操作，结果如图2-157所示。
```

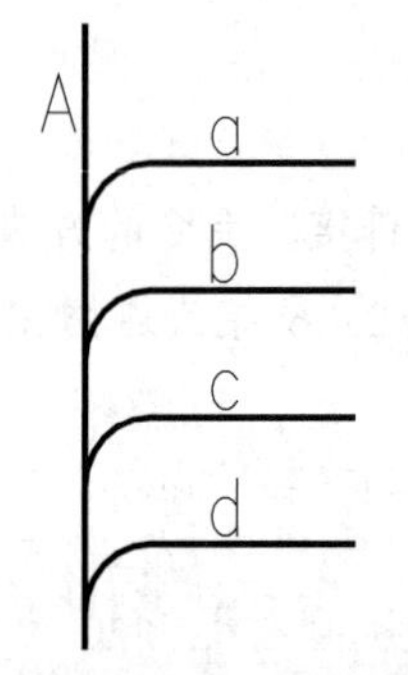

图 2-157　导线圆角的操作结果

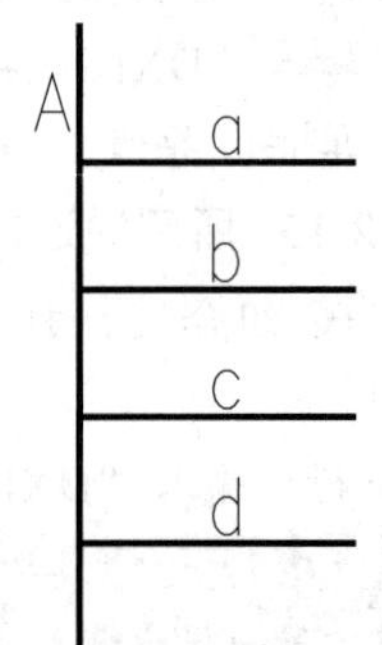

图 2-158　打开素材文件

2.4.8 导线打散

调用“导线打散”命令，可以将 PLINE 导线打断，形成 N 个不相连的导线。图 2-159 所示为执行“导线打散”命令的结果。

“导线打散”命令的执行方式如下：

- 命令行：输入“DXDS”按 Enter 键。
- 菜单栏：单击“导线”→“导线打散”命令。

下面以如图 2-159 所示的导线打散为例，讲解调用“导线打散”命令的方法。

01 按 Ctrl+O 组合键，打开配套资源提供的“第 2 章 / 2.4.8 导线打散 .dwg”素材文件，如图 2-160 所示。

02 在命令行中输入“DXDS”按 Enter 键，命令行提示如下：

```
命令：DXDS ↙
请选取要打散的导线 < 退出 >：找到 1 个                //选择 A 导线，按 Enter 键，导线被打散成 a、b、c、d 四根独立的导线，结果如图 2-159 所示。
```

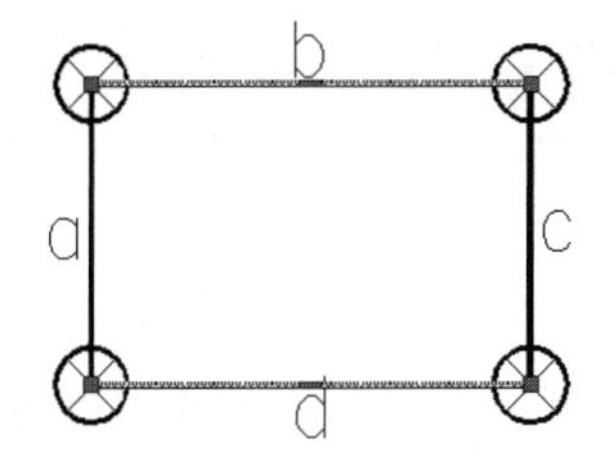

图 2-159 导线打散的操作结果

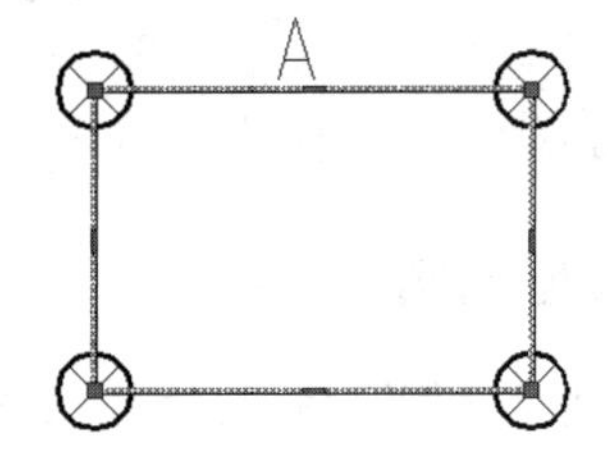

图 2-160 打开素材文件

2.4.9 导线擦除

调用“导线擦除”命令，可以擦除导线图层上的导线。图 2-161 所示为执行“导线擦除”命令的结果。

“导线擦除”命令的执行方式如下：

- 命令行：输入“DXCC”按 Enter 键。
- 菜单栏：单击“导线”→“导线擦除”命令。

下面以如图 2-161 所示的操作结果为例，讲解调用“导线擦除”命令的方法。

01 按 Ctrl+O 组合键，打开配套资源提供的“第 2 章 / 2.4.9 导线擦除 .dwg”素材文件，如图 2-162 所示。

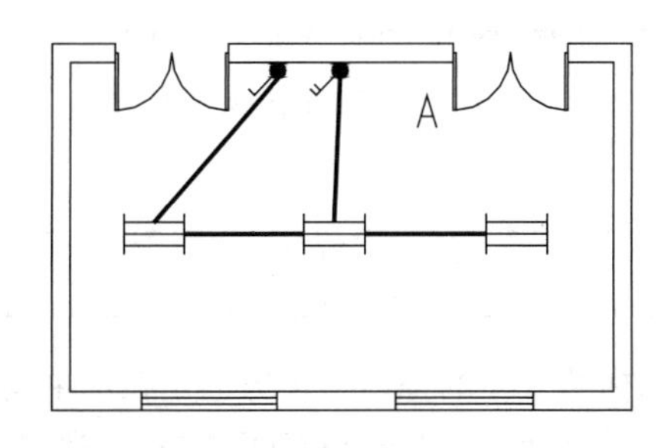

图 2-161 导线擦除的操作结果

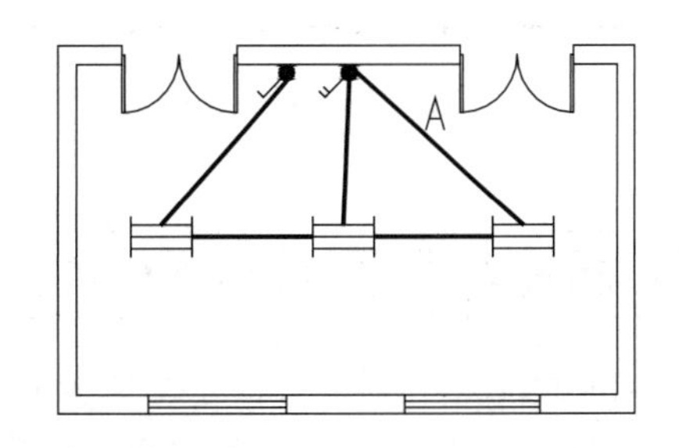

图 2-162 打开素材文件

[02] 在命令行中输入“DXCC”按 Enter 键，命令行提示如下：

```
命令：DXCC ↙
请选取要擦除的导线 <退出>：找到 1 个        //选择 A 导线，按 Enter 键即可擦除导线，结果如图 2-161 所示。
```

> **提示**
> 调用本命令，在选择导线的过程中不用担心会选中除了导线之外的其他图元。

2.4.10 擦短斜线

调用“擦短斜线”命令，可以擦除接地线和通信线等特殊线型中的短斜线。

“擦短斜线”命令的执行方式如下：

- 命令行：输入“CDXX”按 Enter 键。
- 菜单栏：单击“导线”→“擦短斜线”命令。

执行上述任意一项操作，命令行提示如下：

```
命令：CDXX ↙
请选取要擦除的导线中的短斜线 <退出>：*取消*                //选择短斜线，完成擦除操作。
```

2.4.11 线型比例

调用“线型比例”命令，可以改变虚线图层线段的线型，同时改变特殊线型虚线的线型。图 2-163 所示为调整线型比例的结果。

“线型比例”命令的执行方式如下：

- 命令行：输入“XXBL”按 Enter 键。
- 菜单栏：单击“导线”→“线型比例”命令。

下面以如图 2-163 所示的调整线型比例为例，讲解调用“线型比例”命令的方法。

[01] 按 Ctrl+O 组合键，打开配套资源提供的“第 2 章 / 2.4.11 线型比例 .dwg”素材文件，如图 2-164 所示。

[02] 在命令行中输入“XXBL”按 Enter 键，命令行提示如下：

```
命令：XXBL ↙
请选择需要设置比例的线 <整图修改>：找到 1 个             //选择导线。
请输入线型比例 <1>3          //输入比例因子，按 Enter 键完成操作，结果如图 2-163 所示。
```

图 2-163　调整线型比例

图 2-164　打开素材文件

2.5 标注与平面统计

T20-Elec V10.0 在对设备和导线进行标注时主要包括两方面的操作：一方面是在图中写入标注内容，另一方面是将标注的有关信息附加到导线或者设备上。这样标注的好处是，在绘制材料统计表时，T20-Elec V10.0 能够自动搜索附加在导线和设备上的信息，从而统计其型号和数量。

本节将介绍标注与平面统计的方法。

2.5.1 标注灯具

调用“标注灯具”命令，可以按照国际规定的格式对图中的灯具进行标注，同时将标注数据附加在被标注的灯具上。图 2-165 所示为执行“标注灯具”命令的操作结果。

“标注灯具”命令的执行方式如下：

- ➢ 命令行：输入“BZDJ”按 Enter 键。
- ➢ 菜单栏：单击“标注统计”→“标注灯具”命令。

下面以如图 2-165 所示的标注灯具为例，讲解调用“标注灯具”命令的方法。

01 按 Ctrl+O 组合键，打开配套资源提供的“第 2 章 / 2.5.1 标注灯具 .dwg”素材文件，如图 2-166 所示。

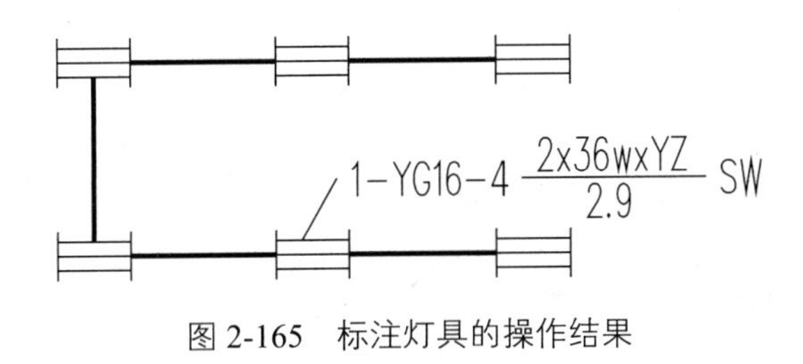

图 2-165　标注灯具的操作结果

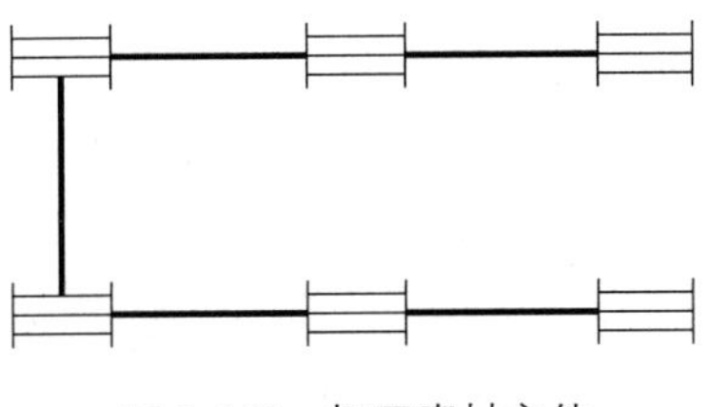

图 2-166　打开素材文件

02 在命令行中输入“BZDJ”按 Enter 键，打开“灯具标注信息”对话框，选择素材文件中的一个灯具图形，在对话框中将显示灯具信息，如图 2-167 所示。

03 单击“灯具型号”按钮，在弹出的“三管荧光灯”对话框中选择灯具的型号，如图 2-168 所示。

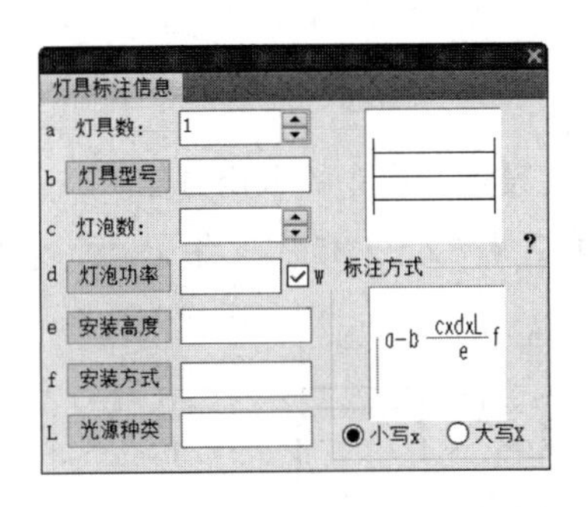

图 2-167　“灯具标注信息”对话框

图 2-168　选择灯具型号

04 单击“确定”按钮，返回“灯具标注信息”对话框，设置灯具型号的结果如图 2-169 所示。

05 重复上述操作，逐一设置灯具的属性，结果如图 2-170 所示。

06 同时命令行提示如下：

```
命令：BZDJ ↙
请选择需要标注信息的灯具：< 退出 > 找到 1 个            // 选择灯具。
请输入标注起点 { 修改标注 [S]}< 退出 >：               // 在灯具上指定标注起点。
请给出标注引出点 < 不引出 >：           // 指定标注引出点，标注灯具的结果如图 2-165 所示。
```

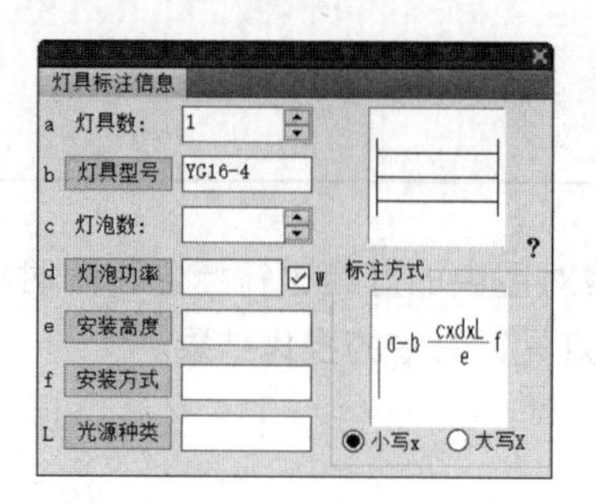

图 2-169 设置灯具型号的结果

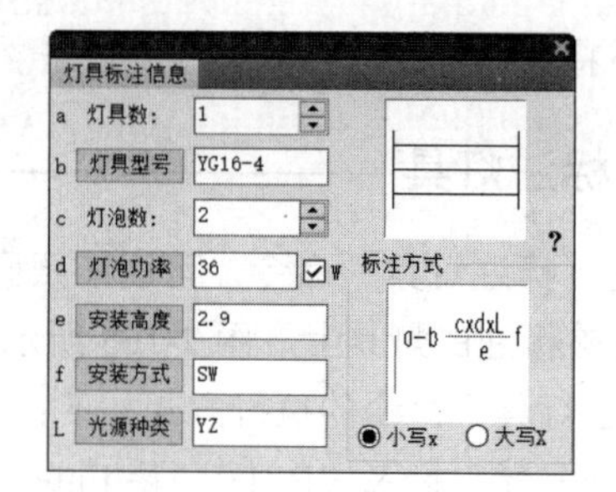

图 2-170 设置灯具属性

《电气简图用图形符号》(GB/T 4728.11—2022)对图中灯具标注文字书写格式的规定如图 2-171 所示。

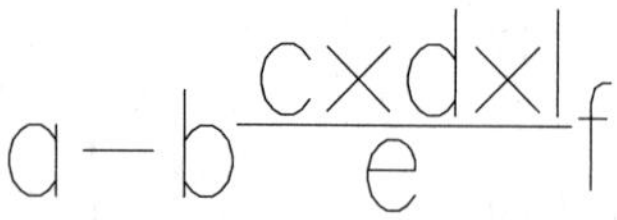

$$a-b\frac{c \times d \times l}{e}f$$

图 2-171 标注格式

a—灯具的数量 b—灯具的型号 c—灯具内灯泡的个数
d—单只灯泡功率(W) e—灯具安装高度(m) f—安装方式 l—光源种类

2.5.2 标注设备

调用“标注设备”命令，可以按照国际规定的形式对图中的电力和照明设备进行标注，同时将标注数据附加在被标注的设备上。图 2-172 所示为执行“标注设备”命令的操作结果。

“标注设备”命令的执行方式如下：

➢ 命令行：输入“BZSB”按 Enter 键。

➢ 菜单栏：单击“标注统计”→“标注设备”命令。

下面以如图 2-172 所示的标注设备为例，讲解“标注设备”命令的调用方法。

01 按 Ctrl+O 组合键，打开配套资源提供的“第 2 章 / 2.5.2 标注设备 .dwg”素材文件，如图 2-173 所示。

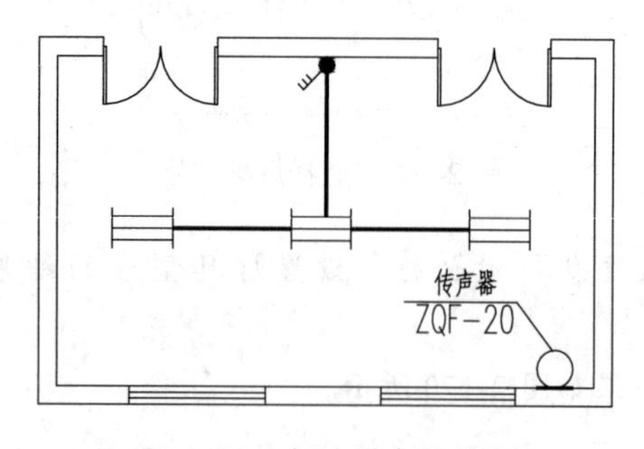

图 2-172 标注设备的结果

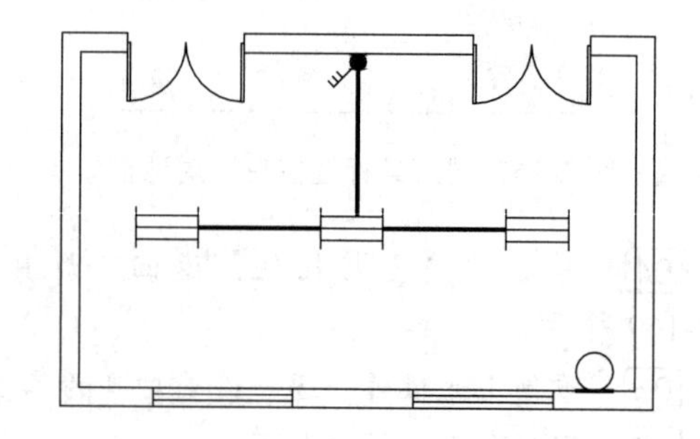

图 2-173 打开素材文件

02 在命令行中输入“BZSB”按 Enter 键，在弹出的“弱电设备标注信息”对话框中设置参数，如图 2-174 所示。

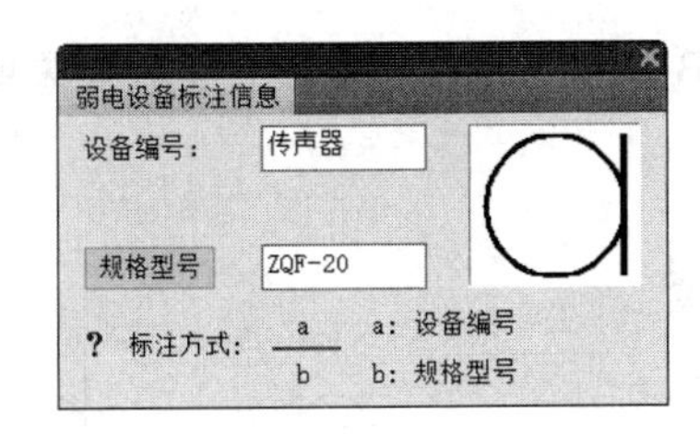

图 2-174 “弱电设备标注信息”对话框

03 命令行提示如下：

```
命令：BZSB ↙
请选择需要标注信息的用电设备 < 退出 >：                //选择设备。
请输入标注起点 { 修改标注 [S]}< 退出 >：              //在设备上指定标注起点。
请给出标注引出点 < 不引出 >： //指定标注引出点，标注设备的结果如图 2-172 所示。
```

2.5.3 标注开关

调用“标注开关”命令，可以为图中的开关输入信息参数，同时将标注数据附加在被标注的开关上。图 2-175 所示为执行“标注开关”命令的结果。

“标注开关”命令的执行方式如下：

- 命令行：输入“BZKG”按 Enter 键。
- 菜单栏：单击“标注统计”→“标注开关”命令。

下面以如图 2-175 所示的标注开关为例，讲解调用“标注开关”命令的方法。

01 按 Ctrl+O 组合键，打开配套资源提供的“第 2 章 / 2.5.3 标注开关 .dwg”素材文件，如图 2-176 所示。

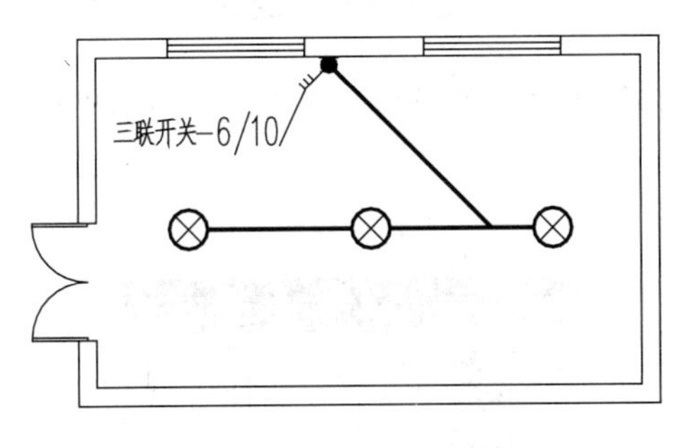

图 2-175 标注开关的结果

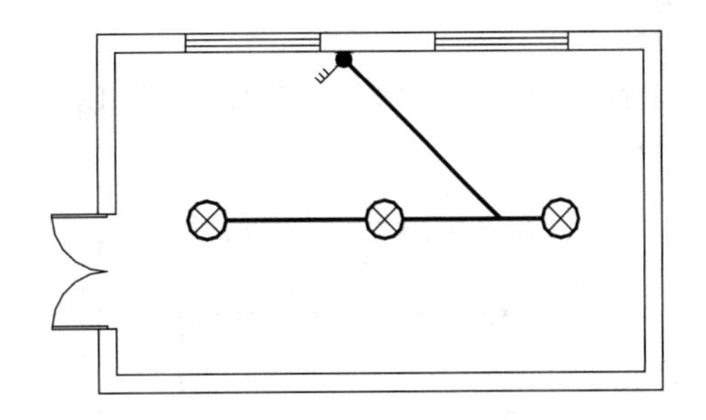

图 2-176 打开素材文件

02 在命令行中输入“BZKG”按 Enter 键，在弹出的“开关标注信息”对话框中设置参数，如图 2-177 所示。

03 命令行提示如下：

```
命令：BZKG ↙
请选择需要标注信息的开关 < 退出 >：                 //选择开关图形。
请输入标注起点 { 修改标注 [S]}< 退出 >：             //指定标注的起点。
请给出标注引出点 < 不引出 >：         //指定引出点，标注开关的结果如图 2-175 所示。
```

《电气简图用图形符号》GB/T（4728.11—2022）中对开关或者熔断器标注格式的规定如图 2-178 所示。

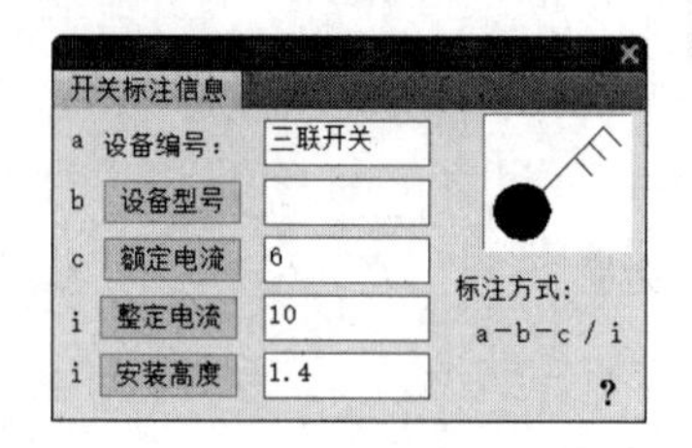

图 2-177 “开关标注信息”对话框

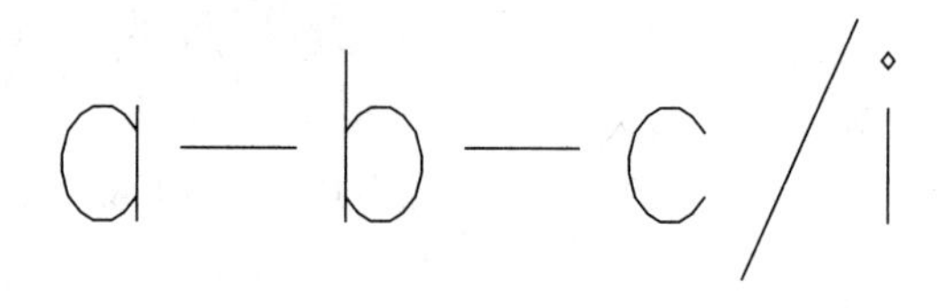

图 2-178 标注格式

a—设备编号 b—规格型号 c—额定电流（A） i—整定电流（A）

2.5.4 标注插座

调用“标注插座”命令，可以为选中的插座输入信息参数，同时将标注数据附加在被标注的插座上。图 2-179 所示为执行“标注插座”命令的结果。

“标注插座”命令的执行方式如下：

- 命令行：输入“BZCZ”按 Enter 键。
- 菜单栏：单击“标注统计”→“标注插座”命令。

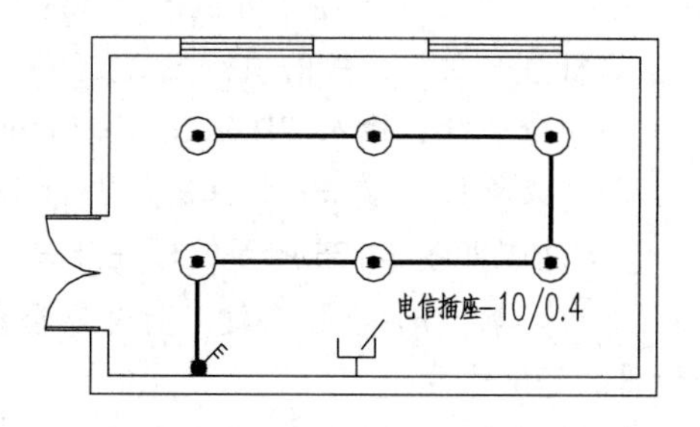

图 2-179 标注插座的结果

下面以如图 2-179 所示的标注插座为例，讲解调用“标注插座”命令的方法。

01 按 Ctrl+O 组合键，打开配套资源提供的“第 2 章 / 2.5.4 标注插座 .dwg”素材文件，如图 2-180 所示。

02 在命令行中输入“BZCZ”按 Enter 键，在弹出的“插座标注信息”对话框中设置参数，如图 2-181 所示。

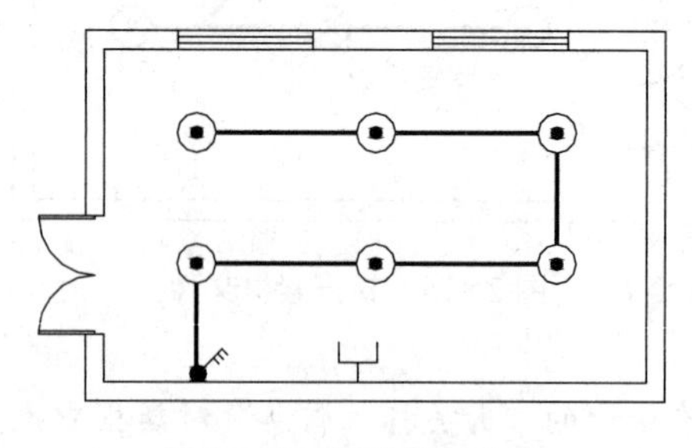

图 2-180 打开素材文件

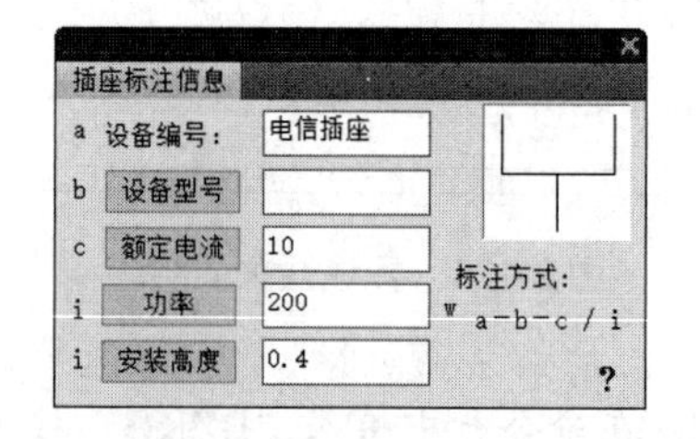

图 2-181 “插座标注信息”对话框

03 命令行提示如下：

```
命令：BZCZ ↙
请选择需要标注信息的插座 < 退出 >：                    // 选择插座。
请输入标注起点 { 修改标注 [S]}< 退出 >：              // 指定标注起点。
请给出标注引出点 < 不引出 >：          // 指定引出点，标注插座的结果如图 2-179 所示。
```

2.5.5 标导线数

调用“标导线数”命令，可以在导线上标注导线根数。图2-182所示为执行“标导线数”命令的结果。

“标导线数”命令的执行方式如下：

➢ 命令行：输入“BDXS”按Enter键。

➢ 菜单栏：单击“标注统计”→“标导线数”命令。

下面以如图2-182所示的标注导线根数为例，讲解调用“标导线数”命令的方法。

01 按Ctrl+O组合键，打开配套资源提供的“第2章/2.5.5 标导线数.dwg”素材文件，如图2-183所示。

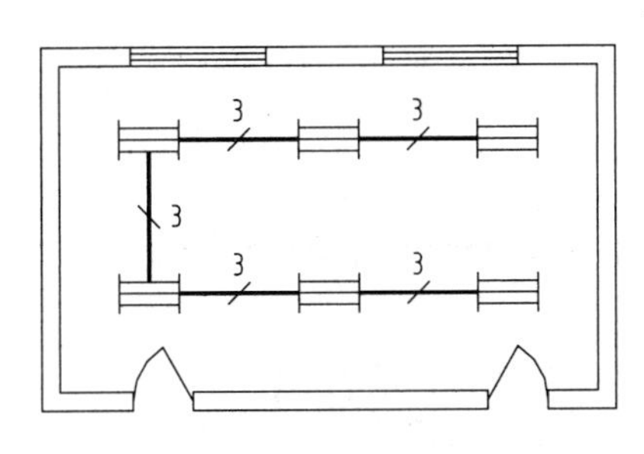

图2-182 标导线数的结果

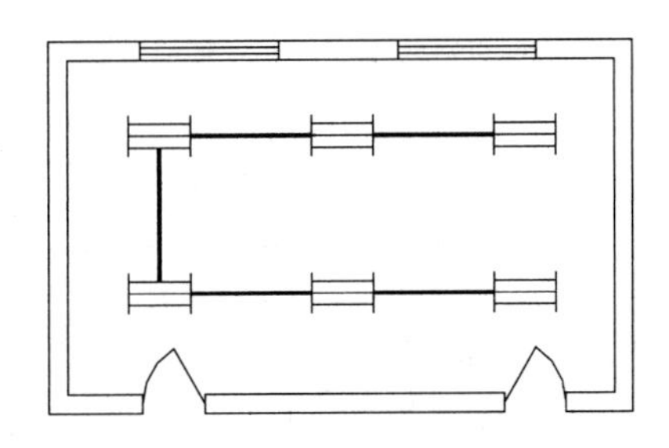

图2-183 打开素材文件

02 在命令行中输入“BDXS”按Enter键，在弹出的“标注”对话框中单击“3根”按钮，选择“多线标注”选项，如图2-184所示。

03 命令行提示如下：

命令：BDXS↙

请选取要标注的导线（多选，标注在导线中间）<退出>：找到5个，总计5个

//选择导线，按Enter键完成操作，结果如图2-182所示。

执行“工具”→“选项”命令，打开“选项”对话框，选择“电气设定”选项卡，在“标导线数”选项组中可以设置标注导线根数的样式，如图2-185所示。

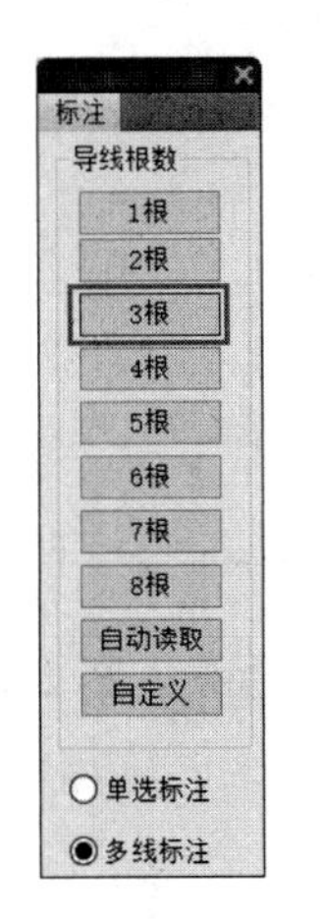

图2-184 “标注”对话框

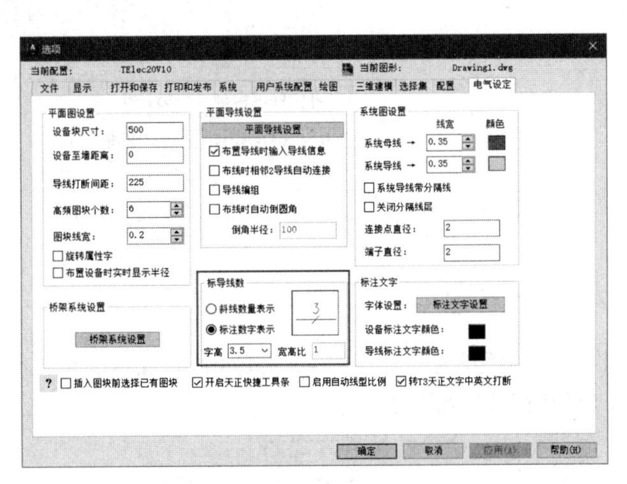

图2-185 “选项”对话框

2.5.6 改导线数

调用“改导线数”命令，可以修改已有导线根数标注。图 2-186 所示为执行“改导线数”命令的结果。

“改导线数”命令的执行方式如下：

- 命令行：输入“GDXS”按 Enter 键。
- 菜单栏：单击“标注统计”→“改导线数”命令。

下面以如图 2-186 所示的修改导线标注为例，讲解调用“改导线数”命令的方法。

01 按 Ctrl+O 组合键，打开配套资源提供的“第 2 章 / 2.5.6 改导线数 .dwg”素材文件，如图 2-187 所示。

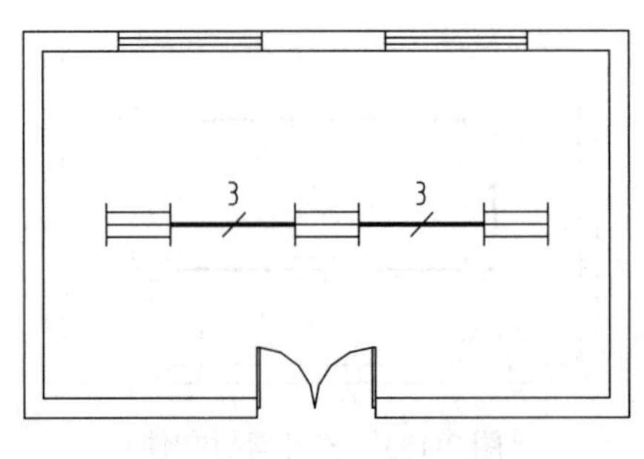

图 2-186 改导线数的结果

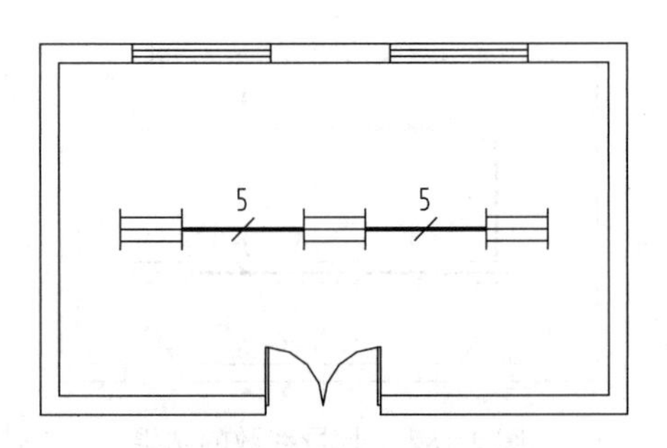

图 2-187 打开素材文件

02 在命令行中输入“GDXS”按 Enter 键，命令行提示如下：

命令：GDXS ↙

请选择要修改的导线根数标注 <退出>： //单击导线根数标注，在弹出的“修改导线根数”对话框中修改参数如图 2-188 所示。

03 单击“确定”按钮关闭对话框，修改结果如图 2-186 所示。

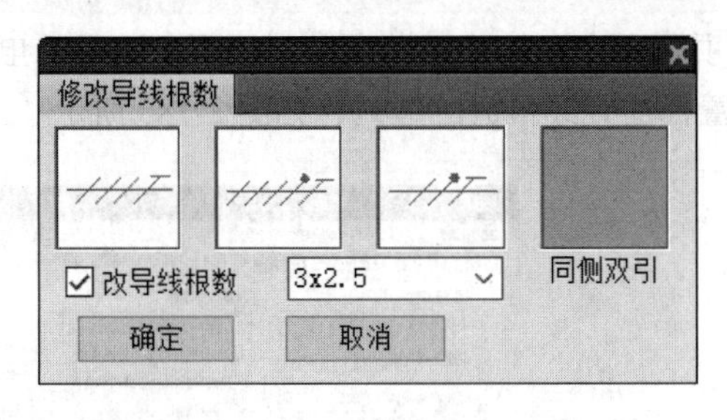

图 2-188 “修改导线根数”对话框

2.5.7 导线标注

调用“导线标注”命令，可以按照国际规定的格式标注平面图中的导线。图 2-189 所示为执行“导线标注”命令的结果。

“导线标注”命令的执行方式如下：

- 命令行：输入“DXBZ”按 Enter 键。
- 菜单栏：单击“标注统计”→“导线标注”命令。

下面以如图 2-189 所示的标注导线为例，讲解调用“导线标注”命令的方法。

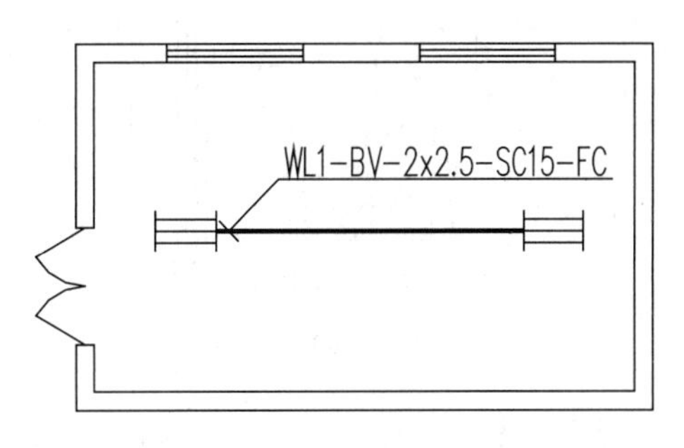

图 2-189　导线标注的结果

01 按 Ctrl+O 组合键，打开配套资源提供的“第 2 章 / 2.5.7 导线标注 .dwg”素材文件，如图 2-190 所示。

02 在命令行中输入“DXBZ”按 Enter 键，在导线上右击，在弹出的“导线标注”对话框中设置参数如图 2-191 所示。

03 命令行提示如下：

命令：DXBZ ↙

请选择导线（左键进行标注，右键进行修改信息）<退出>：　　// 在“导线标注”对话框中单击“确定”按钮，在图中选择待标注的导线。

请给出文字线落点 <退出>：　　// 向右上角移动鼠标指针，然后单击，导线标注的结果如图 2-189 所示。

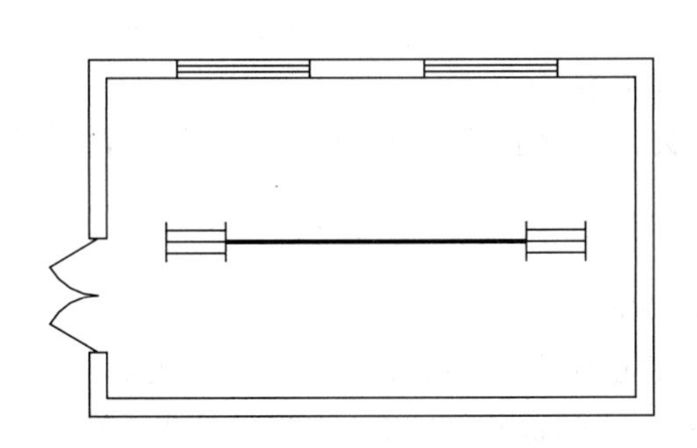

图 2-190　打开素材文件

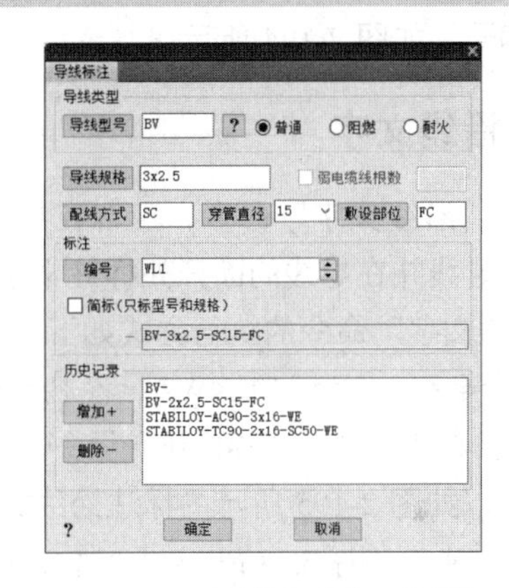

图 2-191　“导线标注”对话框

提示

在“导线标注”对话框中，先设置“导线型号”“配线方式”和“导线规格”参数，然后单击“穿管直径”按钮，即可自动计算出所需要的导线穿线管直径。

2.5.8　多线标注

调用“多线标注”命令，可同时标注多根导线信息。图 2-192 所示为执行“多线标注”命令的结果。

“多线标注”命令的执行方式如下：

- 命令行：输入“DDXB”按 Enter 键。
- 菜单栏：单击“标注统计”→“多线标注”命令。

下面以标注如图 2-192 所示的多根导线为例，讲解调用“多线标注”命令的方法。

01 按 Ctrl+O 组合键，打开配套资源提供的“第 2 章 / 2.5.8 多线标注 .dwg”素材文件，如图 2-193 所示。

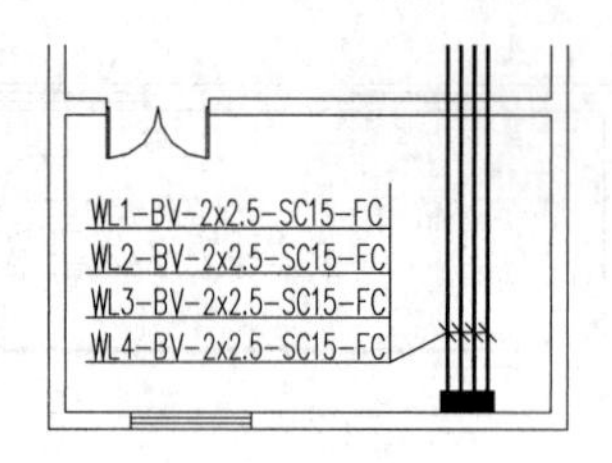

图 2-192　多线标注的结果

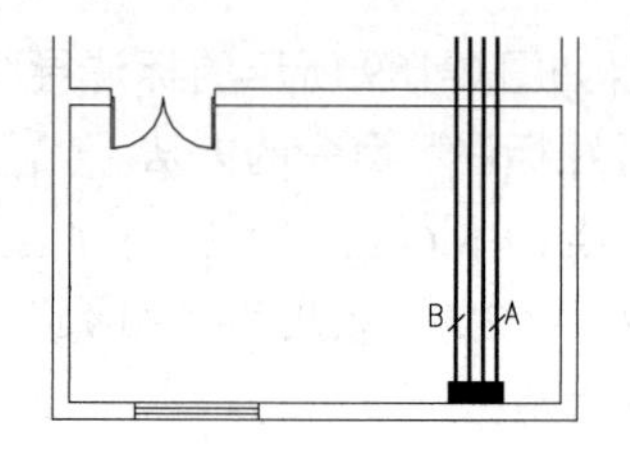

图 2-193　打开素材文件

02　在命令行中输入“DDXB”按 Enter 键，命令行提示如下：

```
命令：DDXB ↙
请点取标注线的第一点 < 退出 >：        // 指定 A 点。
请拾取第二点 < 退出 >：                // 指定 B 点。
请选择文字的落点 [ 简标（A）]：        // 指定文字的落点，多线标注的结果如图 2-192 所示。
```

在命令行提示“请选择文字的落点 [简标（A）]：”时，输入“A”，即选择“简标”选项，仅标注多根导线的回路编号，如图 2-194 所示。

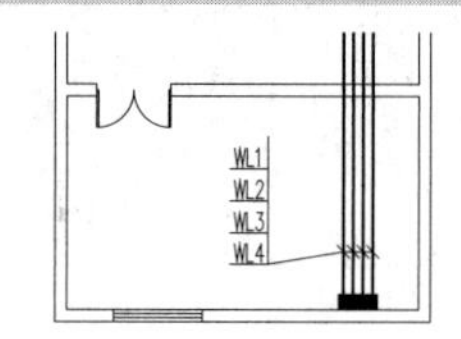

图 2-194　仅标注回路编号

2.5.9　沿线文字

调用“沿线文字”命令，可以在导线上方标注文字，或者断开导线并在导线的断开处标注文字。图 2-195 所示为执行“沿线文字”命令的操作结果。

“沿线文字”命令的执行方式如下：

- 命令行：输入“YXWZ”按 Enter 键。
- 菜单栏：单击“标注统计”→“沿线文字”命令。

下面以如图 2-195 所示的标注沿线文字为例，讲解调用“沿线文字”命令的方法。

01　单击“标注统计”→“沿线文字”命令，在弹出的“沿线文字”对话框中设置参数如图 2-196 所示。

F　F

图 2-195　标注沿线文字

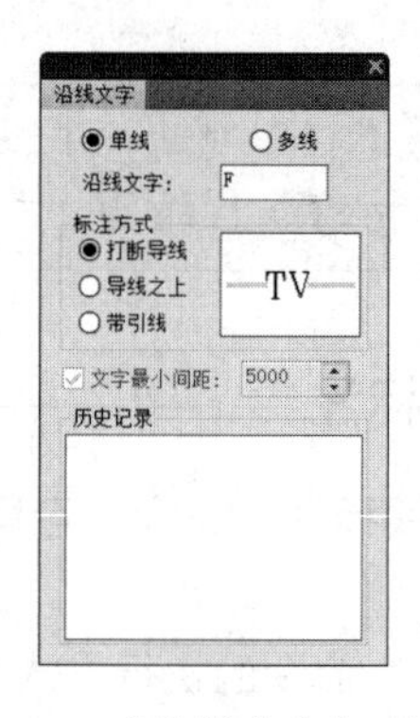

图 2-196　“沿线文字”对话框

02　命令行提示如下：

```
命令：YXWZ2 ↙
请拾取要标注的导线 [ 回退（U）]< 退出 >：      // 拾取要标注的导线，标注沿线文字的结果如图 2-195 所示。
```

03 在“沿线文字”对话框中的“沿线文字”文本框中输入“TV”，选择“导线之上”选项，沿线文字标注的结果如图 2-197 所示。

04 在“沿线文字”对话框中的“沿线文字”文本框中输入“B”，选择“带导线”选项，沿线文字标注的结果如图 2-198 所示。

图 2-197 在导线之上文字标注

图 2-198 带导线文字标注

2.5.10 回路编号

调用“回路编号”命令，可以为线路和设备标注回路编号。图 2-199 所示为标注回路编号的结果。

“回路编号”命令的执行方式如下：

- 命令行：输入“HLBH”按 Enter 键。
- 菜单栏：单击“标注统计”→“回路编号”命令。

下面以如图 2-199 所示的标注回路编号为例，讲解调用“回路编号”命令的方法。

01 按 Ctrl+O 组合键，打开配套资源提供的“第 2 章 / 2.5.10 回路编号 .dwg”素材文件，如图 2-200 所示。

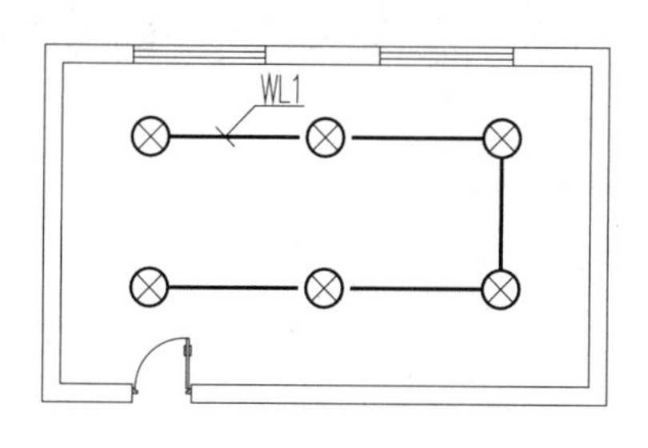

图 2-199 标注回路编号

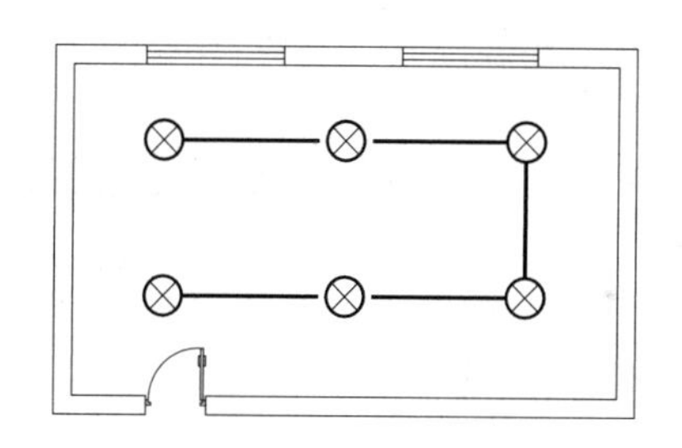

图 2-200 打开素材文件

02 在命令行中输入“HLBH”按 Enter 键，弹出“回路编号”对话框，如图 2-201 所示。

03 单击“回路编号”按钮，在弹出的对话框中选择编号，如图 2-202 所示。

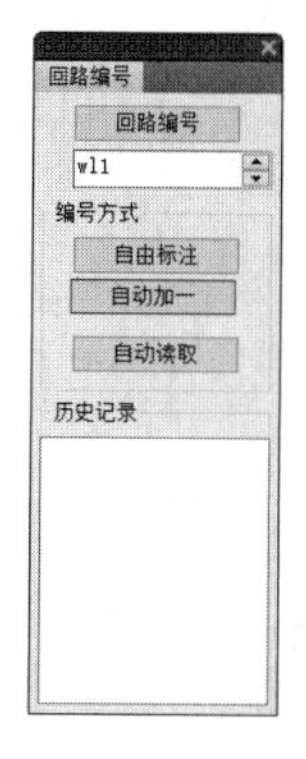

图 2-201 “回路编号”对话框

图 2-202 选择编号

04 命令行提示如下：

```
命令：HLBH↙
请选取要标注的导线 <退出>：            //选择待标注的导线。
请给出文字线落点<退出>：               //指定点，标注回路编号的结果如图 2-199 所示。
```

“回路编号”对话框中三种编号方式的介绍如下：

- 自由标注：根据“回路编号”选项中的值，标注选中的导线。
- 自动加一：以“回路编号”选项中的值为基数，创建一次标注，回路编号的值就自动加一，实现递增标注。
- 自动读取：不受“回路编号”选项值的影响，自动读取导线信息创建标注。

2.5.11 沿线箭头

调用“沿线箭头”命令，可以沿导线插入表示电源引入或者引出的箭头。图 2-203 所示为绘制沿线箭头的结果。

“沿线箭头”命令的执行方式如下：

- 命令行：输入“YXJT”按 Enter 键。
- 菜单栏：单击“标注统计”→“沿线箭头”命令。

执行上述任意一项操作，命令行提示如下：

```
命令：YXJT↙
请拾取要标箭头的导线 <退出>：                //选择导线，指定箭头的方向，绘制沿线箭头的结果如图 2-203 所示。
```

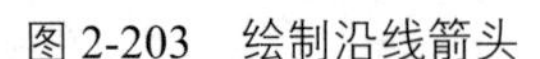

图 2-203 绘制沿线箭头

2.5.12 引出标注

调用“引出标注”命令，可以对指定的标注点做内容标注。图 2-204 所示为绘制引出标注的结果。

“引出标注”命令的执行方式如下：

- 命令行：输入“YCBZ”按 Enter 键。
- 菜单栏：单击“标注统计”→“引出标注”命令。

下面以绘制如图 2-204 所示的标注为例，讲解调用“引出标注”命令的方法。

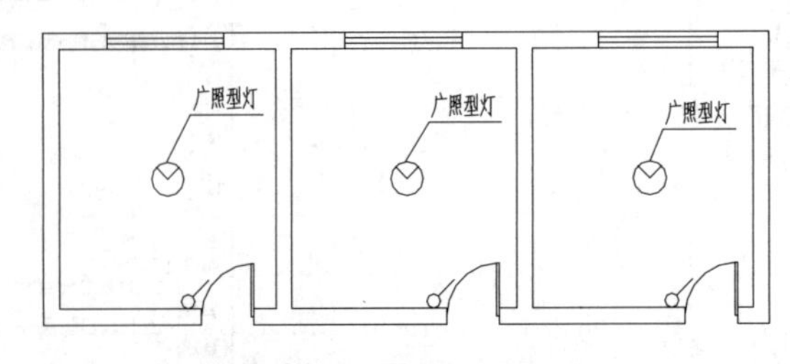

图 2-204 绘制引出标注

01 按 Ctrl+O 组合键，打开配套资源提供的“第 2 章 / 2.5.12 引出标注 .dwg”素材文件，如图 2-205 所示。

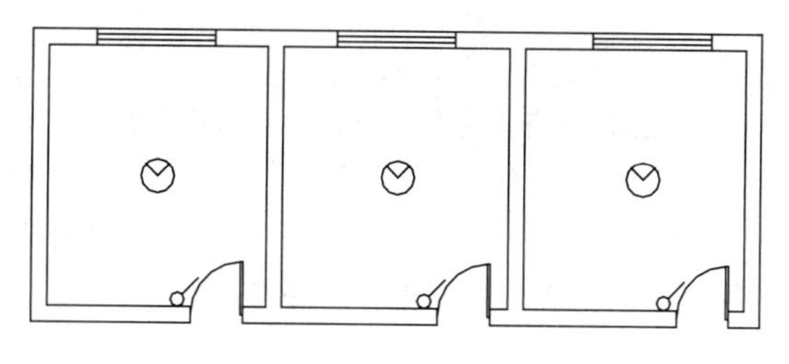

图 2-205 打开素材文件

02 在命令行中输入“YCBZ”按 Enter 键，在弹出的“引出标注”对话框中设置参数如图 2-206 所示。

03 命令行提示如下：

```
命令：YCBZ ↙
请给出标注第一点<退出>：                              //单击指定起点。
输入引线位置或 [更改箭头型式(A)]<退出>：              //向上移动鼠标指针。
点取文字基线位置<退出>：                              //向右移动鼠标指针，单击完成操作，
标注结果如图 2-204 所示。
```

引出标注

上标注文字：广照壁灯

下标注文字：

文字样式：_TEL_DIM　字　高：3.5　☑系统类别：TEL_LEAD

箭头样式：无　箭头大小：3.0　☐引出多线　☐背景屏蔽

文字相对基线距离系数：0.2　文字相对基线对齐方式：末端对齐

图 2-206 “引出标注”对话框

2.5.13 回路检查

调用“回路检查”命令，可以检查图中各个回路的设备与线路，并给回路赋值，统计本回路的总功率和设备数量。图 2-207 所示为执行“回路检查”命令的回路及绘制的统计表。

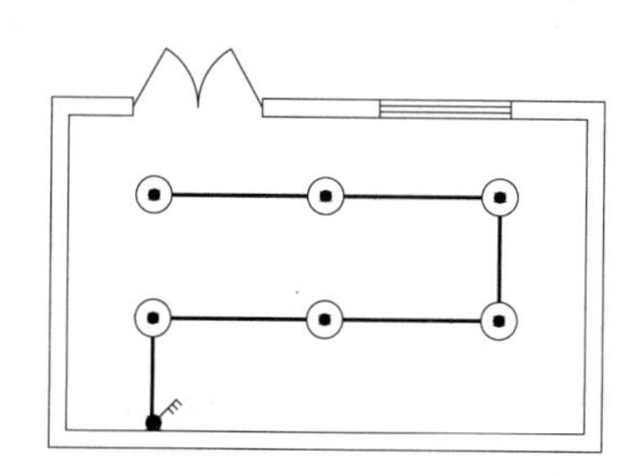

回路编号	回路功率	材料名称	规格	数量
WL1	0.00	伞形纱罩宣杆灯(非标)	W	6
		穿低压流体输送用焊接钢管(钢导管)敷设	SC15	9.82
		BV导线	BV,2.5	19.64

图 2-207 回路检查的回路及绘制的统计表

“回路检查”命令的执行方式如下：

- 命令行：输入“HLJC”按 Enter 键。
- 菜单栏：单击“标注统计”→“回路检查”命令。

执行上述任意一项操作，命令行提示如下：

```
命令：HLJC ↙
请选择图纸范围 <整张图>：指定对角点：找到 14 个              // 选择图形并按 Enter 键。
命令：点取表格位置（如果想在已有表格追加表行，请点选已有表格）<退出>：
                              // 在如图 2-208 所示的“回路赋值检查”对话框中显示统计信息。
```

单击对话框左下角的“显示统计信息”按钮，向右弹出统计结果。单击右下角的“统计表”按钮，选取插入点，绘制统计表格，结果如图 2-207 所示。

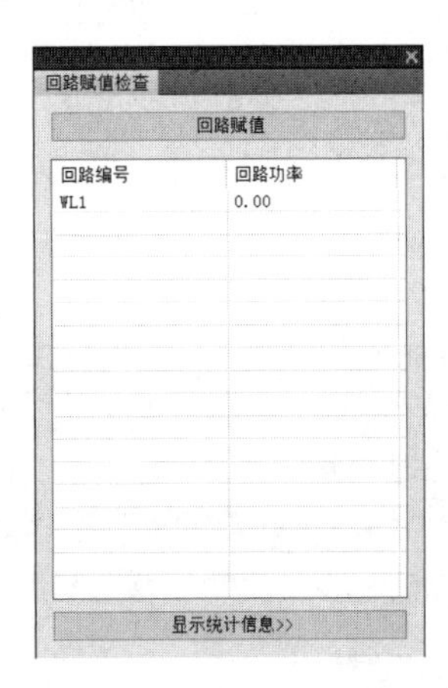

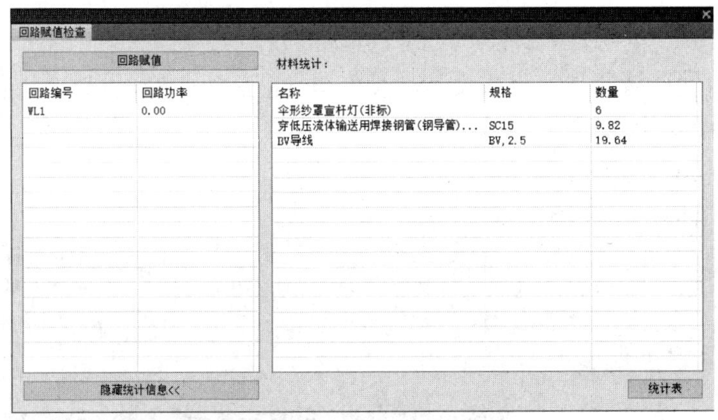

图 2-208 “回路赋值检查”对话框

2.5.14 消重设备

调用“消重设备”命令，可以删除重合的相同设备和相同导线，以免在材料统计或者生成系统时发生错误。

“消重设备”命令的执行方式如下：

- 命令行：输入“XCSB”按 Enter 键。
- 菜单栏：单击“标注统计”→“消重设备”命令。

执行上述任意一项操作，命令行提示如下：

```
命令：XCSB ↙
请选择范围 <退出>：指定对角点：找到 30 个
请选择范围 <退出>：共删除 5 个重复设备和导线！
```

选择图形范围，按 Enter 键即可完成操作。

2.5.15 设备编号

调用“设备编号”命令，可以批量在设备一旁标注编号。图 2-209 所示为标注设备编号的结果。

“设备编号”命令的执行方式如下：

- 命令行：输入“SBBH”按 Enter 键。
- 菜单栏：单击“标注统计”→“设备编号”命令。

下面以如图 2-209 所示的标注设备编号为例，讲解调用“设备编号”命令的方法。

01 按 Ctrl+O 组合键，打开配套资源提供的“第 2 章 / 2.5.15 设备编号 .dwg”素材文件，结果如图 2-210 所示。

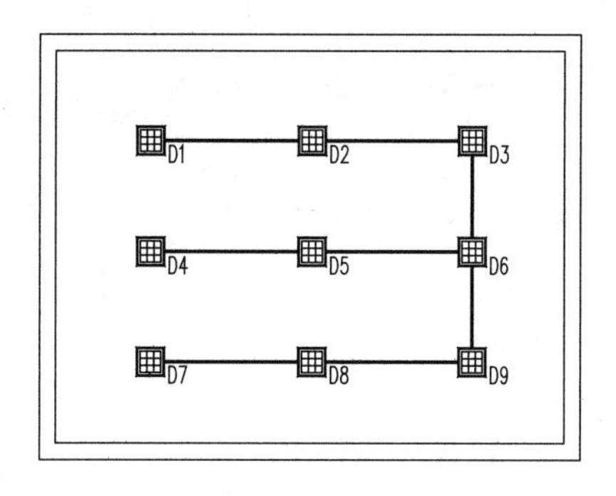

图 2-209 标注设备编号

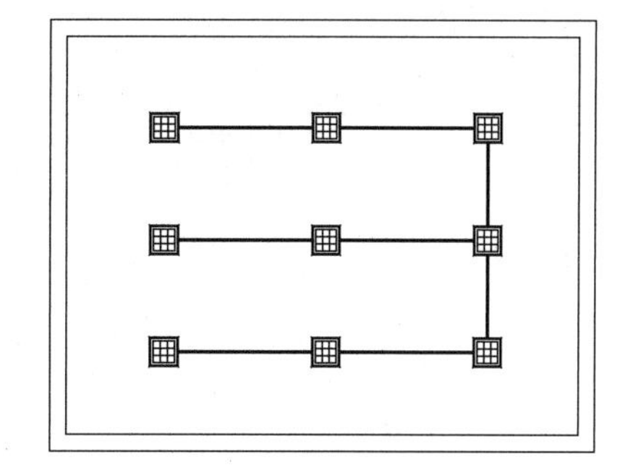

图 2-210 打开素材文件

02 单击“标注统计”→“设备编号”命令，根据命令行的提示，选择待添加编号的设备，如图 2-211 所示。

03 按 Enter 键，打开“设备编号”对话框，设置参数如图 2-212 所示。

04 单击“确定”按钮，完成为设备批量添加编号，结果如图 2-209 所示。

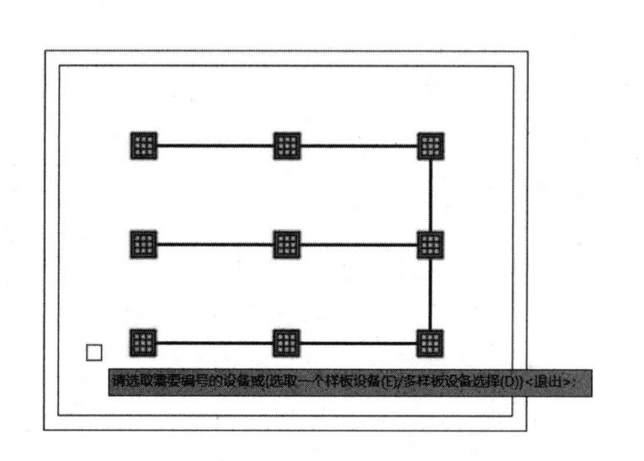

图 2-211 选择设备

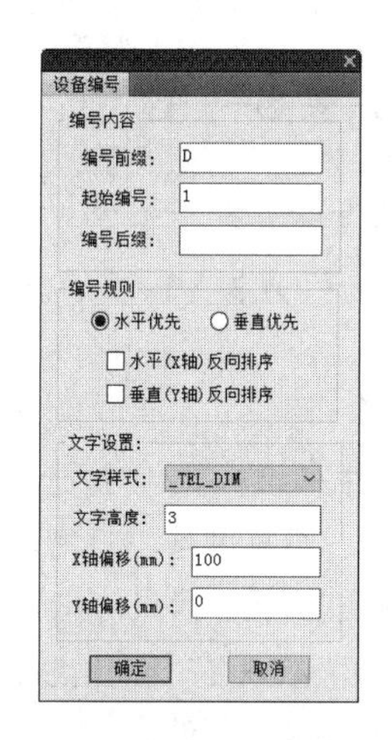

图 2-212 设置参数

2.5.16 拷贝信息

调用“拷贝信息”命令，可以浏览图中平面导线及设备的信息，并将信息复制到指定的对象中。要说明的是，回路信息不能被复制。

“拷贝信息”命令的执行方式如下：

- 命令行：输入“KBXX”按 Enter 键。
- 菜单栏：单击“标注统计”→“拷贝信息”命令。

下面以如图 2-213 所示的拷贝信息为例，介绍“拷贝信息”命令的操作方式。

01 按 Ctrl+O 组合键，打开配套资源提供的“第 2 章 / 2.5.16 拷贝信息 .dwg”素材文件，结果如图 2-214 所示。

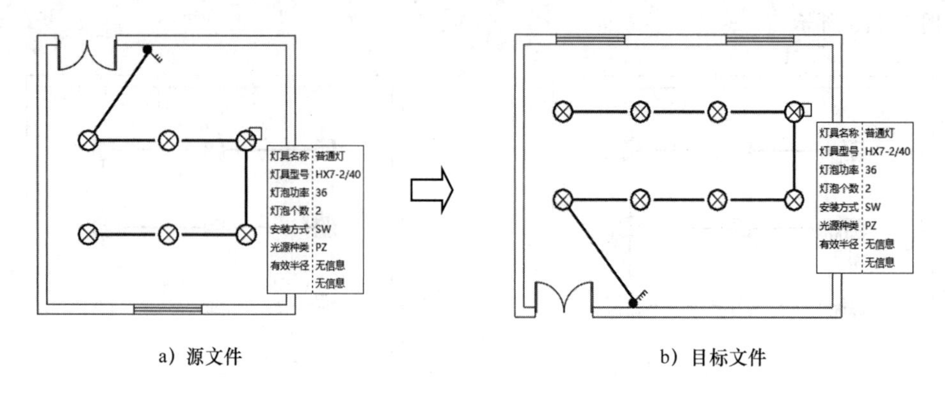

a）源文件　　b）目标文件

图 2-213　拷贝信息

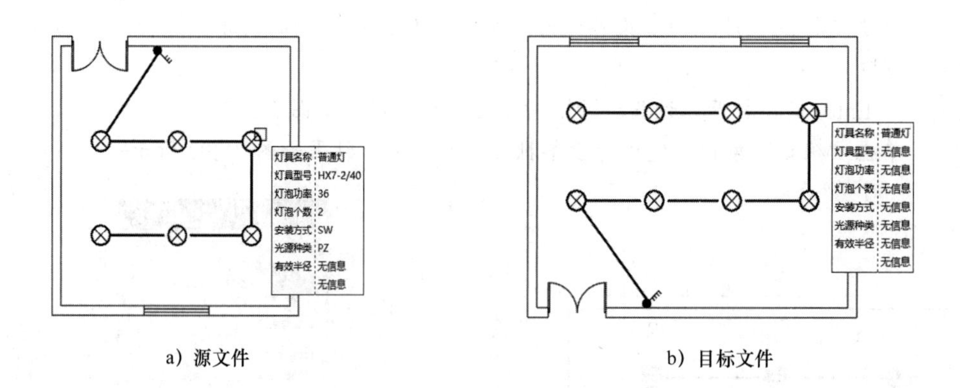

a）源文件　　b）目标文件

图 2-214　打开素材文件

观察源文件和目标文件中显示的灯具信息，可以看出，在源文件中灯具被赋予多种属性（包括灯具名称、灯具型号、灯泡功率以及安装方式等），在目标文件中灯具的属性显示为“无信息”。下面通过执行“拷贝信息”命令，将源文件中的灯具信息拷贝至目标文件中。

02　输入“KBXX”按 Enter 键，命令行提示如下：

命令：KBXX ↙
请选择拷贝源设备或导线（左键进行拷贝，右键进行编辑）<退出>：// 在源文件中选择灯具，接着移动鼠标指针，在目标文件中选择灯具，此时被选中的两个灯具均显示为红色，如图 2-215 所示。

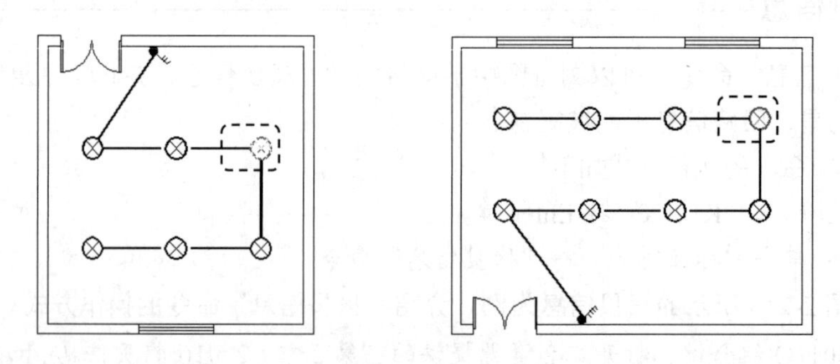

图 2-215　选择灯具

03 执行上述操作后，源文件中的灯具信息被复制到目标文件中。

04 按 Enter 键，再调用“KBXX”命令，将鼠标指针置于目标文件中的灯具上，可以显示出复制的灯具信息，如图 2-213 所示。

执行“KBXX”命令后，在设备上右击，可在弹出的对话框中修改设备的信息。分别在灯具及开关上右击，可弹出相应的对话框，如图 2-216 和图 2-217 所示。

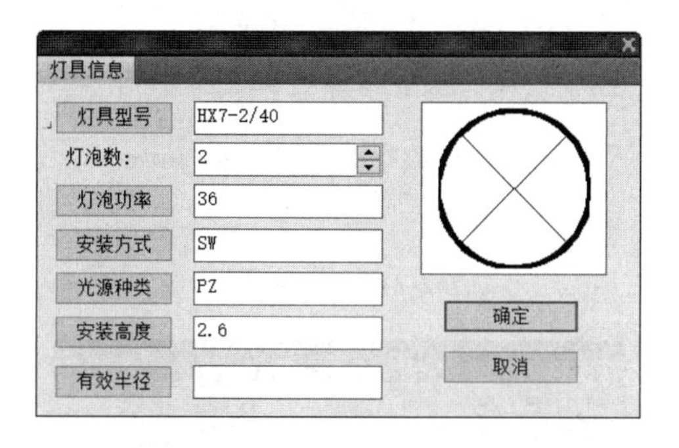

图 2-216 “灯具信息”对话框

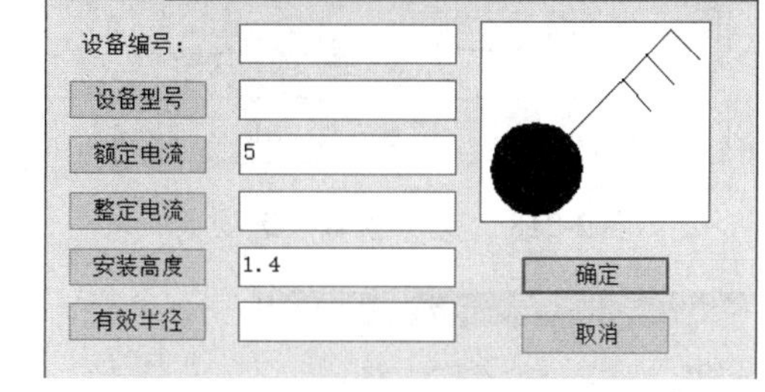

图 2-217 “开关信息”对话框

执行“拷贝信息”命令仅能复制设备的信息。以灯具为例，可以拷贝的信息包括灯具的型号、灯泡功率、灯泡个数等，不能拷贝图形本身。

2.5.17 设备定义

调用“设备定义”命令，可以按图例集体定义整张图纸中的设备信息。

“设备定义”命令的执行方式如下：

- 命令行：输入“SBDY”按 Enter 键。
- 菜单栏：单击“标注统计”→“设备定义”命令。

执行“SBDY”命令，弹出“设备定义”对话框。可在该对话框中分别对灯具、开关、插座、配电箱及用电设备进行定义。

在“灯具参数”选项卡中的“灯具种类”列表中显示出了灯具的名称，选择灯具，可在下方的预览框中预览灯具的样式，如图 2-218 所示。

单击“灯具型号”按钮，可在对话框中设置灯具的型号。

在“灯泡数”文本框中可以设置灯泡数量。

分别单击“灯泡功率”按钮、“安装方式”按钮、“光源种类”按钮、“安装高度”按钮，可以在相应的文本框中设置灯具的信息。

单击“删除灯具”按钮，可删除“灯具种类”列表中选中的灯具。

单击“新增灯具”按钮，可调出灯具列表，如图 2-219 所示。在其中选择灯具，可将选中的灯具显示在“灯具种类”列表中。

如果在“应急灯具”选项卡“灯具种类”列表中显示空白，用户可以单击“新增灯具”按钮，在弹出的列表中选择灯具，如图 2-220 所示。添加灯具后，在右侧的参数面板中可设置灯具信息，如图 2-221 所示。

在“开关参数”选项卡中可对开关的种类、额定电流、整定电流、设备型号、安装高度等信息进行设置，如图 2-222 所示。

图 2-218 “灯具参数”选项卡

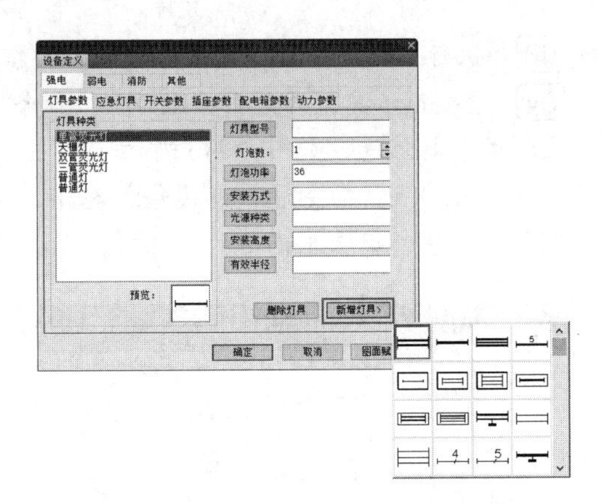

图 2-219 灯具列表

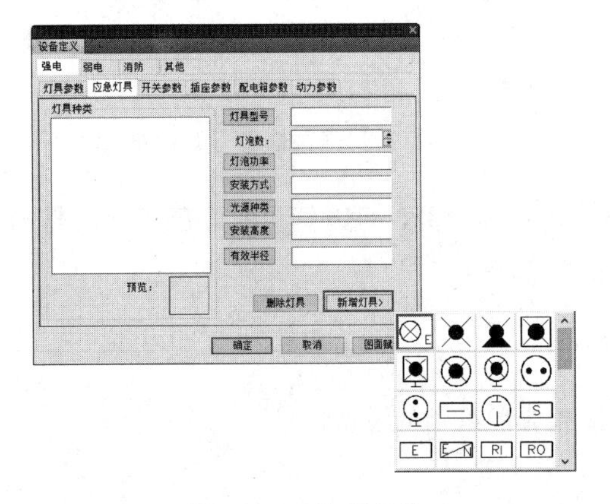

图 2-220 选择灯具

图 2-221 设置灯具信息

在“插座参数”选项卡中可设置插座的种类、额定电流、设备型号、功率、安装高度等信息，如图 2-223 所示。

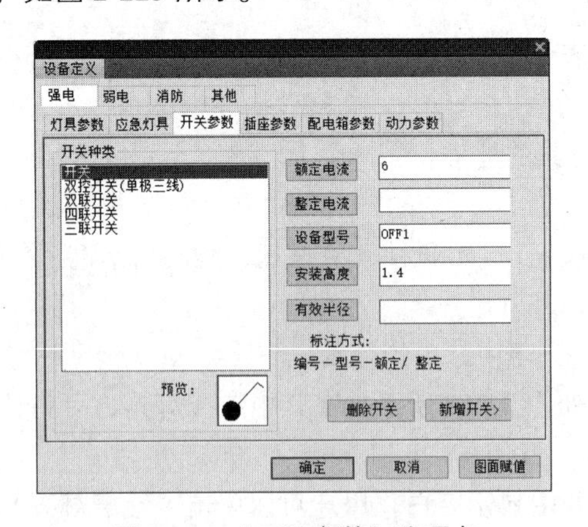

图 2-222 “开关参数”选项卡

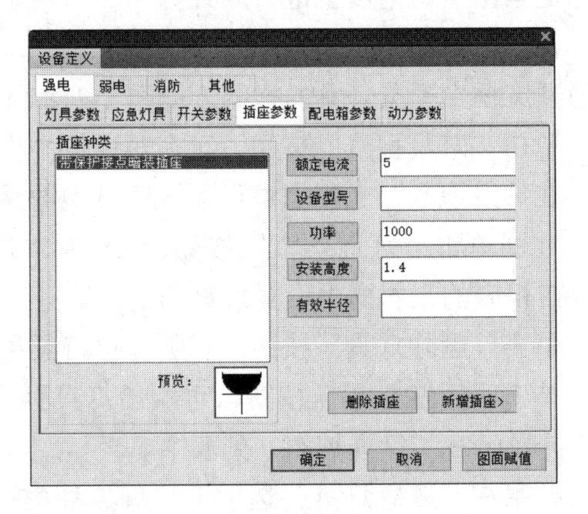

图 2-223 “插座参数”选项卡

在“配电箱参数”选项卡中可设置配电箱的种类、箱体编号、设备型号、安装高度等信息，如图 2-224 所示。

选择“动力参数”选项卡，单击“新增设备”按钮，可添加设备，并在右侧的参数面板中

设置设备的信息，如图 2-225 所示。

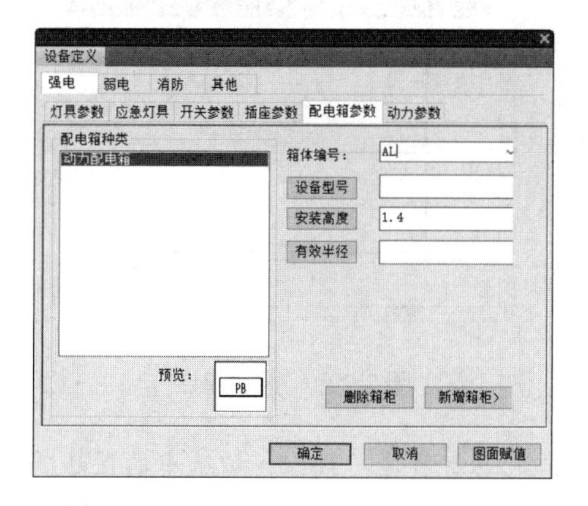

图 2-224 “配电箱参数”选项卡

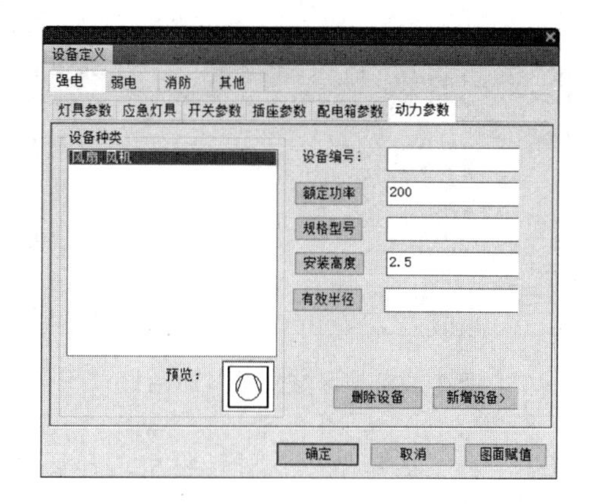

图 2-225 “动力参数”选项卡

单击“图面赋值”按钮，可选择要更新赋值的设备进行修改。

2.5.18 区域划分

调用“区域划分”命令，可以在平面图中划分区域，用于后续平面统计时按区域统计。图 2-226 所示为在平面图中新建两个区域的结果。

“区域划分”命令的执行方式如下：

➢ 命令行：输入“QYHF”按 Enter 键。

➢ 菜单栏：单击“标注统计”→“区域划分”命令。

下面以如图 2-226 所示的新建两个区域为例，介绍“区域划分”命令的操作方式。

01 按 Ctrl+O 组合键，打开配套资源提供的“第 2 章 / 2.5.18 区域划分 .dwg”素材文件，结果如图 2-227 所示。

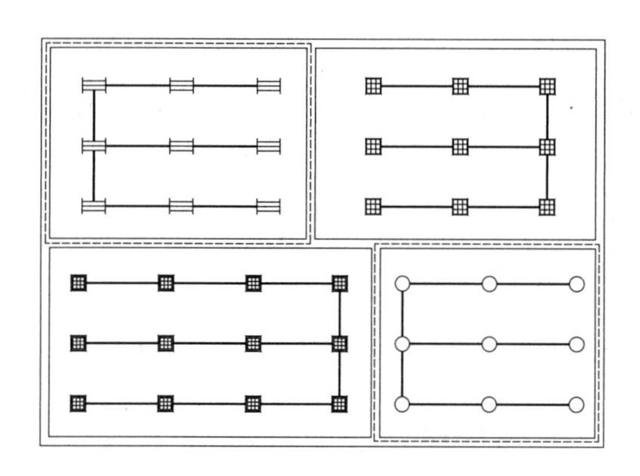

图 2-226 新建两个区域

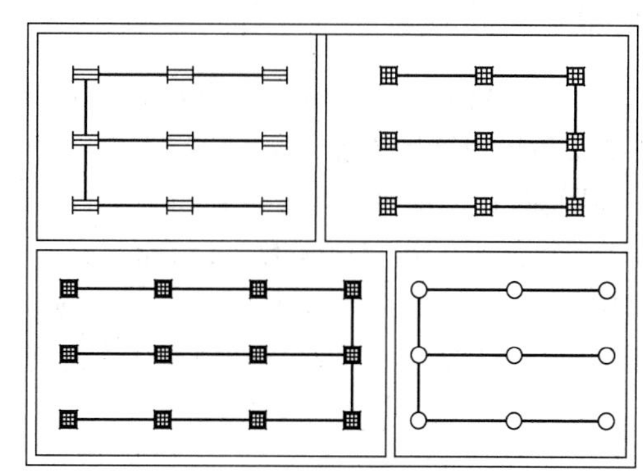

图 2-227 打开素材文件

02 单击“标注统计”→“区域划分”命令，打开“区域划分”对话框。在“名称”文本框中输入“区域 1”，如图 2-228 所示。

03 单击“新建区域”按钮，根据命令行的提示，分别如图 2-229 和图 2-230 所示指定起始点和终点，指定划分区域。

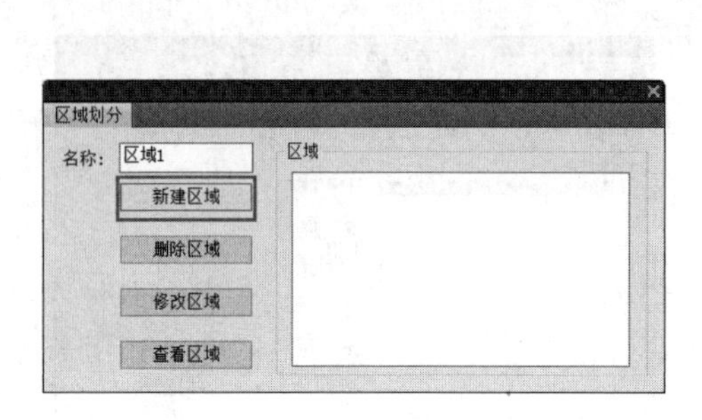

图 2-228 “区域划分”对话框

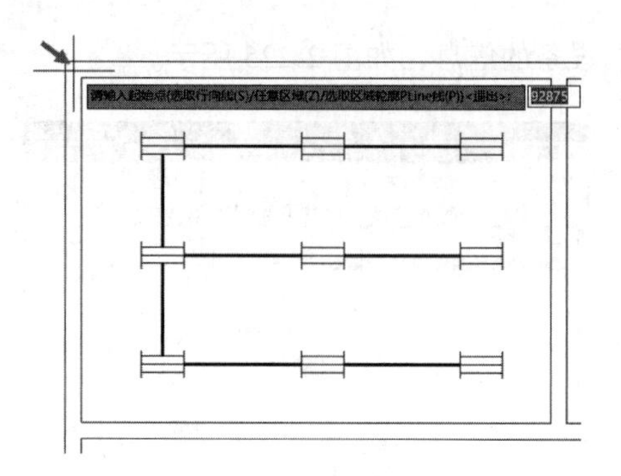

图 2-229 指定起点

[04] 在“区域划分”对话框中选择区域，单击“查看区域”按钮，被选中的区域将在绘图区中最大化显示，如图 2-231 所示。

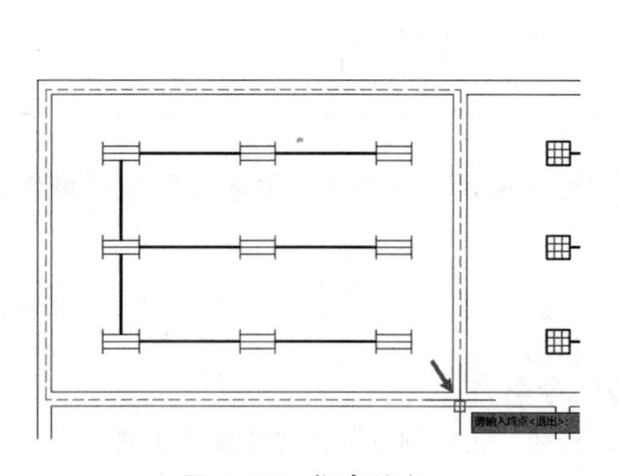

图 2-230 指定终点

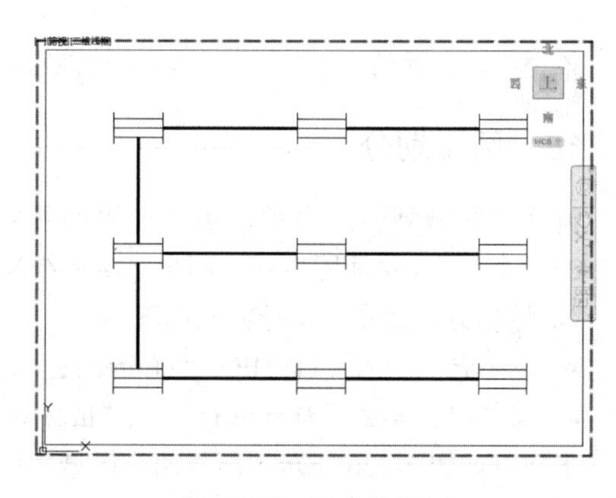

图 2-231 最大化显示

2.5.19 平面统计

调用“平面统计”命令，可统计平面图中的设备信息，并根据这些信息生成统计表。图 2-232 所示为绘制的统计表。

“平面统计”命令的执行方式如下：

- 命令行：输入“PMTJ”按 Enter 键。
- 菜单栏：单击“标注统计”→“平面统计”命令。

下面以绘制如图 2-232 所示的统计表为例，讲解调用“平面统计”命令的方法。

序号	图例	名称	规格	单位	数量	备注
1		双管荧光灯		盏	6	
2		普通灯		盏	34	
3		三联开关		个	4	
4		四联开关		个	2	
5		BV导线	BV,2.5	米	139.9	(结果不含垂直长度)
6		穿低压流体输送用焊接钢管(钢导管)敷设	SC15	米	69.9	(结果不含垂直长度)

图 2-232 绘制统计表

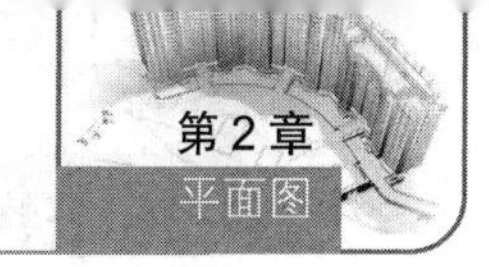

01 按 Ctrl+O 组合键，打开配套资源提供的“第 2 章 / 2.5.19 平面统计 .dwg”素材文件，如图 2-233 所示。

02 在命令行中输入“PMTJ”按 Enter 键，命令行提示如下：

命令：PMTJ ↙

请选择统计范围［按楼层统计（A）/ 选取闭合 PLINE（P）］< 整张图 > 指定对角点：找到 86 个 // 选择统计范围，按 Enter 键，在弹出的“平面设备统计”对话框中显示统计信息，如图 2-234 所示。

点取表格左上角位置或［参考点（R）］< 退出 >： // 选取插入点，绘制统计表的结果如图 2-232 所示。

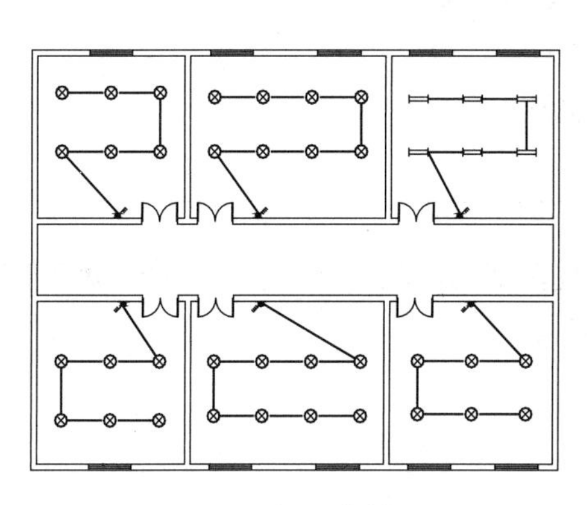

图 2-233 打开素材文件

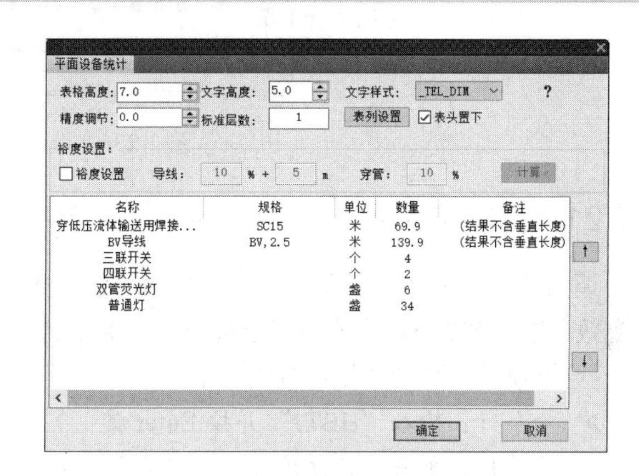

图 2-234 “平面设备统计”对话框

2.5.20 统计查询

调用“统计查询”命令，可重新统计材料表中某项的数量，并将查询结果与材料表中的数量做对比。

“统计查询”命令的执行方式如下：

➢ 命令行：输入“TJCX”并按 Enter 键。

➢ 菜单栏：单击“标注统计”→“统计查询”命令。

下面以在 2.5.19 节中绘制的统计表为例，讲解调用“统计查询”命令的方法。

输入“TJCX”并按 Enter 键，命令行提示如下：

命令：TJCX ↙

请点取要查询材料的表行 < 退出 > // 选择表行，如图 2-235 所示。

总共选中了 48 个图块

序号	图例	名称	规格	单位	数量	备注
1		双管荧光灯		盏	6	
2		普通灯		盏	34	
3		三联开关		个	4	
4		四联开关		个	2	
5		BV导线	BV,2.5	米	139.9	(结果不含垂直长度)
6		穿低压流体输送用焊接钢管(钢导管)敷设	SC15	米	69.9	(结果不含垂直长度)

请点取要查询材料的表行<退出> 223280 69861

图 2-235 选择表行

在与统计表相对应的设备中，普通灯被全部选中，如图 2-236 所示。不属于选定表行统计范围的其他设备不在被选取的范围内。

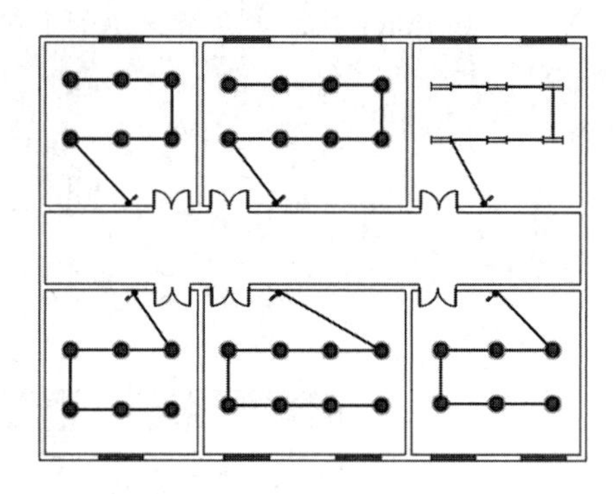

图 2-236　选中普通灯

2.5.21　合并统计

调用“合并统计”命令，可以合并两个统计表，使其成为一张统计表。该命令只对天正表格有效。图 2-237 所示为执行“合并统计”命令合并表格的结果。

“合并统计”命令的执行方式如下：

- 命令行：输入“HBTJ”并按 Enter 键。
- 菜单栏：单击“标注统计”→“合并统计”命令。

下面以如图 2-237 所示的表格为例，讲解调用“合并统计”命令的方法。

序号	图例	名称	规格	单位	数量	备注
1		BV导线	2.5	米	139.9	222，(结果不含垂直长度)
2		焊接钢管	SC15	米	69.9	(结果不含垂直长度)
3		三联开关		个	4	
4		单相暗敷插座		个	1	
5		双联插座		个	1	
6		四联开关		个	2	
7		带保护接点插座		个	2	
8		带保护接点暗装插座		个	2	
9		电视插座		个	1	
10		双管荧光灯		盏	6	
11		普通灯		盏	34	

图 2-237　合并表格的结果

[01] 按 Ctrl+O 组合键，打开配套资源提供的“第 2 章 / 2.5.21 合并统计 .dwg”素材文件，结果如图 2-238 所示。

序号	图例	名称	规格	单位	数量	备注
1		双管荧光灯		盏	6	
2		普通灯		盏	34	
3		三联开关		个	4	
4		四联开关		个	2	
5		BV导线	2.5	米	139.9	222，(结果不含垂直长度)
6		焊接钢管	SC15	米	69.9	(结果不含垂直长度)

序号	图例	名称	规格	单位	数量	备注
1		带保护接点暗装插座		个	2	
2		双联插座		个	1	
3		带保护接点插座		个	2	
4		电视插座		个	1	
5		单相暗敷插座		个	1	

图 2-238　打开素材文件

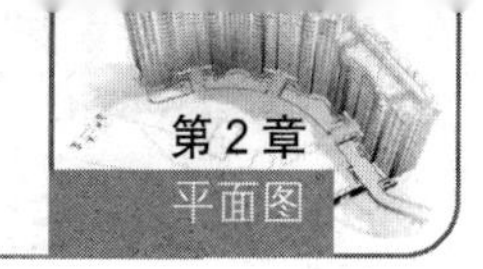

02 在命令行中输入“HBTJ”按 Enter 键，命令行提示如下：

命令：HBTJ ↙
请选择要合并的天正统计表格 <退出>：指定对角点：找到 2 个　　　　　　//选择两个表格。
点取新表格左上角位置或 [参考点（R）]<退出>：　　　　　　//选取插入点，合并表格的结果如图 2-237 所示。

2.5.22 显示半径

调用“显示半径”命令，可在图中显示设备的有效半径圆圈。

“显示半径”命令的执行方式如下：

- 命令行：输入“XSBJ”并按 Enter 键。
- 菜单栏：单击“标注统计”→“显示半径”命令。

执行上述任意一项操作，命令行提示如下：

命令：XSBJ ↙
请选择一个样板设备或 [多样板设备选择（M）]<退出>：　　　　//选择设备，如图 2-239 所示。
请选择范围（或选择闭合曲线）：
操作成功

选择设备并按 Enter 键，即可在图中显示设备的有效半径圆圈，如图 2-240 所示。

图 2-239　选择设备

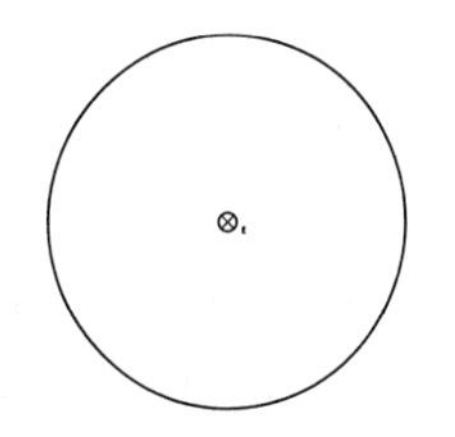

图 2-240　显示设备的有效半径圆圈

在执行“显示半径”命令之前，首先要定义设备的有效半径。例如，选择应急灯，执行“设备定义”命令，在弹出的“设备定义”对话框中设置“有效半径”值，如图 2-241 所示。

在“灯具参数”选项卡中可为普通灯具设置“有效半径”值，如图 2-242 所示。根据实际情况设置参数值即可。

图 2-241　设置“有效半径”值

图 2-242　为普通灯具设置“有效半径”值

2.5.23 隐藏半径

调用“隐藏半径”命令，可以隐藏图中设备有效半径值的圆圈。

“隐藏半径”命令的执行方式如下：

➢ 命令行：输入“YCBJ”并按 Enter 键。

➢ 菜单栏：单击“标注统计”→“隐藏半径”命令。

执行上述任意一项操作，命令行提示如下：

```
命令：YCBJ↙
请选择一个样板设备或 [ 多样板设备选择（M）]< 退出 >：
请选择范围（或选择闭合曲线）：
操作成功
```

选择设备，按 Enter 键，即可隐藏其有效半径圆圈。

2.6 接地防雷

T20-Elec V10.0 提供了专门的接地防雷命令，如自动避雷、自动接地、绘制避雷线等。使用专门的命令绘制避雷线，可以避免在自动搜索导线来制作材料表时将避雷线误认为是导线。

本节将介绍绘制和编辑避雷线的方法。

2.6.1 自动避雷

调用“自动避雷”命令，可自动搜索封闭的外墙线，沿墙线按一定的偏移距离绘制避雷线，同时插入支持卡。图 2-243 所示为执行“自动避雷”命令绘制避雷线的结果。

“自动避雷”命令的执行方式如下：

➢ 命令行：输入“ZDBL”按 Enter 键。

➢ 菜单栏：单击“接地防雷”→“自动避雷”命令。

下面以绘制如图 2-243 所示的避雷线为例，讲解调用“自动避雷”命令的方法。

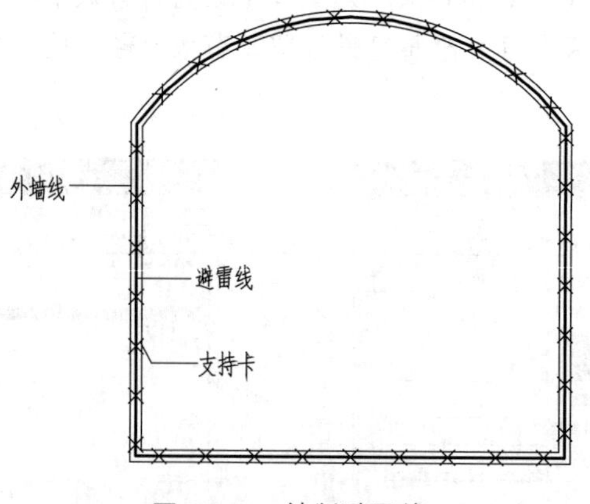

图 2-243　绘制避雷线

01 按 Ctrl+O 组合键，打开配套资源提供的“第 2 章 / 2.6.1 自动避雷 .dwg”素材文件，结果如图 2-244 所示。

02 在命令行中输入“ZDBL”按 Enter 键，命令行提示如下：

```
命令：ZDBL ↙
请选择范围：<退出>指定对角点：找到 4 个            // 选择墙体按 Enter 键，在弹出的“自动避雷”对话框中设置参数，如图 2-245 所示。
```

图 2-244　打开素材文件

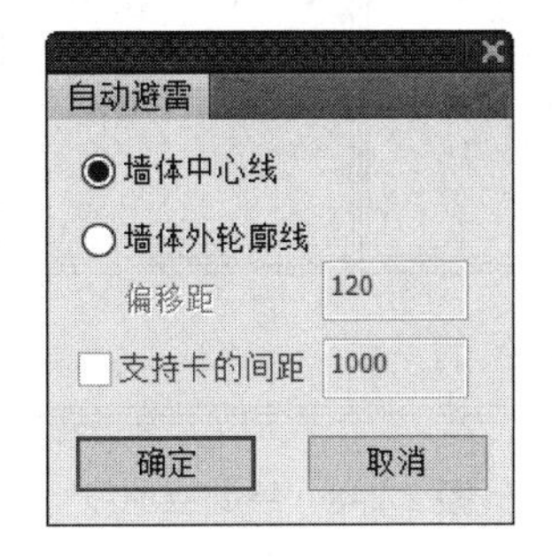

图 2-245　“自动避雷”对话框

03 单击“确定”按钮，绘制避雷线，并按指定的间距布置支持卡，如图 2-243 所示。

在“自动避雷”对话框中选择“墙体外轮廓线”选项，设置“偏移距”值，如图 2-246 所示。单击“确定”按钮，命令行提示如下：

```
命令：ZDBL ↙
请选择范围：<退出>指定对角点：找到 4 个
是否确认是建筑外包围线 <Y>：                     // 按 Enter 键。
```

将“偏移距”设置为负值，将使避雷线向外偏移，反之则向内偏移。绘制向外偏移避雷线的结果如图 2-247 所示。

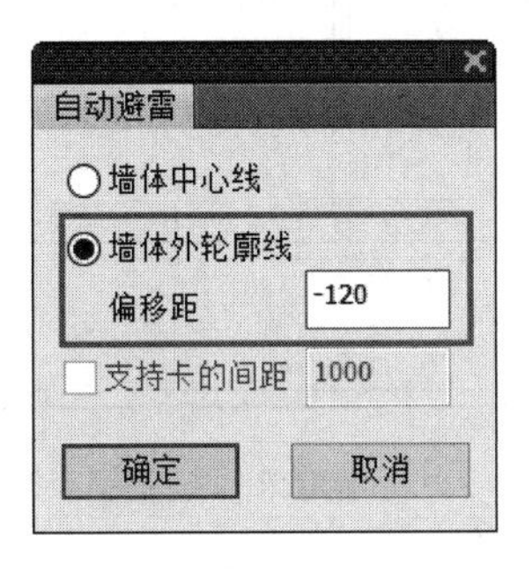

图 2-246　设置参数

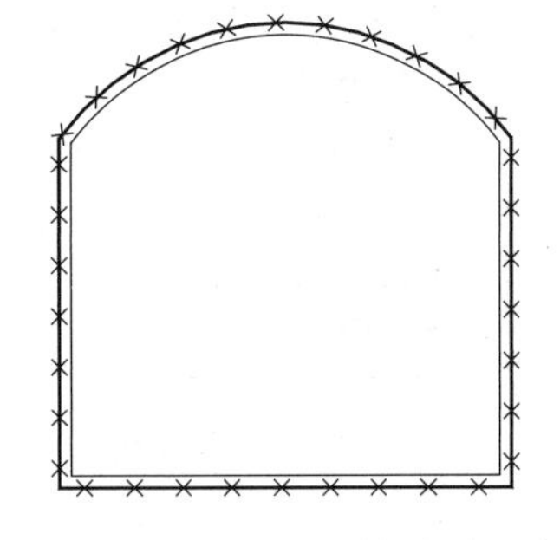

图 2-247　绘制向外偏移避雷线

2.6.2 自动接地

调用“自动接地”命令，可自动搜索封闭的外墙线，沿墙线按一定的偏移距离绘制接地线。绘制接地线的结果如图 2-248 所示。

“自动接地”命令的执行方式如下：

- 命令行：输入“ZDJD”按 Enter 键。
- 菜单栏：单击“接地防雷”→“自动接地”命令。

下面以绘制如图 2-248 所示的接地线为例，讲解调用“自动接地”命令的方法。

01 按 Ctrl+O 组合键，打开配套资源提供的“第 2 章 / 2.6.2 自动接地 .dwg”素材文件，结果如图 2-249 所示。

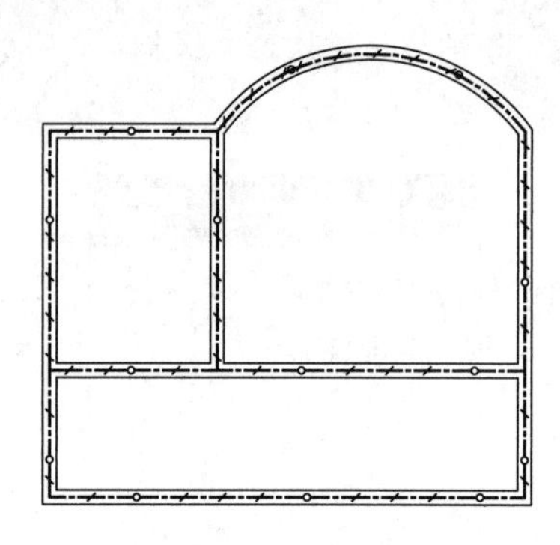

图 2-248　绘制接地线

图 2-249　打开素材文件

02 在命令行中输入“ZDJD”按 Enter 键，命令行提示如下：

```
命令：ZDJD ↙
请选择范围 <退出>：指定对角点：找到 10 个
```

03 选择范围后按 Enter 键，在弹出的“自动接地”对话框中设置参数，如图 2-250 所示。

04 单击“确定”按钮，绘制接地线，结果如图 2-248 所示。

在“自动接地”对话框中选择“墙体外轮廓线”选项，设置“偏移距离”值可以自定义接地线的位置。图 2-251 所示为沿着外墙线绘制接地线的结果。

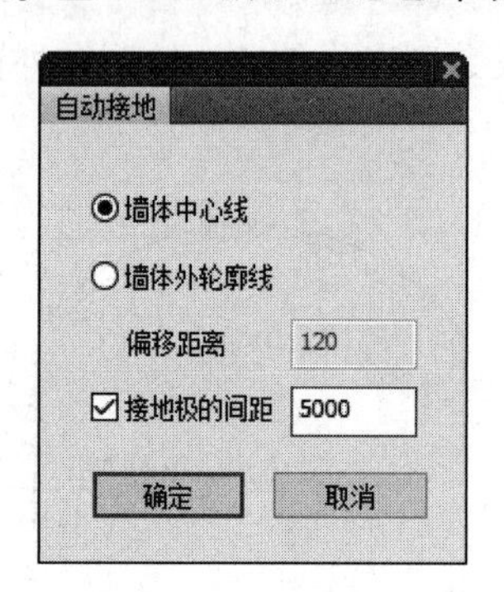

图 2-250　设置参数

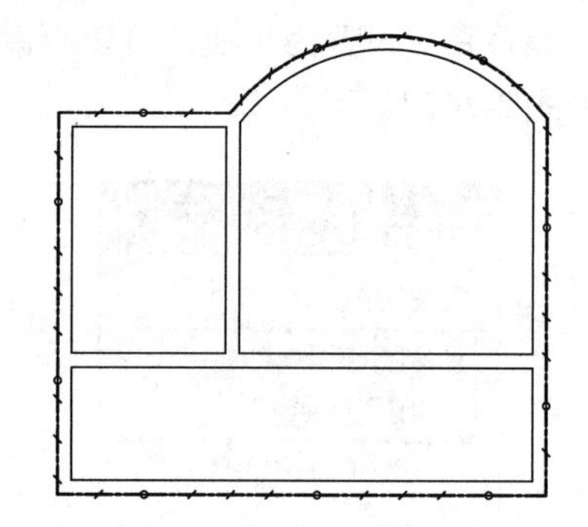

图 2-251　沿着外墙线绘制接地线

2.6.3 接闪线

调用“接闪线”命令，可以手动选取外墙线，并沿墙线按一定的偏移距离绘制接闪线（即避雷线）。绘制接闪线的结果如图 2-252 所示。

“接闪线”命令的执行方式如下：

- 命令行：输入“JSX”按 Enter 键。
- 菜单栏：单击“接地防雷”→“接闪线”命令。

下面以绘制如图 2-252 所示的接闪线为例，讲解调用“接闪线”命令的方法。

01 按 Ctrl+O 组合键，打开配套资源提供的“第 2 章 / 2.6.3 接闪线 .dwg”素材文件，如图 2-253 所示。

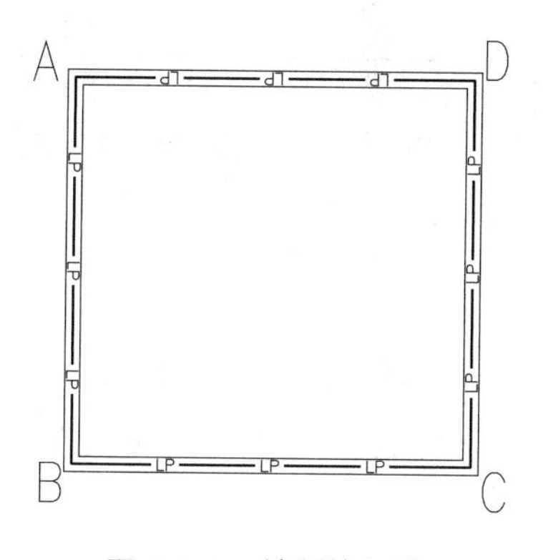

图 2-252　绘制接闪线

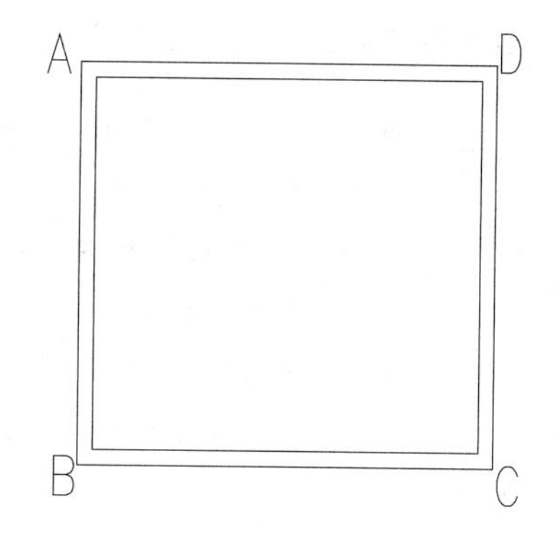

图 2-253　打开素材文件

02　在命令行中输入“JSX”按 Enter 键，命令行提示如下：

命令：JSX↙
请点取接闪线的起始点：或 [点取图中曲线（P）/ 点取参考点（R）]< 退出 >：　//选取 A 点。
直段下一点 [弧段（A）/ 回退（U）} < 结束 >：　//选取 B 点。
直段下一点 [弧段（A）/ 回退（U）] < 结束 >：　//选取 C 点。
直段下一点 [弧段（A）/ 回退（U）] < 结束 >：　//选取 D 点。
请点取接闪线偏移的方向 < 不偏移 >：　//在房间内单击。
请输入接闪线到外墙线或屋顶线的距离 <120.00>：200　//输入距离，按 Enter 键，绘制接闪线的结果如图 2-252 所示。

提示

在执行“JSX”命令的过程中，输入“P”，即选择“点取图中曲线（P）”选项，可以在 PLINE、LINE、ARC 的基础上绘制接闪线。

2.6.4　接地线

调用“接地线”命令，可在图中绘制接地线。图 2-254 所示为绘制接地线的结果。

“接地线”命令的执行方式如下：

- 命令行：输入“JDX”按 Enter 键。
- 菜单栏：单击“接地防雷”→“接地线”命令。

执行上述任意一项操作，命令行提示如下：

命令：JDX↙
请点取接地线的起始点或 [点取图中曲线（P）/ 点取参考点（R）]< 退出 >：　//单击起始点。
直段下一点 [弧段（A）/ 回退（U）} < 结束 >：　//单击终止点，按 Enter 键，绘制接地线的结果如图 2-254 所示。

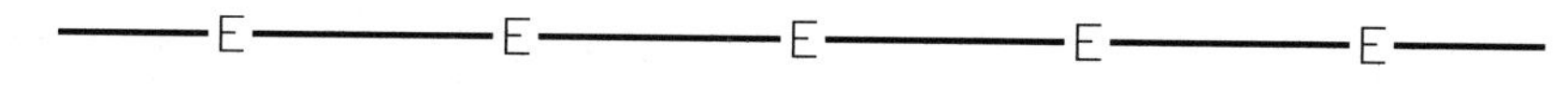

图 2-254　绘制接地线

提示

使用“导线擦除”命令可以删除接地线。

2.6.5 绘接地网

调用"绘接地网"命令，可设置间距绘制接地网。图 2-255 所示为绘制接地网的结果。

"绘接地网"命令的执行方式如下：

- 命令行：输入"HJDW"按 Enter 键。
- 菜单栏：单击"接地防雷"→"绘接地网"命令。

下面以绘制如图 2-255 所示的接地网为例，讲解调用"绘接地网"命令的方法。

01 按 Ctrl+O 组合键，打开配套资源提供的"第 2 章 / 2.6.5 绘接地网 .dwg"素材文件，结果如图 2-256 所示。

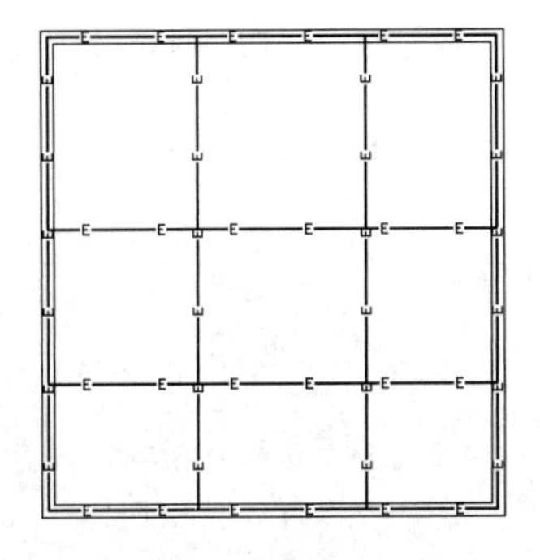

图 2-255 绘制接地网

图 2-256 打开素材文件

02 输入"HJDW"按 Enter 键，打开"绘接地网"对话框。选择"水平方向"选项，设置"间距""个数"参数，如图 2-257 所示。

03 选择"垂直方向"选项，设置参数，如图 2-258 所示。

图 2-257 设置"水平方向"参数

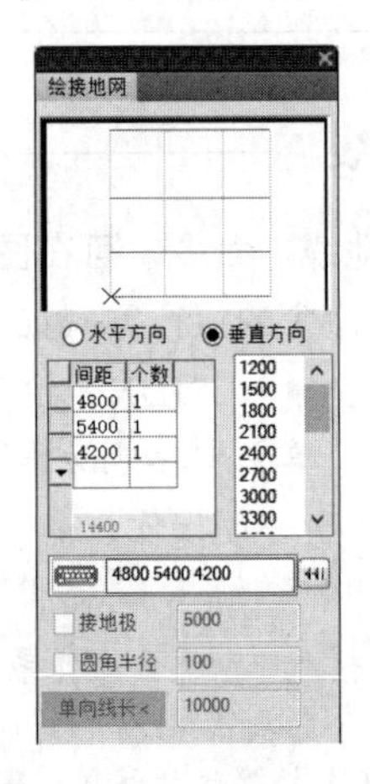

图 2-258 设置"垂直方向"参数

04 命令行提示如下：

```
命令：HJDW ↙
请选择插入点 [ 旋转 90 度 (A) / 左右翻转 (S) / 上下翻转 (D) / 改转角 (R) ]
```

05 在墙中心线的位置指定点，绘制接地网的结果如图 2-255 所示。

"绘接地网"对话框中的选项介绍如下：

水平方向、垂直方向：选择其中一个单选按钮，可确定绘制接地线的方向。

间距：设置水平或垂直方向上间距的数据，可单击右方数值栏或在下拉列表中选取，也可以直接输入。

个数：设置“间距”栏中数据的重复次数，可以手动输入参数。

键入：输入一组数据，用空格隔开，数据可自动输入到电子表格中。

清空、恢复上次：把某一组尺寸“间距”数据栏清空，或者把上次绘制的参数恢复到对话框中。

接地极：设置是否插入接地极以及接地极间距。不勾选时控件暗显不可用，且生成的接地线上没有接地极。该选项只有在如图 2-259 所示的接地导线样式为“普通线型 + 图块”时才能被激活。

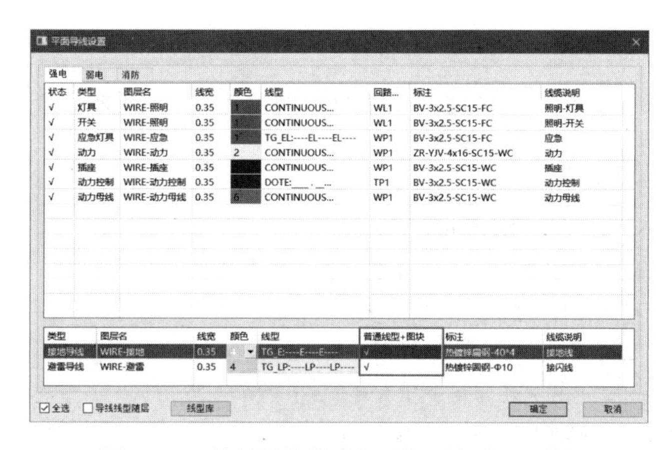

图 2-259　接地导线样式为“普通线型 + 图块”

单向线长：设定单向接地线的长度。仅在只有一个方向参数（如“水平方向”或“垂直方向”）时可用。可以在对话框中直接输入“线长”，也可以单击“单向线长”按钮 单向线长 <，通过指定起始点和第二点的方式设定接地线的长度。

2.6.6 插支持卡

调用“插支持卡”命令，可以在避雷线指定位置插入支持卡。图 2-260 所示为插支持卡的结果。

“插支持卡”命令的执行方式如下：

- 命令行：输入“CZCK”按 Enter 键。
- 菜单栏：单击“接地防雷”→“插支持卡”命令。

下面以插入如图 2-260 所示的支持卡为例，讲解调用“插支持卡”命令的方法。

01 按 Ctrl+O 组合键，打开配套资源提供的“第 2 章 / 2.6.6 插支持卡 .dwg”素材文件，如图 2-261 所示。

02 在命令行中输入“CZCK”按 Enter 键，命令行提示如下：

```
命令：CZCK ↙
请指定支持卡的插入点 <退出>：        // 在避雷线上指定位置。
请指定支持卡的插入点 <退出>：        // 继续指定位置，插支持卡的结果如图 2-260 所示。
```

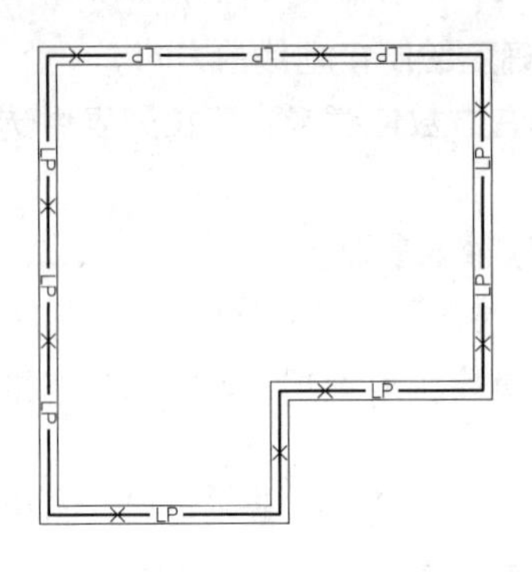

图 2-260　插支持卡的结果

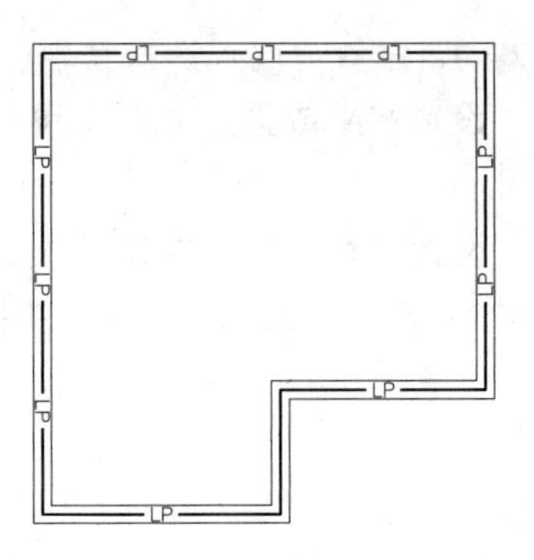

图 2-261　打开素材文件

2.6.7　删支持卡

调用“删支持卡”命令，可删除图中避雷线上的支持卡。调用本命令删除支持卡，可以保证不会误选其他设备。

“删支持卡”命令的执行方式如下

- 命令行：输入“SZCK”按 Enter 键。
- 菜单栏：单击“接地防雷”→“删支持卡”命令。

在命令行中输入“SZCK”按 Enter 键，命令行提示如下：

```
命令：SZCK↙
请选择要删除支持卡的范围<退出>：指定对角点：找到 6 个
```

选择支持卡，按 Enter 键即可将之删除。

2.6.8　擦接闪线

调用“擦接闪线”命令，可以将图上的接闪线（避雷线）擦除。调用本命令删除接闪线，可以保证接闪线以外的图形不会被误选。

“擦接闪线”命令的执行方式如下：

- 命令行：输入“CJSX”按 Enter 键。
- 菜单栏：单击“接地防雷”→“擦接闪线”命令。

在命令行中输入“CJSX”按 Enter 键，命令行提示如下：

```
命令：CJSX↙
请选择要删除的接闪线<退出>：找到 5 个
```

选择接闪线，按 Enter 键即可将其擦除。

2.6.9　插接地极

调用“插接地极”命令，可在接地线中插入接地极。图 2-262 所示为插接地极的结果。

“插接地极”命令的执行方式如下：

- 命令行：输入“CJDJ”命令按 Enter 键。
- 菜单栏：单击“接地防雷”→“插接地极”命令。

下面以插入如图 2-262 所示的接地极为例，讲解调用“插接地极”命令的方法。

[01] 按 Ctrl+O 组合键，打开配套资源提供的“第 2 章 / 2.6.9 插接地极 .dwg”素材文件，如图 2-263 所示。

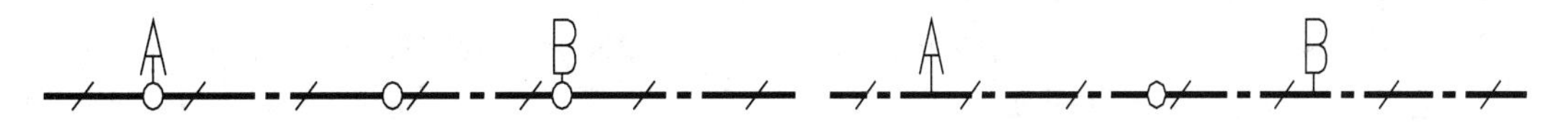

图 2-262　插接地极的结果　　　　图 2-263　打开素材文件

[02] 在命令行中输入“CJDJ”按 Enter 键，命令行提示如下：

```
命令：CJDJ ↙
请点取要接地极端子的点 < 退出 >：                 // 单击 A 点。
请点取要接地极端子的点 < 退出 >：                 // 单击 B 点，插接地极的结果如图 2-262 所示。
```

2.6.10　删接地极

调用“删接地极”命令，可以将接地线中的接地极删除。

“删接地极”命令的执行方式如下：

- 命令行：输入“DZCC”按 Enter 键。
- 菜单栏：单击“接地防雷”→“删接地极”命令。

在命令行中输入“DZCC”按 Enter 键，命令行提示如下：

```
命令：DZCC ↙
请选择要删除的端子、接地极或线中文字 < 退出 >：找到 3 个
```

选择接地极，按 Enter 键即可将其删除。

2.6.11　避雷设置

调用“避雷设置”命令，可设置避雷参数，包括保护范围颜色、标注设置、字体大小及颜色等。

“避雷设置”命令的执行方式如下：

单击“接地防雷”→“滚球避雷”→“避雷设置”命令，弹出“避雷计算（滚球法）设置”对话框。在该对话框中设置颜色、线宽、标注及字体等参数，如图 2-264 所示。

如果要修改颜色的类型，可以在“颜色”下拉列表中选择“选择颜色”选项，打开“选择颜色”对话框，如图 2-265 所示。在该对话框中选择颜色，单击“确定”按钮即可。

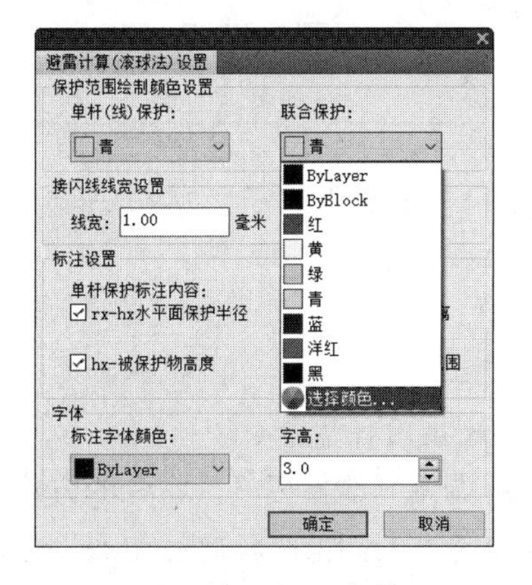

图 2-264　设置参数

图 2-265　“选择颜色”对话框

2.6.12 插接闪杆

接闪杆就是指避雷针，即直接接受雷击的金属杆。

调用“插接闪杆”命令，可在图中插入接闪杆。图 2-266 所示为插接闪杆的结果。

“插接闪杆”命令的执行方式如下：

- 命令行：输入“CJSG”命令按 Enter 键。
- 菜单栏：单击“接地防雷”→“滚球避雷”→“插接闪杆”命令。

下面以插入如图 2-266 所示的接闪杆为例，讲解调用“插接闪杆”命令的方法。

01 在命令行中输入“CJSG”按 Enter 键，弹出“插接闪杆”对话框，在其中设置参数如图 2-267 所示。

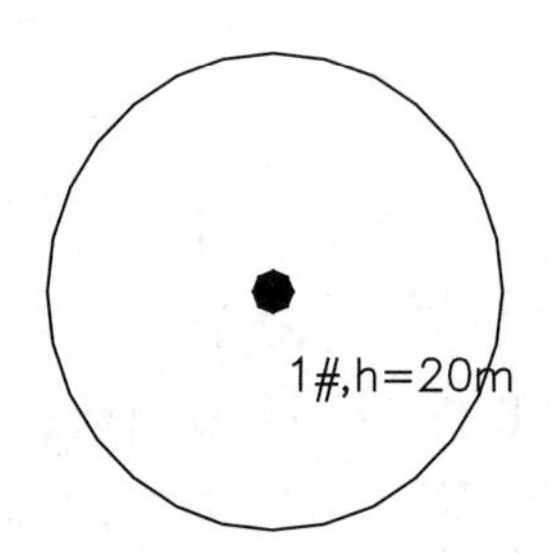

图 2-266 插接闪杆的结果

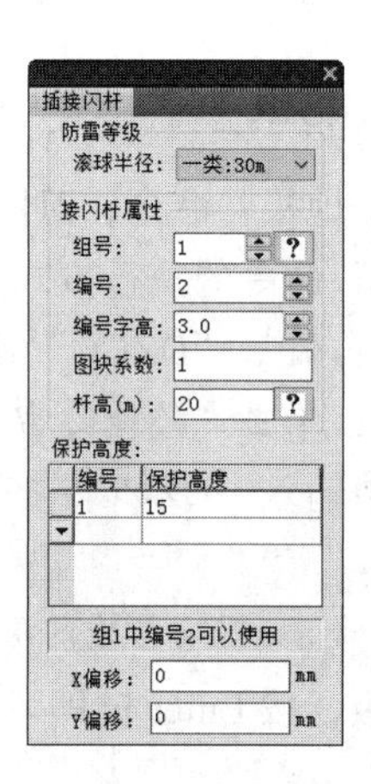

图 2-267 “插接闪杆”对话框

02 命令行提示如下：

命令：CJSG↙

请选择插入点/旋转<A><退出>：　　//指定插入点，插接闪杆的结果如图 2-266 所示。

提示

接闪杆（避雷针）插入平面图之后会自动形成保护范围。如果插入多个接闪杆（避雷针），则自动生成联合保护范围。

2.6.13 改接闪杆

调用“改接闪杆”命令，可修改已有接闪杆（避雷针）的参数。图 2-268 所示为改接闪杆的结果。

“改接闪杆”命令的执行方式如下：

- 命令行：输入“GJSG”按 Enter 键。
- 菜单栏：单击“接地防雷”→“滚球避雷”→“改接闪杆”命令。

下面以如图 2-268 所示的改接闪杆的结果为例，讲解调用“改接闪杆”命令的方法。

01 按 Ctrl+O 组合键，打开配套资源提供的“第 2 章 / 2.6.13 改接闪杆 .dwg”素材文件，如图 2-269 所示。

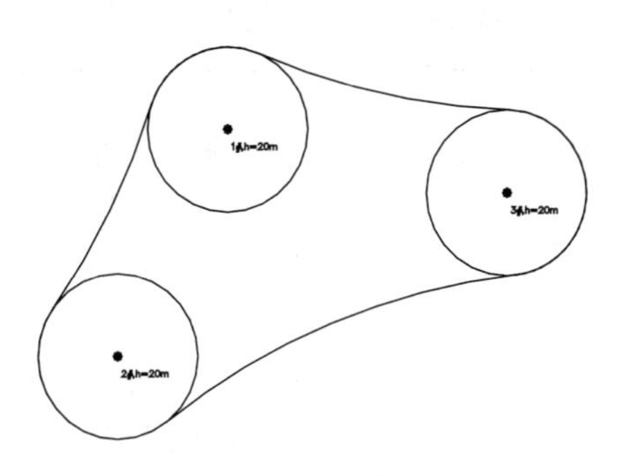

图 2-268　改接闪杆的结果

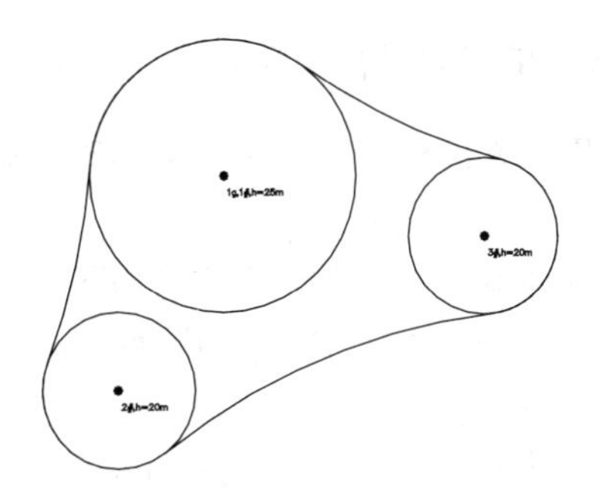

图 2-269　打开素材文件

02　在命令行中输入“GJSG”按 Enter 键，命令行提示如下：

```
命令：GJSG ↙
请选择要编辑的接闪杆 <退出>：                    // 选择接闪杆，弹出“单杆编辑（滚球法）”对话框，在其中修改参数如图 2-270 所示。
```

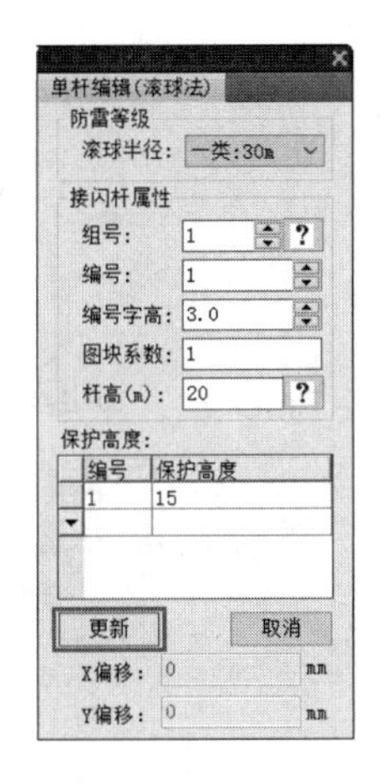

图 2-270　“单杆编辑（滚球法）”对话框

03　单击“更新”按钮，完成接闪杆的修改，结果如图 2-268 所示。

2.6.14　删接闪杆

调用“删接闪杆”命令，可删除已布置的接闪杆（避雷针）。选择需要删除的接闪杆（避雷针），按 Enter 键也可将其删除。调用 AutoCAD 中的“ERASE”（删除）命令，也可以直接删除接闪杆（避雷针）。接闪杆被删除后，其联合防护区域会自动更新。

“删接闪杆”命令的执行方式如下：

- 命令行：输入“SJSG”按 Enter 键。
- 菜单栏：单击“接地防雷”→“滚球避雷”→“删接闪杆”命令。

输入“SJSG”按 Enter 键，命令行提示如下：

```
命令：SJSG ↙
请选择要删除的接闪杆 <退出>：找到 1 个
```

选择接闪杆，按 Enter 键即可将之删除。

2.6.15 单杆移动

调用“单杆移动”命令，可移动接闪杆（避雷针）的位置。图 2-271 所示为单杆移动的结果。

“单杆移动”命令的执行方式如下：

- 命令行：输入“DGYD”按 Enter 键。
- 菜单栏：单击“接地防雷”→“滚球避雷”→“单杆移动”命令。

下面以如图 2-271 所示的单杆移动结果为例，讲解调用“单杆移动”命令的方法。

01 按 Ctrl+O 组合键，打开配套资源提供的“第 2 章 / 2.6.15 单杆移动 .dwg”素材文件，如图 2-272 所示。

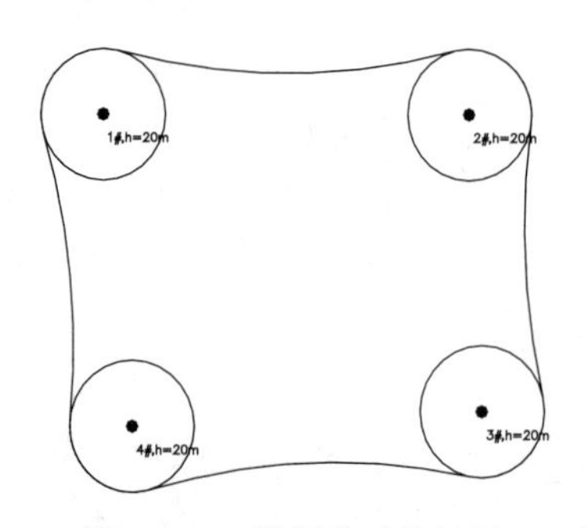

图 2-271 单杆移动的结果

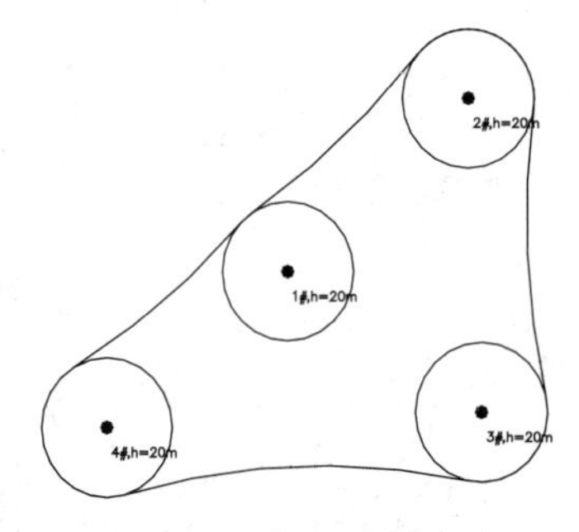

图 2-272 打开素材文件

02 在命令行中输入“DGYD”按 Enter 键，命令行提示如下：

```
命令：DGYD↙
请选择要移动的接闪杆 <退出>：                    // 在接闪杆上单击并按住鼠标左键。
请选择要移动到的位置 <退出>：                    // 将接闪杆移动到目标点，松开鼠标左键即可完成操作，结果如图 2-271 所示。
```

提示

调用“MOVE”命令也可对接闪杆（避雷针）执行移动操作。

2.6.16 插接闪塔

调用“插接闪塔”命令，可按照所设置的参数布置接闪塔。图 2-273 和图 2-274 所示分别为绘制接闪塔的二维样式和三维样式结果。

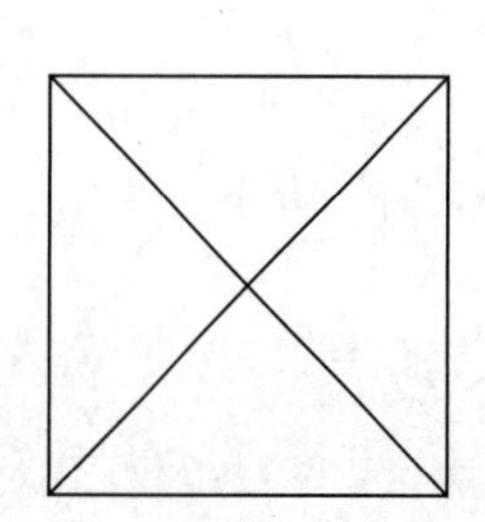

图 2-273 绘制接闪塔的二维样式

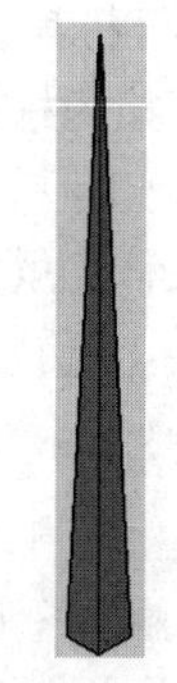

图 2-274 绘制接闪塔的三维样式

“插接闪塔”命令的执行方式如下：

➢ 命令行：输入“CJST”按 Enter 键。

➢ 菜单栏：单击“接地防雷”→“滚球避雷”→“插接闪塔”命令。

下面以绘制如图 2-273 和图 2-274 所示的接闪塔为例，讲解调用“插接闪塔”命令的方法。

01 输入“CJST”按 Enter 键，打开“插接闪塔”对话框，设置参数如图 2-275 所示。

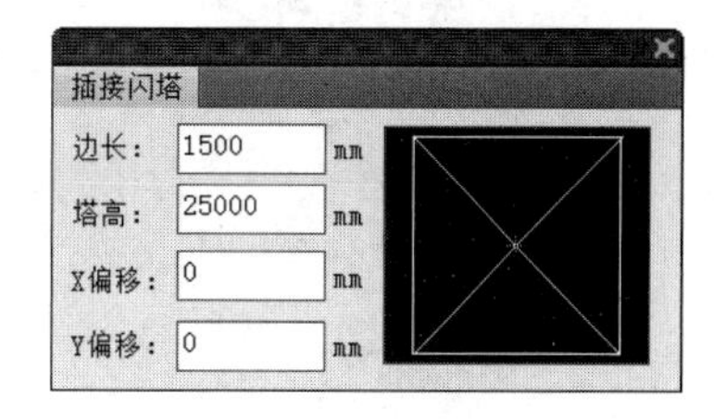

图 2-275 “插接闪塔”对话框

02 命令行提示如下：

```
命令：tel_CJST↙
请选择插入点<退出>：        //指定插入点插入接闪塔，如图 2-273 所示。
```

03 切换至三维视图，观察接闪塔的三维效果，如图 2-274 所示。

2.6.17 绘接闪线

调用“绘接闪线”命令，可在图中绘制接闪线（即避雷线）。图 2-276 所示为绘接闪线的结果。

“绘接闪线”命令的执行方式如下：

➢ 命令行：输入“HJSX”按 Enter 键。

➢ 菜单栏：单击“接地防雷”→“滚球避雷”→“绘接闪线”命令。

下面以绘制如图 2-276 所示的接闪线为例，讲解调用“绘接闪线”命令的方法。

01 在命令行中输入“HJSX”按 Enter 键，弹出“绘接闪线”对话框，在其中设置参数，如图 2-277 所示。

图 2-276 绘接闪线的结果

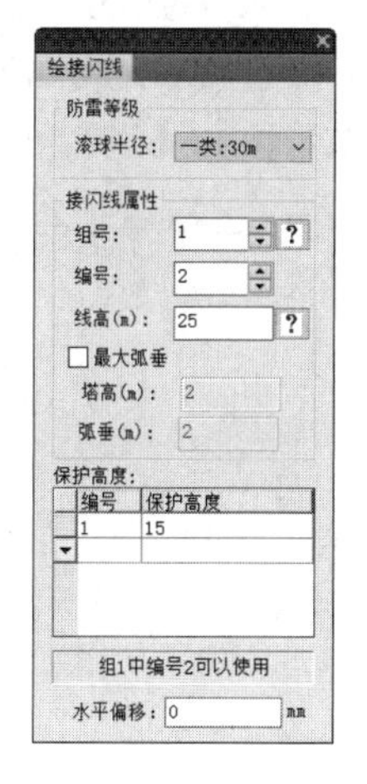

图 2-277 “绘接闪线”对话框

02 命令行提示如下：

```
命令：HJSX↙
请点取接闪线起始点[平行于参照接闪线(P)/指定角度0~360(A)]<P>：      //选取A点。
请点取接闪线结束点<退出>：                     //选取B点，绘制结果如图2-276所示。
```

在“绘接闪线”对话框中选择“最大弧垂”选项，分别设置“塔高”“弧垂”参数，如图 2-278 所示。然后在图中依次指定点绘制接闪线，结果如图 2-279 所示。

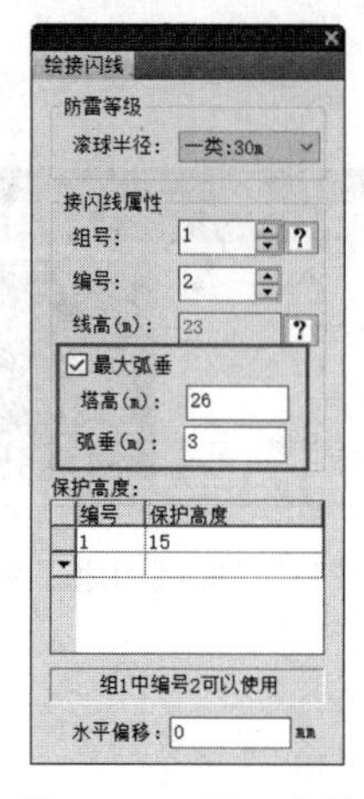

图 2-278 设置参数

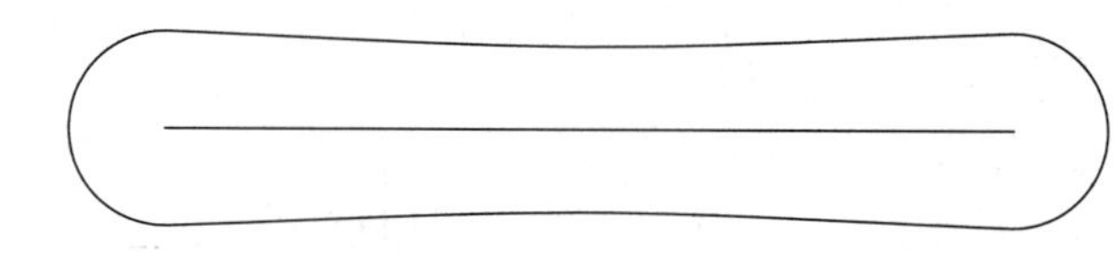

图 2-279 选择“最大弧垂”后绘接闪线的结果

命令行中的选项介绍如下：

平行于参照接闪线（P）：输入“P”，所绘制的接闪线与作为参照的接闪线方向一致，即水平、垂直、倾斜。

指定角度 0~360（A）：输入“A”，指定角度创建接闪线。

2.6.18 改接闪线

调用“改接闪线”命令，可修改接闪线。

“改接闪线”命令的执行方式如下：

- 命令行：输入“GJSX”按 Enter 键。
- 菜单栏：单击“接地防雷”→“滚球避雷”→“改接闪线”命令。

输入“GJSX”按 Enter 键，命令行提示如下：

命令：TEL_GJSX↙
请选择需要修改的接闪线 <退出>：// 选择接闪线，打开“改接闪线”对话框，如图 2-280 所示。

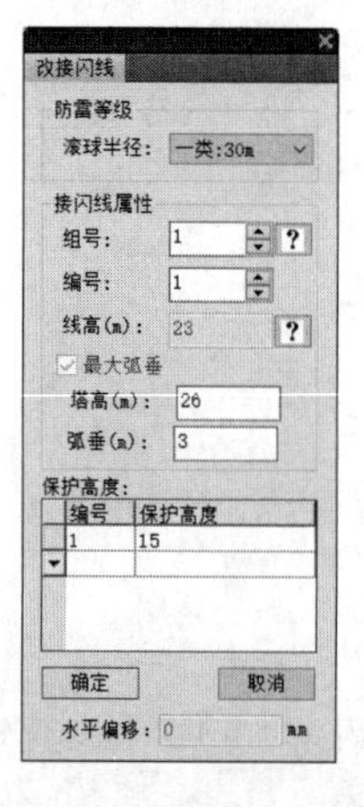

图 2-280 “改接闪线”对话框

在对话框中修改参数，单击“确定”按钮关闭对话框，完成操作。

2.6.19 删接闪线

调用“删接闪线”命令，可删除选中的接闪线。利用本命令的好处是，除了接闪线之外其他的图形不会被误选。

“删接闪线”命令的执行方式如下：

- 命令行：输入“SJSX”按 Enter 键。
- 菜单栏：单击“接地防雷”→“滚球避雷”→“删接闪线”命令。

输入“SJSX”按 Enter 键，命令行提示如下：

```
命令：tel_SJSX↙
请选择要删除的接闪线<退出>：找到 1 个      //选择接闪线，按 Enter 键即可将之删除。
```

2.6.20 单线移动

调用“单线移动”命令，可移动图上的接闪线。

“单线移动”命令的执行方式如下：

- 命令行：输入“DXYD”按 Enter 键。
- 菜单栏：单击“接地防雷”→“滚球避雷”→“单线移动”命令。

输入“DXYD”按 Enter 键，命令行提示如下：

```
命令：tel_DXYD↙
请选择要移动的接闪线<退出>：                  //选择接闪线。
请指定基点<退出>：                            //指定基点。
请选择要移动到的位置<退出>：                  //指定接闪线要移动到的位置。
```

2.6.21 标注半径

调用“标注半径”命令，可标注接闪杆的保护半径值。图 2-281 所示为标注半径的结果。

“标注半径”命令的执行方式如下：

- 命令行：输入“BZBJ”按 Enter 键。
- 菜单栏：单击“接地防雷”→“滚球避雷”→“标注半径”命令。

下面以如图 2-281 所示的标注半径为例，讲解调用“标注半径”命令的方法。

01 按 Ctrl+O 组合键，打开配套资源提供的“第 2 章 / 2.6.21 标注半径 .dwg”素材文件，如图 2-282 所示。

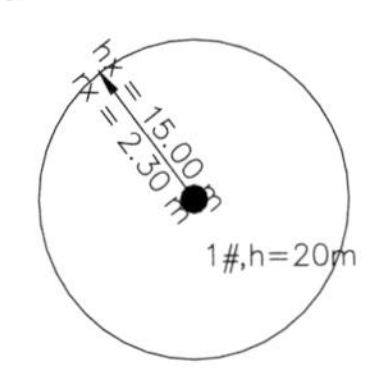

图 2-281 标注半径的结果

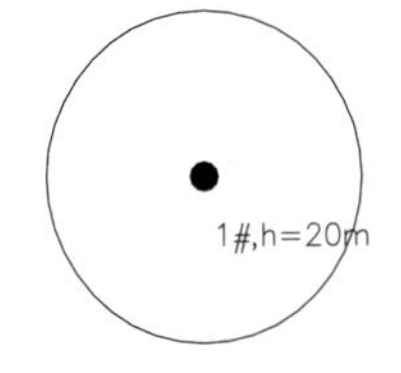

图 2-282 打开素材文件

02 输入“BZBJ”按 Enter 键，命令行提示如下：

```
命令：BZBJ↙
请选择要标注的对象<退出>：//选中外圆轮廓。
选择标注的方向：             //移动鼠标指针，指定标注方向，标注半径的结果如图 2-281 所示。
```

2.6.22 标注 BX 值

调用“标注 BX 值”命令，可标注双杆间距及双杆连线到联合保护区域边线的最短距离 BX 值。图 2-283 所示为标注 BX 值的结果。

“标注 BX 值”命令的执行方式如下：

➢ 命令行：输入“BZBX”按 Enter 键。

➢ 菜单栏：单击“接地防雷”→“滚球避雷”→“标注 BX 值”命令。

下面以如图 2-283 所示的标注 BX 值结果为例，讲解调用“标注 BX 值”命令的方法。

01 按 Ctrl+O 组合键，打开配套资源提供的“第 2 章 / 2.6.22 标注 BX 值 .dwg”素材文件，如图 2-284 所示。

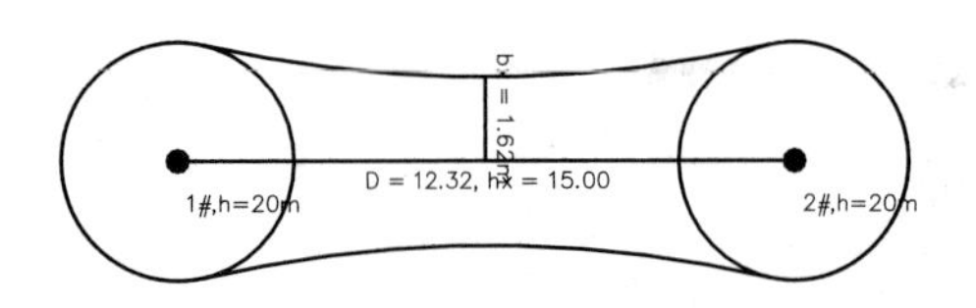

图 2-283 标注 BX 值的结果

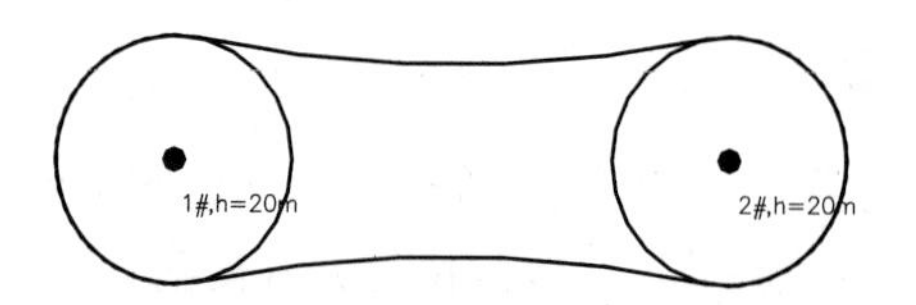

图 2-284 打开素材文件

02 输入“BZBX”按 Enter 键，命令行提示如下：

```
命令：BZBX ↙
标注接闪杆（Z）/ 标注接闪线（L）：<Z>                  // 按 Enter 键。
请选择第一个保护圆 <退出>：                             // 框选左边的接闪杆。
请选择第二个保护圆 <退出>：                             // 框选右边的接闪杆。
请选择两保护圆之间的保护区域边界 <退出>：               // 单击两圆间保护区域边界，标注 BX 值
的结果如图 2-283 所示。
```

2.6.23 单避雷表

调用“单避雷表”命令，可绘制防雷范围单杆保护表。图 2-285 所示为绘制单避雷表的结果。

接闪杆单杆保护范围表

接闪杆组号	接闪杆编号	滚球半径hr(米)	接闪杆高度h(米)	保护高度hx(米)/保护半径rx(米)	备注
1	1#	45	25.00	15.00/6.77	
1	2#	45	20.00	15.00/3.88	

图 2-285 绘制单避雷表

“单避雷表”命令的执行方式如下：

➢ 命令行：输入“DBLB”按 Enter 键。

➢ 菜单栏：单击“接地防雷”→“滚球避雷”→“单避雷表”命令。

输入“DBLB”按 Enter 键，命令行提示如下：

```
命令：DBLB ↙
统计接闪杆（Z）/ 统计接闪线（L）<Z>：        // 按 Enter 键。
请选择单杆防护表的插入位置 <退出>：          // 选取插入位置，结果如图 2-285 所示。
```

2.6.24 双避雷表

调用“双避雷表”命令，可绘制防雷范围双杆保护表。图 2-286 所示为绘制双避雷表的结果。

接闪杆双杆联合保护范围表

接闪杆组号	接闪杆编号	滚球半径hr(米)	保护高度hx(米)	两杆间距d(米)	联合保护范围bx(米)	备注
1	1#－2#	60	15.00	17.45	4.99	
1	1#－3#	60	15.00	30.96	4.03	
1	1#－4#	60	15.00	25.83	4.68	
1	2#－3#	60	15.00	15.00	4.40	
1	2#－4#	60	15.00	17.70	4.15	
1	3#－4#	60	15.00	14.15	4.47	

图 2-286 绘制双避雷表

“双避雷表”命令的执行方式如下：

➢ 命令行：输入“SBLB”按 Enter 键。

➢ 菜单栏：单击“接地防雷”→“滚球避雷”→“双避雷表”命令。

输入“SBLB”按 Enter 键，命令行提示如下：

```
命令：SBLB ↙
统计接闪杆（Z）/ 统计接闪线（L）<Z>：         // 按 Enter 键。
请选择双杆防护表的插入位置 < 退出 >：         // 选取插入位置，结果如图 2-286 所示。
```

2.6.25 避雷剖切

调用“避雷剖切”命令，可对防雷三维的保护范围进行剖切并生成剖面图。图 2-287 所示为生成的剖面图。

“避雷剖切”命令的执行方式如下：

➢ 命令行：输入“BLPQ”按 Enter 键。

➢ 菜单栏：单击“接地防雷”→“滚球避雷”→“避雷剖切”命令。

输入“BLPQ”按 Enter 键，命令行提示如下：

```
命令：BLPQ ↙
请输入剖切编号 <1>：               // 按 Enter 键默认剖切编号。
点取第一个剖切点 < 退出 >：         // 在避雷针上方单击。
点取第二个剖切点 < 退出 >：         // 在避雷针下方单击。
点取剖视方向 < 当前方向 >：         // 在避雷针右边单击，绘制剖切符号，如图 2-288 所示。
请点取剖面放置位置 < 退出 >：       // 选取剖切面的位置，结果如图 2-287 所示。
```

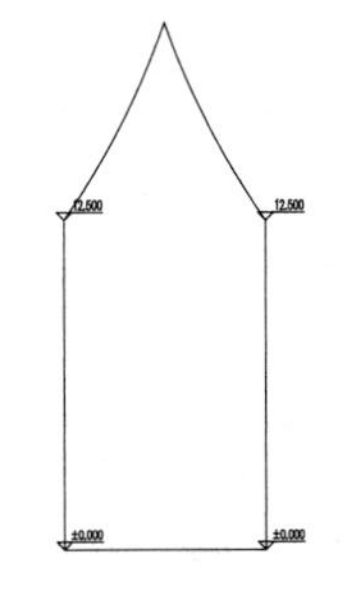

图 2-287 生成剖面图

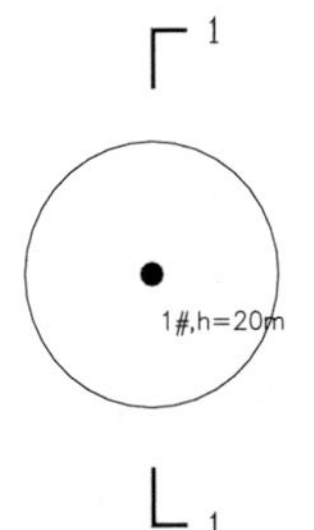

图 2-288 绘制剖切符号

2.6.26 计算书

调用“计算书”命令，可计算防雷范围接闪杆的相关信息并绘制保护计算书。要注意的是，图中必须存在两个或两个以上的接闪杆才能使用该命令。

“计算书”命令的执行方式如下：

- 命令行：输入“LJSS”按 Enter 键。
- 菜单栏：单击“接地防雷”→“滚球避雷”→“计算书”命令。

输入“LJSS”按 Enter 键，命令行提示如下：

```
命令：tel_LJSS↙
选择导出计算书类型 [0. 接闪杆 1. 接闪线 ] <0>：    // 按 Enter 键，采用默认选择。
```

系统会自动生成 Word 文档格式的“滚球法防雷设计计算书”，如图 2-289 所示。在文档中可以查看计算过程的步骤、参考参数等。

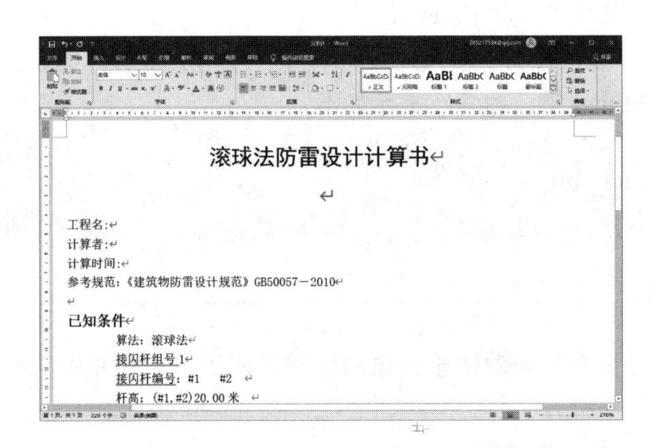

图 2-289 生成计算书

2.6.27 建筑高度

调用“建筑高度”命令，可对建筑物（闭合的 PLINE 线或者 3D 实体）进行高度赋值。

“建筑高度”命令的执行方式如下：

- 命令行：输入“JZGD”按 Enter 键。
- 菜单栏：单击“接地防雷”→“滚球避雷”→“建筑高度”命令。

输入“JZGD”按 Enter 键，根据命令行的提示选择 PLINE 线、圆或 3D 实体，输入高度参数即可完成定义建筑高度的操作。

输入“JZGD”按 Enter 键，命令行提示如下：

```
命令：tel_JZGD↙
请选择 PLINE 线，圆，3D 实体或建筑外轮廓 [W]：找到 1 个         // 选择图形。
请输入高度（m）：2.5                  // 输入值，按 Enter 键，完成定义建筑高度的操作。
```

2.6.28 查看三维

调用“查看三维”命令，可查看三维避雷区域。图 2-290 所示为查看三维接闪杆避雷区域的结果。

“查看三维”命令的执行方式如下：

➢ 命令行：输入“CK3W”按 Enter 键。

➢ 菜单栏：单击“接地防雷”→“滚球避雷”→“查看三维”命令。

下面以如图 2-290 所示的查看避雷区域为例，讲解调用“查看三维”命令的方法。

01 按 Ctrl+O 组合键，打开配套资源提供的“第 2 章 / 2.6.28 查看三维 .dwg”素材文件，如图 2-291 所示。

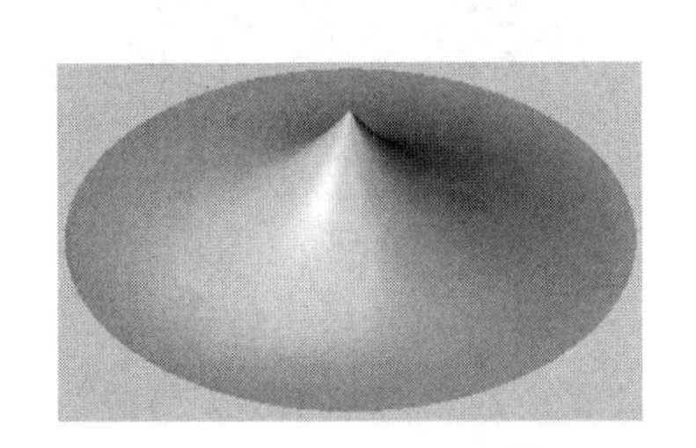

图 2-290 查看三维接闪杆避雷区域

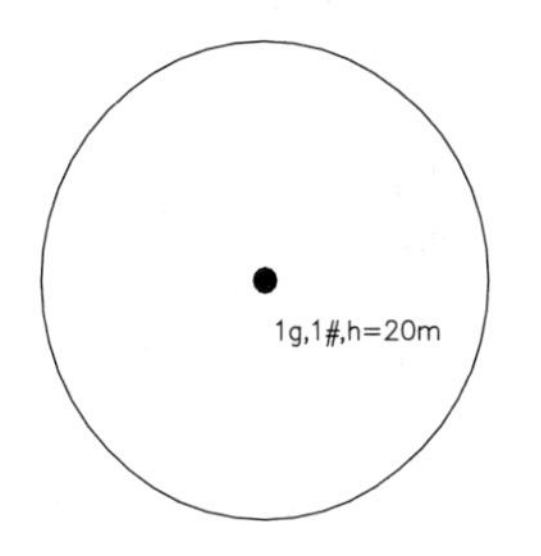

图 2-291 打开素材文件

02 输入“CK3W”按 Enter 键，命令行提示如下：

```
命令：CK3W ↙
请选择需要查看三维显示的接闪杆 <全部>：找到 1 个            // 选择接闪杆，按 Enter 键结束操作，结果如图 2-290 所示。
```

2.6.29 还原二维

调用“还原二维”命令，可以将三维显示转换为二维显示。

“还原二维”命令的执行方式如下：

➢ 命令行：输入“HY2W”按 Enter 键。

➢ 菜单栏：单击“接地防雷”→“滚球避雷”→“还原二维”命令。

输入“HY2W”按 Enter 键，即可将三维样式显示的避雷针转换为二维样式。

2.6.30 年雷击数

调用“年雷击数”命令，可计算某一地区单位面积一年内遭受雷击的次数。

“年雷击数”命令的执行方式如下：

➢ 命令行：输入“NLJS”按 Enter 键。

➢ 菜单栏：单击“接地防雷”→“滚球避雷”→“年雷击数”命令。

执行“NLJS”命令，弹出如图 2-292 所示的“建筑物防雷”对话框。该对话框中各选项的含义如下：

“长（L）”“宽（W）”“高（H）”选项：设置建筑物的长、宽、高尺寸。

“矩形建筑”按钮：单击该按钮，可在对话框左上角的预览框中显示矩形轮廓线，并在预览框的右侧显示矩形建筑物的各项参数，如图 2-292 所示。

“L 形建筑”按钮：单击该按钮，可在预览框中显示 L 形轮廓线，并在右侧显示 L 形建筑的各项参数，如图 2-293 所示。

图 2-292 “建筑物防雷”对话框

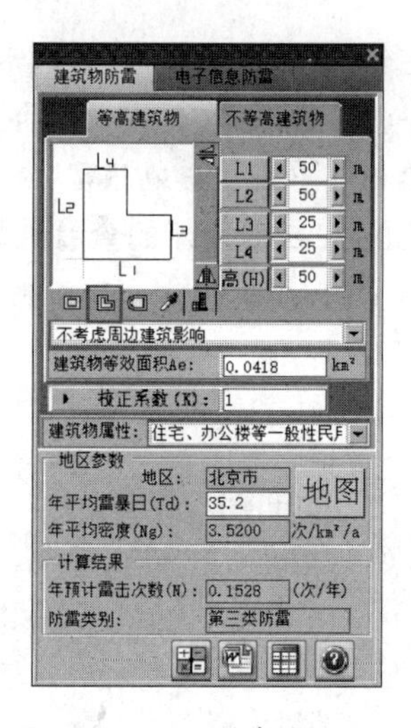

图 2-293 “L 形建筑”界面

“单边圆弧形建筑”按钮：单击该按钮，可在预览框中显示单边圆弧形建筑的轮廓线，且可通过设置右侧的选项参数来控制建筑物的显示样式，如图 2-294 所示。

“从图纸上拾取建筑物外轮廓”按钮：单击该按钮，可在图中分别指定起始点和对角点来拾取建筑物的外轮廓线。

“绘制建筑物外轮廓”按钮：单击该按钮，可以按照所设定的参数来绘制建筑物外轮廓。

与周边建筑物关系列表：可在列表中设置防雷建筑与周边建筑物的关系，如图 2-295 所示。

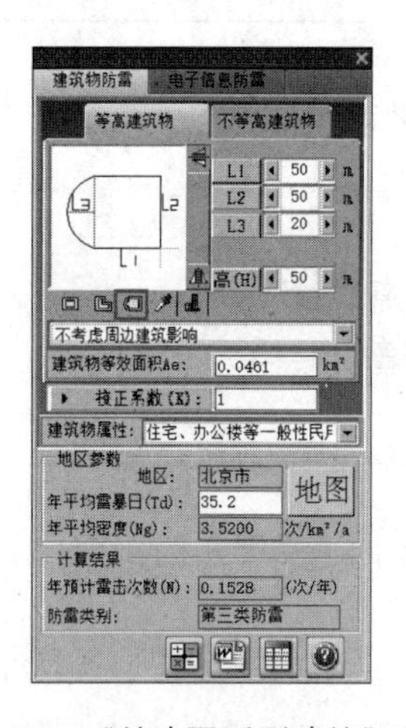

图 2-294 “单边圆弧形建筑”界面

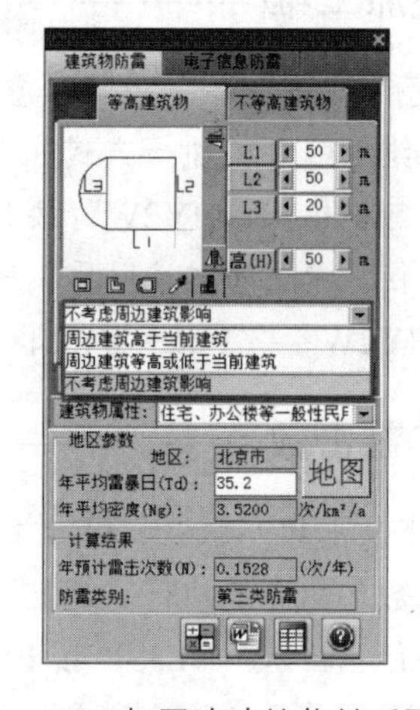

图 2-295 与周边建筑物关系列表

“建筑物等效面积”选项：在文本框中可设置面积参数。

“校正系数（K）”按钮：单击该按钮，弹出“选定校正系数”对话框，在其中可设置系数类型，如图 2-296 所示。

“建筑物属性”选项：在下拉列表中可选择建筑物的属性，如一般工业性建筑物、高耸建筑物等，如图 2-297 所示。

“地区参数”选项组：在其中可设置地区、年平均雷暴日、年平均密度参数，如图 2-298 所示。

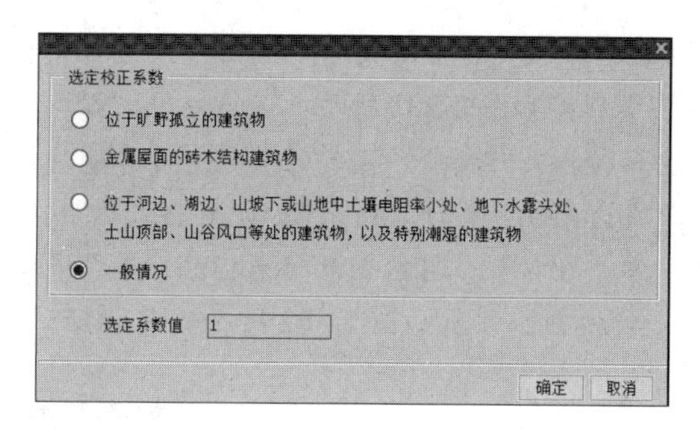

图 2-296 “选定校正系数”对话框

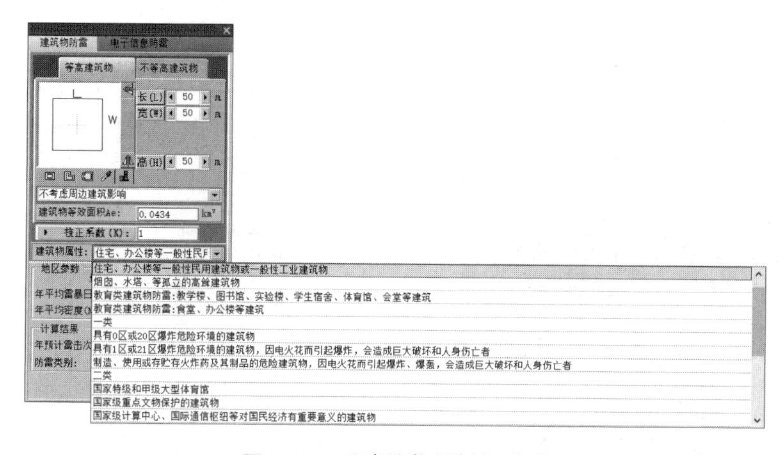

图 2-297 “建筑物属性”选项

单击选项组右侧的地图按钮，打开如图 2-299 所示的“选择地区数据”选项卡，可在选项卡的下方设置地区数据。

选择“添加地区数据”选项卡，如图 2-300 所示，可在其中设置新增地区的参数，如城市名称、年平均雷暴日等。

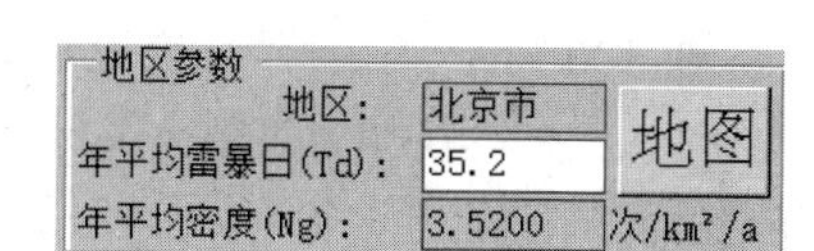

图 2-298 “地区参数”选项组

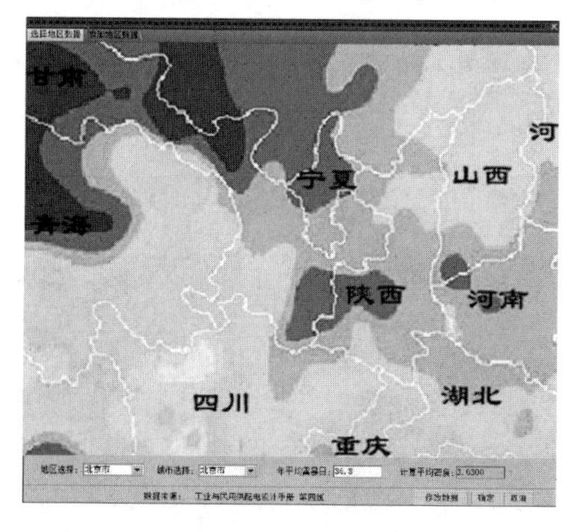

图 2-299 “选择地区数据”选项卡

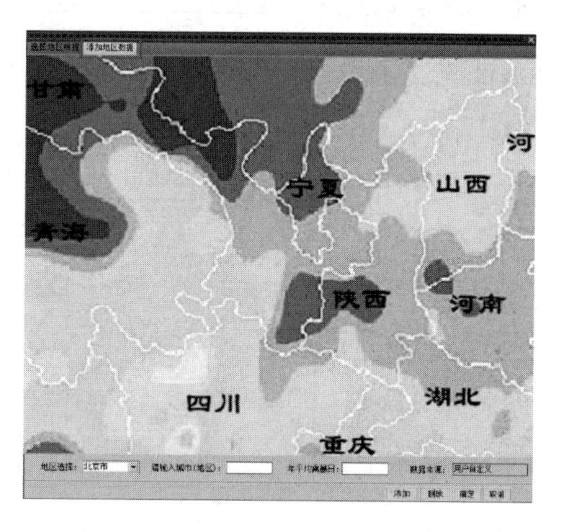

图 2-300 “添加地区数据”选项卡

“计算结果”选项组：在“年预计雷击次数（N）”选项中可显示计算结果，在“防雷类别”选项中可设置建筑物的防雷类别，如图 2-301 所示。

“计算”按钮：单击该按钮，可按照所设定的参数来计算建筑物的年雷击次数。

“计算书”按钮：单击该按钮，将计算结果以 Word 格式输出。

“绘制表格”按钮：单击该按钮，可绘制表格来标注计算结果。

“说明”按钮：单击该按钮，弹出如图 2-302 所示的对话框，在其中对“公式”和“防雷分类”信息进行了说明。

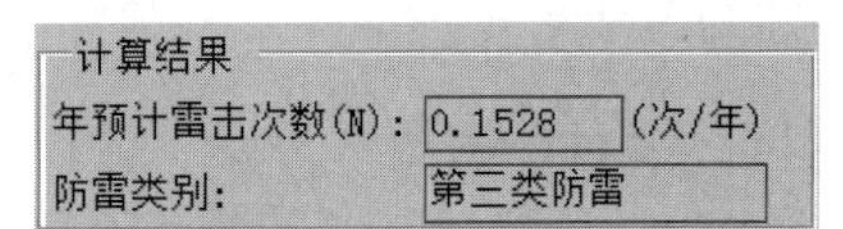

图 2-301 “计算结果”选项组

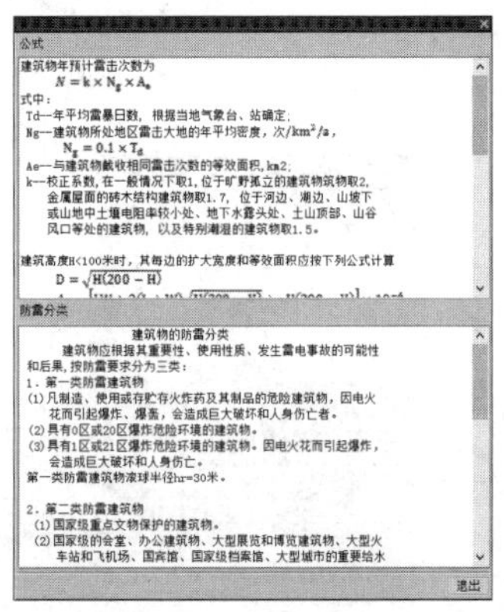

图 2-302 说明内容

2.7 变配电室

在 T20-Elec V10.0 中，变配电室的绘制可分为房屋建筑、室内变配电设备、生成剖面及尺寸标注。其中，房屋建筑部分及尺寸标注的大部分绘制工作可以直接调用建筑绘图命令来绘制，其他类型的变配电设备（如变压器、配电柜、走线槽等）可以使用 T20-Elec V10.0 提供的变配电室绘制命令来完成。

本节将介绍变配电室命令的调用方法。

2.7.1 绘制桥架

调用“绘制桥架”命令，可在图中绘制桥架。图 2-303 和图 2-304 所示为桥架的二维样式和三维样式。

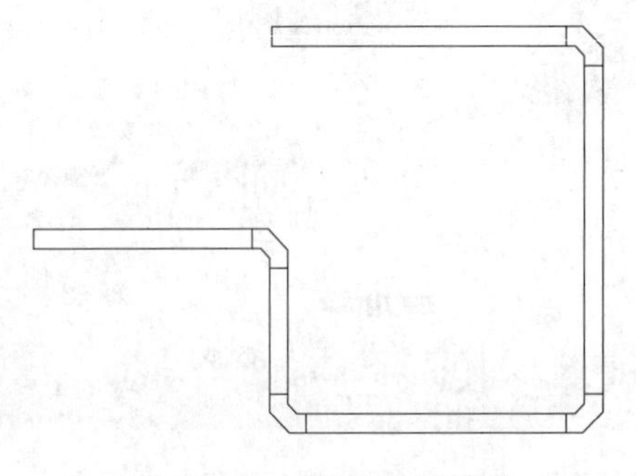

图 2-303 桥架的二维样式

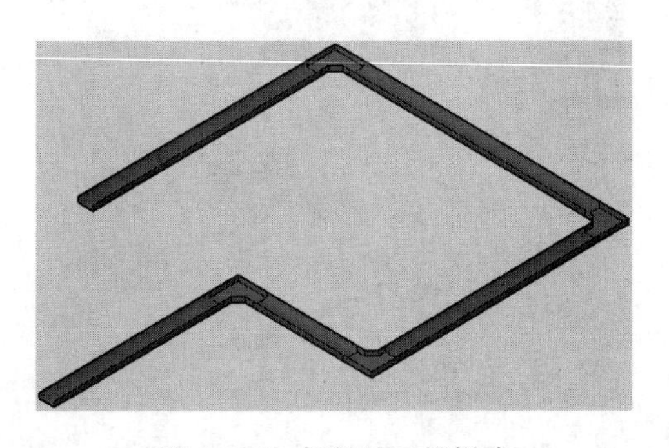

图 2-304 桥架的三维样式

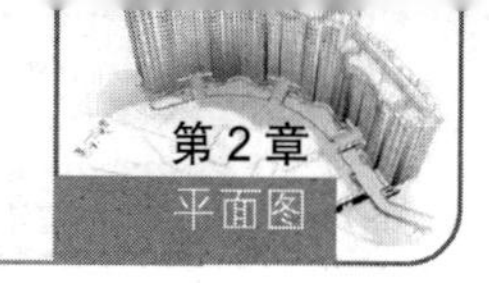

“绘制桥架”命令的执行方式如下：

➢ 命令行：输入“HZQJ”按 Enter 键。

➢ 菜单栏：单击“变配电室”→“绘制桥架”命令。

输入“HZQJ”按 Enter 键，弹出“绘制桥架”对话框，如图 2-305 所示。

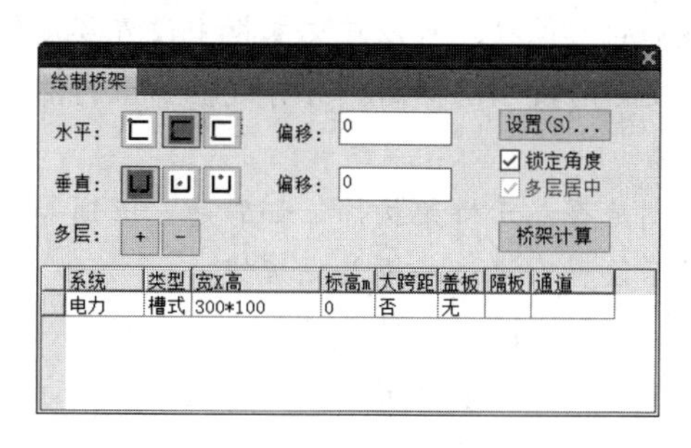

图 2-305 “绘制桥架”对话框

该对话框中的选项介绍如下：

水平：有“上边”“中边”“下边”三种选择，默认选择“中边”。

垂直：有“底部”“中心”“顶部”三种选择，默认选择“底部”。

偏移：即桥架与基准点的距离。当值为 0 时，桥架中心与基准点重合，如图 2-306 所示。当值为 300 时，桥架中心与基准点的间距为 300，如图 2-307 所示。

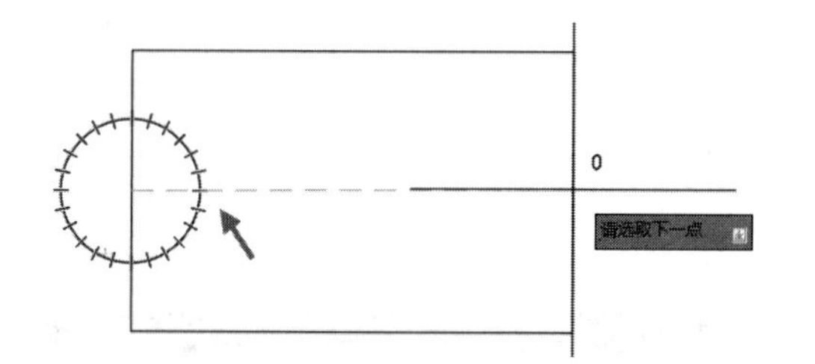

图 2-306 桥架中心与基准点重合

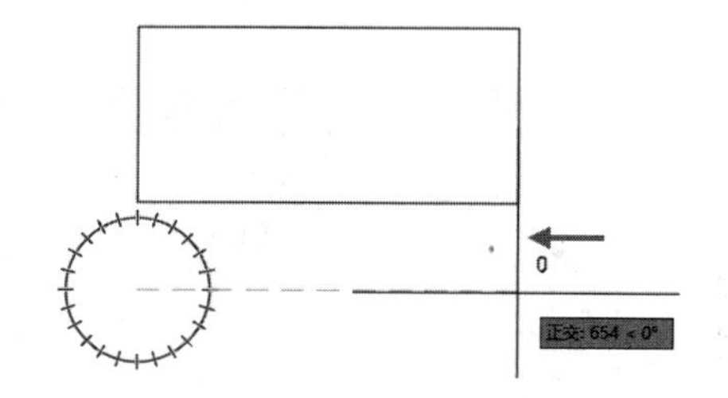

图 2-307 桥架中心与基准点的间距为 300

锁定角度：选中该项，基准线在允许的角度范围内（15°）偏移，绘制的电缆沟角度不偏移。取消选择该项，电缆沟的角度将随着基准线角度的改变而改变。

“+”“–”：增加或者删除一行桥架。

“系统”“类型”“宽 × 高”“标高 m”“大跨距”“盖板”“隔板”“通道”：均为桥架的属性，可以在列表中设置或者直接修改属性。

设置：单击“设置”按钮，弹出“桥架样式设置”对话框，如图 2-308 所示。在其中以幻灯片的形式显示了桥架的拐角样式。

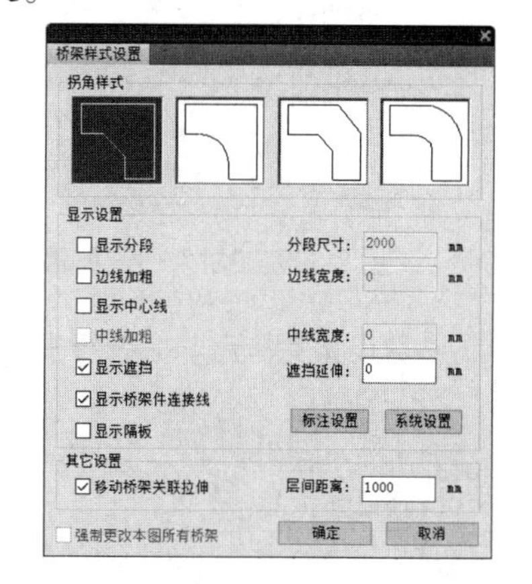

图 2-308 “桥架样式设置”对话框

“桥架样式设置”对话框中的“显示设置”选项组介绍如下：

显示分段：控制是否显示桥架分段。

分段尺寸：设置桥架分段的尺寸。

边线宽度：设置桥架边线的宽度。

边线加粗：选择该选项，将按照桥架设置的边线宽度来加粗显示桥架边线。

显示中心线：控制是否显示桥架中心线。

中线加粗：选择“显示中心线”选项可激活该选项。

中线宽度：选择“中线加粗”选项，可以在文本框中设置宽度值。

显示遮挡、遮挡延伸：设置两段不同标高，对有遮挡关系的桥架可控制是否显示遮挡虚线，还可以自定义遮挡延伸的距离。

显示桥架件连接线：控制是否显示桥架构件（如弯通、三通等）与桥架相连的连接线。

显示隔板：控制是否显示设置有隔板的桥架隔板线。

“桥架样式设置”对话框中的“其他设置”选项组介绍如下：

移动桥架关联拉伸：控制相关联的桥架通过“MOVE”（移动）命令移动其中一段桥架时，其他相关联的桥架是否联动。

层间距离：当增加一层桥架时，标高为其上一层桥架标高 + 层间距离。

在“桥架样式设置”对话框中单击“标注设置”按钮，打开“桥架标注设置”对话框，如图 2-309 所示。在“字体设置”选项组中可以对字体的颜色、字高、字距等属性进行设置。在“标注样式”列表中提供了三种标注样式，在右侧可以幻灯片的方式显示。在“标注的内容”列表中可以对标注内容进行设置、选择。单击向上箭头↑、向下箭头↓可控制标注排列的顺序。

单击“系统设置”按钮，打开“桥架系统设置”对话框，在其中选择系统类型，可设置图层、颜色、线型等参数，如图 2-310 所示。

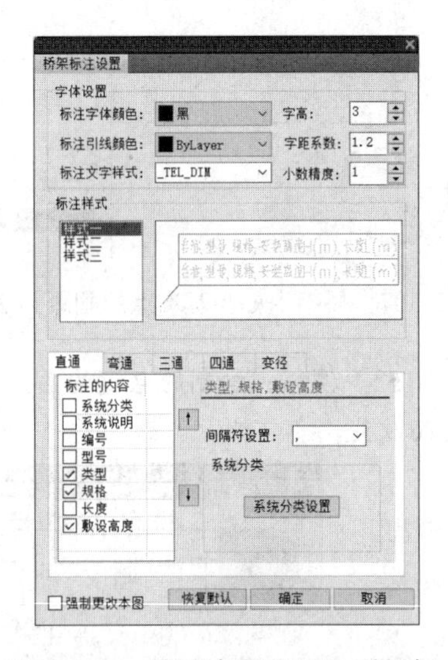

图 2-309 “桥架标注设置”对话框

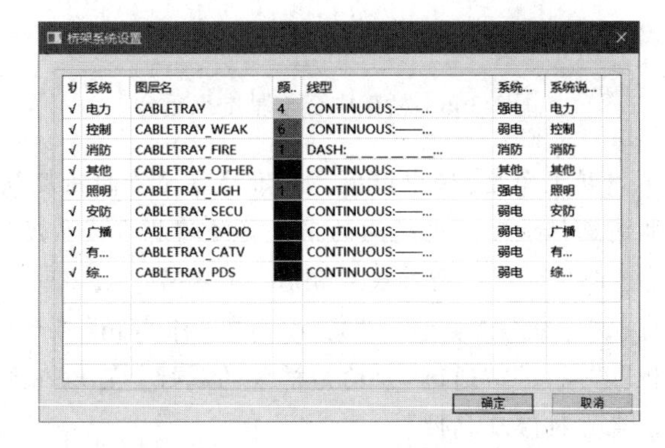

图 2-310 “桥架系统设置”对话框

参数设置完毕后，命令行提示如下：

```
命令：HZQJ↙
TELCABLEADD
请选取第一点：                                         //选取起点。
请选取下一点[回退(U)/弧形桥架(A)]：*取消*              //继续选取相应的点，绘制桥
架的结果如图 2-303 和图 2-304 所示。
```

2.7.2 绘电缆沟

调用“绘电缆沟”命令，可以在图中绘制电缆沟。图 2-311 所示为调用“绘电缆沟”命令绘制电缆沟。

“绘电缆沟”命令的执行方式如下：

- 命令行：输入“HDLG”按 Enter 键。
- 菜单栏：单击“变配电室”→“绘电缆沟”命令。

下面以绘制如图 2-311 所示的电缆沟为例，讲解调用“绘电缆沟”命令的方法。

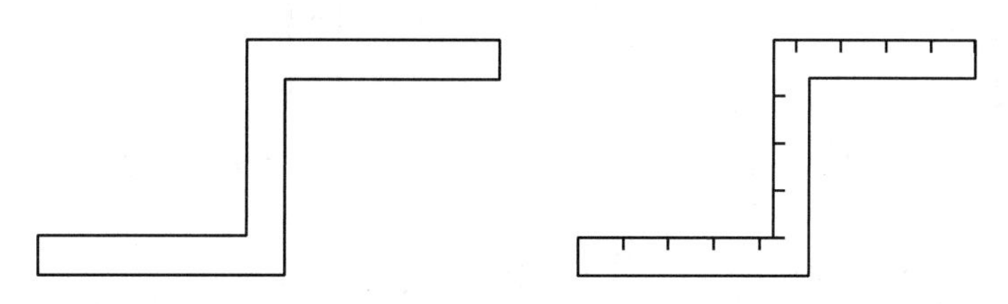

图 2-311 绘制电缆沟

01 输入“HDLG”按 Enter 键，系统弹出“绘制电缆沟”对话框，在其中选择电缆沟的样式并设置各项参数，如图 2-312 所示。

02 在“支架”选项组的“形式”下拉列表中选择支架的形式，如图 2-313 所示。

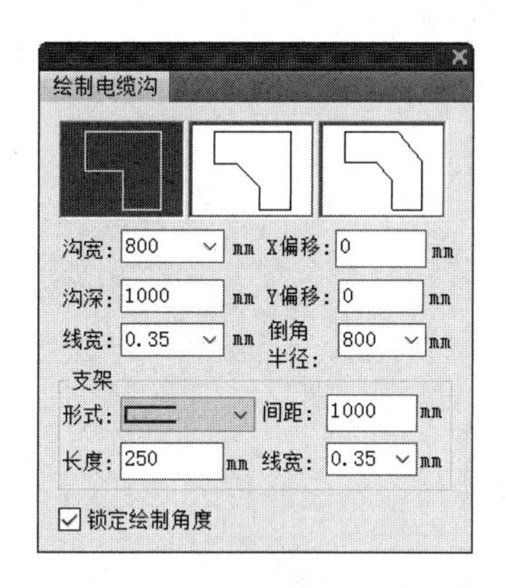

图 2-312 “绘制电缆沟”对话框

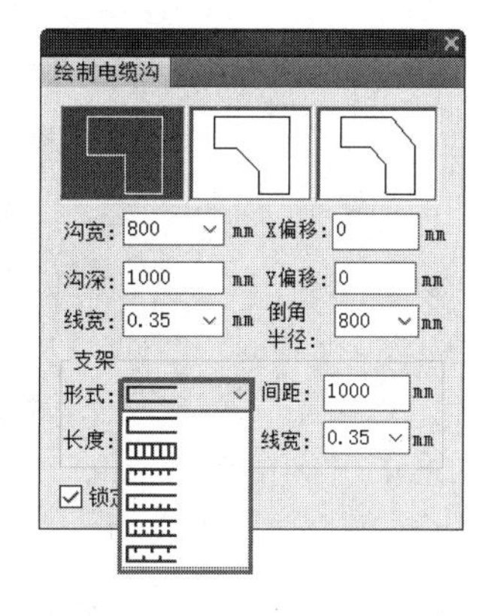

图 2-313 选择支架的形式

03 命令行提示如下：

```
命令：HDLG ↙
请选择电缆沟起点：                 //指定起点。
请选择下一点 [回退(u)]：           //继续选取相应的点，绘制电缆沟，结果如图 2-311 所示。
```

2.7.3 改电缆沟

调用“改电缆沟”命令，可修改图上的电缆沟参数。图 2-314 所示为改电缆沟的结果。

“改电缆沟”命令的执行方式如下：

- 命令行：输入“GDLG”按 Enter 键。
- 菜单栏：单击“变配电室”→“改电缆沟”命令。

下面以如图 2-314 所示的改电缆沟为例，讲解调用“改电缆沟”命令的方法。

01 按 Ctrl+O 组合键，打开配套资源提供的“第 2 章 / 2.7.3 改电缆沟 .dwg”素材文件，结果如图 2-315 所示。

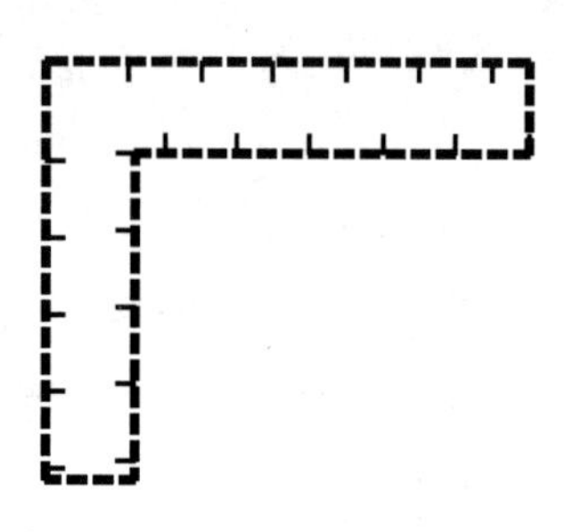

图 2-314 改电缆沟

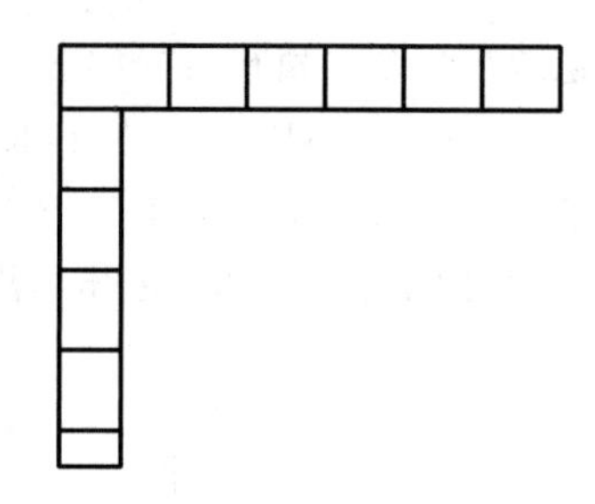

图 2-315 打开素材文件

02 输入“GDLG”按 Enter 键，命令行提示如下：

命令：GDLG ↙

选择要编辑的电缆沟 <退出>：找到 2 个，总计 2 个 //选择电缆沟，按 Enter 键，弹出“编辑电缆沟”对话框，在其中修改参数，如图 2-316 所示。

03 单击“确定”按钮，完成电缆沟的修改，结果如图 2-314 所示。

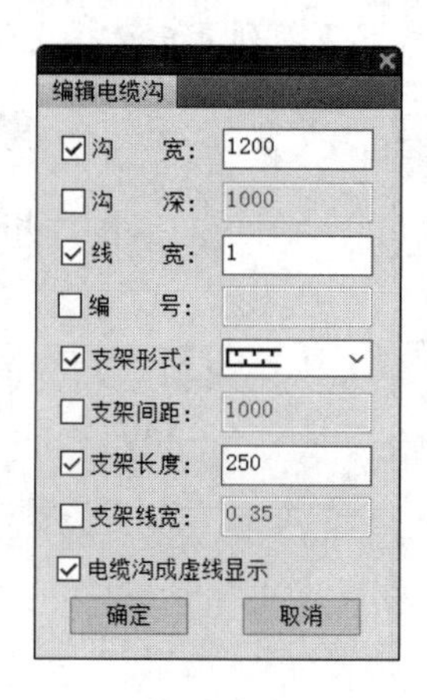

图 2-316 “编辑电缆沟”对话框

2.7.4 连电缆沟

调用“连电缆沟”命令，可将选中的几段电缆沟进行连接，并生成三通弯头。图 2-317 所示为连电缆沟的结果。

“连电缆沟”命令的执行方式如下：

- 命令行：输入“LDLG”按 Enter 键。
- 菜单栏：单击“变配电室”→“连电缆沟”命令。

下面以如图 2-317 所示的连电缆沟为例，讲解调用“连电缆沟”命令的方法。

01 按 Ctrl+O 组合键，打开配套资源提供的“第 2 章 / 2.7.4 连电缆沟 .dwg”素材文件，如图 2-318 所示。

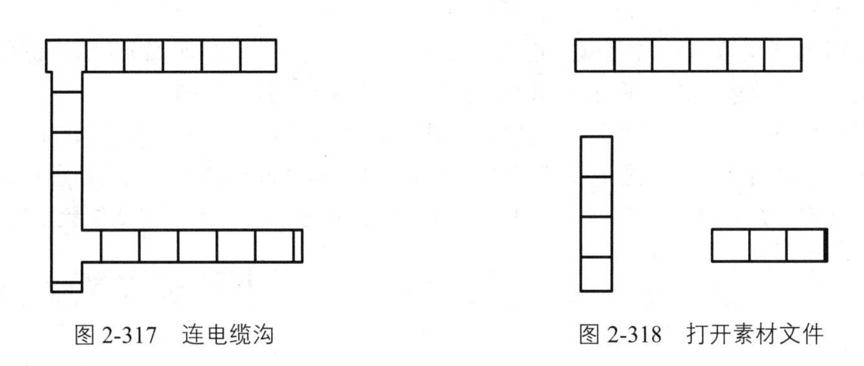

图 2-317　连电缆沟　　　　图 2-318　打开素材文件

02　输入“LDLG”按 Enter 键，命令行提示如下：

```
命令：LDLG↙
请选择两段或三段电缆沟！
找到 3 个，总计 3 个          //选中三段电缆沟，按 Enter 键完成操作，结果如图 2-317 所示。
```

2.7.5　插变压器

调用“插变压器”命令，可在变配电设计图中插入干式变压器或油式变压器。图 2-319 和图 2-320 所示分别为干式变压器和油式变压器。

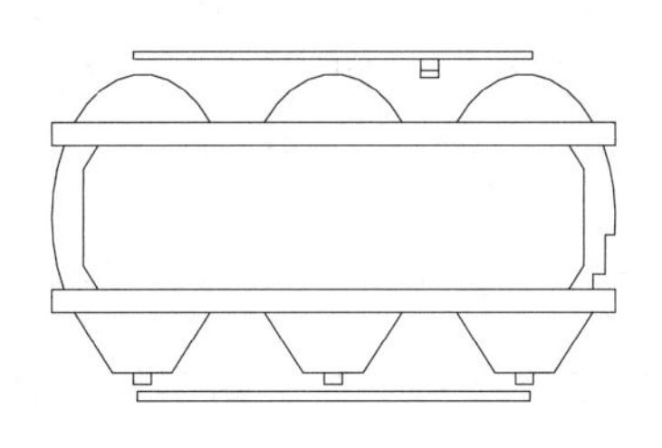

图 2-319　干式变压器

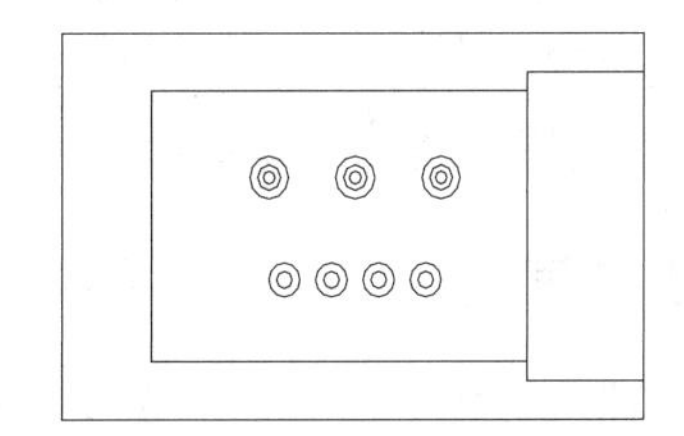

图 2-320　油式变压器

“插变压器”命令的执行方式如下：

- 命令行：输入“CBYQ”按 Enter 键。
- 菜单栏：单击“变配电室”→“插变压器”命令。

执行上述任意一项操作，弹出“变压器选型插入”对话框，如图 2-321 所示。在对话框右上角的下拉列表中选择不同类型的变压器，对话框的界面会进行相应的改变，如图 2-322 所示为选择“油式变压器”时的对话框。

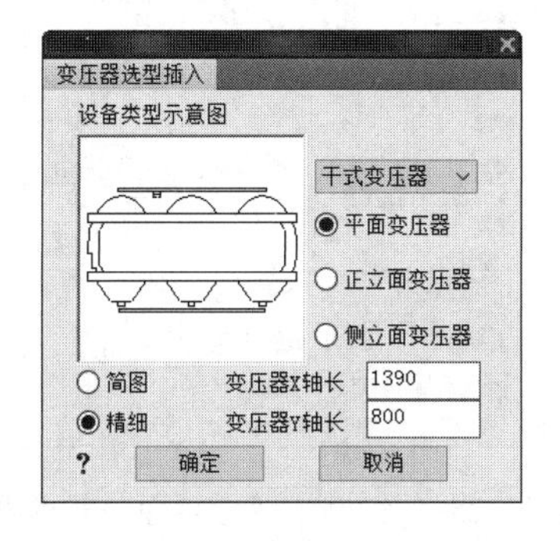

图 2-321　“变压器选型插入”对话框

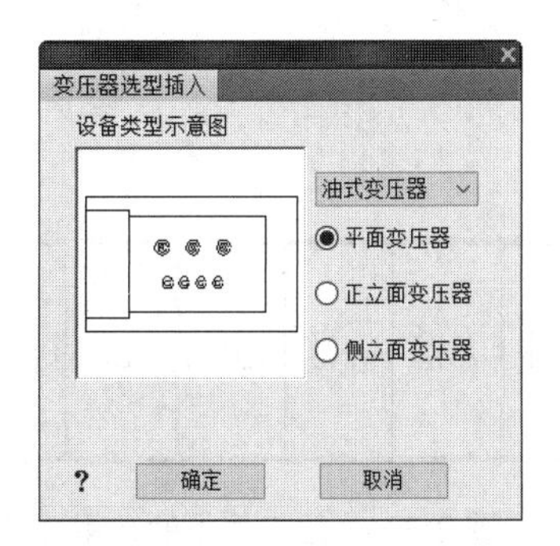

图 2-322　选择“油式变压器”

在“变压器选型插入”对话框中选择“干式变压器”选项，显示出三种放置变压器的方式，选择其中一种放置方式，可在左侧以幻灯片的方式显示放置示意图。

在对话框的下方提供了两种图形的显示方式，分别为“简图”和“精细”，用户可以根据需要进行选择。对话框右下角是干式变压器的尺寸选项，可修改参数自定义变压器的尺寸。

参数设置完成后，单击“确定”按钮，根据命令行的提示，在图中选取位置，即可绘制干式变压器，结果如图 2-319 所示。

在“变压器选型插入”对话框中选择“油式变压器”选项，显示出三种放置变压器的方式，选择其中一种放置方式后单击“确定”按钮，弹出“平面变压器尺寸设定”对话框，如图 2-323 所示。

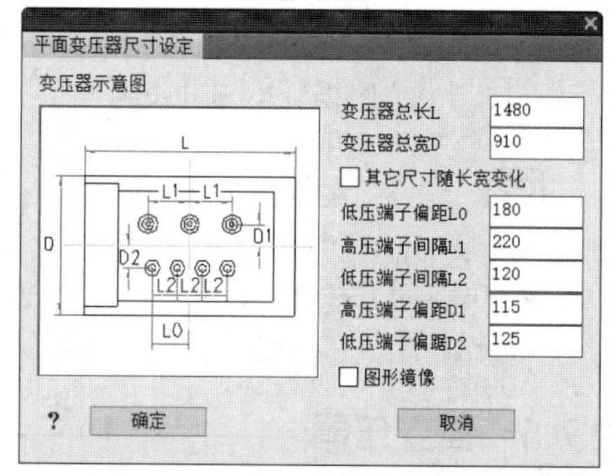

图 2-323　“平面变压器尺寸设定”对话框

在对话框的左侧示意图中显示出了变压器的样式，其与右侧的尺寸相对应。“变压器总长”和“变压器总宽”这两项参数是必须设置的。若选择“其他尺寸随长宽变化”选项，则变压器的其他细部尺寸都会随着变压器长宽的改变而改变。若取消选择该项，则需要逐一对其他尺寸参数进行设置。

若选择“图形镜像”选项，则在插入变压器时，将按照镜像的方式插入设备。

参数设置完成后，单击“确定”按钮，根据命令行的提示，在图中指定目标点，即可绘制油式变压器，结果如图 2-320 所示。

2.7.6　插电气柜

调用“插电气柜”命令，可在变配电室设计图中按要求插入电气柜。图 2-324 所示为调用“插电气柜”命令的结果。

“插电气柜”命令的执行方式如下：

➢ 命令行：输入“CDQG”按 Enter 键。

➢ 菜单栏：单击“变配电室”→“插电气柜”命令。

执行上述任意一项操作，弹出“绘制电气柜平面”对话框，如图 2-325 所示。可在对话框中设置电气柜参数，包括“数量”“柜长”“柜厚”“柜高”等。

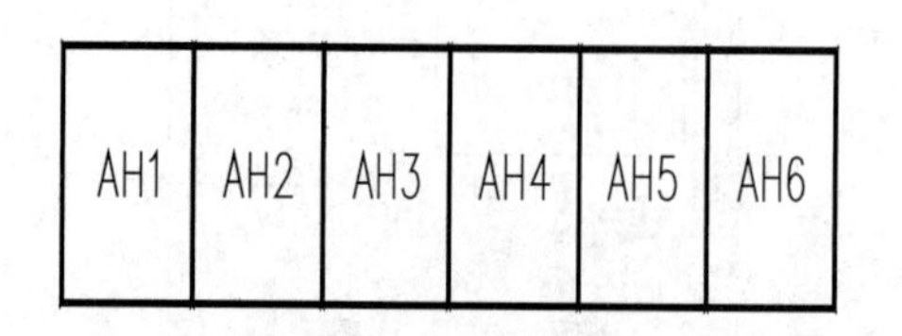

图 2-324　插电气柜的结果

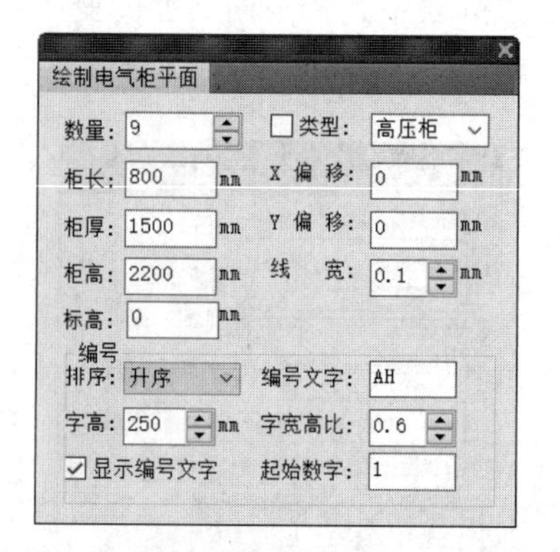

图 2-325　“绘制电气柜平面”对话框

“绘制电气柜平面”对话框中的选项介绍如下：

数量：设置电气柜的数量。

柜长、柜厚、柜高：分别设置电气柜的长度、厚度及高度。

标高：设置电气柜的安装高度，即距离地面的高度。

类型：在下拉列表中可选择电气柜的类型，包括高压柜、低压柜、弱电柜三种。

X 偏移、Y 偏移：参数值为 0 时，电气柜的实际插入点与默认基点重合。重定义 X 轴和 Y 轴参数，可设置插入点偏移基点的距离。

线宽：设置电气柜轮廓线的宽度。

排序：包括升序和降序，用来调整电气柜的排列顺序。

编号文字：设置电气柜的编号。

字宽高比：设置编号字体的显示效果。

显示编号文字：控制是否在电气柜上显示编号文字。

起始数字：定义起始的数字编号，如 1。

命令行提示如下：

```
命令：CDQG↙
请选择电气柜的插入点 [90 度翻转(A)/左右翻转(F)/切换插入点(S)]：    //指定点，
插入电气柜的结果如图 2-324 所示。
```

2.7.7 标电气柜

调用“标电气柜”命令，可标注电气柜的编号，且可以进行递增标注。图 2-326 所示为标电气柜的结果。

“标电气柜”命令的执行方式如下：

- 命令行：输入“BDQG”按 Enter 键。
- 菜单栏：单击“变配电室”→“标电气柜”命令。

下面以如图 2-326 所示的标电气柜为例，讲解调用“标电气柜”命令的方法。

01 按 Ctrl+O 组合键，打开配套资源提供的“第 2 章 / 2.7.7 标电气柜 .dwg”素材文件，结果如图 2-327 所示。

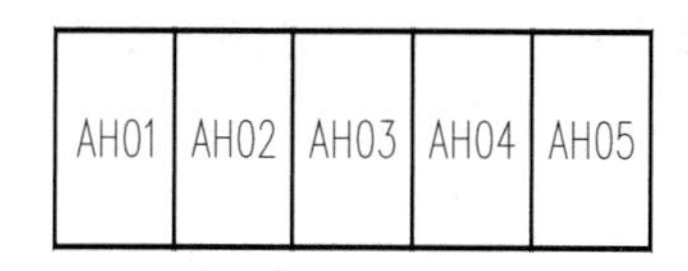

图 2-326　标电气柜的结果

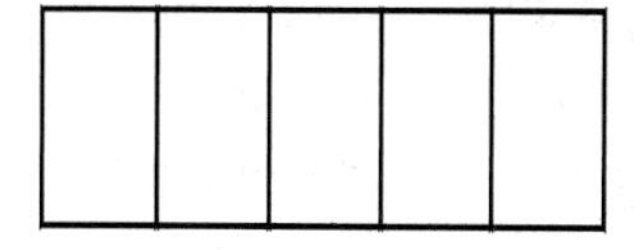
图 2-327　打开素材文件

02 输入“BDQG”按 Enter 键，命令行提示如下：

```
命令：BDQG↙
请选择第一个柜子<退出>：    //选择左边第一个柜子。
请输入起始编号<AH1>：AH01  //输入起始编号。
请选择最后一个柜子<退出>：//选择第 5 个柜子，按 Enter 键完成标注，结果如图 2-326 所示。
```

提示

“标电气柜”命令还可以对电气柜的编号重新进行标注。

2.7.8 删电气柜

调用“删电气柜”命令，可删除选中的电气柜，且可以自动调整相邻的电气柜和尺寸。图 2-328 所示为删电气柜的结果。

“删电气柜”命令的执行方式如下：

➢ 命令行：输入“SDQG”按 Enter 键。

➢ 菜单栏：单击“变配电室”→“删电气柜”命令。

下面以如图 2-328 所示的删电气柜为例，讲解调用“删电气柜”命令的方法。

01 按 Ctrl+O 组合键，打开配套资源提供的“第 2 章 / 2.7.8 删电气柜 .dwg”素材文件，如图 2-329 所示。

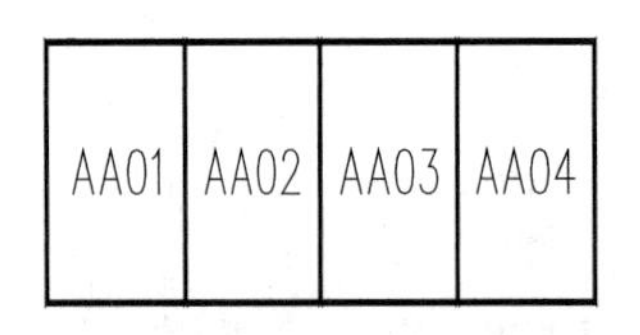

图 2-328 删电气柜的结果

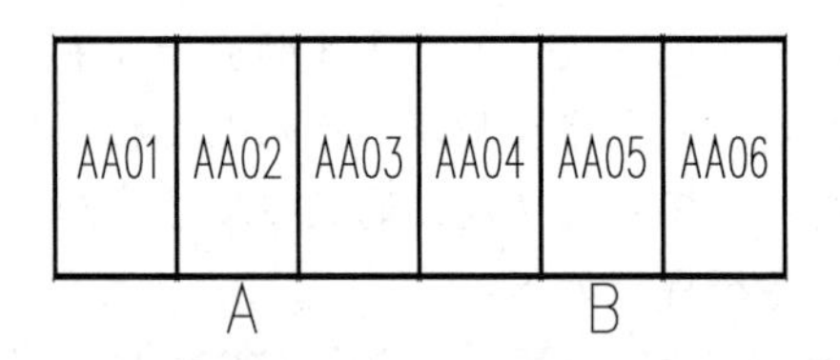

图 2-329 打开素材文件

02 输入“SDQG”按 Enter 键，命令行提示如下：

```
命令：SDQG ↙
选择要删除的柜子 < 退出 >：找到 1 个                  // 选择 A 电气柜。
选择要删除的柜子 < 退出 >：找到 2 个，总计 2 个        // 选择 B 电气柜。
选择要靠近的柜子 < 退出 >：                           // 选择剩下的任意电气柜。
是否重新对编号进行排序 [ 是（Y）/ 否（N）]<N>：Y       // 输入 Y。
请选择第一个柜子 < 退出 >：
请输入起始编号 <AA01>：                               // 按 Enter 键，保持编号不变。
请选择最后一个柜子 < 退出 >：                         // 选择最后一个电气柜，重排编号，结
果如图 2-328 所示。
```

2.7.9 增电气柜

调用“增电气柜”命令，可以增加新的电气柜。图 2-330 所示为增电气柜的结果。

“增电气柜”命令的执行方式如下：

➢ 菜单栏：单击“变配电室”→“增电气柜”命令。

下面以如图 2-330 所示的增电气柜为例，讲解调用“增电气柜”命令的方法。

01 按 Ctrl+O 组合键，打开配套资源提供的“第 2 章 / 2.7.9 增电气柜 .dwg”素材文件，结果如图 2-331 所示。

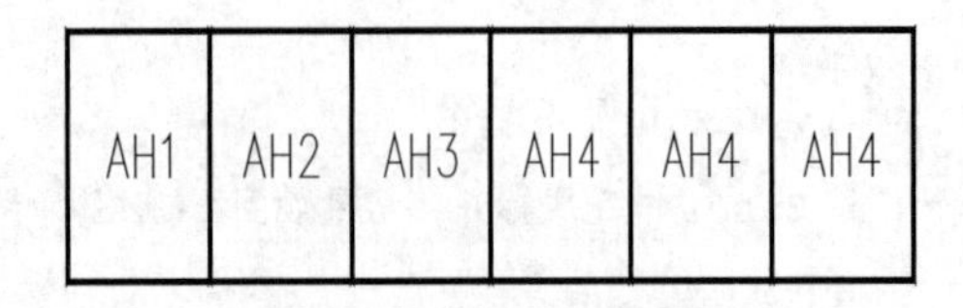

图 2-330 增电气柜的结果

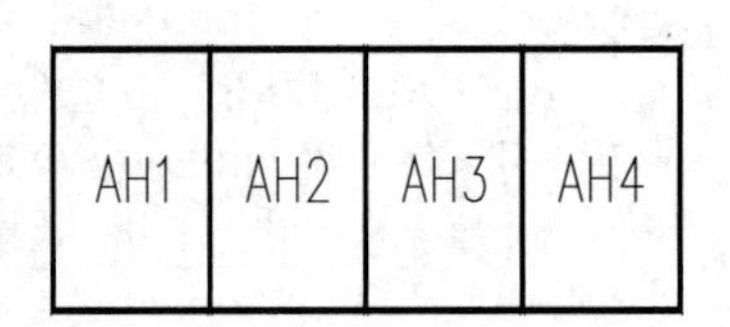

图 2-331 打开素材文件

02 单击“变配电室”→“增电气柜”命令，命令行提示如下：

```
命令：tel_addc
请选择参照柜<退出>：                                //选择AH4电气柜。
请选择添加模式[柜间填补(F)/柜后插入(I)]<I>：        //按Enter键默认添加模式。
确定插入电气柜个数<1>：2                            //输入个数，按Enter键结束，
增电气柜的结果如图2-330所示。
```

2.7.10 改电气柜

调用“改电气柜”命令，可修改电气柜的参数，且可以联动调整相邻电气柜及尺寸。图2-332所示为改电气柜的结果。

“改电气柜”命令的执行方式如下：

- 命令行：输入“GDQG”按Enter键。
- 菜单栏：单击“变配电室”→“改电气柜”命令。

下面以如图2-332所示的改电气柜为例，讲解调用“改电气柜”命令的方法。

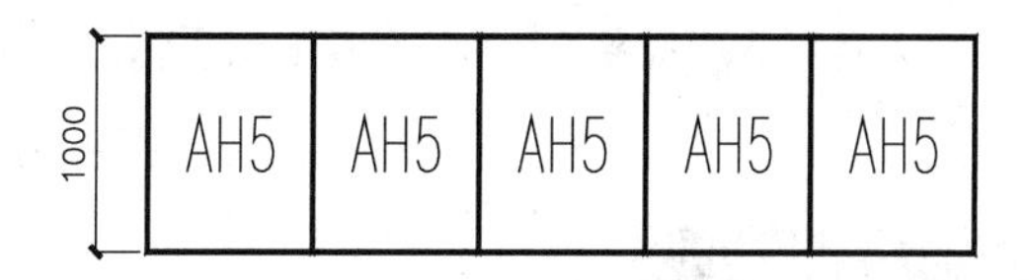

图2-332 改电气柜的结果

01 按Ctrl+O组合键，打开配套资源提供的“第2章/2.7.10改电气柜.dwg”素材文件，如图2-333所示。

02 输入“GDQG”按Enter键，命令行提示如下：

```
命令：GDQG↙
选择要编辑的柜子<退出>：指定对角点：找到5个          //选择电气柜，在弹出的“配
电柜参数设置”对话框中修改参数，如图2-334所示。
```

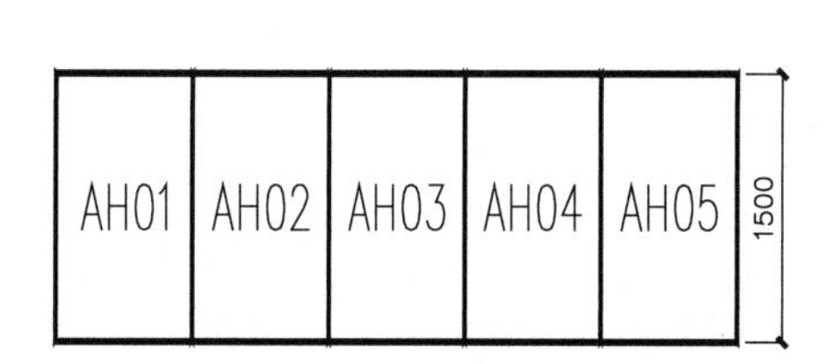

图2-333 打开素材文件

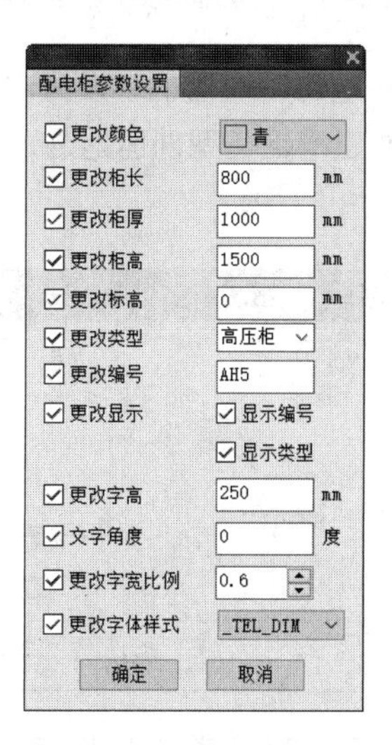

图2-334 修改参数

03 单击“确定”按钮关闭对话框，完成改电气柜的操作，结果如图 2-332 所示。

> 提示
> 双击电气柜，也可以弹出“配电柜参数设置”对话框，在其中修改参数。

2.7.11 剖面地沟

调用“剖面地沟”命令，可以参数化绘制剖面地沟。

“剖面地沟”命令的执行方式如下：

- 命令行：输入“PMDG”按 Enter 键。
- 菜单栏：单击“变配电室”→“剖面地沟”命令。

输入“PMDG”按 Enter 键，弹出如图 2-335 所示的“剖面地沟”对话框，同时命令行提示如下：

```
命令：PMDG ↙
请输入插入点 <退出>：
目标位置：                    // 指定插入点和目标位置，绘制剖面地沟，结果如图 2-336 所示。
```

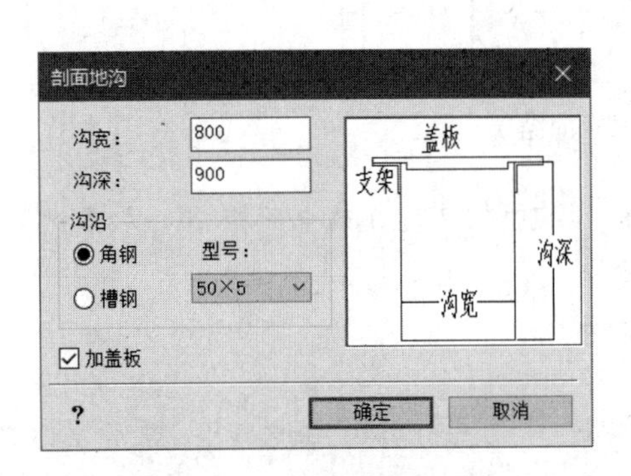

图 2-335 “剖面地沟”对话框

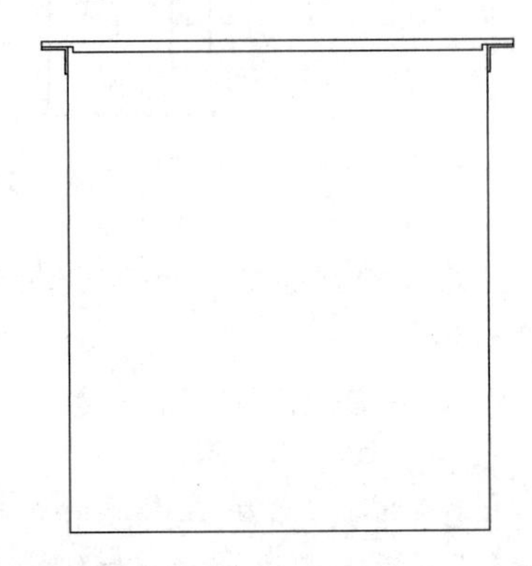

图 2-336 绘制剖面地沟

在“剖面地沟”对话框中设置“沟沿”类型为“槽钢”，如图 2-337 所示。单击“确定”按钮，在图中创建槽钢类型剖面地沟，结果如图 2-338 所示。

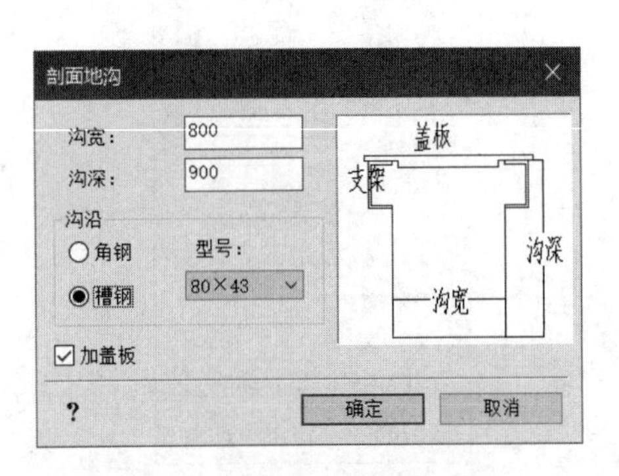

图 2-337 选择“槽钢”选项

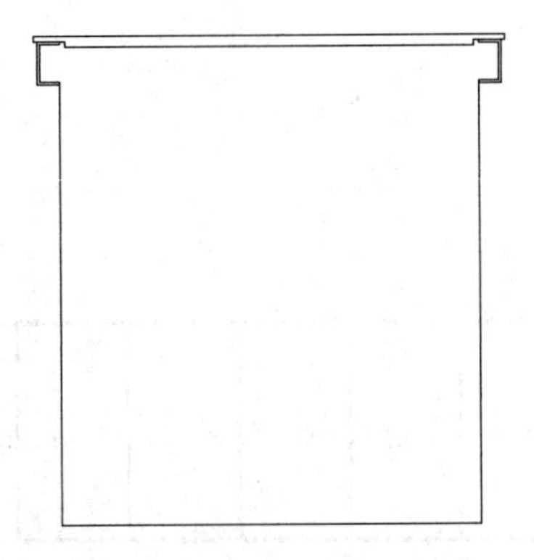

图 2-338 创建槽钢类型剖面地沟

在菜单栏中单击“变配电室”→“剖面地沟”命令，弹出“电缆沟剖面”对话框。在其中设置属性参数，如图 2-339 所示。单击右下角的“插入”按钮，绘制电缆沟剖面图，结果如图 2-340 所示。

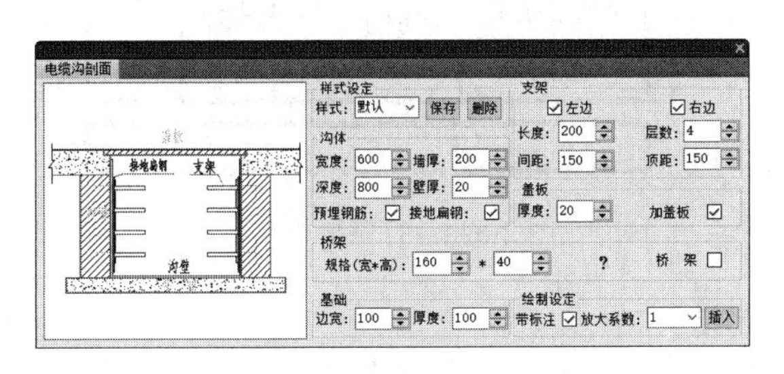

图 2-339 “电缆沟剖面”对话框

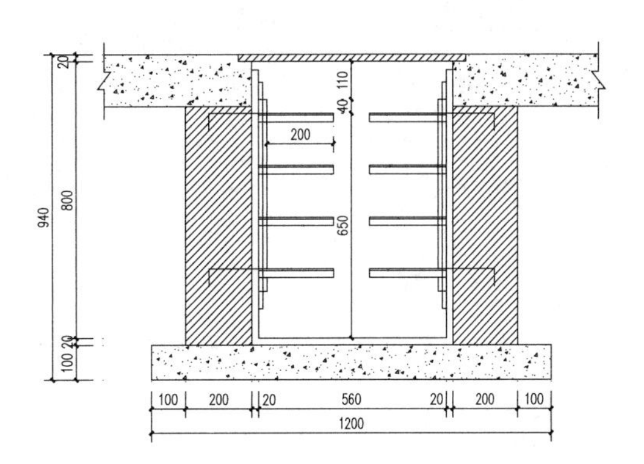

图 2-340 绘制电缆沟剖面图

在“电缆沟剖面”对话框中选择“桥架”选项（见图 2-341），可以在所绘制的电缆沟剖面图中显示电缆桥架，如图 2-342 所示。

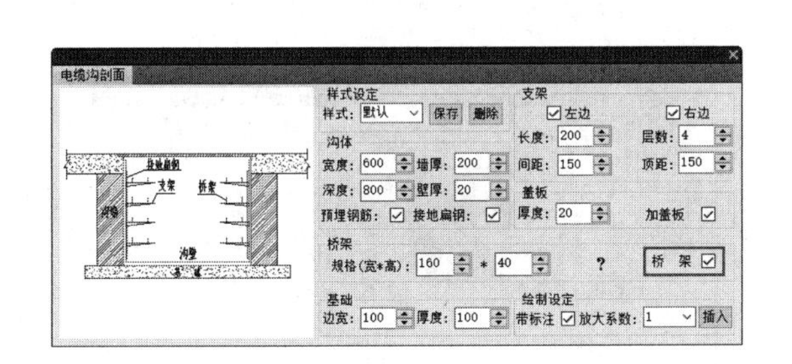

图 2-341 选择“桥架”选项

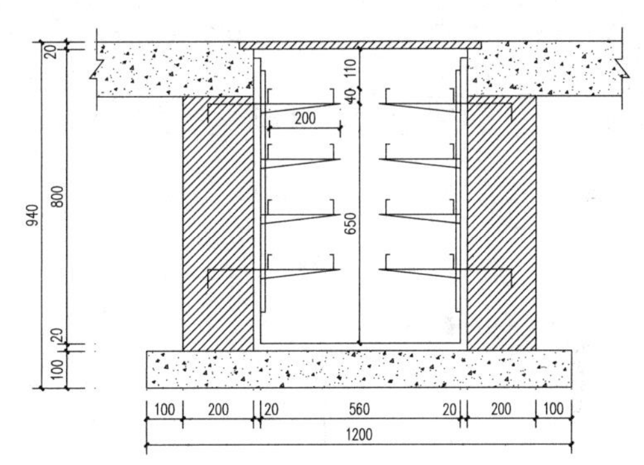

图 2-342 显示电缆桥架

在“电缆沟剖面”对话框中可以自定义各种属性参数。用户在设置参数时，位于左侧的预览窗口能实时显示修改结果。

2.7.12 生成剖面

调用“生成剖面”命令，可根据变配电室平面图生成剖面图。图 2-343 所示为生成的剖面图。

“生成剖面”命令的执行方式如下：

➢ 命令行：输入“SCPM”按 Enter 键。

➢ 菜单栏：单击“变配电室”→“生成剖面”命令。

下面以如图 2-343 所示生成的剖面图为例，讲解调用“生成剖面”命令的方法。

01 按 Ctrl+O 组合键，打开配套资源提供的“第 2 章 / 2.7.12 生成剖面 .dwg”素材文件，结果如图 2-344 所示。

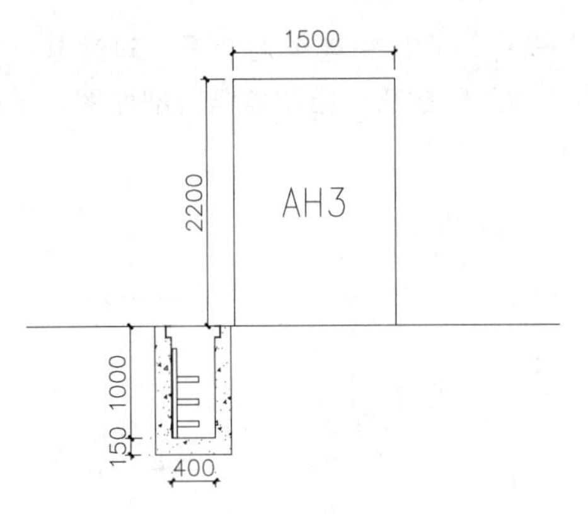

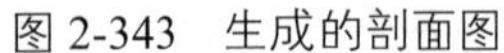

图 2-343　生成的剖面图

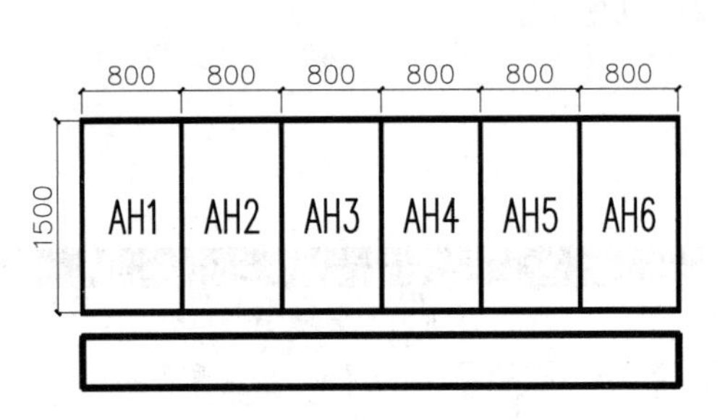

图 2-344　打开素材文件

02　输入“SCPM”按 Enter 键，命令行提示如下：

```
命令：SCPM↙
TEL_SYMSEC
请输入剖切编号<1>：          //按 Enter 键。
点取第一个剖切点<退出>：     //在电气柜的上方指定第一个剖切点。
点取第二个剖切点<退出>：     //在电气柜的下方指定第二个剖切点。
点取剖视方向<当前方向>：     //将鼠标指针向左移动，确定剖视方向，绘制剖切符号，结果如图 2-345 所示。
点取剖面插入位置<退出>：     //弹出“电缆沟参数设置”对话框，设置参数如图 2-346 所示。
```

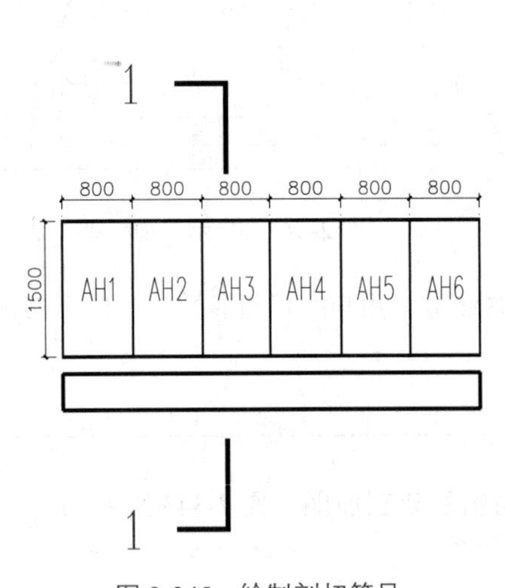

图 2-345　绘制剖切符号

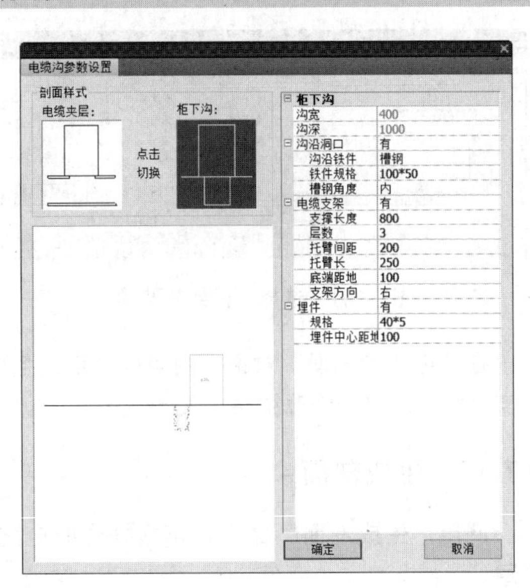

图 2-346　“电缆沟参数设置”对话框

03　单击“确定”按钮关闭对话框，生成的剖面图如图 2-343 所示。

提示

柜下沟剖面图的生成结果如图 2-347 所示。

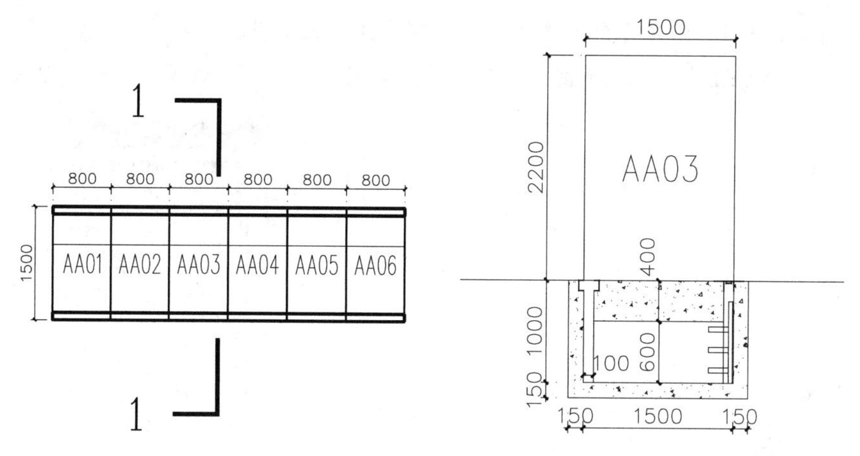

图 2-347　柜下沟剖面图

2.7.13　图标图集

调用“图标图集”命令，可以从图标图集中调用标准图。在该图集中收录了 03D-201 室内变压器布置标准图。

“图标图集”命令的执行方式如下：

➢ 菜单栏：单击“变配电室”→“图标图集”命令。

执行“图标图集”命令后，打开“天正图集”对话框，在左侧的列表中选择图纸，如图 2-348 所示。单击“确定”按钮，在绘图区中指定位置即可调用图纸，如图 2-349 所示。

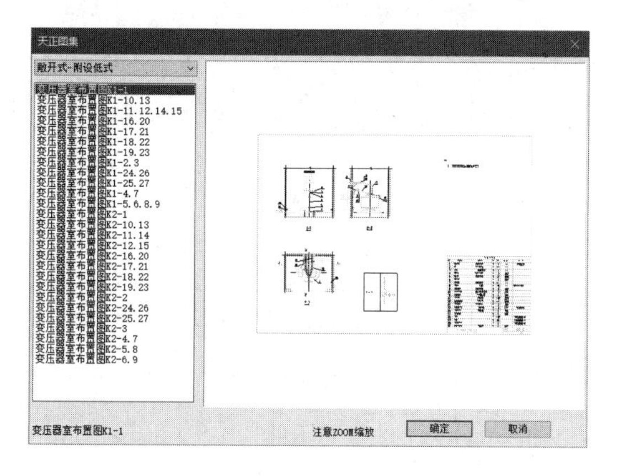

图 2-348　“天正图集”对话框

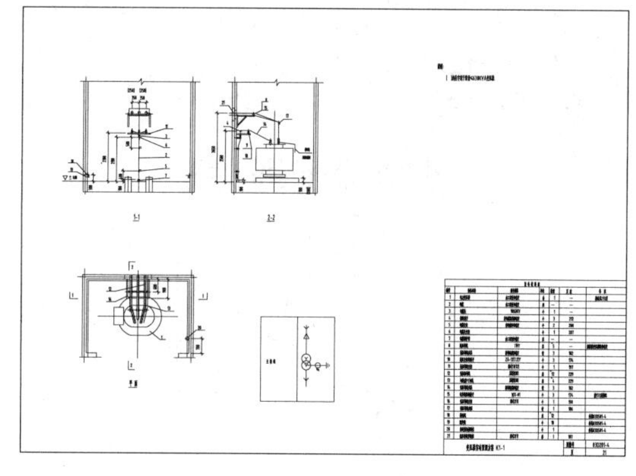

图 2-349　调用图纸

2.7.14　预留孔洞

调用“预留孔洞”命令，可根据设定的孔洞类型及样式绘制预留孔洞并为其添加标注。图 2-350 所示为绘制孔洞的效果。

“预留孔洞”命令的执行方式如下：

➢ 命令行：输入“YLKD”按 Enter 键。

➢ 菜单栏：单击“变配电室”→“预留孔洞”命令。

下面以绘制如图 2-350 所示的孔洞为例，讲解调用“预留孔洞”命令的方法。

01 输入“YLKD”按 Enter 键，打开“预留孔洞”对话框，设置参数如图 2-351 所示。

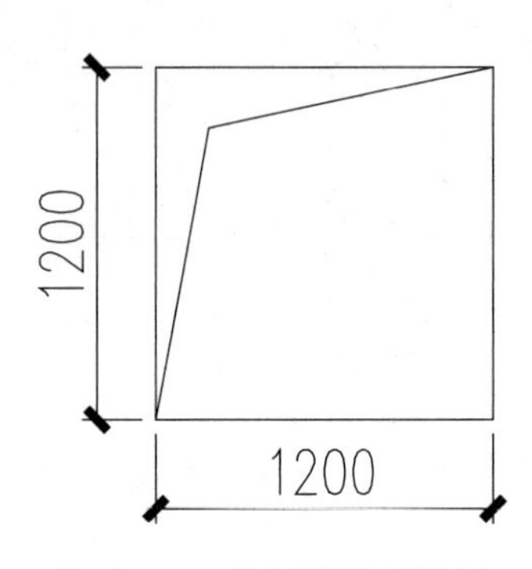

图 2-350 绘制孔洞的结果

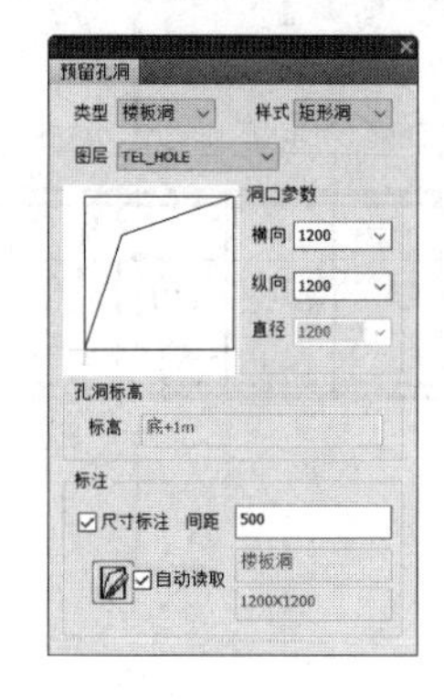

图 2-351 “预留孔洞”对话框

02 命令行提示如下：

命令：YLKD↙
请选择插入点 [旋转 90 度（A）/ 改转角（R）]< 退出 >： // 指定点，插入矩形孔洞，如图 2-350 所示。

03 双击孔洞，打开“预留孔洞”对话框，单击左下角的“孔洞标注”按钮，如图 2-352 所示。

04 命令行提示如下：

命令：tel_edith
请给出标注第一点 < 退出 >：
输入引线位置 < 退出 >：
点取文字基线位置 < 退出 >： // 依次指定各个点，标注孔洞的结果如图 2-353 所示。

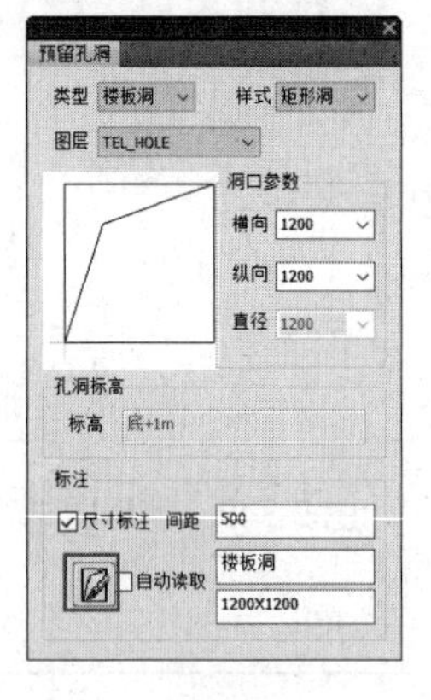

图 2-352 “预留孔洞”对话框

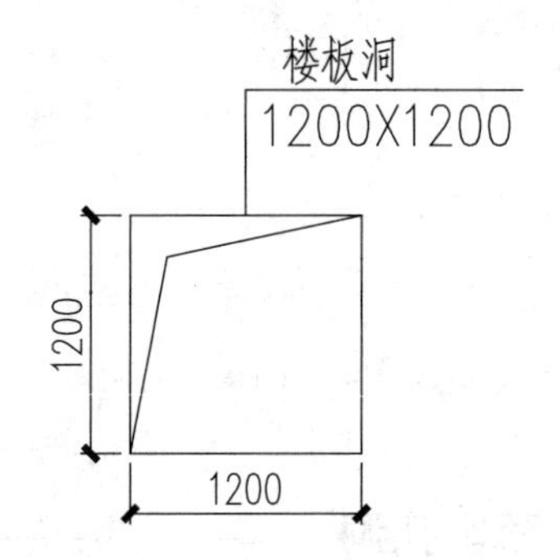

图 2-353 标注孔洞的结果

“预留孔洞”对话框介绍如下：

类型：包括“楼板洞”和“墙洞”两种类型。选择的类型不同，洞口参数及默认标注信息不同。类型为“墙洞”时，“底高”选项可用，在标注处会显示尺寸参数，同时也显示“底高”信息。

样式：包括“矩形洞”和“圆洞”两种样式。孔洞类型和样式不同，对话框中可设定的参数项也不同。选择“圆洞”时，“直径”选项可用，但“间距”选项暗显。

图层：孔洞的专属图层。

将“类型”设置为“墙洞”，“样式”设置为“圆洞”，绘制圆形孔洞，并为其添加标注，结果如图 2-354 所示。

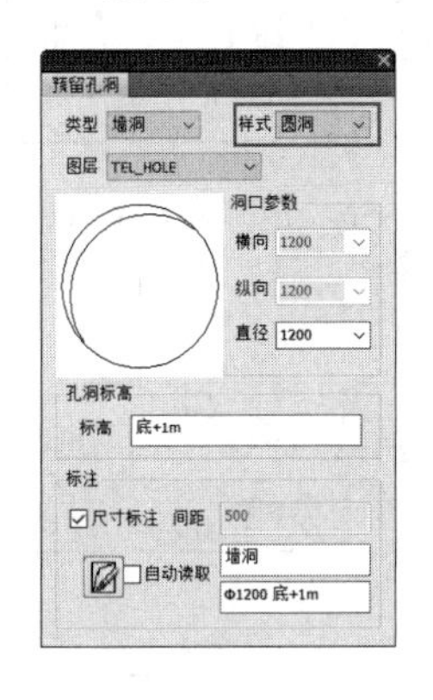

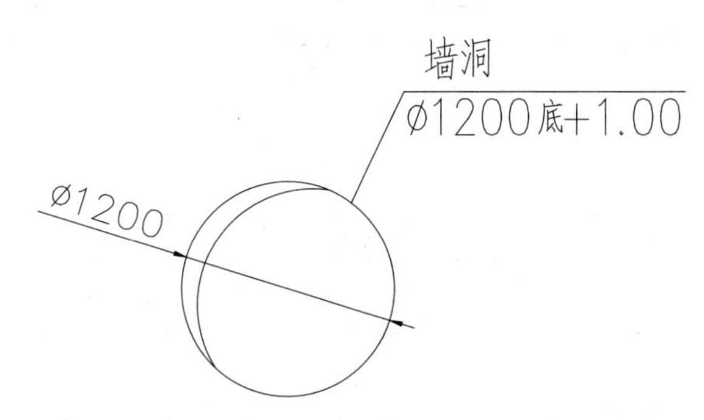

图 2-354　绘制圆形孔洞

洞口参数：根据当前类型及样式设置孔洞参数。

尺寸标注：选择该选项，创建孔洞的同时也创建尺寸标注。

间距：设置尺寸标注与孔洞间距。

“孔洞标注”按钮：单击该按钮，可为孔洞添加标注。在右侧的选项栏中，将根据孔洞类型及洞口参数显示标注信息。支持用户自定义参数。

自动读取：选择该选项，在绘制孔洞标注时，将会读取图样中孔洞的信息进行标注，同时右侧的选项栏不可用。

2.7.15　逐点标注

调用“逐点标注”命令，可以选定点，沿着指定的方向和位置创建尺寸标注。该命令特别适用于为没有天正对象特征的图形创建标注，或者使用其他标注命令难以完成标注的图形。图 2-355 所示为逐点标注的结果。

“逐点标注”命令的执行方式如下：

➢ 菜单栏：单击“变配电室”→“逐点标注”命令。

下面以如图 2-355 所示的标注为例，讲解调用“逐点标注”命令的方法。

01　按 Ctrl+O 组合键，打开配套资源提供的“第 2 章 / 2.7.15 逐点标注 .dwg”素材文件，结果如图 2-356 所示。

02　单击“变配电室”→“逐点标注”命令，命令行提示如下：

```
命令：T93_TDIMMP
起点或 [ 参考点 (R) ]< 退出 >:                          // 指定标注的起点。
第二点 < 退出 >:                                       // 向右移动鼠标指针指定点。
请点取尺寸线位置或 [ 更正尺寸线方向 (D) ]< 退出 >:       // 向上移动鼠标指针指定位置。
请输入其他标注点或 [ 撤消上一标注点 (U) ]< 结束 >:       // 重复操作，继续标注尺寸，结果如图 2-355 所示。
```

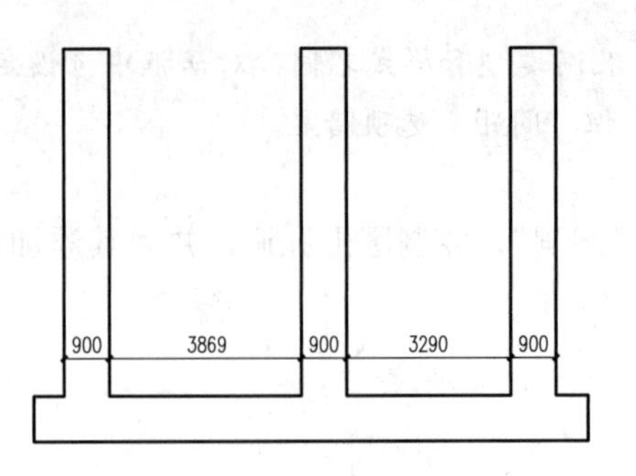

图 2-355　逐点标注

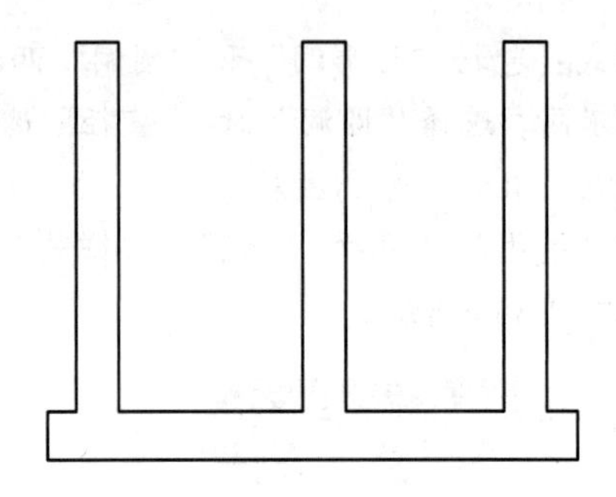

图 2-356　打开素材文件

> **提示**
> 使用“逐点标注”命令标注的尺寸为一个整体，双击标注完成的尺寸可以执行“增补尺寸”操作。

2.7.16　配电尺寸

调用“配电尺寸”命令，可为高低压配电柜创建尺寸标注。图 2-357 所示为标注配电柜尺寸的结果。

“配电尺寸”命令的执行方式如下：

- 命令行：输入“PDCC”按 Enter 键。
- 菜单栏：单击“变配电室”→“配电尺寸”命令。

下面以如图 2-357 所示的尺寸标注为例，讲解调用“配电尺寸”命令的方法。

01　按 Ctrl+O 组合键，打开配套资源提供的“第 2 章 / 2.7.16 配电尺寸 .dwg”素材文件，如图 2-358 所示。

02　输入“PDCC”按 Enter 键，命令行提示如下：

```
命令：PDCC ↙
请选取要标注尺寸的配电柜 <退出>：指定对角点：找到 7 个      // 选择配电柜。
请点取尺寸线位置 <退出>：            // 选取尺寸线的位置，标注结果如图 2-357 所示。
```

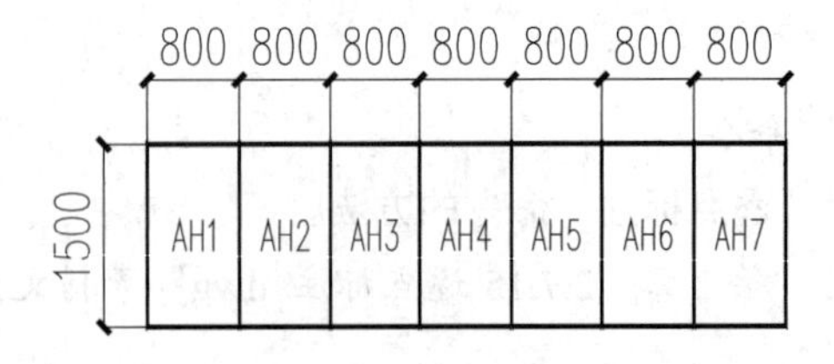

图 2-357　标注配电柜尺寸

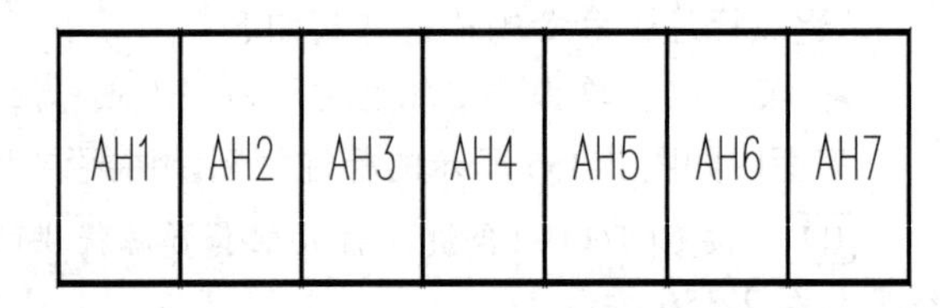

图 2-358　打开素材文件

2.7.17　卵石填充

调用“卵石填充”命令，可使用卵石图案来填充某个区域。该命令主要用于绘制变压器室内油池底部的卵石层。图 2-359 所示为卵石填充的结果。

“卵石填充”命令的执行方式如下：

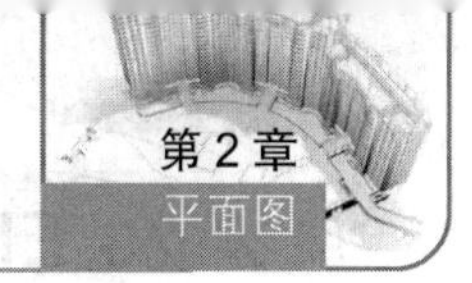

➢ 命令行：输入“LSTC”按 Enter 键。

➢ 菜单栏：单击“变配电室”→“卵石填充”命令。

输入“LSTC”按 Enter 键，命令行提示如下：

```
命令：LSTC↙
请点取要填充边界的起点 <退出>:          //指定矩形选框的起点。
请输入终点 <退出>:                      //指定矩形选框的对角点。
请输入填充比例 <500>:                   //按 Enter 键完成操作，填充结果如图 2-359 所示。
```

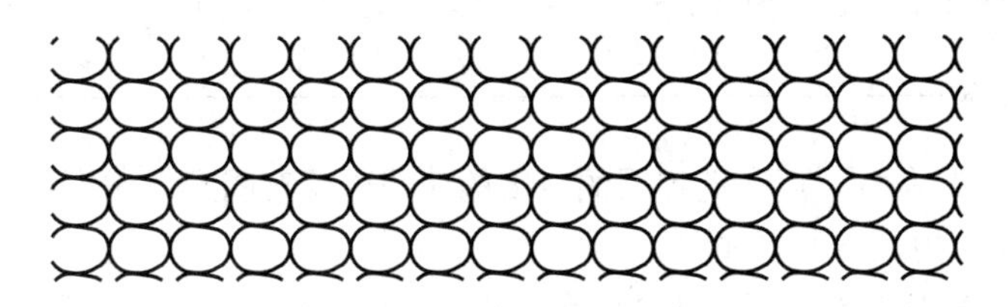

图 2-359　卵石填充

提示

卵石的大小受填充比例的限制，如果想要编辑卵石填充图案的大小，可以通过调整填充比例来实现，如图 2-360 所示。

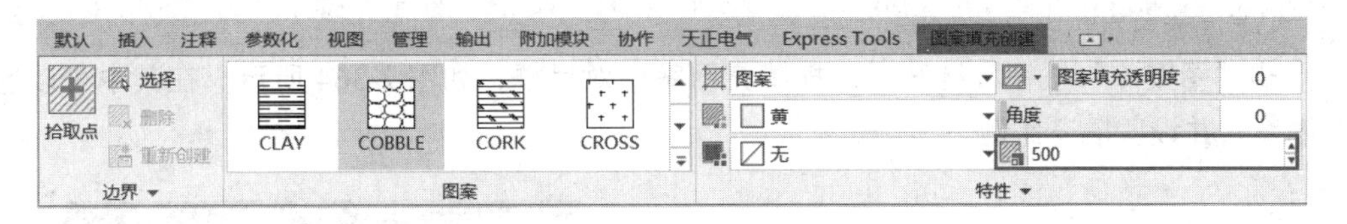

图 2-360　调整填充比例

2.7.18　桥架填充

调用“桥架填充”命令，可使用系统提供的灰度、斜度、斜格等图案为桥架填充。图 2-361 所示为桥架填充的结果。

“桥架填充”命令的执行方式如下：

➢ 命令行：输入“QJTC”按 Enter 键。

➢ 菜单栏：单击“变配电室”→“桥架填充”命令。

下面以如图 2-361 所示的图案填充为例，讲解调用“桥架填充”命令的方法。

01 按 Ctrl+O 组合键，打开配套资源提供的“第 2 章 / 2.7.18 桥架填充 .dwg”素材文件，如图 2-362 所示。

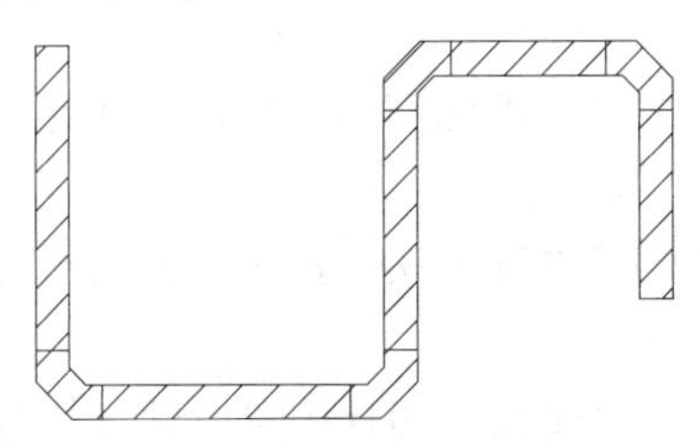

图 2-361　桥架填充

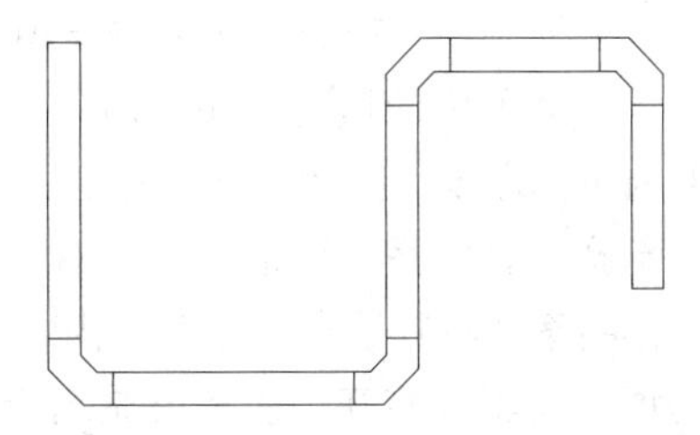

图 2-362　打开素材文件

02 输入“QJTC”按 Enter 键，命令行提示如下：

命令：QJTC ↙
请选择要填充的桥架或电缆沟 <退出>：指定对角点：　　　　　// 选择桥架。
是否为该对象？[是（Y）/ 否（N）]<Y>：Y　　　　　// 输入 Y。
请选择填充样式 [斜线 ANSI31（1）/ 斜网格 ANSI37（2）/ 正网格 NET（3）/ 交叉网格 NET3（4）/ 灰度 SOLID（5）/ 斜角 ANGLE（6）/ 密斜线 ANSI32（7）/ 间断斜线 ANSI33（8）/ 间断斜网格 ANSI38（9）]< 斜线 ANSI31>：　　　　　// 按 Enter 键确认填充方式，结果如图 2-361 所示。

2.7.19 层填图案

调用“层填图案”命令，可在选定层的封闭的曲线内填充图案，作为线槽的补充图案。

“层填图案”命令的执行方式如下：

➢ 菜单栏：单击“变配电室”→“层填图案”命令。

单击“变配电室”→“层填图案”命令，命令行提示如下：

命令：LAYFILL
请点取一个填充轮廓线（取其图层）< 退出 >：　　　　　// 选择椭圆。
再选取填充轮廓线 < 全选 >：　　　　　// 选择矩形。
选择对象：　　　　　// 右击，弹出“请点取所需的填充图案”对话框，设置参数如图 2-363 所示。

单击“图案库”按钮，打开“选择填充图案”对话框，如图 2-364 所示。在其中可以选择填充图案，并设置填充比例。

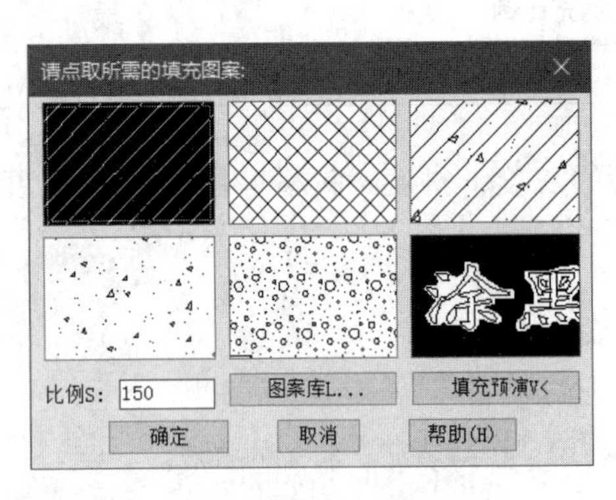

图 2-363　设置参数

图 2-364　“选择填充图案”对话框

单击“填充预演”按钮，可以预览填充图案的效果。

在“请点取所需的填充图案”对话框中选择图案样式并设置比例后，单击“确定”按钮即可在矩形内填充图案，如图 2-365 所示。

在“选择填充图案”对话框中，有时候会因为比例的问题而无法预览图案样式，此时可以先选定一种图案并将其填充至轮廓线内。

双击填充图案，打开“图案填充编辑器”选项卡。在“图案”面板中可以预览、选择填充图案，还可以设置图案的颜色、比例及角度等参数，如图 2-366 所示。

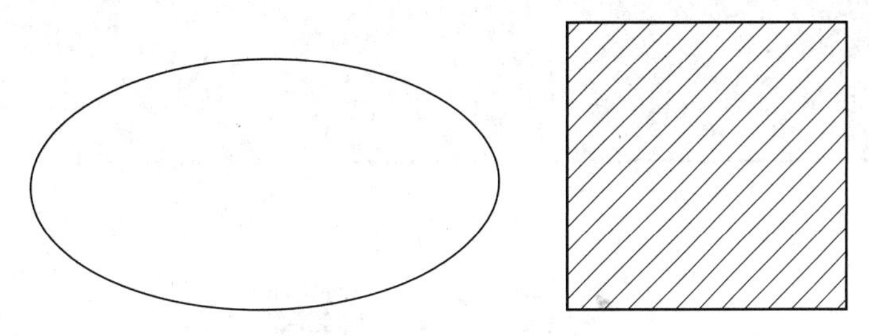

图 2-365　在矩形内填充图案

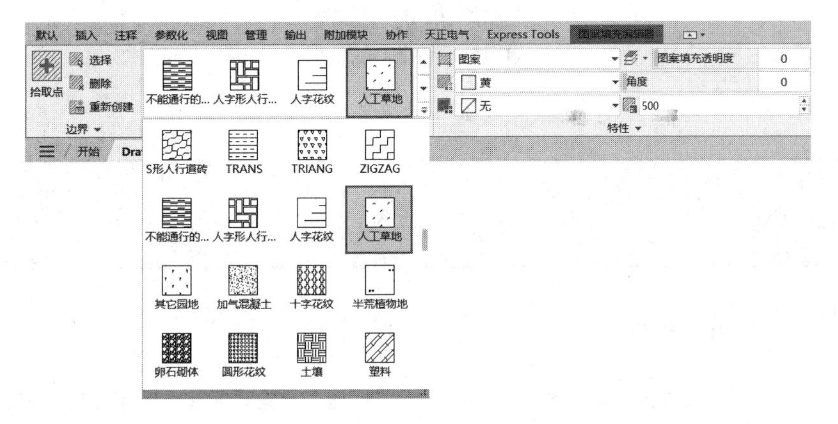

图 2-366　“图案填充编辑器”选项卡

2.7.20　删除填充

调用“删除填充”命令，可删除指定的填充图案。

“删除填充”命令的执行方式如下：

- 命令行：输入“SCTC”按 Enter 键。
- 菜单栏：单击“变配电室”→“删除填充”命令。

执行上述任意一项操作，命令行提示如下：

```
命令：SCTC ↙
请选择要删除的填充 <退出>:          //选择图案，按 Enter 键即可将其删除。
```

第 3 章
系统图

● **本章导读**

本章将介绍系统图的相关知识，包括插入和编辑元件，绘制强电系统、弱电系统、消防系统和原理图的方法。

● **本章重点**

◈ 系统元件
◈ 强电系统
◈ 绘制和编辑弱电系统
◈ 消防系统
◈ 原理图

3.1 系统元件

电气图由电气元件和导线组成，两者共同表示特定区域内的电气设计，缺一不可。本节将介绍元件的相关知识，包括元件插入、复制和移动等。

3.1.1 元件插入

调用“元件插入”命令，可在系统图中将元件插入到导线中。

“元件插入”命令的执行方式如下：

- 命令行：输入“YJCR”按 Enter 键。
- 菜单栏：单击“系统元件”→“元件插入”命令。

执行上述任意一项操作，弹出“天正电气图块”对话框，如图 3-1 所示。在对话框右上角的下拉列表中显示出元件的类别。选择类别，在对话框中显示出相应的元件，被选中的元件以红色的边框显示，同时在对话框的左下角显示该元件的说明。

“天正电气图块”对话框中的选项介绍如下：

- 翻页按钮⬆、⬇：对话框中的元件数量超过显示范围时，可单击向前按钮⬆或者向后按钮⬇翻页，显示其余的元件。
- 旋转按钮↻：单击该按钮，可自定义角度插入元件。
- 放大按钮🔍：单击该按钮，可弹出元件放大图，如图 3-2 所示。

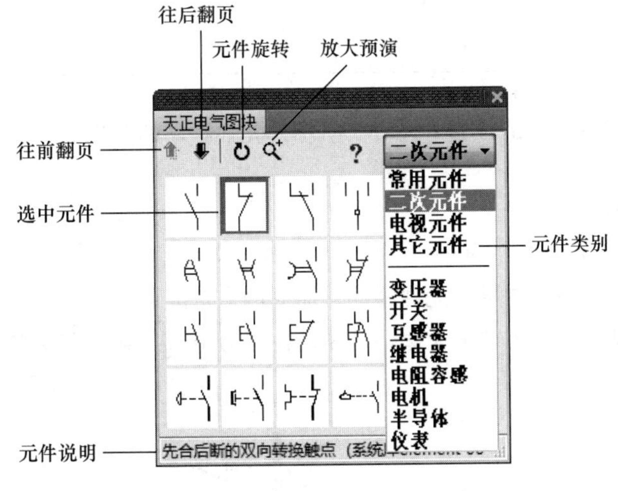

图 3-1 “天正电气图块”对话框

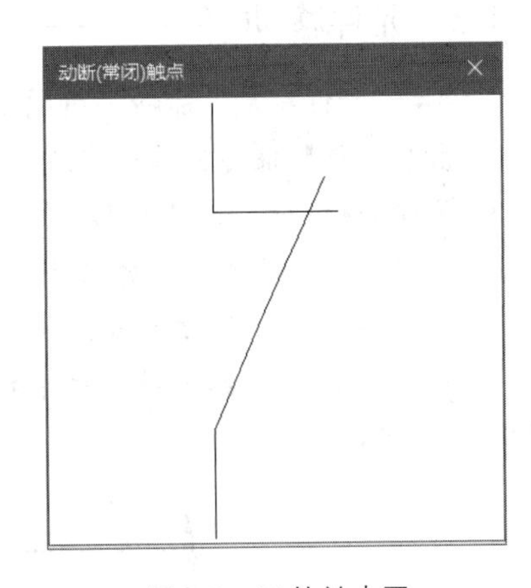

图 3-2 元件放大图

命令行提示如下：

```
命令：YJCR↙
请指定元件的插入点<退出>:                    //指定点，插入元件。
```

3.1.2 元件复制

调用“元件复制”命令，可在系统图或者原理图中复制选中的元件。图 3-3 所示为元件复制的结果。

“元件复制”命令的执行方式如下：

➢ 命令行：输入“YJFZ”按 Enter 键。

➢ 菜单栏：单击“系统元件”→“元件复制”命令。

下面以如图 3-3 所示的元件复制为例，讲解调用“元件复制”命令的方法。

01 按 Ctrl+O 组合键，打开配套资源提供的“第 3 章 / 3.1.2 元件复制 .dwg”素材文件，如图 3-4 所示。

02 输入“YJFZ”按 Enter 键，命令行提示如下：

```
命令：YJFZ ↙
请选取要复制的元件 <退出>：指定对角点：找到 1 个          // 选择开关。
目标位置：                          // 指定 A 点为目标点，复制元件，结果如图 3-3 所示。
```

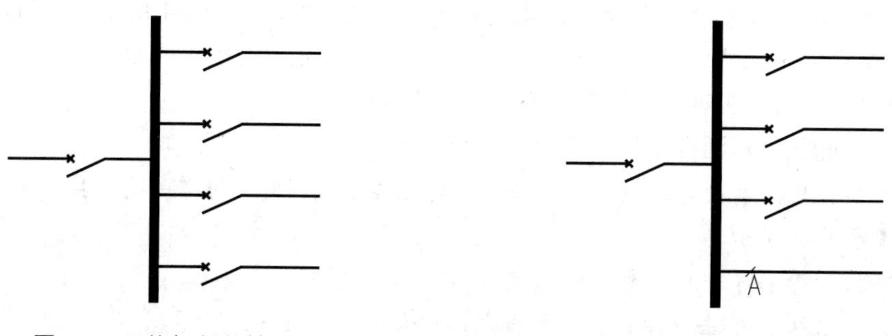

图 3-3　元件复制的结果　　　　图 3-4　打开素材文件

3.1.3　元件移动

调用“元件移动”命令，可调整导线中元件的位置。图 3-5 所示为元件移动的结果。

“元件移动”命令的执行方式如下：

➢ 命令行：输入“YJYD”按 Enter 键。

➢ 菜单栏：单击“系统元件”→“元件移动”命令。

下面以如图 3-5 所示的元件移动为例，讲解调用“元件移动”命令的方法。

01 按 Ctrl+O 组合键，打开配套资源提供的“第 3 章 / 3.1.3 元件移动 .dwg”的素材文件，如图 3-6 所示。

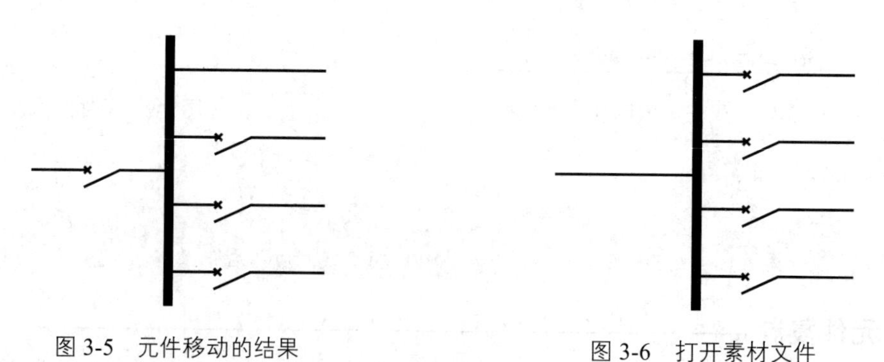

图 3-5　元件移动的结果　　　　图 3-6　打开素材文件

02 输入“YJYD”按 Enter 键，命令行提示如下：

```
命令：YJYD↙
请选取要移动的元件<退出>：找到 1 个          //选择开关。
目标位置：                                   //指定目标点，移动元件，结果如图 3-5 所示。
```

3.1.4 元件替换

调用“元件替换”命令，可用选定的元件替换已有的元件，替换结果如图 3-7 所示。

“元件替换”命令的执行方式如下：

➢ 命令行：输入“YJTH”按 Enter 键。

➢ 菜单栏：单击“系统元件”→“元件替换”命令。

下面以如图 3-7 所示的元件替换为例，讲解调用“元件替换”命令的方法。

01 按 Ctrl+O 组合键，打开配套资源提供的“第 3 章 / 3.1.4 元件替换 .dwg”素材文件，如图 3-8 所示。

02 输入“YJTH”按 Enter 键，弹出“天正电气图块”对话框。在“常用元件”类别中选择“熔断器式开关”元件，如图 3-9 所示。

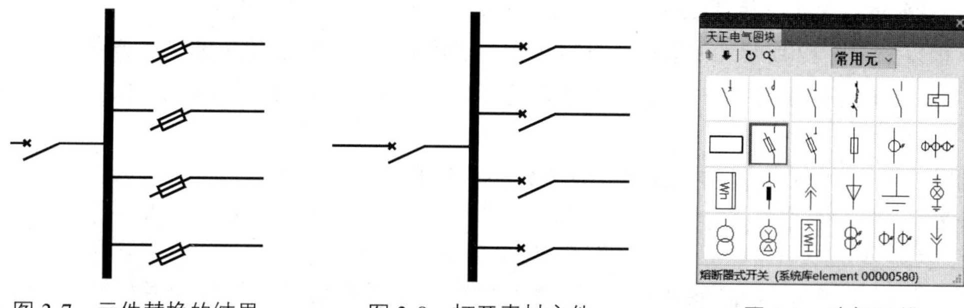

图 3-7　元件替换的结果　　图 3-8　打开素材文件　　图 3-9　选择元件

03 命令行提示如下：

```
命令：YJTH↙
请选取图中要被替换的设备：找到 4 个，总计 4 个        //选择元件，按Enter键即可完成替换，
结果如图 3-7 所示。
```

3.1.5 元件擦除

调用“元件擦除”命令，可擦除选中的元件。图 3-10 所示为元件擦除的结果。

“元件擦除”命令的执行方式如下：

➢ 命令行：输入“YJCC”按 Enter 键。

➢ 菜单栏：单击“系统元件”→“元件擦除”命令。

下面以如图 3-10 所示的元件擦除为例，讲解调用“元件擦除”命令的方法。

01 按 Ctrl+O 组合键，打开配套资源提供的“第 3 章 / 3.1.5 元件擦除 .dwg”素材文件，如图 3-11 所示。

02 输入“YJCC”按 Enter 键，命令行提示如下：

```
命令：YJCC↙
请选取要擦除的元件 <退出>：指定对角点：找到 4 个              //选择元件，按 Enter 键完成
操作，结果如图 3-10 所示。
```

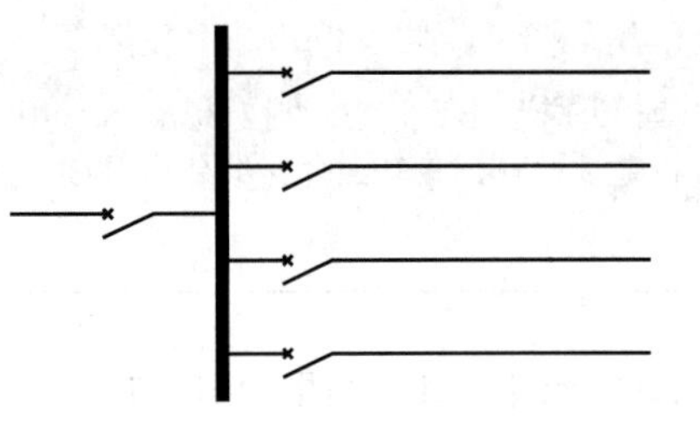

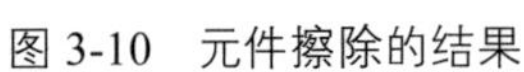

图 3-10 元件擦除的结果

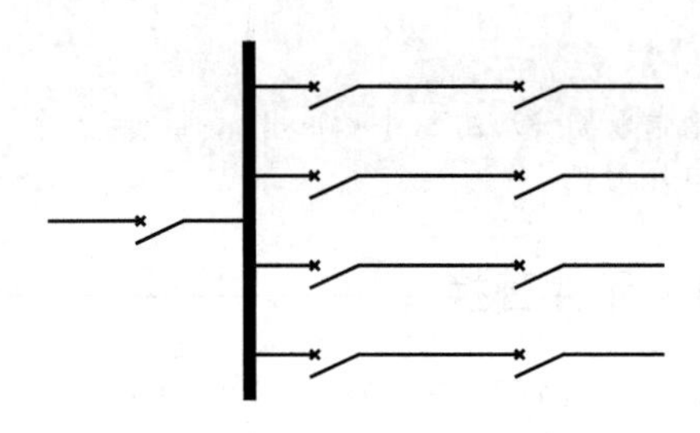

图 3-11 打开素材文件

3.1.6 元件宽度

调用“元件宽度”命令，可修改系统图中所有同名元件的宽度。图 3-12 所示为修改文件宽度的结果。

“元件宽度”命令的执行方式如下：

- 命令行：输入“YJKD”按 Enter 键。
- 菜单栏：单击“系统元件”→“元件宽度”命令。

下面以如图 3-12 所示的修改元件宽度为例，讲解调用“元件宽度”命令的方法。

01 按 Ctrl+O 组合键，打开配套资源提供的“第 3 章 / 3.1.6 元件宽度 .dwg”素材文件，如图 3-13 所示。

02 输入“YJKD”按 Enter 键，命令行提示如下：

```
命令：YJKD↙
请选择元件<退出>:                        //选择元件。
请输入元件的宽度(0~1)<退出>:0.8   //输入宽度值并按 Enter 键，结果如图 3-12 所示。
```

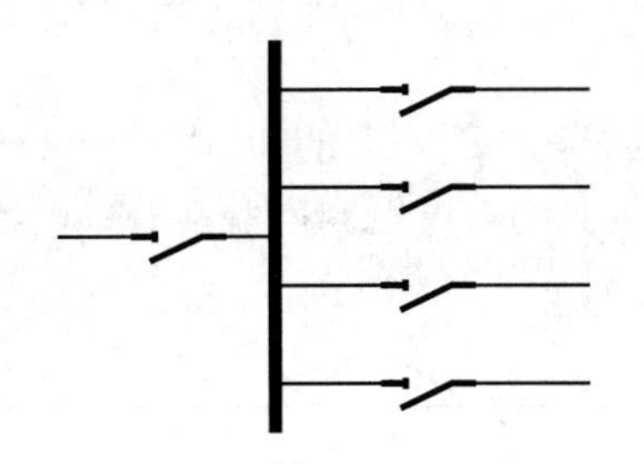

图 3-12 修改元件宽度

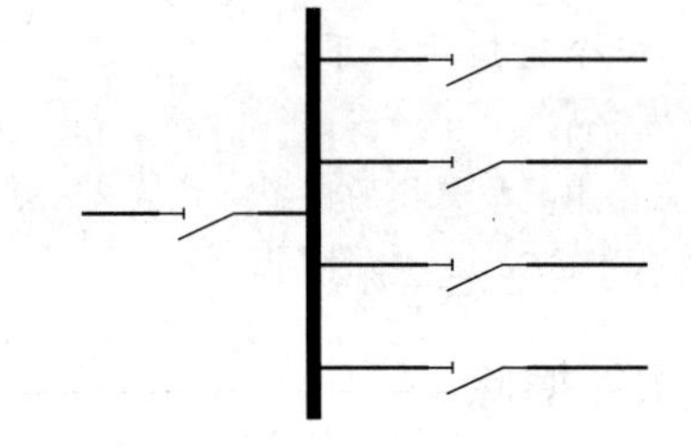

图 3-13 打开素材文件

3.1.7 沿线翻转

调用“沿线翻转”命令，可沿导线方向翻转元件。图 3-14 所示为沿线翻转元件的结果。

“沿线翻转”命令的执行方式如下：

- 命令行：输入“FZYJ”按 Enter 键。
- 菜单栏：单击“系统元件”→“沿线翻转”命令。

下面以如图 3-14 所示的沿线翻转元件为例，讲解调用“沿线翻转”命令的方法。

01 按 Ctrl+O 组合键，打开配套资源提供的“第 3 章 / 3.1.7 沿线翻转 .dwg”素材文件，如图 3-15 所示。

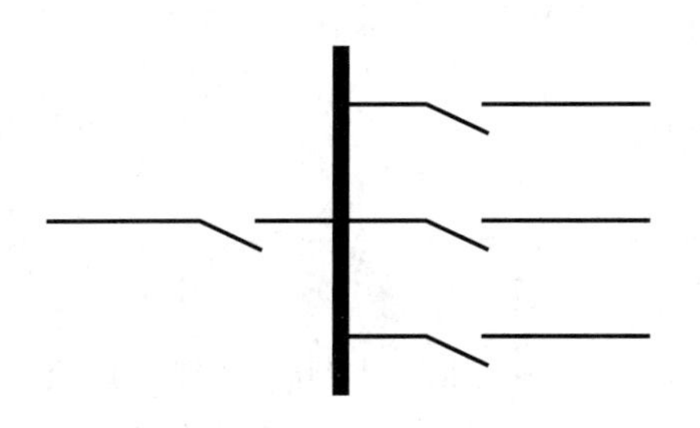

图 3-14　沿线翻转元件

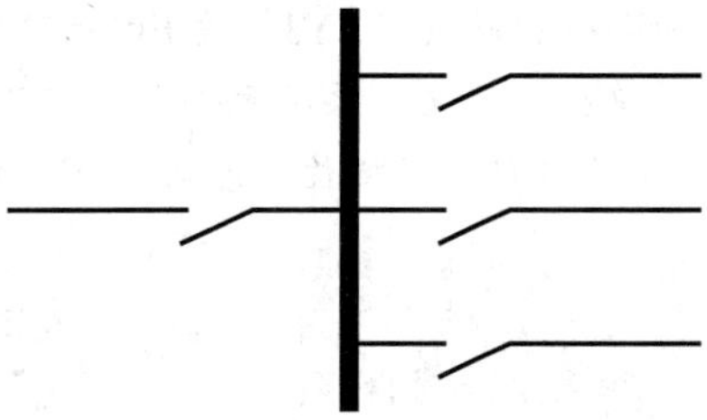

图 3-15　打开素材文件

02　输入“FZYJ”按 Enter 键，命令行提示如下：

```
命令：FZYJ ↙
请选取要翻转的元件 <退出>：                    //选取元件，沿线翻转的结果如图 3-14 所示。
```

3.1.8　侧向翻转

调用“侧向翻转”命令，可以导线为轴上下翻转元件。图 3-16 所示为侧向翻转元件的结果。

“侧向翻转”命令的执行方式如下：

- 命令行：输入“CXFZ”按 Enter 键。
- 菜单栏：单击“系统元件”→“侧向翻转”命令。

下面以如图 3-16 所示的侧向翻转元件为例，讲解调用“侧向翻转”命令的方法。

01　按 Ctrl+O 组合键，打开配套资源提供的“第 3 章 / 3.1.8 侧向翻转 .dwg”素材文件，如图 3-17 所示。

02　输入“CXFZ”按 Enter 键，命令行提示如下：

```
命令：CXFZ ↙
请选取要翻转的元件 <退出>：                    //选取元件，侧向翻转的结果如图 3-16 所示。
```

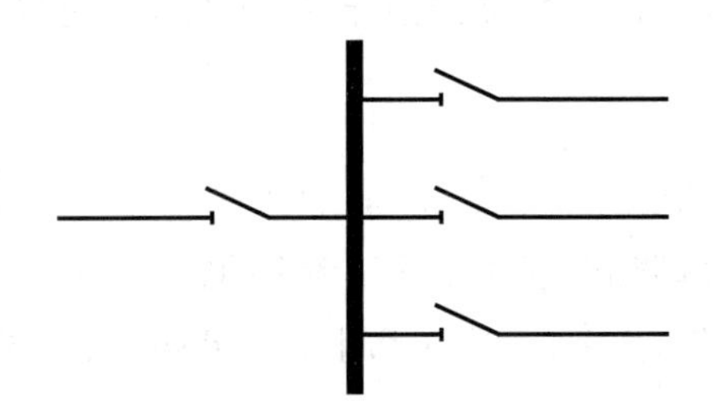

图 3-16　侧向翻转元件

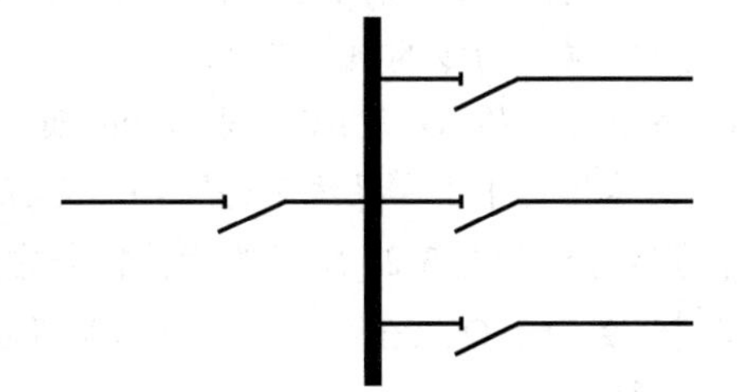

图 3-17　打开素材文件

3.1.9　造元件

虽然元件库中提供了一些绘图所需要的元件，但是仍然有些用户需要的元件可能不在其中，为此，系统提供了“造元件”命令，以方便用户根据需要制造新的元件，并收录到元件库中以备随时使用。

调用“造元件”命令，可根据需要创建元件，或者改造图形并将其作为元件存入元件库。

“造元件”命令的执行方式如下：

➤ 命令行：输入“ZYJ”按 Enter 键。

➤ 菜单栏：单击“系统元件”→“造元件”命令。

执行上述任意一项操作，命令行提示如下：

```
命令：ZYJ ↙
请选择要做成图块的图元 <退出>：找到 1 个
请点选插入点 <退出>：                    // 弹出“入库定位”对话框，如图 3-18 所示。
```

在“入库定位”对话框的树状结构中选取要入库的元件类型，并在“图块名称”文本框中输入新元件的名称，如图 3-18 所示。单击“新图块入库”按钮，即可将元件存入图库。

单击“旧图块重制”按钮，弹出“天正图库管理系统”对话框，如图 3-19 所示。在其中选择需要重制的元件，可以重新制作该元件。

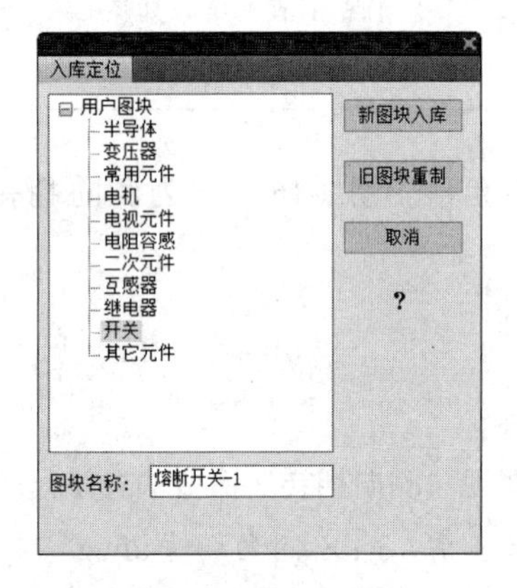

图 3-18 “入库定位”对话框

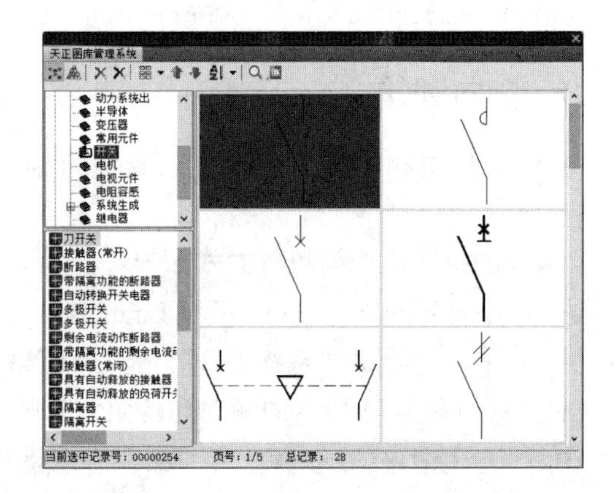

图 3-19 “天正图库管理系统”对话框

3.1.10 元件标号

调用“元件标号”命令，可在元件两侧标注标号。图 3-20 所示为标注元件标号的结果。

“元件标号”命令的执行方式如下：

➤ 命令行：输入“YJBH”按 Enter 键。

➤ 菜单栏：单击“系统元件”→“元件标号”命令。

下面以标注如图 3-20 所示的元件标号为例，讲解调用“元件标号”命令的方法。

01 按 Ctrl+O 组合键，打开配套资源提供的“第 3 章 / 3.1.10 元件标号 .dwg”素材文件，如图 3-21 所示。

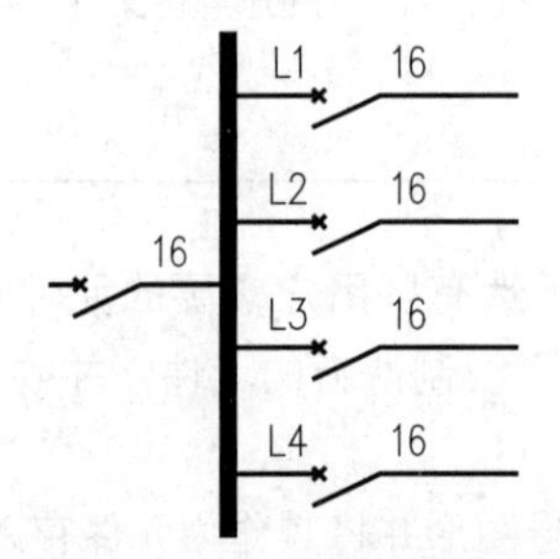

图 3-20 标注元件标号

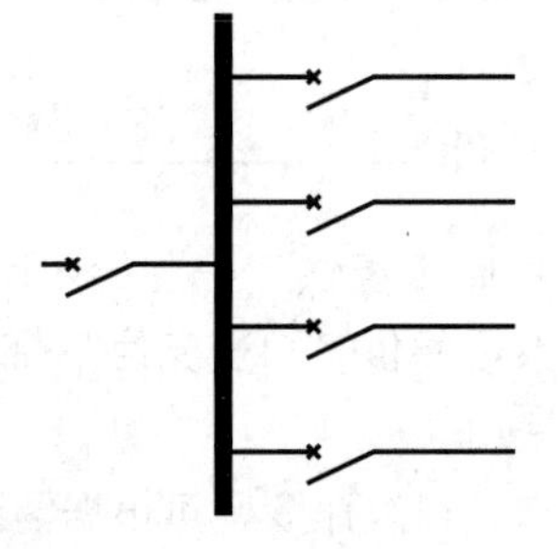

图 3-21 打开素材文件

02 输入“YJBH”按 Enter 键，命令行提示如下：

```
命令：YJBH ↙
请选择要标注的元件 <退出>：
请输入方框处要标注的字符 <不标注>：L1
请输入方框处要标注的字符 <不标注>：16                //元件标号的结果如图 3-20 所示。
```

3.1.11 元件标注

调用“元件标注”命令，可输入系统图元件的信息参数，同时将标注数据附加在被标注的元件上，方便对元件进行统计。可以同时标注多个元件的信息。

“元件标注”命令的执行方式如下：

➢ 命令行：输入“YJBZ”按 Enter 键。

➢ 菜单栏：单击“系统元件”→“元件标注”命令。

下面以如图 3-22 所示的元件标注为例，讲解调用“元件标注”命令的方法。

01 按 Ctrl+O 组合键，打开配套资源提供的“第 3 章 / 3.1.11 元件标注 .dwg”素材文件，如图 3-23 所示。

02 输入“YJBZ”按 Enter 键，命令行提示如下：

```
命令：YJBZ ↙
请选择元件范围 <退出>：找到 3 个，总计 3 个
请选择样板元件 <退出>：                //选择标注文字为“B25”的样板元件，弹出“元件选型标注”对话框，如图 3-24 所示。
```

03 在对话框中设置参数后，单击“确定”按钮，即可完成操作，结果如图 3-25 所示。

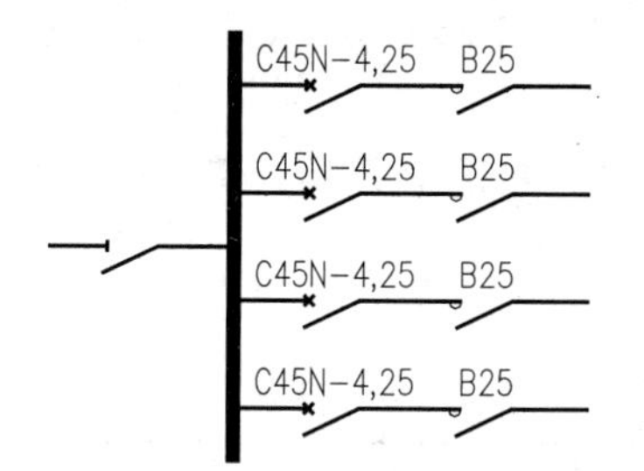

图 3-22 元件标注

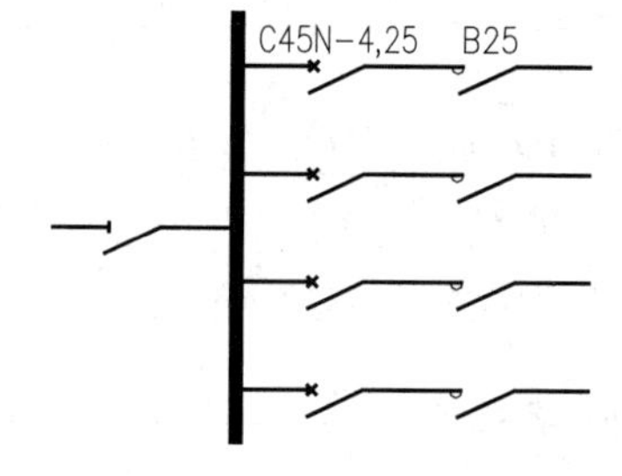

图 3-23 打开素材文件

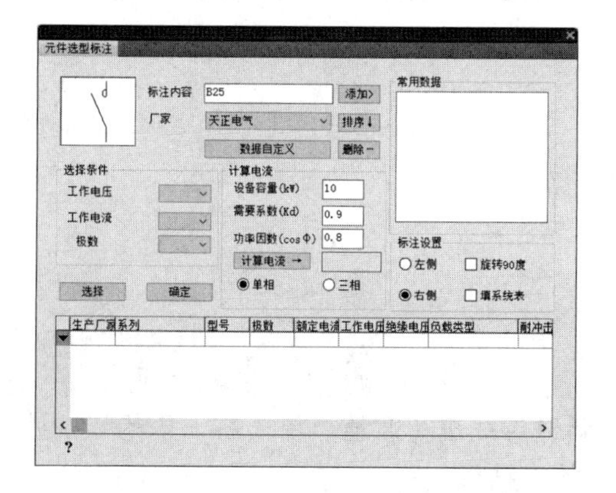

图 3-24 “元件选型标注”对话框

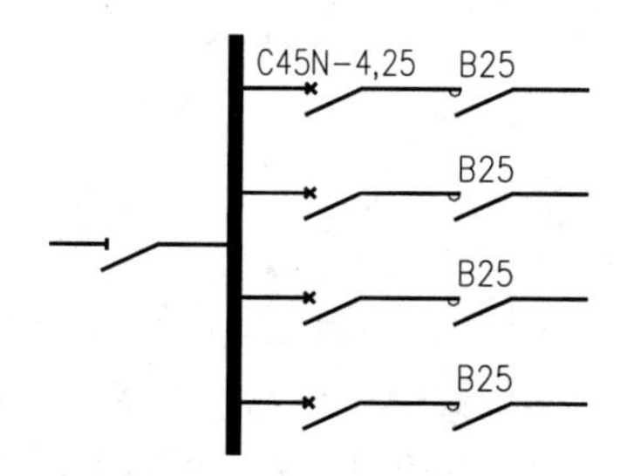

图 3-25 标注“B25”元件

04 按 Enter 键重复调用“YJBZ”命令，选择标注文字为“C45N-4,25”的元件，打开如图 3-26 所示的“元件选型标注”对话框。

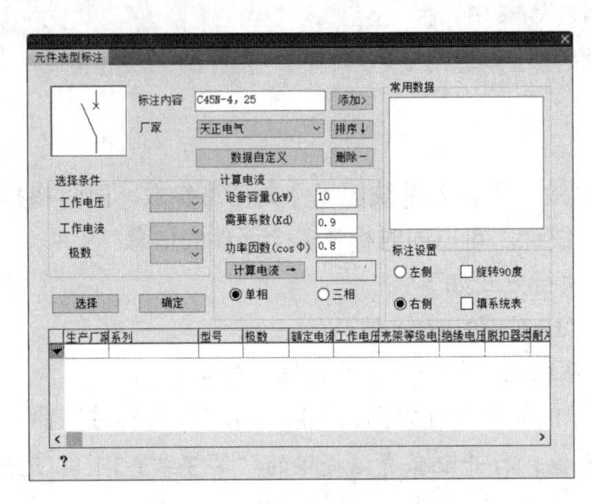

图 3-26 “元件选型标注”对话框

05 单击“确定”按钮，继续执行“元件标注”命令，结果如图 3-22 所示。

3.2 强电系统

强电系统包括照明系统、动力系统及配电箱系统。T20-Elec V10.0 提供了绘制这三类强电系统图的命令。

在绘制系统图的时候，母线、导线及普通导线的颜色、宽度以及所连接元件的线宽可以在“选项”对话框的“电气设定”选项卡中设置。

本节将介绍关于强电系统相关命令的调用方法。

3.2.1 回路检查

调用“回路检查”命令，可检查平面图中各个回路的设备线路，并且给回路赋值，统计本回路的总功率和设备数量。

“回路检查”命令的执行方式如下：

- 命令行：输入“HLJC”按 Enter 键。
- 菜单栏：单击“强电系统”→“回路检查”命令。

执行上述任意一项操作，命令行提示如下：

```
命令：HLJC ↙
请选择图纸范围<整张图>：指定对角点：找到 13 个          //选择图纸范围，按Enter键，
弹出“回路赋值检查”对话框，如图 3-27 所示。
```

单击“回路赋值”按钮，可返回绘图区，重新对导线进行赋值。单击右下角的“统计表”按钮，可指定点创建统计表，以方便用户随时查询检查结果。

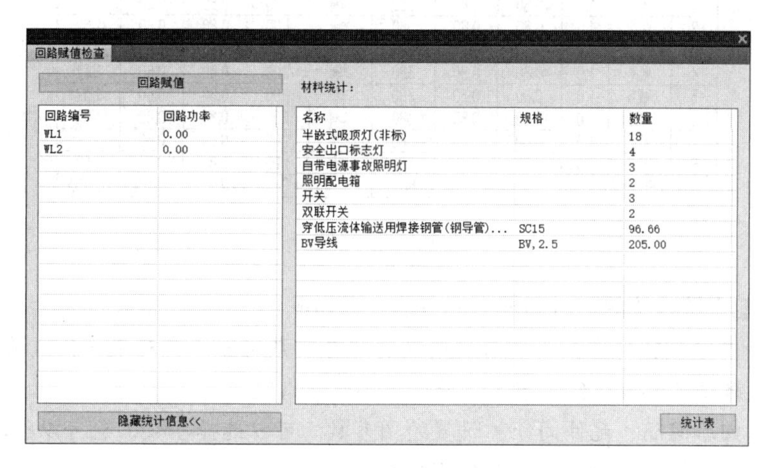

图 3-27 “回路赋值检查”对话框

3.2.2 系统生成

调用“系统生成”命令，可自定义参数生成系统图。图 3-28 所示为生成的系统图。

“系统生成”命令的执行方式如下：

➢ 命令行：输入“XTSC”按 Enter 键。

➢ 菜单栏：单击“强电系统”→“系统生成”命令。

执行上述任意一项操作，弹出“自动生成配电箱系统图”对话框，如图 3-29 所示。单击右下角的“绘制”按钮，根据命令行的提示指定插入点，即可绘制系统图，如图 3-28 所示。

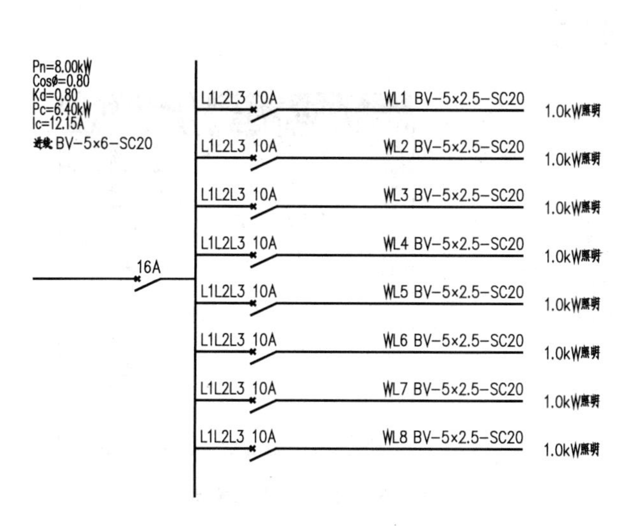

图 3-28 生成的系统图

图 3-29 “自动生成配电箱系统图”对话框

接着指定点插入计算表，如图 3-30 所示。

序号	回路编号	总功率	需用系数	功率因数	额定电压	设备相数	视在功率	有功功率	无功功率	计算电流
1	WL1	1.0	0.80	0.80	380	三相	1.00	0.80	0.60	1.52
2	WL2	1.0	0.80	0.80	380	三相	1.00	0.80	0.60	1.52
3	WL3	1.0	0.80	0.80	380	三相	1.00	0.80	0.60	1.52
4	WL4	1.0	0.80	0.80	380	三相	1.00	0.80	0.60	1.52
5	WL5	1.0	0.80	0.80	380	三相	1.00	0.80	0.60	1.52
6	WL6	1.0	0.80	0.80	380	三相	1.00	0.80	0.60	1.52
7	WL7	1.0	0.80	0.80	380	三相	1.00	0.80	0.60	1.52
8	WL8	1.0	0.80	0.80	380	三相	1.00	0.80	0.60	1.52
总负荷:Pn=8.00kW			总功率因数：Cosø=0.80			计算功率:Pc=6.40kW			计算电流:Ic=12.15A	

图 3-30　计算表

“自动生成配电箱系统图”对话框中的各项介绍如下：

预览窗口：在预览窗口中显示出将要绘制的配电箱系统图。在对某一条线路进行编辑的时候，窗口中的这根线显示为红色，表示正处于被编辑状态。

馈线长度、回路间隔、元件间距：设置绘图参数。可以选择参数，也可以手动输入参数。

从平面图读取：根据平面图读取系统图信息。

从系统图读取：拾取已有的系统图信息。

恢复上次数据：恢复上一次绘制系统图时的数据及设置。

导入、导出：可将本次设置的配电箱系统图方案存成文件，方便以后调用。

元件预览框：在“回路设置”选项组的五个元件预览框中显示出系统图进线和馈线所使用的元件。其中，前两个为进线元件，后三个为当前回路的馈线元件。如果没有元件，则选择线。单击元件预览框，在弹出的元件列表中选取需要的元件即可。

标注：既可以在文本框中直接输入元件型号，也可以单击文本框右侧的按钮，在弹出的如图 3-31 所示的“元件选型标注”对话框中设置元件的型号。

各回路的参数以表格的方式显示。

回路：单击单元格右侧的矩形按钮，打开“回路编号头”对话框，在其中可设置回路编号头，如图 3-32 所示。

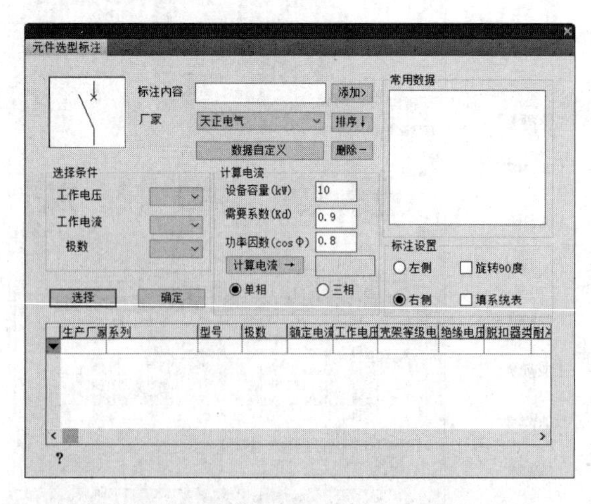

图 3-31　“元件选型标注”对话框

图 3-32　“回路编号头”对话框

相序：单击单元格右侧的下拉箭头，可在下拉列表中选择相序类型。有三相、单相、L1、L2、L3 几种类型供选择。

负载 kW：指当前回路的总负荷（kW）。如果系统图是由平面图读取，负载则为系统通过自动搜索得到的平面图该回路用电设备总功率。这时要求用户在绘制平面图后进行“设备定义”操作，即给所有设备赋予额定功率。

需用系数、功率因数：单击单元格右侧的矩形按钮，打开如图 3-33 所示的“选择参数”对话框，在其中选择或者输入参数均可。

用途：单击单元格右侧的下拉箭头，在下拉列表中将显示出若干用途，如图 3-34 所示。选择其中一种即可。

多行快速录入：可以同时设置多条支路的参数。可以按住 Ctrl 键或者 Shift 键，在表格中同时选中。

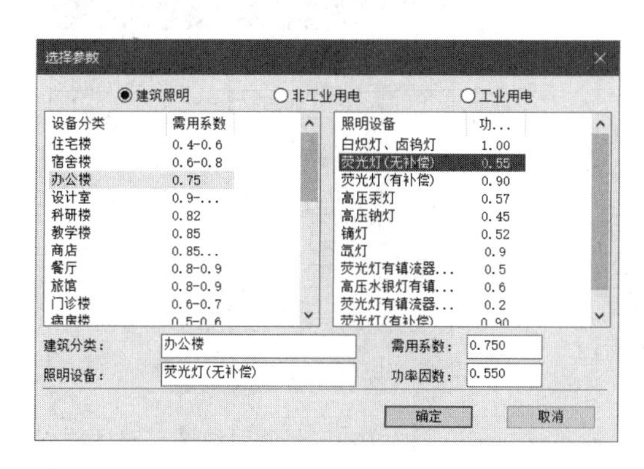

图 3-33 “选择参数”对话框

回路	相序	负载kW	需用系数	功率因数	用途	计算电流
WL1	三相	1.0	0.80	0.80	照明	1.52
WL2	三相	1.0	0.80	0.80		1.52
WL3	三相	1.0	0.80	0.80		1.52
WL4	三相	1.0	0.80	0.80		1.52
WL5	三相	1.0	0.80	0.80		1.52
WL6	三相	1.0	0.80	0.80		1.52
WL7	三相	1.0	0.80	0.80	照明	1.52
WL8	三相	1.0	0.80	0.80	照明	1.52

照明
插座
空调
动力
配电箱
备用

图 3-34 “用途”下拉列表

两根或者两根以上的支路，在“多行快速录入”选项组中设置相应的参数，单击“录入”按钮，即可一次设定多条支路的参数值。

回路数：可以手动输入参数，或者单击向上 / 向下按钮来增加或减少支路的数量。如果系统图是由平面图读取，则回路数为系统通过自动搜索得到的平面图中所有已定义的回路总数。

负载系数：当单击“从平面图读取”按钮读取系统图信息时，各回路负载容量与设定的负载系数相乘。这个系数可以由用户自定义设置。

平衡相序：系统默认选择“单相”。单击“平衡相序”按钮，系统会自动根据各回路负载来指定回路相序（最接近平衡）。此外，用户也可手动输入各回路的相序信息。系统可以自动标注导线相序（L1、L2、L3），还可根据三相平衡进行电流的计算。

3.2.3 照明系统

调用“照明系统”命令，可以绘制照明系统图。图 3-35 所示为绘制的照明系统图。

“照明系统”命令的执行方式如下：

- 命令行：输入“ZMXT”按 Enter 键。
- 菜单栏：单击“强电系统”→“照明系统”命令。

执行上述任意一项操作，弹出如图 3-36 所示的“照明系统图”对话框。在对话框中设置相应的参数，单击“确定”按钮，在图中选取插入点，即可绘制照明系统图。

“照明系统图”对话框中的选项介绍如下：

引入线长度、支线间隔、支线长度：设置系统图线路的尺寸与间隔。参考选项后的字母，

如“引入线长度S”中的“S”，对照右侧的预览窗口，可了解选项对应的系统图部分。

绘制方向：单击选项右侧的下拉箭头，可在下拉列表中选择系统图的方向。有“横向”和“竖向”两种方向可供选择。

进线/支线带电度表：选择该选项，可控制是否在进线或者是支线上添加电度表。

回路数：可以手动输入参数，或者单击选项右侧的向上/向下按钮来调整回路数。如果是从平面图中读取的数据，则回路数不可更改。

总额定功率：设置系统的额定功率，为计算电流提供数据。

功率因数、利用系数：设置参数，方便计算电流，并将计算结果附在系统图的一旁。

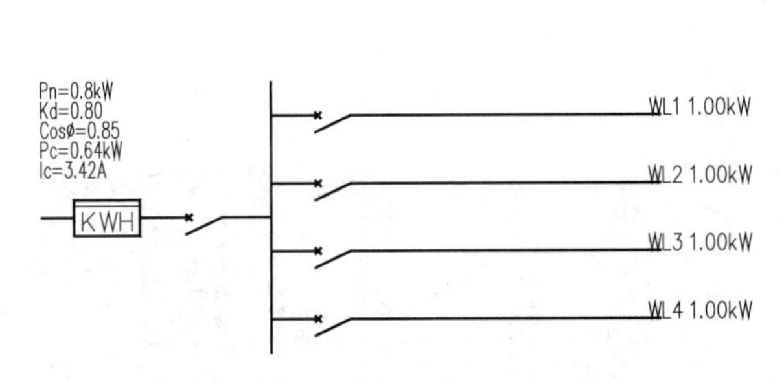

图3-35　绘制的照明系统图

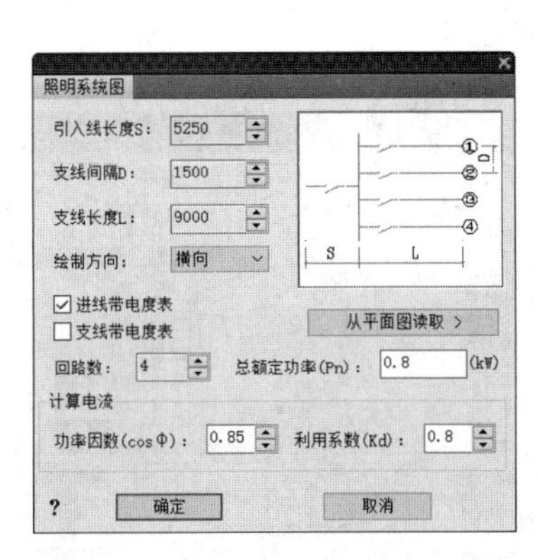

图3-36　“照明系统图”对话框

3.2.4　动力系统

调用“动力系统”命令，可绘制动力系统图。图3-37所示为绘制的动力系统图。

“动力系统”命令的执行方式如下：

➢ 命令行：输入“DLXT”按Enter键。

➢ 菜单栏：单击“强电系统”→“动力系统”命令。

执行上述任意一项操作，弹出如图3-38所示的“动力配电系统图”对话框。在其中设置参数后，在图中指定插入点，即可绘制动力系统图。

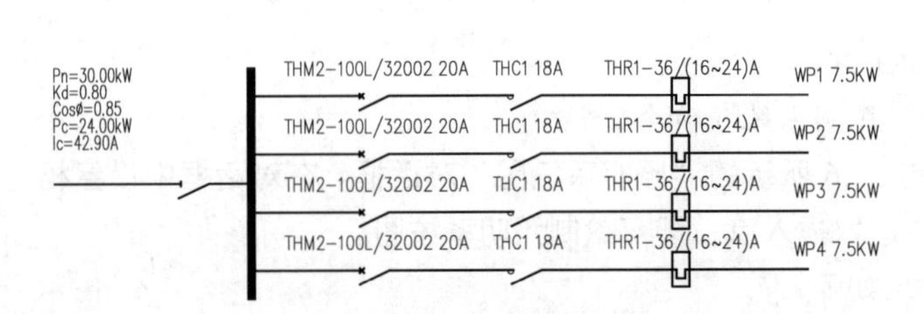

图3-37　绘制的动力系统图

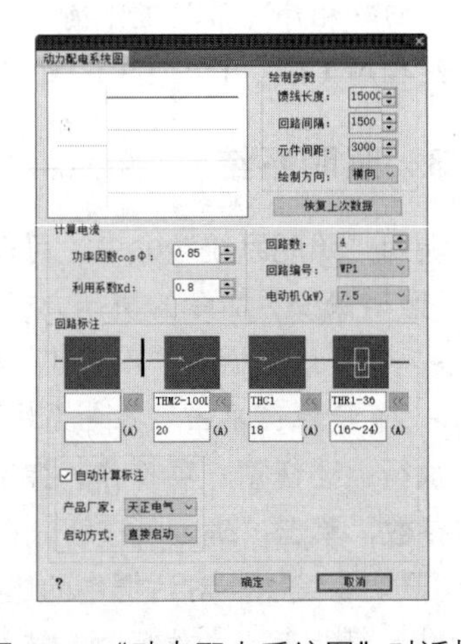

图3-38　“动力配电系统图”对话框

“动力配电系统图”对话框中的选项介绍如下：

（1）“绘制参数”选项组

馈线长度：设置馈线的水平长度。

回路间隔：设置两条回路之间的垂直间隔。

元件间距：设置线路上元件之间的间距。

绘制方向：设置系统图线路的走向，有“横向”和“竖向”两种方向可供选择。

恢复上次数据：单击该按钮，可以清除当前所设置的参数，恢复上一次的设置。

（2）“计算电流”选项组

功率因数 $\cos\phi$：设置功率参数值。

利用系数 K_d：设置系数值。

（3）回路数　设置系统图的回路数目。

（4）回路编号　回路编号由系统给出，可通过选择不同的回路编号来对该回路进行编辑。

（5）电动机（kW）　单击选项右侧的下拉箭头，用户可以在下拉列表中选择指定线路上的电动机。根据所选的电动机，系统在对话框下面的“回路标注”中自动根据“华北标 92DQ”标准给出该回路的标注。

（6）“回路标注”选项组　第一行为动力系统图的回路元件样式，不得更改。下面两行为当前的回路标注，根据电动机系统的不同，依据“华北标 92DQ”标准所给出的回路标注也不相同。

3.2.5　低压单线

调用“低压单线”命令，可自定义参数绘制低压单线系统图。图 3-39 所示为绘制的低压单线系统图。

“低压单线”命令的执行方式如下：

- 命令行：输入“DYDX”按 Enter 键。
- 菜单栏：单击“强电系统”→“低压单线”命令。

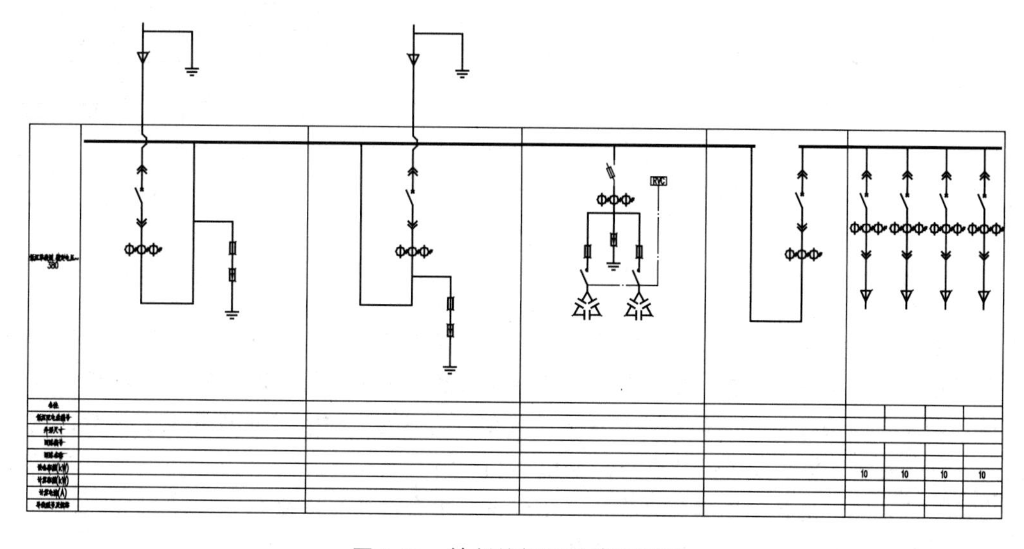

图 3-39　绘制的低压单线系统图

输入“DYDX”按Enter键，弹出“低压单线系统”对话框，如图3-40所示。在其中设置参数后，单击“确定”按钮，在图中选取插入点，即可绘制低压单线系统图。

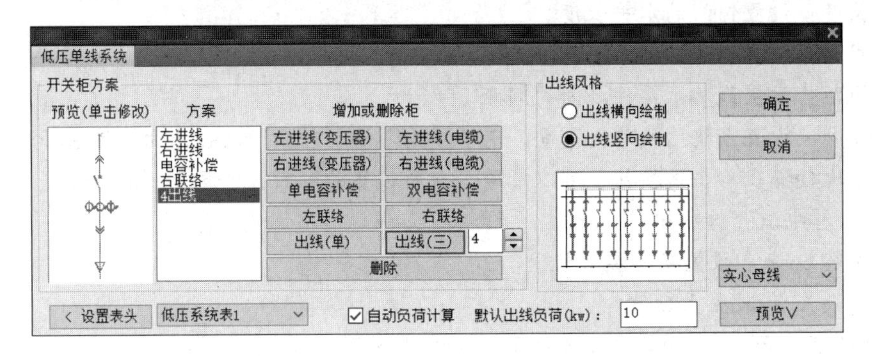

图3-40 “低压单线系统”对话框

“低压单线系统”对话框中的选项介绍如下：

预览（单击修改）：在预览框中显示系统回路的绘制结果。单击预览框，可以在弹出的“天正图库管理系统”对话框中选择需要的回路方案，如图3-41所示。

方案：显示用户选择的回路名称及开关柜中的出线数。单击右侧的“删除”按钮，可删除选中的回路。

增加或删除柜：单击列表中的按钮，可在低压单线系统图中添加回路。

出线风格：分为“出线横向绘制”和“出线竖向绘制”两种，如图3-42所示。

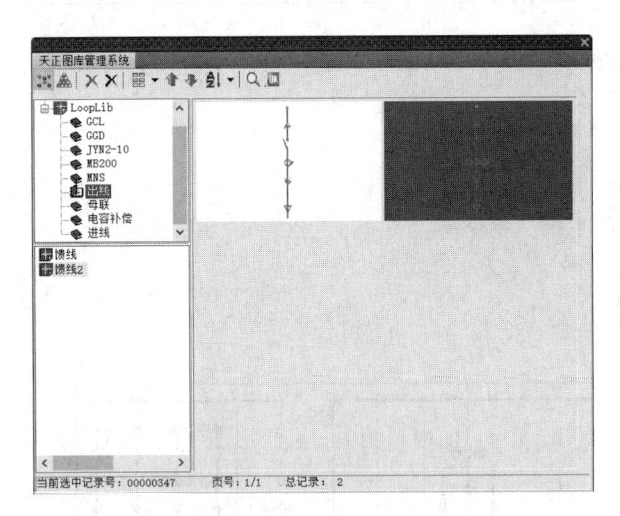

图3-41 “天正图库管理系统”对话框

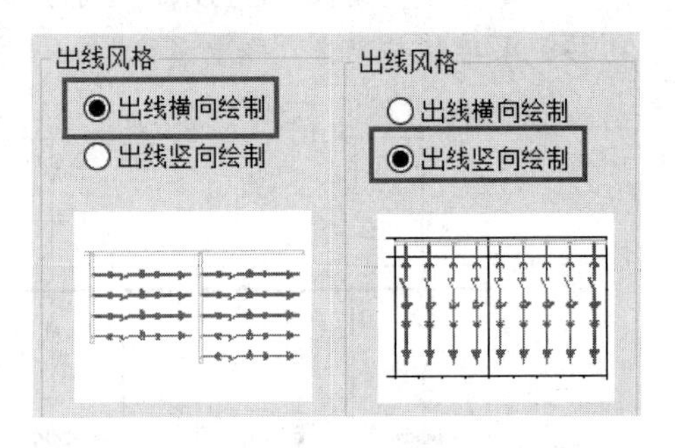

图3-42 出线风格

实心母线：在下拉列表中可以选择母线的样式，有“实心母线”和“空心母线”两种类型。

预览：单击该按钮，可在对话框下方预览低压单线系统的绘制结果，如图3-43所示。

设置表头：单击该按钮，弹出“系统表格设定”对话框，可在其中设置表头参数，或者在右侧的下拉列表中选择已设置好的表头，如图3-44所示。

自动负荷计算：选择该选项，可在低压单线系统中自动计算负荷。

默认出线负荷（kW）：设置出线负荷值。

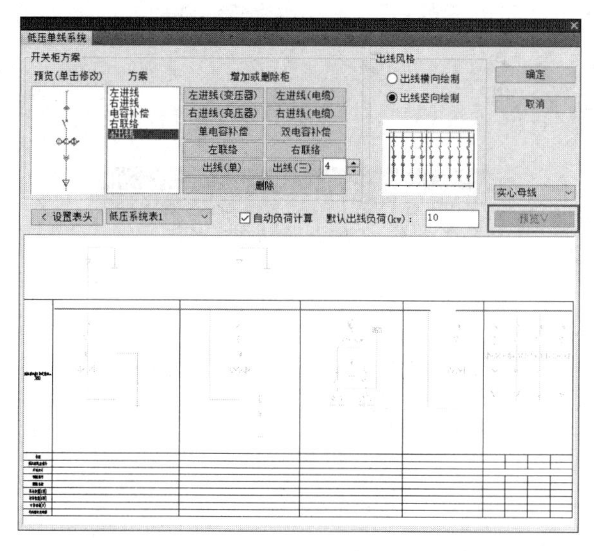

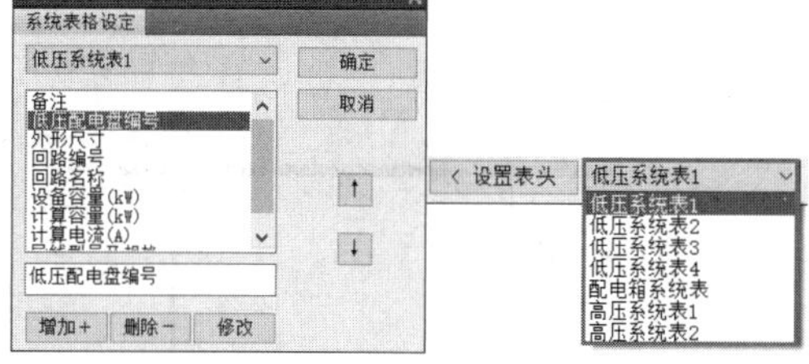

图 3-43　预览低压单线系统的绘制结果

图 3-44　设置表头

双击低压单线系统图的表格，弹出“编辑低压单线系统”对话框，如图 3-45 所示。在其中可以修改母线样式、文字样式和表格行高等参数。

单击“新插开关柜”按钮，弹出“低压单线开关柜”对话框，如图 3-46 所示。在其中设置参数后，单击“确定”按钮即可。

单击“开关柜编辑”按钮，返回低压单线系统图，可选择表列编辑，重定义开关柜的参数。

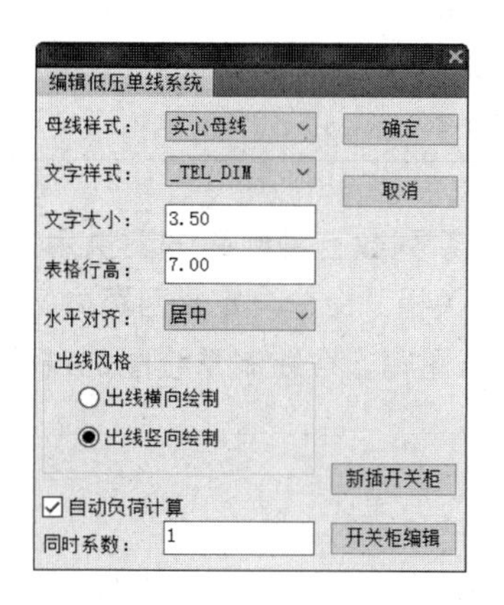

图 3-45　“编辑低压单线系统”对话框

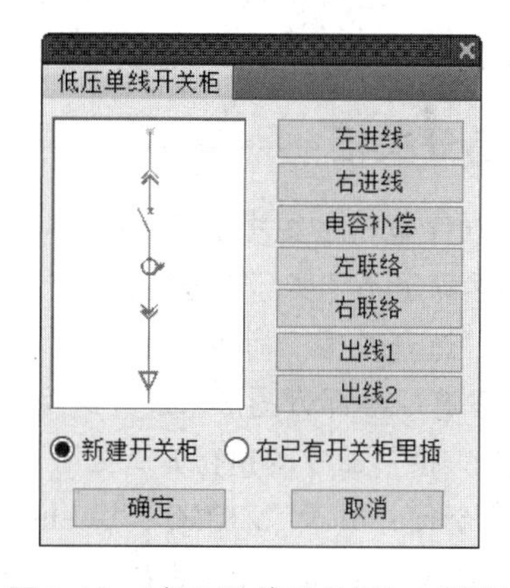

图 3-46　“低压单线开关柜”对话框

3.2.6　插开关柜

调用“插开关柜”命令，可将图库中的组件布置到系统图或者原理图中。图 3-47 所示为插开关柜的结果。

“插开关柜”命令的执行方式如下：

- 命令行：输入“CKGG”按 Enter 键。
- 菜单栏：单击“强电系统”→“插开关柜”命令。

执行上述任意一项操作，弹出“回路库”对话框，如图 3-48 所示。命令行提示如下：

```
命令：CKGG ↙
请指定插入点 < 退出 >：            // 选择开关柜，在母线上单击插入点，结果如图 3-47 所示。
```

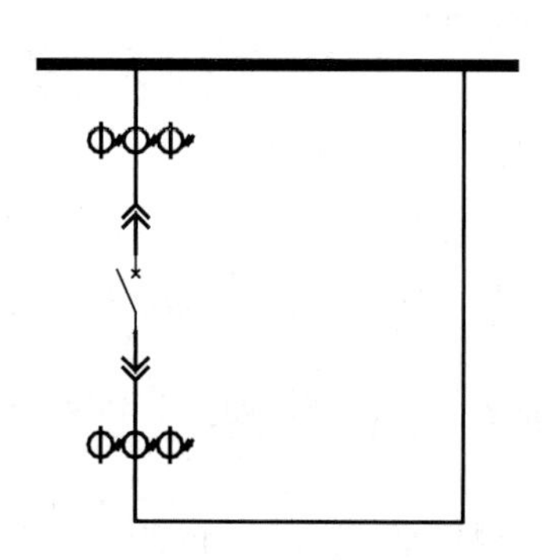

图 3-47　插开关柜的结果

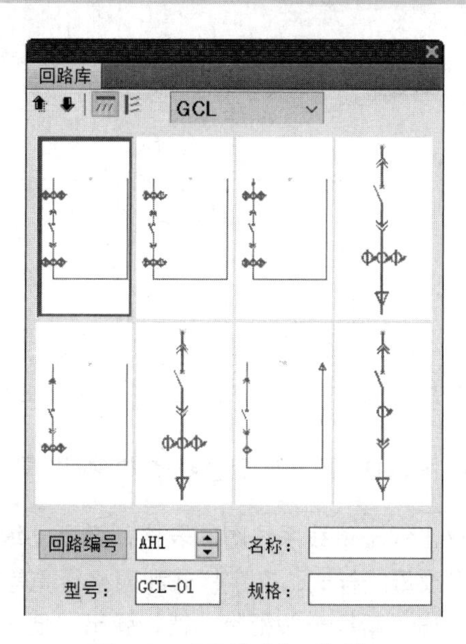

图 3-48　“回路库”对话框

在“回路库”对话框中提供了两种插入方式，分别是向下和向右。

向下：单击该按钮，插入到图中的开关柜组件向下排列。

向右：单击该按钮，插入到图中的开关柜组件向右排列。

3.2.7　造开关柜

天正软件电气系统提供了 GCL、GGD、MNS、JYN 系列数百种回路方案供用户选择，如果这些仍然满足不了实际工程的需要，用户可利用“造开关柜”命令自定义回路方案。

调用“造开关柜”命令，可自定义开关柜并将其存入图库。在绘制系统图的过程中，可以调用此命令选取一部分图形来造开关柜。

“造开关柜”命令的执行方式如下：

- 命令行：输入“ZKGG”按 Enter 键。
- 菜单栏：单击“强电系统”→“造开关柜”命令。

执行上述任意一项操作，命令行提示如下：

```
命令：ZKGG ↙
请选取造开关柜的导线、元件 < 退出 >：
请点选插入点 < 退出 >：                        // 如图 3-49 所示。
请点取连接母线的接线点位置 < 继续 >：          // 如图 3-50 所示。
```

此时右击，弹出“入库定位”对话框，如图 3-51 所示。在该对话框中选择新造开关柜的位置，在“图块名称”文本框中输入名称，开关柜即可被存入用户的图库。

单击“旧图块重制”按钮，打开“天正图库管理系统”对话框，可以选择图块进行改造。

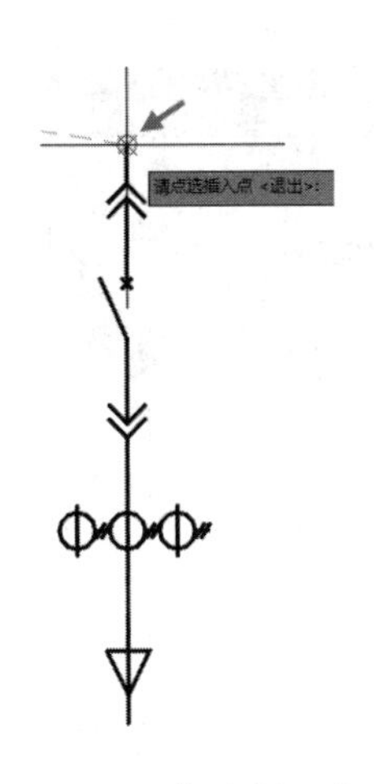

图 3-49　指定插入点

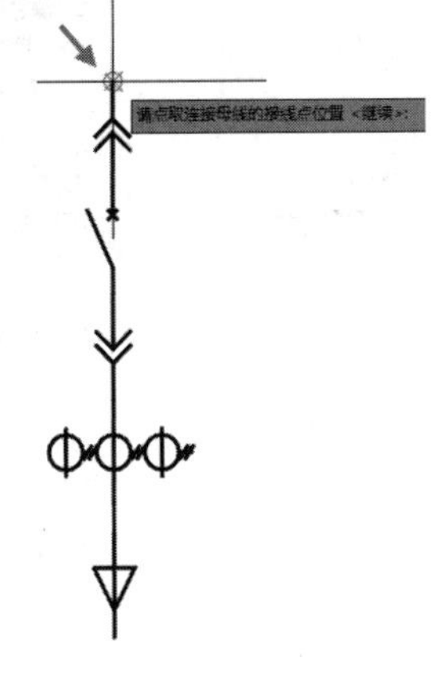

图 3-50　指定接线点

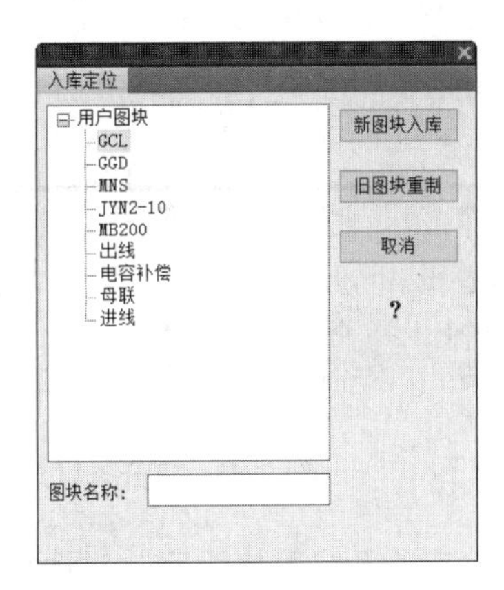

图 3-51　“入库定位”对话框

3.2.8　套用表格

调用“套用表格”命令，可在高低压系统图中绘制表格。图 3-52 所示为套用表格的结果。

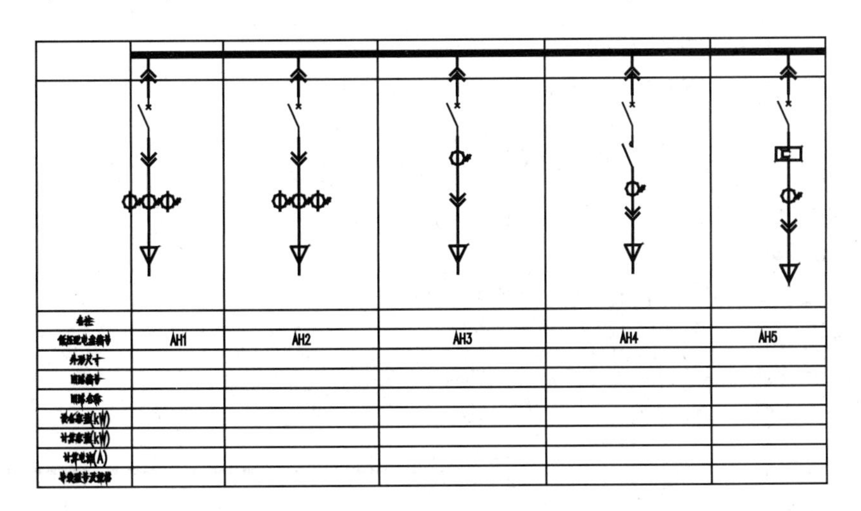

图 3-52　套用表格的结果

“套用表格”命令的执行方式如下：

- 命令行：输入“TYBG”按 Enter 键。
- 菜单栏：单击“强电系统”→“套用表格”命令。

下面以绘制如图 3-52 所示的表格为例，讲解调用“套用表格”命令的方法。

01　按 Ctrl+O 组合键，打开配套资源提供的“第 3 章 / 3.2.8 套用表格 .dwg”素材文件，如图 3-53 所示。

02　输入“TYBG”按下 Enter 键，弹出“系统表格设定”对话框，设置参数如图 3-54 所示。

03　命令行提示如下：

```
命令：TYBG ↙
请选择一根母线 < 退出 >：　　// 选择开关柜上方的母线，绘制套用表格，结果如图 3-52 所示。
```

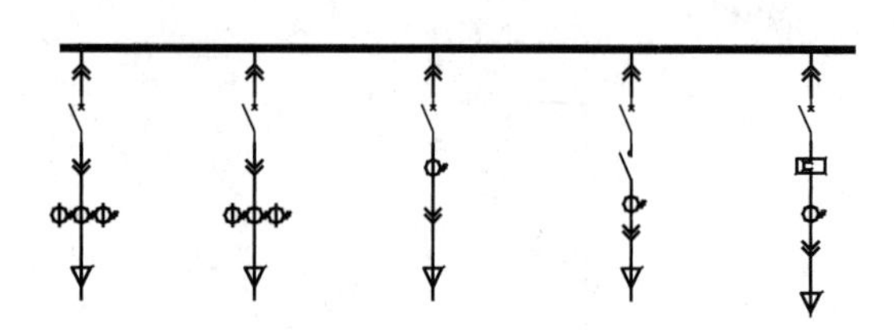

图 3-53　打开素材文件

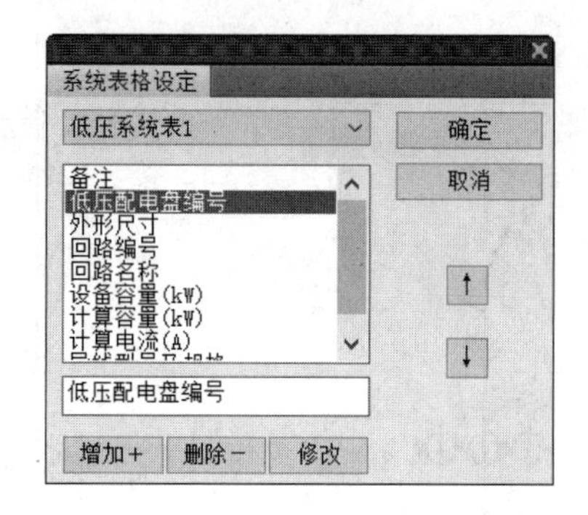

图 3-54　“系统表格设定”对话框

在“系统表格设定”对话框上方的表头下拉列表中选择表头类型，再单击下方的“增加”“删除”“修改”按钮，可修改列表中的表格参数。

3.2.9　系统统计

调用“系统统计”命令，可以分门别类地统计系统图中的元件数量。图 3-55 所示为系统统计结果。

“系统统计”命令的执行方式如下：

➢ 命令行：输入“XTTJ”按 Enter 键。

➢ 菜单栏：单击“强电系统”→“系统统计”命令。

下面以如图 3-55 所示的统计结果为例，讲解调用“系统统计”命令的方法。

01　按 Ctrl+O 组合键，打开配套资源提供的“第 3 章 / 3.2.9 系统统计 .dwg”素材文件，结果如图 3-56 所示。

02　输入“XTTJ”按 Enter 键，命令行提示如下：

```
命令：XTTJ ↙
请选择统计范围 < 全部 >：指定对角点：找到 15 个
点取表格左上角位置或 [ 参考点 (R) ]< 退出 >：        // 绘制表格的结果如图 3-55 所示。
```

序号	图例	名称	规格	单位	数量
1		断路器		个	3
2		电流互感器		个	1
3		电流互感器		个	3
4		插头和插座		个	3
5		电缆头		个	1
6		插头和插座		个	3
7		M34YLI		个	1

图 3-55　系统统计结果

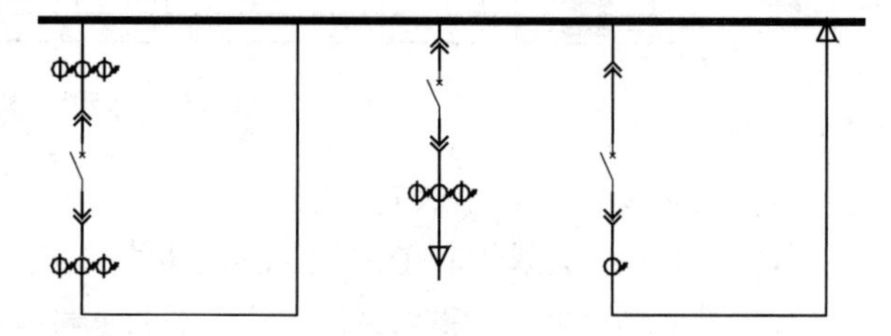

图 3-56　打开素材文件

3.2.10　系统导线

调用“系统导线”命令，可以绘制系统图或原理图中的导线，并在导线上按照固定的间距布置短分隔线。

“系统导线”命令的执行方式如下：

➢ 命令行：输入“XTDX”按 Enter 键。

➢ 菜单栏：单击“强电系统”→“系统导线”命令。

下面以绘制如图 3-57 所示的系统导线为例，介绍“系统导线”命令的调用方法。

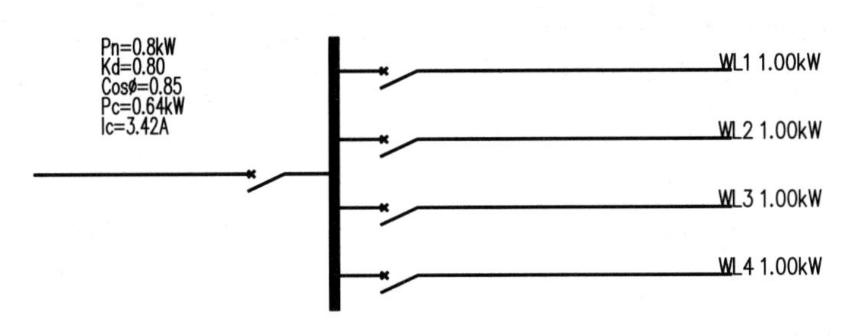

图 3-57　绘制系统导线

01　按 Ctrl+O 组合键，打开配套资源提供的“第 3 章 / 3.2.10 系统导线 .dwg”素材文件，如图 3-58 所示。

02　调用“XTDX”命令，弹出如图 3-59 所示的“系统图 - 导线设置”对话框。命令行提示如下：

```
命令：XTDX ↙
请点取导线的起点 { 回退 [U] }< 退出 >：
请点取导线的终点 { 回退 [U] }< 退出 >：        // 绘制系统导线的结果如图 3-57 所示。
```

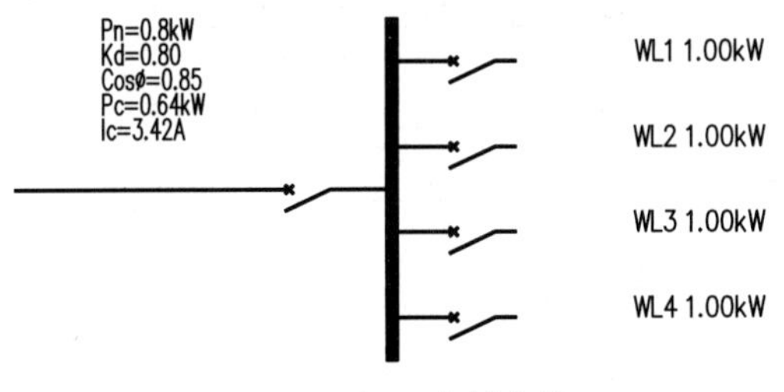

图 3-58　打开素材文件

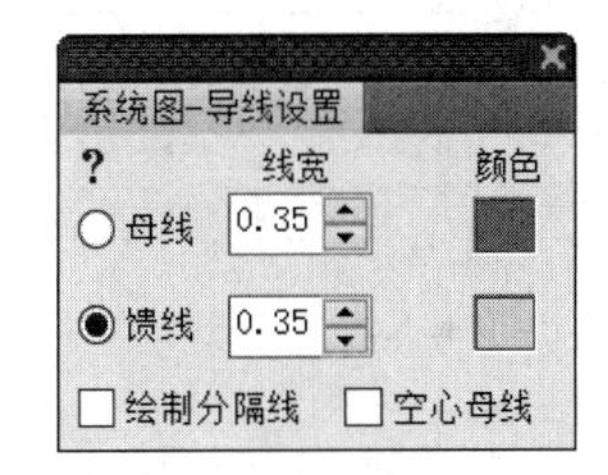

图 3-59　“系统图 - 导线设置”对话框

3.2.11　虚线框

调用“虚线框”命令，可在系统图或导线图中绘制虚线框。图 3-60 所示为绘制虚线框的结果。

“虚线框”命令的执行方式如下：

➢ 命令行：输入“HXXK”按 Enter 键。

➢ 菜单栏：单击“强电系统”→“虚线框”命令。

下面以绘制如图 3-60 所示的虚线框为例，讲解调用“虚线框”命令的方法。

01　按 Ctrl+O 组合键，打开配套资源提供的“第 3 章 / 3.2.11 虚线框 .dwg”素材文件，如图 3-61 所示。

02　输入“HXXK”按 Enter 键，命令行提示如下：

```
命令：HXXK ↙
请点取虚线框的一个角点 < 退出 >：
再点取其对角点 < 退出 >：              // 绘制虚线框的结果如图 3-60 所示。
```

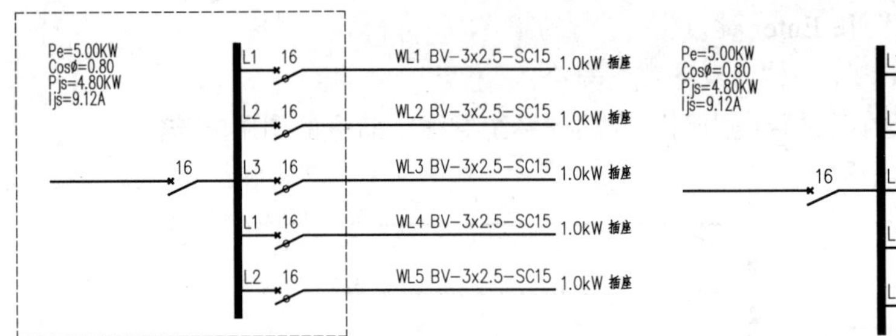

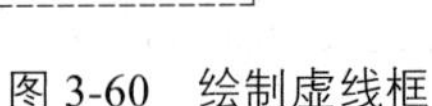

图 3-60　绘制虚线框

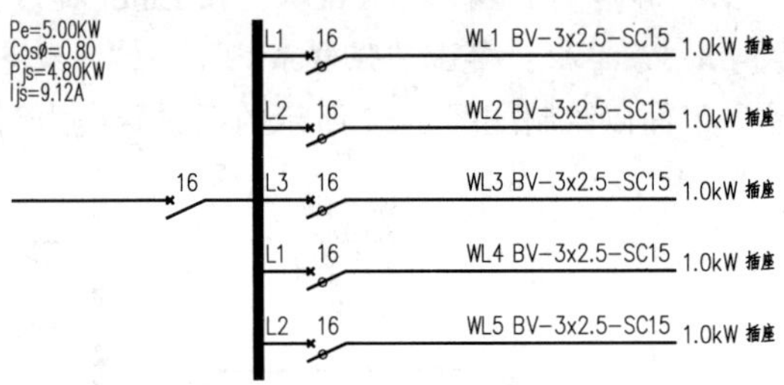

图 3-61　打开素材文件

3.2.12　负荷计算

调用“负荷计算”命令，可计算供电系统的线路负荷。

“负荷计算”命令的执行方式如下：

- 命令行：输入“FHJS”按 Enter 键。
- 菜单栏：单击“强电系统”→“负荷计算”命令。

下面以如图 3-62 所示的负荷计算结果为例，介绍“负荷计算”命令的调用方法。

序号	分属变压器	用电设备组名称或用途	负载(kW)	需要系数	功率因数	额定电压	设备相序	视在功率	有功功率	无功功率	计算电流	备注
1	T1	WL1	1.00	0.80	0.80	220	L1相	1.00	0.80	0.60	4.55	
2	T1	WL2	1.00	0.80	0.80	220	L2相	1.00	0.80	0.60	4.55	
3	T1	WL3	1.00	0.80	0.80	220	L3相	1.00	0.80	0.60	4.55	
4	T1	WL4	1.00	0.80	0.80	220	L1相	1.00	0.80	0.60	4.55	
T1负荷	T1	有功/无功同时系数 1.00,1.00 年均有功/无功负荷系数 0.75,0.80 变压器型号/容量 S9,200	6.00	补偿前功率因数 0.78		进线相序：三相		6.00	4.80	3.60	9.12	
T1无功补偿				补偿后功率因数 0.90		负荷率 80%		5.40	4.80	2.46	8.20	无功补偿 1.14

图 3-62　负荷计算结果

01　按 Ctrl+O 组合键，打开配套资源提供的“第 3 章 / 3.2.12 负荷计算 .dwg”素材文件，如图 3-63 所示。

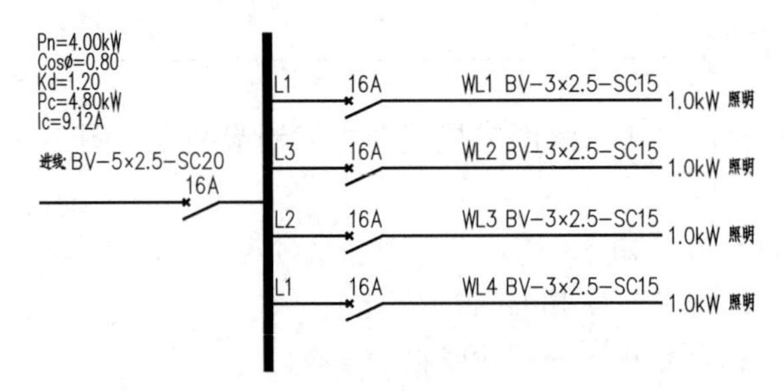

图 3-63　打开素材文件

02　输入“FHJS”按 Enter 键，打开“负荷计算”对话框，如图 3-64 所示。

03　单击右上角的“系统图导入”按钮，根据命令行的提示，拾取系统图中的母线，导入系统图信息，结果如图 3-65 所示。

04　单击右侧的“计算”按钮，系统弹出如图 3-66 所示的提示对话框，提示计算信息。

05　单击右侧的“变压器”按钮，展开对话框，可查看完整的计算结果，如图 3-67 所示。

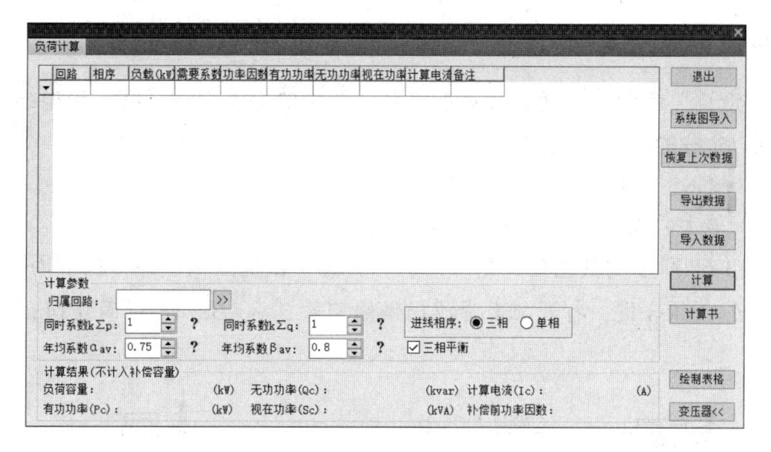

图 3-64 “负荷计算”对话框

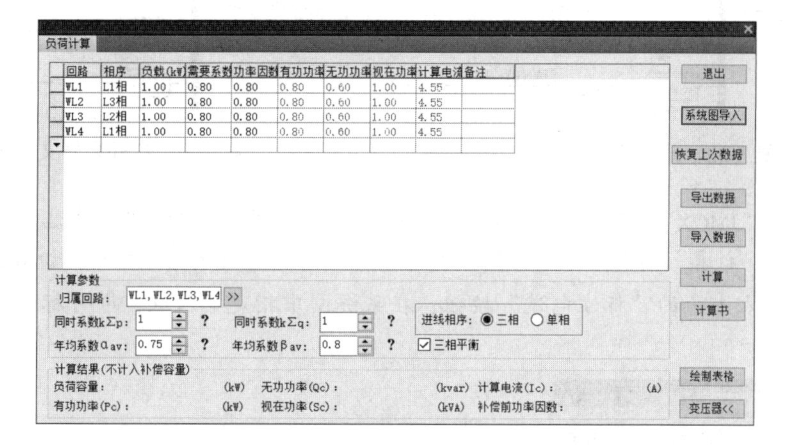

图 3-65 导入系统图信息

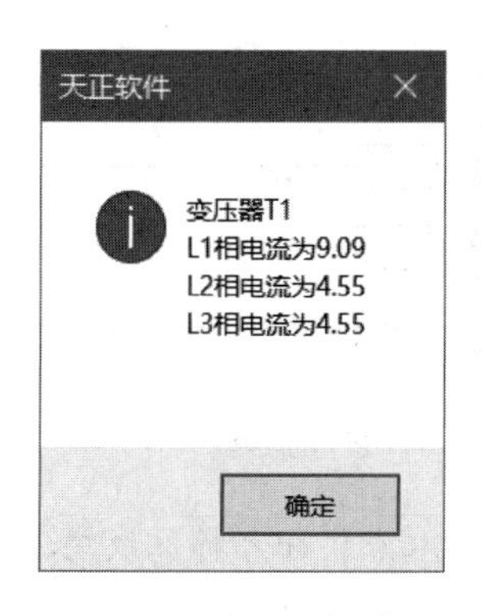

图 3-66 提示对话框

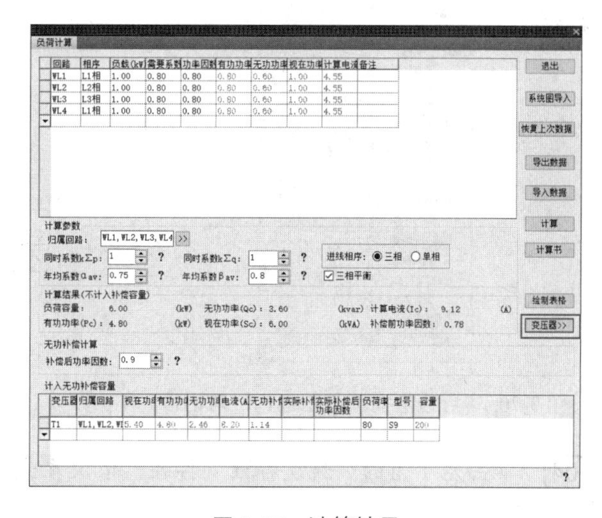

图 3-67 计算结果

06 单击“绘制表格”按钮，在图中选取插入点，可以将计算结果以表格的形式输出，如图 3-62 所示。

3.2.13 截面查询

调用“截面查询”命令，可通过计算配电系统图中的电流查询导线或者电缆的截面积。

“截面查询”命令的执行方式如下：

➢ 命令行：输入“JMCX”按 Enter 键。

➢ 菜单栏：单击“强电系统”→“截面查询”命令。

下面以如图 3-68 所示的截面查询结果为例，介绍“截面查询”命令的调用方法。

01 按 Ctrl+O 组合键，打开配套资源提供的“第 3 章 / 3.2.13 截面查询 .dwg”素材文件，如图 3-69 所示。

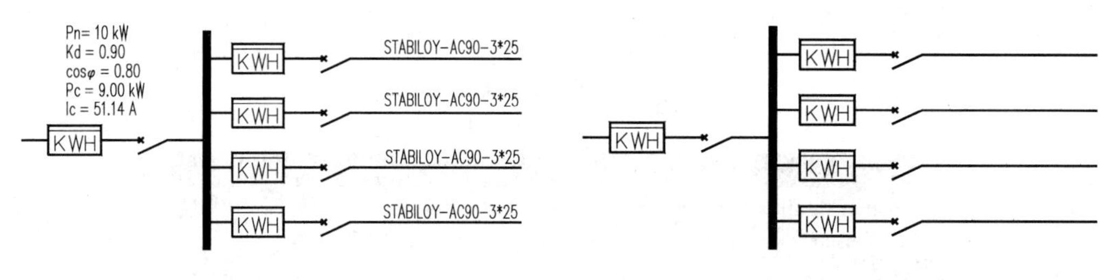

图 3-68 截面查询结果　　　　图 3-69 打开素材文件

02 输入“JMCX”按Enter键，弹出“导线电缆截面积查询”对话框。在其中设置线路参数，并单击右上角的“计算”按钮，计算结果显示在“计算电流”下方的文本框中，如图 3-70 所示。

03 单击右上角的“标注电流”按钮，在系统图中指定插入点，即可标注电流，结果如图 3-71 所示。

图 3-70 “导线电缆截面积查询”对话框

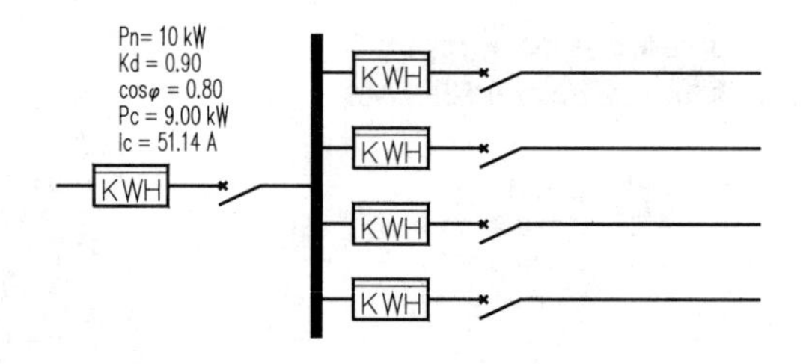

图 3-71 标注电流

04 单击左下角的“线缆标注”按钮，依次在线缆上单击插入点，即可标注线缆，结果如图 3-68 所示。

在“导线电缆截面积查询”对话框中单击“查询电缆截面”选项，打开如图 3-72 所示的“截面查询”对话框。在其中选择右上角的“线缆载流量修正”选项，可以修正载流量数据。在对话框右下角的“计算结果”选项组中显示了“线缆截面积”和“线缆截流量”的计算结果。

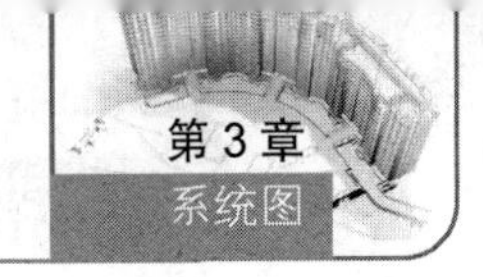

单击“导线电缆截面积查询”对话框中的“查询电缆截面”选项后的查询按钮?，打开如图 3-73 所示的“截面及载流量”对话框，其中显示了当前线缆的相关信息。

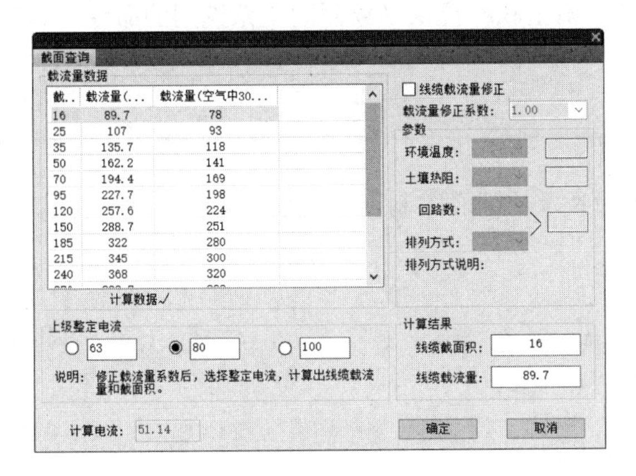

图 3-72 “截面查询”对话框

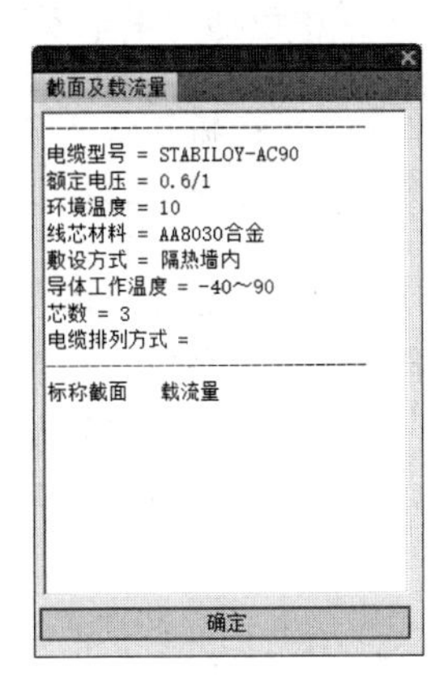

图 3-73 “截面及载流量”对话框

3.2.14 沿线标注

调用“沿线标注”命令，可同时选取多根导线，并沿着这些导线标注文字。图 3-74 所示为沿线标注的结果。

“沿线标注”命令的执行方式如下：

- 命令行：输入“YXBZ”按 Enter 键。
- 菜单栏：单击“强电系统”→“沿线标注”命令。

下面以如图 3-74 所示的导线标注为例，讲解调用“沿线标注”命令的方法。

01 按 Ctrl+O 组合键，打开配套资源提供的“第 3 章 / 3.2.14 沿线标注 .dwg”素材文件，如图 3-75 所示。

02 输入“YXBZ”按 Enter 键，命令行提示如下：

```
命令：YXBZ ↙
请输入起始点 <退出>：                        // 单击 A 点。
请输入终止点 <退出>：                        // 单击 B 点。
请输入方框处要标注的字符：WL1
请输入方框处要标注的字符：WL2
请输入方框处要标注的字符：WL3
请输入方框处要标注的字符：WL4
目标位置：                                   // 沿线标注的结果如图 3-74 所示。
```

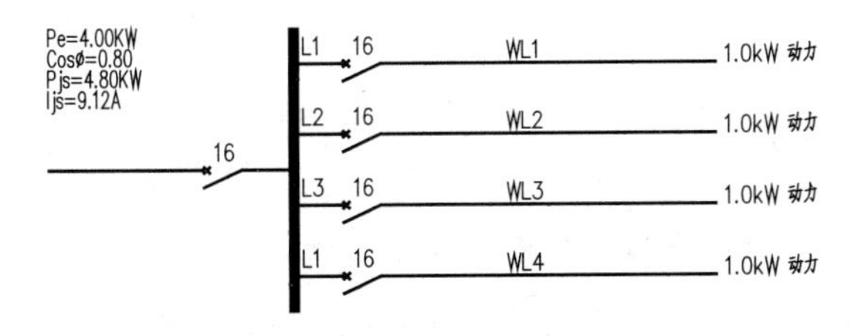

图 3-74 沿线标注的结果

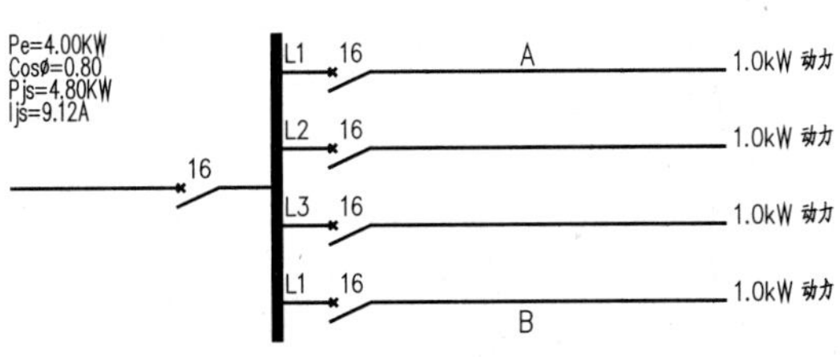

图 3-75 打开素材文件

3.3 绘制和编辑弱电系统

弱电系统包括有线电视系统和消防系统等。天正软件提供了绘制弱电系统图的命令。本节将介绍绘制和编辑弱电系统图的方法。

3.3.1 弱电连接

调用“弱电连接”命令，可通过选择弱电设备及桥架来绘制连接导线。

“弱电连接”命令的执行方式如下：

- 命令行：输入“RDLJ”按 Enter 键。
- 菜单栏：单击“弱电系统”→“弱电连接”命令。

执行上述任意一项操作，命令行提示如下：

```
命令：RDLJ ↙
选取要连接桥架的弱电设备和桥架 <退出>：指定对角点：找到 9 个
请选择连接方式 {分别连接（1）/ 直接连线（2）}<1>：1
```

分别选择设备与桥架，按 Enter 键选择默认的连接方式，即“分别连接”，结果如图 3-76 所示。

当命令行提示“请选择连接方式 { 分别连接（1）/ 直接连线（2）} <1>：”时，输入 2，即选择“直接连线”方式，结果如图 3-77 所示。

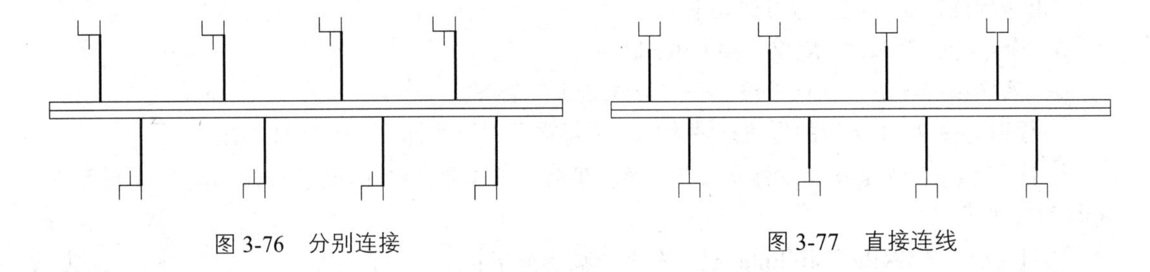

图 3-76 分别连接　　图 3-77 直接连线

3.3.2 标识楼层

工程中包含多个楼层时，需要进行标识楼层的操作。此时可以通过调用“标识楼层”命令来完成。

“标识楼层”命令的执行方式如下：

- 命令行：输入“BSLC”按 Enter 键。
- 菜单栏：单击“弱电系统”→“标识楼层”命令。

执行上述任意一项操作，命令行提示如下：

```
命令：BSLC ↙
请输入楼层号 <2>：1                         // 设置楼层号。
请选择起始点 <退出>：
请选择对角点 <退出>：                       // 指定对角点选择楼层平面图。
请指定楼层基点 <左下点>：                   // 单击平面图的右下角点。
是否隐藏标识区域 [是(Y) / 否(N)]<N>：       // 按 Enter 键，即可标识楼层，结果如图 3-78 所示。
```

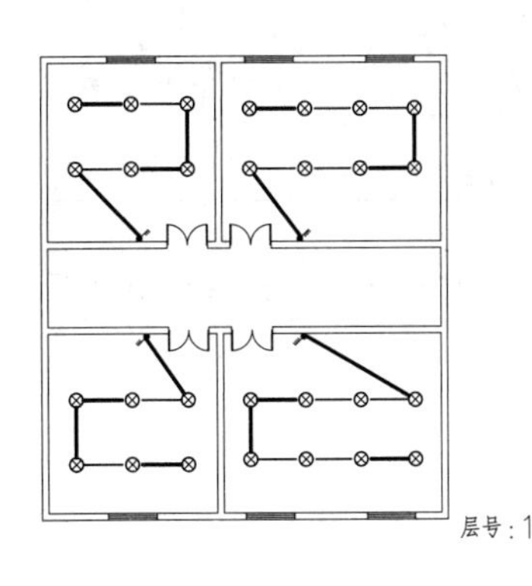

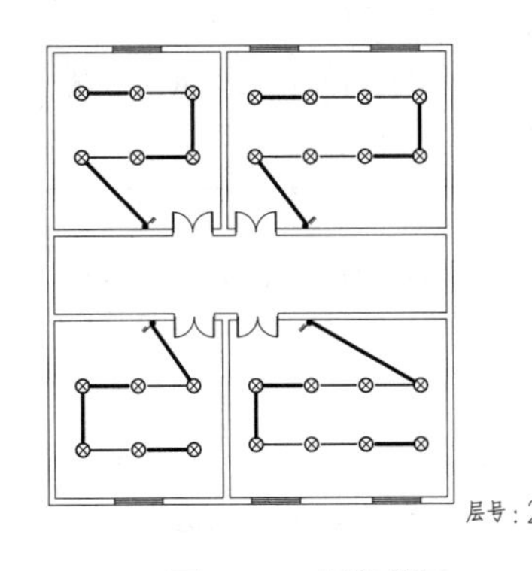

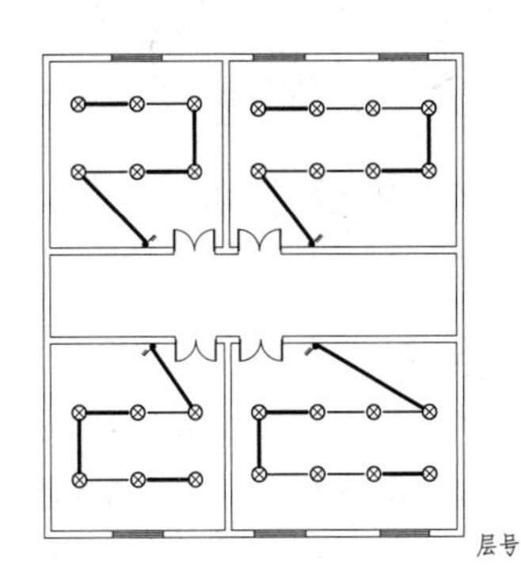

图 3-78　标识楼层

提示

在标识文字上双击，可以在弹出的"修改楼层设置"对话框中修改层号和层高，如图 3-79 所示。

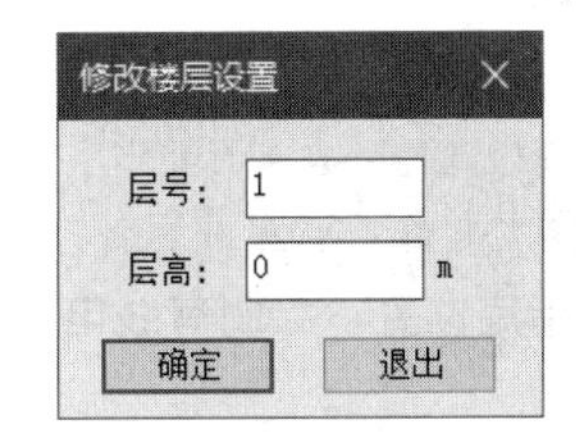

图 3-79　"修改楼层设置"对话框

3.3.3　弱电系统

调用"弱电系统"命令，可在弱电系统平面图的基础上统计弱电系统图和各楼层平面图中弱电设备的个数。

"弱电系统"命令的执行方式如下：

- 命令行：输入"RDXT"按 Enter 键。
- 菜单栏：单击"弱电系统"→"弱电系统"命令。

执行上述任意一项操作，打开"弱电系统"对话框，如图 3-80 所示。在该对话框中可以设置系统类别（安防、消防等）、系统图名称、绘制类型（直线、一连多）和干线间距等。

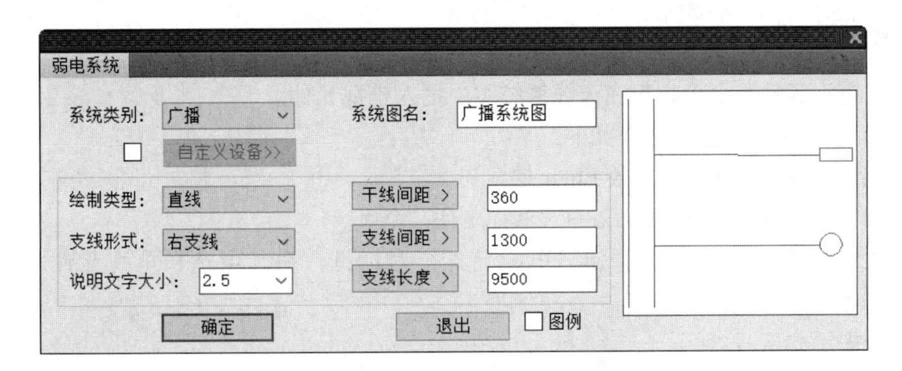

图 3-80　"弱电系统"对话框

单击"确定"按钮，命令行提示如下：

```
命令：RDXT ↙
请选择统计范围<整张图>：指定对角点：找到 20 个          //选择弱电系统平面图。
请选择要插入的位置<退出>：        //选取位置，在弱电系统平面图的基础上创建弱电系统图。
```

3.3.4 有线电视

调用“有线电视”命令，可设置参数绘制有线电视系统图。图 3-81 所示为绘制有线电视系统图的结果。

“有线电视”命令的执行方式如下：

➢ 命令行：输入“YXDS”按 Enter 键。

➢ 菜单栏：单击“弱电系统”→“有线电视”命令。

执行上述任意一项操作，弹出“电视天线设定”对话框，设置参数如图 3-82 所示。命令行提示如下：

```
命令：YXDS ↙
请输入插入点<退出>：
目标位置：
```

指定位置，绘制有线电视系统图，结果如图 3-81 所示。

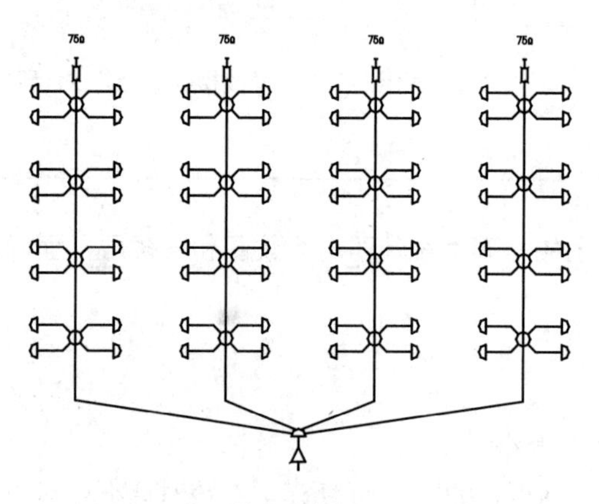

图 3-81 绘制有线电视系统图

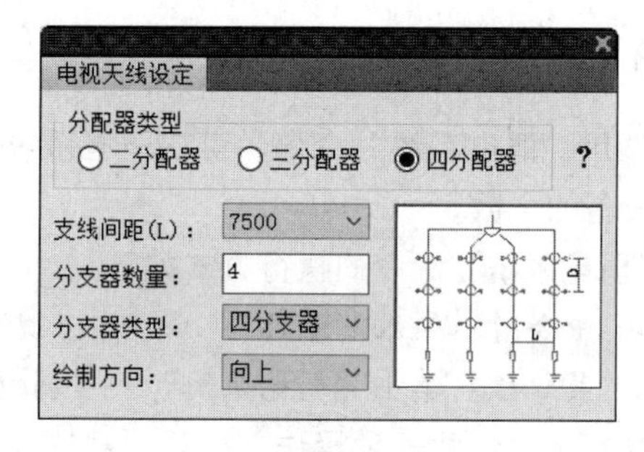

图 3-82 “电视天线设定”对话框

3.3.5 电视元件

调用“电视元件”命令，可在天线系统图中插入电视元件。

“电视元件”命令的执行方式如下：

➢ 命令行：输入“DSYJ”按 Enter 键。

➢ 菜单栏：单击“弱电系统”→“电视元件”命令。

执行上述任意一项操作，弹出“电视元件”对话框，在其中选择电视元件，如图 3-83 所示。

命令行提示如下：

```
命令：DSYJ ↙
请指定设备的插入点 {转 90[A]/放大 [E]/缩小 [D] 左右翻转 [F]}<退出>：  //布置电视元件如图 3-84 所示。
```

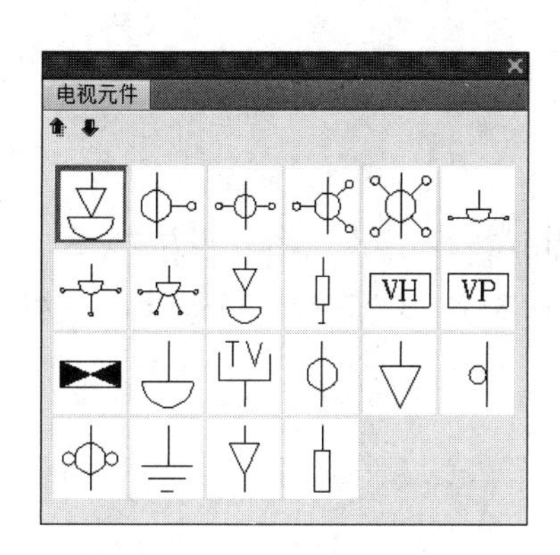

图 3-83 “电视元件”对话框

图 3-84 布置电视元件

3.3.6 分配引出

调用“分配引出”命令，可从分配器上引出数根接线。图 3-85 所示为从分配器引出接线的结果。

“分配引出”命令的执行方式如下：

➢ 命令行：输入“FPYC”按 Enter 键。

➢ 菜单栏：单击“弱电系统”→“分配引出”命令。

下面以如图 3-85 所示的从分配器引出接线为例，讲解调用“分配引出”命令的方法。

01 按 Ctrl+O 组合键，打开配套资源提供的“第 3 章 / 3.3.6 分配引出 .dwg”素材文件，如图 3-86 所示。

02 输入“FPYC”按 Enter 键，命令行提示如下：

```
命令：FPYC↙
请选取分配器<退出>：
请给出引出线的数量<3>：            //按Enter键，向下移动鼠标指针，确定引出线的长度后单击，即可从分配器引出接线，结果如图3-85所示。
```

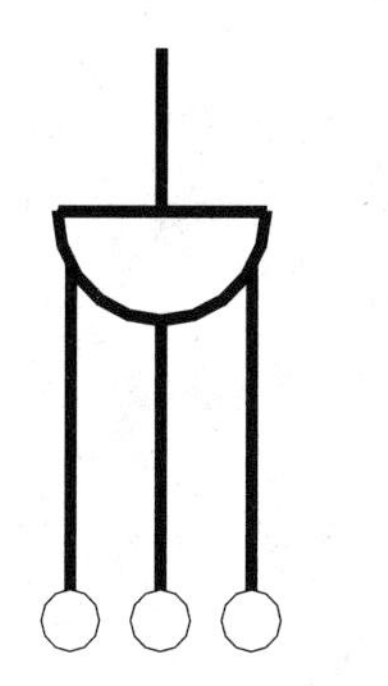

图 3-85 从分配器引出接线

图 3-86 打开素材文件

3.3.7 绘连接点

调用“绘连接点”命令，可在原理图中绘制表示交叉导线的连接圆点。图 3-87 所示为绘制连接点的结果。

"绘连接点"命令的执行方式如下：

➢ 命令行：输入"HLJD"按 Enter 键。

➢ 菜单栏：单击"弱电系统"→"绘连接点"命令。

下面以绘制如图 3-87 所示的连接点为例，讲解调用"绘连接点"命令的方法。

01 按 Ctrl+O 组合键，打开配套资源提供的"第 3 章 / 3.3.7 绘连接点 .dwg"素材文件，如图 3-88 所示。

02 输入"HLJD"按 Enter 键，命令行提示如下：

```
命令：HLJD↙
请点取插入点 <退出>：
请点取插入点 <退出>：
请点取插入点 <退出>：
请点取插入点 <退出>：              //分别指定插入点，绘制连接点的结果如图 3-87 所示。
```

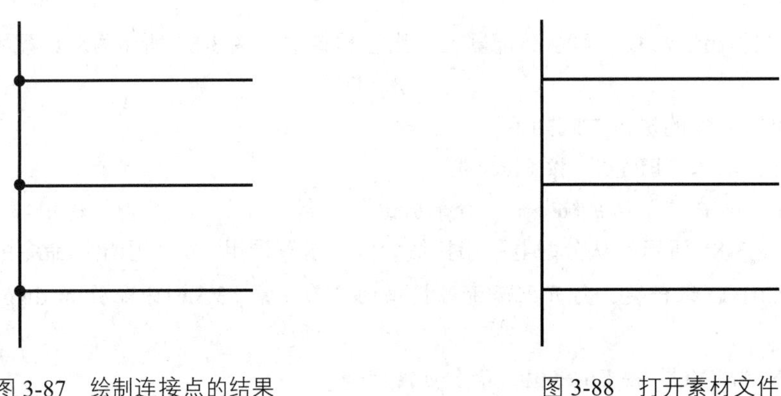

图 3-87 绘制连接点的结果　　　　图 3-88 打开素材文件

3.3.8 虚实变换

调用"虚实变换"命令，可使线型在虚线和实线之间进行变换。

"虚实变换"命令的执行方式如下：

➢ 命令行：输入"XSBH"按 Enter 键。

➢ 菜单栏：单击"弱电系统"→"虚实变换"命令。

执行上述任意一项操作，命令行提示如下：

```
命令：XSBH2↙
请选择要变换的图元 <退出>：
请输入线型 {1：虚线 2：点划线 3：双点划线 4：三点划线 }<虚线>：    //输入数字选择线型，按 Enter 键，即可转换成虚线。
```

3.3.9 线型比例

调用"线型比例"命令，可改变虚线层中线条的线型比例。

"线型比例"命令的执行方式如下：

➢ 命令行：输入"XXBL"按 Enter 键。

➢ 菜单栏：单击"弱电系统"→"线型比例"命令。

执行上述任意一项操作，命令行提示如下：

```
命令：XXBL↙
请选择需要设置比例的线<整图修改>：找到 1 个
请输入线型比例 <1>5            //数字越大，虚线中每条短线的长度和间隔就越大。反之亦然。
```

线型比例为 1 时，虚线框的显示效果如图 3-89 所示。将线型比例设置为 5，可使虚线的样式发生变化，结果如图 3-90 所示。

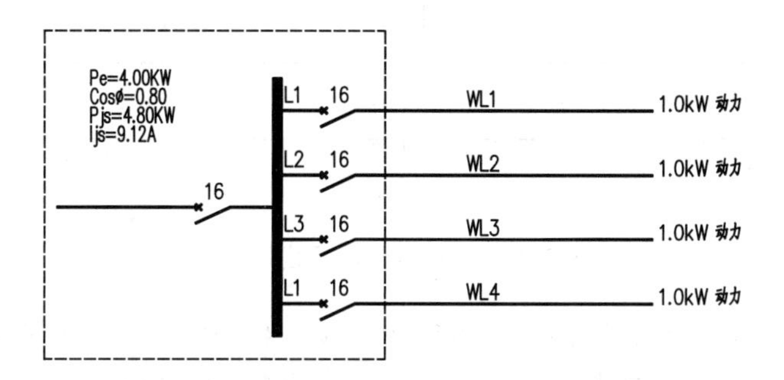

图 3-89　线型比例为 1 的显示效果

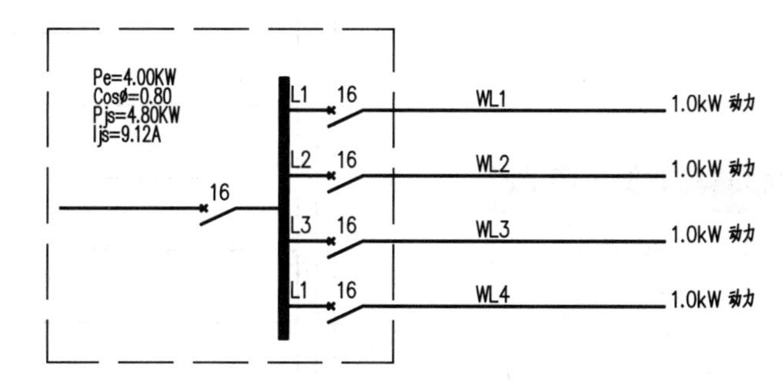

图 3-90　线型比例为 5 的显示效果

3.4 消防系统

消防报警系统（又称火灾报警系统、消防自动报警系统等）是为了及早发现火情并通报火灾，能够及时采取有效措施来控制和扑灭火情所设置在建筑物或其他场所的一种自动消防设施，是人们防范火灾的有力工具。

天正软件提供了绘制消防系统的相关命令，本节将介绍调用这些命令的方法。

3.4.1 消防干线

调用“消防干线”命令，可自动生成消防干线系统图。图 3-91 所示为生成的消防干线系统图。

“消防干线”命令的执行方式如下：

- 命令行：输入“XXGX”按 Enter 键。
- 菜单栏：单击“消防系统”→“消防干线”命令。

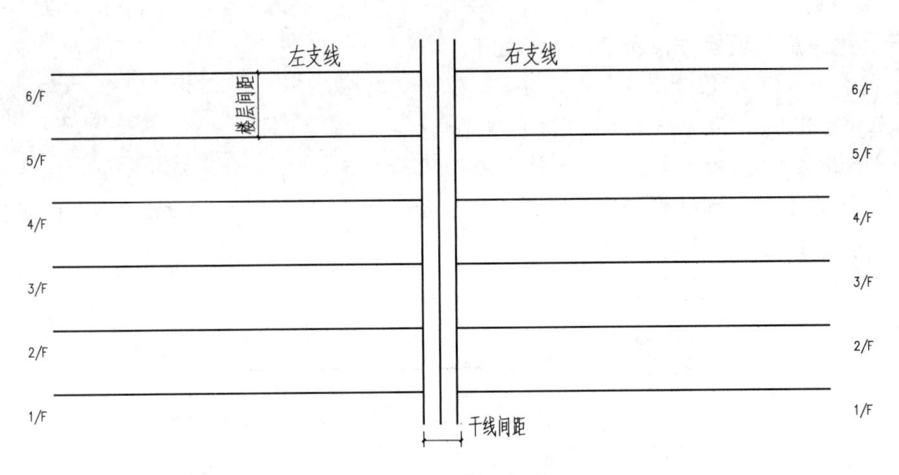

图 3-91　生成的消防干线系统图

执行上述任意一项操作，弹出“消防系统干线”对话框。在其中设置参数如图 3-92 所示，单击“确定”按钮，再单击插入点，即可绘制消防干线系统图。“右支线”绘制方式如图 3-93 所示。

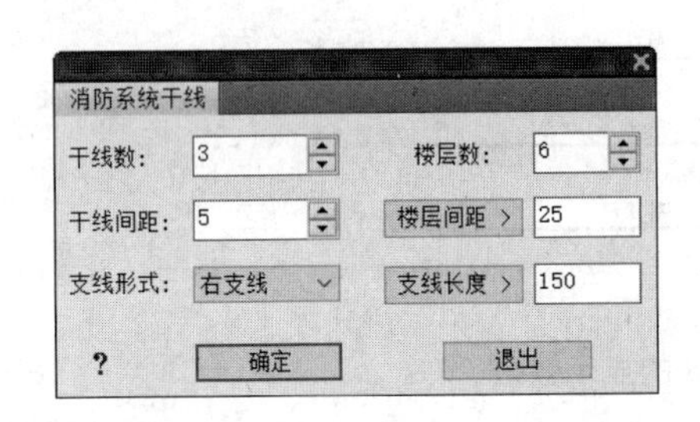

图 3-92　“消防系统干线”对话框

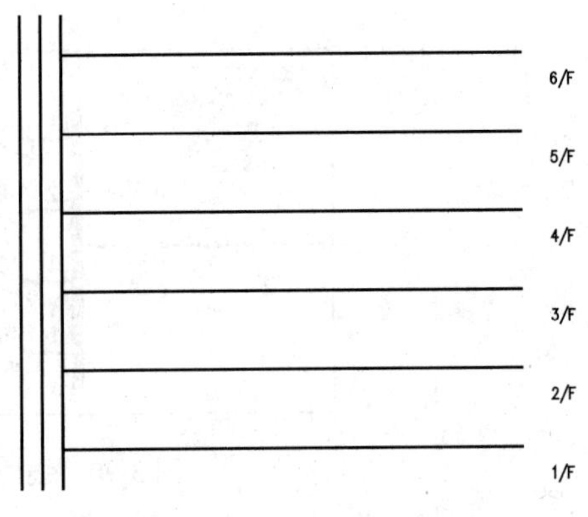

图 3-93　“右支线”绘制方式

“消防系统干线”对话框中的选项介绍如下：

干线数：组成消防系统图的垂直干线数量。

楼层数：组成消防系统图的水平支线数量。

干线间距：每个干线之间的距离，如图 3-91 所示。

楼层间距：每层楼之间的距离，即水平支线之间的间距，如图 3-91 所示。

支线形式：在下拉列表中提供了三种形式，包括左支线、右支线（见图 3-93）及左右支线。

支线长度：水平支线引出的长度。

3.4.2　消防设备

调用“消防设备”命令，可在图中布置消防设备。图 3-94 所示为布置消防设备的结果。

“消防设备”命令的执行方式如下：

- 命令行：输入“XXSB”按 Enter 键。
- 菜单栏：单击“消防系统”→“消防设备”命令。

执行上述任意一项操作，弹出“消防设备”对话框，如图 3-95 所示。在该对话框中选择消防设备，指定插入点，即可布置消防设备。

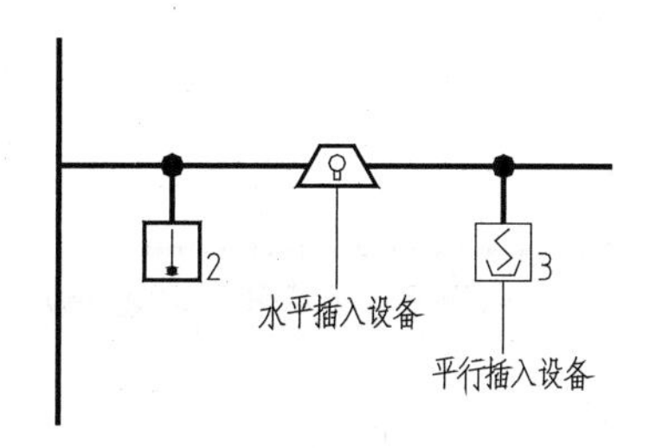

图 3-94　布置消防设备的结果

图 3-95　“消防设备”对话框

“消防设备”对话框中的选项介绍如下：

单线插入：单击该按钮，可在导线上垂直插入消防设备。

穿线插入：单击该按钮，可沿导线的方向插入消防设备，并且导线自动打断。

引线长度：在垂直插入消防设备时，连接该设备的分支导线的长度。

字高：插入消防设备时，表示设备数目的属性字的高度。

数值：插入消防设备时，表示设备数目的属性字的数值。

3.4.3　设备连线

调用“设备连线”命令，可用导线将弱电系统图中的多个设备垂直相连。图 3-96 所示为设备连线的结果。

“设备连线”命令的执行方式如下：

- 命令行：输入“SBLX”按 Enter 键。
- 菜单栏：单击“消防系统”→“设备连线”命令。

下面以绘制如图 3-96 所示的设备连线为例，讲解调用“设备连线”命令的方法。

01　按 Ctrl+O 组合键，打开配套资源提供的“第 3 章 / 3.4.3 设备连线 .dwg”素材文件，如图 3-97 所示。

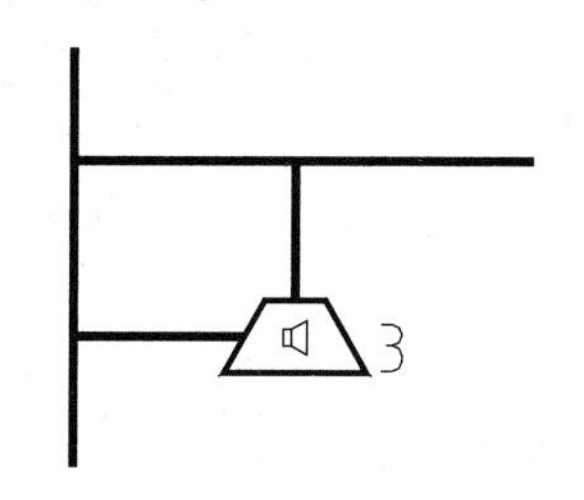

图 3-96　设备连线的结果

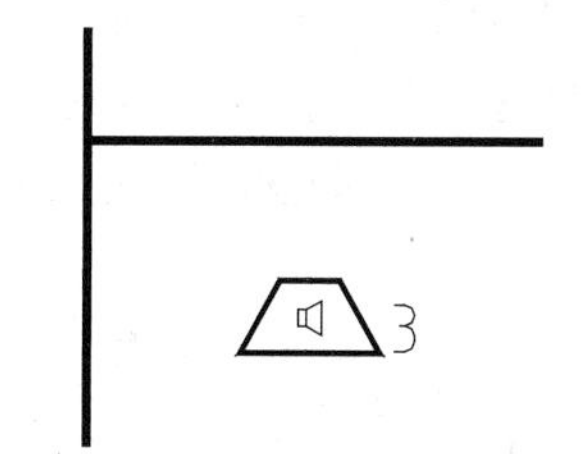

图 3-97　打开素材文件

02　输入“SBLX”按 Enter 键，打开“设备连线”对话框，选择“将设备与主导线相连”选项，如图 3-98 所示。

03 命令行提示如下：

```
命令：SBLX ↙
请拾取一根要连接设备的直导线 <退出 >：                //选择导线，如图 3-99 所示。
请选取要与导线相连的设备 <退出 >：找到 1 个          //选择设备，即可绘制连线。
```

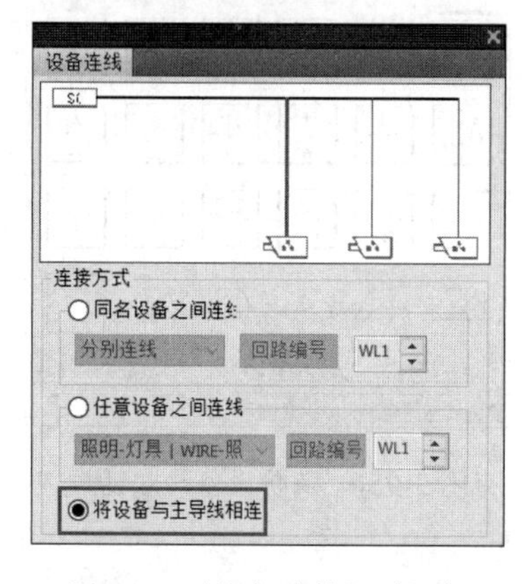

图 3-98 “设备连线”对话框

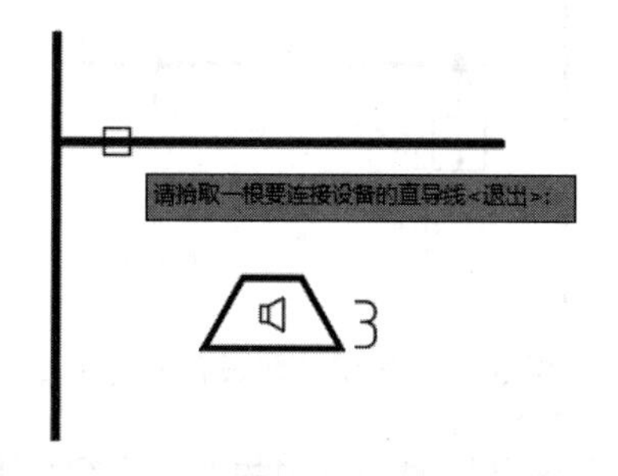

图 3-99 选择导线

04 重复上述操作，选择左侧的导线，将之与设备相连接，结果如图 3-96 所示。

3.4.4 温感烟感

调用“温感烟感”命令，可在布置温感烟感设备的同时预览保护半径。

“温感烟感”命令的执行方式如下：

➢ 命令行：输入“WGYG”按 Enter 键。

➢ 菜单栏：单击“消防系统”→“温感烟感”命令。

执行上述任意一项操作，弹出“消防保护布置”对话框，如图 3-100 所示。

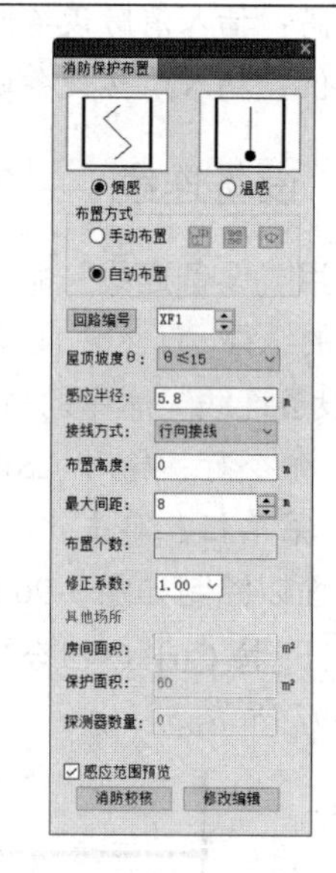

图 3-100 “消防保护布置”对话框

命令行提示如下：

```
命令：WGYG ↙
请输入起始点 [ 选取行向线（S）/ 回退（U）/ 消防校核（X）]
<退出 >：
请输入终点 <退出 >：
```

分别指定起点、终点，即可预览设备的保护半径，如图 3-101 所示。设备外的圆圈即是该设备的保护范围。

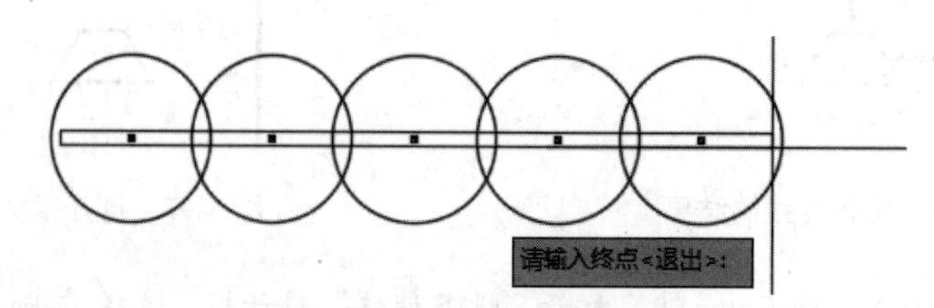

图 3-101 预览设备的保护半径

绘制结束后，表示保护范围的圆圈被隐藏，结果如图 3-102 所示。

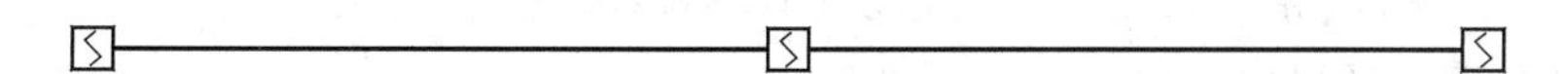

图 3-102　隐藏表示保护范围的圆圈

在“消防保护布置”对话框中提供了两种布置设备的方式，分别是“手动布置”和“自动布置”。

手动布置：在图中手动选取插入点即可布置设备。

自动布置：在图中指定起点和终点来布置设备。

感应半径：无论选择哪种方式布置消防设备，都可以预览保护半径。可在该选项中设置消防设备的保护半径值。

3.4.5　布置按钮

调用“布置按钮”命令，可布置消防系统中的消火栓按钮。可以单独选择设备，也可绘制选框选择设备，软件自动识别消火栓不靠墙的一侧并布置按钮。

“布置按钮”命令的执行方式如下：

- 命令行：输入“BZAN”按 Enter 键。
- 菜单栏：单击“消防系统”→“布置按钮”命令。

执行上述任意一项操作，打开如图 3-103 所示的“布置按钮”对话框。命令行提示如下：

```
命令：BZAN ↙
请选择消火栓 < 退出 >：找到 1 个
```

选择消火栓即可完成布置按钮的操作。在“布置按钮”对话框中提供了三种布置方式，三种方式布置按钮的结果如图 3-104 所示。

图 3-103　“布置按钮”对话框

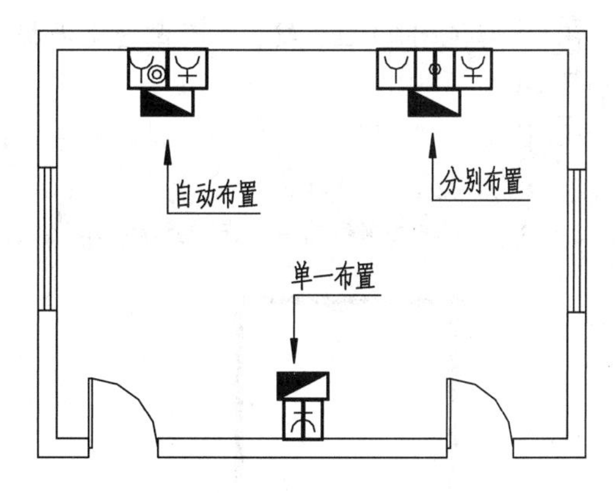

图 3-104　布置按钮

3.4.6　消防统计

调用“消防统计”命令，可统计消防系统图中的消防设备并生成材料表。图 3-105 所示为调用“消防统计”命令的创建的消防统计材料表。

“消防统计”命令的执行方式如下：

➢ 命令行：输入“XFTJ”按 Enter 键。

➢ 菜单栏：单击“消防系统”→“消防统计”命令。

执行上述任意一项操作，命令行提示如下：

```
命令：XFTJ ↙
请选择统计范围<全部>:                        //选择系统图。
点取位置或[参考点(R)]<退出>:*取消*  //选取插入位置，绘制表格，结果如图 3-105 所示。
```

图例	名称	数量
	离子感烟探测器	3
	火灾光警报器	1
	感温探测器	2
	火灾警报扬声器	3

图 3-105　消防统计材料表

3.4.7　消防数字

调用“消防数字”命令，可在造消防块时插入表示消防设备个数的属性字。图 3-106 所示为插入消防数字的结果。

“消防数字”命令的执行方式如下：

➢ 命令行：输入“XFWZ”按 Enter 键。

➢ 菜单栏：单击“消防系统”→“消防数字”命令。

下面以如图 3-106 所示的插入消防数字为例，讲解调用“消防数字”命令的方法。

01　按 Ctrl+O 组合键，打开配套资源提供的“第 3 章 / 3.4.7 消防数字 .dwg”素材文件，如图 3-107 所示。

02　输入“XFWZ”按 Enter 键，命令行提示如下：

```
命令：XFWZ ↙
请点取插入属性文字的点(中心点)<退出>://指定插入点，插入数字，结果如图 3-106 所示。
```

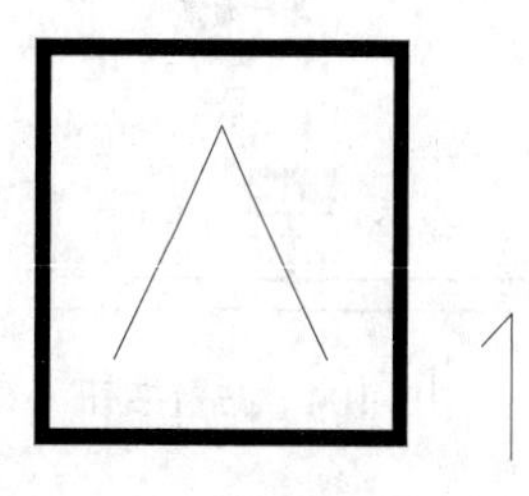

图 3-106　插入消防数字

图 3-107　打开素材文件

默认情况下，插入的消防数字为 1。双击数字，打开“编辑属性定义”对话框。修改“标记”选项值，如图 3-108 所示。单击“确定”按钮，更改消防数字，重设置消防设备数量，如图 3-109 所示。

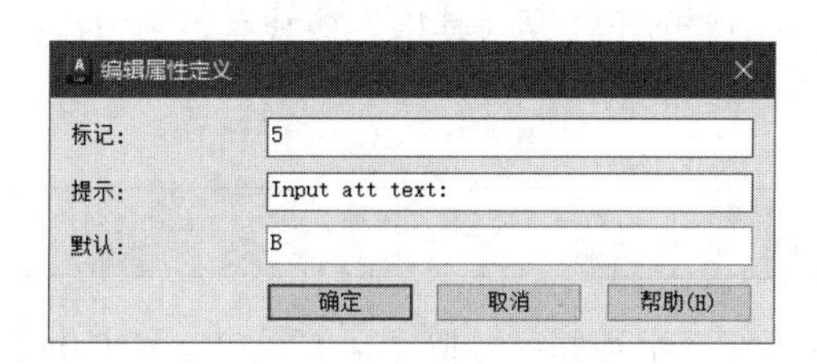

图 3-108　修改参数

图 3-109　重设置消防设备数量

3.4.8　造消防块

调用“造消防块”命令，可根据用户的需要制作消防块，并存入图库中。

“造消防块”命令的执行方式如下：

- 命令行：输入“ZXFK”按 Enter 键。
- 菜单栏：单击“消防系统”→“造消防块”命令。

执行上述任意一项操作，命令行提示如下：

```
命令：ZXFK ↙
请选择要做成图块的图元 <退出>：                //选择设备和数字，如图 3-110 所示。
请点选插入点 <中心点>：                        //指定插入点，如图 3-111 所示。
请点取要作为接线点的点（图块外轮廓为圆的可不加接线点）<继续>：   //指定接线点，如图 3-112 所示。接线点是在执行“平面布线”操作时导线与设备连接的点。
输入电气设备名称：感光火灾探测器
```

造消防块后，执行“消防设备”命令，可在弹出的“消防设备”对话框中查看自定义的消防设备块，如图 3-113 所示。

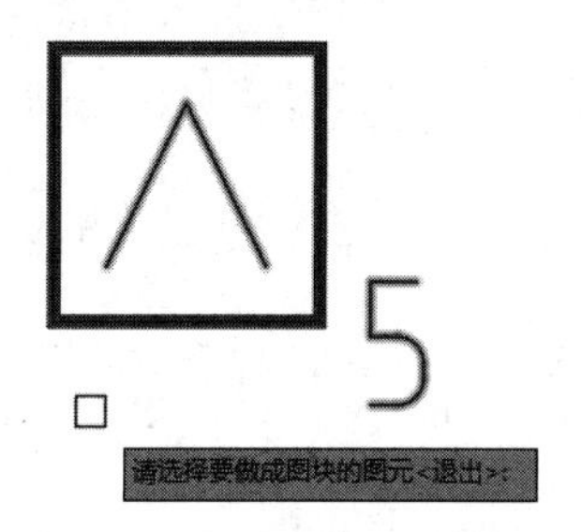

图 3-110　选择设备和数字

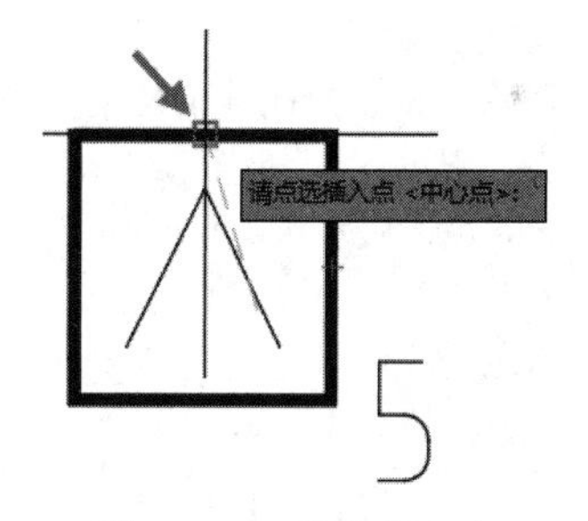

图 3-111　指定插入点

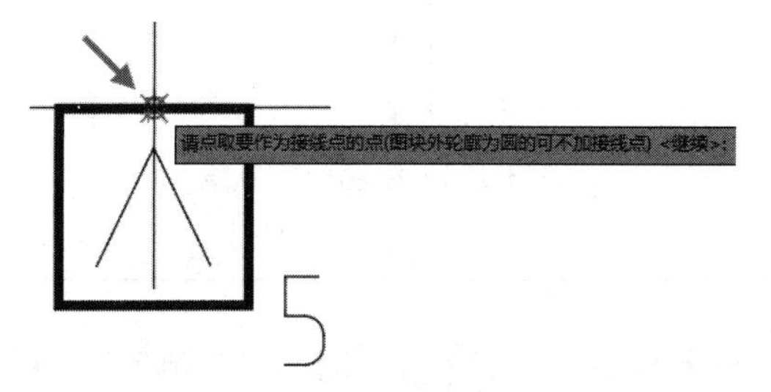

图 3-112　指定接线点

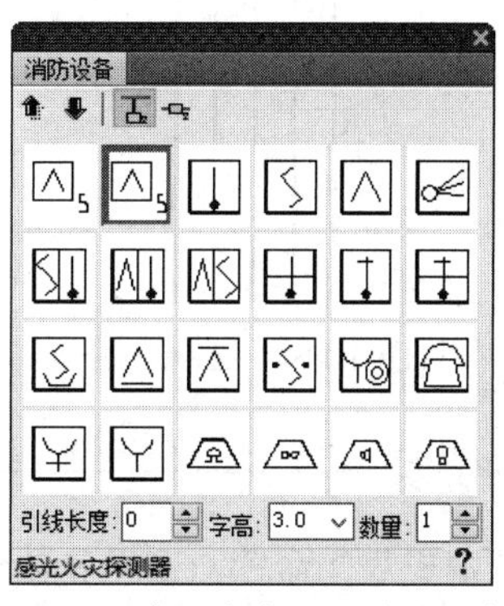

图 3-113　查看自定义的消防设备块

要说明的是，如果制作外轮廓为圆形的消防设备，则不需要为其指定接线点，因为在绘制圆形设备的连接导线时，导线的延长线都是过圆心的。

3.5 原理图

原理图是表示系统、设备的工作原理及其组成部分相互关系的简图。T20-Elec V10.0 提供了绘制原理图的相关命令，包括电机回路和端板接线等。本节将介绍绘制原理图的方法。

3.5.1 绘制多线

调用“绘制多线”命令，可同时连续绘制多根系统导线，提高绘图效率。图 3-114 和图 3-115 所示分别为绘制多线和绘制引出导线的结果。

“绘制多线”命令的执行方式如下：

- 命令行：输入“HZDX”命令按 Enter 键。
- 菜单栏：单击“原理图”→“绘制多线”命令。

执行上述任意一项操作，命令行提示如下：

```
命令：HZDX ↙
请选择需要引出的导线：<新绘制>                    // 右击。
请给出导线数 <3>：5
请给出导线间距 <750>：                            // 按 Enter 键。
请输入起始点：<退出>
请输入终止点：<退出>                              // 绘制多线，结果如图 3-114 所示。
```

绘制引出导线时，命令行提示如下：

```
命令：HZDX ↙
请选择需要引出的导线：<新绘制>找到 1 个          // 选择在前面绘制多线时所绘制的五根导线中最右侧一根。
请选取要引出导线的位置<退出>：                    // 在选中的导线上选择待引出导线的位置。
请输入终点<退出>：
请输入终点<退出>：                                // 输入起点和终点，绘制引出导线，结果如图 3-115 所示。
```

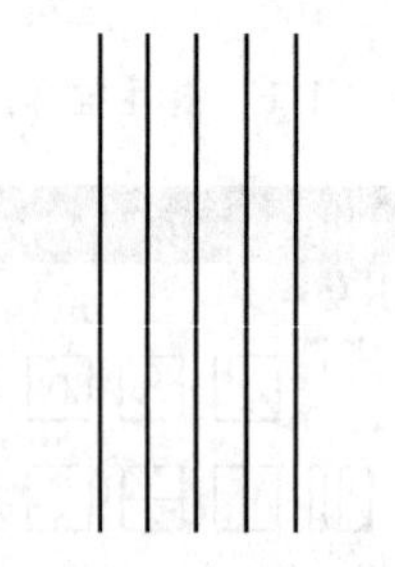

图 3-114　绘制多线

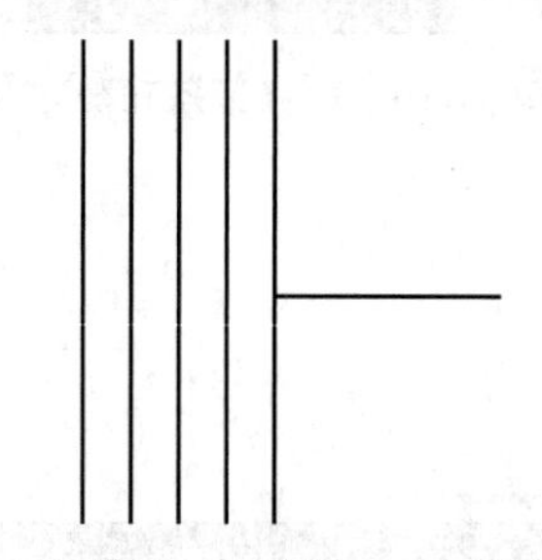

图 3-115　绘制引出导线

3.5.2 端子表

调用“端子表”命令，可用参数化的方法绘制接线图中的端子表。图 3-116 所示为绘制端子表的结果。

“端子表”命令的执行方式如下：

➢ 命令行：输入“DZB”命令按 Enter 键。

➢ 菜单栏：单击“原理图”→“端子表”命令。

执行上述任意一项操作，弹出“端子表设计”对话框，在其中设置端子表的参数，如图 3-117 所示。单击“确定”按钮，选取插入位置，即可绘制端子表，结果如图 3-116 所示。

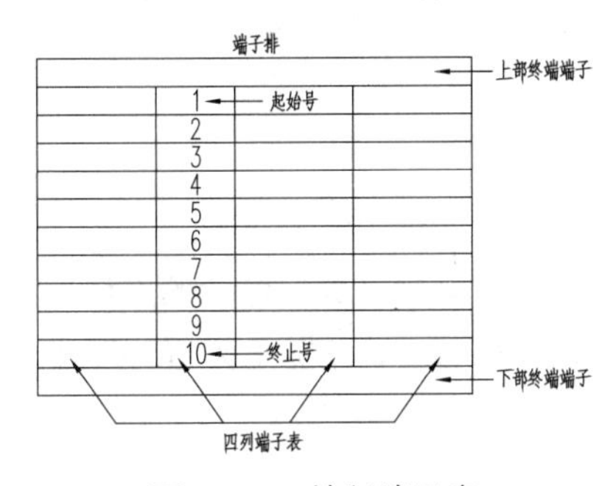

图 3-116　绘制端子表

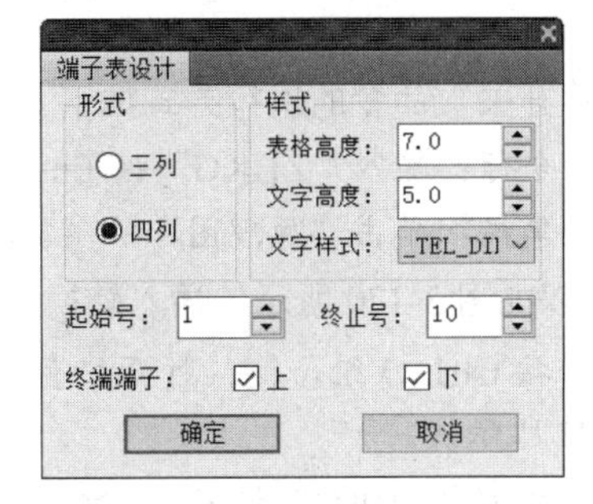

图 3-117　“端子表设计”对话框

提示

“终端端子”包含“上”和“下”两个选项，可以控制是否在端子表中加入上部终端端子行或者下部终端端子行。

3.5.3　端板接线

调用“端板接线”命令，可在端子表的各端子处绘制引出导线。图 3-118 所示为绘制端板接线的结果。

“端板接线”命令的执行方式如下：

➢ 命令行：输入“DBJX”按 Enter 键。

➢ 菜单栏：单击“原理图”→“端板接线”命令。

执行上述任意一项操作，弹出“端子排 - 接线”对话框，如图 3-119 所示。在对话框中选定“短接两个端子”形式，命令行提示如下：

```
命令：DBJX ↙
点取第一个单元格 <退出>：      // 选取 A 列中名称为 1 的单元格。
点取最后一个单元格 <退出>：    // 选取 A 列中名称为 10 的单元格，绘制结果如图 3-118 所示。
```

“端子排 - 接线”对话框中各接线形式的绘制结果分别如图 3-119 中预演框所示。在实际的绘制过程中，都是通过单击指定起始行和终止行来进行绘制的。

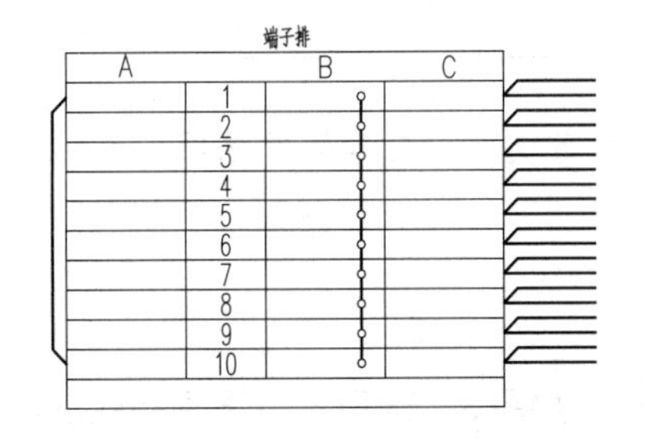

图 3-118　绘制端板接线

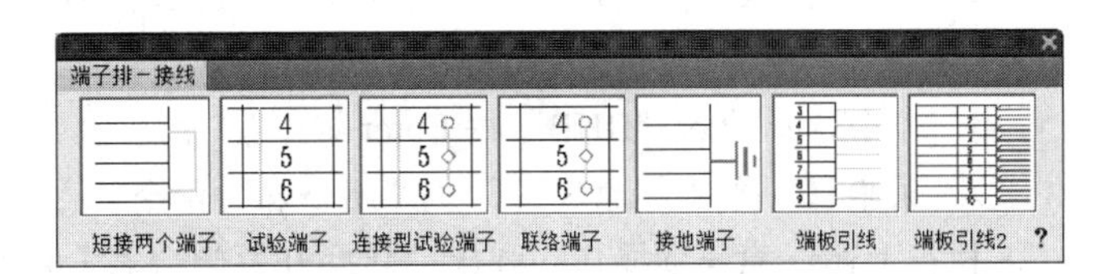

图 3-119　“端子排 - 接线”对话框

在图 3-118 中，B 列为“联络端子”接线形式的绘制结果，C 列为“端板引线 2”接线形式的绘制结果。

3.5.4 转换开关

调用“转换开关”命令，可在回路上插入转换开关设备。图 3-120 所示为插入转换开关的结果。

“转换开关”命令的执行方式如下：

➢ 命令行：输入“ZHKG”按 Enter 键。

➢ 菜单栏：单击“原理图”→“转换开关”命令。

下面以如图 3-120 所示的插入转换开关为例，讲解调用“转换开关”命令的方法。

01 按 Ctrl+O 组合键，打开配套资源提供的“第 3 章 / 3.5.4 转换开关 .dwg”素材文件，如图 3-121 所示。

02 输入“ZHKG”按 Enter 键，命令行提示如下：

```
命令：ZHKG ↙
请输入起点（与此两点连线相交的线框将插入转换开关）<退出>：          // 单击 A 点。
请输入终点 <退出>：                                               // 单击 B 点。
请输入转换开关位置数（3 或 6）<3>：                   // 按 Enter 键，确认开关位置数为 3。
请输入端子间距 <2400.000000>：                                     // 按 Enter 键。
请拾取不画转换开关端子的导线 <结束拾取>：找到 3 个    // 选取导线，结果如图 3-120 所示。
```

03 重复上述操作，分别指定 C 点为起点、D 点为终点，绘制数目为 6 的转换开关，结果如图 3-120 所示。

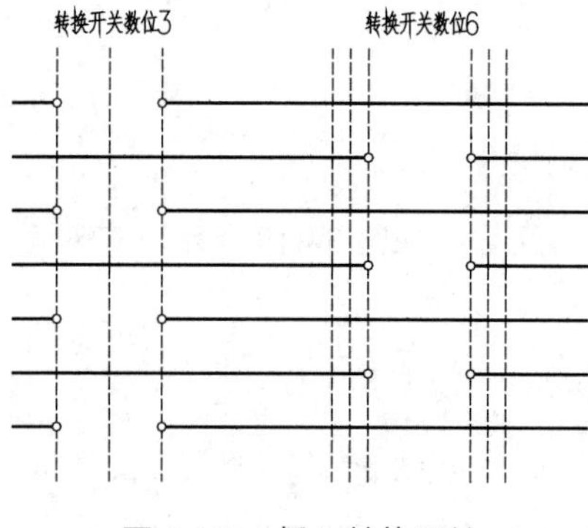

图 3-120 插入转换开关

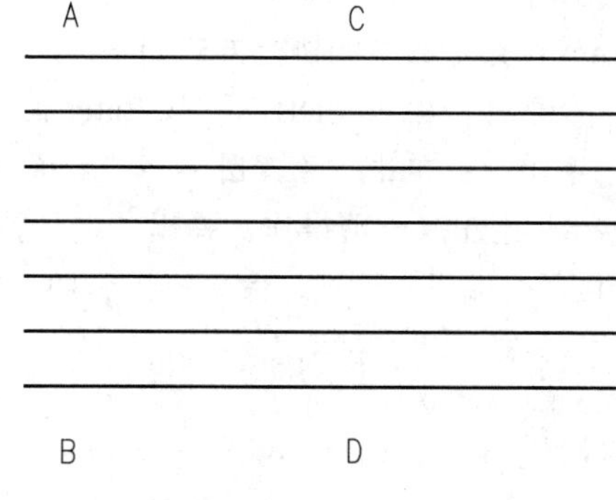

图 3-121 打开素材文件

3.5.5 闭合表

调用“闭合表”命令，可绘制转换开关闭合表。图 3-122 所示为绘制闭合表的结果。

“闭合表”命令的执行方式如下：

➢ 命令行：输入“BHB”按 Enter 键。

➢ 菜单栏：单击“原理图”→“闭合表”命令。

执行上述任意一项操作，弹出“转换开关闭合表”对话框，如图 3-123 所示。设置参数后，单击“绘制”按钮，选取插入位置，即可绘制闭合表，结果如图 3-122 所示。

“转换开关闭合表”对话框中的选项介绍如下：

开关型号：用于自定义开关型号，在绘制闭合表的时候置于表头。

触点对数：可从下拉列表中选择对数，如图3-122所示为“触点对数”为3绘制的闭合表。

手柄角度：被选中的角度参数显示在闭合表中，如图3-122所示。

定义触点状态：选择触点的状态按钮，在闭合表中选取单元格，可加入表示触点状态的符号。单击“断开”按钮，可以删除“闭合”状态触点样式。

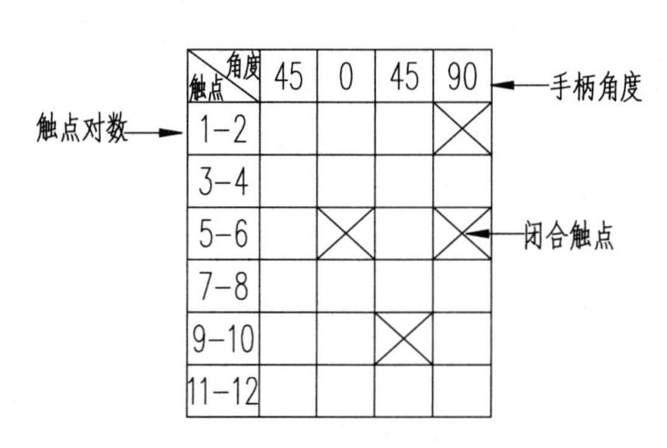

图3-122　绘制闭合表

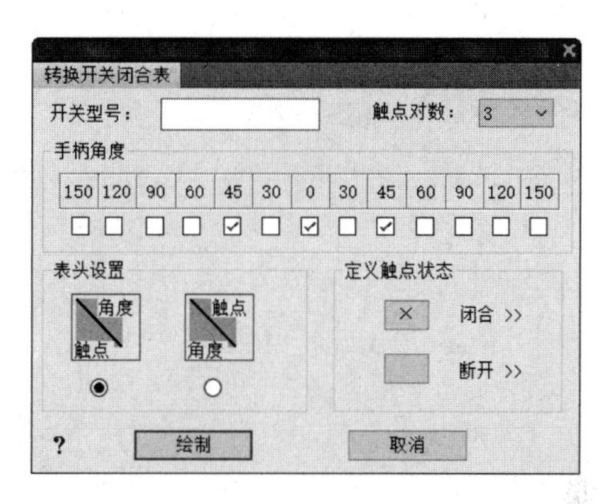

图3-123　“转换开关闭合表”对话框

3.5.6　固定端子

调用“固定端子”命令，可在原理图中插入固定端子。

“固定端子”命令的执行方式如下：

➢ 命令行：输入“GDDZ”按Enter键。

➢ 菜单栏：单击“原理图”→“固定端子”命令。

执行上述任意一项操作，命令行提示如下：

```
命令：GDDZ ↙
请点取要插入端子的点<退出>：
```

图3-124所示为插入端子前的原理图。选取导线插入端子后，导线自动打断以适应端子，此时的原理图如图3-125所示。即使删除端子，导线仍旧保持打断状态。

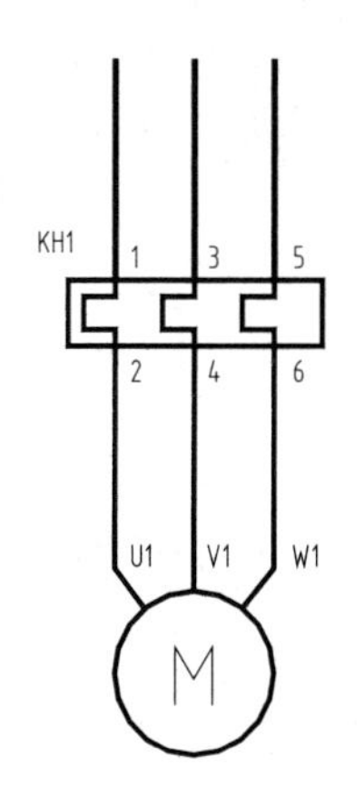

图3-124　插入端子前的原理图

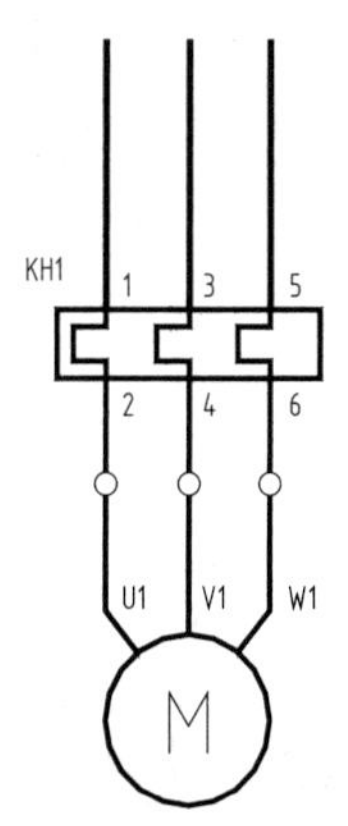

图3-125　插入端子后的原理图

3.5.7 可卸端子

调用“可卸端子”命令，可在原理图中插入可卸端子。

“可卸端子”命令的执行方式如下：

➢ 命令行：输入“KXDZ”按 Enter 键。

➢ 菜单栏：单击“原理图”→“可卸端子”命令。

执行上述任意一项操作，命令行提示如下：

```
命令：KXDZ ↙
请点取要插入端子的点<退出>：        //插入可卸端子，结果如图 3-126 所示。
```

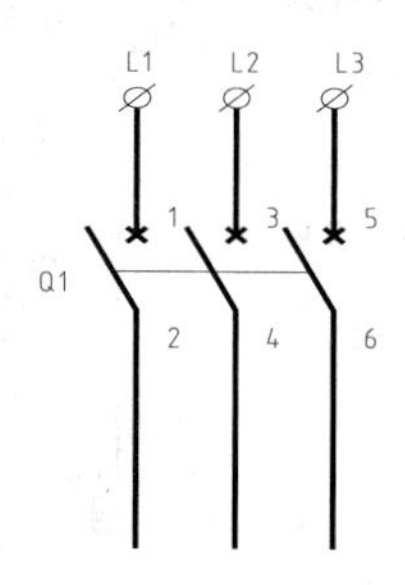

图 3-126　插入可卸端子

3.5.8 擦连接点

调用“擦连接点”命令，可擦除原理图中的连接点。图 3-127 所示为擦除连接点的结果。该命令可以与 3.3.7 小节中的“绘连接点”命令一起使用。

“擦连接点”命令的执行方式如下：

➢ 命令行：输入“CLJD”按 Enter 键。

➢ 菜单栏：单击“原理图”→“擦连接点”命令。

下面以如图 3-127 所示的擦除连接点为例，讲解调用“擦连接点”命令的方法。

01 按 Ctrl+O 组合键，打开配套资源提供的“第 3 章 / 3.5.8 擦连接点 .dwg”素材文件，如图 3-128 所示。

02 输入“CLJD”按 Enter 键，命令行提示如下：

```
命令：CLJD ↙
请选择要删除的连接点<退出>：指定对角点：找到 3 个          //按 Enter 键将其擦除，结果
如图 3-127 所示。
```

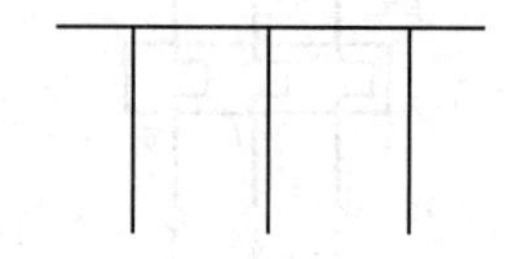

图 3-127　擦除连接点的结果

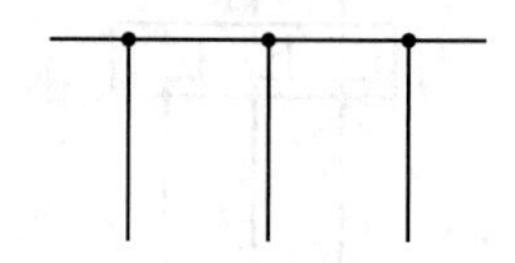

图 3-128　打开素材文件

3.5.9 端子擦除

调用“端子擦除”命令，可擦除原理图中的固定端子或者可卸端子。

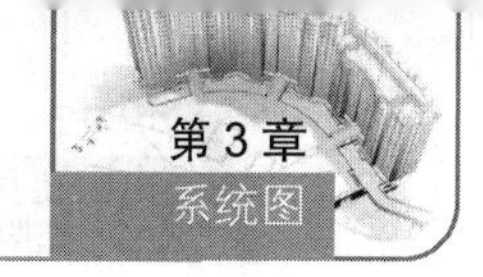

“端子擦除”命令的执行方式如下：

➢ 命令行：输入“DZCC”按 Enter 键。
➢ 菜单栏：单击“原理图”→“端子擦除”命令。

执行上述任意一项操作，命令行提示如下：

```
命令：DZCC↙
请选择要删除的端子、接地极或线中文字<退出>：              //按 Enter 键。
```

执行“端子擦除”命令，擦除端子后导线自动闭合，结果如图 3-129 所示。按键盘上的 Delete 键，也可以删除端子，但是导线保持断开状态，如图 3-130 所示。

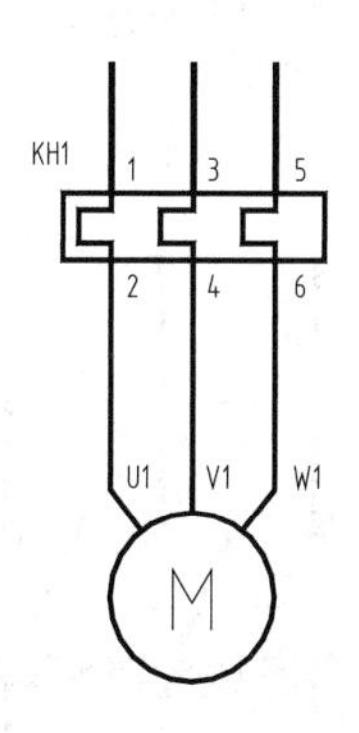

图 3-129　擦除端子后导线自动闭合

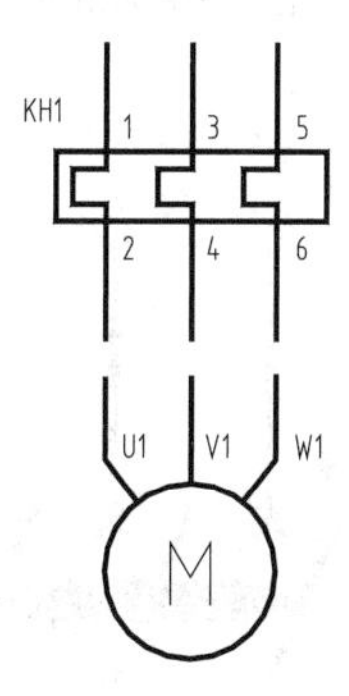

图 3-130　删除端子后导线保持断开状态

3.5.10　端子标注

调用“端子标注”命令，可为图中的一组端子添加标注。图 3-131 和图 3-132 所示分别为标注在端子内部和标注在端子上方的结果。

“端子标注”命令的执行方式如下：

➢ 命令行：输入“DZBZ”按 Enter 键。
➢ 菜单栏：单击“原理图”→“端子标注”命令。

执行上述任意一项操作，命令行提示如下：

```
命令：DZBZ↙
请选择要标注的端子<退出>：找到 4 个
请选择标注位置：                       //在端子内部或端子上方单击。
请输入端子标注：                       //标注结果如图 3-131 和图 3-132 所示。
```

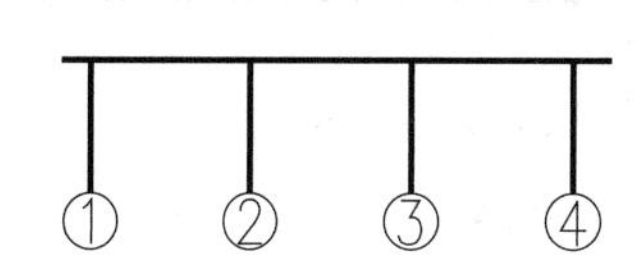

图 3-131　标注在端子内部

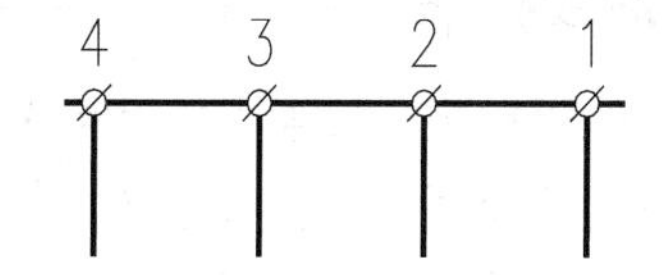

图 3-132　标注在端子上方

3.5.11　元件标号

调用“元件标号”命令，可选择元件并为其添加标号。

“元件标号”命令的执行方式如下：

- 命令行：输入“YJBH”按Enter键。
- 菜单栏：单击“原理图”→“元件标号”命令。

执行上述任意一项操作，命令行提示如下：

```
命令：YJBH ↙
请选择要标注的元件 < 退出 >:                          // 如图 3-133 所示。
请输入方框处要标注的字符 < 不标注 >：1                 // 如图 3-134 所示。
请输入方框处要标注的字符 < 不标注 >：2                 // 如图 3-135 所示。
```

输入标注文字后，按Enter键即可添加元件标号，结果如图3-136所示。

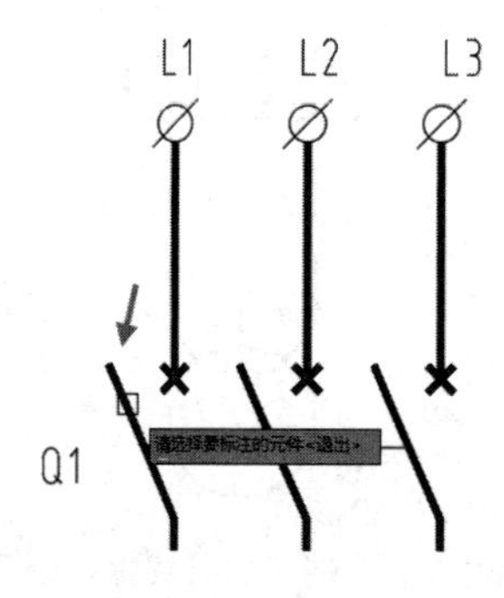

图3-133　选择元件

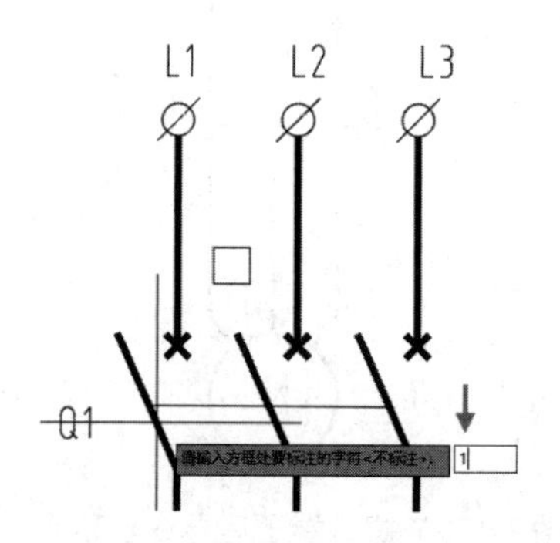

图3-134　输入字符1

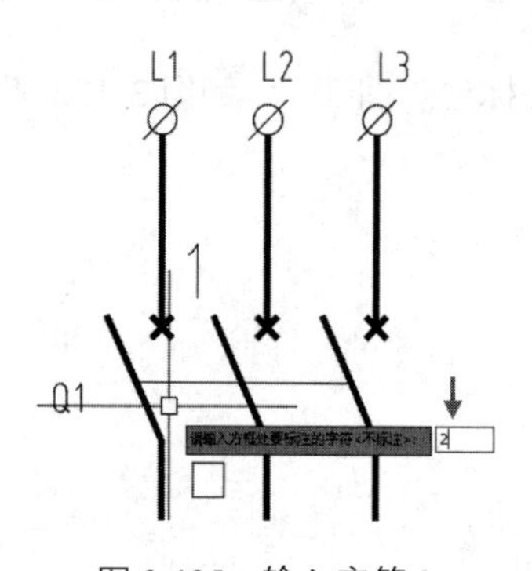

图3-135　输入字符2

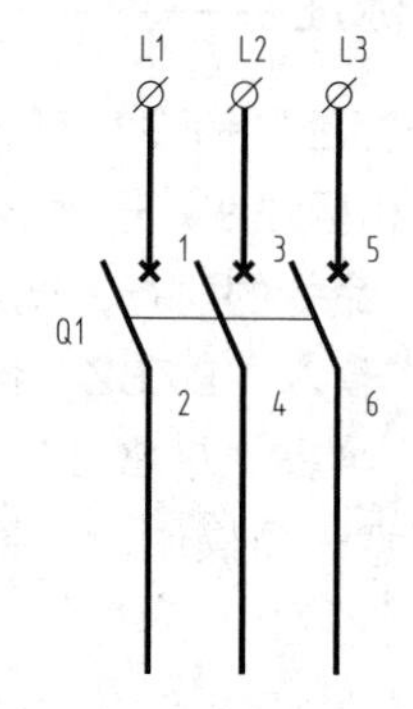

图3-136　添加元件标号

3.5.12　沿线标注

调用“沿线标注”命令，可同时选取多根导线，并沿导线标注文字。

“沿线标注”命令的执行方式如下：

- 命令行：输入“YXBZ”按Enter键。
- 菜单栏：单击“原理图”→“沿线标注”命令。

下面以绘制如图3-137所示的线缆标注为例，介绍“沿线标注”命令的操作方法。

01　按Ctrl+O组合键，打开配套资源提供的“第3章/3.5.12 沿线标注.dwg”素材文件，如图3-138所示。

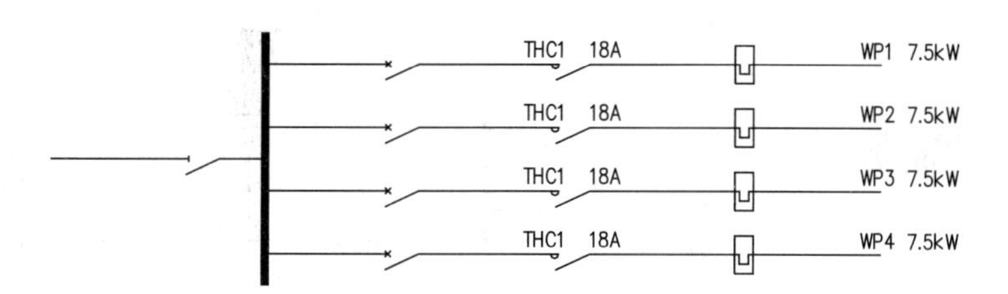

图 3-137 绘制沿线标注

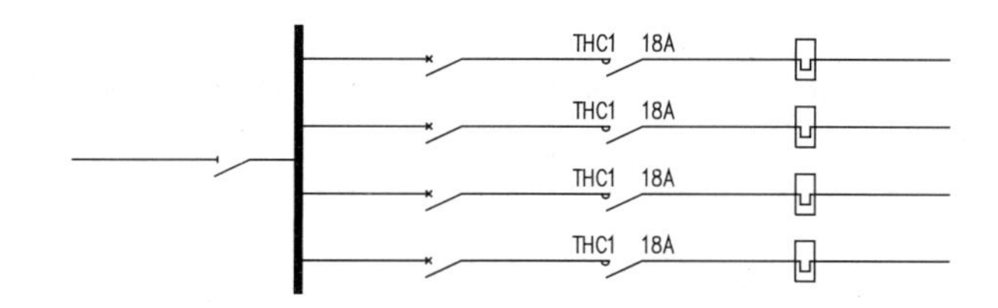

图 3-138 打开素材文件

02 输入“YXBZ”按 Enter 键，命令行提示如下：

```
命令：YXBZ ↙
请输入起始点<退出>：                    // 如图 3-139 所示。
请输入终止点<退出>：                    // 如图 3-140 所示。
请输入方框处要标注的字符：WP4            // 如图 3-141 所示。
请输入方框处要标注的字符：WP3
请输入方框处要标注的字符：WP2
请输入方框处要标注的字符：WP1            // 如图 3-142 所示。
目标位置：                              // 如图 3-143 所示。
```

03 沿线标注的结果如图 3-144 所示。

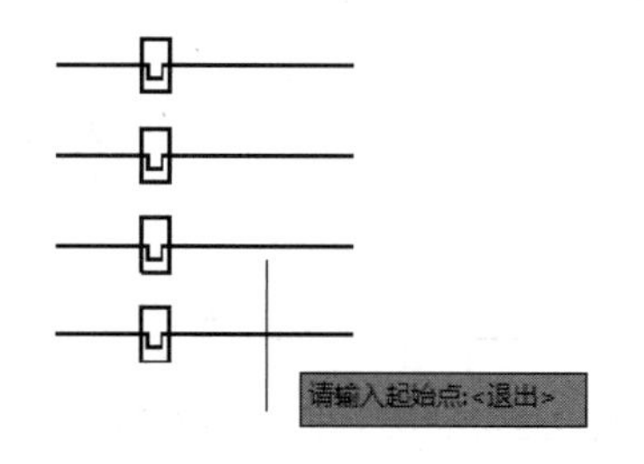

图 3-139 输入起始点

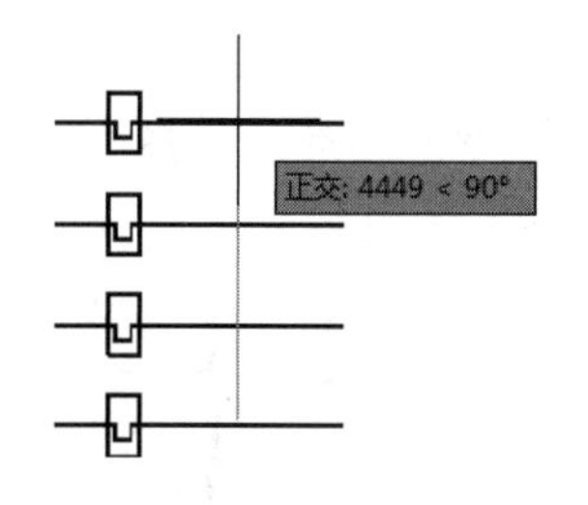

图 3-140 输入终止点

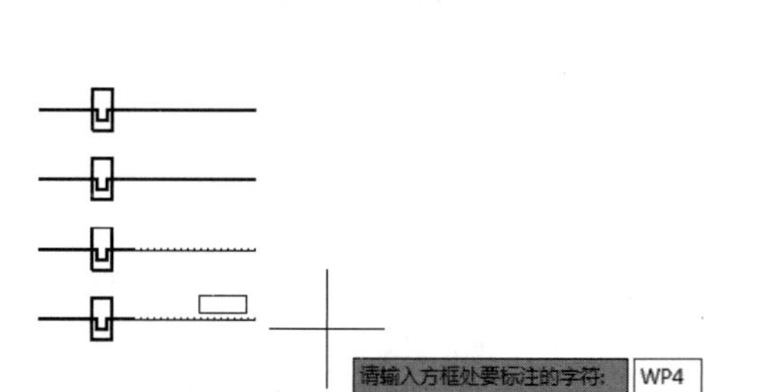

图 3-141 输入字符“WP4”

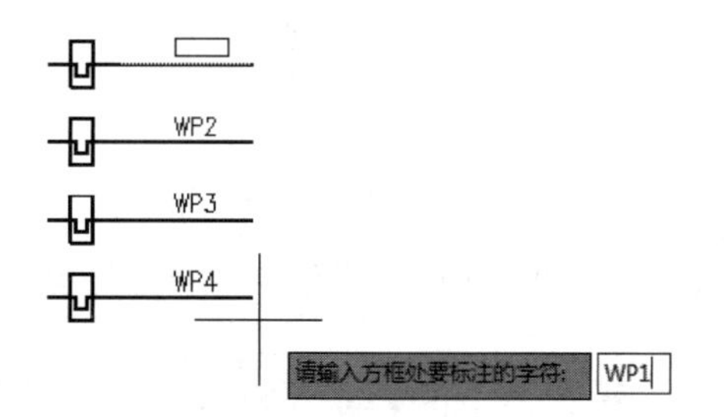

图 3-142 输入字符“WP1”

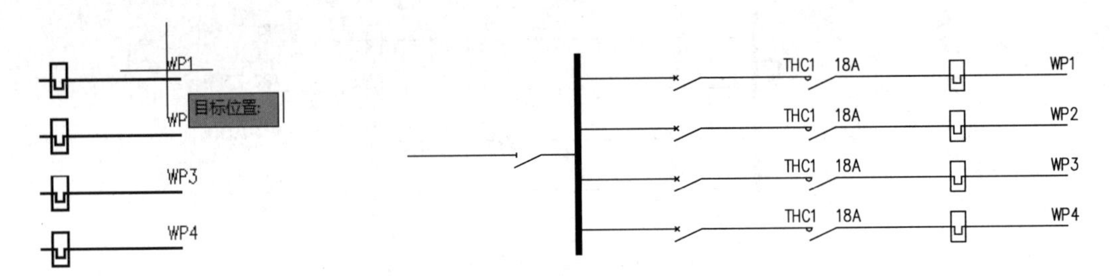

图 3-143 目标位置

图 3-144 沿线标注的结果

04 按 Enter 键重复调用命令，继续对线缆进行标注，结果如图 3-137 所示。

3.5.13 元件标注

调用“元件标注”命令，可输入元件的标注信息。

“元件标注”命令的执行方式如下：

- 命令行：输入“YJBZ”按 Enter 键。
- 菜单栏：单击“原理图”→“元件标注”命令。

下面以绘制如图 3-145 所示的元件标注为例，介绍“元件标注”命令的操作方法。

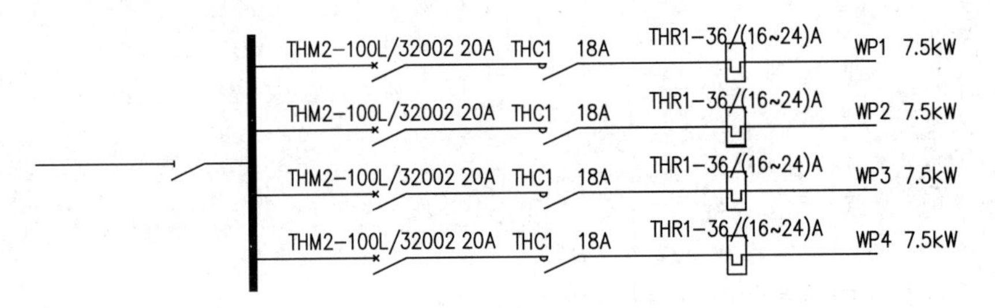

图 3-145 绘制元件标注

01 按 Ctrl+O 组合键，打开配套资源提供的“第 3 章 / 3.5.13 元件标注 .dwg”素材文件，如图 3-146 所示。

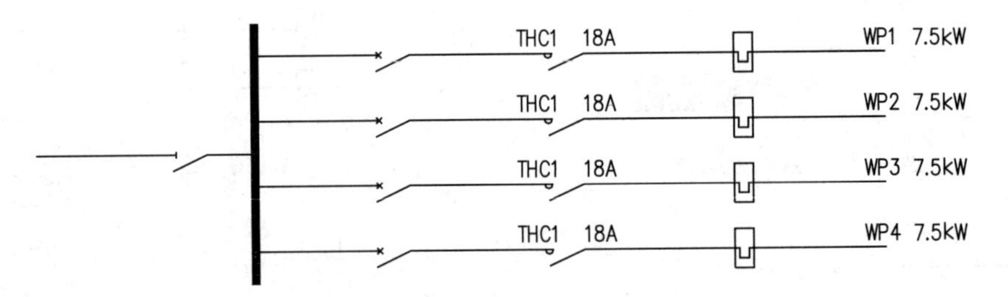

图 3-146 打开素材文件

02 输入“YJBZ”按 Enter 键，命令行提示如下：

```
命令：YJBZ ↙
请选择元件范围 <退出>：指定对角点：找到 4 个          // 如图 3-147 所示。
请选择样板元件 <退出>：                               // 如图 3-148 所示。
```

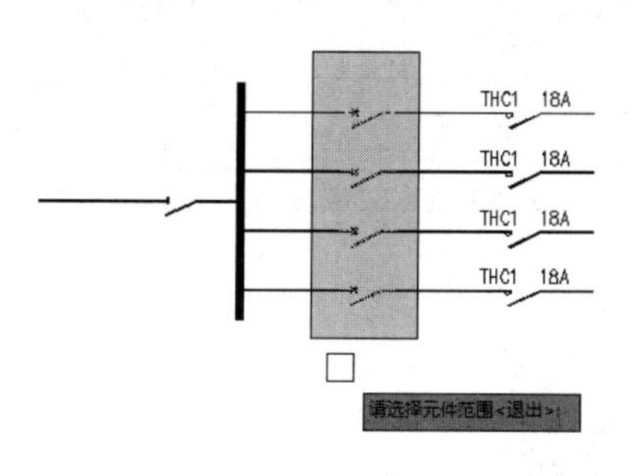

图 3-147　选择元件范围

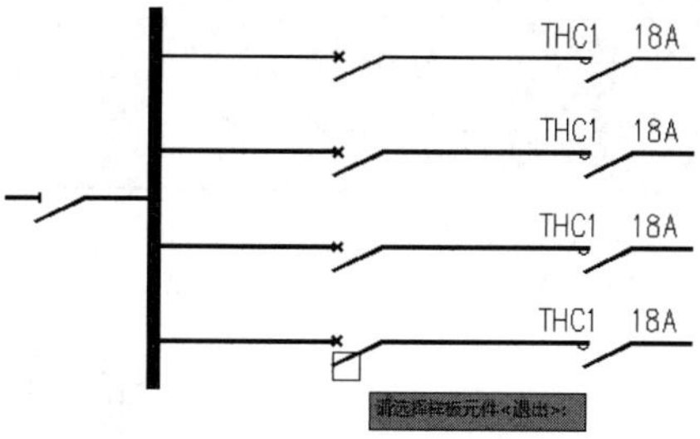

THC1 18A
THC1 18A
THC1 18A
THC1 18A
请选择样板元件<退出>:

图 3-148　选择样板元件

03　在“元件选型标注”对话框中显示出系统为样板元件定义的标注内容，如图 3-149 所示。

04　单击“确定”按钮，为选中的元件标注文字，结果如图 3-150 所示。

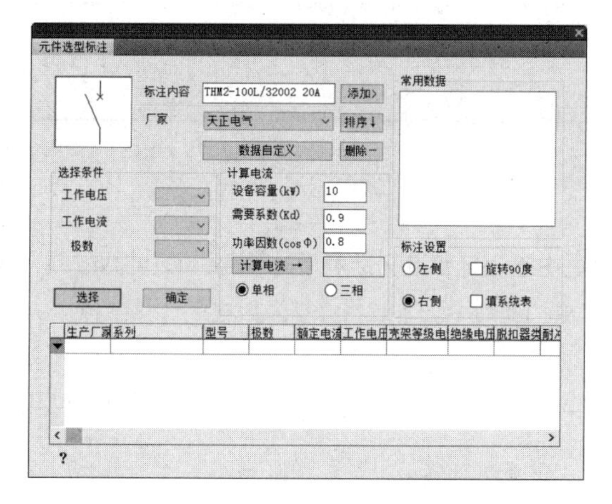

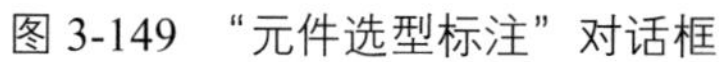
图 3-149　“元件选型标注”对话框

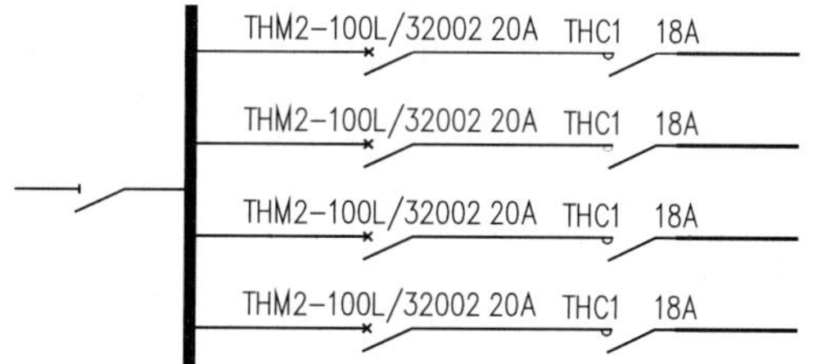

图 3-150　标注文字

第 4 章 电气计算

● 本章导读

电气计算包括照度计算、线路电压损失计算及无功补偿计算等，T20-ELec V10.0 为计算这些类型的数据提供了专门的命令。本章将介绍调用电气计算各种命令的方法。

● 本章重点

◈ 照度计算
◈ 线路电压损失计算
◈ 低压短路计算
◈ 桥架计算
◈ 负荷计算
◈ 短路电流计算
◈ 无功补偿计算

4.1 照度计算

通过照度计算操作，可以根据房间的大小、计算高度、灯具的类型、墙面/地面/顶面反射率、维护系数及房间所要求的照度值参数选择合适的灯具，然后计算该工作面上达到照度标准时需要的灯具数，并对计算结果条件下的照度值进行校验。

4.1.1 照度计算的方法

T20-Elec V10.0 提供的“利用系数计算法”可用于计算平均照度与配灯数。可以结合房间的形状、工作面、灯具安装高度和房间高度等计算出室内空间比例（也支持不规则房间的计算），再根据房间的照度要求和维护系数就可以方便地计算出灯具数和照度校验值。

在计算照度的过程中，通过查表可得出常用的利用系数。用户也可以自定义参数来求得特殊灯具的利用系数。

T20-Elec V10.0 提供了新表和旧表供用户查询利用系数。新表中的利用系数来自《照明设计手册》，而旧表中的利用系数则来自《民用建筑电气设计手册》。

计算照度所需的灯照度曲线数据除了一小部分来自《民用建筑电气设计手册》外，大部分来自《建筑灯具与装饰照明手册》。

点光源（如白炽灯、线光源）与荧光灯的计算公式本应不同，但是在这里我们把荧光灯按点光源处理，所以在 T20-Elec V10.0 中对所有的光源都按照点光源的计算公式来计算。另外，T20-Elec V10.0 无法统计面光源的直射照度。如果需要计算，也只能将面光源简化为点光源来进行计算。

“带域空间计算法”将光分成“直射”和“反射”两个部分，将室内分成三个空间。其中，光的直射部分使用“带系数法”进行计算，反射部分则应用数学分析法解方程。

只要光源类型选择正确，用 T20-Elec V10.0 计算得出的直射照度一般误差较小，但反射照度计算因为假设条件较为苛刻，计算得出的又是平均照度，因此误差可能较大。

照度计算的操作如下：

01 确定房间的参数，即长、宽、面积、工作面高度和灯具安装高度等，由此计算室内空间比例。

02 确定照明器的参数，通过查表得到利用系数。

03 由房间的照度要求和维护系数得到计算结果、灯具数及照度校验值。

4.1.2 照度计算命令

调用“照度计算”命令，可利用系数法计算房间在要求照度下需要的灯具数量，并对此进行校验。本节将介绍计算照度的方法。

“照度计算”命令的执行方式如下：

- 命令行：输入“ZDJS”按 Enter 键。
- 菜单栏：单击“照度计算”→“照度计算”命令。

执行上述任意一项操作，弹出“照度计算 - 利用系数法”对话框，如图 4-1 所示。

“房间参数设定（第一步）”选项组用来设置房间参数。系统提供了两种确定房间参数的方法，分别为“自行输入”及“从图中获取”。

“自行输入”是指用户在“房间长（m）”和“房间宽（m）”文本框中直接输入房间的参数。

“从图中获取”是指单击“选定房间”按钮，根据命令行提示，选取房间的轮廓线来得到房间的参数。

1. 选取房间举例

按 Ctrl+O 组合键，打开配套资源提供的“第 4 章 /4.1.2 照度计算 .dwg”素材文件，如图 4-2 所示。

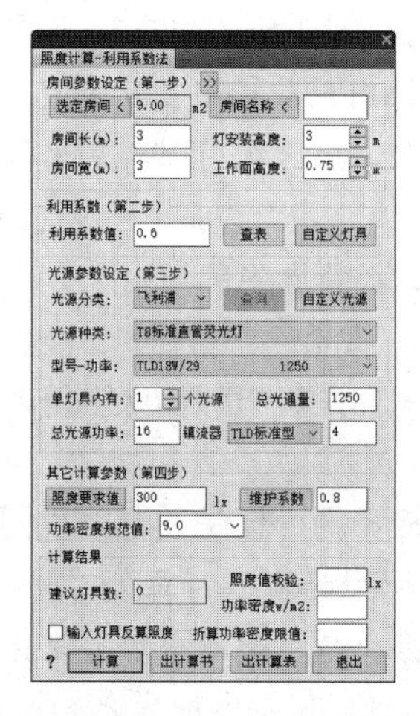

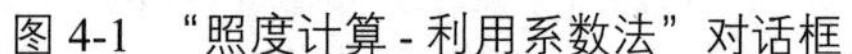
图 4-1　“照度计算 - 利用系数法”对话框

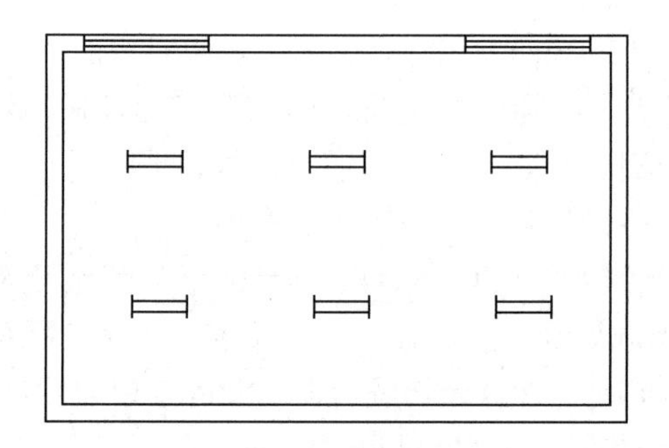
图 4-2　打开素材文件

在“照度计算 - 利用系数法”对话框中单击“选定房间”按钮，命令行提示如下：

命令：ZDJS ↙
请输入起始点 { 选取行向线 [S] / 选取房间轮廓 PLine 线 [P] }< 退出 >：
//选取房间的左下角点。如果为异形房间，则必须为房间绘制闭合的 Pline 轮廓线。在命令行中输入“P”，选择 Pline 线，拾取房间的参数。
请输入对角点：　//选取房间的右上角点，完成参数的提取。

提取参数之后，返回“照度计算 - 利用系数法”对话框。此时会在“房间参数设定”选项组中显示出被选择房间的面积、长、宽参数。

- 灯安装高度：表示灯具距离地面的高度。
- 工作面高度：表示所要计算照度的平面离地高度。
- “利用系数（第二步）”选项组：用来计算利用系数。可以直接输入利用系数值，也可单击选项后的“查表”或“自定义灯具”按钮，在分别弹出的对话框中输入参数来计算系数，并把系数返回至“照度计算 - 利用系数法”对话框。

下面介绍在分别单击“查表”和“自定义灯具”按钮后弹出的对话框。

2. “利用系数 - 查表法”对话框

单击“查表”按钮，弹出如图 4-3 所示的“利用系数 - 查表法”对话框。

“查表条件”选项组包含了“顶棚反射比”“墙反射比”“地面反射比”三个选项，用户可以在各选项的文本框中设置反射参数。右侧的“灯具信息”列表中的灯具及其相应的利用系数表都摘录自《照明设计手册》。设置参数后，单击“查表”按钮即可求出利用系数值。

在“利用系数 - 查表法”对话框中单击“查旧表”按钮，弹出如图 4-4 所示的对话框。在“查表条件”选项组的“反射系数”文本框中可以设置参数。

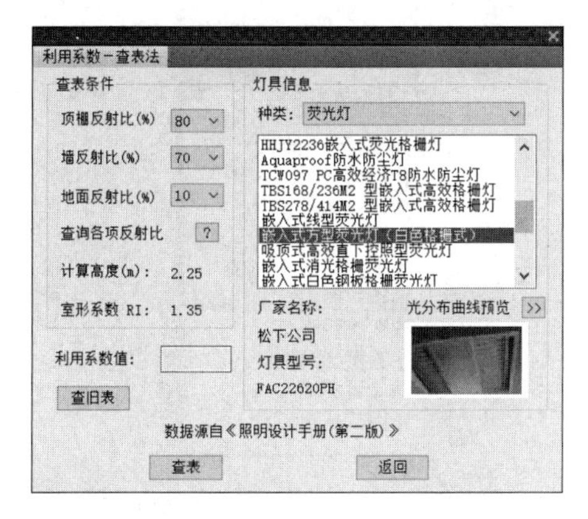

图 4-3 “利用系数 - 查表法”对话框

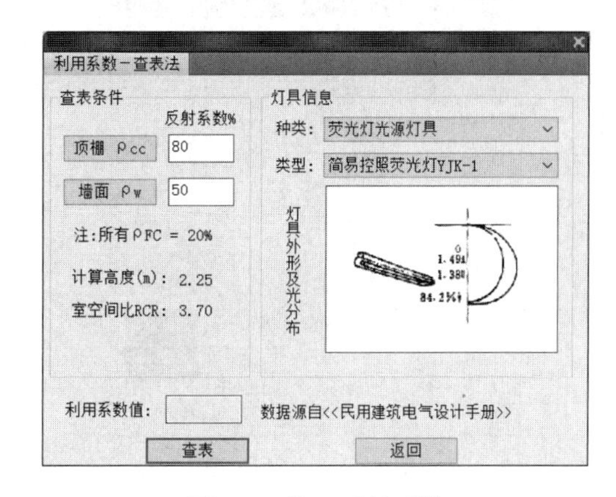

图 4-4 设置反射系数

也可以单击“顶棚 ρ_{cc}”和“墙面 ρ_w”按钮，弹出相应的“反射比的选择”对话框，如图 4-5 所示。在该对话框中提供了部分“常用反射面反射比”和“一般建筑材料反射比”的参考值。

在“反射比的选择”对话框中单击“确定”按钮，返回“利用系数 - 查表法”对话框，在“灯具信息”选项组中的“种类”和“类型”下拉列表中分别选择灯具的种类和类型，选定的灯具种类和类型会显示在下方的“灯具外形及光分布”预览窗口中。

单击“查表”按钮，即可在“利用系数值”文本框中显示查出的利用系数值。单击“返回”按钮，返回到“照度计算 - 利用系数法”对话框，此时“照度计算 - 利用系数法”对话框中的“光源参数设定（第三步）”选项组中的各项参数会根据利用系数查表时涉及的各项光源参数自动生成，如图 4-6 所示。

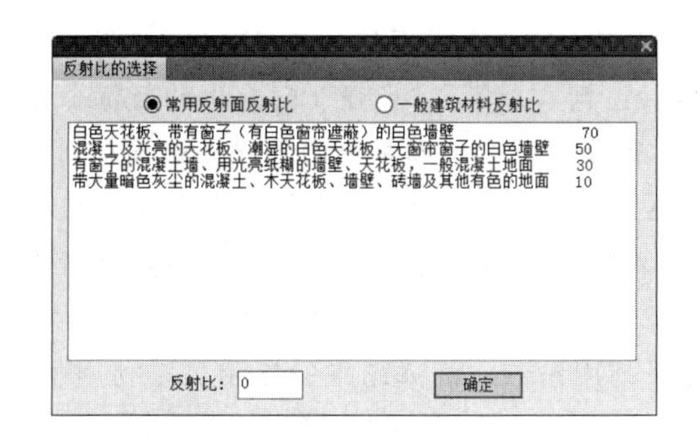

图 4-5 “反射比的选择”对话框

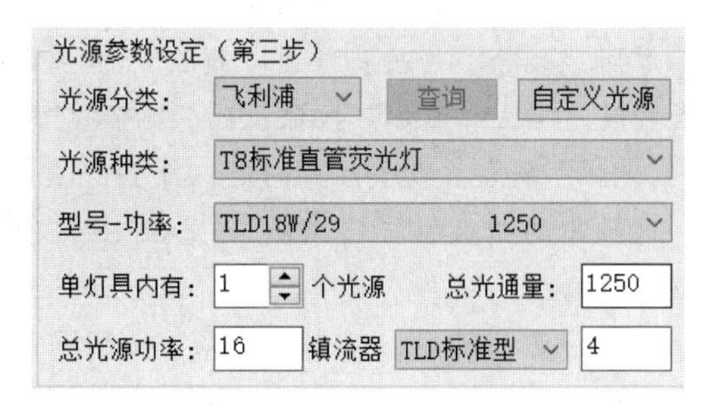

图 4-6 “光源参数设定（第三步）”选项组

3.“利用系数 - 计算法”对话框

在“照度计算 - 利用系数法”对话框中单击“自定义灯具”按钮，弹出如图 4-7 所示的“利用系数 - 计算法”对话框。其中，“顶棚反射比”“墙面反射比”“地板反射比”三个选项的参数可以直接输入，也可以单击文本框左边的按钮，在弹出的“反射比的选择”对话框中进行设置。

距离比：可在下拉列表中选择参数值，如图 4-8 所示。由距离比（最大距高比 L/h，其中 L 为房间长度，h 为房间高度）可以查出环带系数。

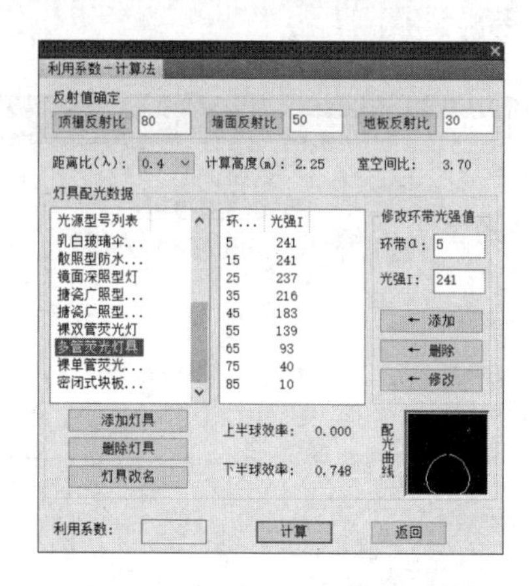

图 4-7 “利用系数 - 计算法”对话框

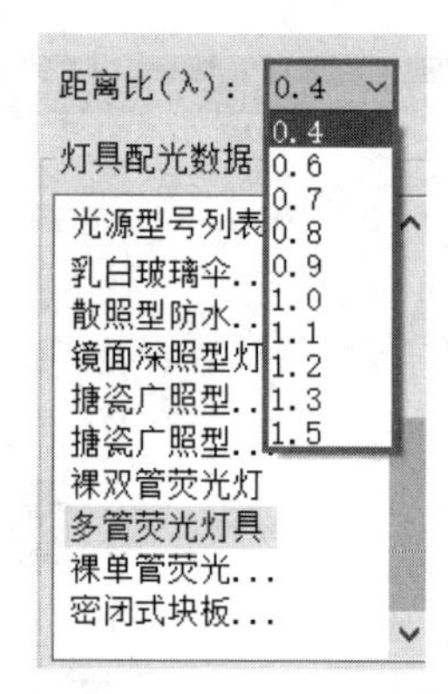

图 4-8 “距离比”下拉列表

计算高度：该项参数不能被编辑，其值是由“照度计算 - 利用系数法”对话框中的“灯安装高度”和“工作面高度”两项参数相减得到的。

室空间比：该项参数也不能被编辑，其值是由公式 RCR=5×Hrc×(L+W)/(L×W) 求出的。其中，RCR 为室空间比，Hrc 为计算高度，L 为房间长度，W 为房间宽度。

“灯具配光数据”选项组介绍如下：

光源型号列表：在该列表中可选择所需要的光源类型。

环带、光强列表：在“光源型号”列表中选择光源类型后，即可在“环带”“光强”列表中显示该种光源每个环带角度相对应的光强值。

添加灯具、删除灯具、灯具改名：单击这三个按钮，可以在“光源型号”列表中添加一个新的光源，或者删除选中的光源型号，或者给光源重新命名。

环带、光强：当在“环带”“光强”列表中选取一组数据时，该组数据分别显示在列表右边的“环带”和“光强”两个选项的文本框中。用户可以在这两个选项的文本框中输入新的数据。

添加、删除、修改：单击“删除”“修改”按钮，则“环带”“光强”列表中的数据会被删除或修改。单击“添加”按钮，则“环带”“光强”两个选项的文本框中的数据会被添加到“环带”“光强”列表。需要注意的是，每个“环带”参数只能对应一个“光强”参数。所以当“环带”选项中的新数据与“环带”“光强”列表中的某个数据相同时，系统会提醒用户重新输入“环带”参数。

参数设置完成后，单击“计算”按钮即可计算利用系数，计算结果会显示在“利用系数”文本框中。单击“返回”按钮，则该文本框中的数值被返回到“照度计算 - 利用系数法”对话框中的“利用系数值”文本框中。

“照度计算 - 利用系数法”对话框的“光源参数设定（第三步）”选项组中的各项参数含义如下：

“光源分类”“光源种类”“型号 - 功率”选项：这三项参数都必须通过其下拉列表来选择。其中，“光源分类”决定着“光源种类”和“型号 - 功率”两项，而“光源种类”又决定着“型号 - 功率”。

“单灯具内有”选项：编辑光源个数的选项，它可以确定每一个光源中所含光源的个数。如果调整光源个数，相应的“总光通量”也会同步更新。“总光通量”的大小为“单个光源通量”×“光源个数”。

“其他计算参数（第四步）”选项组介绍如下：

照度要求值：可以直接在右侧的文本框中输入参数，也可以单击“照度要求值”按钮，在弹出的如图4-9所示的“照度标准值选择”对话框中通过设置“数据来源”“建筑类型”来确定。在选择数据来源及建筑类型后，对话框会显示该种建筑物中的主要场所及其要求的照度值。选择其中的一条记录，单击“确定”按钮，该照度值会被添加在“照度要求值”文本框中。

维护系数：单击“维护系数”按钮，弹出如图4-10所示的“维护系数”对话框，其中显示了几种条件下的维护系数值。选取其中的选项，单击“返回”按钮即可将该系数值输入“维护系数”文本框中。

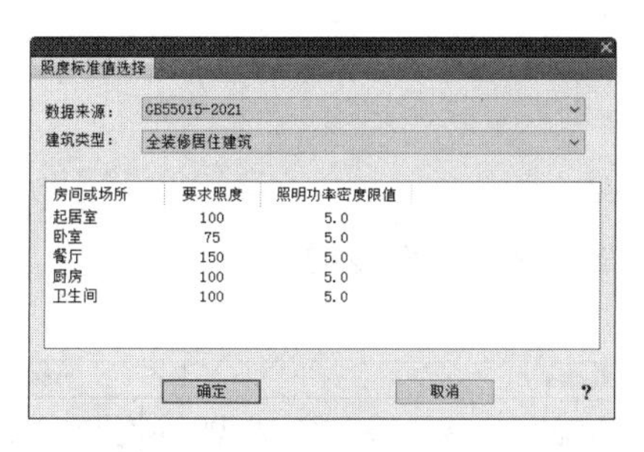

图4-9 “照度标准值选择”对话框

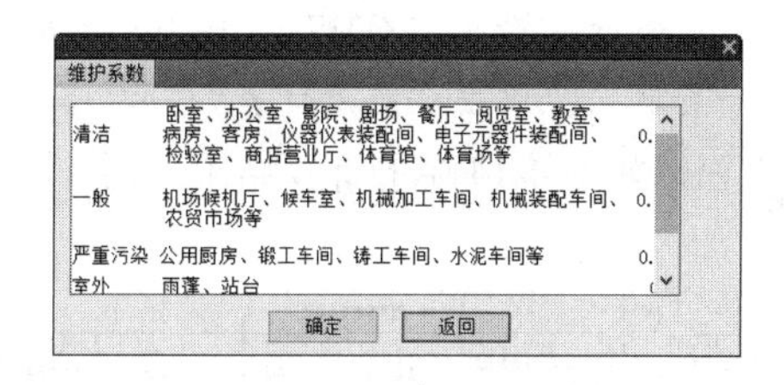

图4-10 “维护系数”对话框

照度计算所需要的参数都已经输入或选择完毕后，单击“计算”按钮，计算的结果就会显示在“计算结果”选项组中的“建议灯具数”“照度值校验”“功率密度 W/m^2”三个选项的文本框中，如图4-11所示。

勾选“输入灯具反算照度”复选框，则可以输入灯具参数，重新计算照度。

单击“出计算书”按钮，则得出的计算结果以“照度计算书”的形式直接存为Word文本文档，如图4-12所示。

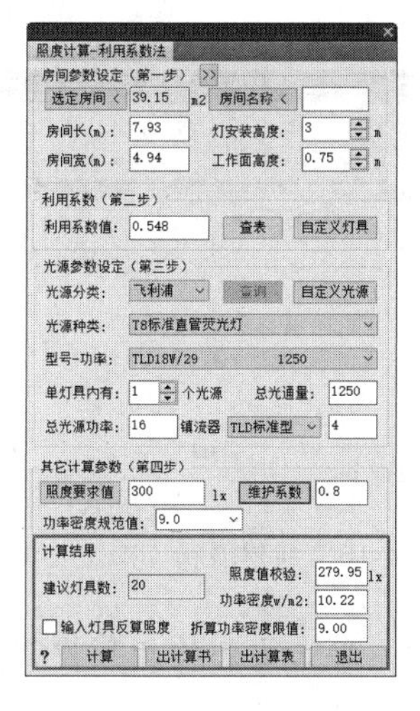

图4-11 计算结果

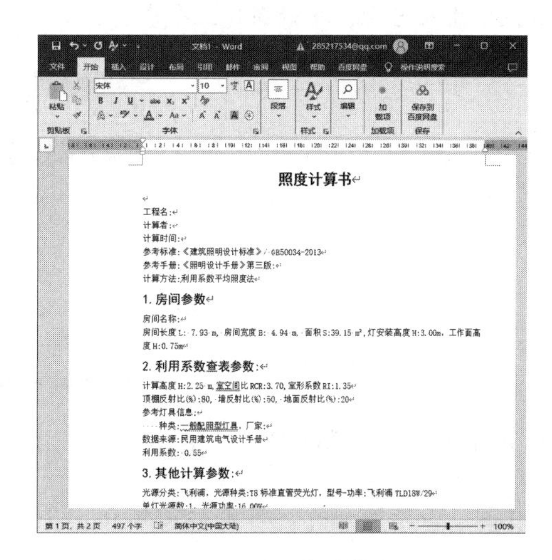
照度计算书

工程名：

计算者：

计算时间：

参考标准：《建筑照明设计标准》/ GB50034-2013

参考手册：《照明设计手册》第三版：

计算方法：利用系数平均照度法：

1. 房间参数

房间名称：

房间长度L：7.93 m，房间宽度B：4.94 m，面积S:39.15 m²，灯安装高度H:3.00m，工作面高度H:0.75m

2. 利用系数查表参数：

计算高度H:2.25 m，室空间比RCR:3.70，室形系数RI:1.35

顶棚反射比(%):80，墙反射比(%):50，地面反射比(%):20

参考灯具信息：

种类：一般配照型灯具，厂家：

数据来源：民用建筑电气设计手册

利用系数：0.55

3. 其他计算参数：

光源分类：飞利浦，光源种类：T8标准直管荧光灯，型号-功率：飞利浦 TLD18W/29

图4-12 照度计算书

单击“出计算表”按钮，则可将计算结果以如图 4-13 所示的“照度计算表”的形式显示在平面图上。

照明计算表

	房间参数						利用系数查表参数		其他计算参数										计算结果			
序号	房间名称	房间长(m)	房间宽(m)	面积(m^2)	灯安装高度(m)	工作面高度(m)	数据来源	利用系数值	光源种类	单灯光源数	光源功率(W)	光通量(lm)	总光通量(lm)	镇流器功率(W)	房间类别	维护系数	要求照度值(lx)	功率密度规范值(W/m^2)	灯具数	总功率(W)	计算照度值(lx)	功率密度计算值(W/m^2)
1		7.93	4.94	39.15	3.00	0.75	民用建筑电气设计手册	0.55	T8标准直管荧光灯	1	16	1250	1250	4	普通办公室	0.80	300.00	9.00	20	400	279.95	10.22

图 4-13　照度计算表

4.1.3　多行照度

调用“多行照度”命令，可以同时计算多个房间照度，并根据计算结果提供多种自动方案。

“多行照度”命令的执行方式如下：

➢ 命令行：输入“ZDJS2”按 Enter 键。

➢ 菜单栏：单击“照度计算”→“多行照度”命令。

下面以如图 4-14 中的计算结果为例，讲解调用“多行照度”命令的方法。

房间照度计算照明计算表

	房间参数						利用系数查表参数		其他计算参数										计算结果			
序号	房间名称	房间长(m)	房间宽(m)	面积(m^2)	灯安装高度(m)	工作面高度(m)	数据来源	利用系数值	光源种类	单灯光源数	光源功率(W)	光通量(lm)	总光通量(lm)	镇流器功率(W)	房间类别	维护系数	要求照度值(lx)	功率密度规范值(W/m^2)	灯具数	总功率(W)	计算照度值(lx)	功率密度计算值(W/m^2)
1	办公室	5.73	5.13	29.39	3.00	0.75	《照明设计手册(第三版)》	0.62	T8标准直管荧光灯	1	32	2975	2975	5	普通办公室	0.80	300.00	9.00	4	148	200.83	5.03
2	资料室	6.23	5.13	31.96	3.00	0.75	《照明设计手册(第三版)》	0.63	T8标准直管荧光灯	1	32	2975	2975	5	普通办公室	0.80	300.00	9.00	6	222	281.49	6.95
3	会客室	12.26	3.67	44.99	3.00	0.75	《照明设计手册(第三版)》	0.63	T8标准直管荧光灯	1	32	2975	2975	5	普通办公室	0.80	300.00	9.00	6	222	200.58	4.93

图 4-14　房间照度计算表

01 按 Ctrl+O 组合键，打开配套资源提供的“第 4 章 /4.1.3 多行照度 .dwg”素材文件，如图 4-15 所示。

02 单击“照度计算”→“多行照度”命令，打开“照度计算”对话框。在“工程名称”文本框中输入名称，接着新建三个表行，如图 4-16 所示。

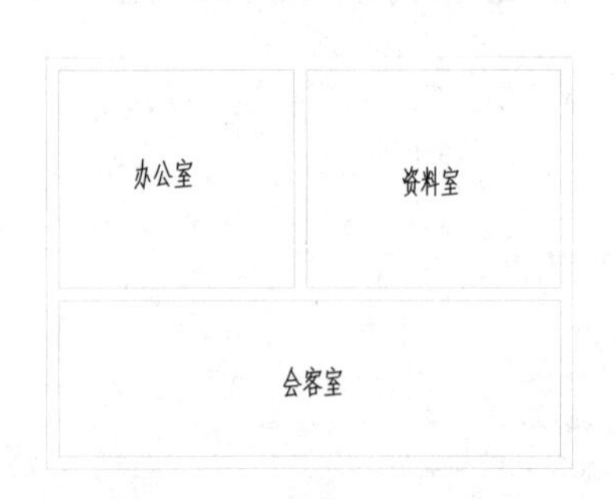

图 4-15　打开素材文件

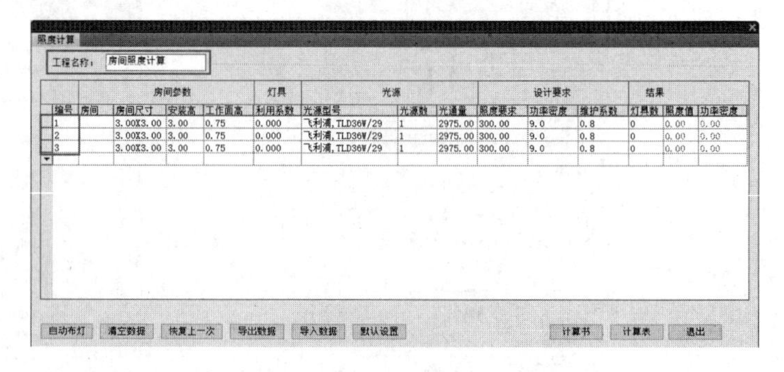

图 4-16　新建表行

03 选择第一行，将光标定位在“房间”单元格中，单击右侧的矩形按钮，如图 4-17 所示。

04 在绘图区中选择房间名称标注文字，如图 4-18 所示为选中“办公室”。

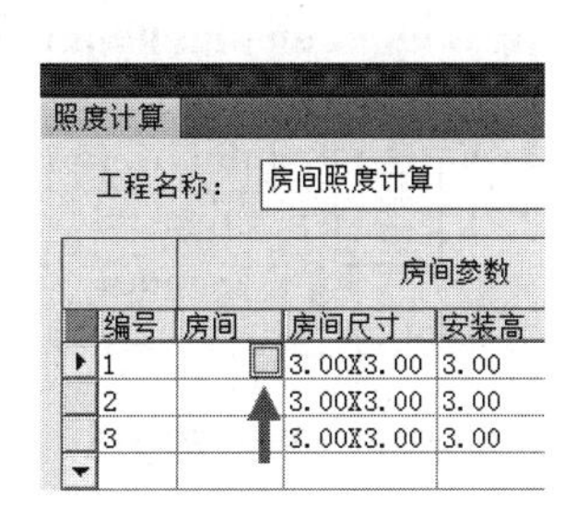

图 4-17　单击矩形按钮

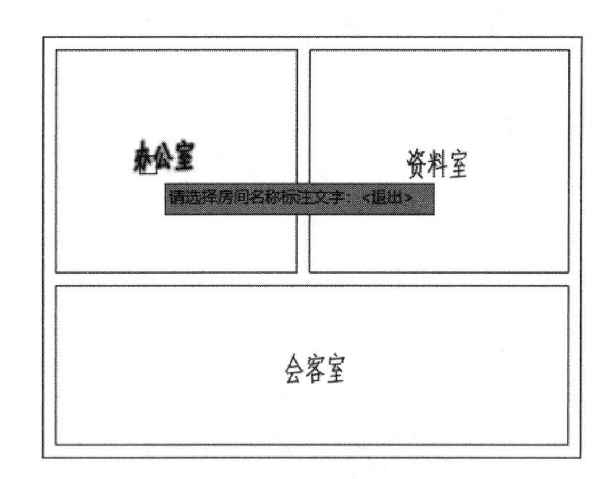

图 4-18　选择房间名称

05 将光标定位在“房间尺寸”单元格中，单击右侧的矩形按钮，如图 4-19 所示。

06 在绘图区中依次指定房间的起始点与对角点，如图 4-20 和图 4-21 所示。

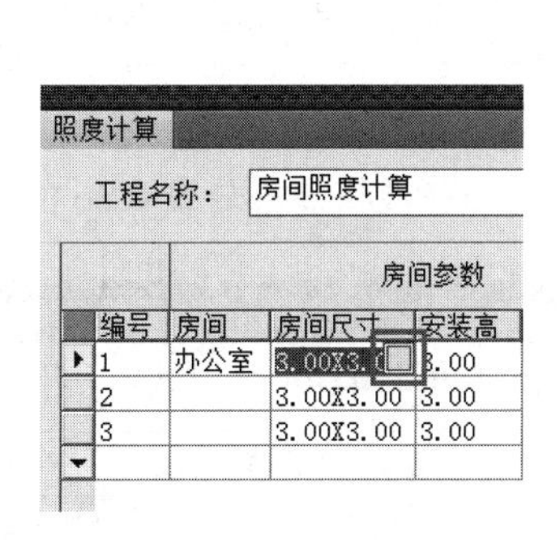

图 4-19　单击矩形按钮

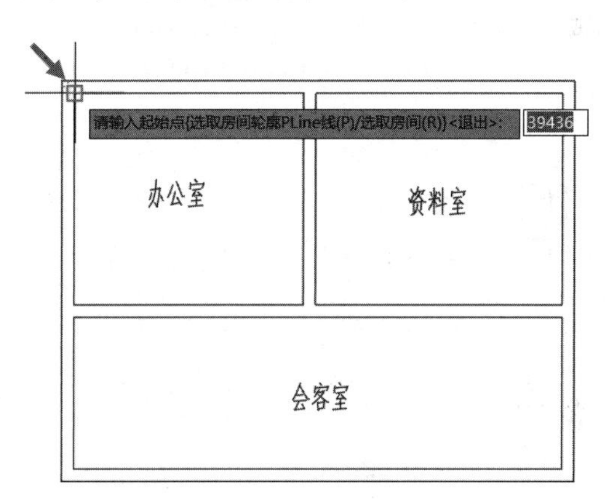

图 4-20　指定房间起始点

07 此时在“房间尺寸”单元格中显示出所选房间的尺寸，如图 4-22 所示。

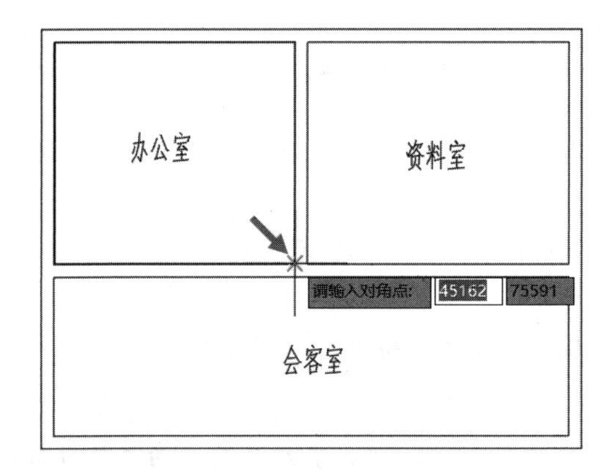

图 4-21　指定房间对角点

编号	房间	房间尺寸	安装高
1	办公室	5.73X5.13	3.00
2		3.00X3.00	3.00
3		3.00X3.00	3.00

图 4-22　显示房间尺寸

08 单击“照度计算”对话框左下角的“自动布灯”按钮，弹出如图 4-23 所示的提示对话框，单击“确定”按钮。

09 随即打开“自动布灯”对话框，选择格栅灯，并设置“灯具数”为 4，如图 4-24 所示。

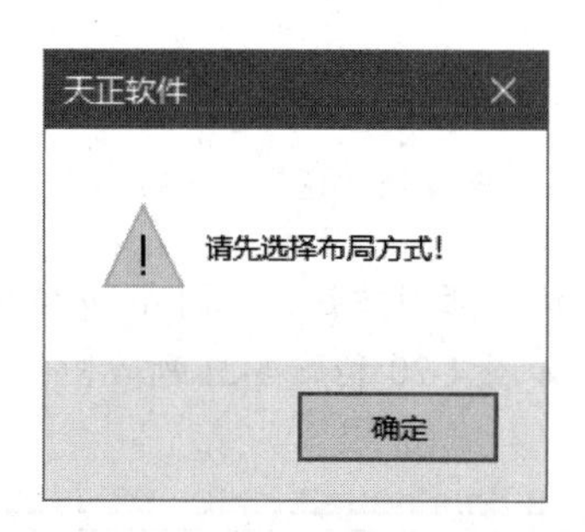

图 4-23 提示对话框

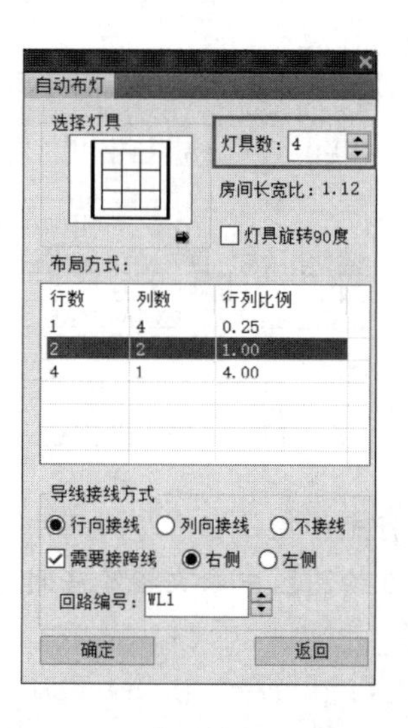

图 4-24 “自动布灯”对话框

10 单击“确定”按钮，为所选房间布置灯具，结果如图 4-25 所示。

11 将光标定位在“利用系数”单元格中，单击右侧的矩形按钮，如图 4-26 所示。

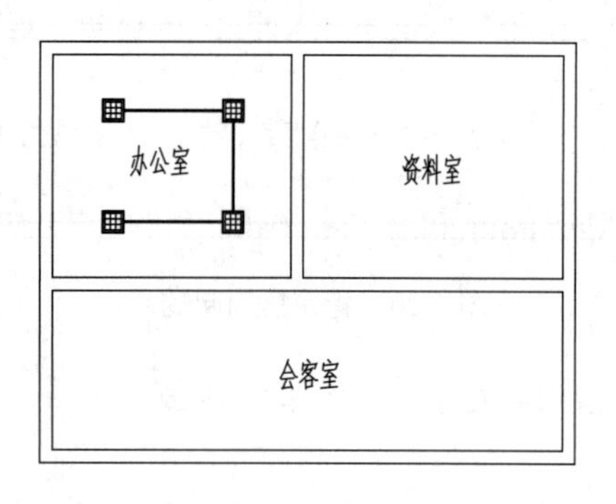

图 4-25 布置灯具

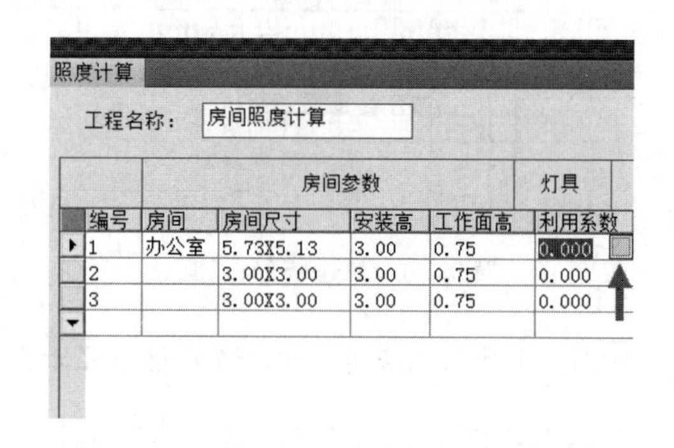

图 4-26 单击矩形按钮

12 打开“利用系数 - 查表法”对话框，选择灯具的种类，单击“查表”按钮，在“利用系数值”文本框中显示参数，如图 4-27 所示。

13 单击“返回”按钮，返回“照度计算”对话框，设置“灯具数”为 4，如图 4-28 所示。

14 重复上述操作，继续拾取房间、布置灯具，计算结果如图 4-29 所示。

15 布置灯具的结果如图 4-30 所示。

16 单击“照度计算”对话框右下角的“计算书”按钮，将计算结果输出为“照度计算书”形式的 Word 文档，如图 4-31 所示。

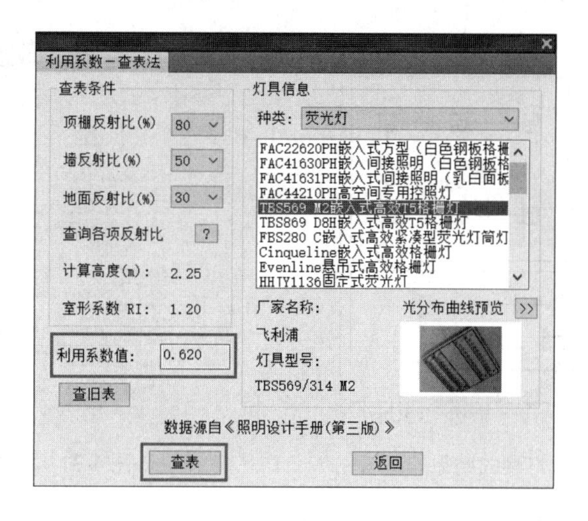

图 4-27　在“利用系数值”文本框中显示参数

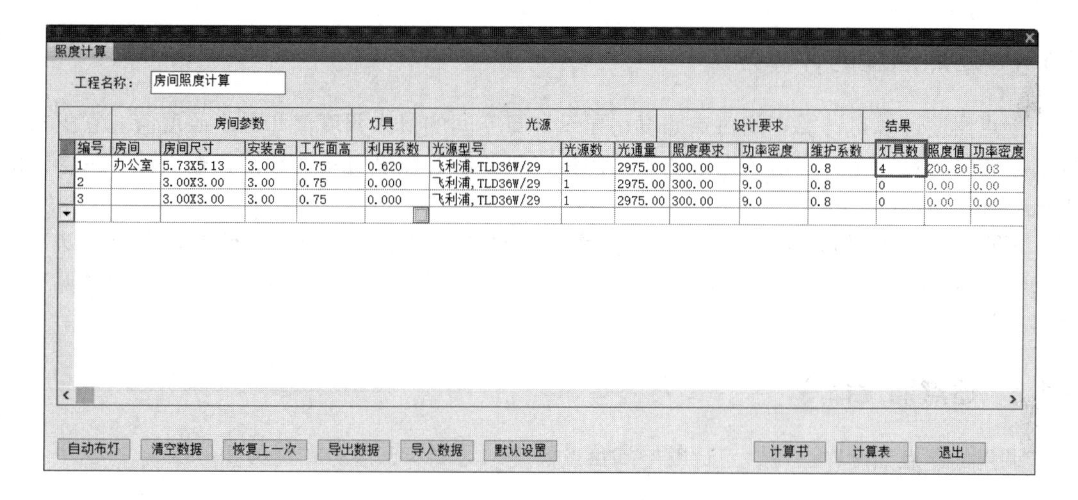

房间参数					灯具	光源			设计要求			结果		
编号	房间	房间尺寸	安装高	工作面高	利用系数	光源型号	光源数	光通量	照度要求	功率密度	维护系数	灯具数	照度值	功率密度
1	办公室	5.73X5.13	3.00	0.75	0.620	飞利浦,TLD36W/29	1	2975.00	300.00	9.0	0.8	4	200.80	5.03
2		3.00X3.00	3.00	0.75	0.000	飞利浦,TLD36W/29	1	2975.00	300.00	9.0	0.8	0	0.00	0.00
3		3.00X3.00	3.00	0.75	0.000	飞利浦,TLD36W/29	1	2975.00	300.00	9.0	0.8	0	0.00	0.00

图 4-28　设置“灯具数”

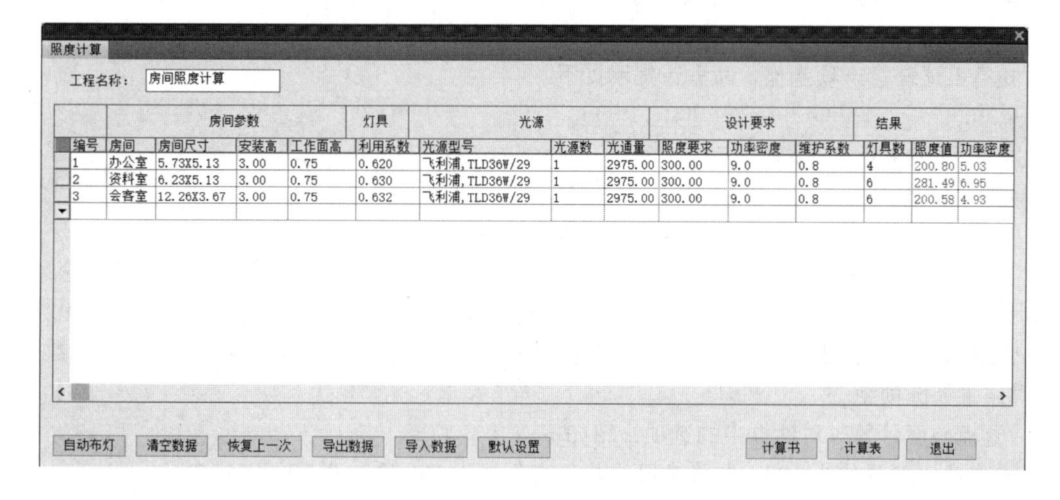

房间参数					灯具	光源			设计要求			结果		
编号	房间	房间尺寸	安装高	工作面高	利用系数	光源型号	光源数	光通量	照度要求	功率密度	维护系数	灯具数	照度值	功率密度
1	办公室	5.73X5.13	3.00	0.75	0.620	飞利浦,TLD36W/29	1	2975.00	300.00	9.0	0.8	4	200.80	5.03
2	资料室	6.23X5.13	3.00	0.75	0.630	飞利浦,TLD36W/29	1	2975.00	300.00	9.0	0.8	6	281.49	6.95
3	会客室	12.26X3.67	3.00	0.75	0.632	飞利浦,TLD36W/29	1	2975.00	300.00	9.0	0.8	6	200.58	4.93

图 4-29　计算结果

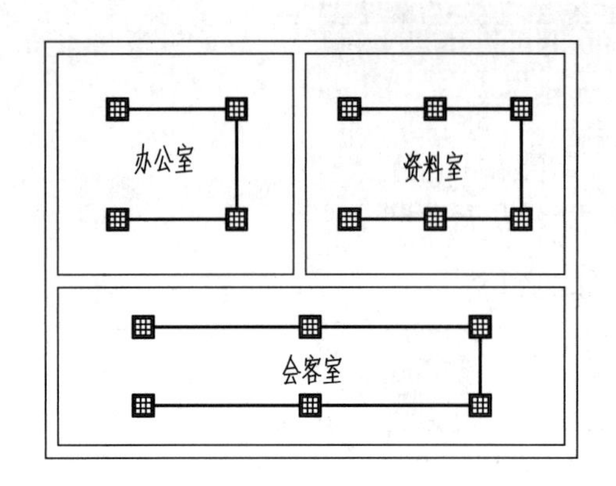

图 4-30　布置灯具的结果

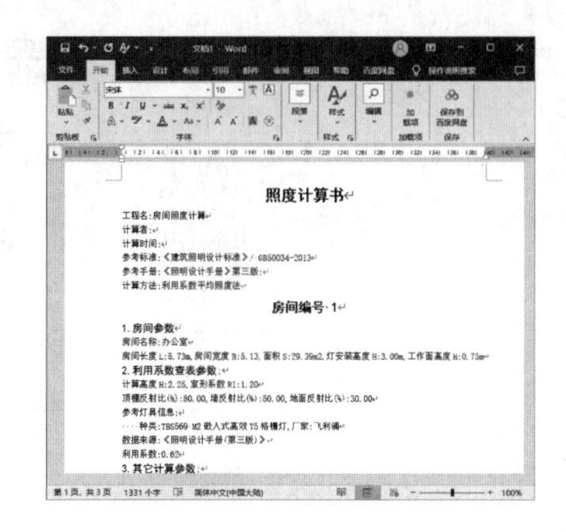

图 4-31　照度计算书

17　单击“照度计算”对话框中的“计算表”按钮，在绘图区中单击左上角点，绘制计算表，结果如图 4-14 所示。

4.1.4　逐点照度的计算方法

逐点照度计算可计算空间每点照度，显示计算空间的最大照度值和最小照度值。它支持不规则区域的计算，充分考虑了光线的遮挡因素，可绘制等照度分布曲线图，输出计算书形式的 Word 文档。

逐点照度计算的程序采用的是“点照度”计算法，可精确计算每点照度。计算方法采用《照明设计手册》中关于照度计算的方法。灯具及其配光曲线及等光强表的数据均来自《照明设计手册》。

4.1.5　逐点照度命令

调用“逐点照度”命令，可计算空间每点照度，绘制等照度分布曲线图。

“逐点照度”命令的执行方式如下：

- 命令行：输入“ZDZD”按 Enter 键。
- 菜单栏：单击“照度计算”→“逐点照度”命令。

执行上述任意一项操作，命令行提示如下：

```
命令：ZDZD ↙
请输入房间起始点 {选取房间轮廓 PLine 线 [P]}<退出>：
请输入对角点：
```

如果为矩形房间，则通过指定房间的对角点选择房间。

如果为不规则房间，则需要事先绘制房间的轮廓线，或者通过“建筑”→“房间轮廓线”命令生成房间轮廓线。此时根据命令行的提示输入“P”，选取房间轮廓线即可提取房间参数。

选定房间后，弹出如图 4-32 所示的“逐点照度计算”对话框，其中包含了“计算参数”和“计算结果”选项组。

“逐点照度计算”对话框中的选项介绍如下：

点密度：默认值为 100，即将房间的长、宽各分为 100 段，共 10000 个点。

工作面高度：定义工作面的高度。系统默认值为 0.75。

维护系数：系统默认值为0.8，用户可自定义修改。

光通量：可以手动定义参数值。将光标定位在选项单元格中，单击单元格右侧的矩形按钮，弹出如图4-33所示的“选择光源”对话框，在其中可选择相应的光源种类。

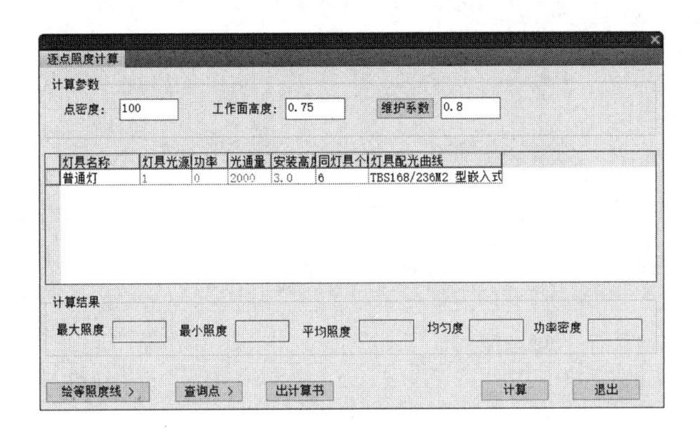

图4-32 “逐点照度计算”对话框

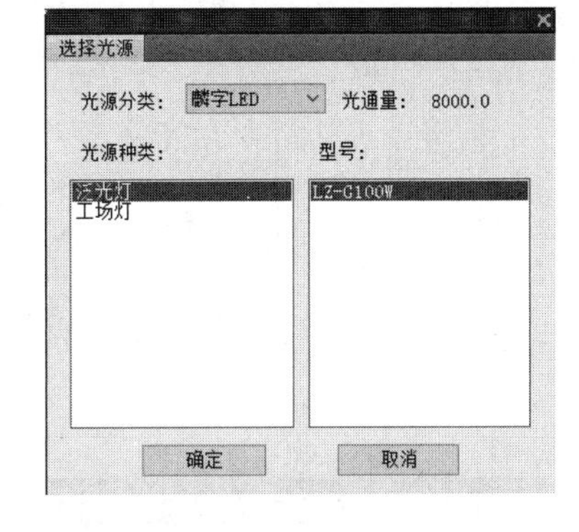

图4-33 “选择光源”对话框

灯具配光曲线：单击单元格右侧的矩形按钮，弹出如图4-34所示的“发光强度表”对话框，可在其中通过设置灯具信息来获取灯具的发光强度表。

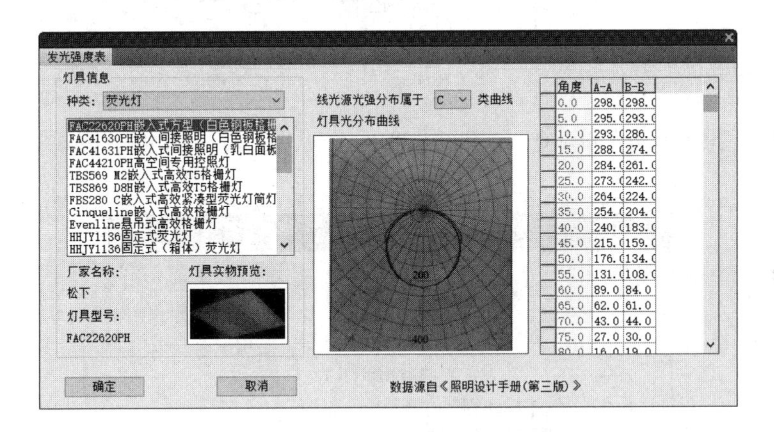

图4-34 “发光强度表”对话框

单击“确定”按钮，关闭“发光强度表”对话框，返回“逐点照度计算”对话框。单击“计算”按钮，即可在“计算结果”选项组中显示各选项的计算结果，如图4-35所示。

单击“逐点照度计算”对话框中的“绘等照度线”按钮，弹出如图4-36所示的“等照度曲线设置”对话框，可以在“等照度线设置”选项组中设置各项参数值，也可在“颜色设置”列表中定义照度线的颜色。

单击“等照度曲线设置”对话框中的“绘等照度线”按钮，即可在选定的房间内绘制等照度曲线，如图4-37所示。

单击“逐点照度计算”对话框中的“查询点”按钮，可以查询所计算房间内任意一点的照度值。

单击“逐点照度计算”对话框中的“出计算书”按钮，可以将计算结果以Word文档形式输出为“逐点照度计算书”，如图4-38所示。

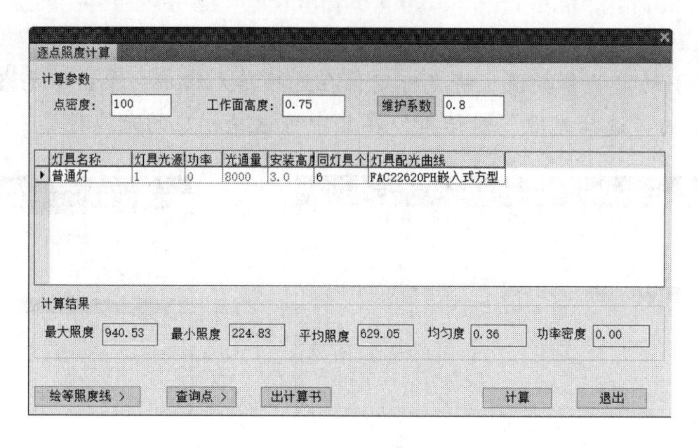

图 4-35　显示计算结果

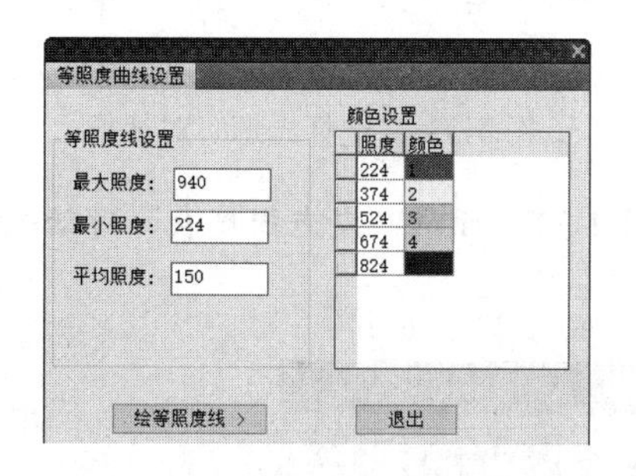

图 4-36　“等照度曲线设置”对话框

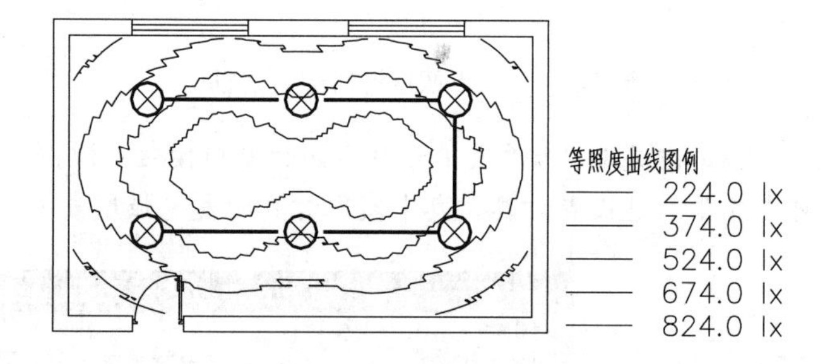

图 4-37　绘制等照度曲线

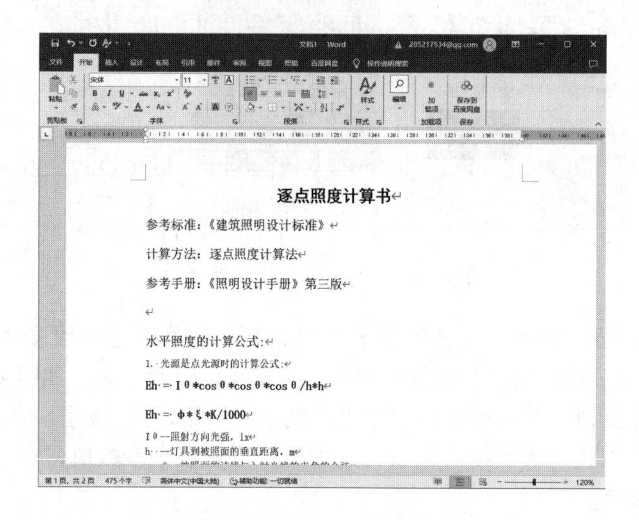

逐点照度计算书

参考标准：《建筑照明设计标准》

计算方法：逐点照度计算法

参考手册：《照明设计手册》第三版

水平照度的计算公式:

1. 光源是点光源时的计算公式:

Eh = Iθ*cosθ*cosθ*cosθ/h*h

Eh = Φ*ξ*K/1000

Iθ--照射方向光强，lx

h--灯具到被照面的垂直距离，m

图 4-38　逐点照度计算书

4.1.6　导光管

调用“导光管”命令，可以通过利用系数法来计算采光区域在要求照度下所需要的导光管数量，并对计算结果进行校验。

“导光管”命令的执行方式如下：

➢ 命令行：输入“DGG”按 Enter 键。

➢ 菜单栏：单击“照度计算”→“导光管”命令。

执行上述任意一项操作，打开“导光管照度计算 - 利用系数法”对话框，如图 4-39 所示单击左上角的“选定采光区域”按钮，在绘图区中指定起始点和对角点，可指定采光区域，如图 4-40 所示。

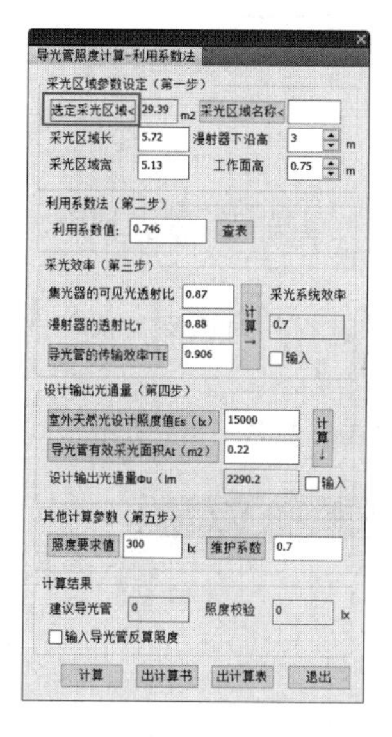

图 4-39　单击按钮

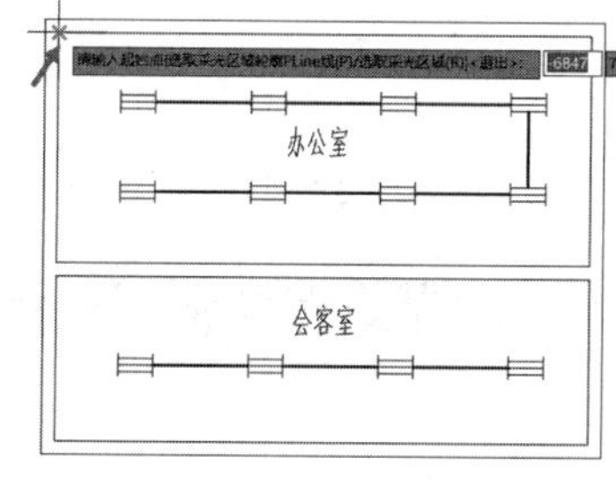

a）指定起始点

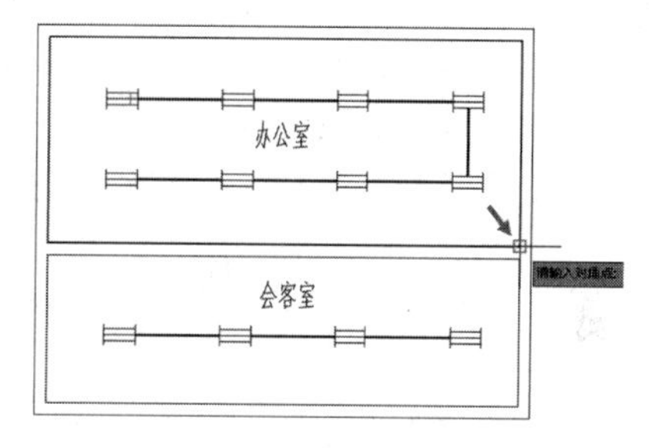

b）指定对角点

图 4-40　指定采光区域

单击“利用系数值”右侧的“查表”按钮，打开“利用系数 - 查表法”对话框，设置参数后单击“查表”按钮，在“利用系数值”文本框中显示出参数，如图 4-41 所示。单击“返回”按钮。

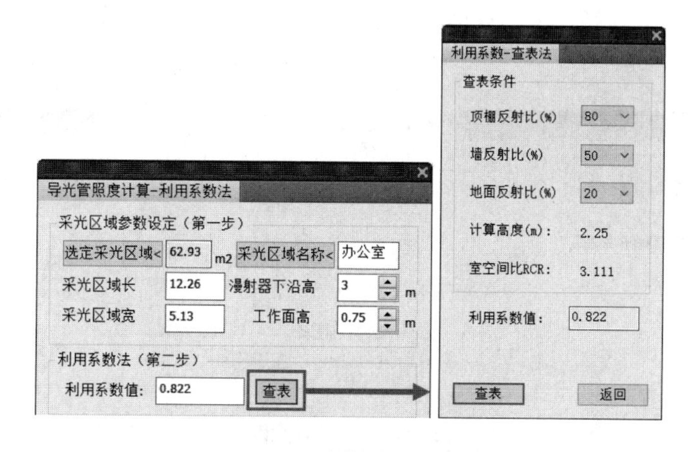

图 4-41　计算利用系数值

单击“导光管的传输效率 TTE”按钮，打开“传输效率 - 查表法”对话框，设置参数后单击“查表”按钮，在“传输效率”文本框中显示出参数，如图 4-42 所示。单击“返回”按钮。

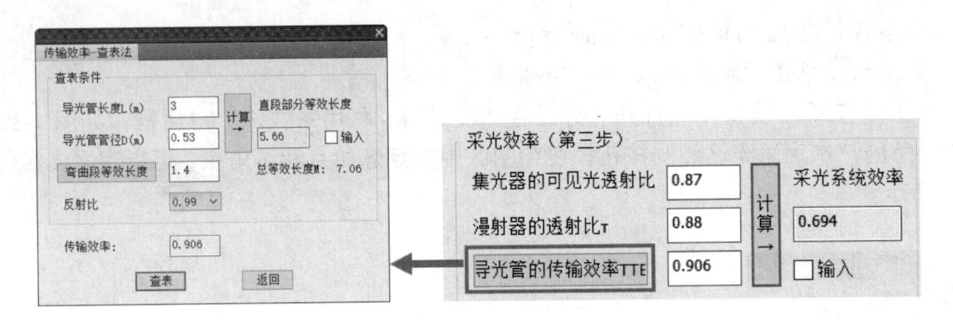

图 4-42　计算传输效率

单击“室外天然光设计照度值 Es（lx）”按钮，在打开的“中国光气候分区”对话框中选择地区、城市及光气候分区，单击“确定”按钮返回。

单击“导光管有效采光面积 At（m2）”按钮，打开“有效采光面积选择”对话框，选择选项后单击“确定”按钮返回。

单击“计算”按钮，在“设计输出光通量”文本框中显示出计算结果，如图 4-43 所示。

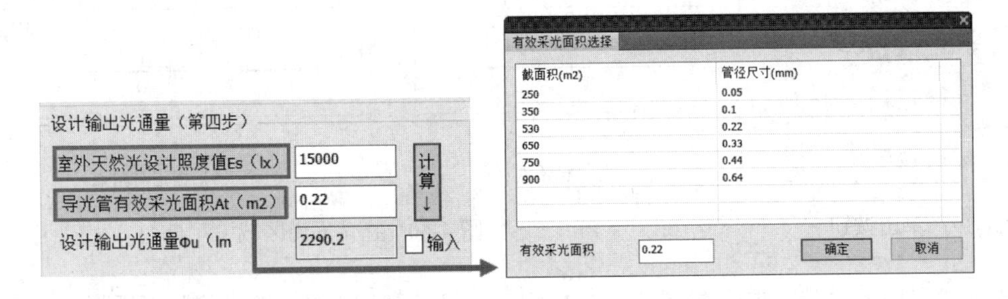

图 4-43　计算结果

单击“照度要求值”按钮，在打开的“照度标准值选择”对话框中选择建筑类型，并在列表中选择照度标准值，如图 4-44 所示。单击“确定”按钮返回。

单击“维护系数”按钮，在打开的“维护系数”对话框中选择系数，结果如图 4-44 所示。单击“确定”按钮返回。

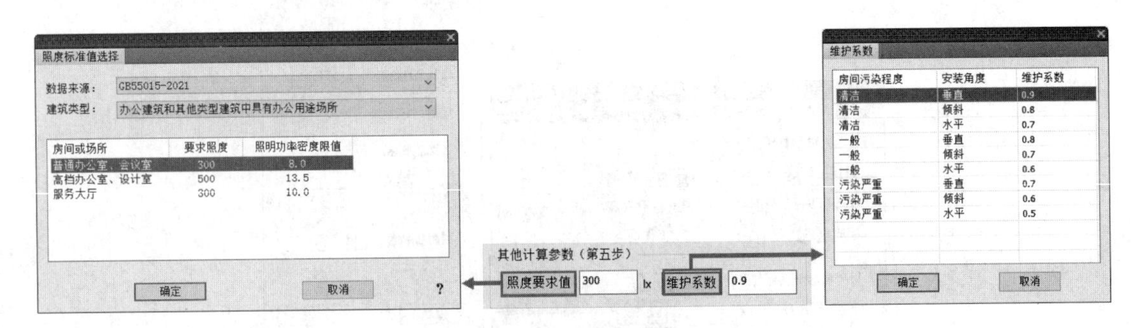

图 4-44　计算结果

单击“导光管照度计算 - 利用系数法”对话框左下角的“计算”按钮，在“计算结果”选项组中显示出参数值，如图 4-45 所示。单击“出计算书”按钮，输出 Word 格式的“照度计算书”，如图 4-46 所示。

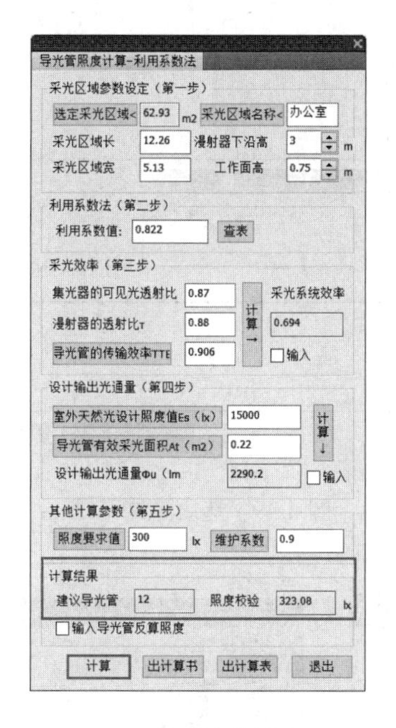

图 4-45　计算结果

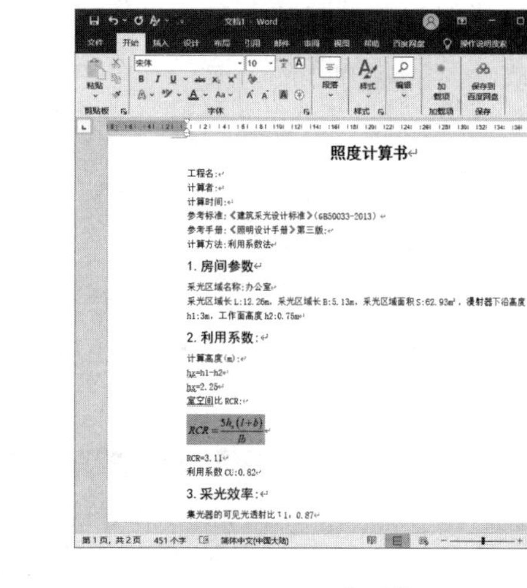

图 4-46　照度计算书

单击“出计算表”按钮，在绘图区中指定插入点，绘制照度计算表，结果如图 4-47 所示。

导光管采光系统照度计算表

序号	采光区域参数						利用系数参数	设计输出光通量参数	其他计算参数		计算结果	
	采光区域名称	采光区域长(m)	采光区域宽(m)	面积(m^2)	漫射器下沿高度(m)	工作面高度(m)	利用系数值	设计输出光通量(lm)	维护系数	要求照度值(lx)	导光管数	计算照度值(lx)
1	办公室	12.26	5.13	62.93	3	0.75	0.82	2290.19	0.9	300	12	323.08

图 4-47　绘制照度计算表

4.1.7　路面照度

调用“路面照度”命令，可以通过利用系数法计算路面在要求照度下所需的路灯间距并进行校验。

“路面照度”命令的执行方式如下：

- 命令行：输入“LMZD”按 Enter 键。
- 菜单栏：单击“照度计算”→“路面照度”命令。

执行上述任意一项操作，打开“路面照度计算 - 利用系数法”对话框，如图 4-48 所示。单击“选定道路”按钮，在绘图区中指定起始点与对角点，可选定道路范围，如图 4-49 所示。

单击“利用系数值”选项右侧的“查图”按钮，打开“利用系数”对话框，如图 4-50 所示。在其中选择“路灯在道路一侧”选项，单击“计算”按钮，可计算距离比参数；输入“利用系数 U1”和“利用系数 U2”值，在“利用系数 U”文本框中可显示参数值。

选择“有中央隔离带的车道”选项（见图 4-51），计算距离比参数和“利用系数 U”参数。计算完成后，单击“返回”按钮即可。

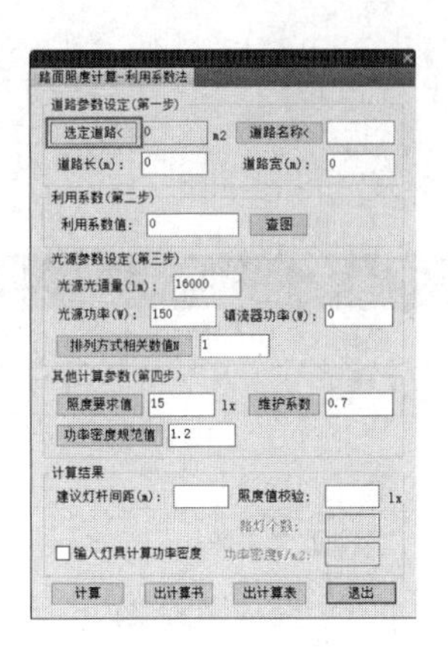

图 4-48 “路面照度计算 - 利用系数法”对话框

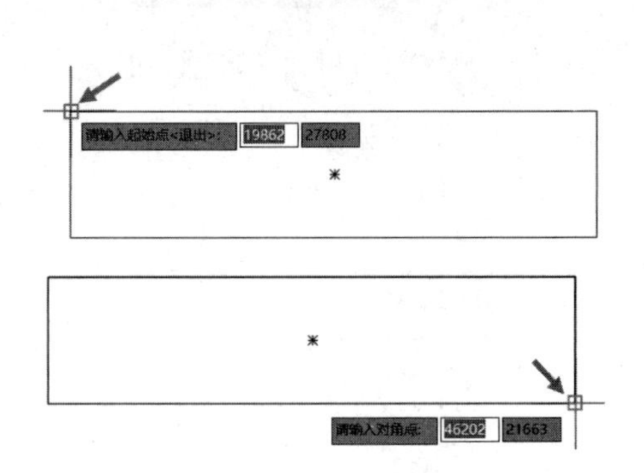

图 4-49 选定道路范围

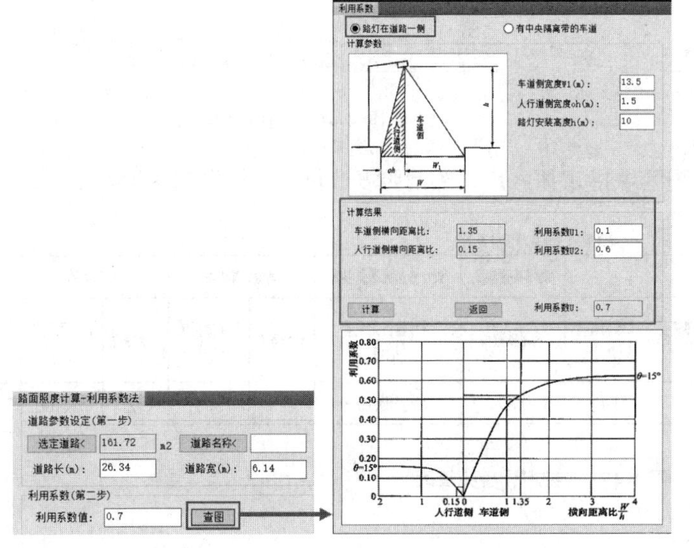

图 4-50 打开“利用系数”对话框

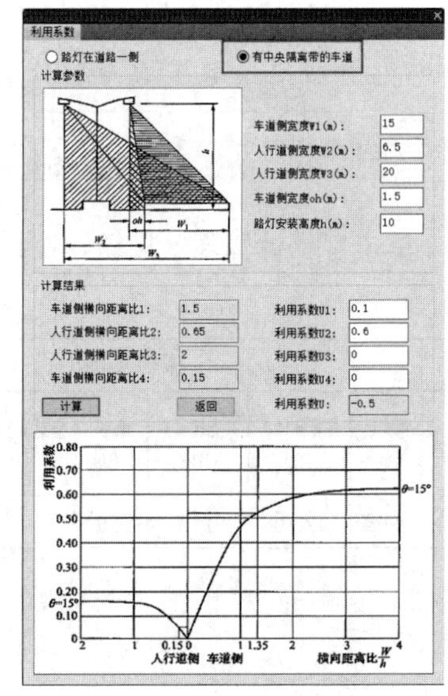

图 4-51 选择选项

单击“排列方式相关数值 N”按钮，打开如图 4-52 所示的“说明”对话框，其中显示了 N 与路灯排列方式有关的数值。单击“关闭”按钮，根据实际要求输入数值。

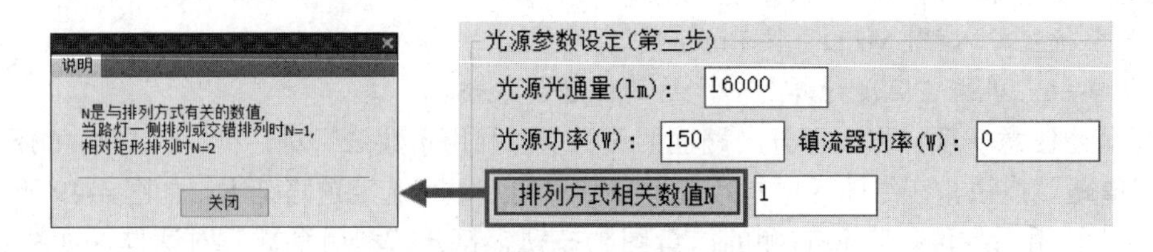

图 4-52 打开“说明”对话框

单击“照度要求值”按钮，打开如图 4-53 所示的“照度标准值选择”对话框，在“道路类型”下拉列表中选择选项，并在列表中选择参数，单击“确定”按钮返回。

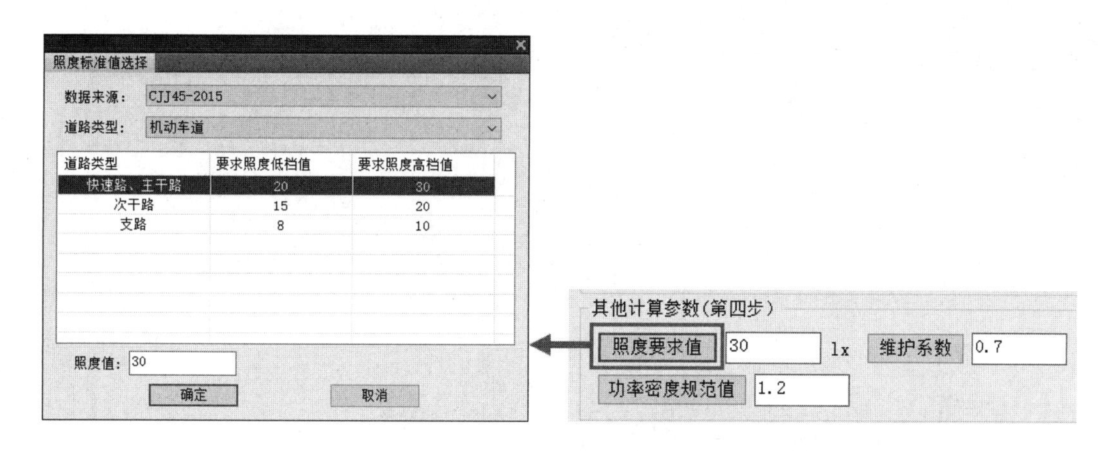

图 4-53　打开“照度标准值选择”对话框

单击“维护系数”按钮，打开如图 4-54 所示的“维护系数”对话框，选择系数，单击“确定”按钮返回。

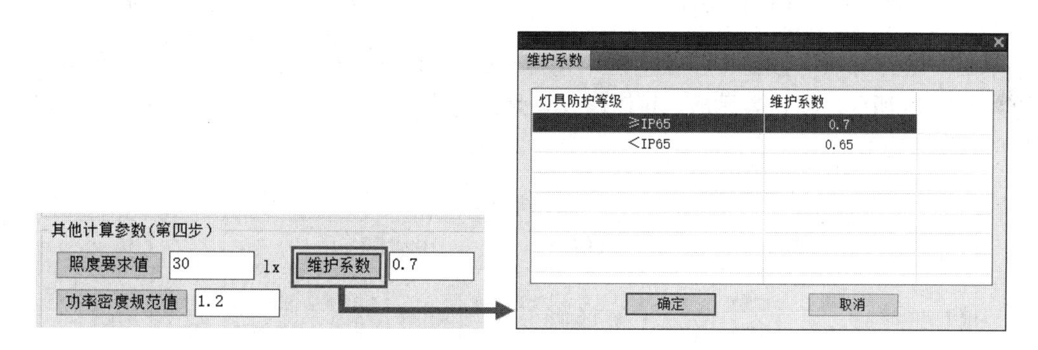

图 4-54　打开“维护系数”对话框

单击“功率密度规范值”按钮，打开如图 4-55 所示的“功率密度规范值选择”对话框，选择“道路类型”，并在列表中选择规范值，单击“确定”按钮返回。

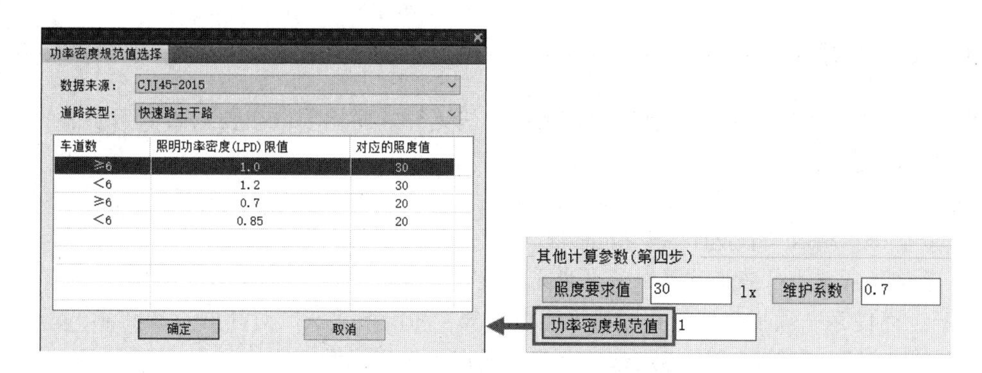

图 4-55　打开“功率密度规范值选择”对话框

选择“输入灯具计算功率密度”选项，输入“路灯个数”，单击“计算”按钮，即可显示计算结果，如图 4-56 所示。单击“出计算书”按钮，可将计算结果输出为 Word 文档，如图 4-57 所示。

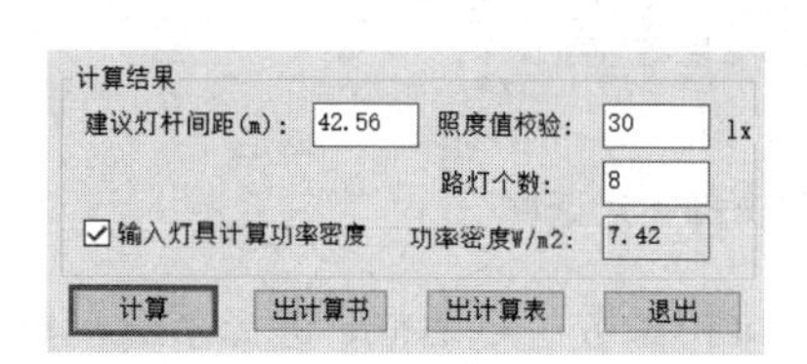

图 4-56　显示计算结果

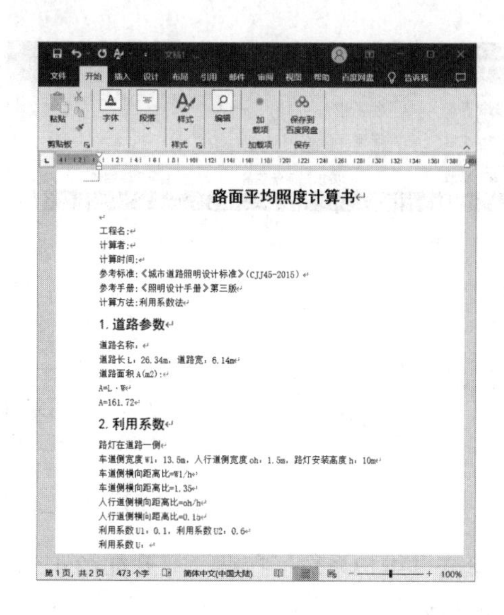

图 4-57　将计算结果输出为 Word 文档

单击“出计算表”按钮，在绘图区中指定插入点放置表格，生成的“路面平均照度计算表”如图 4-58 所示。双击单元格，可以修改单元格中的内容。选中表格，激活夹点，可以调整表格的列宽与行高。

路面平均照度计算表

	道路参数				利用系数	其他计算参数				计算结果	
序号	道路名称	道路长(m)	道路宽(m)	面积(m^2)	利用系数值	光源光通量(lm)	维护系数	要求照度值(lx)	排列方式相关数值	灯杆间距(m)	计算照度值(lx)
1	主干道	26.34	6.14	161.72	0.70	16000	0.70	30.00	1	42.56	30.00

图 4-58　生成的“路面平均照度计算表”

4.1.8　投光照度

调用“投光照度”命令，可以通过利用系数法计算大面积场地在要求照度下所需的投光灯个数并进行校验。

“投光照度”命令的执行方式如下：

- 命令行：输入“TGZD”按 Enter 键。
- 菜单栏：单击“照度计算”→“投光照度”命令。

执行上述任意一项操作，打开“投光照度计算 - 利用系数法”对话框。如图 4-59 所示单击“选定场地”按钮，在绘图区中指定起始点与对角点可选定场地范围，如图 4-60 所示。

单击“利用系数值”选项右侧的“查表”按钮，打开“利用系数 - 查表法”对话框，如图 4-61 所示。在其中选择系数，单击“确定”按钮返回。

单击“照度要求值”按钮，打开“照度标准值选择”对话框，如图 4-62 所示。在其中选择“建筑类型”，接着在列表中选择参数，单击“确定”按钮返回。

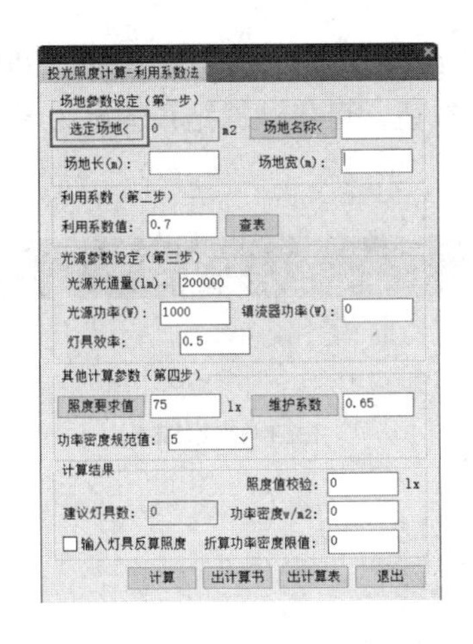

图 4-59　单击“选定场地”按钮

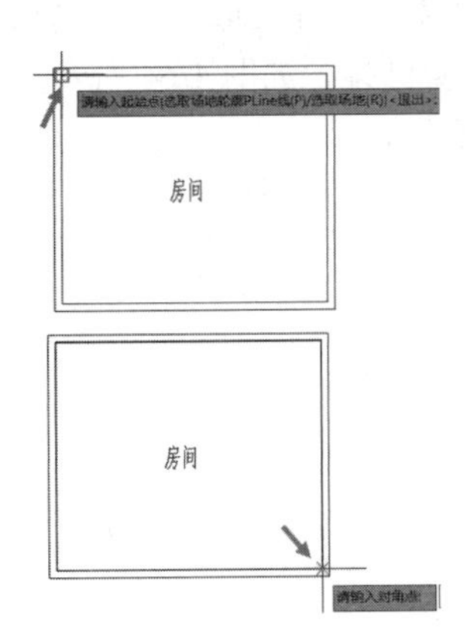

图 4-60　选定场地范围

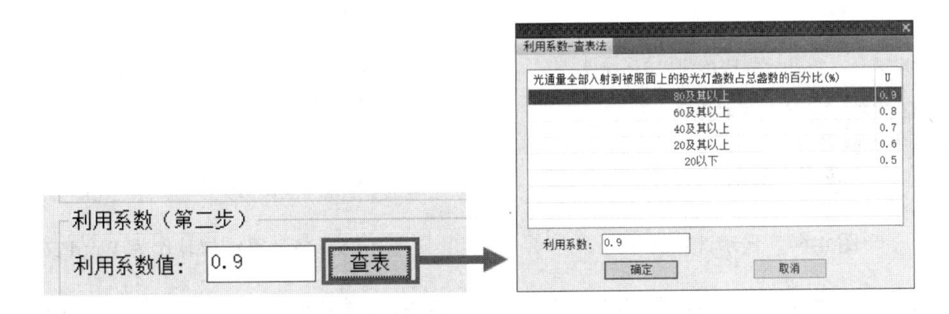

图 4-61　打开“利用系数 - 查表法”对话框

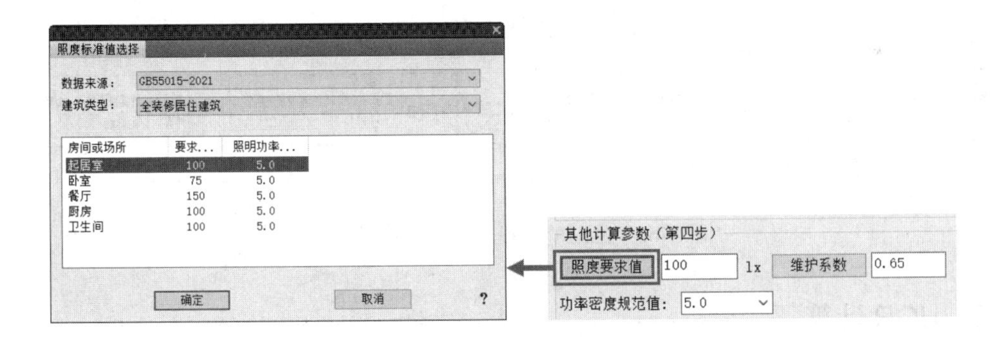

图 4-62　打开“照度标准值选择”对话框

单击“维护系数”按钮，打开“说明”对话框，如图 4-63 所示。参考说明文字设置系数值，单击“关闭”按钮返回。

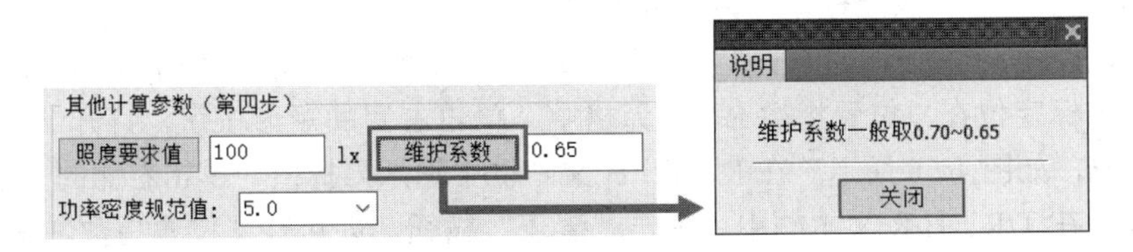

图 4-63　打开“说明”对话框

选择“输入灯具反算照度”选项，设置“输入灯具数”，单击“计算”按钮，即可在对话框中显示计算结果，如图 4-64 所示。单击“出计算书”按钮，可将计算结果输出为 Word 文档，如图 4-65 所示。

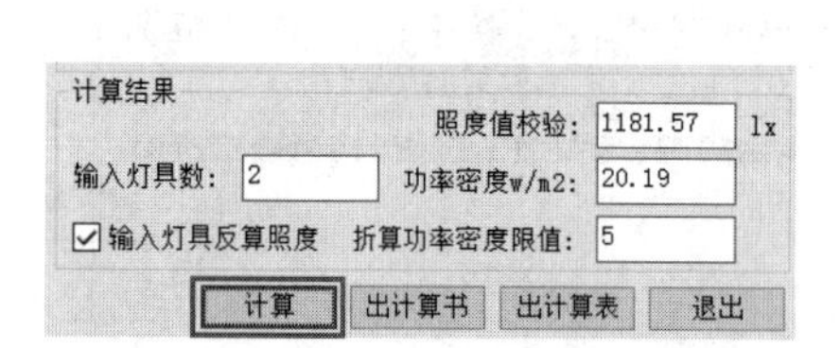

图 4-64　显示计算结果

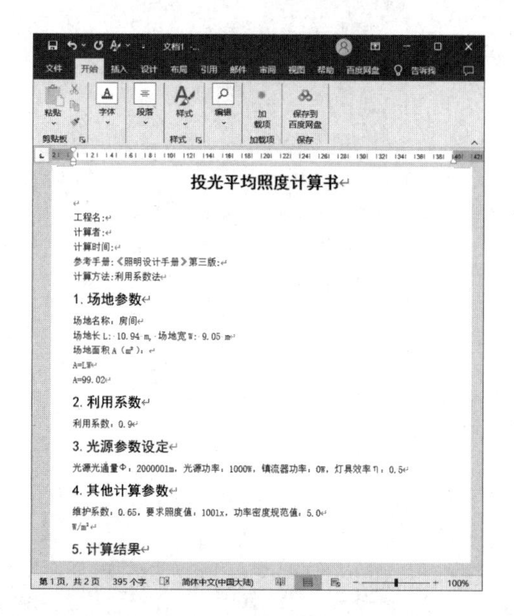

投光平均照度计算书

工程名:
计算者:
计算时间:
参考手册:《照明设计手册》第三版:
计算方法:利用系数法

1. 场地参数

场地名称：房间
场地长 L：10.94 m，场地宽 W：9.05 m
场地面积 A（m²）：
A=LW
A=99.02

2. 利用系数

利用系数：0.9

3. 光源参数设定

光源光通量 Φ：200000lm，光源功率：1000W，镇流器功率：0W，灯具效率 η：0.5

4. 其他计算参数

维护系数：0.65，要求照度值：100lx，功率密度规范值：5.0 W/m²

5. 计算结果

图 4-65　将计算结果输出为 Word 文档

单击“出计算表”按钮，在绘图区中指定插入点放置表格，生成的“投光平均照度计算表”如图 4-66 所示。

投光平均照度计算表

	场地参数				利用系数	其他计算参数							计算结果			
序号	场地名称	场地长(m)	场地宽(m)	面积(m^2)	利用系数值	光源光通量(lm)	光源功率(W)	镇流器功率(W)	灯具效率	维护系数	要求照度值(lx)	功率密度规范值(W/m^2)	灯具数	总功率(W)	计算照度值(lx)	功率密度计算值(W/m^2)
1	房间	10.94	9.05	99.02	0.9	200000	1000	0	0.5	0.65	100	5	2	2000	1181.57	20.19

图 4-66　生成的“投光平均照度计算表”

4.1.9　UGR 计算

调用“UGR 计算”命令，可以计算室内照明场所的统一眩光值（UGR）。

“URG 计算”命令的执行方式如下：

➢ 命令行：输入“UGRJS”按 Enter 键。

➢ 菜单栏：单击“照度计算”→“UGR 计算”命令。

执行上述任意一项操作，打开“统一眩光值计算”对话框，如图 4-67 所示。在单元格中输入参数，将光标定位在“位置指数 P”单元格中，单击右侧的矩形按钮，打开“位置指数 - 查表法”对话框，如图 4-68 所示。在 R、T、H 文本框中输入坐标值，单击右侧的“计算”按钮，计算结果显示在 T/R、H/R 文本框中。单击“查表”按钮，即可在“位置指数”文本框中显示查表结果。

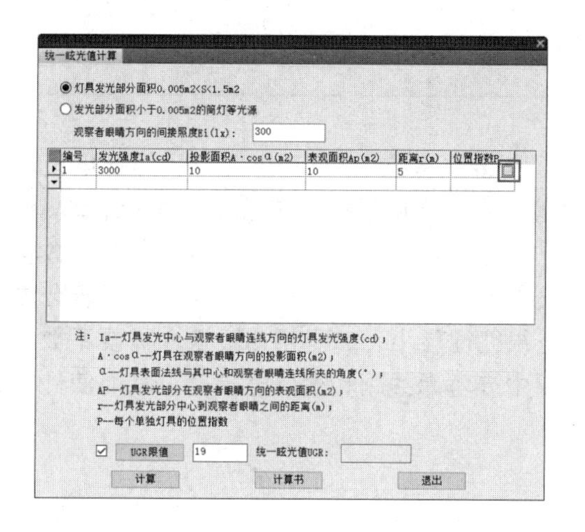

图 4-67 “统一眩光值计算”对话框

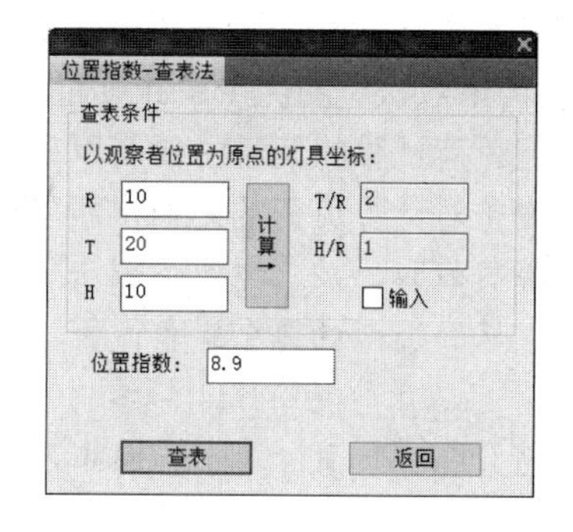

图 4-68 “位置指数 - 查表法”对话框

单击“返回”按钮，位置指数将显示在单元格中，如图 4-69 所示。单击“统一眩光值计算”对话框左下角的“UGR 限值”按钮，打开“UGR 限值选择”对话框，选择“建筑类型”，在列表中选择参数，如图 4-70 所示。单击“确定”按钮返回。

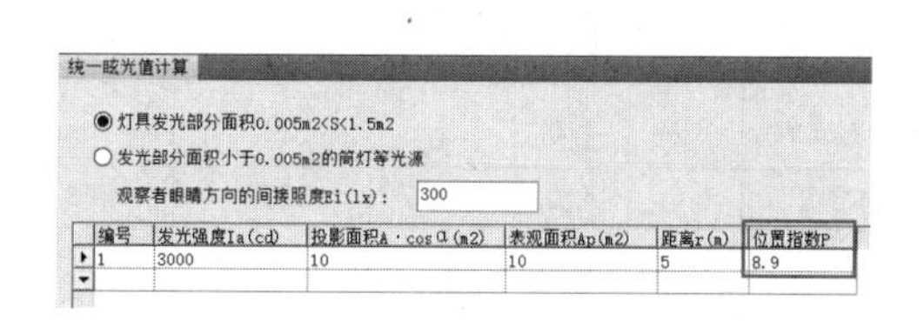

图 4-69 显示位置指数

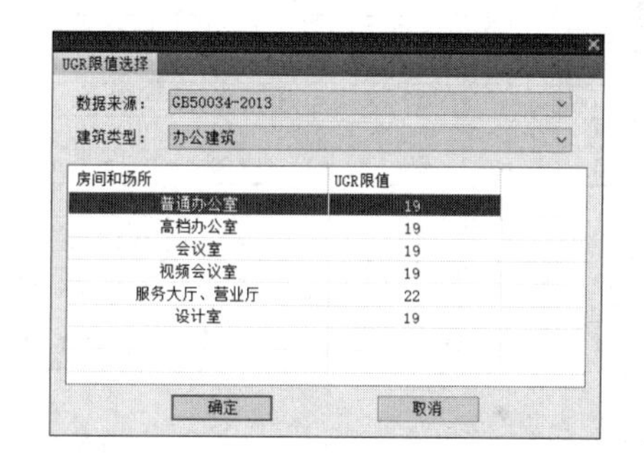

图 4-70 “UGR 限值选择”对话框

单击“统一眩光值计算”对话框左下角的“计算”按钮，计算结果显示在“统一眩光值 URG”文本框中，如图 4-71 所示。单击“计算书”按钮，可将计算结果输出为 Word 文档，如图 4-72 所示。

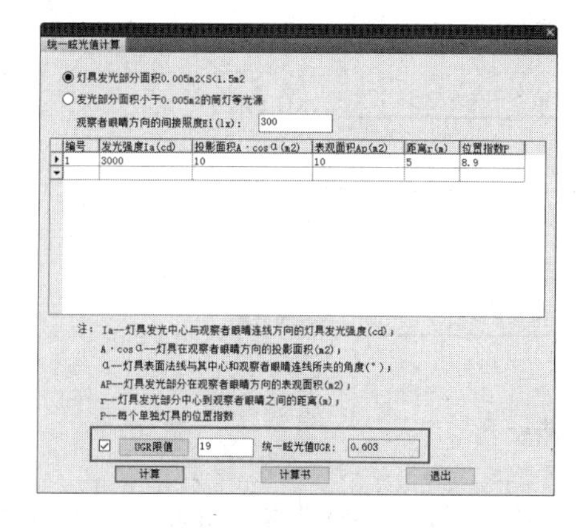

图 4-71 显示计算结果

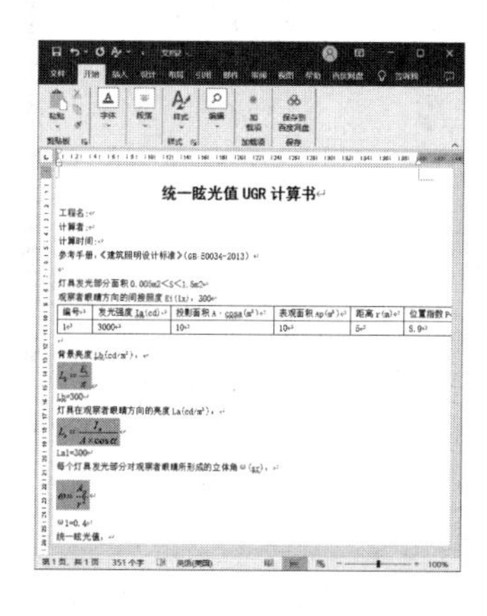

图 4-72 将计算结果输出为 Word 文档

4.2 负荷计算

负荷计算程序采用了供电设计中普遍采用的“需要系数法”(见《工业与民用配电设计手册》)。“需要系数法”的优点是计算简便，使用普遍，尤其适用于配、变电所的负荷计算。该计算程序进行负荷计算的偏差主要有以下三点：一是“需要系数法”未考虑用电设备中少数容量特别大的设备对计算负荷的影响，所以在为用电设备台数较少、容量差别相当大的低压分支线和干线计算负荷时，按“需要系数法”计算所得结果往往较小；二是用户设置的需要系数和实际有偏差，从而造成计算结果有偏差；三是在计算中未考虑线路和变压器损耗，从而使计算结果偏小。

本节将介绍“负荷计算”的操作方法。

调用“负荷计算”命令，可计算供电系统的电路负荷。图 4-73 所示为负荷计算的结果。

“负荷计算”命令的执行方式如下：

➢ 命令行：输入“FHJS”按 Enter 键。

➢ 菜单栏：单击“其他计算”→“负荷计算”命令。

下面以如图 4-73 所示的负荷计算结果为例，讲解调用“负荷计算”命令的方法。

序号	分属变压器	用电设备组名称或用途	负载(kW)	需要系数	功率因数	额定电压	设备相序	视在功率	有功功率	无功功率	计算电流	备注
1	T1	WL1	1.00	0.80	0.80	220	L1相	1.00	0.80	0.60	4.55	
2	T1	WL2	1.00	0.80	0.80	220	L2相	1.00	0.80	0.60	4.55	
3	T1	WL3	1.00	0.80	0.80	220	L3相	1.00	0.80	0.60	4.55	
4	T1	WL4	1.00	0.80	0.80	220	L1相	1.00	0.80	0.60	4.55	
5	T1	WL5	1.00	0.80	0.80	220	L2相	1.00	0.80	0.60	4.55	
6	T1	WL6	1.00	0.80	0.80	220	L3相	1.00	0.80	0.60	4.55	
T1负荷	T1	有功/无功同时系数 1.00,1.00 年均有功/无功负荷系数 0.75,0.80	6.00	补偿前功率因数 0.78		进线相序：三相		6.00	4.80	3.60	9.12	
T1无功补偿		变压器型号/容量 S9,200		补偿前功率因数 0.90		负荷率: 80%		5.40	4.80	2.46	8.20	无功补偿 1.14

图 4-73　负荷计算的结果

[01] 按 Ctrl+O 组合键，打开配套资源提供的“第 4 章 / 4.2 负荷计算 .dwg”素材文件，如图 4-74 所示。

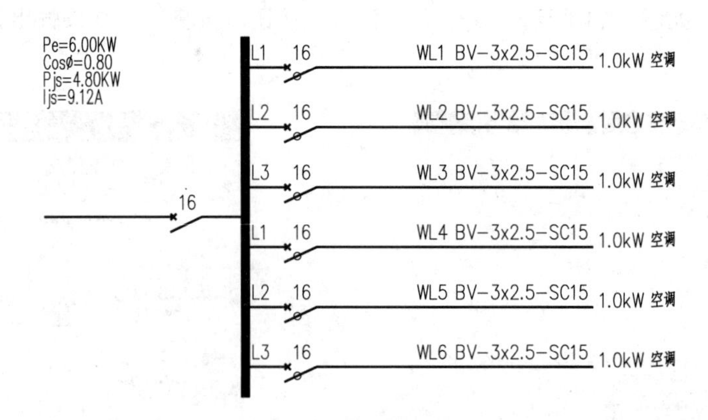

图 4-74　打开素材文件

[02] 输入“FHJS”按 Enter 键，弹出“负荷计算”对话框，单击右上角的“系统图导入”

按钮，命令行提示如下：

```
命令：FHJS ↙
请拾取一根母线 <退出>：                              // 拾取系统图的母线。
```

03 此时可将系统图的信息反馈至对话框，如图 4-75 所示。

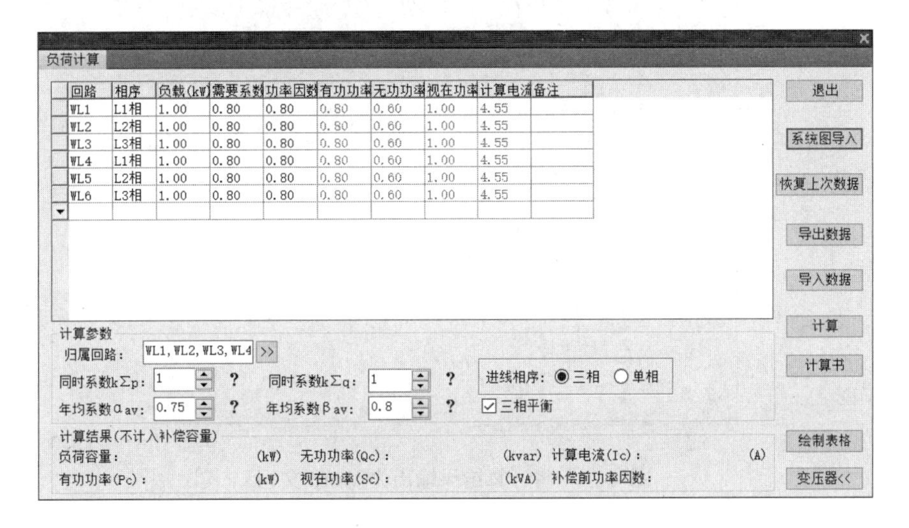

图 4-75 将系统图的信息反馈至对话框

04 单击右下角的“计算”按钮，打开信息提示对话框，提示计算信息，如图 4-76 所示。

05 单击“确定”按钮，在“负荷计算”对话框中显示计算结果，如图 4-77 所示。

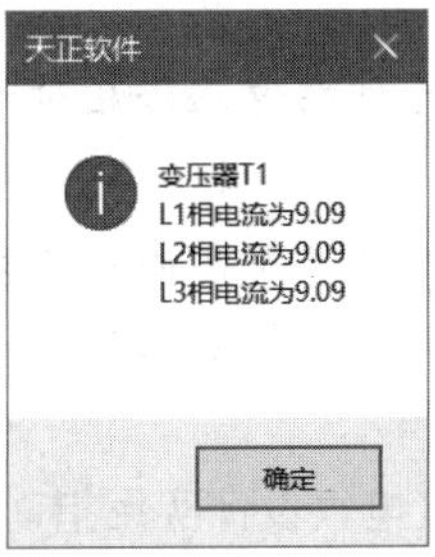

天正软件
变压器T1
L1相电流为9.09
L2相电流为9.09
L3相电流为9.09
确定

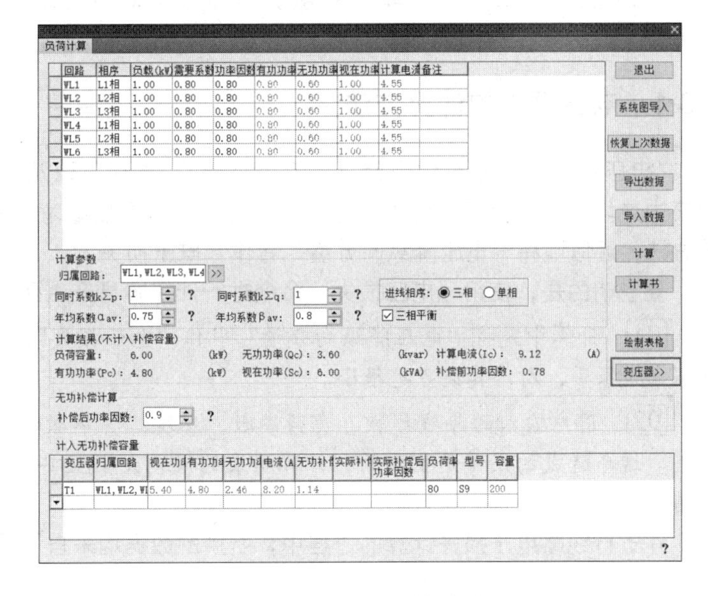

图 4-76 提示计算信息

图 4-77 显示计算结果

在“负荷计算”对话框右下角单击“变压器”按钮，将弹出列表，其中显示了“计入无功补偿容量”的计算结果。

[06] 单击“计算书”按钮，将计算结果输出为 Word 文档，如图 4-78 所示。

[07] 单击“绘制表格”按钮，选取位置，绘制表格，结果如图 4-73 所示。

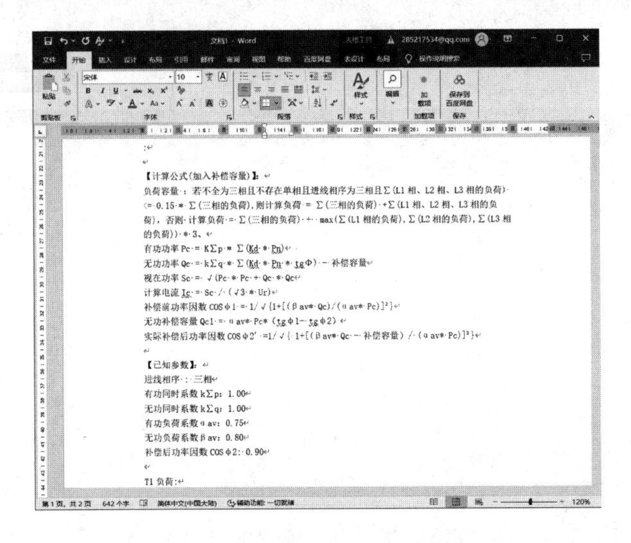

图 4-78　将计算结果输出为 Word 文档

4.3 线路电压损失计算

线路电压计算用于计算输电线路的电压损失。本节将分别介绍电压损失的计算方法和计算程序。

4.3.1 电压损失的计算方法

“电压损失”命令可用来计算“三相平衡”“单相”以及接于相电压的“两相 - 零线平衡”的集中或均匀分布负荷的计算。电压损失计算方法主要参考《民用建筑电气设计手册》中的计算方法，近似地将“电压降纵向分量”看作“电压损失”。

要说明的是，使用“电压损失”命令进行计算容易产生两点误差。

[01] 计算中是将“电压降纵向分量”当作“电压损失”，但是由于线路电压降相对于线路电压来说很小，所以其误差也很小。

[02] 用户输入的导线参数、负荷参数、环境工作参数与实际存在误差导致计算结果产生误差。这个造成的误差是主要的，计算结果的误差大小主要取决于用户输入计算参数与实际参数的误差大小。

在进行线路电压损失计算的过程中，所用的数据均来自《现代建筑电气设计实用指南》。

4.3.2 电压损失计算程序

调用“电压损失”命令，可计算线路的电压损失。

“电压损失”命令的执行方式如下：

➢ 命令行：输入“DYSS”按 Enter 键。

➢ 菜单栏：单击“其他计算”→“电压损失”命令。

执行上述任意一项操作，弹出如图 4-79 所示的“电缆电压损失计算”对话框。在对话框中设置参数，可计算“电压损失”及“线路长度”两类参数。

“电缆电压损失计算”对话框中的选项介绍如下：

配线形式：下拉列表中提供了 4 种配线形式，用来确定电压损失的计算公式。

线路名称：确定所要计算的线路的类型（由此可知线路的线电压、工作温度等条件）。

线路型号：主要是选择该种线路类型是铜芯还是铝芯。

截面积：主要是选择导线的截面积大小。当“线路名称”和“线路型号”确定后，就会在“截面积”下拉列表中出现相应的可供选择的截面积。

导线的所有选项被确定后，位于“截面积”选项下的“电阻”“感抗”参数也会被确定。由于这两项参数是由导线的种类和型号决定的，因此不需要用户自行输入。系统会根据导线的型号和种类自行生成。

功率因数 $\cos\phi$：在文本框中手动输入功率因数。

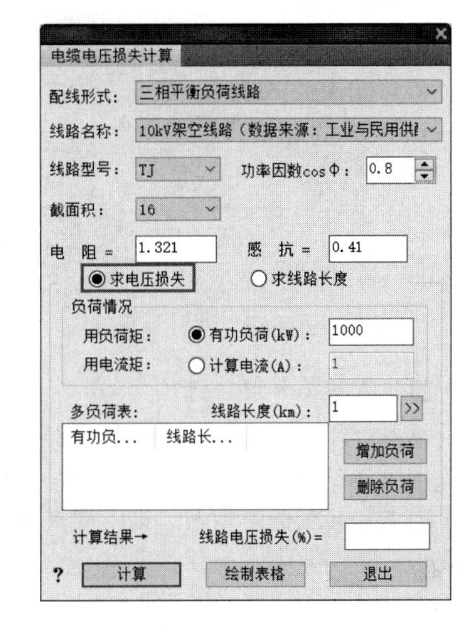

图 4-79 “电缆电压损失计算”对话框

当导线负荷的数据输入完成后，就可以开始确定需要计算的数据类型了。用户可通过“求电压损失”和“求线路长度”两个单选按钮来确定需要计算的数据类型。

❑ “求电压损失”选项

选择“求电压损失”选项，对话框中会显示出“线路长度（km）”选项，如图 4-80 所示。用户可以在其中定义线路长度的数据。或者单击该选项右侧的按钮>>，拾取图中的导线，将其长度反馈到选项中。

如果在“配线形式”选项中选择的是“三相平衡负荷线路”和“线电压单相线路负荷”两种配线形式，则对话框会提供多负荷情况的计算。此时在对话框中会显示“多负荷表”，如图 4-81 所示。

根据所选定的计算方法不同（即“用负荷矩”和“用电流矩”两种计算方法，如图 4-82 所示），用户需要在“线路长度（km）”选项、“有功负荷（kW）”选项或者“计算电流（A）”选项中输入数据。单击“增加负荷”按钮可以在“多负荷表”列表中添加一组数据，如图 4-83 所示。在列表中选择一组数据，单击“删除负荷”按钮可将其删除。

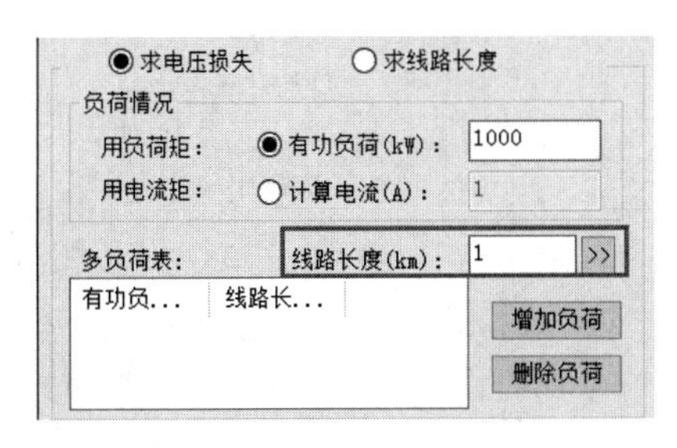

图 4-80 显示“线路长度（km）”选项

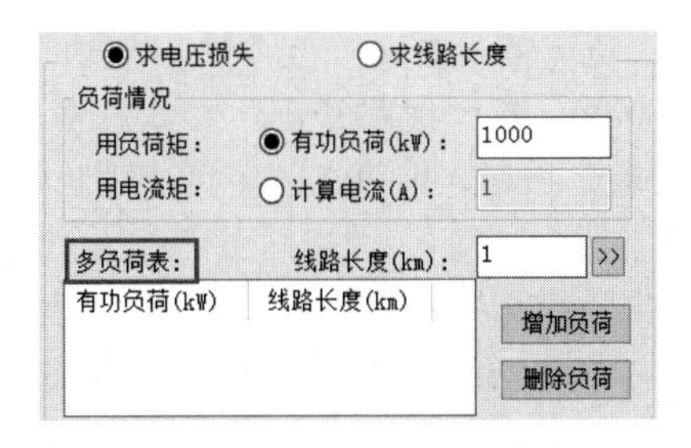

图 4-81 显示“多负荷表”

如果在“配线形式”选项中选择的是“两相-零线线路负荷”和“相电压单相线路负荷”两种配线形式，则对话框中只提供单负荷的计算，在对话框中不显示“多负荷表”，用户在“线路长度（km）”选项中输入数据就可以进行计算。

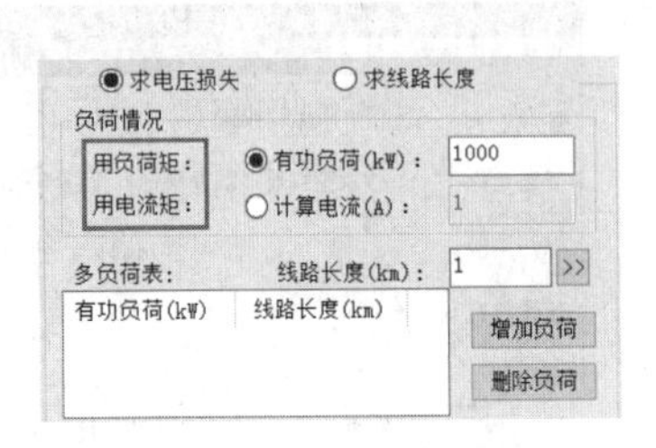

图 4-82　两种计算方法

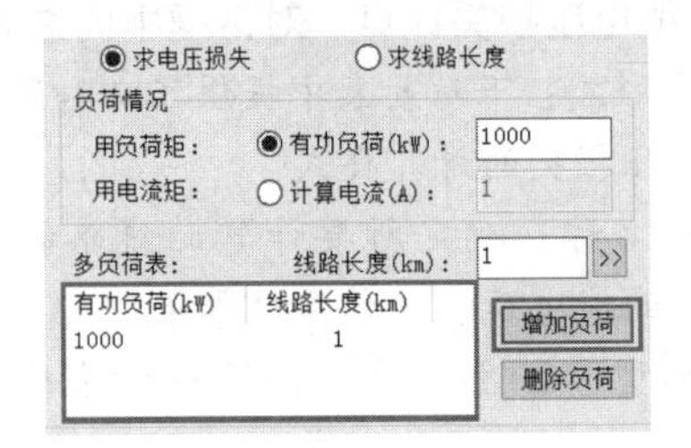

图 4-83　添加一组数据

❑ “求线路长度”选项

选择“求线路长度”选项，则在对话框中只提供单负荷情况的计算，如图 4-84 所示。用户可在“线路电压损失”文本框中输入“电压损失百分率”数据进行计算。

在“负荷情况”选项组中提供了两种计算方式，分别是“用负荷矩”和“用电流矩”。

选中“用负荷矩”，需要输入有功负荷（kW）。

选中“用电流矩”，需要输入计算电流（A）。

在参数设置完成后，单击“计算”按钮，计算结果会显示在相应的选项中。

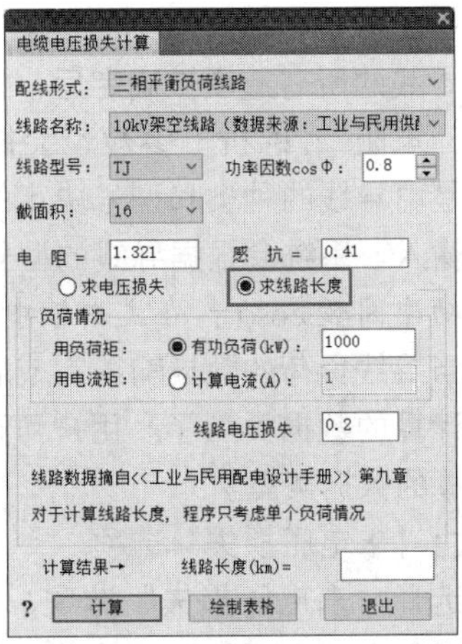

图 4-84　选择“求线路长度”选项

❑ 实例——由给出的已知条件计算电压损失

已知条件：导线截面积 =16mm（由此可见电阻 =1.359Ω/km）。终端负荷采用“用负荷矩”计算，其中 $\cos\phi=0.8$，P（有功功率）=1000kW，l（线路长度）=1km。

根据已知条件，设置“配线形式”为“三相平衡负荷线路”、“线路名称”为“6kV 架空线路”、“线路型号”为“TJ”、“截面积”为 16、“功率因数 cosϕ”为 0.8。

此时可以发现电阻 =1.321Ω/km，感抗 =0.41Ω/km。

在“负荷情况”选项组中的“有功负荷”文本框中输入 1000，在“线路长度”文本框中输入 1。单击“增加负荷”按钮，即可在“多负荷表”中显示所输入的数据。

单击“计算”按钮，在“线路电压损失（%）=”文本框中显示计算结果为 4.524，如图 4-85 所示。

单击“绘制表格”按钮，绘制表示计算结果的表格，如图 4-86 所示。

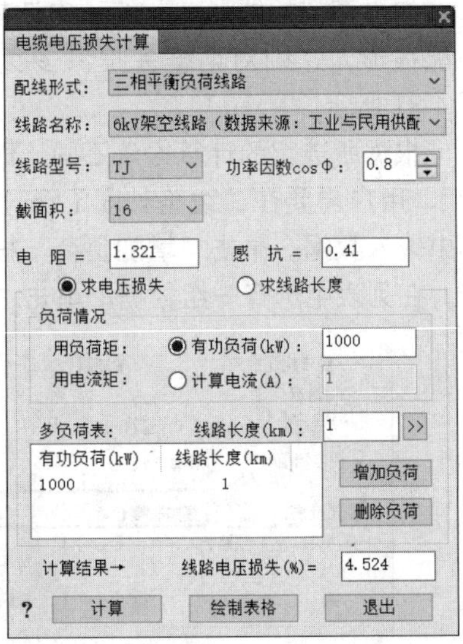

图 4-85　计算结果

单击“退出”按钮，结束电压损失的计算。

求电压损失计算表				
配线形式	线路名称	导线类型		
三相平衡负荷线路	6kV架空线路（数据来源：工业与民用供配电设计手册第四版）	TJ导线	截面积16	电 阻=1.321感 抗=0.410
负荷情况（用负荷矩计算）				
负荷序号	有功负荷(kW)	线路长度(km)		
1	1000	1		
计算结果	线路电压损失(%):4.524			

图 4-86　绘制表格

4.4 短路电流计算

短路电流计算功能可用于电网络中短路电流的计算。

4.4.1　短路电流的计算方法

短路电流的计算采用“从系统元件的阻抗标幺值”来求短路电流的方法。该方法参照《建筑电气设计手册》，是以由无限大容量电力系统供电作为前提条件来进行计算的。

由供电的工业企业内部发生电力供电系统短路时，由于这些工业企业内所装置的元件的容量远比系统容量小，所以元件阻抗值较系统阻抗值大得多，因此当这些元件（即变压器、线路等）遇到短路的时候，系统母线上电压变动很小。这时可以认为电压保持不变，即系统容量为无限大。

该方法在计算中忽略了各元件的电阻值，并且只考虑对短路电流值有重大影响的电路元件。因为一般系统中已采取措施，使单相短路电流值不超过三相短路电流值，而且二相短路电流值通常也小于三相短路电流值，所以在短路电流计算中以三相短路电流作为基本计算，并且作为校验高压电器设备的主要指标。

因为该计算方法假设系统容量为无限大，并且忽略了系统中对短路电流值影响不大的因素，因此计算值与实际值是存在一定误差的。这种误差随着假设条件与实际情况的差异增大而增大，但对一般系统，这种计算值的精确度是足够的。

4.4.2　短路电流的计算步骤

在计算短路电流前，需要在“短路电流计算”对话框中输入系统和导线的数据，以便软件根据这些数据计算短路电流。

计算短路电流的步骤如下：

01　在“短路电流计算”对话框中设置计算用的示意图，示意图显示在“定义线路”预览窗口中。

02　输入和修改图中的设备和导线数据。

03　在“短路电流计算”对话框中单击“计算”按钮，计算短路电流和进行设备校验。设备校验时对各种设备数据进行的修改可以自动存入图中。

计算短路电流所用的示意图包含了所有计算时所需要的数据，所以也是一份计算数据文件。保存文件后，如果在下一次计算时再调入这张图，图中的数据就可以被直接利用。

4.4.3 短路电流命令

调用“短路电流”命令，可按照示意图所指定的数据，计算系统中指定点的短路电流并进行设备校验。

“短路电流”命令的执行方式如下：

- 命令行：输入“DLDL”按 Enter 键。
- 菜单栏：单击“其他计算”→“短路电流”命令。

执行上述任意一项操作，弹出如图 4-87 所示的“短路电流计算（标幺法）”对话框。在计算短路电流前，首先要定义线路。

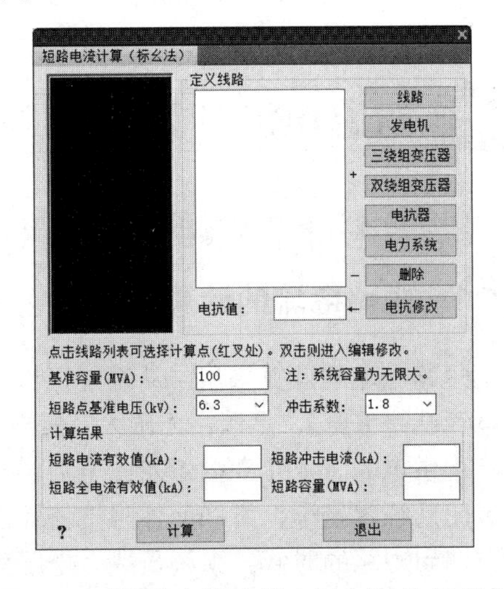

图 4-87 “短路电流计算（标幺法）”对话框

定义线路的过程主要包括以下几个部分：

01 根据所要计算短路电流的系统类型，在对话框中添加或删除系统元件。在对话框的右边，以按钮的形式排列了系统元件，单击这些按钮，可以在系统中添加元件。

02 在对话框中间的“定义线路”预览窗口中以文字的形式显示已添加的元件，能够对每个已添加的系统元件进行修改和编辑，并选中计算点。

03 对话框左侧的黑色预览窗口可以把每种已添加的系统元件以符号的形式表示。

下面分别介绍添加元件时所要用到的按钮的功能。

1.“线路”按钮

单击“线路”按钮，弹出如图 4-88 所示的“类型参数”对话框，其中提供了计算短路电流时所需要的参数。

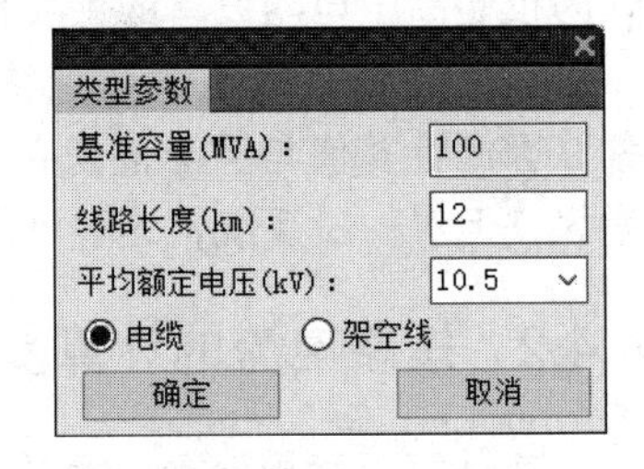

图 4-88 “类型参数”对话框

基准容量：由系统的基准容量决定，用户不能对其进行编辑修改。

线路长度：用户可以自定义参数。

平均额定电压：指的是导线两端电压的平均值。横导线或者左边未标注数据的竖导线不能为其定义“平均额定电压”值。可在文本框中输入参数，或者在下拉列表中选择参数。

电缆、架空线：系统提供的两种不同的线路类型。选择不同的线路，计算结果也不相同。

全部设定所有的参数后，单击“确定”按钮关闭“类型参数”对话框。在“定义线路”预览窗口及对话框左侧的黑色预览窗口中会显示出相应的文字选项及线路符号，如图 4-89 所示。

2.“发电机”按钮

单击“发电机”按钮，弹出如图 4-90 所示的“类型参数”对话框。在“发电机额定容量”

和“发电机电抗百分数”文本框中设置参数，单击“确定”按钮关闭“类型参数”对话框。在“定义线路”预览窗口及对话框左侧的黑色预览窗口中会显示出相应的文字选项及发电机符号，如图 4-91 所示。

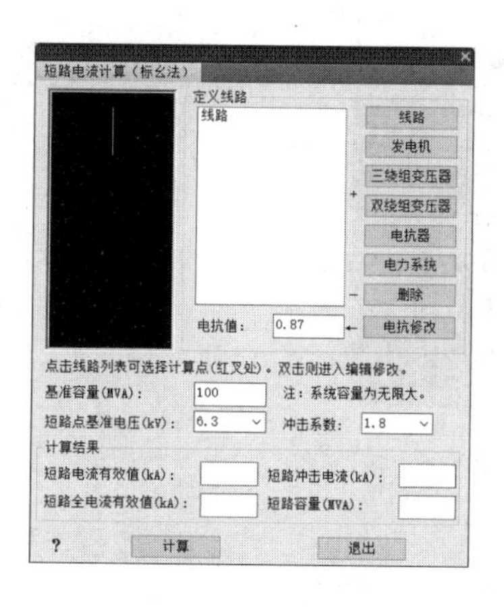

图 4-89　显示文字选项及线路符号

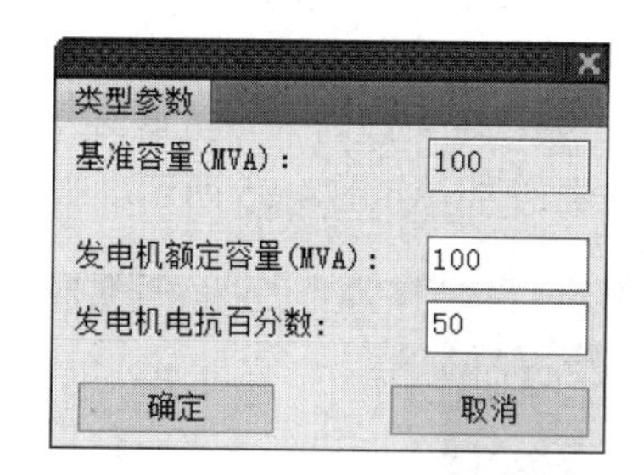

图 4-90　“类型参数”对话框

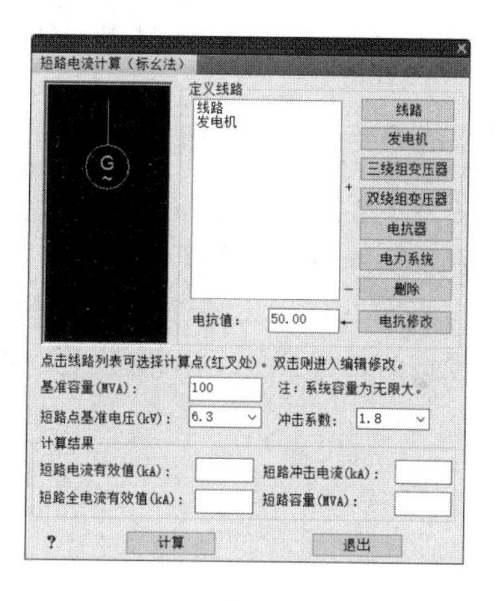

图 4-91　显示文字选项及发电机符号

3.“三绕组变压器”按钮

单击“三绕组变压器”按钮，弹出如图 4-92 所示的“变压器参数输入”对话框，可在其中设定三相变压器的参数，包括变压器额定容量、变压器各接线端之间的短路电压百分数和变压器接线端接线方式。

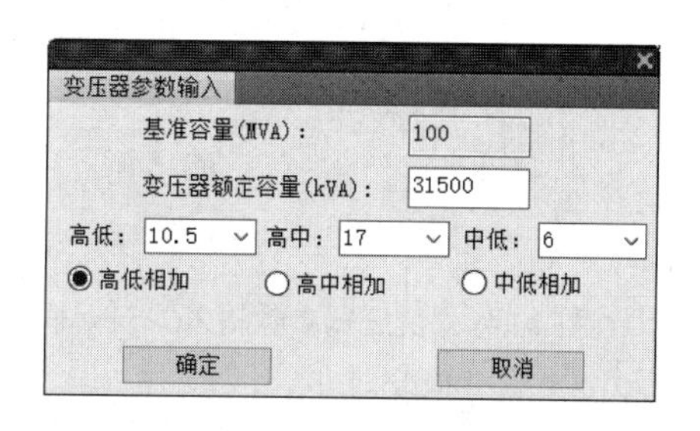

图 4-92　“变压器参数输入”对话框

变压器各接线端之间的短路电压百分数包括“高低”“高中”和“中低”三种方式，每种电压百分数可以自定义输入，也可从下拉列表中选择。

变压器接线端的接线方式由三个单选按钮来确定，选择其中一个单选按钮，可选定对应的接线方式。

单击“确定”按钮关闭“变压器参数输入”对话框，在“定义线路”预览窗口及对话框左侧的黑色预览窗口中会显示出相应的文字选项及三相变压器符号，如图 4-93 所示。

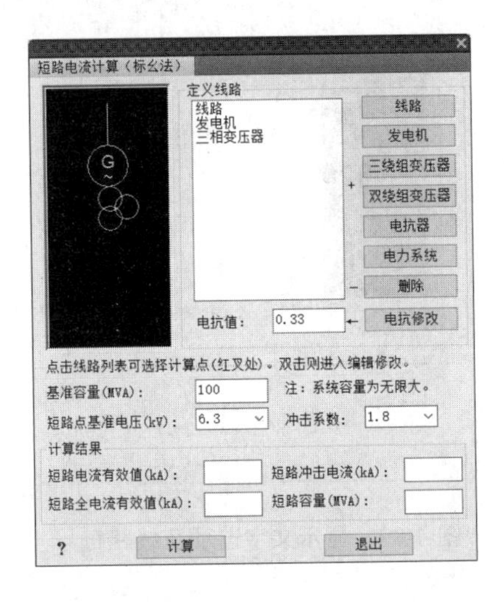

图 4-93　显示文字选项及三相变压器符号

4.“双绕组变压器”按钮

单击“双绕组变压器”按钮，弹出如图 4-94 所示的“变压器参数输入”对话框，可在其中设定两相变压器的参数，需要设定的参数有“变压器额定容量”“短路电压 Ud%”“并联数量”。

单击“确定”按钮关闭“变压器参数输入”对话框，在“定义线路”预览窗口及对话框左侧的黑色预览窗口中会显示出相应的文字选项及两相变压器符号，如图 4-95 所示。

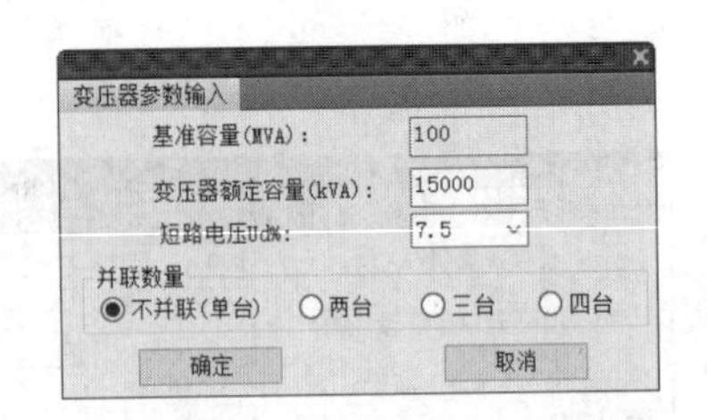

图 4-94　“变压器参数输入”对话框

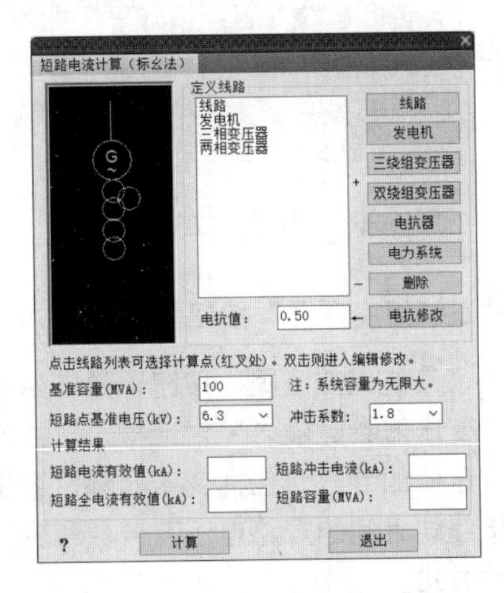

图 4-95　显示文字选项及两相变压器符号

此时，需要在“定义线路”预览窗口中选择“三相变压器”选项，如图 4-96 所示，然后单击右侧的“删除”按钮将其删除，因为在同一个线路中不会出现两个变压器，结果如图 4-97 所示。

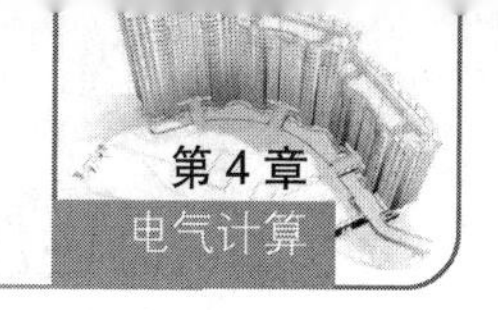

5. “电抗器”按钮

单击“电抗器”按钮，弹出如图 4-98 所示的“电抗器参数输入”对话框。电抗器是用户自定义系统中的一些元件电抗值的形象表示。在对话框中用户需要设定“电抗标么值”“额定电压”“额定电流”“基准电压”“基准电流”等参数。

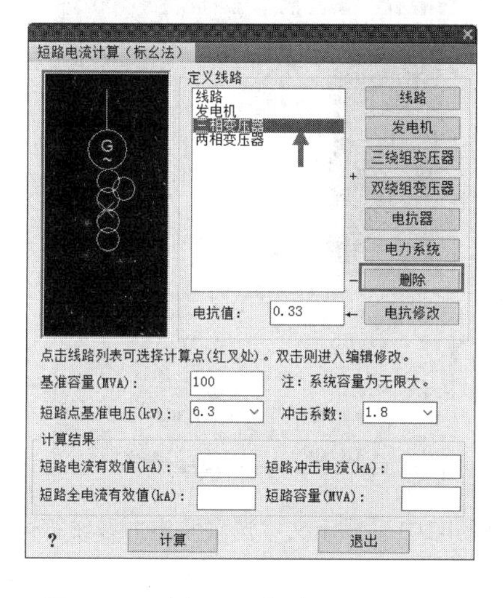

图 4-96　选择“三相变压器”选项

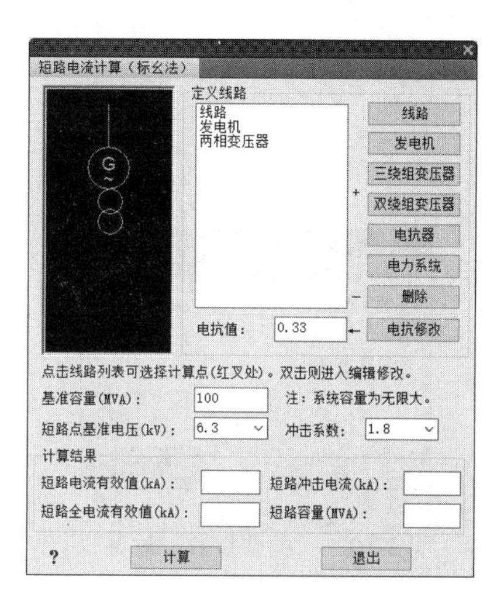

图 4-97　删除“三相变压器”后的结果

在对话框的下方显示了电抗值的计算公式，其可用来按照用户设定的参数计算该系统的电抗值，计算完成后添加到系统中。

单击“确定”按钮完成参数的输入和计算电抗的操作。在“定义线路”预览窗口及黑色预览窗口中会相应显示出文字选项及电抗器符号，如图 4-99 所示。

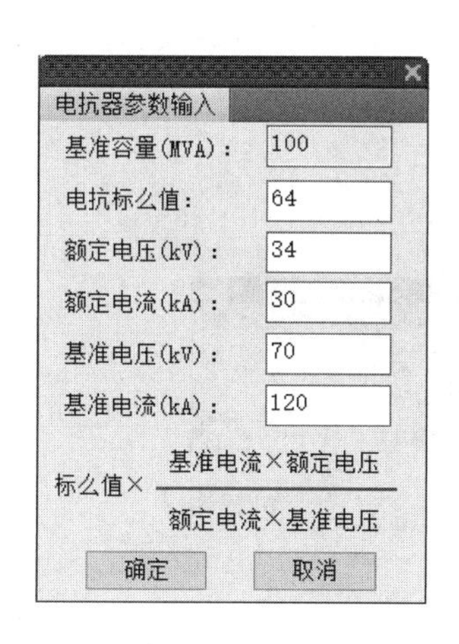

图 4-98　“电抗器参数输入”对话框

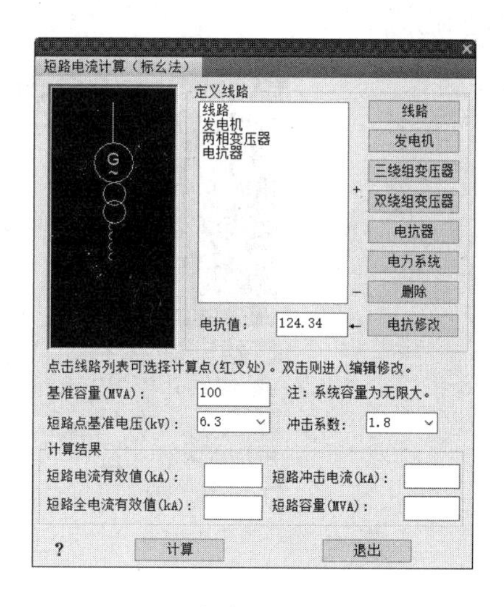

图 4-99　显示文字选项及电抗器符号

6. “电力系统”按钮

单击“电力系统”按钮，弹出如图 4-100 所示的“类型参数”对话框，可在其中设定电力系统参数。输入“短路容量”值，单击“确定”按钮关闭对话框。在“定义线路”预览窗口及黑色预览窗口中会相应显示出文字选项及电力系统符号，如图 4-101 所示。

通过以上的操作，可以根据短路电流的要求绘制一个电力系统图。所设定的参数还可以再修改。

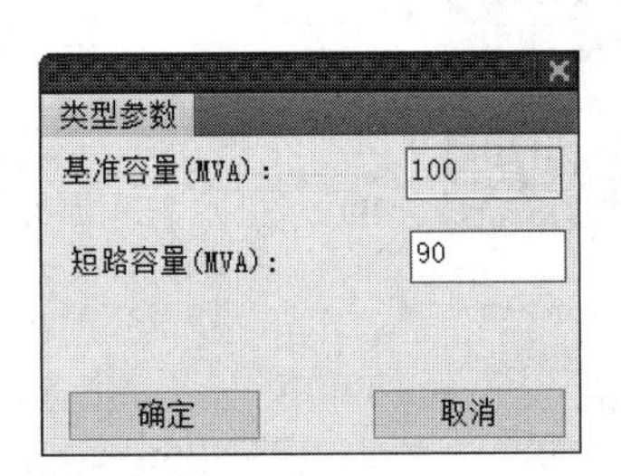

图 4-100 “类型参数”对话框

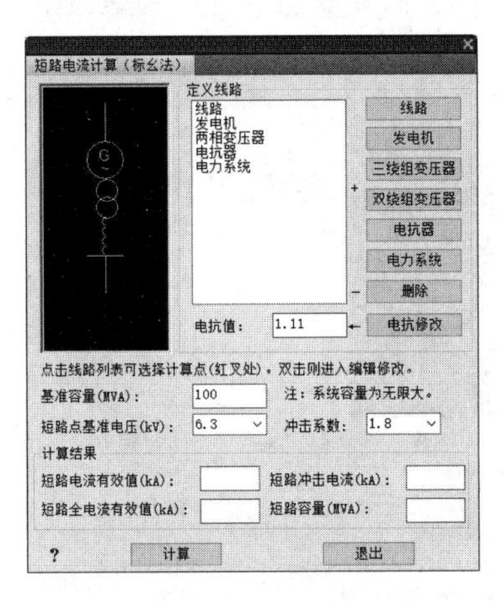

图 4-101 显示文字选项及电力系统符号

7. 修改系统元件

在黑色预览窗口中显示出系统图，在“定义线路”预览窗口中显示出相应选项的说明文字。在“定义线路”预览窗口中选定并双击待修改的说明文字，将弹出与该选项对应的对话框。

例如，双击“线路”选项，在黑色预览窗口中显示出红色的交叉符号（表示与文字对应的选项正处于编辑状态），同时弹出“类型参数”对话框，用户可在其中修改参数，如图 4-102 所示。

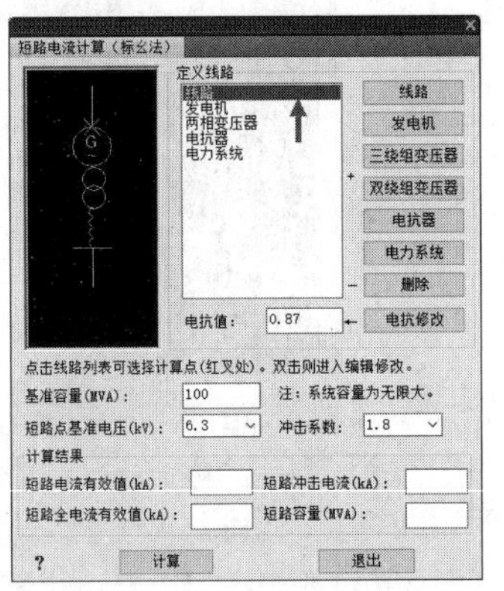

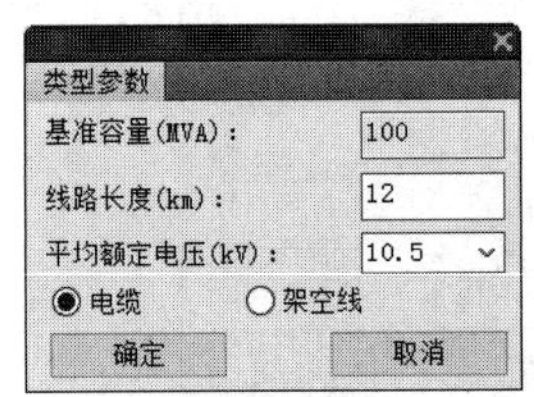

图 4-102 修改参数

单击“确定”按钮完成修改，修改的结果同时存入对应的元件中。预览窗口及对话框中的数据也会同步更新。

8. 删除系统组件

在“定义线路”预览窗口中选定待修改的说明文字，单击对话框右边的“删除”按钮，即可将其删除。删除结果可以同时在黑色预览窗口和“定义线路”预览窗口中查看。

9. 修改元件电抗值

在“定义线路”预览窗口中选择待修改电抗值的元件，在预览窗口下方的“电抗值”选项中将显示元件的电抗值。在文本框中输入需要的参数，单击“电抗修改”按钮，即可完成修改。

如果想要修改整个系统的参数，则需要在“短路电流计算”对话框中的“基准容量”“短路点基准电压”“冲击系数”三个选项中设置参数，或在下拉列表中选择参数，如图 4-103 所示。

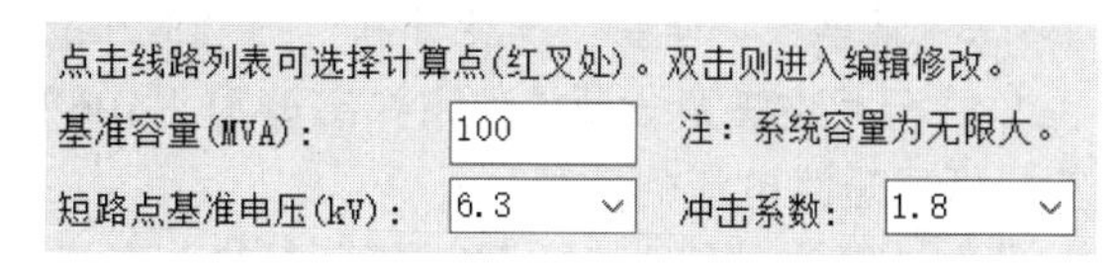

图 4-103　修改参数

10. 设定短路点

系统的短路点可以有很多个，用户可自行设定要计算的短路点。用户在“定义线路”预览窗口中选择一个元件，表示短路点在元件的末端。

例如，在“定义线路”预览窗口中选择“电力系统”，在黑色预览窗口中显示电路系统的后面打了一个红叉，表示短路点在这里，如图 4-104 所示。单击“计算”按钮，在“计算结果”选项组中将显示计算的结果，包括“短路电流有效值”“短路冲击电流”“短路全电流有效值”“短路容量”四项，如图 4-105 所示。单击“退出”按钮，关闭对话框，完成本次的计算。

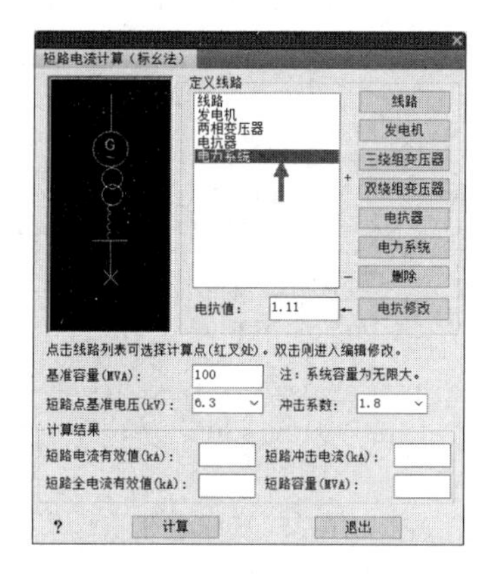

图 4-104　设置短路点

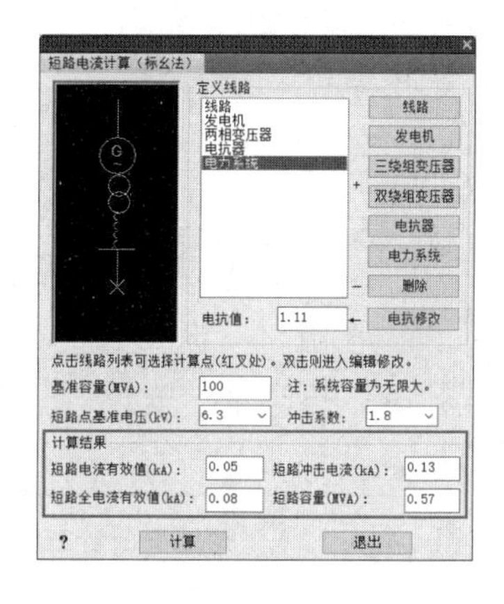

图 4-105　显示计算结果

4.5 低压短路计算

“低压短路”命令可用来计算低压网络中某点的短路电流。

4.5.1　低压短路的计算范围

低压短路电流计算的范围包括：民用建筑电气设计中的低压短路电流，220/380V 低压网络电路元件的电流，三相短路、单相短路（包括单相接地故障）的电流，柴油发电机供电系统短路电流。

4.5.2 低压短路命令

调用“低压短路”命令，可计算配电线路中某点的短路电流。

“低压短路”命令的执行方式如下：

- 命令行：输入“DYDL”按 Enter 键。
- 菜单栏：单击“其他计算”→“低压短路”命令。

执行上述任意一项操作，弹出如图 4-106 所示的“低压短路电流计算”对话框，在其中可完成低压短路电流的计算。

在计算的过程中，主要考虑了系统、变压器、母线和线路的阻抗值，同时考虑了大电动机反馈电流对短路电流的影响。

“低压短路电流计算”对话框中的选项介绍如下：

系统容量 MVA：可在下拉列表中选择系统的容量值。

系统短路阻抗 mΩ：在选择系统容量值后，系统会自动计算相对应的系统短路阻抗值。

变压器：单击“变压器”选项后的按钮<<，弹出如图 4-107 所示的“变压器阻抗计算”对话框。

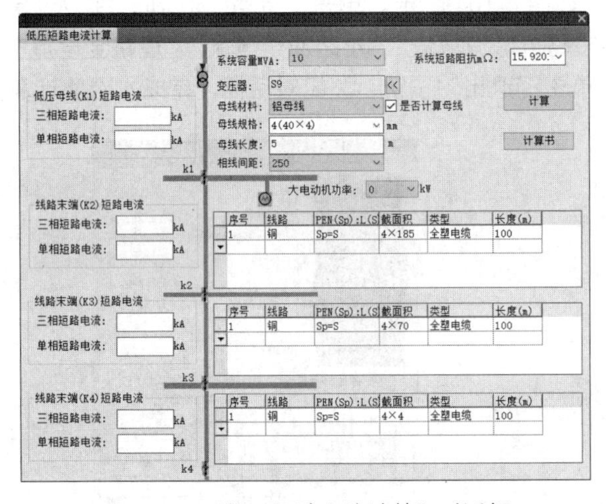

图 4-106 “低压短路电流计算”对话框

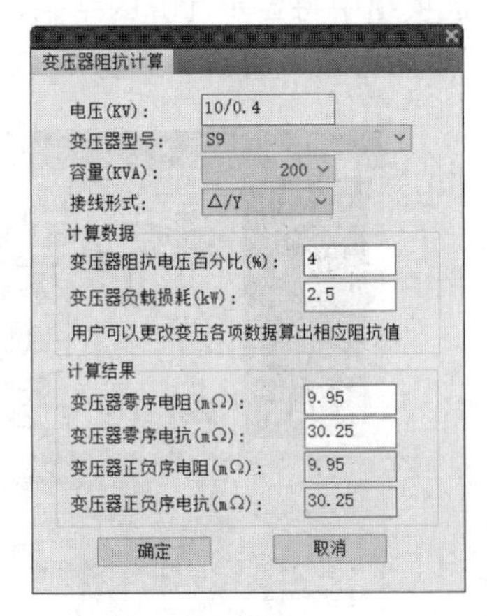

图 4-107 “变压器阻抗计算”对话框

在该对话框中可选择“变压器型号”“容量”及“接线形式”。在“计算数据”选项组中的“变压器阻抗电压百分比（%）”和“变压器负载损耗（kW）”选项中将自动显示该类型变压器的相应数据，同时得到变压器的阻抗值。用户也可以更改变压器的各项数据来算出相应的阻抗值。单击“确定”按钮，返回“低压短路电流计算”对话框。

❑ 设置母线参数

根据变压器的型号，系统会自动指定母线的规格，用户也可以自定义母线参数，在“母线材料”“母线规格”“母线长度”“相线间距”选项的下拉列表中选择参数。

是否计算母线：选择该选项，可将母线的阻抗值计算在内。

大电动机功率：如果要计入大电动机反馈电流的影响，在该选项的下拉列表中选择功率即可。保持默认值为 0，表示不计入大电动机功率。

❑ 设定线路参数

在“低压短路电流计算”对话框下方的三个表格中可以对线路的属性进行设置。在各选项的下拉列表中可选择线路材质、保护线与相线截面积之比、线路截面积、线路类型，同时输入线路的长度参数。

单击“计算”按钮，计算结果将显示在对话框左侧各选项的文本框中，如图 4-108 所示。

单击“计算书”按钮，将以 Word 文档的形式保存计算结果，如图 4-109 所示。

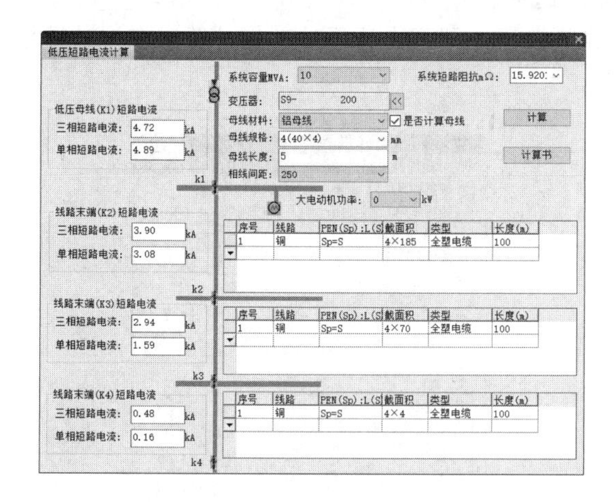

图 4-108　计算结果

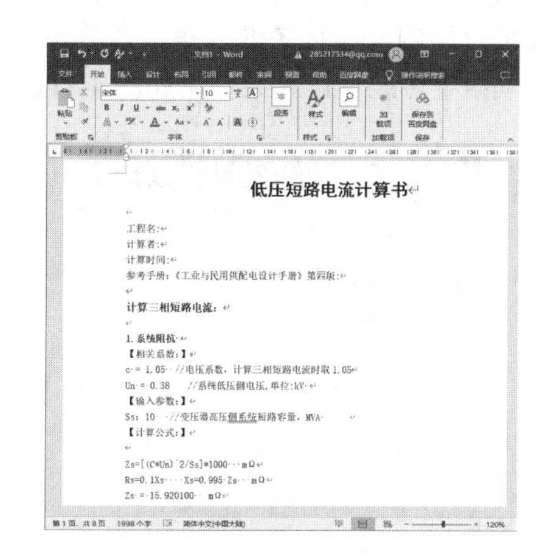

图 4-109　以 Word 文档的形式保存计算结果

4.6 无功补偿计算

无功补偿计算指的是计算“平均功率因数”和“指定功率因数”下的“无功功率补偿”所需要的电容器数量。

4.6.1　无功补偿的计算方法

“无功补偿”命令可用来计算工业企业中的“平均功率因数”及“补偿电容”的容量，并且计算“补偿电容器”的数量。所依据的计算方法可以参阅《民用建筑电气设计手册》中的“无功功率补偿”。

4.6.2　无功补偿命令

调用“无功补偿”命令，可以根据已知的“负荷数据”和所期望的“功率因数”计算系统的“平均功率因数”和“无功补偿”所需的“补偿容量”，可以同时计算“补偿电容器”的数量和“实际的补偿容量”。

“无功补偿”命令的执行方式如下：

- 命令行：输入“WGBC”按 Enter 键。
- 菜单栏：单击“其他计算”→“无功补偿”命令。

执行上述任意一项操作，弹出如图 4-110 所示的“无功补偿计算”对话框，无功功率计算可在其中完成。

在该对话框中提供了两种不同的计算无功功率的方法，不同的计算方法所需的计算条件也不相同。

1. 根据计算负荷（新设计电气系统）

选择“根据计算负荷（新设计电气系统）”选项，此时“参数输入”选项组如图 4-110 所示，包括“计算有功负荷 Pc（kW）”“计算无功负荷 Qc（kvar）”“年均有功负荷系数 α_{av}”“年均无功负荷系数 β_{av}”和“补偿后功率因数 cosϕ2”选项。

在各选项的文本框中输入参数，单击“计算”按钮，即可进行无功补偿计算，在“计算结果”选项组中可显示计算结果，如图 4-111 所示。

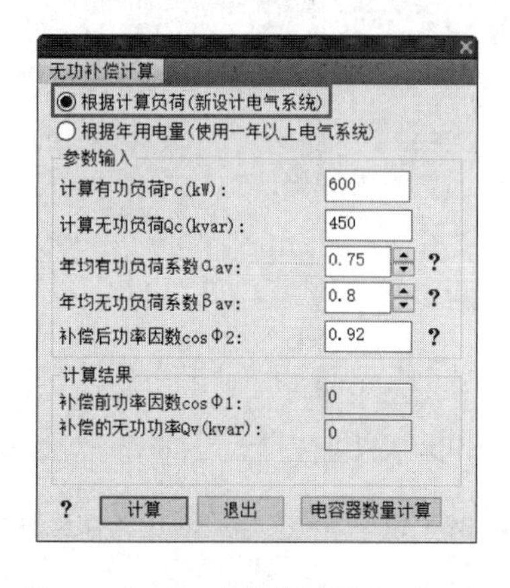

图 4-110 “无功补偿计算”对话框

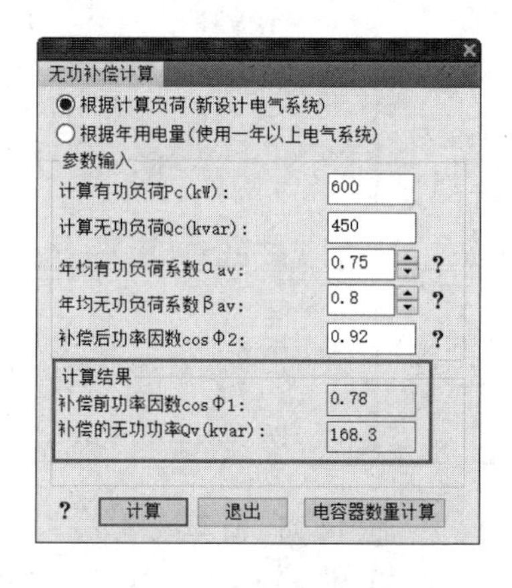

图 4-111 显示计算结果

2. 根据年用电量（使用一年以上电气系统）

选择“根据年用电量（使用一年以上电气系统）”选项，此时“参数输入”选项组如图 4-112 所示。

在“参数输入”选项组中可定义“年有功电能消耗量 Wp（kW · h）”“年无功电能消耗量 Wq（kvar · h）”“补偿后功率因数 cosϕ2”这些选项的参数。

在“用电情况”下拉列表中可选择不同场合的用电情况。

参数设置完毕后，单击“计算”按钮即可在“计算结果”选项组中的“补偿前功率因数 cosϕ1”和“补偿的无功功率 Qv（kvar）”选项中显示计算结果，如图 4-113 所示。

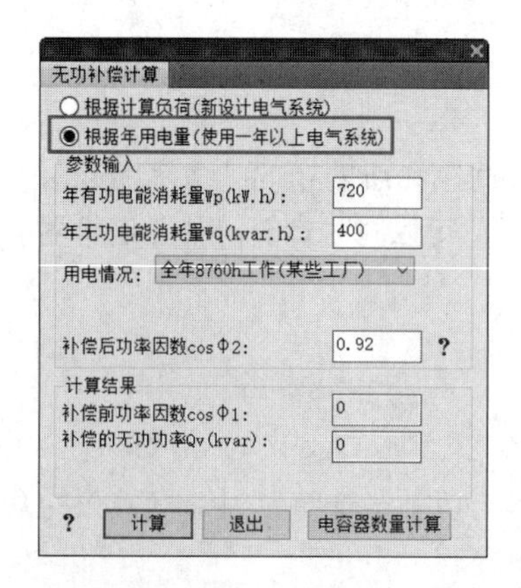

图 4-112 选择“根据年用电量（使用一年以上电气系统）”选项

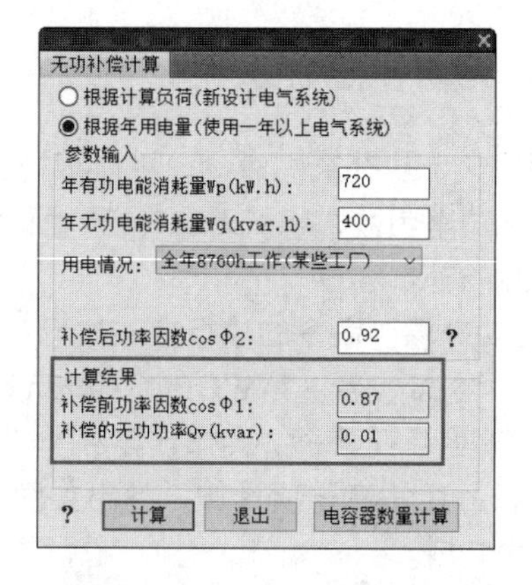

图 4-113 显示计算结果

3. 电容器数量计算

单击“电容器数量计算”按钮，弹出如图 4-114 所示的“电容器数量的计算”对话框。

在“单个电容器额定容量（kvar）”文本框中输入参数后，单击“计算”按钮即可在“计算结果”选项组中的“需并联电容器的数量”“实际补偿的无功功率 Qv'（kvar）”和“实际补偿后功率因数 cos ϕ 2'”中显示计算结果，如图 4-115 所示。

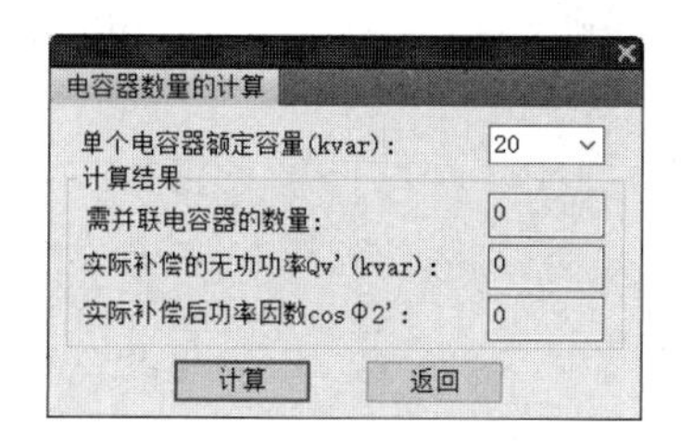

图 4-114 “电容器数量的计算”对话框

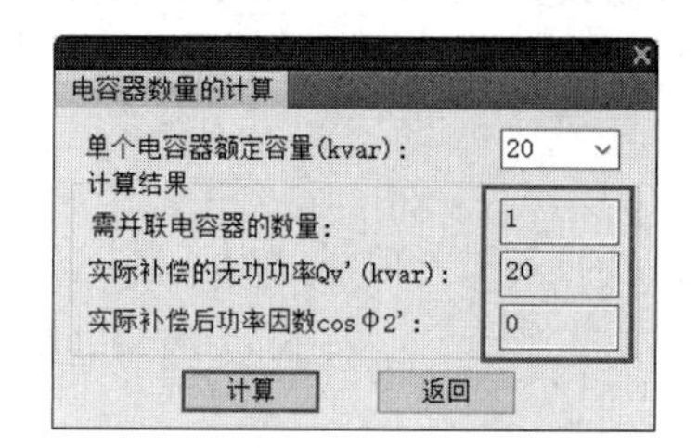

图 4-115 显示计算结果

单击“返回”按钮，返回“无功补偿计算”对话框。单击“退出”按钮，结束无功补偿率的计算。

4.7 桥架计算

调用“桥架计算”命令，可以根据电缆参数自动计算出桥架规格。电缆的类型有电力电缆、控制电缆和弱电线缆。另外，用户可通过“自定义线缆外径”选项自定义线缆的型号与外径。

“桥架计算”命令的执行方式如下：

- 命令行：输入“QJJS”按 Enter 键。
- 菜单栏：单击“其他计算”→“桥架计算”命令。

执行上述任意一项操作，打开“桥架计算”对话框，在表格中输入电缆的根数，如图 4-116 所示。单击下方的“计算”按钮，即可根据电缆参数计算桥架规格，如图 4-117 所示。

图 4-116 “桥架计算”对话框

图 4-117 计算桥架规格

选择“自定义线缆外径”选项卡，在其中输入型号、外径及根数，单击下方的“计算”按钮，在对话框中可以显示桥架计算的结果，如图 4-118 所示。

单击“电缆截面放大倍数”选项右侧的按钮 ? ，打开如图 4-119 所示的提示对话框，其中对该选项进行了解释说明，方便用户设置参数。

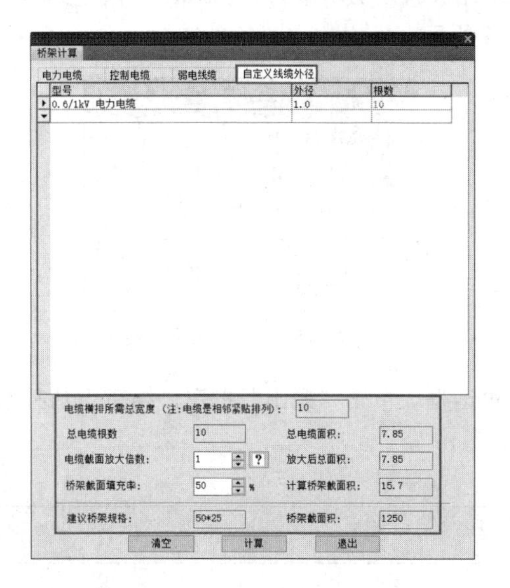

图 4-118　显示桥架计算的结果

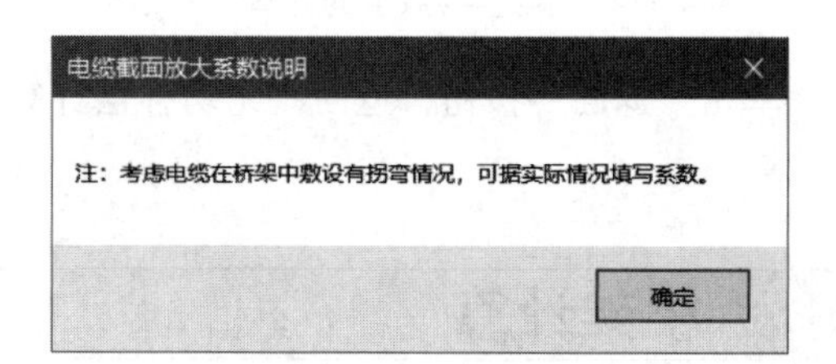

图 4-119　提示对话框

第 5 章 文字与表格

● 本章导读

T20-Elec V10.0 的文字和表格功能主要包括三个部分，分别是文字与文字输入、文字相关命令的调用以及表格的绘制与编辑。本章将介绍调用文字与表格命令的方法。

● 本章重点

◈ 文字与文字输入

◈ 文字相关命令

◈ 表格的绘制与编辑

5.1 文字与文字输入

天正软件的自定义文字对象能够设置中西文字体及其宽高比，创建美观的中英文混合文字样式，还可以同时使用 Windows 字体及 AutoCAD 字体，自动对两者的中文字体进行字高一致性处理，以满足中文图纸对文字标注的要求。

本节将介绍天正文字和天正文字的输入方法。

5.1.1 文字字体和宽高比

在建筑设计图纸中，经常会出现上标及特殊符号，如面积单位 m^2 和钢筋符号等，但是 AutoCAD 并不支持这些符号的绘制。另外，在 AutoCAD 中只提供了设置中西文字体及其宽高比的命令，只能对所定义的中文和西文提供相同的宽高比及字高，但是在打印输出的图纸中，宽高比一致的中西文字体又不够美观。

鉴于此，天正开发了自定义文字对象。其可以方便地书写和修改中西文混合文字，使天正文字的中西文字体有各自的宽高比例，为输入特殊字符和变换文字的上、下标提供了方便。

天正软件可对 AutoCAD 字体所存在的字高不等做自动判断修正，使得汉字与西文的文字标注符合国家制图标准的要求。

如图 5-1 所示为 AutoCAD 文字标注的结果，可以很明显地看出，中西文的文字标注字高不一致。

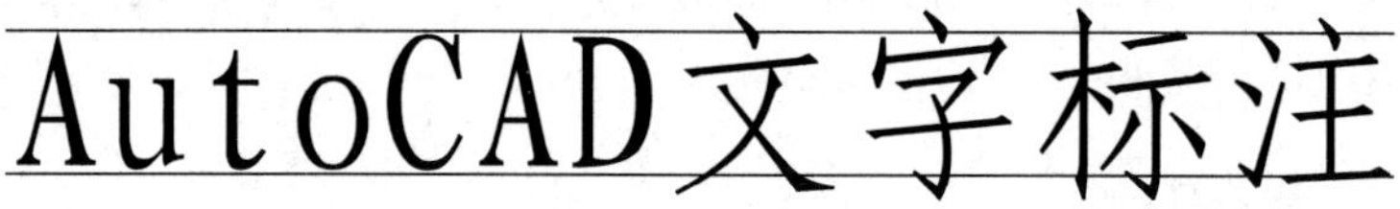

AutoCAD文字标注

图 5-1　AutoCAD 文字标注结果

如图 5-2 所示为天正文字标注的结果，可以看到中西文的文字标注字高基本上一致。

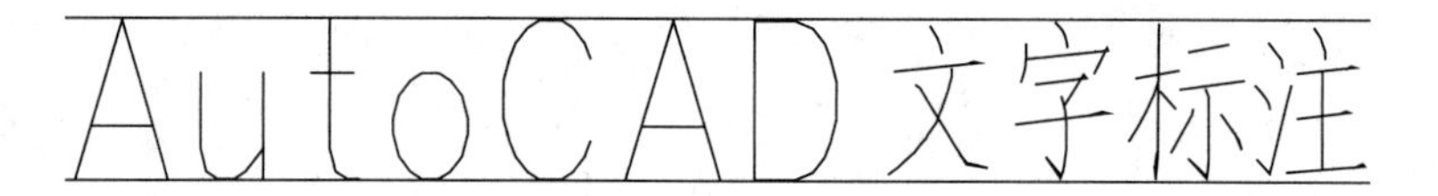

图 5-2　天正文字标注结果

5.1.2 天正的文字输入方法

在天正软件中输入文字有以下几种方法。

1. 直接输入

首先执行“文字样式”命令，定义本图所使用的文字样式。然后调用天正所提供的“单行文字”或者“多行文字”命令，在图中标注文字。

如果是使用 AutoCAD 标准的 text 等文字标注命令标注在图上的文字，通过文字转换命令可以将其转换成天正文字，天正软件会自动对 AutoCAD 字体字高不等的问题做出判断并修正。

2. 输入来自其他文件的文本内容

（1）复制和粘贴文字　按Ctrl+C组合键，从其他文件中复制文字，然后在天正软件中调用“多行文字”命令，在打开的对话框中粘贴所复制的文字。这样复制得到的文字可以使用天正软件的文字编辑命令对其进行编辑。

（2）嵌入OLE文字对象　执行AutoCAD中的“插入”→“OLE对象”菜单命令，在弹出的“插入对象”对话框中选择Word文档和Excel表格插入到AutoCAD中。这时的文字保留原有的属性，双击文字，可以启动Word或者Excel进行编辑修改。

5.2 文字相关命令

文字的相关命令包括文字样式的设置，单行、多行文字的输入，以及文字的编辑和修改等。本节将介绍天正电气软件中文字输入和编辑的方法。

5.2.1 文字样式

调用“文字样式”命令，可设置中西文字体各自的参数，包括字体样式、字宽和字高等。

“文字样式”命令的执行方式如下：

➢ 命令行：输入“WZYS”按Enter键。

➢ 菜单栏：单击“文字”→“文字样式”命令。

执行上述任意一项操作，弹出“文字样式”对话框，如图5-3所示。该对话框中一些选项或按钮的作用说明如下：

样式名[_TEL_DIM]：单击该选项，可在弹出的下拉列表中选择文字的样式，如图5-4所示。

新建：单击该按钮，弹出“新建文字样式”对话框，在其中可设置文字样式的名称，如图5-5所示。

重命名：单击该按钮，弹出“重命名文字样式”对话框，在其中可修改文字样式名称，如图5-6所示。

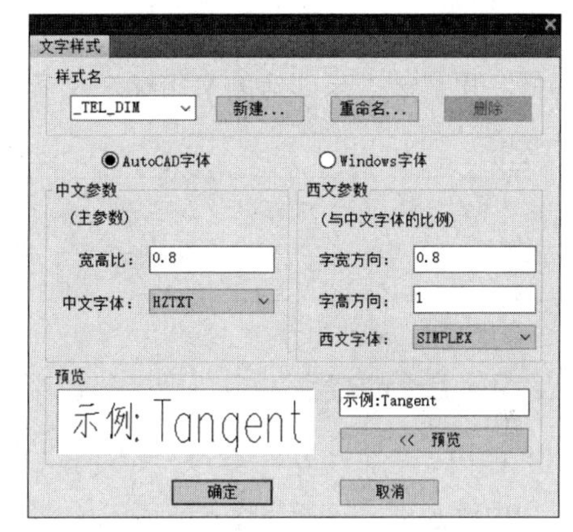

图5-3 “文字样式”对话框

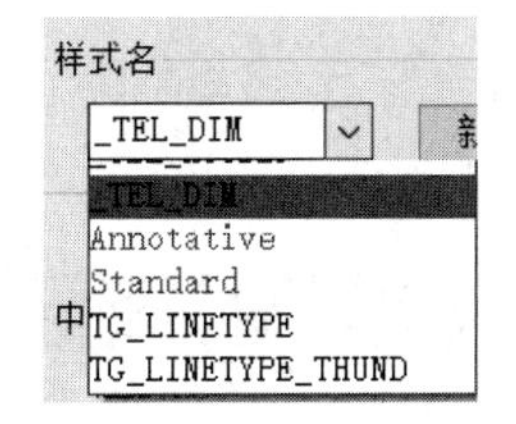

图5-4 文字样式下拉列表

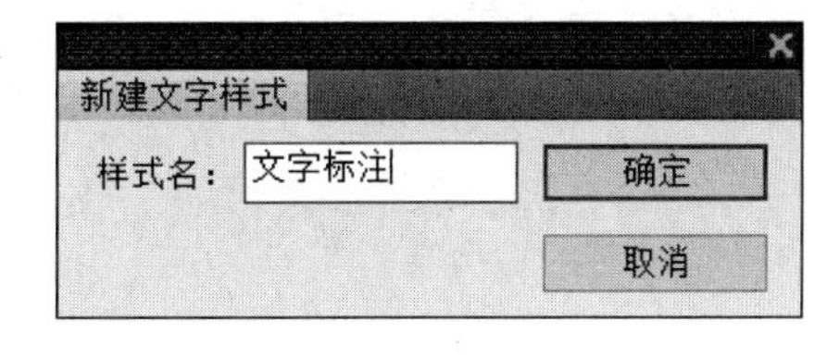

图5-5 “新建文字样式”对话框

删除：单击该按钮，可删除选中的文字样式。要说明的是，正在使用的文字样式不能被删除。

“中文参数”选项组：

1）宽高比：指定中文字宽与中文字高的比例。数字越小，字体越瘦长。

2）中文字体：单击该选项，可在下拉列表中选择中文字体样式，如图 5-7 所示。

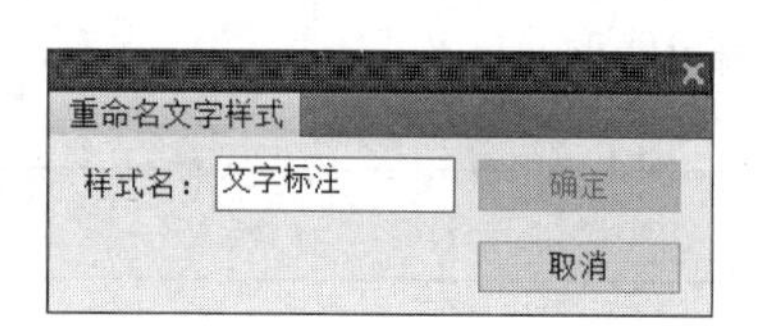

图 5-6 “重命名文字样式”对话框

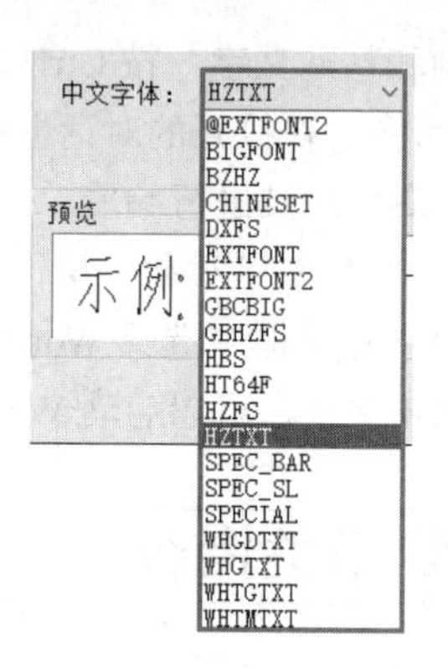

图 5-7 中文字体样式下拉列表

“西文参数”选项组：

1）字宽方向、字高方向：这两项参数可定义西文字体的显示效果。数字越小，西文字体就越小。

2）西文字体：单击该选项，可在下拉列表中选择西文字体样式。

字体的设置结果可以在“预览”框中查看。参数设置完成后，单击“确定”按钮，关闭对话框。用户接下来创建的文字标注及表格将都按照所设置的文字样式来显示。

提示

在改变了文字样式的参数后切换至别的文字样式时，系统会提示是否保存当前的样式，此时按照实际情况选择保存或放弃即可。

5.2.2 单行文字

调用“单行文字”命令，可使用已经设置的天正文字样式来输入单行文字，还可以在文字标注中添加上、下标。图 5-8 所示为在单行文字中添加上标的结果。

“单行文字”命令的执行方式如下：

➢ 菜单栏：单击“文字”→“单行文字”命令。

单击“文字”→“单行文字”命令，弹出“单行文字”对话框。在对话框中输入文字，单击角度按钮°，如图 5-9 所示，然后在图中选取位置，可绘制角度标注。

图 5-8 在单行文字中添加上标

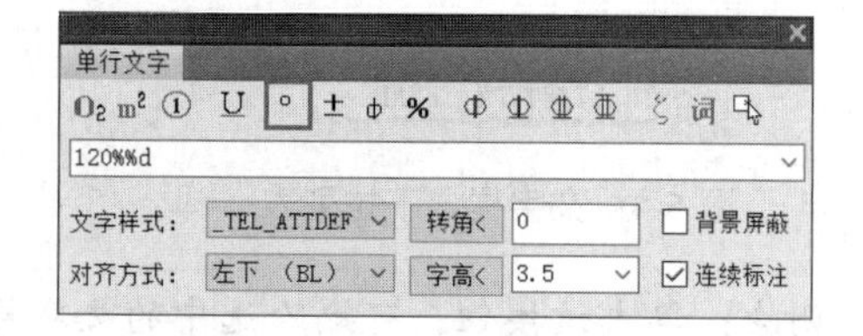

图 5-9 “单行文字”对话框

另外，在“单行文字”对话框中提供了下标按钮O_2、上标按钮m^2、公差标注按钮±及符号按钮等。将鼠标指针移动到某个按钮上，可以显示该按钮的名称。若是单击该按钮，可将标注样式添加到当前的标注文字中。

5.2.3 单行文字的编辑

绘制完成的单行文字，可以对其进行编辑修改。天正软件有两种编辑单行文字的方式，分别是在位编辑和在“单行文字”对话框内进行编辑。

双击待修改的单行文字，进入在位编辑状态，如图 5-10 所示。在文本框中输入文字，按下 Enter 键即可完成对文字的修改。

选择待修改的单行文字后右击，在弹出的快捷菜单中选择“文字编辑”命令，如图 5-11 所示，弹出“单行文字”对话框，修改文字参数，单击“确定”按钮即可完成编辑。

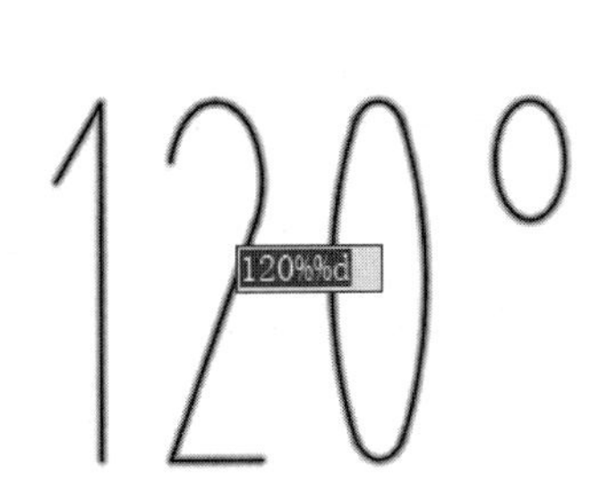

图 5-10 在位编辑状态

图 5-11 选择“文字编辑”命令

5.2.4 多行文字

调用“多行文字”命令，可使用已建立的天正文字样式，按照段落输入多行文字，并设置上、下标和页面大小，还可以拖动夹点改变页宽。

“多行文字”命令的执行方式如下：

➢ 菜单栏：单击“文字”→“多行文字”命令。

单击“文字”→“多行文字”命令，弹出如图 5-12 所示的“多行文字”对话框。“多行文字”对话框中的选项介绍如下：

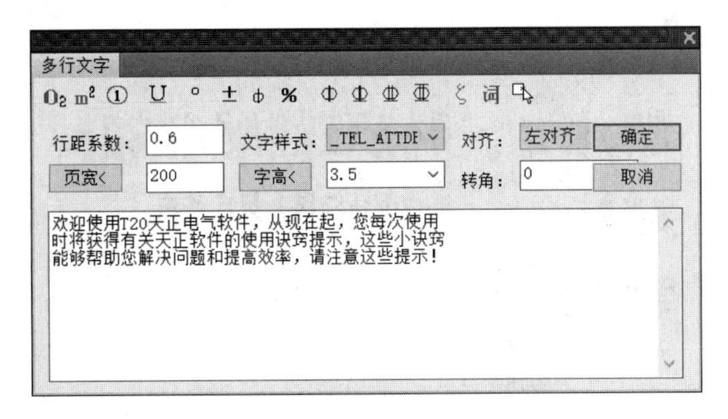

图 5-12 “多行文字”对话框

行距系数：行间的净距，可决定整段文字的疏密程度，单位是当前的文字高度。例如，输入1，表示两行之间的距离为一行文字的高度，以此类推。

页宽、字高：出图后的纸面单位。实际的数值应以输入值乘以当前比例得出，另外也可直接从图上取两点距离得到。

对齐：单击该选项，打开下拉列表，其中提供了四种对齐方式，分别为“左对齐”“右对齐”“中心对齐”和“两端对齐”。

图5-13～图5-15所示分别为使用左对齐、右对齐与中心对齐方式创建的多行文字。两端对齐方式与左对齐方式的效果大致相同。

选择多行文字，激活文字左上角的夹点，按住鼠标左键不放并移动，可以调整文字的位置，如图5-16所示。

欢迎使用T20天正电气软件。从现在起，
您每次使用时将获得有关天正软件的使用诀窍提示，
这些小诀窍能够帮助您解决问题和提高效率，
请注意这些提示！

图5-13　左对齐

欢迎使用T20天正电气软件。从现在起，
您每次使用时将获得有关天正软件的使用诀窍提示，
这些小诀窍能够帮助您解决问题和提高效率，
请注意这些提示！

图5-14　右对齐

欢迎使用T20天正电气软件。从现在起，
您每次使用时将获得有关天正软件的使用诀窍提示，
这些小诀窍能够帮助您解决问题和提高效率，
请注意这些提示！

图5-15　中心对齐

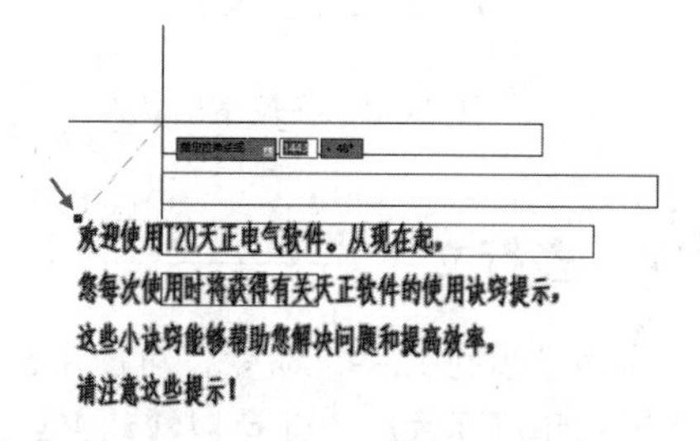

图5-16　调整文字的位置

选中多行文字，右击，在弹出的快捷菜单中选择“文字编辑”命令（见图5-17），或者双击多行文字，弹出“多行文字”对话框，在其中可进行编辑修改或添加文字内容。

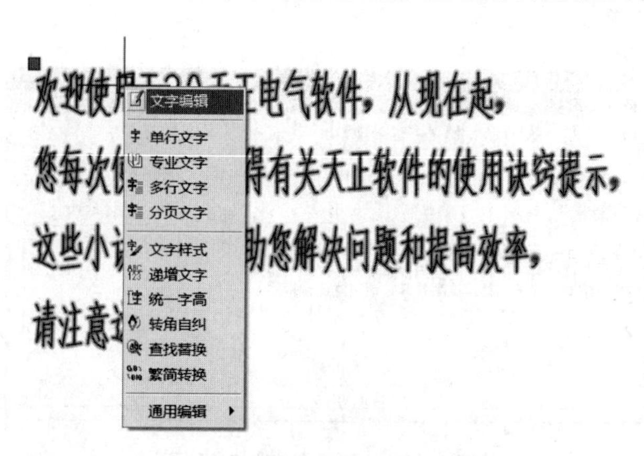

图5-17　选择“文字编辑”命令

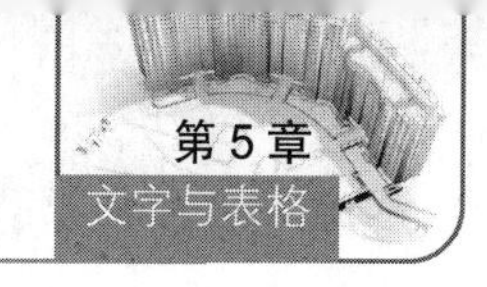

5.2.5 分页文字

调用“分页文字”命令，可创建符合中国建筑制图规范的整段文字。

“分页文字”命令的执行方式如下：

- 命令行：输入“FYWZ”按 Enter 键。
- 菜单栏：单击“文字”→“分页文字”命令。

调用“分页文字”命令，与执行“多行文字”命令的结果相同，可以创建整段的天正文字。不同的是，调用“分页文字”命令可以对页面样式、文字排版等参数进行设置。

调用“分页文字”命令，弹出“分页文字”对话框，如图 5-18 所示。在对话框中输入文字，单击“确定”按钮，在图中选取位置，即可创建整段文字，如图 5-19 所示。

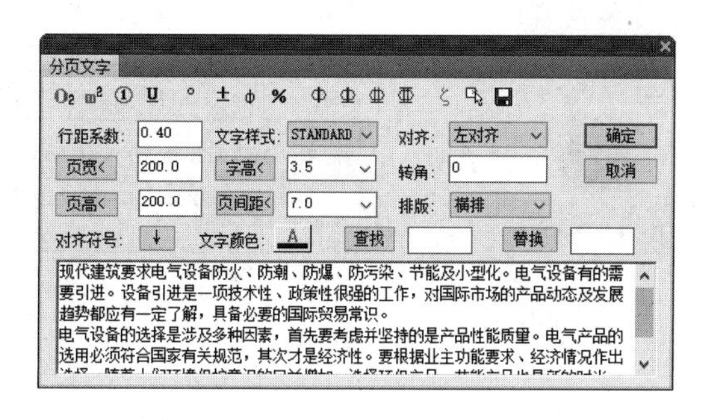

图 5-18 “分页文字”对话框

现代建筑要求电气设备防火、防潮、防爆、防污染、节能及小型化。电气设备有的需要引进。设备引进是一项技术性、政策性很强的工作，对国际市场的产品动态及发展趋势都应有一定了解，具备必要的国际贸易常识。

电气设备的选择是涉及多种因素，首先要考虑并坚持的是产品性能质量。电气产品的选用必须符合国家有关规范，其次才是经济性。要根据业主功能要求、经济情况作出选择。随着人们环境保护意识的日益增加，选择环保产品、节能产品也是新的时尚，这就不仅仅是价格的问题了。

图 5-19 创建整段文字

“分页文字”对话框与“多行文字”对话框相比，增加了一些编辑选项，如“页高”“页间距”“排版”等。

针对图 5-19 中的文字，通过调整页宽参数，如设置为 100，可以调整文字的显示样式，结果如图 5-20 所示。

现代建筑要求电气设备防火、防潮、防爆、防污染、节能及小型化。电气设备有的需要引进。
设备引进是一项技术性、政策性很强的工作，对国际市场的产品动态及发展趋势都应有一定了
解，具备必要的国际贸易常识。

电气设备的选择是涉及多种因素，首先要考虑并坚持的是产品性能质量。电气产品的选用必须
符合国家有关规范，其次才是经济性。要根据业主功能要求、经济情况作出选择。随着人们环
境保护意识的日益增加，选择环保产品、节能产品也是新的时尚，这就不仅仅是价格的问题了。

图 5-20 调整文字的显示样式

在“排版”选项中提供了两种排版方式，分别是“横排”和“竖排”。用户可以根据具体情况来选用排版方式。

单击“对齐符号”按钮，可以在段落中添加对齐符号。

单击“文字颜色”按钮，弹出如图5-21所示的“选择颜色”对话框，在其中可为选中的文字指定颜色。

分别在“查找”文本框及“替换”文本框中输入文字，单击“查找”按钮，被查找到的文字会以添加底纹的样式来显示，如图5-22所示。此时单击“替换”按钮，可进行替换文字的操作。

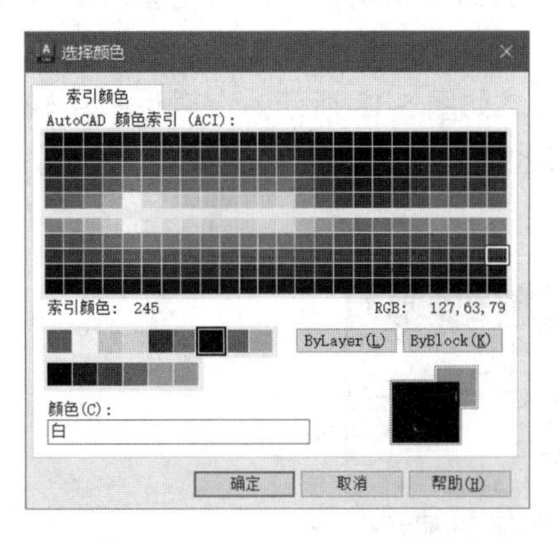

图5-21 “选择颜色”对话框

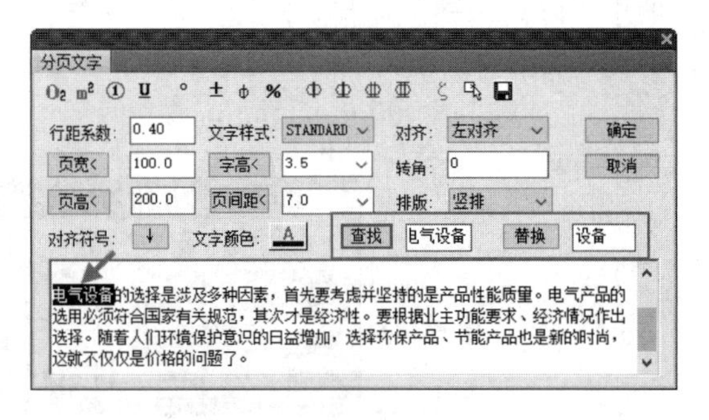

图5-22 查找文字

5.2.6 专业词库

调用“专业词库”命令，可组成一个由用户自由扩充的词库，在其中可存储一些常用的建筑及相关专业词汇，以方便在绘图过程中随时调用。此外，词库还可以在各种符号标注命令中调用。

图5-23所示为调用“专业词库”命令，在图中添加文字标注的结果。

“专业词库”命令的执行方式如下：

➢ 菜单栏：单击“文字”→“专业词库”命令。

下面以添加如图5-23所示的文字标注为例，讲解调用“专业词库”命令的方法。

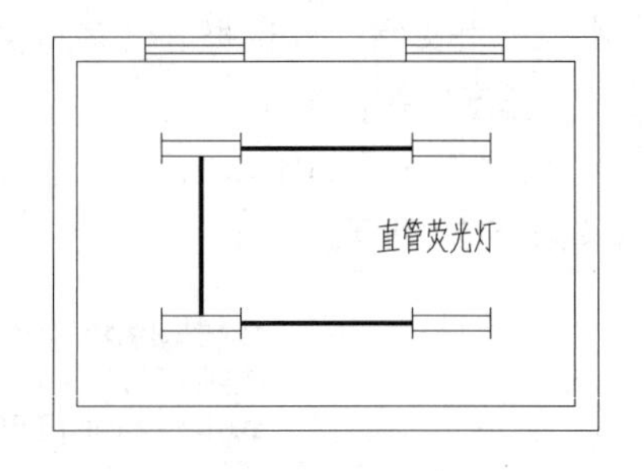

图5-23 添加文字标注

01 按Ctrl+O组合键，打开配套资源提供的“第5章/5.2.6专业词库.dwg”素材文件，如图5-24所示。

02 单击“文字”→“专业词库”命令，弹出如图5-25所示的“专业词库”对话框。在左侧的列表中选择“光源种类”选项，在右侧的窗口中选择“直管荧光灯”。

03 在图中指定插入点，即可添加文字标注，结果如图5-23所示。

“专业词库”对话框中的选项介绍如下：

对话框左边的词汇分类列表：在列表中，按照不同的专业提供了分类机制（也称为分类或目录），对词汇进行了简单的分类汇总，一个目录下可存放很多词汇。

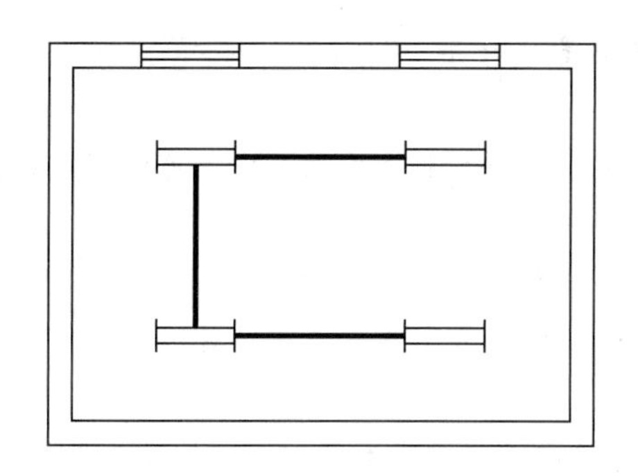

图 5-24　打开素材文件

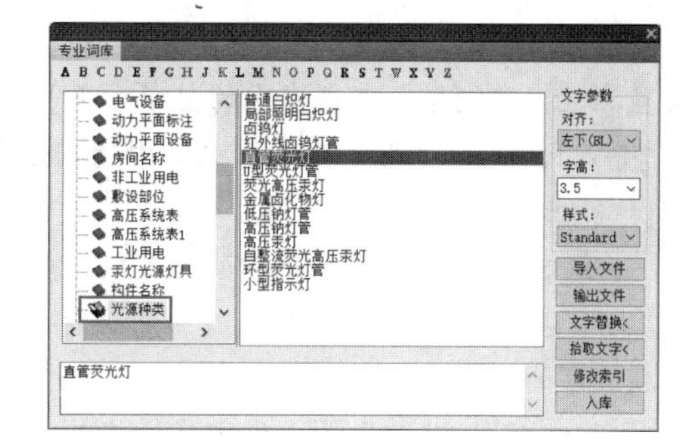

图 5-25　“专业词库”对话框

对话框右边的词汇列表预览窗口：在窗口中可显示列表中的所有词汇。

对话框上方的字母按钮：以汉语拼音的韵母排序检索，可快速检索到词汇表中与之相对应的第一个词汇。

词汇菜单：在选中的词汇上右击，弹出如图 5-26 所示的包含 4 个命令的快捷菜单，分别为“新建行”“插入行”“删除行”“重命名”，可以增加或者编辑词汇。

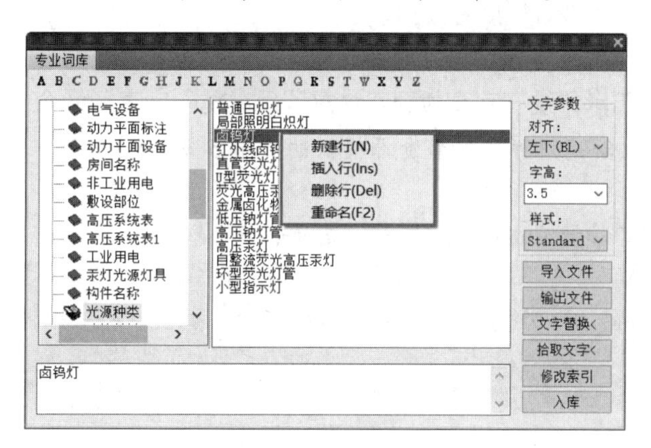

图 5-26　快捷菜单

分类菜单：在选中的项目上右击，弹出如图 5-27 所示的包含 5 个命令的快捷菜单，分别是“展开”“添加子目录”“添加新词条”“删除目录”“重命名”，可用于增加或者编辑分类。

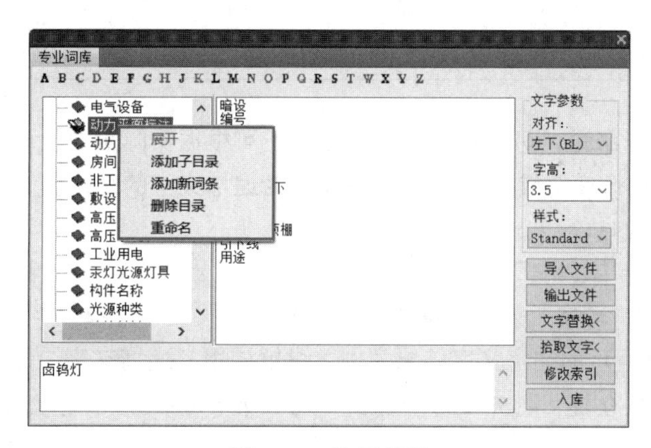

图 5-27　快捷菜单

“文字参数”：在该选项组中包含3个选项，分别是“对齐”“字高”“样式”。在下拉列表中设置参数，可调整文字在图中的显示效果。

“导入文件”：将指定的文本文件中的词汇导入到当前的类别（目录）中，可以有效扩大词汇量。

“输出文件”：将当前类别中的所有词汇输出到一个指定的文本文件中。

“文字替换”：在对话框中选择目标文字，单击该按钮，再到图中选择待替换的文字，可完成替换文字的操作。

“拾取文字”：可拾取图上的文字，将其添加到对话框下方的文本框中，方便修改或者替换。

“入库”：把文本框内的文字添加到当前类别中，成为其所包含的词汇之一。

5.2.7　统一字高

调用“统一字高”命令，可对选中的AutoCAD文字、天正文字、天正尺寸标注的字高按给定的尺寸进行调整，使之统一。图5-28所示为统一字高的结果。

“统一字高”命令的执行方式如下：

- 命令行：输入“TYZG”按Enter键。
- 菜单栏：单击“文字”→“专业词库”命令。

下面以如图5-28所示的统一字高为例，讲解调用“统一字高”命令的方法。

01　按Ctrl+O组合键，打开配套资源提供的“第5章/5.2.7统一字高.dwg”素材文件，如图5-29所示。

02　输入“TYZG”按Enter键，命令行提示如下：

```
命令：TYZG↙
请选择要修改的文字（ACAD文字，天正文字，天正标注）<退出>：找到1个，总计3个
                    //选中文字。
字高（）<3.5mm>：     //按Enter键确认字高参数（也可另外输入），结果如图5-28所示。
```

天正电气施工图实践与提高

图5-28　统一字高的结果

天正电气施工图实践与提高

图5-29　打开素材文件

5.2.8　递增文字

调用“递增文字”命令，可拷贝选中的文字。还可根据实际需要拾取文字标注中的相应字符，以该字符为参照进行递增或递减。图5-30所示为递增文字的结果。

“递增文字”命令的执行方式如下：

- 命令行：输入“DZWZ”按Enter键。
- 菜单栏：单击“文字”→“递增文字”命令。

下面以如图5-30所示的递增文字结果为例，讲解调用“递增文字”命令的方法。

01　按Ctrl+O组合键，打开配套资源提供的“第5章/5.2.8递增文字.dwg”素材文件，如图5-31所示。

1ab
2ab
3ab
4ab

图 5-30　递增文字的结果

图 5-31　打开素材文件

02　输入“DZWZ”按 Enter 键，打开“递增文字”对话框，设置参数如图 5-32 所示。

03　命令行提示如下：

```
命令：DZWZ ↙
请选择要递增拷贝的文字（注：同时按 CTRL 键进行递减拷贝，仅对单个选中字符进行操作）<退
出>:                                              // 如图 5-33 所示。
请指定基点：                                      // 在文字的下方指定基点。
请点取插入位置 <退出>:                            // 如图 5-34 所示。
请点取插入位置 <退出>:                            // 如图 5-35 所示。
请点取插入位置 <退出>:                            // 结果如图 5-30 所示。
```

图 5-32　“递增文字”对话框

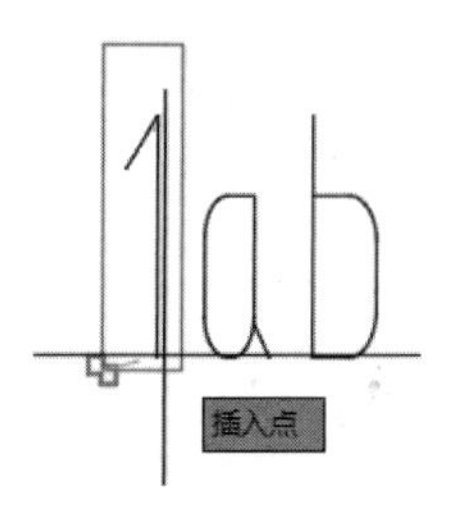

图 5-33　选择文字

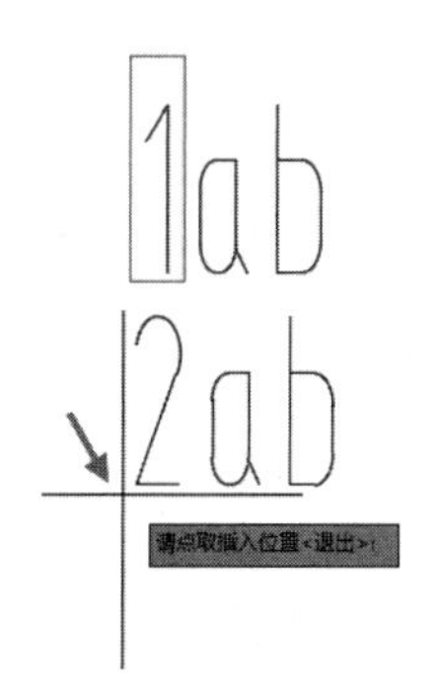

图 5-34　点取插入位置 1

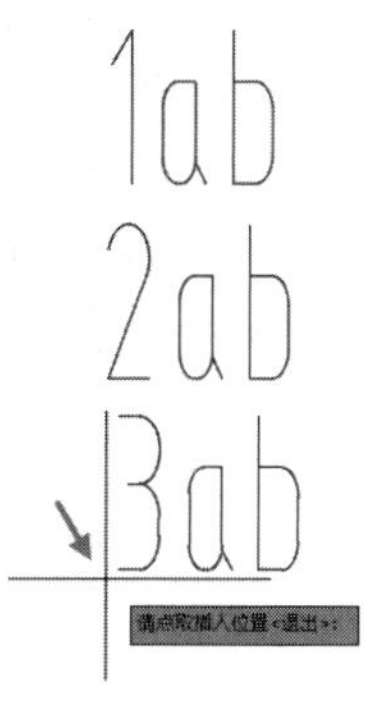

图 5-35　点取插入位置 2

在“递增文字”对话框中，如图 5-36 所示选择“阵列递增”选项，设置“间距”参数，然后选择目标文字，指定基点，移动鼠标指针，指定递增的方向，可按照指定的间距递增文字，结果如图 5-37 所示。

递增文字
增量：
1
依次递增
间距<
1000
阵列递增

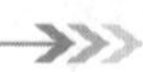

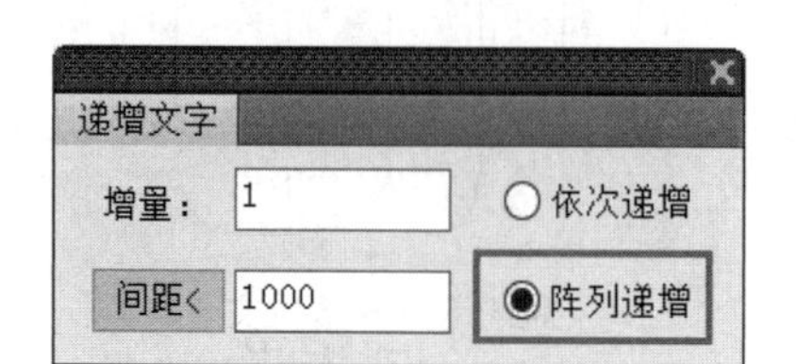

图 5-36 “递增文字”对话框

1ab
2ab
3ab
4ab
5ab
6ab

图 5-37 阵列递增文字的结果

重复执行“递增文字”命令，可以继续对其他文字进行递增操作，结果如图 5-38 所示。

2ab 3ab
2bb 3ac
2cb 3ad
2db 3ae

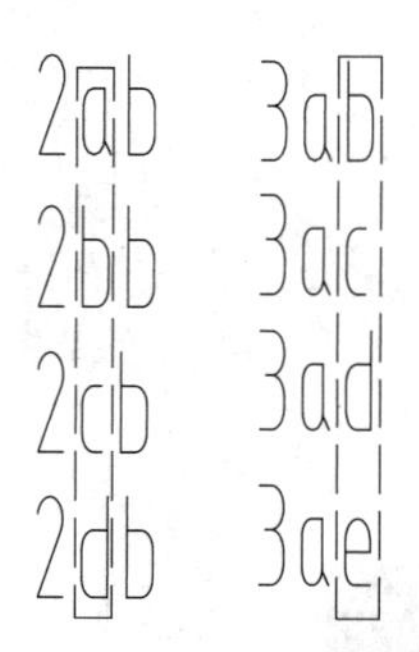

图 5-38 对其他文字进行递增操作

5.2.9 转角自纠

调用“转角自纠”命令，可调整图中单行文字的方向，使其符合制图标准对文字方向的规定。图 5-39 所示为转角自纠的结果。

“转角自纠”命令的执行方式如下：

➢ 菜单栏：单击“文字”→“转角自纠”命令。

下面以如图 5-39 所示的转角自纠结果为例，讲解调用“转角自纠”命令的方法。

01 按 Ctrl+O 组合键，打开配套资源提供的“第 5 章 / 5.2.9 转角自纠 .dwg”素材文件，如图 5-40 所示。

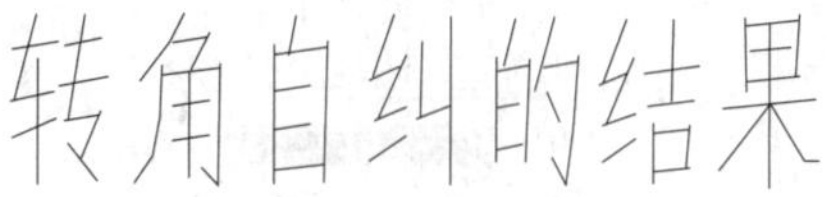

转角自纠的结果

图 5-39 转角自纠的结果

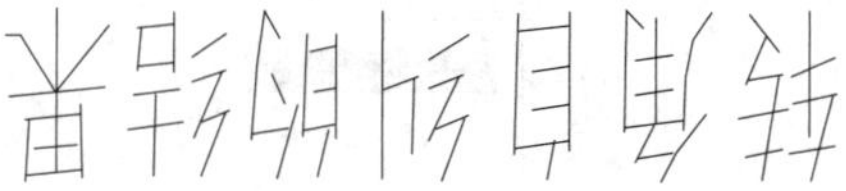

图 5-40 打开素材文件

02 单击“文字”→“转角自纠”命令，命令行提示如下：

```
命令：T93_TTextAdjust
请选择天正文字：找到 1 个          // 选择文字，按 Enter 键完成操作，结果如图 5-39 所示。
```

5.2.10 查找替换

调用“查找替换”命令，可将搜索到的当前图形中的AutoCAD文字、天正文字及属性字按要求进行逐一替换或者全部替换。在搜索过程中，搜索到的文字被红色的方框框选。继续搜索，红框会自动定位到下一个被找到的文字。图5-41所示为执行“查找替换”命令的操作结果。

“查找替换”命令的执行方式如下：

➢ 菜单栏：单击“文字”→“查找替换”命令。

下面以如图5-41所示的查找替换结果为例，讲解调用“查找替换”命令的方法。

01 按Ctrl+O组合键，打开配套资源提供的“第5章/5.2.10 查找替换.dwg”素材文件，如图5-42所示。

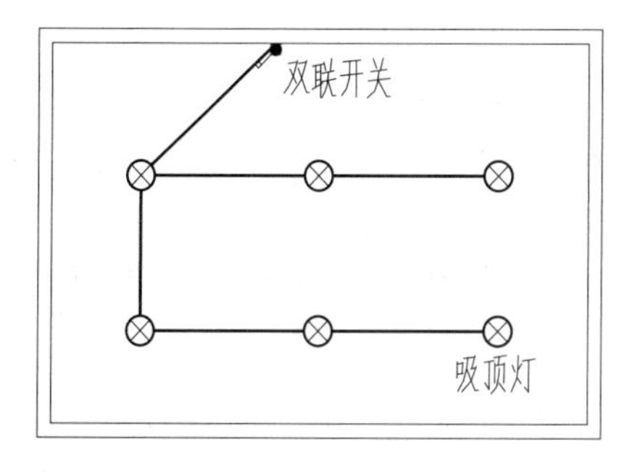

图5-41 查找替换的结果

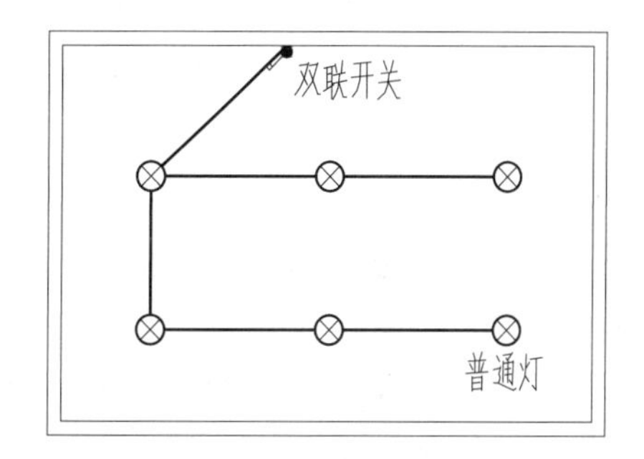

图5-42 打开素材文件

02 单击“文字”→“查找替换”命令，弹出如图5-43所示的“查找和替换”对话框，在其中分别设置“查找内容”和“替换为”选项文本框中的文字。

03 单击“查找”按钮，被查找到的文字在图中被红色的方框框选，结果如图5-44所示。

04 在对话框中单击“替换”按钮，完成查找替换的操作，结果如图5-41所示。

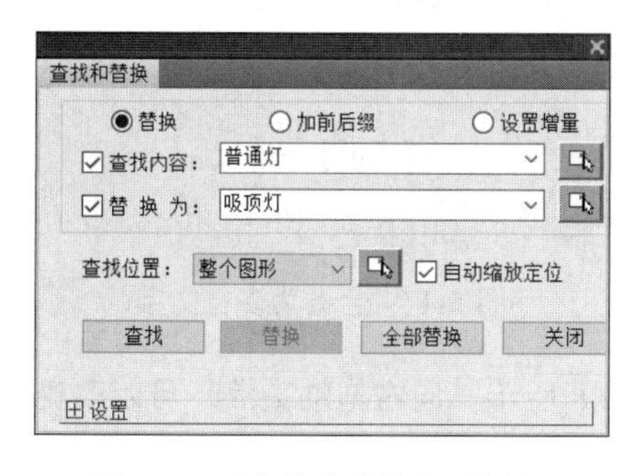

图5-43 “查找和替换”对话框

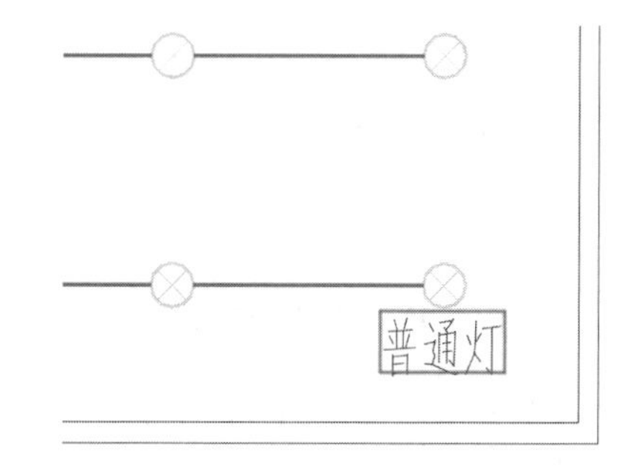

图5-44 查找结果

5.2.11 文字转化

调用“文字转化”命令，可将AutoCAD文字转换为天正单行文字。

“文字转化”命令的执行方式如下：

➢ 菜单栏：单击“文字”→“文字转化”命令。

调用“文字转化”命令，命令行提示如下：

```
命令：TTextConv
请选择 ACAD 单行文字：
```

选择 AutoCAD 单行文字，按 Enter 键即可完成转化操作。

5.2.12 文字合并

调用“文字合并”命令，可把独立的中英文文字合并成一行。图 5-45 所示为文字合并的结果。

“文字合并”命令的执行方式如下：

➢ 菜单栏：单击“文字”→“文字合并”命令。

下面以如图 5-45 所示的文字合并结果为例，介绍“文字合并”命令的操作方法。

T20天正电气软件 V6.0软件运行系统：Windows 10 64位

图 5-45 文字合并的结果

(01) 按 Ctrl+O 组合键，打开配套资源提供的“第 5 章 / 5.2.12 文字合并 .dwg”素材文件，如图 5-46 所示。

(02) 调用“文字合并”命令，命令行提示如下：

```
命令：TTextMerge
请选择要合并的文字段落 < 退出 >：指定对角点：找到 3 个        // 选择文字。
[ 合并为单行文字（D）]< 合并为多行文字 >：D                  // 选择样式。
移动到目标位置 < 替换原文字 >：                   // 选取位置，文字合并结果如图 5-45 所示。
```

在命令行中选择“合并为多行文字”选项，可以将所选的文字合并为多行文字，如图 5-47 所示。

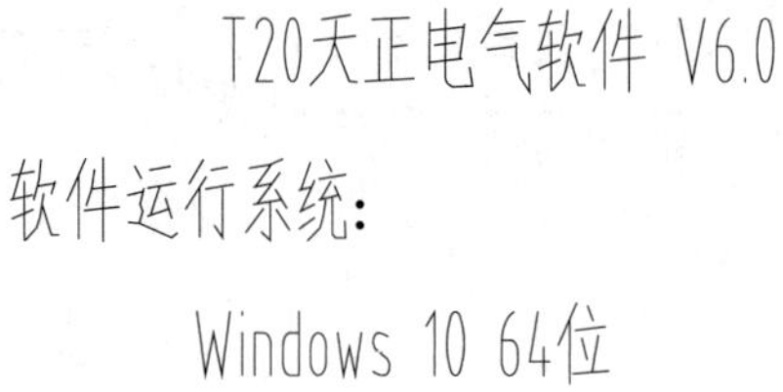

T20天正电气软件 V6.0

软件运行系统：

Windows 10 64位

图 5-46 打开素材文件

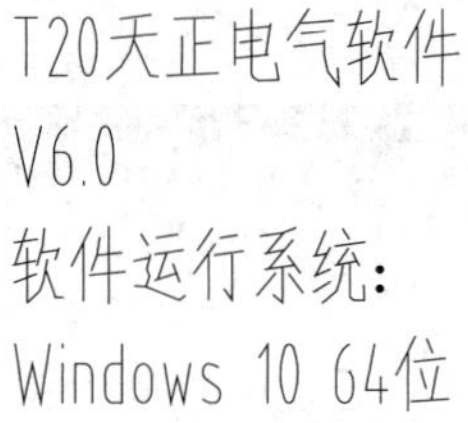

T20天正电气软件

V6.0

软件运行系统：

Windows 10 64位

图 5-47 合并为多行文字

激活段落文字右上角的“改页宽”夹点，如图 5-48 所示。向右拖动夹点，可以改变多行文字的显示样式，如图 5-49 所示。

T20天正电气软件

V6.0

软件运行系统：

Windows 10 64位

图 5-48 激活夹点

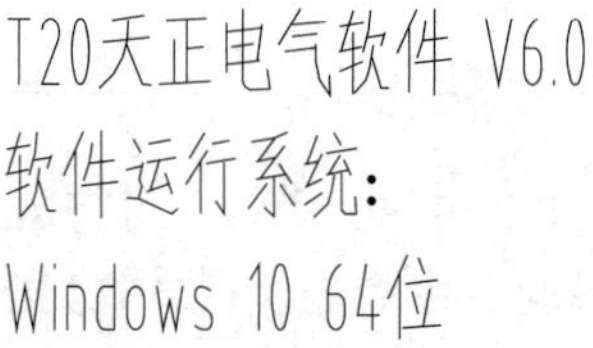

T20天正电气软件 V6.0

软件运行系统：

Windows 10 64位

图 5-49 改变显示样式

5.2.13 快速替换

调用“快速替换”命令，可选择图纸中的“A”，将其快速替换为“B”。

“快速替换”命令的执行方式如下：

- 命令行：输入“KSTH”按 Enter 键。
- 菜单栏：单击“文字”→“快速替换”命令。

执行上述任意一项操作，命令行提示如下：

```
命令：KSTH ↙
请选择基准文字或图块互换 [A]<退出>：
请选择要替换的文字<退出>：找到 1 个
```

分别选择基准文字与要替换的文字，按 Enter 键即可完成快速替换操作。

5.2.14 繁简转换

调用“繁简转换”命令，可将图中选定的文字在简体和繁体之间转换。图 5-50 所示为繁简转换的结果。

“繁简转换”命令的执行方式如下：

- 菜单栏：单击“文字”→“繁简转换”命令。

下面以如图 5-50 所示的繁简转换结果为例，讲解调用“繁简转换”命令的方法。

实践与提高

图 5-50　繁简转换的结果

01 按 Ctrl+O 组合键，打开配套资源提供的“第 5 章 / 5.2.14 繁简转换 .dwg”素材文件，如图 5-51 所示。

02 单击“文字”→“繁简转换”命令，弹出“繁简转换”对话框，选择“繁转简”和“选择对象”选项，如图 5-52 所示。

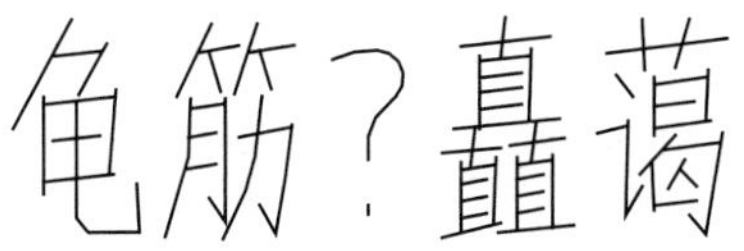

龟筋？矗谒

图 5-51　打开素材文件

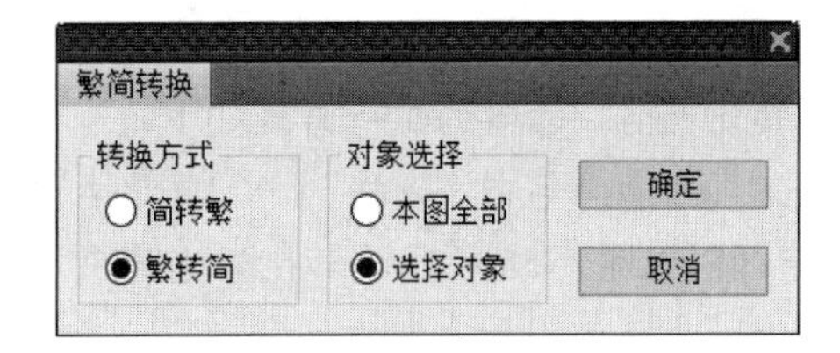

图 5-52　“繁简转换”对话框

03 此时命令行提示如下：

```
命令：T93_TBIG5_GB
选择包含文字的图元：找到 1 个    // 选择文字，按 Enter 键完成操作，结果如图 5-50 所示。
```

5.3 表格的绘制与编辑

在 T20-Elec V10.0 中，用户可以自定义表格的参数来创建表格。编辑表格包括对表行、表列内的编辑及单元格编辑。

本节将介绍绘制与编辑表格的方法。

5.3.1 新建表格

调用“新建表格”命令，可通过设定参数定义表格的样式。图 5-53 所示为新建表格的结果。

“新建表格”命令的执行方式如下：

➢ 菜单栏：单击“表格”→“新建表格”命令。

下面以如图 5-53 所示的新建表格为例，讲解调用“新建表格”命令的方法。

01 单击“表格”→“新建表格”命令，弹出“新建表格”对话框，设置参数如图 5-54 所示。

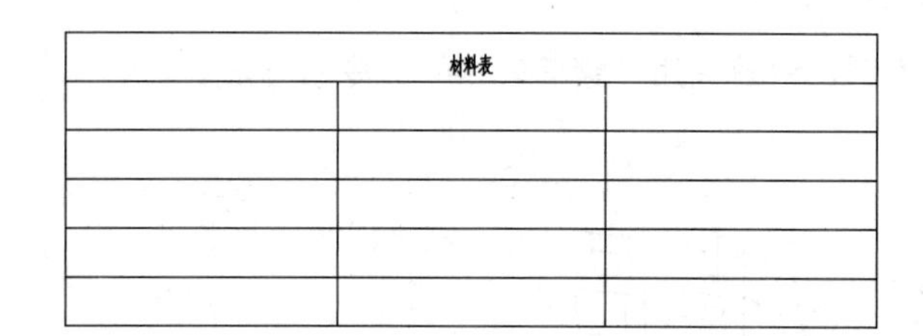

图 5-53 新建表格

图 5-54 “新建表格”对话框

02 此时命令行提示如下：

```
命令：T93_TNewSheet
左上角点或［参考点（R）］<退出>：          //指定插入点绘制表格，结果如图 5-53 所示。
```

5.3.2 转化表格

调用“转化表格”命令，可以将文字和直线、多段线转化成天正表格对象。图 5-55 所示为转化表格的结果。

“转化表格”命令的执行方式如下：

➢ 菜单栏：单击“表格”→“转化表格”命令。

下面以如图 5-55 所示的转化表格结果为例，讲解调用“转化表格”命令的方法。

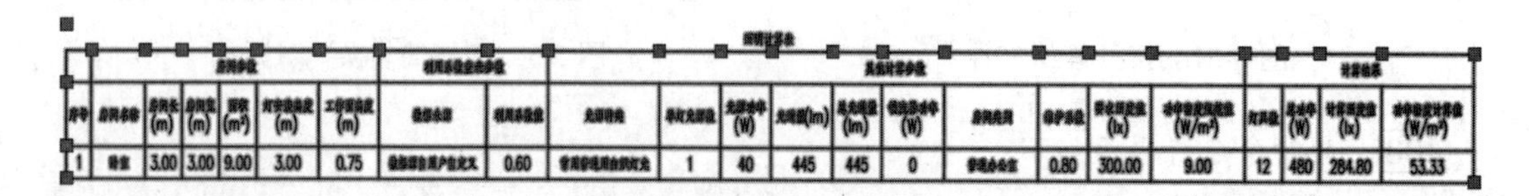

图 5-55 转化表格的结果

01 按 Ctrl+O 组合键，打开配套资源提供的“第 5 章 / 5.3.2 转化表格 .dwg”素材文件，此时文字与直线是相互独立的对象，如图 5-56 所示。

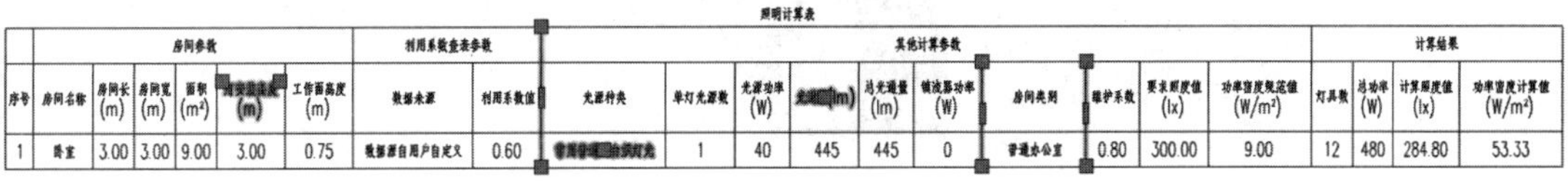

照明计算表

	房间参数						利用系数查表参数		其他计算参数										计算结果			
序号	房间名称	房间长(m)	房间宽(m)	面积(m²)	[illegible](m)	工作面高度(m)	数据来源	利用系数值	光源种类	单灯光源数	光源功率(W)	[illegible](lm)	总光通量(lm)	镇流器功率(W)	房间类别	维护系数	要求照度值(lx)	功率密度规范值(W/m²)	灯具数	总功率(W)	计算照度值(lx)	功率密度计算值(W/m²)
1	卧室	3.00	3.00	9.00	3.00	0.75	数据源自用户自定义	0.60	[illegible]	1	40	445	445	0	普通办公室	0.80	300.00	9.00	12	480	284.80	53.33

图 5-56 打开素材文件

02 单击“表格”→“转化表格”命令，命令行提示如下：

```
命令：TConverSheet
请选择需转化成表格的直线、多段线及文字或 [ 改为指定位置插入 (Q)，当前：原位置替换 ]< 退出 >：指定对角点：                    // 选择文字及线段，如图 5-57 所示。
找到 76 个，总计 76 个
```

03 按 Enter 键，即可完成转化表格操作，结果如图 5-55 所示。

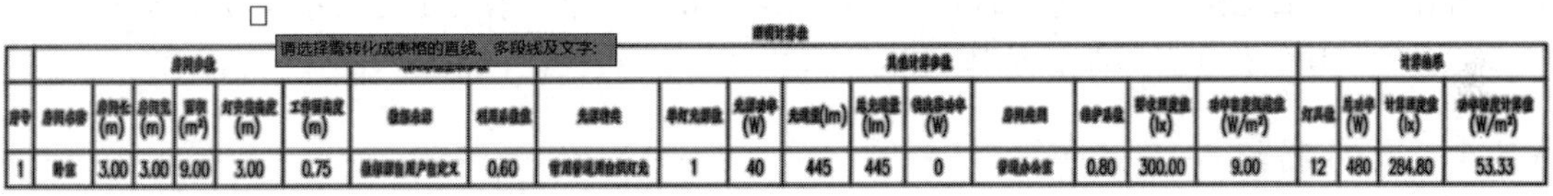

请选择需转化成表格的直线、多段线及文字:

	[illegible]						[illegible]		[illegible]										[illegible]			
[illegible]	[illegible]	[illegible](m)	[illegible](m)	[illegible](m²)	[illegible](m)	[illegible](m)	[illegible]	[illegible]	[illegible]	[illegible]	[illegible](W)	[illegible](lm)	[illegible](lm)	[illegible](W)	[illegible]	[illegible]	[illegible](lx)	[illegible](W/m²)	[illegible]	[illegible](W)	[illegible](lx)	[illegible](W/m²)
1	[illegible]	3.00	3.00	9.00	3.00	0.75	[illegible]	0.60	[illegible]	1	40	445	445	0	[illegible]	0.80	300.00	9.00	12	480	284.80	53.33

图 5-57 选择文字及线段

5.3.3 全屏编辑

调用“全屏编辑”命令，可以对话框的形式显示被选中表格的内容，从而方便编辑表格。图 5-58 所示为全屏编辑的结果。

“全屏编辑”命令的执行方式如下：

➢ 菜单栏：单击“表格”→“全屏编辑”命令。

下面以如图 5-58 所示的全屏编辑结果为例，讲解调用“全屏编辑”命令的方法。

01 按 Ctrl+O 组合键，打开配套资源提供的“第 5 章 / 5.3.3 全屏编辑 .dwg”素材文件，如图 5-59 所示。

序号	图例	名称	单位	数量
a		带保护接点暗装插座	个	2
b		双联插座	个	1
c		带保护接点插座	个	2
d		电视插座	个	1
e		单相暗敷插座	个	1

图 5-58 全屏编辑的结果

序号	图例	名称	规格	单位	数量
1		带保护接点暗装插座		个	2
2		双联插座		个	1
3		带保护接点插座		个	2
4		电视插座		个	1
5		单相暗敷插座		个	1

图 5-59 打开素材文件

02 单击“表格”→“全屏编辑”命令，弹出“表格内容”对话框。选中表列，在列的上方右击，在弹出的快捷菜单中选择“删除列”命令，如图 5-60 所示。

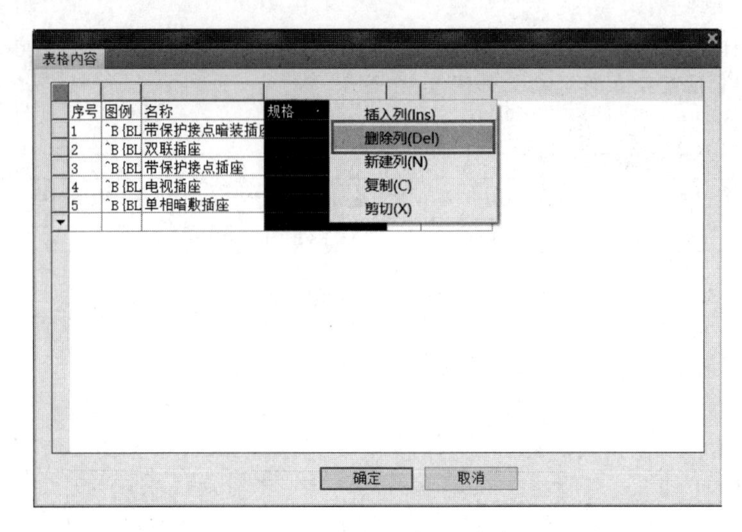

图 5-60 “表格内容”对话框

[03] 完成上述操作后，选中的表列即被删除。在“序号”表列下更改序号为 a、b、c、d、e。单击“确定”按钮关闭对话框，结果如图 5-58 所示。

5.3.4 表列编辑

调用“表列编辑”命令，可指定表格中的某一列统一修改属性参数。图 5-61 所示为表列编辑的结果。

“表列编辑”命令的执行方式如下：

➢ 菜单栏：单击“表格”→“表列编辑”命令。

下面以如图 5-61 所示的表列编辑结果为例，讲解调用“表列编辑”命令的方法。

[01] 按 Ctrl+O 组合键，打开配套资源提供的“第 5 章 / 5.3.4 表列编辑 .dwg”素材文件，如图 5-62 所示。

序号	图例	单位	数量
1		盏	6
2		盏	4
3		个	3

图 5-61 表列编辑的结果

序号	图例	单位	数量
1		盏	6
2		盏	4
3		个	3

图 5-62 打开素材文件

[02] 单击“表格”→“表列编辑”命令，命令行提示如下：

```
命令：T93_TColEdit
请点取一表列以编辑属性或 [ 多列属性 (M) / 插入列 (A) / 加末列 (T) / 删除列 (E) / 交换列 (X) ]< 退出 >:        // 选取表列，弹出“列设定”对话框，在其中更改参数，如图 5-63 所示。
请点取一表列以编辑属性或 [ 多列属性 (M) / 插入列 (A) / 加末列 (T) / 删除列 (E) / 交换列 (X)]< 退出 >:* 取消 *        // 单击“确定”按钮关闭对话框，选定表列编辑的结果如图 5-64 所示。
```

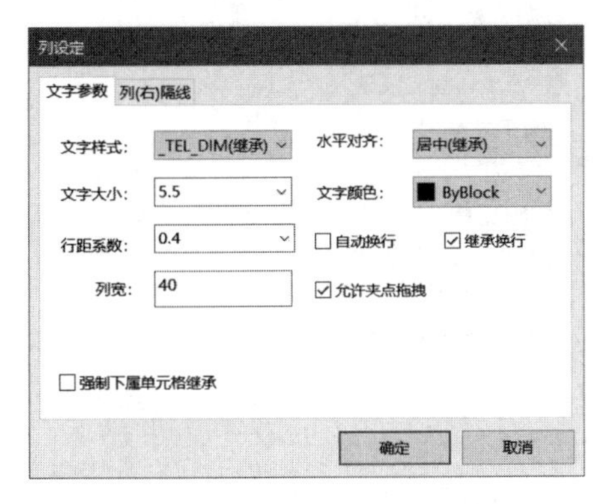

图 5-63 “列设定”对话框

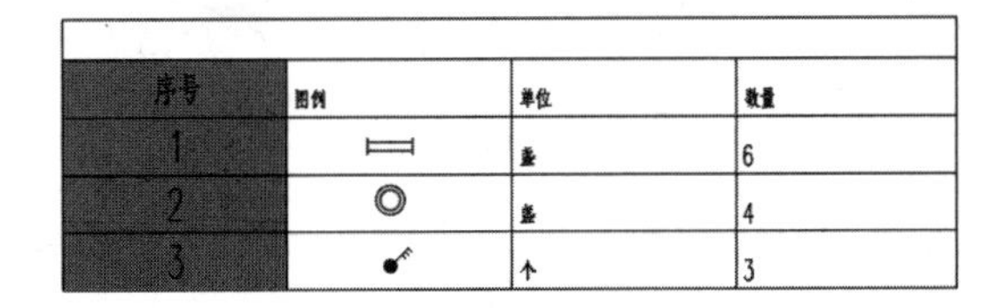

序号	图例	单位	数量
1		盏	6
2		盏	4
3		个	3

图 5-64 选定表列编辑的结果

03 继续选取下一个表列，再在“列设定”对话框中修改参数，直至完成全部表列编辑。

04 表列编辑的结果如图 5-61 所示。

5.3.5 表行编辑

调用“表行编辑”命令，可指定表格中的某一行统一修改属性参数。图 5-65 所示为表行编辑的结果。

“表行编辑”命令的执行方式如下：

➢ 菜单栏：单击“表格”→“表行编辑”命令。

下面以如图 5-65 所示的表行编辑结果为例，讲解调用“表行编辑”命令的方法。

序号	名称	单位	数量
1	双管荧光灯	盏	6
2	吸顶灯	盏	4
3	三联开关	个	3

图 5-65 表行编辑的结果

01 按 Ctrl+O 组合键，打开配套资源提供的“第 5 章 / 5.3.5 表行编辑 .dwg”素材文件，如图 5-66 所示。

02 单击“表格”→“表行编辑”命令，命令行提示如下：

```
命令：T93_TRowEdit
请点取一表行以编辑属性或 [多行属性(M)/增加行(A)/末尾加行(T)/删除行(E)/复制行(C)/交换行(X)]<退出>:          //选取表行，弹出“行设定”对话框，在其中更改参数，如图 5-67 所示。
请点取一表行以编辑属性或 [多行属性(M)/增加行(A)/末尾加行(T)/删除行(E)/复制行(C)/交换行(X)]<退出>:*取消*  //单击“确定”按钮关闭对话框，完成编辑。
```

03 继续选取下一个表行，再在“行设定”对话框中修改参数，直至完成全部表行编辑。

04 表行编辑的结果如图 5-65 所示。

序号	名称	单位	数量
1	双管荧光灯	盏	6
2	吸顶灯	盏	4
3	三联开关	个	3

图 5-66 打开素材文件

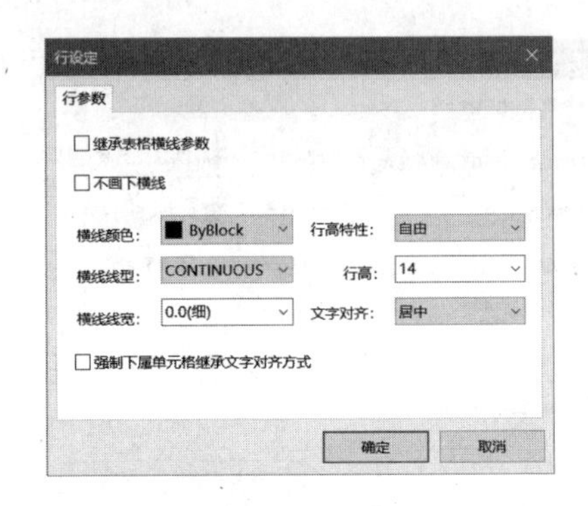

图 5-67 “行设定”对话框

5.3.6 增加表行

调用“增加表行”命令，可在选定的表行之前或之后增加一行，并且可以选择是插入空行还是复制已存在的表行。图 5-68 所示为增加表行的结果。

“增加表行”命令的执行方式如下：

- 命令行：输入“ZJBH”按 Enter 键。
- 菜单栏：单击“表格”→“增加表行”命令。

下面以如图 5-68 所示的增加表行结果为例，讲解调用“增加表行”命令的方法。

01 按 Ctrl+O 组合键，打开配套资源提供的“第 5 章 / 5.3.6 增加表行 .dwg”素材文件，如图 5-69 所示。

02 输入“ZJBH”按 Enter 键，命令行提示如下：

```
命令：ZJBH ↙
T93_TSHEETINSERTROW
本命令也可以通过 [ 表行编辑 ] 实现！
请点取一表行以 ( 在本行之前 ) 插入新行或 [ 在本行之后插入 (A) / 复制当前行 (S) ]< 退出 >:
                    // 选取表行，在其之前新增表行，结果如图 5-68 所示。
```

序号	名称	数量
1	三管荧光灯	7
2	壁灯	2
3	防水插座	5

图 5-68 增加表行的结果

序号	名称	数量
1	三管荧光灯	7
2	壁灯	2
3	防水插座	5

图 5-69 打开素材文件

提示

在命令行中输入“A”，即选择“在本行之后插入（A）”选项，可在选定的表行后面增加新行。

在命令行中输入“S”，即选择“复制当前行（S）”选项，可复制选定的表行。

5.3.7 删除表行

调用“删除表行”命令，可删除指定的表行。该命令的操作结果与“表行编辑”命令中的“删除行”命令的操作结果相同，但该命令可以同时选取多个表行来进行删除，而“表行编辑”命令只能对单个表行进行删除。

“删除表行”命令的执行方式如下：

- 命令行：输入“SCBH”按 Enter 键。
- 菜单栏：单击“表格”→“删除表行”命令。

执行上述任意一项操作，命令行提示如下：

```
命令：SCBH ↙
T93_TSHEETDELROW
本命令也可以通过 [ 表行编辑 ] 实现！
请点取要删除的表行 < 退出 > ：* 取消 *                    // 选取表行，完成操作。
```

5.3.8 拆分表格

调用“拆分表格”命令，可将表格按表行或者表列进行拆分，且在进行拆分的时候还可以自定义拆分后表格的形式。图 5-70 所示为拆分表格的结果。

“拆分表格”命令的执行方式如下：

- 菜单栏：单击“表格”→“拆分表格”命令。

下面以如图 5-70 所示的拆分表格结果为例，讲解调用“拆分表格”命令的方法。

序号	名称	单位
1	双管荧光灯	盏
2	吸顶灯	盏
3	三联开关	个

数量	安装位置
6	办公室
4	休息室
3	办公室、休息室

图 5-70 拆分表格的结果

01 按 Ctrl+O 组合键，打开配套资源提供的“第 5 章 / 5.3.8 拆分表格 .dwg”素材文件，如图 5-71 所示。

02 单击“表格”→“拆分表格”命令，弹出“拆分表格”对话框，设置参数如图 5-72 所示。

序号	名称	单位	数量	安装位置
1	双管荧光灯	盏	6	办公室
2	吸顶灯	盏	4	休息室
3	三联开关	个	3	办公室、休息室

图 5-71 打开素材文件

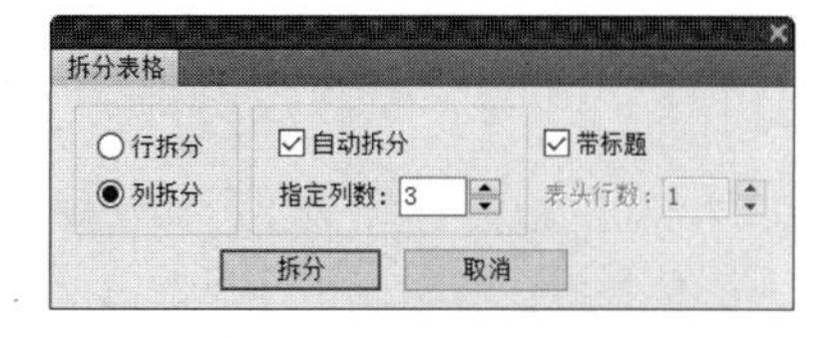

图 5-72 “拆分表格”对话框

03 单击“拆分”按钮，命令行提示如下：

```
命令：T93_TSplitSheet
选择表格：
```

04 选择表格进行拆分，结果如图 5-70 所示。

5.3.9 合并表格

调用“合并表格”命令，可以将多个表格逐次合并为一个表格。默认“按行”合并，也可以选择“按列”合并。图 5-73 所示为合并表格的结果。

“合并表格”命令的执行方式如下：

➢ 菜单栏：单击“表格”→“合并表格”命令。

下面以如图 5-73 所示的合并表格结果为例，讲解调用“合并表格”命令的方法。

序号	名称	数量	安装位置	备注
1	三管荧光灯	7	办公室、走廊	业主自选型号
2	壁灯	2	休息室、阅读室	业主自选型号
3	防水插座	5	茶水间、卫生间	业主自选型号
4	感温探测器	5	办公楼	业主自选型号
5	安全照明灯	4	办公楼	业主自选型号
6	电源配电箱	2	设备间	业主自选型号

图 5-73　合并表格的结果

01 按 Ctrl+O 组合键，打开配套资源提供的“第 5 章 / 5.3.9 合并表格 .dwg”素材文件，如图 5-74 所示。

序号	名称
1	三管荧光灯
2	壁灯
3	防水插座
4	感温探测器
5	安全照明灯
6	电源配电箱

数量	安装位置
7	办公室、走廊
2	休息室、阅读室
5	茶水间、卫生间
5	办公楼
4	办公楼
2	设备间

备注
业主自选型号
业主自选型号
业主自选型号
业主自选型号
业主自选型号
业主自选型号

图 5-74　打开素材文件

02 单击“表格”→“合并表格”命令，命令行提示如下：

```
命令：TMergeSheet
选择第一个表格或 [ 列合并（C）]< 退出 >：C
选择第一个表格或 [ 行合并（C）]< 退出 >：                    // 如图 5-75 所示。
选择下一个表格 < 退出 >：
选择下一个表格 < 退出 >：
```

序号	名称
1	三管荧光灯
2	壁灯
3	防水插座
4	[illegible]
5	[illegible]
6	[illegible]

选择第一个表格或

数量	安装位置
7	办公室、走廊
2	休息室、阅读室
5	茶水间、卫生间
5	办公楼
4	办公楼
2	设备间

备注
业主自选型号
业主自选型号
业主自选型号
业主自选型号
业主自选型号
业主自选型号

图 5-75　选择表格

03 继续选择表格，完成表格合并，结果如图 5-73 所示。

5.3.10　单元编辑

调用“单元编辑”命令，可选中单元格进行编辑。图 5-76 所示为单元编辑的结果。

“单元编辑”命令的执行方式如下：

- 菜单栏：单击“表格”→“单元编辑”命令。

下面以如图 5-76 所示的单元编辑结果为例，讲解调用“单元编辑”命令的方法。

01 按 Ctrl+O 组合键，打开配套资源提供的“第 5 章 / 5.3.10 单元编辑 .dwg”素材文件，如图 5-77 所示。

序号	名称	单位	数量
1	三管荧光灯	盏	7
2	壁灯	盏	2
3	防水插座	个	5

图 5-76　单元编辑的结果

序号	名称	单位	数量
1	三管荧光灯	盏	7
2	壁灯	盏	2
3	防水插座	个	5

图 5-77　打开素材文件

02 单击“表格”→“单元编辑”命令，命令行提示如下：

```
命令：T93_TCellEdit
请点取一单元格进行编辑或 [多格属性(M)/单元分解(X)]<退出>:            //选取单元格，弹出“单元格编辑”对话框，在其中修改参数如图 5-78 所示。
```

03 单击“确定”按钮，完成所选单元的编辑，结果如图 5-79 所示。

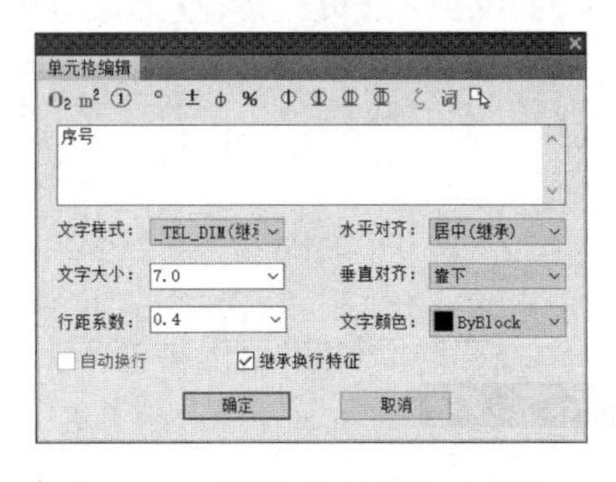

图 5-78 “单元格编辑”对话框

序号	名称	单位	数量
1	三管荧光灯	盏	7
2	壁灯	盏	2
3	防水插座	个	5

图 5-79 编辑所选单元的结果

04 继续单击下一个单元格，返回“单元格编辑”对话框修改参数，结果如图 5-76 所示。

提示

双击单元格可进入在位编辑状态，如图 5-80 所示。此时可直接修改内容，但不能修改文字的属性，如字高和对齐方式等。

序号	名称	单位	数量
1	三管荧光灯	盏	7
2	壁灯	盏	2
3	防水插座	个	5

图 5-80 进入在位编辑状态

5.3.11 单元合并

调用“单元合并”命令，可将选定的几个单元格合并为一个单元格。图 5-81 所示为合并单元格的结果。

类型	名称	单位	数量
灯具	三管荧光灯	盏	7
	壁灯	盏	2
插座	防水插座	个	5

图 5-81 合并单元格的结果

“单元合并”命令的执行方式如下：

➢ 菜单栏：单击“表格”→“单元合并”命令。

下面以如图 5-81 所示的合并单元格结果为例，讲解调用“单元合并”命令的方法。

01 按 Ctrl+O 组合键，打开配套资源提供的“第 5 章 / 5.3.11 单元合并 .dwg”素材文件，如图 5-82 所示。

类型	名称	单位	数量
灯具	三管荧光灯	盏	7
灯具	壁灯	盏	2
插座	防水插座	个	5

图 5-82　打开素材文件

02 单击“表格”→“单元合并”命令，命令行提示如下：

```
命令：T93_TCellMerge
点取第一个角点：                                        // 如图 5-83 所示。
点取另一个角点：                                        // 如图 5-84 所示。
```

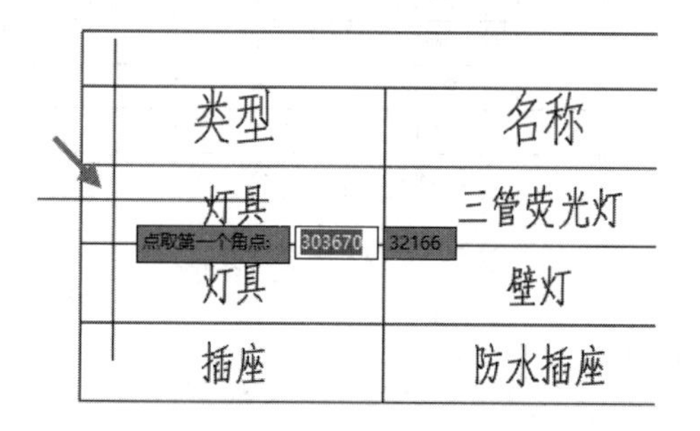

图 5-83　点取第一个角点

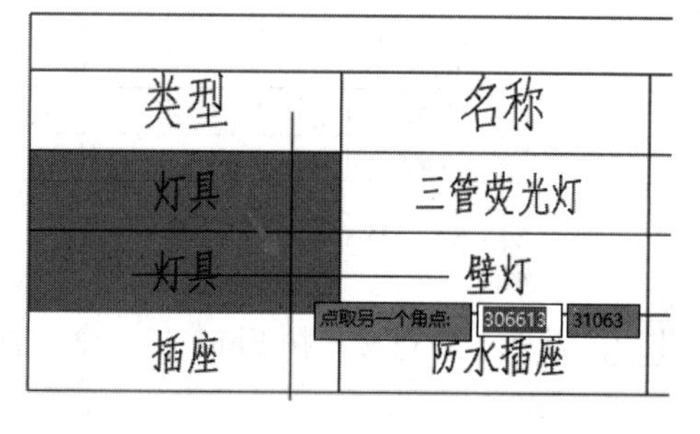

图 5-84　点取另一个角点

03 合并单元格的结果如图 5-81 所示。

5.3.12 撤销合并

调用“撤销合并”命令，可撤销已合并的单元格，恢复最初的单元格形式。

“撤销合并”命令的执行方式如下：

➢ 命令行：输入“CXHB”按 Enter 键。

➢ 菜单栏：单击“表格”→“撤销合并”命令。

执行上述任意一项操作，命令行提示如下：

```
命令：CXHB ↙
本命令也可以通过 [ 单元编辑 ] 实现！
点取已经合并的单元格 <退出>：
```

选取单元格，即可完成撤销合并的操作。

提示

执行“单元编辑”命令，在命令行提示“请点取其中一个单元格进行编辑或 [多格属性（M）/ 单元分解（X）]”时输入“X”，即选择“单元分解（X）”选项，也可对单元格执行“撤销合并”的操作。

5.3.13 单元递增

调用“单元递增”命令，可对选中的文本进行递增操作。在操作的过程中，按住 Shift 键可以复制文本，按住 Ctrl 键则创建递减效果。图 5-85 所示为单元递增的结果。

“单元递增”命令的执行方式如下：

- 命令行：输入“DYDZ”按 Enter 键。
- 菜单栏：单击“表格”→“单元递增”命令。

下面以如图 5-85 所示的单元递增结果为例，讲解调用“单元递增”命令的方法。

01 按 Ctrl+O 组合键，打开配套资源提供的“第 5 章 / 5.3.13 单元递增 .dwg”素材文件，如图 5-86 所示。

序号	名称	单位	数量
1	三管荧光灯	盏	7
2	壁灯	盏	2
3	吸顶灯	盏	6
4	三联插座	个	5
5	防水插座	个	5

图 5-85 单元递增的结果

序号	名称	单位	数量
1	三管荧光灯	盏	7
	壁灯	盏	2
	吸顶灯	盏	6
	三联插座	个	5
	防水插座	个	5

图 5-86 打开素材文件

02 输入“DYDZ”按 Enter 键，命令行提示如下：

```
命令：DYDZ ↙
点取第一个单元格 < 退出 >：                    // 如图 5-87 所示。
点取最后一个单元格 < 退出 >：                  // 如图 5-88 所示。
```

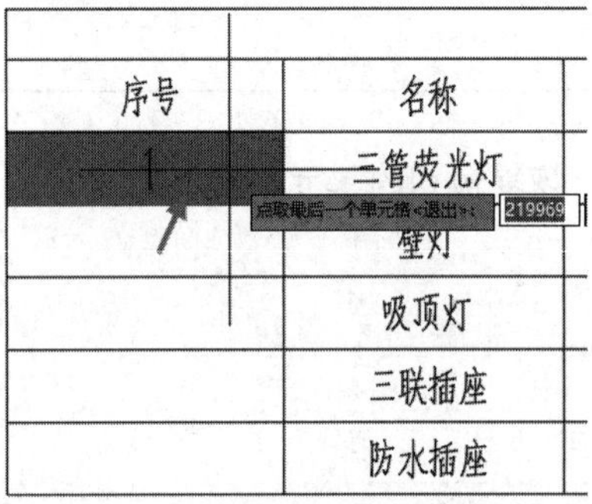

图 5-87 选择第一个单元格

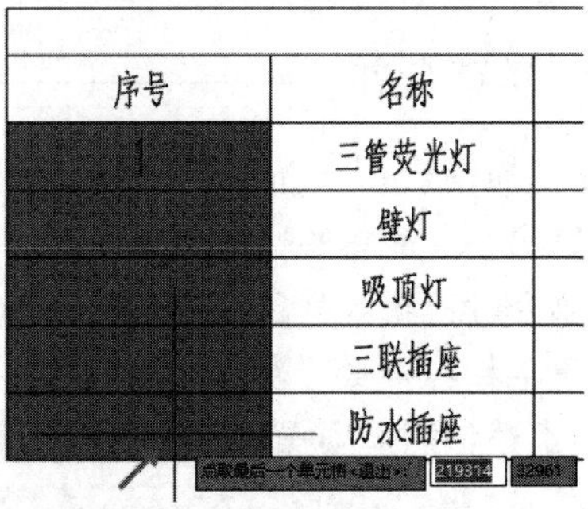

图 5-88 选择最后一个单元格

03 单元递增的结果如图 5-85 所示。

执行“单元递增”命令时，在“数量”表列中选择内容为“10”的单元格，如图 5-89 所示。按住Ctrl键，向上移动鼠标指针，选择最后一个单元格，可实现递减效果，如图5-90所示。

序号	名称	单位	数量
1	三管荧光灯	盏	
2	壁灯	盏	
3	吸顶灯	盏	
4	三联插座	个	
5	防水插座	个	10

图 5-89　选择单元格

序号	名称	单位	数量
1	三管荧光灯	盏	6
2	壁灯	盏	7
3	吸顶灯	盏	8
4	三联插座	个	9
5	防水插座	个	10

图 5-90　递减效果

5.3.14　单元累加

调用“单元累加”命令，可累加表行或者表列的内容，并将结果写在指定的单元格中。图 5-91 所示为单元累加的结果。

“单元累加”命令的执行方式如下：

➢ 菜单栏：单击“表格”→“单元累加”命令。

下面以如图 5-91 所示的单元累加结果为例，讲解调用“单元累加”命令的方法。

序号	名称	数量
1	三管荧光灯	7
2	壁灯	2
3	吸顶灯	6
4	三联插座	5
5	防水插座	5
		25

图 5-91　单元累加的结果

01　按 Ctrl+O 组合键，打开配套资源提供的“第 5 章 / 5.3.14 单元累加 .dwg”素材文件，如图 5-92 所示。

02　单击“表格”→“单元累加”命令，命令行提示如下：

```
命令：T93_TSumCellDigit
点取第一个需累加的单元格：                    // 如图 5-93 所示。
点取最后一个需累加的单元格：                  // 如图 5-94 所示。
单元累加结果是：25
点取存放累加结果的单元格 < 退出 >：           // 如图 5-95 所示。
```

序号	名称	数量
1	三管荧光灯	7
2	壁灯	2
3	吸顶灯	6
4	三联插座	5
5	防水插座	5

图 5-92　打开素材文件

序号	名称	数量
1	三管荧光灯	7
2	壁灯	2
3	吸顶灯	6
4	三联插座	5
5	防水插座	5

点取第一个需累加的单元格:

图 5-93　选择第一个需累加的单元格

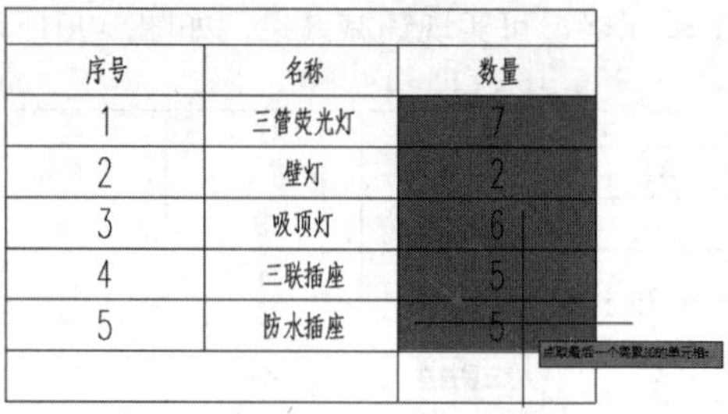

序号	名称	数量
1	三管荧光灯	7
2	壁灯	2
3	吸顶灯	6
4	三联插座	5
5	防水插座	5

图 5-94　选择最后一个需累加的单元格

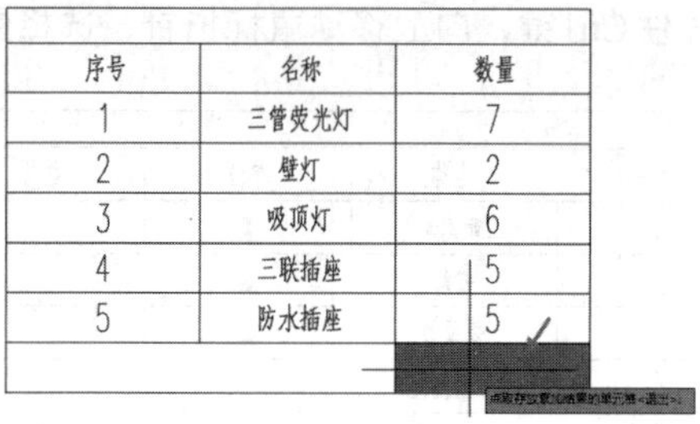

序号	名称	数量
1	三管荧光灯	7
2	壁灯	2
3	吸顶灯	6
4	三联插座	5
5	防水插座	5

图 5-95　选择存放累加结果的单元格

03　单元累加的结果如图 5-91 所示。

5.3.15　单元复制

调用“单元复制”命令，可将表格中某一单元格的内容复制到目标单元格。图 5-96 所示为单元复制的结果。

“单元复制”命令的执行方式如下：

- 命令行：输入“DYFZ”按 Enter 键。
- 菜单栏：单击“表格”→“单元复制”命令。

下面以如图 5-96 所示的单元复制结果为例，讲解调用“单元复制”命令的方法。

01　按 Ctrl+O 组合键，打开配套资源提供的“第 5 章 / 5.3.15 单元复制 .dwg”素材文件，如图 5-97 所示。

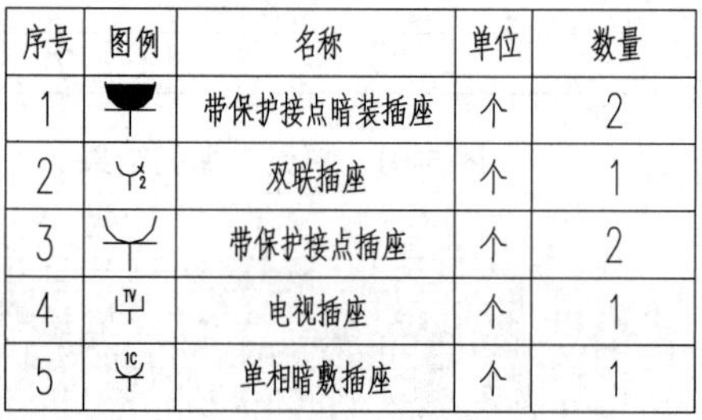

序号	图例	名称	单位	数量
1		带保护接点暗装插座	个	2
2		双联插座	个	1
3		带保护接点插座	个	2
4		电视插座	个	1
5		单相暗敷插座	个	1

图 5-96　单元复制的结果

序号	图例	名称	单位	数量
1		带保护接点暗装插座	个	2
2		双联插座		1
3		带保护接点插座		2
4		电视插座		1
5		单相暗敷插座		1

图 5-97　打开素材文件

02　输入“DYFZ”按 Enter 键，命令行提示如下：

```
命令：DYFZl ↙
点取拷贝源单元格或 [ 选取文字 (A) ]< 退出 >:                              // 如图 5-98 所示。
点取粘贴至单元格 ( 按 CTRL 键重新选择复制源 ) [ 选取文字 (A) ]< 退出 >:   // 如图 5-99 所示。
```

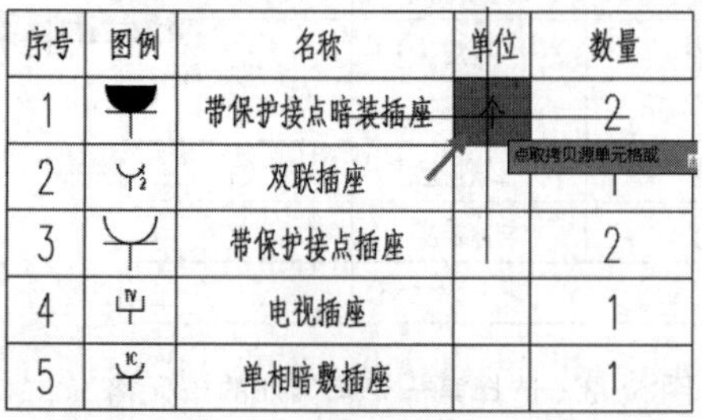

序号	图例	名称	单位	数量
1		带保护接点暗装插座	个	2
2		双联插座		1
3		带保护接点插座		2
4		电视插座		1
5		单相暗敷插座		1

图 5-98　选择拷贝源单元格

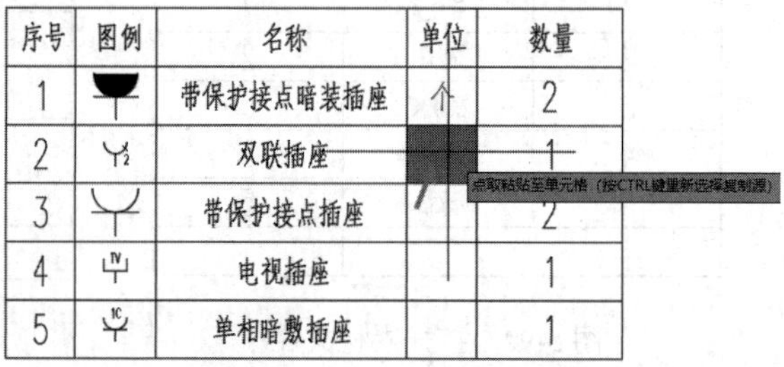

序号	图例	名称	单位	数量
1		带保护接点暗装插座	个	2
2		双联插座		1
3		带保护接点插座		2
4		电视插座		1
5		单相暗敷插座		1

图 5-99　选择目标单元格

03 复制结果如图 5-100 所示。

序号	图例	名称	单位	数量
1		带保护接点暗装插座	个	2
2		双联插座	个	1
3		带保护接点插座		2
4		电视插座		1
5		单相暗数插座		1

图 5-100 复制结果

04 继续选择单元格进行复制，结果如图 5-96 所示。

5.3.16 转出 Word

调用“转出 Word”命令，可将天正表格输出为 Word 表格。图 5-101 所示为将表格转出至 Word 的结果。

“转出 Word”命令的执行方式如下：

➢ 菜单栏：单击“表格”→“转出 Word”命令。

单击“表格”→“转出 Word”命令，命令行提示如下：

```
命令：T93_Sheet2Word
请选择表格<退出>：找到 1 个                    // 如图 5-102 所示。
```

将表格转出至 Word 的结果如图 5-101 所示。

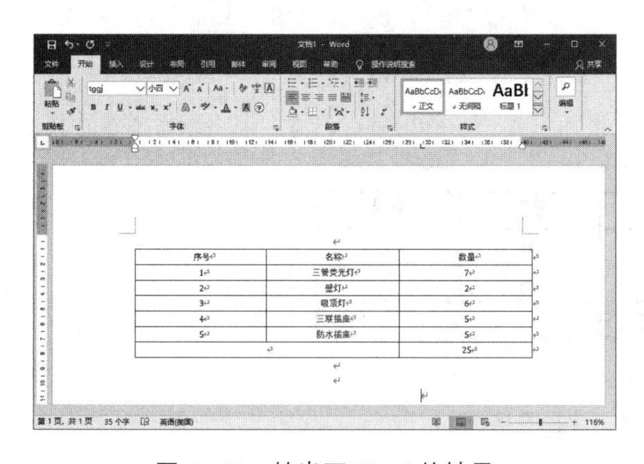

序号	名称	数量
1	三管荧光灯	7
2	壁灯	2
3	吸顶灯	6
4	三联插座	5
5	防水插座	5
		25

图 5-101 转出至 Word 的结果

序号	名称	数量
1	三管荧光灯	7
2	壁灯	2
3	[illegible]	6
4	三联插座	5
5	防水插座	5
		25

图 5-102 选择表格

5.3.17 读入 Word

调用“读入 Word”命令，可以根据 Word 中选中的表格，创建或更新图中相应的天正表格。

“读入 Word”命令的执行方式如下：

➢ 菜单栏：单击“表格”→“读入 Word”命令。

在 Word 中框选要复制的单元格，单击“表格”→“读入 Word”命令，在绘图区中指定插入点，即可创建表格。

5.3.18 转出 Excel

调用“转出 Excel”命令，可将天正表格输出为 Excel 表格。图 5-103 所示为将表格转出至 Excel 的结果。

图 5-103 转出至 Excel 的结果

“转出 Excel”命令的执行方式如下：

➢ 菜单栏：单击“表格”→“转出 Excel”命令。

单击“表格”→“转出 Excel”命令，命令行提示如下：

```
命令：T93_Sheet2Excel
请选择表格<退出>:                                    //如图 5-104 所示。
```

将表格转出至 Excel 的结果如图 5-103 所示。

序号	名称	单位	数量
1	三管荧光灯	盏	7
2	壁灯	盏	2
3	防水插座	个	5

请选择表格<退出>:

图 5-104 选择表格

5.3.19 读入 Excel

调用“读入 Excel”命令，可把当前 Excel 表中选中的数据读入天正软件，且保留 Excel 表中的小数位数。

“读入 Excel”命令的执行方式如下：

➢ 菜单栏：单击“表格”→“读入 Excel”命令。

单击“表格”→“读入 Excel”命令，如果没有预先打开一个 Excel 文件，会弹出如图 5-105 所示的信息对话框，提示应先打开一个 Excel 文件。

图 5-105　信息对话框

打开一个 Excel 文件后，选择要读入天正软件的内容，如图 5-106 所示。返回天正软件，单击“表格”→“读入 Excel”命令，弹出信息对话框，提示是否需要新建一个表格，如图 5-107 所示。

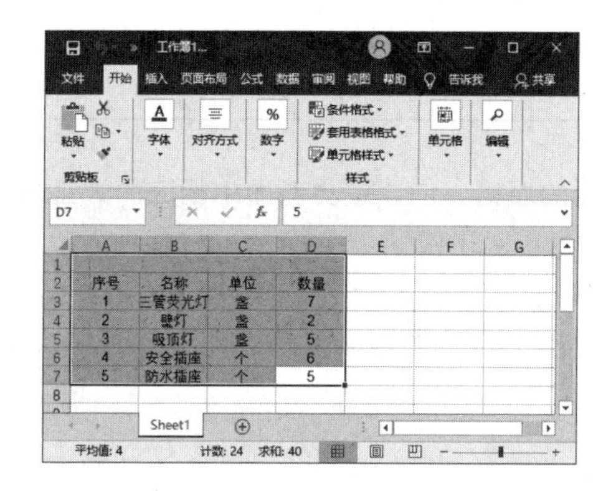

图 5-106　选择内容

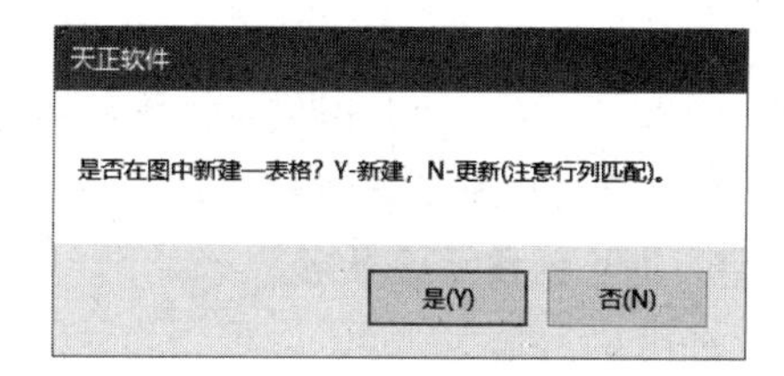

图 5-107　信息对话框

单击“是（Y）”按钮，命令行提示如下：

```
命令：T93_Excel2Sheet
左上角点或 [ 参考点 (R) ]< 退出 >:
```

单击插入点，创建天正表格，结果如图 5-108 所示。创建表格后，通过执行表格编辑命令，如“单元编辑”“表列编辑”“表行编辑”等命令，可重定义表格的显示样式。

序号	名称	单位	数量
1	三管荧光灯	盏	7
2	壁灯	盏	2
3	吸顶灯	盏	5
4	安全插座	个	6
5	防水插座	个	5

图 5-108　创建天正表格

5.3.20　转出 WPS

调用“转出 WPS”命令，可以将天正表格输出为 WPS 中的表格。

“转出 WPS”命令的执行方式如下：

➢ 菜单栏：单击“表格”→“转出 WPS”命令。

执行“转出 WPS”命令后，在绘图区中选择天正表格，即可将表格内容输出至 WPS 中。需要注意的是，在执行该命令之前，需要先在计算机中安装 WPS，否则会弹出如图 5-109 所示的提示对话框，提示用户要安装 WPS。

图 5-109　提示对话框

5.3.21　读入 WPS

调用“读入 WPS”命令，可以根据 WPS 中选择的表格，创建或更新图中相应的天正表格。

“读入 WPS”命令的执行方式如下：

➢ 菜单栏：单击“表格”→“读入 WPS”命令。

在 WPS 文件中框选要复制的单元格，单击“表格”→“读入 WPS”命令，在绘图区中指定插入点，即可创建天正表格。

第 6 章
尺寸与符号标注

● 本章导读

在 T20-Elec V10.0 中，使用尺寸标注的专用命令可以为建筑门窗及墙体等建筑构件对象创建尺寸标注。符号标注（包括剖切符号、指北针、箭头、引出标注等）不仅可以用来满足施工图专业化标注的要求，还可根据绘图的不同要求，激活夹点进行修改。

本章将介绍绘制尺寸标注与符号标注的方法。

● 本章重点

◈ 天正尺寸标注的特征
◈ 天正尺寸标注的夹点
◈ 尺寸标注命令
◈ 符号标注命令

6.1 天正尺寸标注的特征

天正尺寸标注有两类，分别是连续标注和半径标注。其中，连续标注又包含线性标注和角度标注。天正尺寸标注的对象是与 AutoCAD 中的 dimension 不同的自定义对象，标注方法和夹点行为也与普通的 AutoCAD 尺寸有明显的区别。

1. 天正尺寸标注的基本单位

除了半径标注以外，天正尺寸标注还可以对一组连续的尺寸区间进行标注。单击天正尺寸标注，可以看到相邻的多个尺寸区间同时亮显，并且在尺寸标注中显示一系列夹点，而选中 AutoCAD 尺寸标注，一次只高亮显示一个标注区间，并且夹点的意义也与天正尺寸标注的不同。

2. 天正尺寸标注的转化及分解

天正尺寸在天正软件中是自定义对象，可以独立编辑属性。

将天正图纸输出到其他软件（如 CAD），要对天正尺寸进行分解才可以使用及编辑。

天正尺寸分解后，天正软件将按当前标注对象的比例及参数生成外观相同的 AutoCAD 尺寸标注。

3. 天正尺寸标注基本样式的修改

由于天正软件的尺寸标注是基于 AutoCAD 的标注样式发展而来的，所以用户可以利用 AutoCAD 的标注样式命令修改天正尺寸标注的特性。例如，天正软件默认的线性标注样式为 _TCH_ARCH，角度标注样式为 _TCH_ARROW，在标注样式命令中，用户重定义样式参数，再执行“重生成”命令，即可把已有的标注按新的设定更改过来。以此类推，其他所用到的标注也可以一一进行修改。

4. 圆弧尺寸标注样式

在标注弧线尺寸时，系统默认的是以角度标注的方式来进行标注，用户可以将角度标注转化为弧弦标注以符合实际需求。

5. 尺寸标注的快捷菜单

选中尺寸标注后右击，可以在弹出的快捷菜单中根据需要选择尺寸标注编辑命令。

6.2 天正尺寸标注的夹点

由于天正尺寸标注主要分为两类，即连续标注和半径标注，所以本节将以直线标注和圆弧标注为例，介绍天正尺寸标注夹点的含义及使用方法。

6.2.1 直线标注的夹点

天正尺寸直线标注的夹点如图 6-1 所示。下面对各个夹点的含义进行简单的介绍。

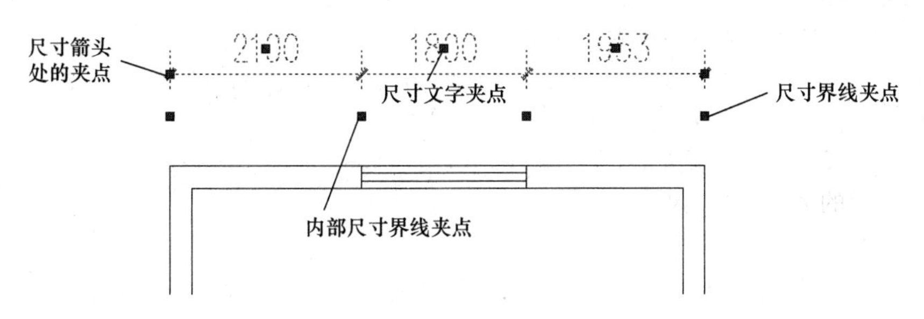

图 6-1　直线标注的夹点

1. 尺寸箭头处的夹点

单击此夹点，当夹点变成红色时，即处于可编辑的状态。移动该夹点，可以在纵向移动尺寸线，结果是改变尺寸线的位置，但尺寸界线的定位点不变。

2. 尺寸界线夹点

激活尺寸界线夹点，可以移动定位点或者在水平方向上更改尺寸参数。

3. 内部尺寸界线夹点

激活此夹点，可以更改尺寸区间的参数。当拖动夹点与相邻夹点重合时，两段尺寸界线合二为一，起到“标注合并”的作用。

4. 尺寸文字夹点

激活此夹点，可移动尺寸文字的位置。

6.2.2　圆弧标注的夹点

天正圆弧标注有两种形式，分别是角度标注和弧弦标注，两者可以通过“切换角标”命令实现互相转化。下面分别介绍这两类标注中夹点的含义。

1. 角度标注

角度标注的夹点如图 6-2 所示。下面对各个夹点的含义进行简单的介绍。

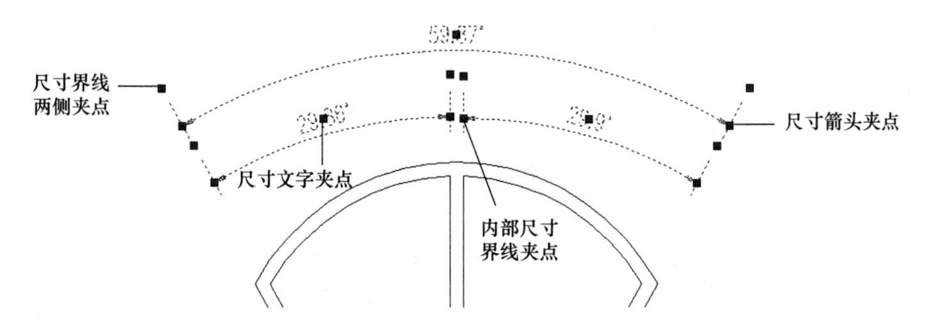

图 6-2　角度标注的夹点

➢ 尺寸界线两侧夹点：激活此夹点，可以移动尺寸线的位置和更改开间尺寸。

➢ 尺寸箭头夹点：激活此夹点，可以移动角度标注的位置。
➢ 内部尺寸界线夹点：激活此夹点，可以移动尺寸线。当拖动该夹点与相邻夹点重合时，两个角度标注合二为一。
➢ 尺寸文字夹点：激活此夹点，可移动尺寸文本的位置。

2. 弧弦标注

弧弦标注表示弧墙基线与门窗边线、径向轴线交点构成的各个弦长值。它为施工放线提供了一种惯用的制图表达方式。

天正弧弦标注的夹点如图 6-3 所示。下面对各个夹点的含义进行简单的介绍。

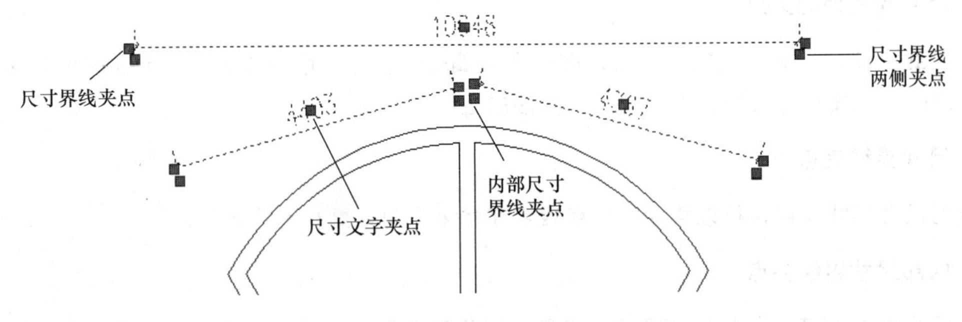

图 6-3　弧弦标注的夹点

➢ 尺寸界线两侧夹点：激活此夹点，可沿径向改变尺寸线的位置，此时整组尺寸线动态沿径向移动。
➢ 尺寸界线夹点：激活此夹点，沿径向拖动可针对同角度但半径不同的弧墙进行标注。
➢ 内部尺寸界线夹点：激活此夹点，仅能更改开间角度（或弦长）尺寸参数。拖动夹点与相邻夹点重合，可将相邻两个开间合并为一个开间。
➢ 尺寸文字夹点：激活此夹点，可移动尺寸文本的位置。

3. 半径标注

半径标注的夹点如图 6-4 所示。下面对各个夹点的含义进行简单的介绍。

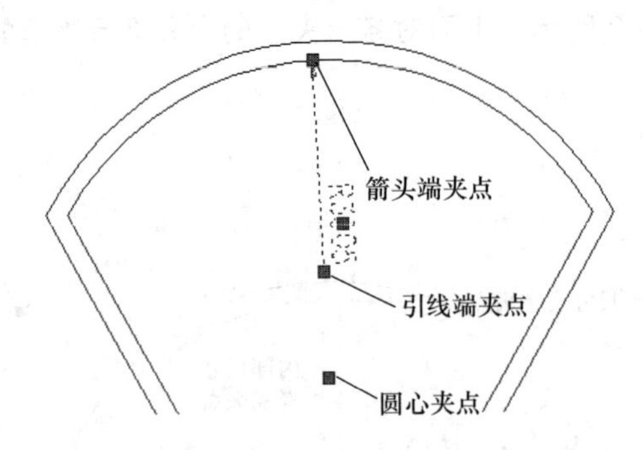

图 6-4　半径标注的夹点

➢ 圆心夹点：该夹点从圆心指向箭头方向。拖动该夹点可以改变圆心位置，同时保持箭头端位置不变。

➢ 引线端夹点：该夹点从圆心向圆周方向伸缩。拖动该夹点可以改变引线长度。

➢ 箭头端夹点：该夹点从圆心指向圆周方向旋转。激活此夹点可以改变箭头引线的位置。

6.3 尺寸标注命令

天正软件提供了多种类型的尺寸标注命令，包括逐点标注、快速标注及半径标注等。本节将介绍调用尺寸标注命令的方法。

6.3.1 逐点标注

调用“逐点标注”命令，可选中一串给定点沿指定方向和位置标注尺寸。图 6-5 所示为逐点标注的结果。

“逐点标注”命令的执行方式如下：

➢ 菜单栏：单击“尺寸”→“逐点标注”命令。

下面以如图 6-5 所示的逐点标注结果为例，讲解调用“逐点标注”命令的方法。

01 按 Ctrl+O 组合键，打开配套资源提供的“第 6 章 / 6.3.1 逐点标注 .dwg”素材文件，如图 6-6 所示。

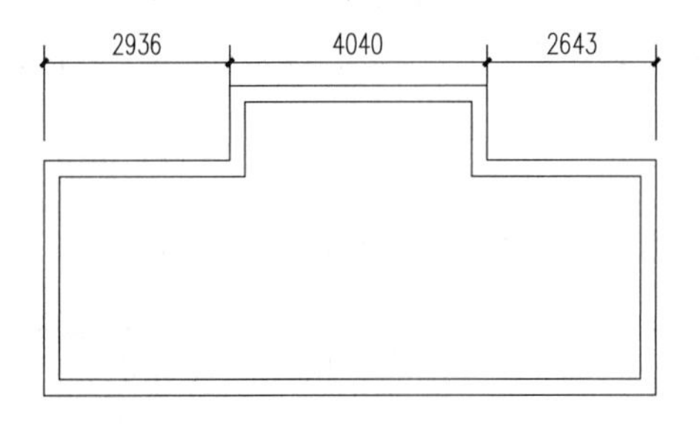

图 6-5 逐点标注的结果

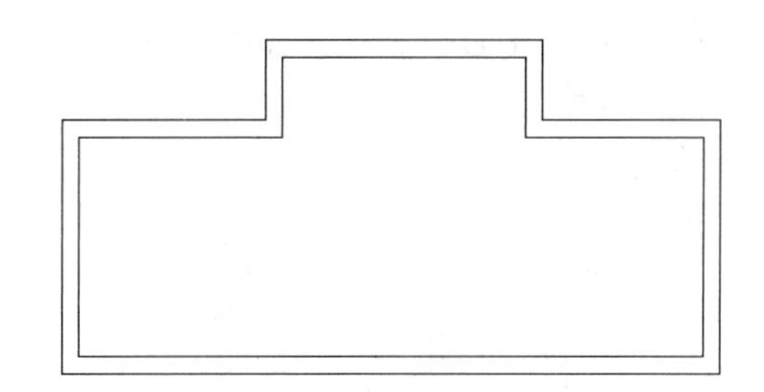
图 6-6 打开素材文件

02 单击“尺寸”→“逐点标注”命令，命令行提示如下：

```
命令：T93_TDimMP
起点或 [ 参考点 (R) ]< 退出 >:                      // 如图 6-7 所示。
第二点 < 退出 >:                                    // 如图 6-8 所示。
请点取尺寸线位置或 [ 更正尺寸线方向 (D) ]< 退出 >:   // 如图 6-9 所示。
```

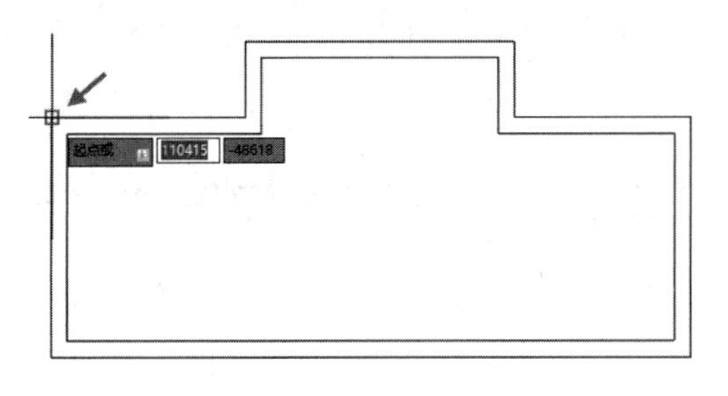
图 6-7 指定起点

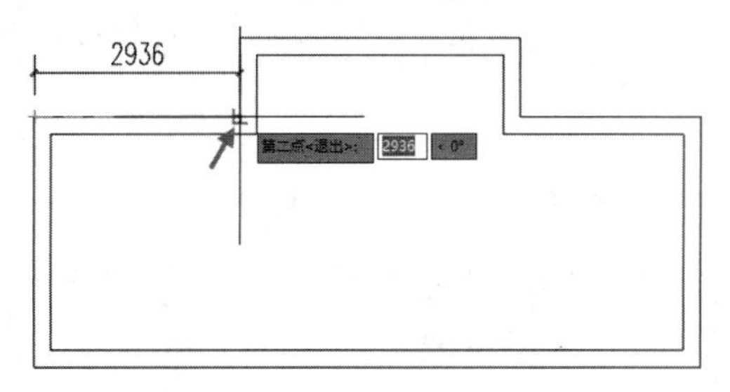

图 6-8 指定第二点

03 创建逐点标注，结果如图 6-10 所示。

[04] 移动鼠标指针，继续指定参考点创建尺寸标注，结果如图 6-5 所示

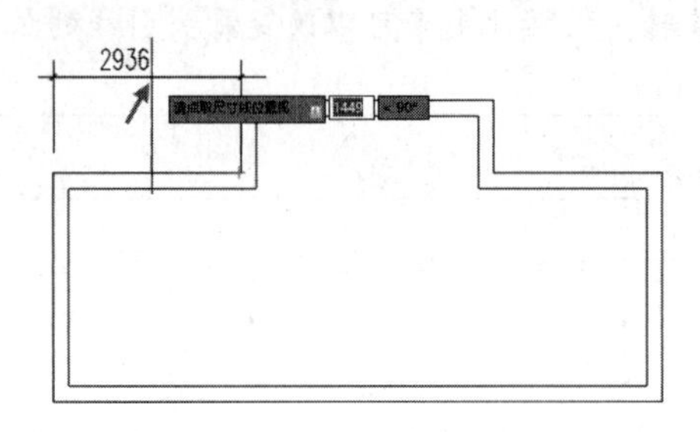

图 6-9　指定尺寸线位置

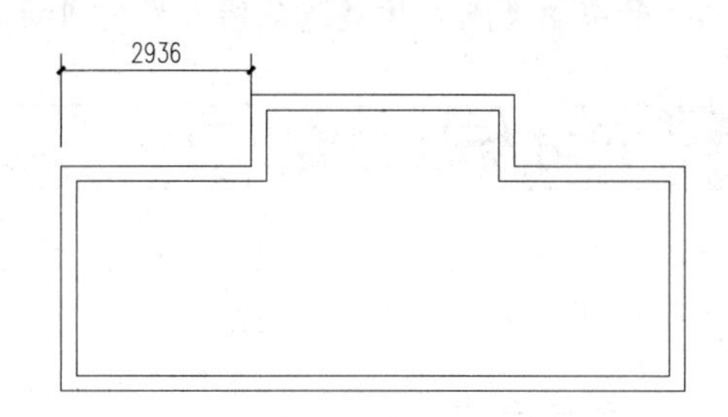

图 6-10　创建逐点标注

6.3.2　快速标注

调用“快速标注”命令，可选取平面图形并快速标注外包尺寸。图 6-11 所示为快速标注的结果。

“快速标注”命令的执行方式如下：

➢ 菜单栏：单击“尺寸”→“快速标注”命令。

下面以如图 6-11 所示的快速标注结果为例，讲解调用“快速标注”命令的方法。

[01] 按 Ctrl+O 组合键，打开配套资源提供的“第 6 章 / 6.3.2 快速标注 .dwg”素材文件，如图 6-12 所示。

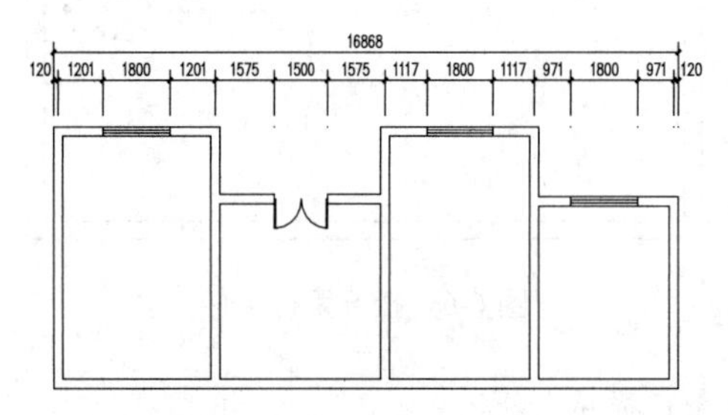

图 6-11　快速标注的结果

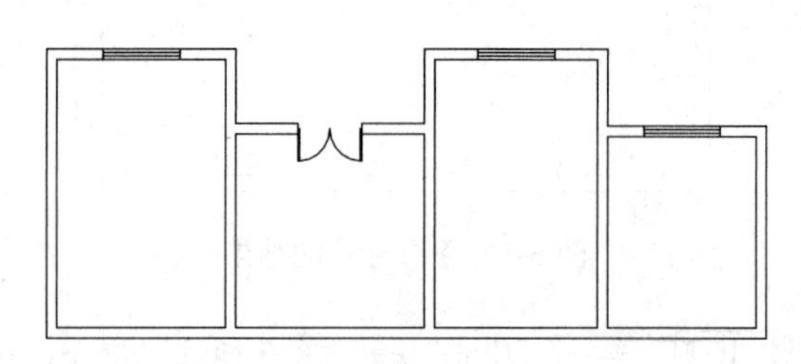

图 6-12　打开素材文件

[02] 单击“尺寸”→“快速标注”命令，命令行提示如下：

```
命令：T93_TQuickDim
选择要标注的几何图形：指定对角点：找到 17 个          // 如图 6-13 所示。
请指定尺寸线位置（当前标注方式：连续加整体）或 [整体（T）/ 连续（C）/ 连续加整体（A）]
<退出>：                                              // 如图 6-14 所示。
```

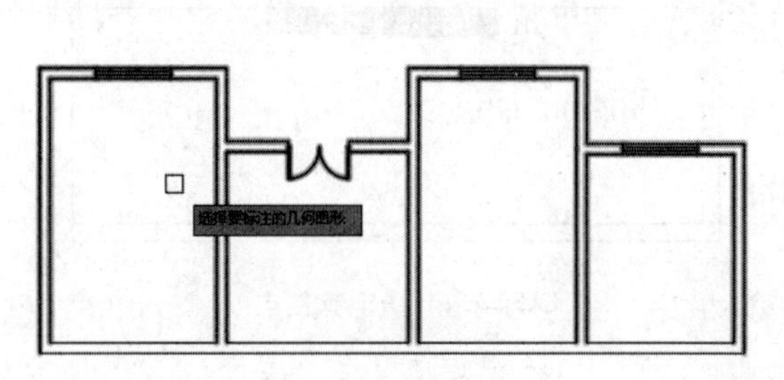

图 6-13　选择图形

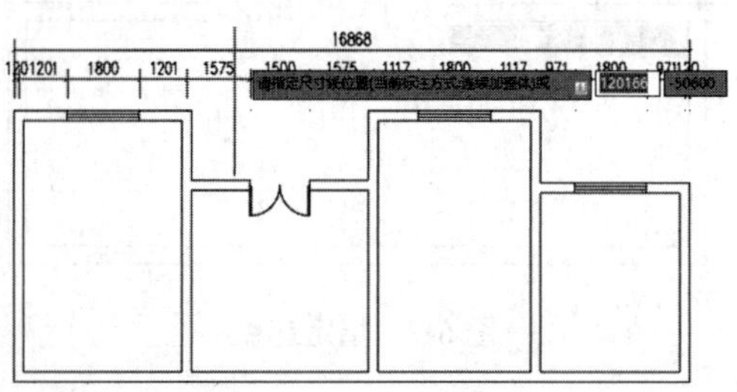

图 6-14　指定尺寸线位置

03 在适当的位置单击，创建快速标注，结果如图 6-11 所示。

提示

在命令行中输入“T”，即选择“整体（T）”选项，绘制的尺寸标注为外包尺寸，如图 6-15 所示。

在命令行中输入“C”，即选择“连续（C）”选项，绘制的尺寸标注为细部构造尺寸，如图 6-16 所示。

在命令行中输入“A”，即选择“连续加整体（A）”选项，绘制的尺寸标注为细部构造尺寸和外包尺寸。

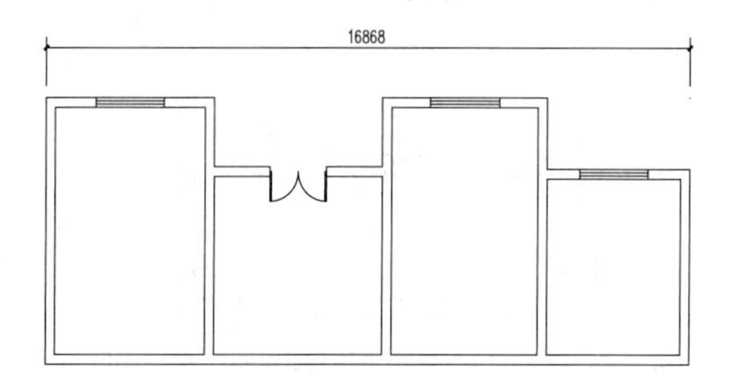

图 6-15　绘制的尺寸标注为外包尺寸

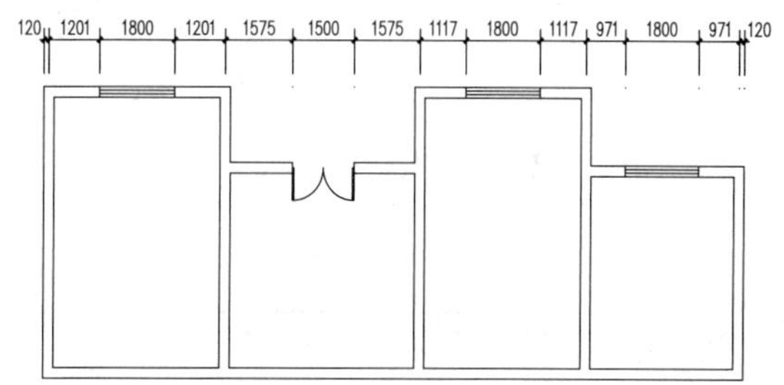

图 6-16　绘制的尺寸标注为细部构造尺寸

6.3.3　半径标注

调用“半径标注”命令，可选定弧线或者圆弧墙标注半径值。图 6-17 所示为半径标注的结果。

“半径标注”命令的执行方式如下：

- 菜单栏：单击“尺寸”→“半径标注”命令。

下面以如图 6-17 所示的半径标注结果为例，讲解调用“半径标注”命令的方法。

01 按 Ctrl+O 组合键，打开配套资源提供的“第 6 章 / 6.3.3 半径标注 .dwg”素材文件，如图 6-18 所示。

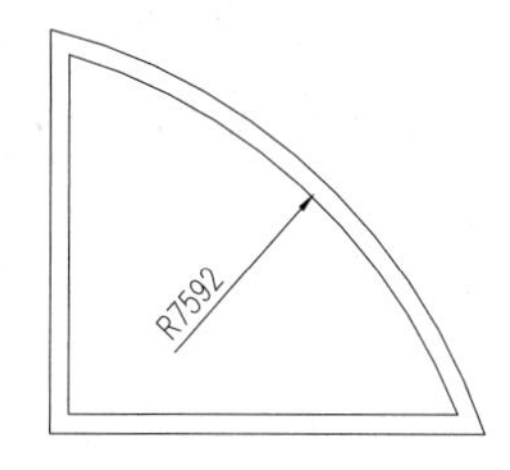

图 6-17　半径标注的结果

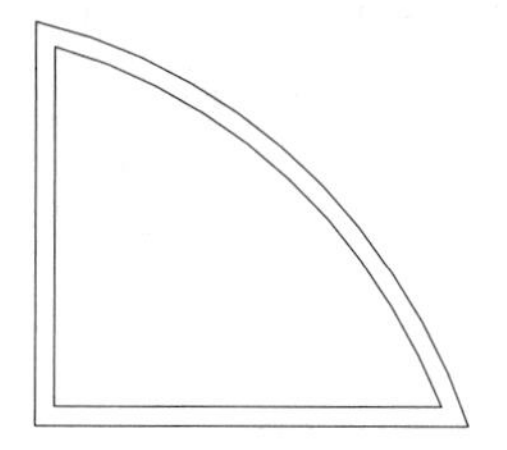

图 6-18　打开素材文件

02 单击“尺寸”→“半径标注”命令，命令行提示如下：

```
命令：T93_TDimRad
请选择待标注的圆弧 < 退出 >：
```

03 选择弧墙，即可完成半径标注，结果如图 6-17 所示。

6.3.4 直径标注

调用“直径标注”命令，可选定弧线或者圆弧墙标注直径值。图 6-19 所示为直径标注的结果。

“直径标注”命令的执行方式如下：

➢ 菜单栏：单击“尺寸”→“直径标注”命令。

下面以如图 6-19 所示的直径标注结果为例，讲解调用“直径标注”命令的方法。

01 按 Ctrl+O 组合键，打开配套资源提供的“第 6 章 / 6.3.4 直径标注 .dwg”素材文件，如图 6-20 所示。

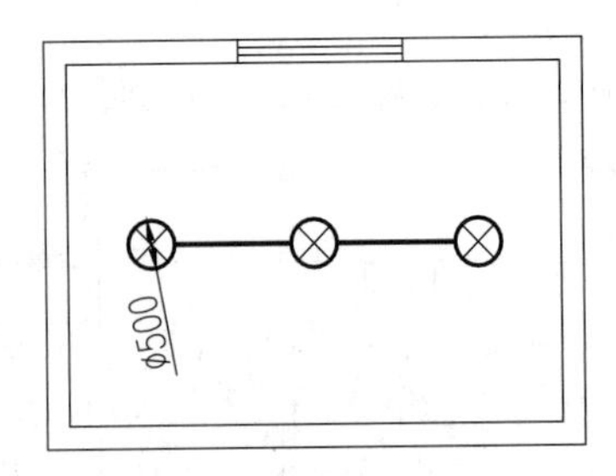

图 6-19 直径标注的结果

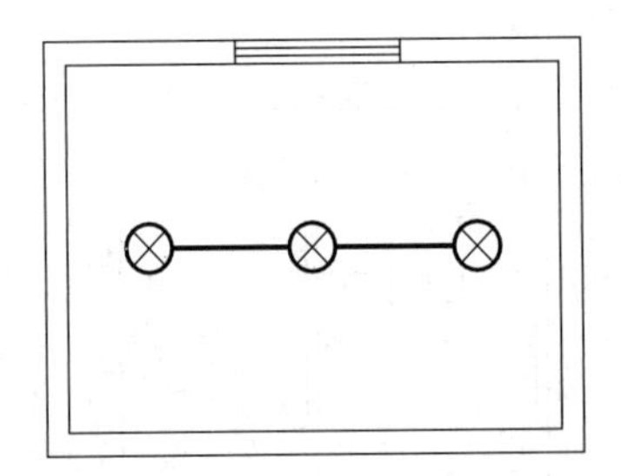

图 6-20 打开素材文件

02 单击“尺寸”→“直径标注”命令，命令行提示如下：

```
命令：T93_TDimDia
请选择待标注的圆弧 <退出>：
```

03 选择灯具，即可完成直径标注，结果如图 6-19 所示。

6.3.5 角度标注

调用“角度标注”命令，可按逆时针方向标注两根直线之间的夹角（在此要按照逆时针的方向选择直线）。图 6-21 所示为角度标注的结果。

“角度标注”命令的执行方式如下：

➢ 菜单栏：单击“尺寸”→“角度标注”命令。

下面以如图 6-21 所示的角度标注结果为例，讲解调用“角度标注”命令的方法。

01 按 Ctrl+O 组合键，打开配套资源提供的“第 6 章 / 6.3.5 角度标注 .dwg”素材文件，如图 6-22 所示。

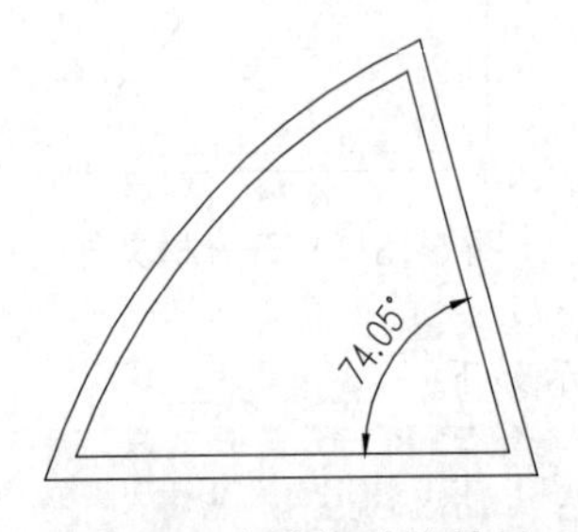

图 6-21 角度标注的结果

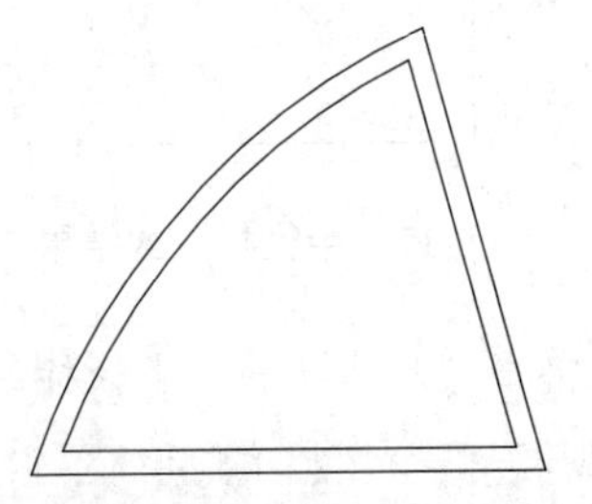

图 6-22 打开素材文件

02 单击“尺寸”→“角度标注”命令，命令行提示如下：

```
命令：T93_TDimAng
请选择第一条直线 < 退出 >：
请选择第二条直线 < 退出 >：
请确定尺寸线位置 < 退出 >：
```

03 分别选择两条直线，指定尺寸线的位置，绘制角度标注，结果如图 6-21 所示。

6.3.6 弧弦标注

调用“弧弦标注”命令，可按照国家建筑制图标准规定的弧长标注画法分段标注弧长，保持整体的角度标注对象。如图 6-23 所示为弧弦标注的结果。

“弧弦标注”命令的执行方式如下：

➢ 菜单栏：单击“尺寸”→“弧弦标注”命令。

下面以如图 6-23 所示的弧弦标注结果为例，讲解调用“弧弦标注”命令的方法。

01 按 Ctrl+O 组合键，打开配套资源提供的“第 6 章 / 6.3.6 弧弦标注 .dwg”素材文件，如图 6-24 所示。

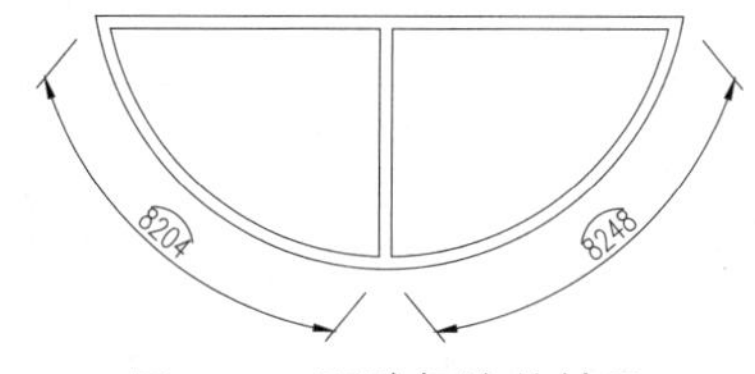

图 6-23 弧弦标注的结果

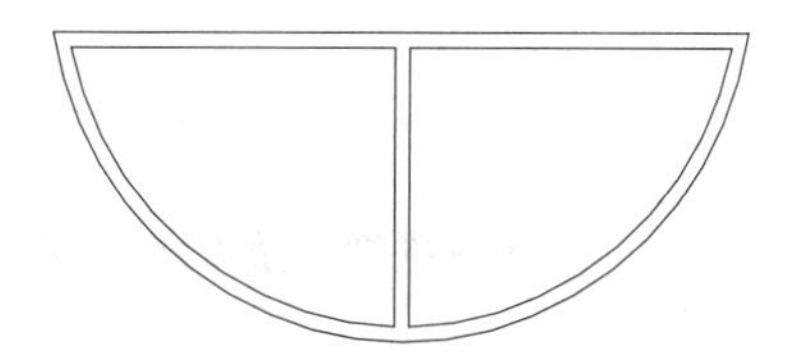
图 6-24 打开素材文件

02 单击“尺寸”→“弧弦标注”命令，命令行提示如下：

```
命令：TDimArc
请选择要标注的弧段 < 退出 >：                          // 如图 6-25 所示。
请移动光标位置确定要标注的尺寸类型 < 退出 >：          // 如图 6-26 所示。
请指定标注点：                                          // 如图 6-27 所示。
请输入其他标注点 < 退出 >：                             // 如图 6-28 所示。
```

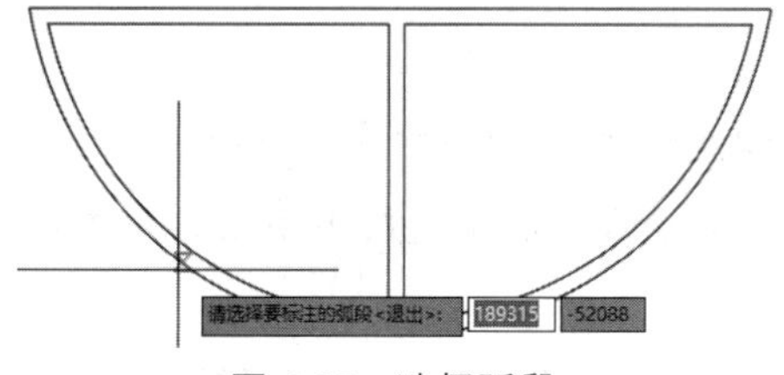

图 6-25 选择弧段

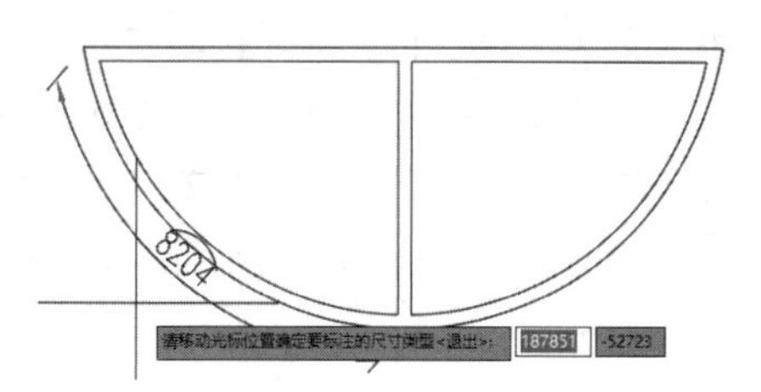

图 6-26 确定标注类型

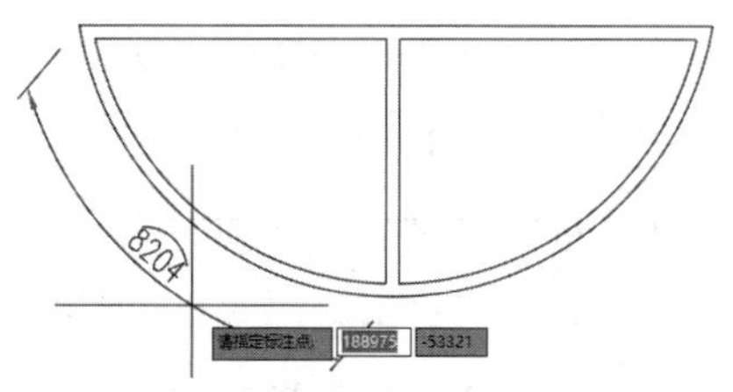

图 6-27 指定标注点

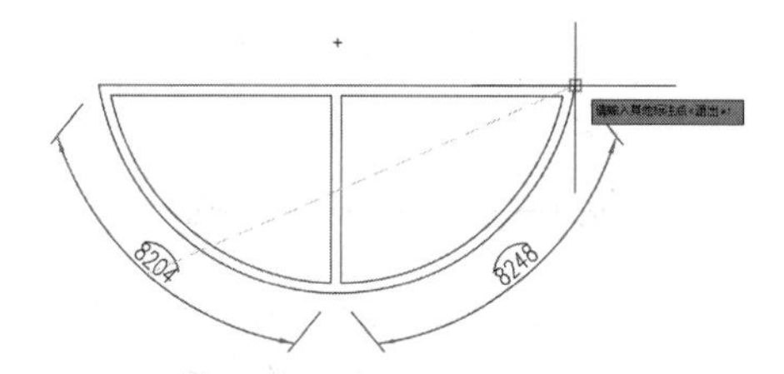

图 6-28 指定其他标注点

03 创建弧弦标注的结果如图 6-23 所示。

选择弧段后，通过移动光标，可以确定尺寸标注的类型。例如，选择弧墙，向上移动光标，当尺寸标注类型显示为线性标注时（见图 6-29），表示即将标注弧墙两点的直线距离，如图 6-30 所示。

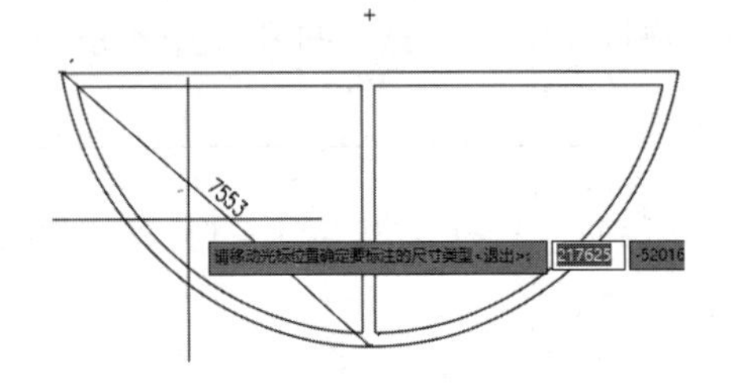

图 6-29　尺寸标注类型显示为线性标准

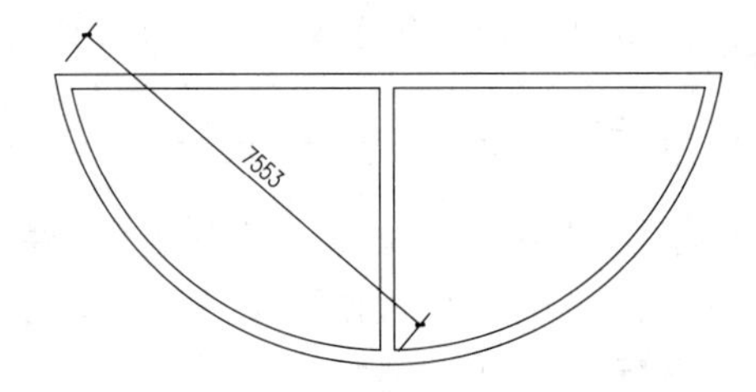

图 6-30　标注弧墙两点的直线距离

如果在移动光标的过程中，尺寸标注类型显示为角度标注（见图 6-31），则将标注弧线的角度，如图 6-32 所示。

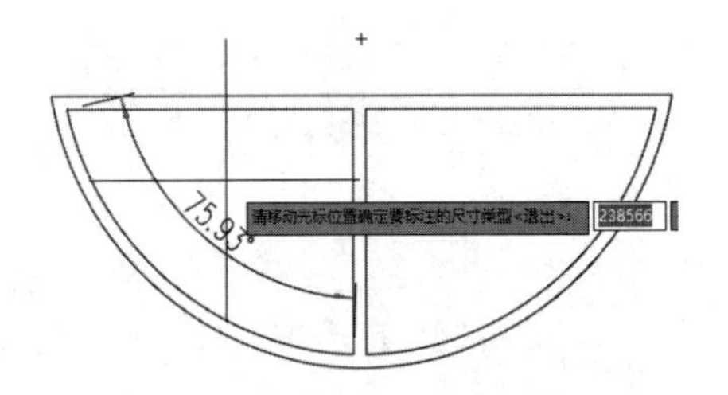

图 6-31　尺寸标注类型显示为角度标准

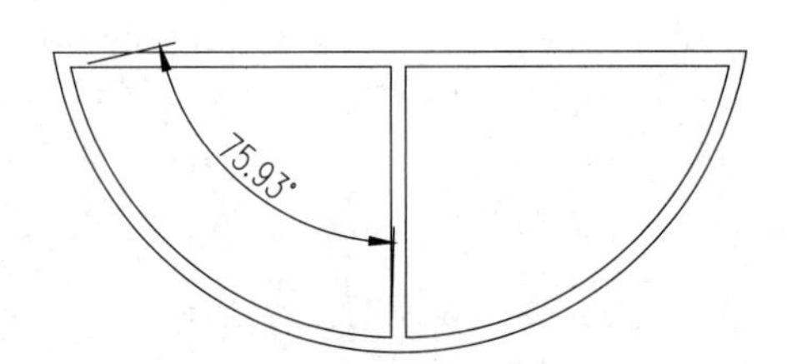

图 6-32　标注弧线的角度

6.3.7 更改文字

调用“更改文字”命令，重定义尺寸标注文字（可以输入文字或者数字），能够改变尺寸标注的测量值。图 6-33 所示为更改文字的结果。

“更改文字”命令的执行方式如下：

➢ 菜单栏：单击“尺寸”→“更改文字”命令。

下面以如图 6-33 所示的更改文字结果为例，讲解调用“更改文字”命令的方法。

01 按 Ctrl+O 组合键，打开配套资源提供的“第 6 章 / 6.3.7 更改文字 .dwg”素材文件，如图 6-34 所示。

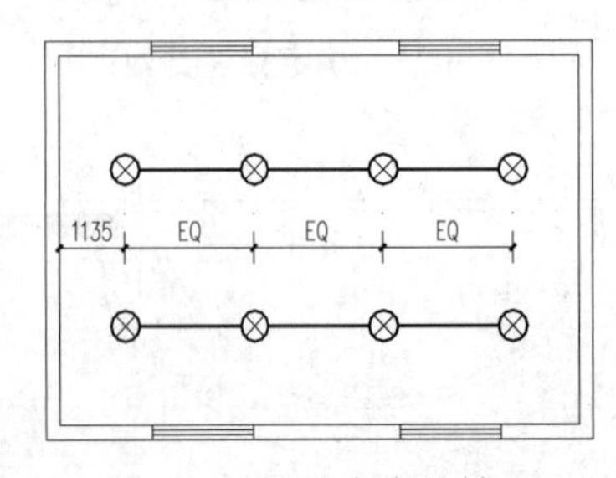

图 6-33　更改文字的结果

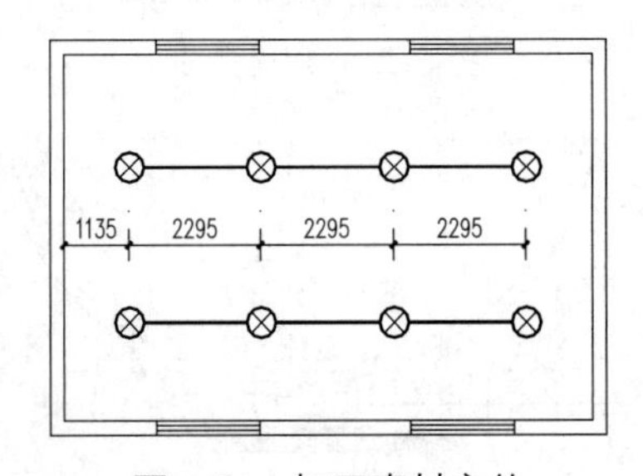

图 6-34　打开素材文件

02 单击“尺寸”→“更改文字”命令，命令行提示如下：

```
命令：T93_TChDimText
请选择尺寸区间<退出>:                    //如图 6-35 所示。
输入标注文字<2295>:EQ                   //如图 6-36 所示。
```

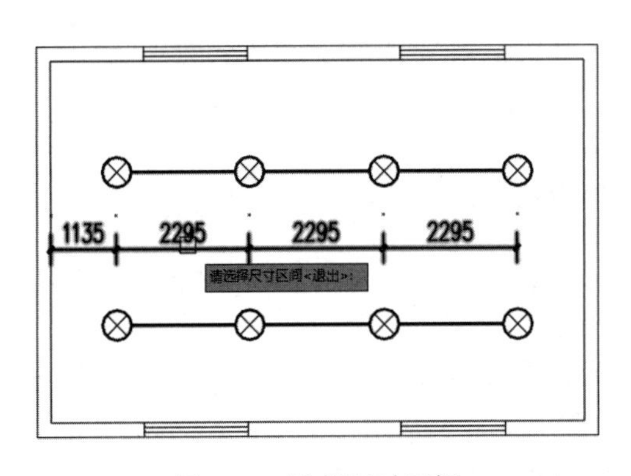

图 6-35　选择尺寸区间

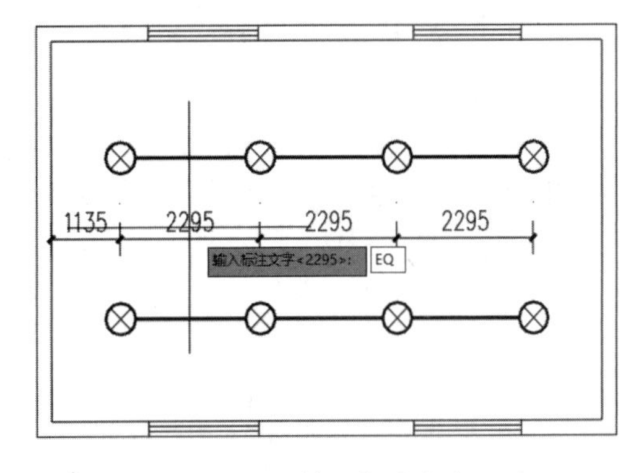

图 6-36　输入标注文字

03 按 Enter 键，完成更改文字，结果如图 6-37 所示。

04 继续选择尺寸区间，如图 6-38 所示。

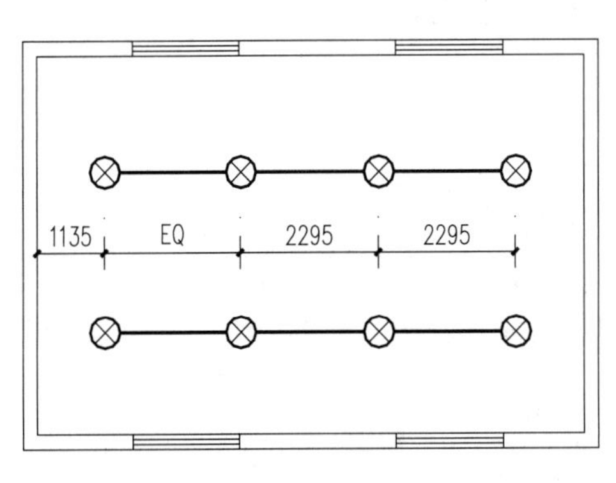

图 6-37　更改文字

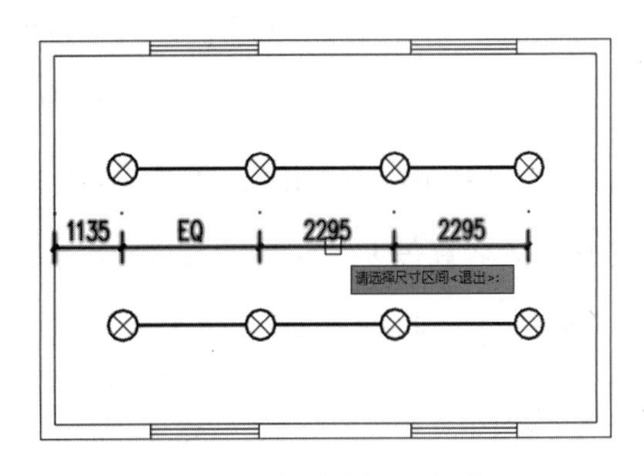

图 6-38　继续选择尺寸区间

05 输入文字代替原有的标注文字，结果如图 6-33 所示。

6.3.8　文字复位

调用“文字复位”命令，可将尺寸标注中的文字恢复到初始位置。图 6-39 所示为文字复位的结果。

“文字复位”命令的执行方式如下：

➢ 菜单栏：单击“尺寸”→“文字复位”命令。

下面以如图 6-39 所示的文字复位结果为例，讲解调用“文字复位”命令的方法。

01 按 Ctrl+O 组合键，打开配套资源提供的“第 6 章 / 6.3.8 文字复位 .dwg”素材文件，如图 6-40 所示。

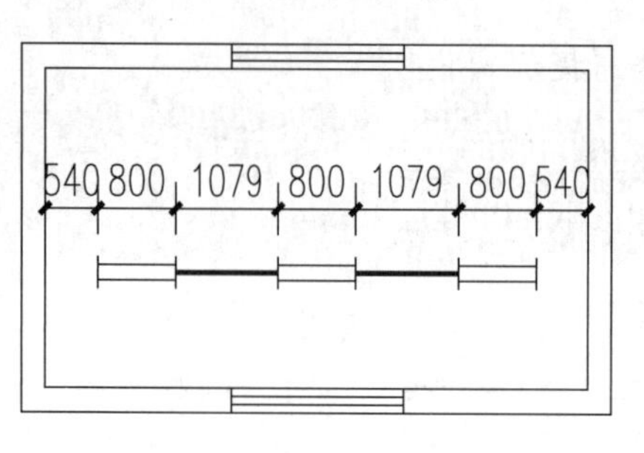

图 6-39　文字复位的结果

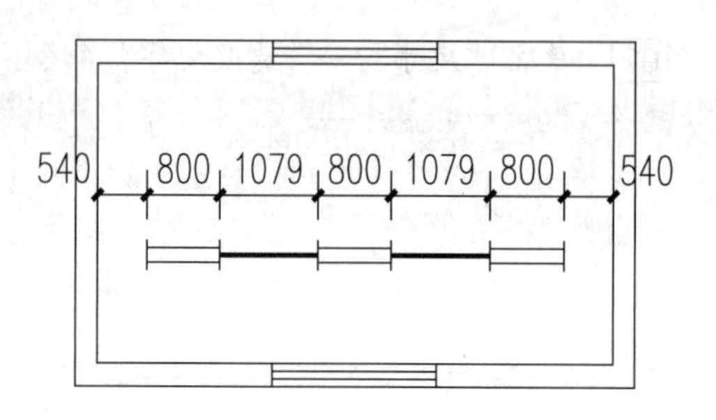

图 6-40　打开素材文件

02 单击“尺寸”→“文字复位”命令，命令行提示如下：

```
命令: T93_TResetDimP
请选择需复位文字的对象: 找到 1 个            // 如图 6-41 所示。
```

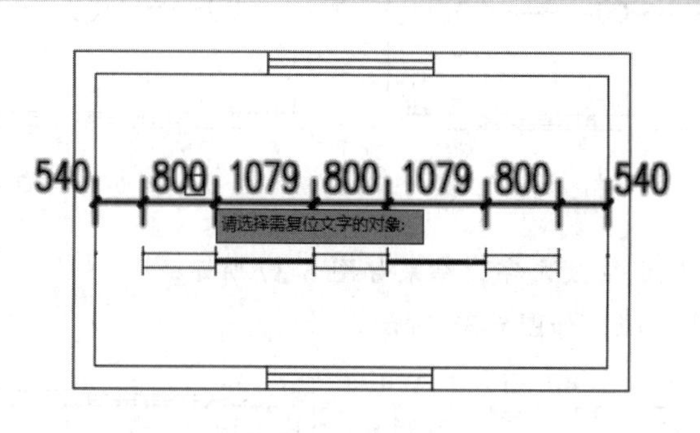

图 6-41　选择文字

03 按 Enter 键完成操作，结果如图 6-39 所示。

6.3.9　文字复值

调用“文字复值”命令，可恢复尺寸标注的初始数据。执行“更改文字”命令后，可以执行“文字复值”命令恢复尺寸标注的原始数据。

“文字复值”命令的执行方式如下：

➢ 菜单栏：单击“尺寸”→“文字复值”命令。

单击“尺寸”→“文字复值”命令，命令行提示如下：

```
命令: T93_TResetDimT
请选择天正尺寸标注:
```

选择尺寸标注，按 Enter 键完成操作。

6.3.10　裁剪延伸

调用“裁剪延伸”命令，可根据给定的新位置，对尺寸标注进行裁剪或延伸。图 6-42 所示为裁剪延伸的结果。

“裁剪延伸”命令的执行方式如下：

➢ 菜单栏：单击“尺寸”→“裁剪延伸”命令。

下面以如图 6-42 所示的裁剪延伸结果为例，讲解调用“裁剪延伸”命令的方法。

01 按 Ctrl+O 组合键，打开配套资源提供的“第 6 章 / 6.3.10 裁剪延伸 .dwg”素材文件，如图 6-43 所示。

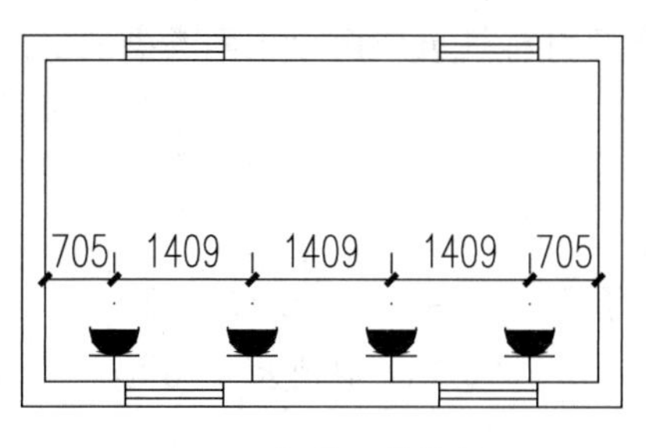

图 6-42 裁剪延伸的结果

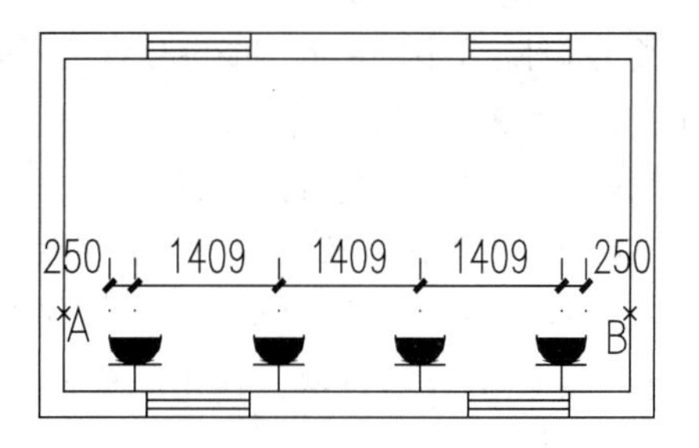

图 6-43 打开素材文件

02 单击“尺寸”→“裁剪延伸”命令，命令行提示如下：

```
命令：T93_TDIMTRIMEXT
要裁剪或延伸的尺寸线<退出>:                     // 如图 6-44 所示。
请给出裁剪延伸的基准点：                        // 指定 A 点为基准点，如图 6-45 所示。
```

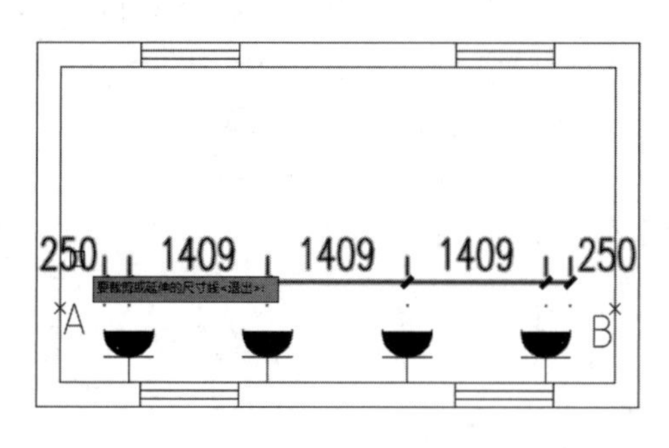

图 6-44 选择尺寸线

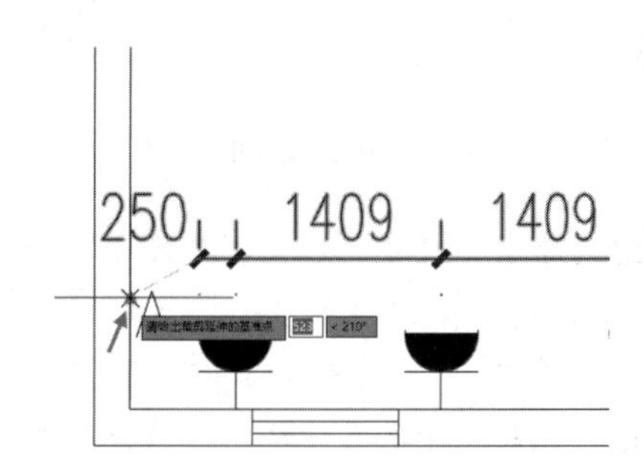

图 6-45 指定 A 点为基准点

03 延伸结果如图 6-46 所示。

04 重复执行“裁剪延伸”命令，指定 B 点为基准点，如图 6-47 所示，完成右侧标注区间的裁剪延伸操作。

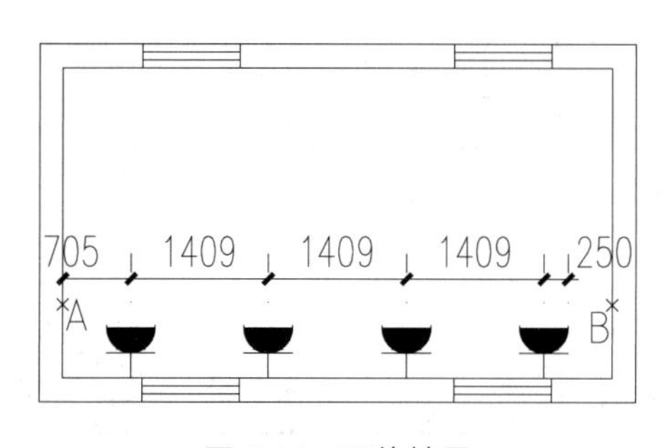

图 6-46 延伸结果

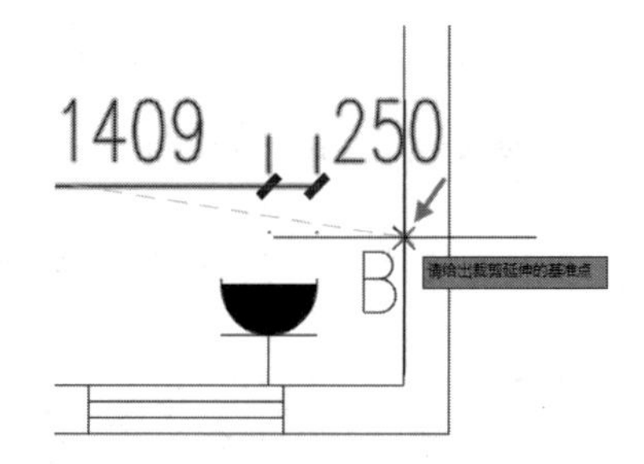

图 6-47 指定 B 点为基准点

05 单击“尺寸”→“文字复位”命令，可对裁剪延伸得到的尺寸标注文字进行文字复位，结果如图 6-42 所示。

6.3.11 取消尺寸

调用“取消尺寸”命令，可删除天正标注中指定的尺寸区间。如果共有尺寸线为奇数段，则该命令在删除了中间的尺寸区间后，可以把原来的尺寸标注分成两个相同类型的标注对象。图 6-48 所示为取消尺寸的结果。

“取消尺寸”命令的执行方式如下：

➢ 菜单栏：单击“尺寸”→“取消尺寸”命令。

下面以如图 6-48 所示的取消尺寸结果为例，讲解调用“取消尺寸”命令的方法。

01 按 Ctrl+O 组合键，打开配套资源提供的“第 6 章 / 6.3.11 取消尺寸 .dwg”素材文件，如图 6-49 所示。

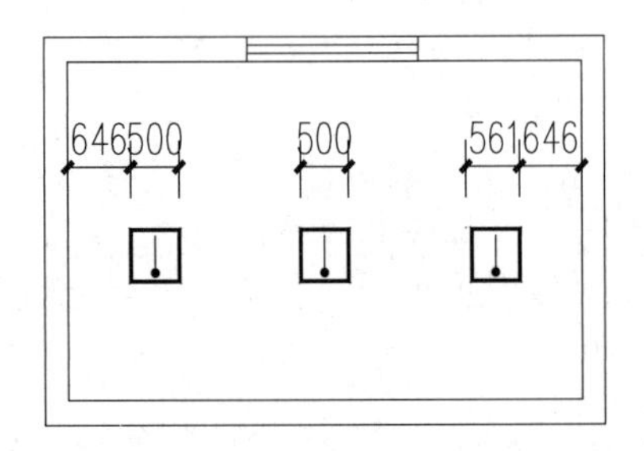

图 6-48 取消尺寸的结果

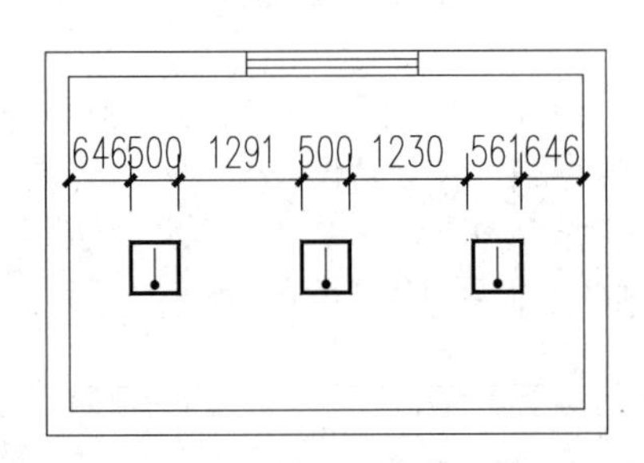

图 6-49 打开素材文件

02 单击“尺寸”→“取消尺寸”命令，命令行提示如下：

```
命令：TDimDel
选择待删除尺寸的区间线或尺寸文字 [ 整体删除 (A) ]< 退出 >:        // 如图 6-50 所示。
```

03 删除选中的尺寸区间，结果如图 6-51 所示。

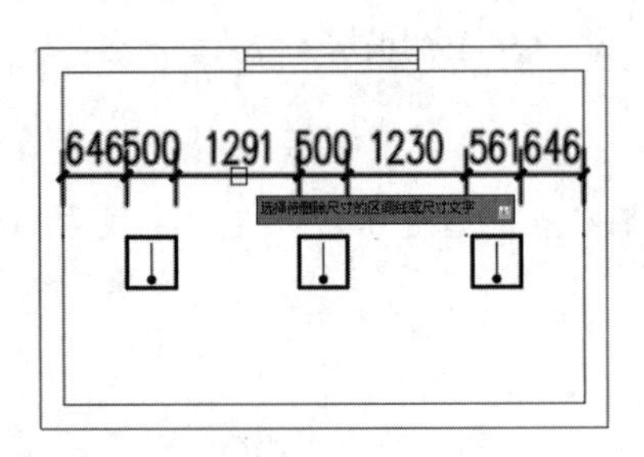

图 6-50 选择尺寸区间

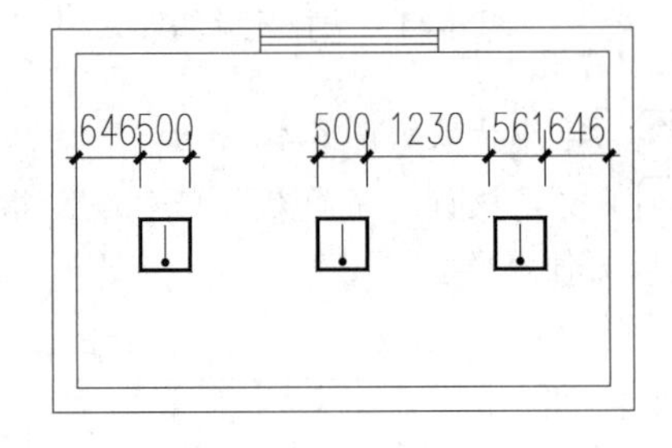

图 6-51 删除选中的尺寸区间

04 重复上述操作，结果如图 6-48 所示。

> **提示**
> 在命令行中输入“A”，即选择“整体删除（A）”选项，可将所有的尺寸区间都删除。

6.3.12 拆分区间

调用“拆分区间”命令，可将一组尺寸标注拆分为多个区间。图 6-52 所示为拆分区间的结果。

“拆分区间”命令的执行方式如下：

➢ 菜单栏：单击“尺寸”→“拆分区间”命令。

下面以如图 6-52 所示的拆分区间结果为例，介绍调用“拆分区间”命令的方法。

01 按 Ctrl+O 组合键，打开配套资源提供的“第 6 章 / 6.3.12 拆分区间 .dwg”素材文件，如图 6-53 所示。

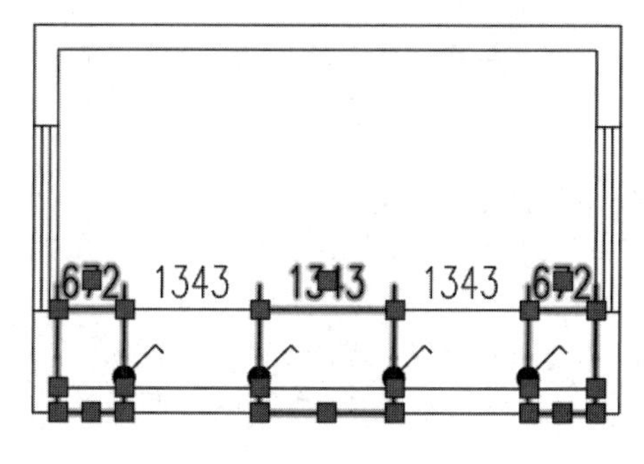

图 6-52 拆分区间

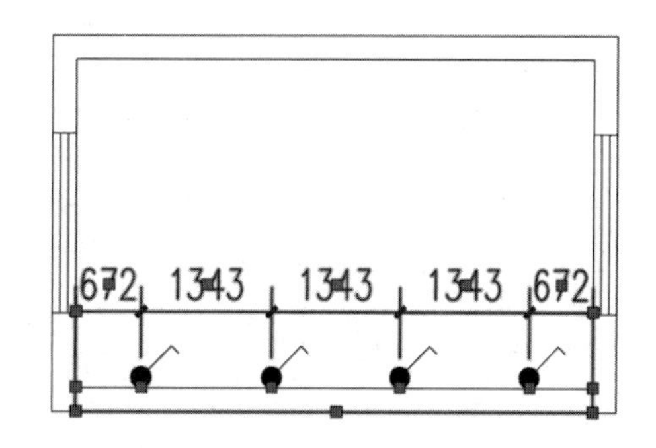

图 6-53 打开素材文件

02 执行“拆分区间”命令，命令行提示如下：

```
命令：TDimBreak
请在要打断的一侧点取尺寸线 < 退出 >:                    // 如图 6-54 所示。
```

03 拆分尺寸的结果如图 6-55 所示。

04 重复操作，继续拆分尺寸区间，结果如图 6-52 所示。

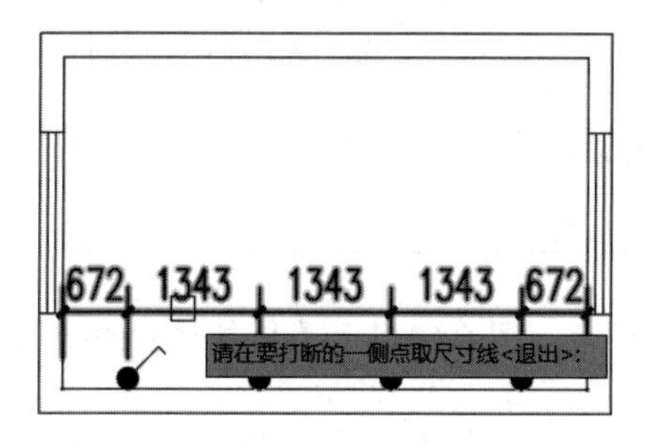

图 6-54 选择尺寸线

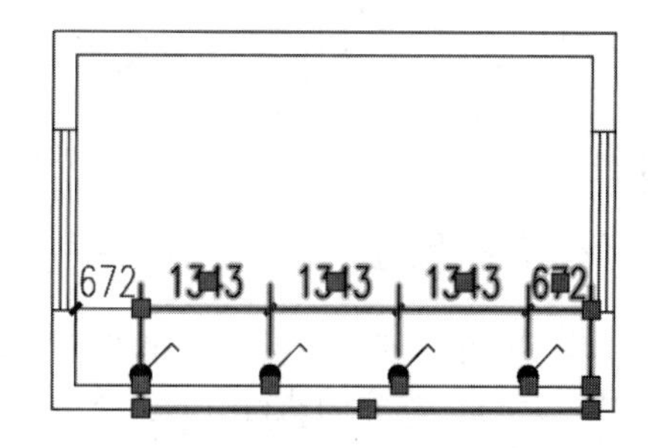

图 6-55 拆分尺寸的结果

6.3.13 连接尺寸

调用“连接尺寸”命令，可将多个平行的尺寸标注连接成一个连续的对象。图 6-56 所示为连接尺寸的结果。

“连接尺寸”命令的执行方式如下：

➢ 菜单栏：单击“尺寸”→“连接尺寸”命令。

下面以如图 6-56 所示的连接尺寸结果为例，讲解调用“连接尺寸”命令的方法。

01 按 Ctrl+O 组合键，打开配套资源提供的“第 6 章 / 6.3.13 连接尺寸 .dwg”素材文件，如图 6-57 所示。

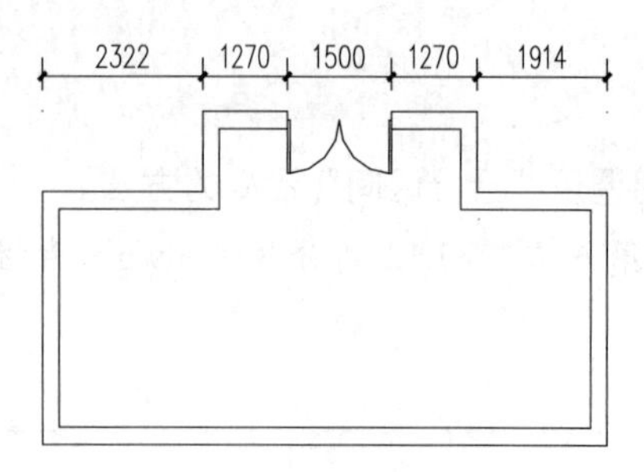

图 6-56 连接尺寸的结果

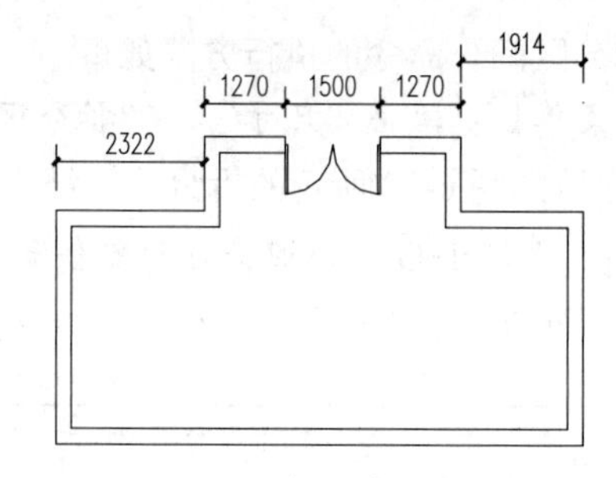

图 6-57 打开素材文件

02 单击“尺寸”→“连接尺寸”命令，命令行提示如下：

```
命令：T93_TMergeDim
请选择主尺寸标注<退出>:                                   // 如图 6-58 所示。
选择需要连接的其他尺寸标注（shift- 取消对错误选中尺寸的选择）<结束>：找到 1 个，总计
2个                                                        // 如图 6-59 所示。
```

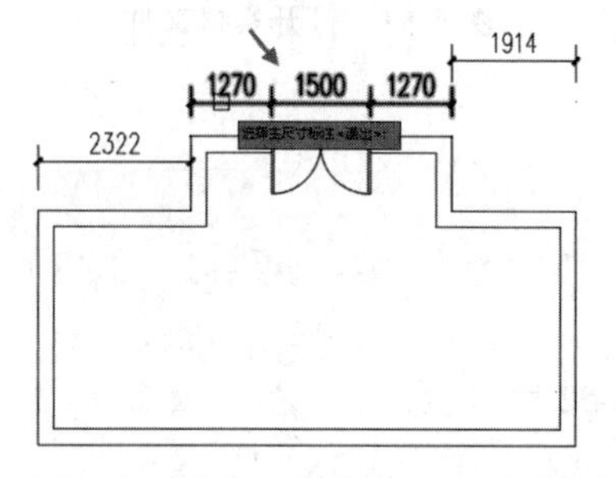

图 6-58 选择主尺寸标注

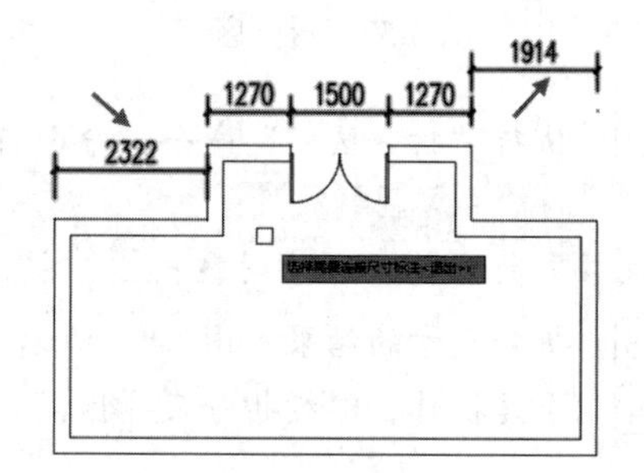

图 6-59 选择需要连接的尺寸

03 按 Enter 键完成尺寸连接，结果如图 6-56 所示。

6.3.14 增补尺寸

调用“增补尺寸”命令，可为尺寸标注增加标注点。图 6-60 所示为增补尺寸的结果。

“增补尺寸”命令的执行方式如下：

➢ 菜单栏：单击“尺寸”→“增补尺寸”命令。

下面以如图 6-60 所示的增补尺寸结果为例，讲解调用“增补尺寸”命令的方法。

01 按 Ctrl+O 组合键，打开配套资源提供的“第 6 章 / 6.3.14 增补尺寸 .dwg”素材文件，如图 6-61 所示。

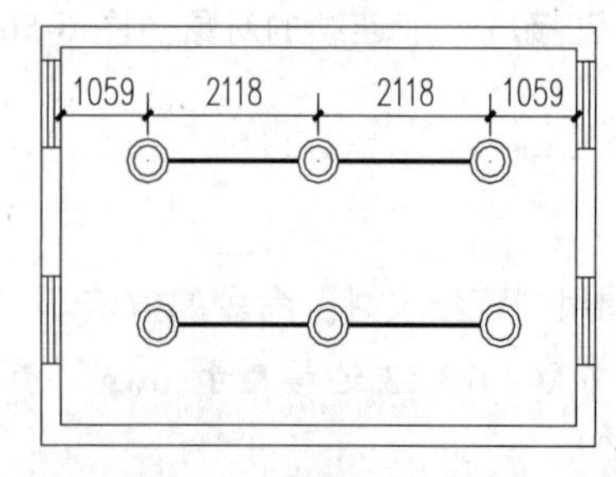

图 6-60 增补尺寸的结果

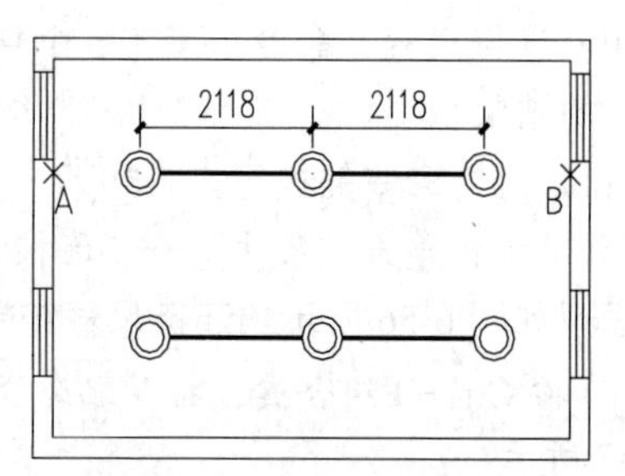

图 6-61 打开素材文件

02 单击“尺寸”→“增补尺寸”命令，命令行提示如下：

```
命令：T93_TBreakDim
请选择尺寸标注<退出>:                                  //如图6-62所示。
点取待增补的标注点的位置或[参考点(R)]<退出>: //指定A点为增补点，如图6-63所示。
```

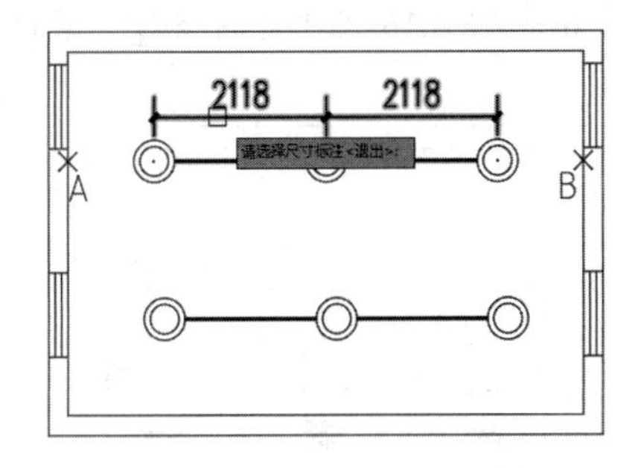

图6-62 选择尺寸标注

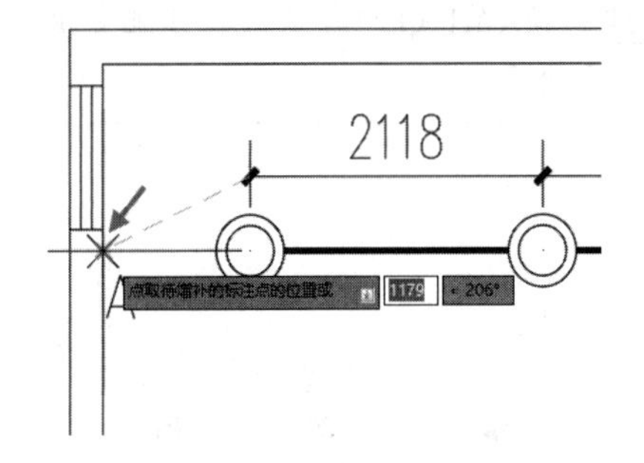

图6-63 指定A点为增补点

03 增补一个尺寸，结果如图6-64所示。

04 向右移动鼠标，指定B点为增补点，如图6-65所示。

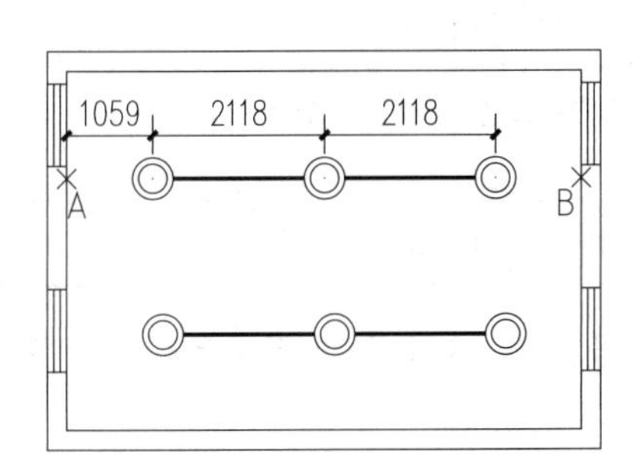

图6-64 增补一个尺寸

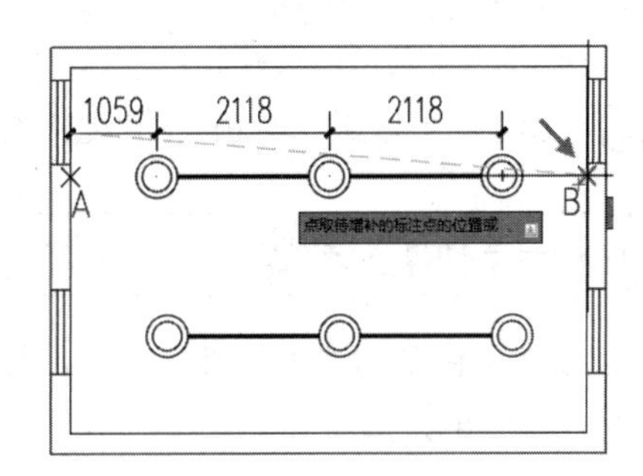

图6-65 指定B点为增补点

05 完成全部尺寸增补，结果如图6-60所示。

6.3.15 尺寸转化

调用“尺寸转化”命令，可将AutoCAD尺寸标注转化为天正尺寸标注。

“尺寸转化”命令的执行方式如下：

- 菜单栏：单击“尺寸”→“尺寸转化”命令。

单击“尺寸”→“尺寸转化”命令，命令行提示如下：

```
命令：T93_TConvDim
请选择ACAD尺寸标注：找到1个
全部选中的1个对象成功地转化为天正尺寸标注！
```

选择AutoCAD尺寸标注，按Enter键完成操作。

6.3.16 尺寸自调

调用“尺寸自调”命令，可自动调整尺寸文字的位置，使其不会与其他图形重叠，以免影

响查看。图 6-66 所示为尺寸自调的结果。

"尺寸自调"命令的执行方式如下：

➢ 菜单栏：单击"尺寸"→"尺寸自调"命令。

下面以如图 6-66 所示的尺寸自调结果为例，讲解调用"尺寸自调"命令的方法。

01 按 Ctrl+O 组合键，打开配套资源提供的"第 6 章 / 6.3.16 尺寸自调 .dwg"素材文件，如图 6-67 所示。

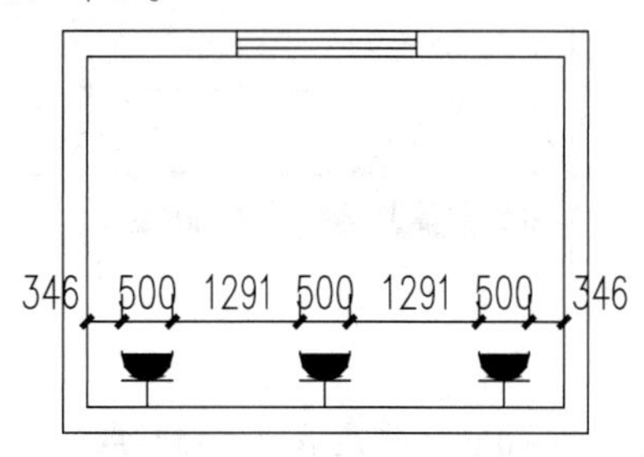

图 6-66　尺寸自调的结果

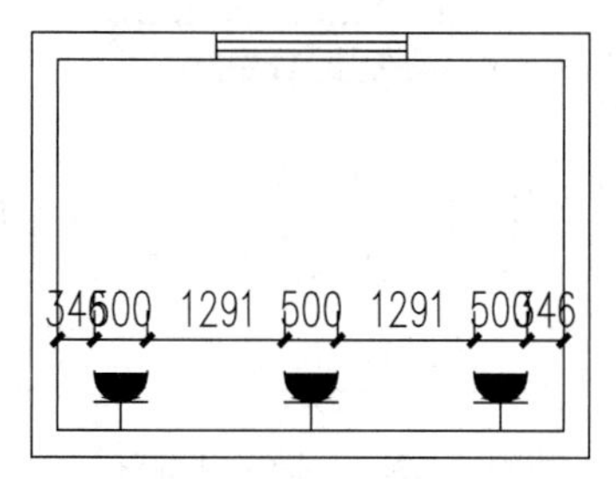

图 6-67　打开素材文件

02 单击"尺寸"→"尺寸自调"命令，命令行提示如下：

```
命令：T93_TDimAdjust
请选择天正尺寸标注：找到 1 个
```

03 选择尺寸标注，按 Enter 键完成尺寸调整，结果如图 6-66 所示。

6.4 符号标注命令

天正软件提供了创建工程符号命令，包括剖切符号、指北针和引注箭头等。本节将介绍调用符号标注命令的方法。

6.4.1 单注标高

调用"单注标高"命令，一次只能绘制一个标高标注。该命令通常用于标注平面图的标高。图 6-68 所示为单注标高的结果。

"单注标高"命令的执行方式如下：

➢ 菜单栏：单击"符号"→"单注标高"命令。

下面以绘制如图 6-68 所示的单注标高为例，讲解调用"单注标高"命令的方法。

01 按 Ctrl+O 组合键，打开配套资源提供的"第 6 章 / 6.4.1 单注标高 .dwg"素材文件，如图 6-69 所示。

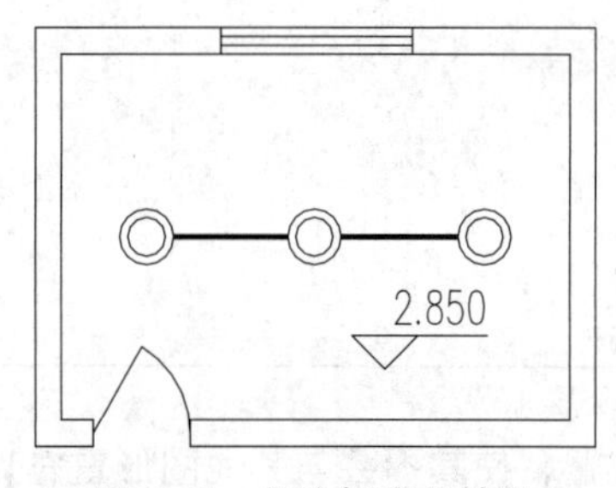

图 6-68　单注标高的结果

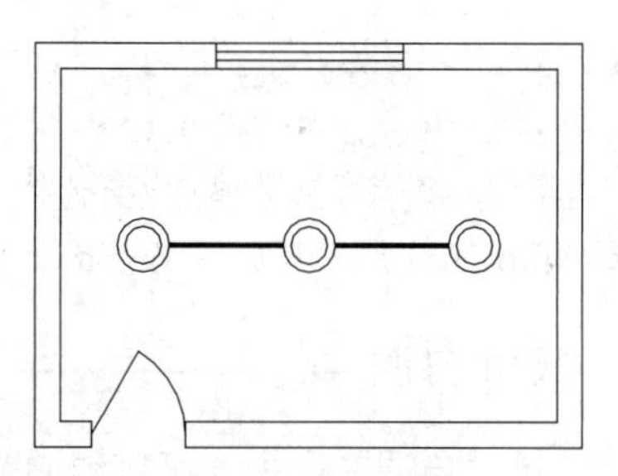

图 6-69　打开素材文件

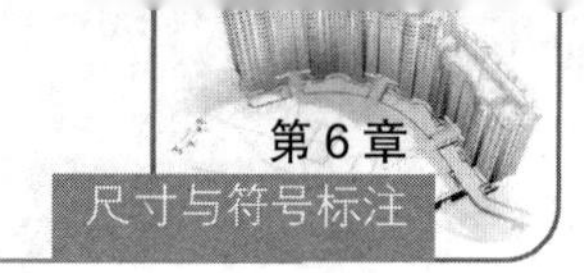

02 单击“符号”→“单注标高”命令，命令行提示如下：

```
命令：T93_TElev
请点取标高点或 [ 参考标高 (R) ]< 退出 >:                // 选取标高点，弹出“标高标注”对话框，设置参数如图 6-70 所示。
标高设置：基线关；引线关
请点取标高方向或 [ 基线 (B) / 引线 (L) ]< 当前 >:        // 如图 6-71 所示。
```

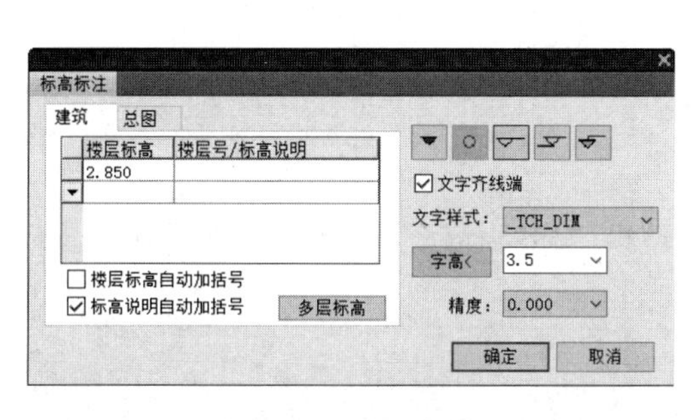

图 6-70　设置参数

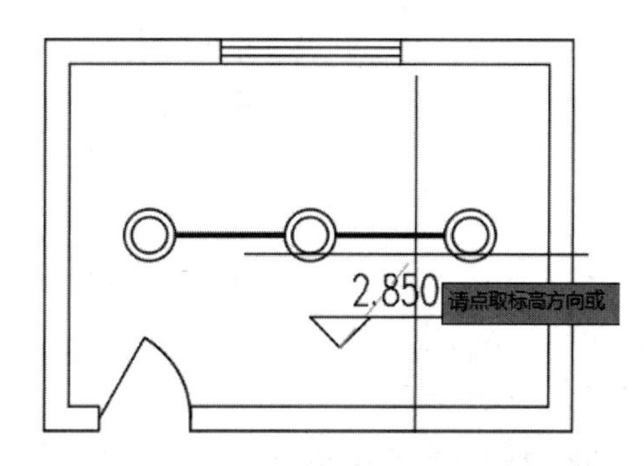

图 6-71　指定标高方向

03 单注标高的结果如图 6-68 所示。

在执行命令的过程中，输入“B”，即选择“基线（B）”选项，移动光标指定基线的位置，可为标高符号添加基线，结果如图 6-72 所示；输入“L”，即选择“引线（L）”选项，指定引线的位置及标高方向，结果如图 6-73 所示。

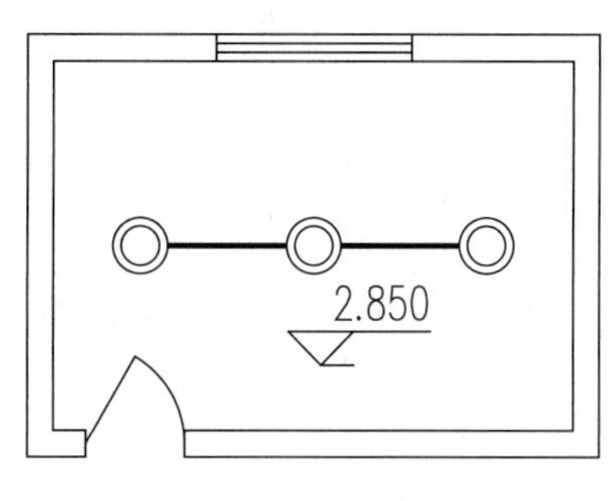

图 6-72　添加基线

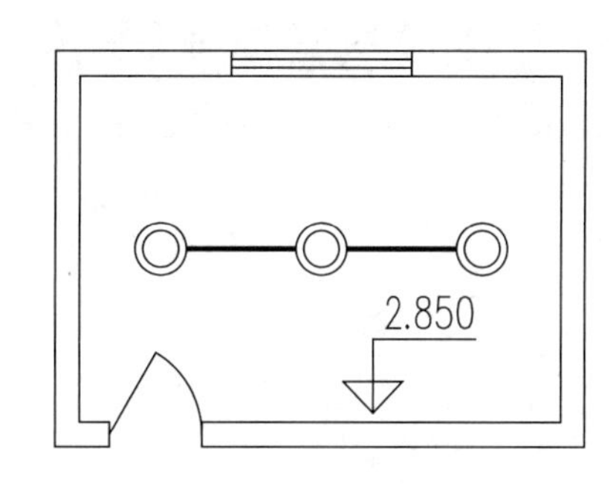

图 6-73　添加引线

6.4.2 连注标高

调用“连注标高”命令，可连续标注标高。该命令多用于为立剖面图绘制标高标注。图 6-74 所示为连注标高的结果。

“连注标高”命令的执行方式如下：

➢ 菜单栏：单击“符号”→“连注标高”命令。

下面以绘制如图 6-74 所示的连注标高为例，讲解调用“连注标高”命令的方法。

01 按 Ctrl+O 组合键，打开配套资源提供的“第 6 章 / 6.4.2 连注标高 .dwg”素材文件，如图 6-75 所示。

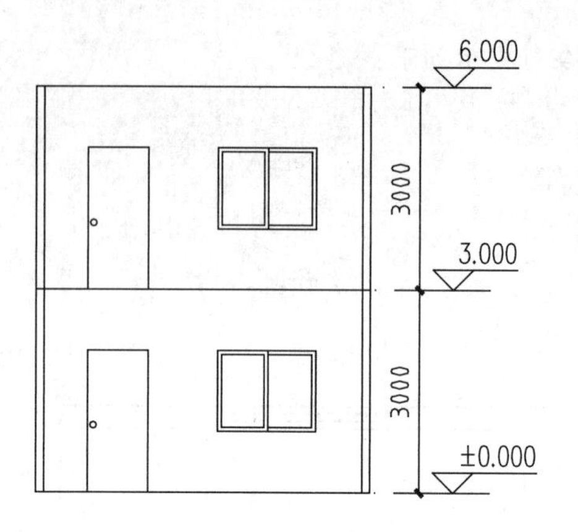

图 6-74　连注标高的结果

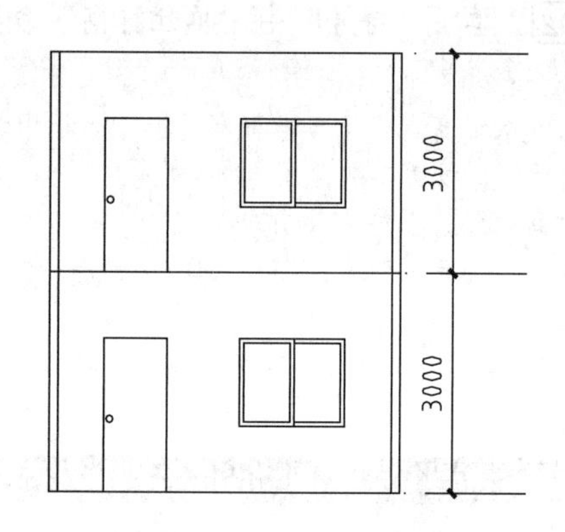

图 6-75　打开素材文件

[02] 单击“符号”→“连注标高”命令，弹出“标高标注”对话框，设置标高参数如图 6-76 所示。

[03] 命令行提示如下：

```
命令：T93_TMElev
请点取标高点或[参考标高(R)]<退出>:                    //如图 6-77 所示。
请点取标高方向<退出>:                                 //如图 6-78 所示。
```

[04] 在“标高标注”对话框中修改标高值，如图 6-79 所示。

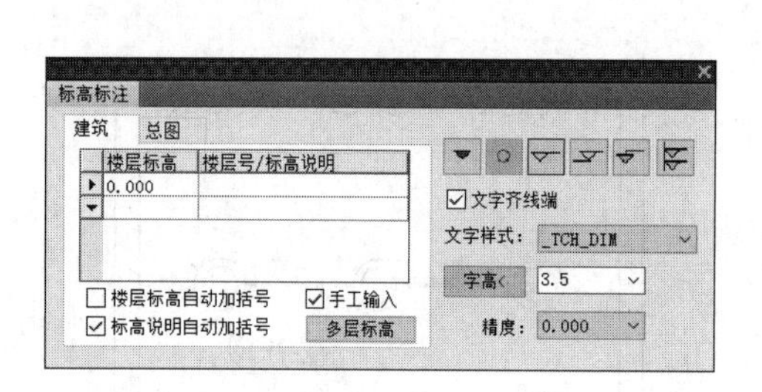

图 6-76　“标高标注”对话框

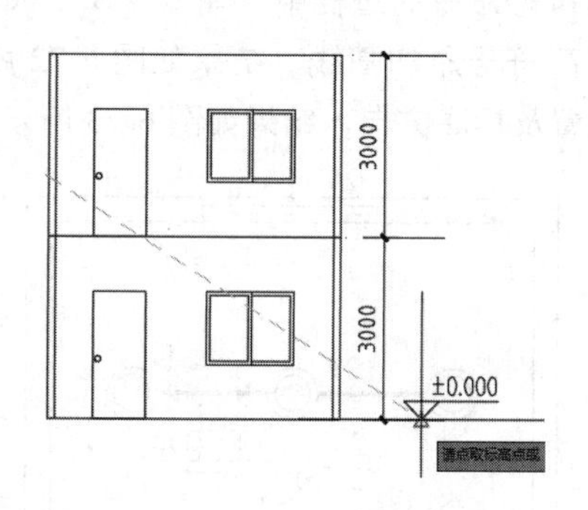

图 6-77　指定标高点

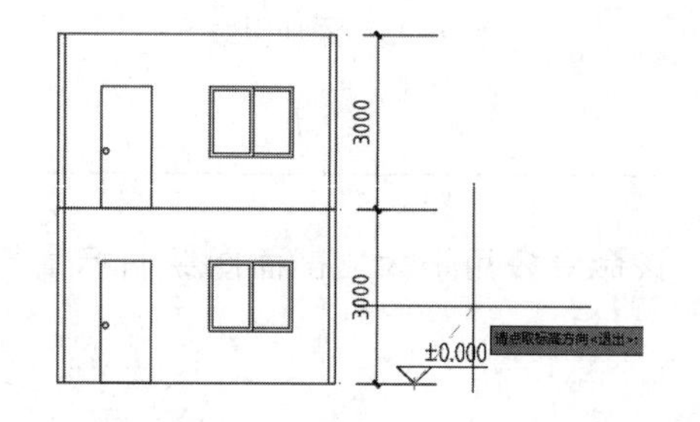

图 6-78　指定标高方向

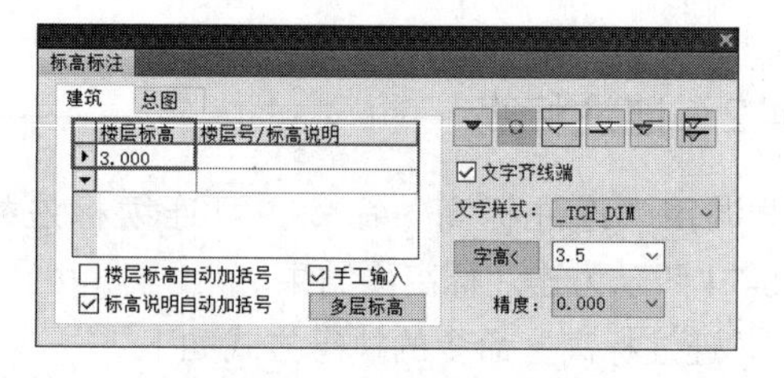

图 6-79　修改标高值

[05] 指定下一点放置标高标注，结果如图 6-80 所示。

[06] 在“标高标注”对话框中修改标高值，继续放置标高标注，结果如图 6-81 所示。

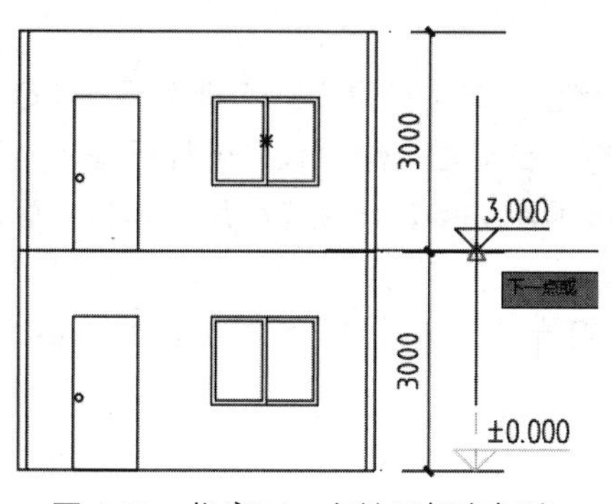

图 6-80　指定下一点放置标高标注

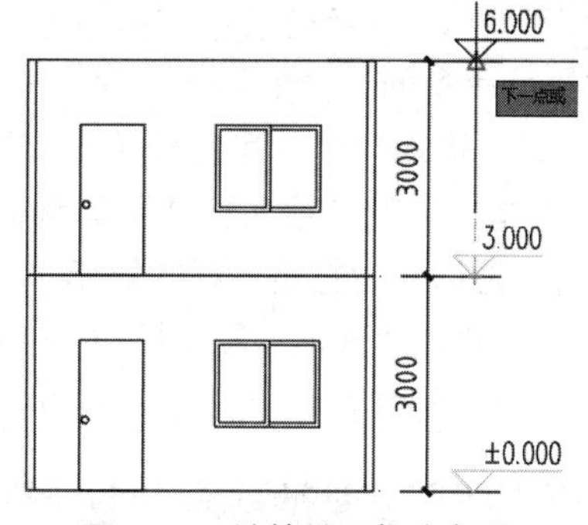

图 6-81　继续放置标高标注

07　连注标高的结果如图 6-74 所示。

6.4.3　坐标标注

调用“坐标标注”命令，可在图中指定点标注坐标。图 6-82 所示为坐标标注的结果。

“坐标标注”命令的执行方式如下：

➢ 命令行：输入“ZBBZ”按 Enter 键。

➢ 菜单栏：单击“符号”→“坐标标注”命令。

下面以绘制如图 6-82 所示的坐标标注为例，讲解调用“坐标标注”命令的方法。

01　按 Ctrl+O 组合键，打开配套资源提供的“第 6 章 / 6.4.3 坐标标注 .dwg”素材文件，如图 6-83 所示。

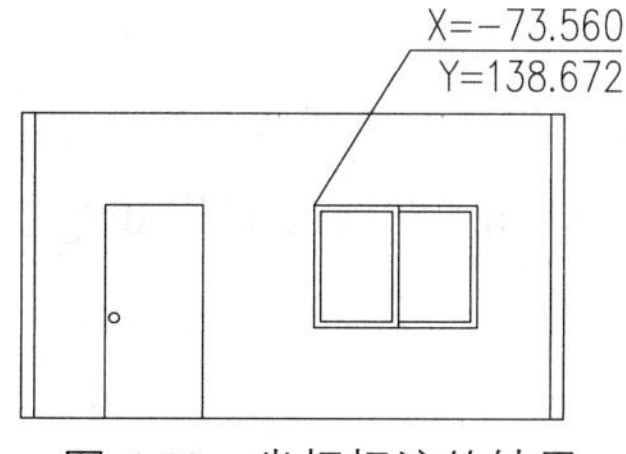

图 6-82　坐标标注的结果

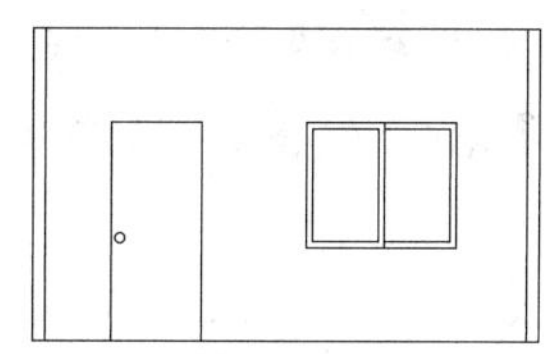
图 6-83　打开素材文件

02　输入“ZBBZ”按 Enter 键，命令行提示如下：

```
命令：ZBBZ ↙
当前绘图单位：mm，标注单位：M；以世界坐标取值；北向角度 90 度
请点取标注点或 [ 设置（S）\ 批量标注（Q）]< 退出 >：          // 如图 6-84 所示。
点取坐标标注方向 < 退出 >：                                  // 如图 6-85 所示。
```

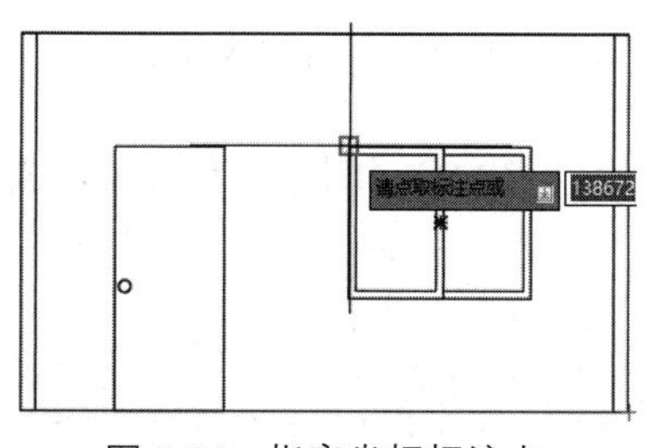

图 6-84　指定坐标标注点

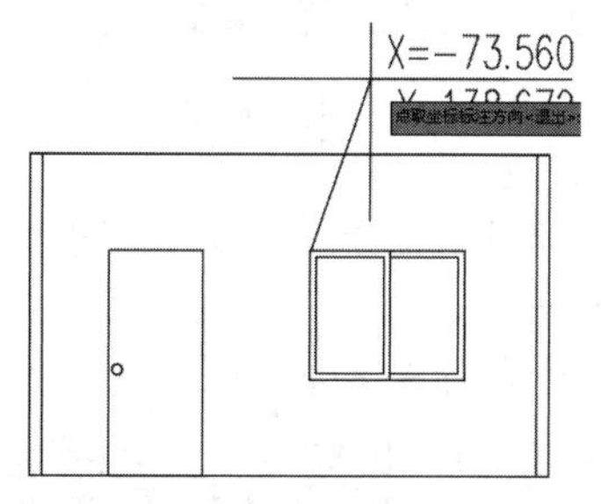

图 6-85　指定坐标标注方向

[03] 坐标标注的结果如图 6-82 所示。

在执行命令的过程中，当命令行提示“请点取标注点或 [设置（S）\ 批量标注（Q）]< 退出 >：”时，输入“S”，可打开“坐标标注”对话框。在对话框中可设置坐标标注的“绘图单位”“标注单位”及“箭头样式”等参数，如图 6-86 所示。参数设置完毕后，单击“确定”按钮，坐标标注即可以指定的样式显示。

输入“Q”，即选择“批量标注（Q）”选项，可打开“批量标注”对话框，如图 6-87 所示。选择选项，可以同时为指定的点标注坐标。

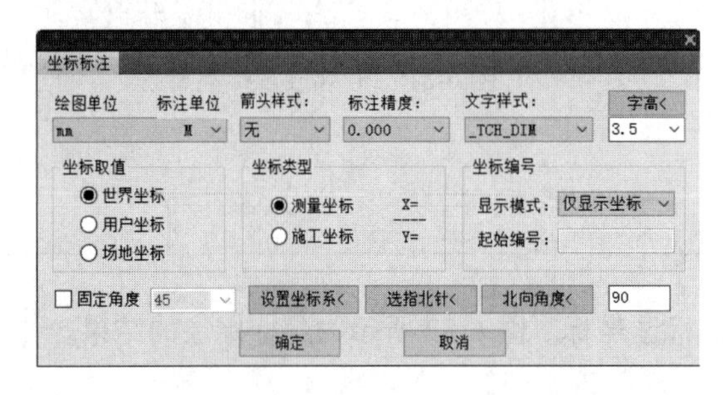

图 6-86 “坐标标注”对话框

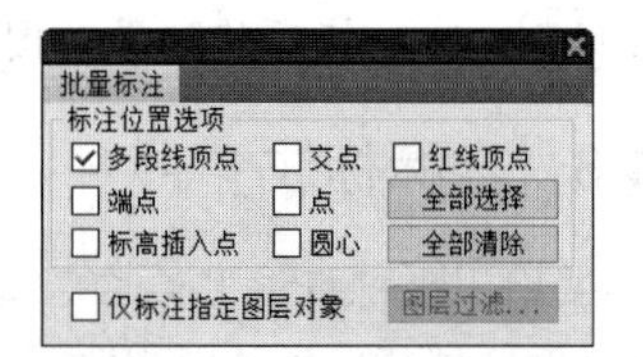

图 6-87 “批量标注”对话框

6.4.4 指向索引

调用“指向索引”命令，可以为图中另有详图的某一部分或构件注上索引符号。

“指向索引”命令的执行方式如下：

➢ 菜单栏：单击“符号”→“指向索引”命令。

下面以绘制如图 6-88 所示的指向索引符号为例，讲解调用“指向索引”命令的方法。

[01] 按 Ctrl+O 组合键，打开配套资源提供的“第 6 章 / 6.4.4 指向索引 .dwg”素材文件，如图 6-89 所示。

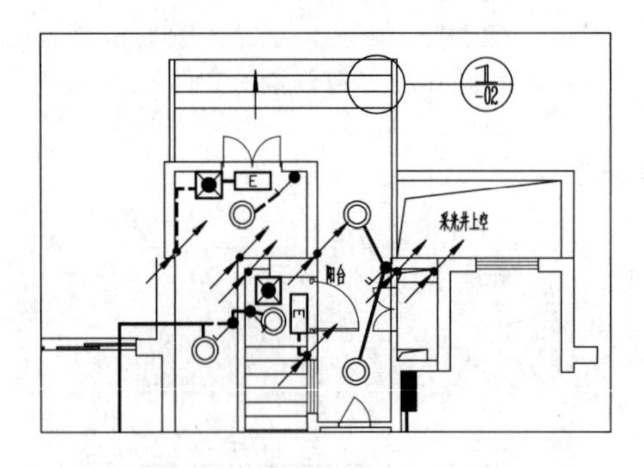

图 6-88 绘制指向索引符号

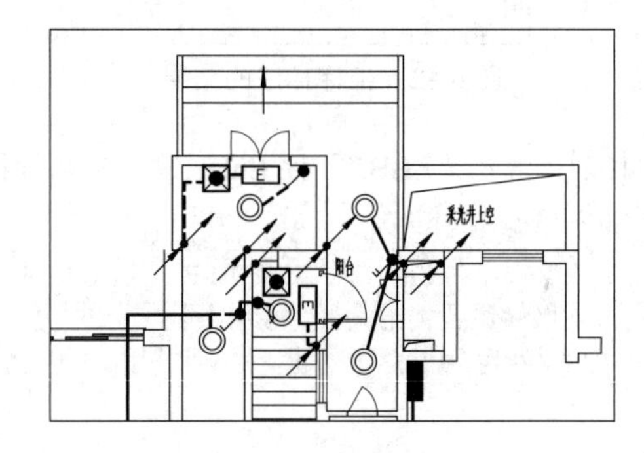

图 6-89 打开素材文件

[02] 单击“符号”→“指向索引”命令，打开“指向索引”对话框，设置参数如图 6-90 所示。

[03] 命令行提示如下：

```
命令：TPOINTINDEX
请给出索引节点的位置 <退出>：
```

```
请给出索引节点的范围<0.0>:
请给出转折点位置<退出>:
请给出文字索引号位置<退出>:                    //根据命令行的提示，依次指定各点，如图6-91所示。
```

04 绘制指向索引符号的结果如图 6-88 所示。

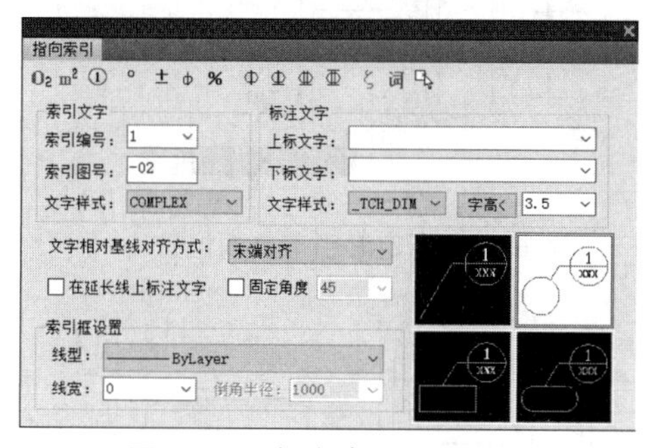

图 6-90 “指向索引”对话框

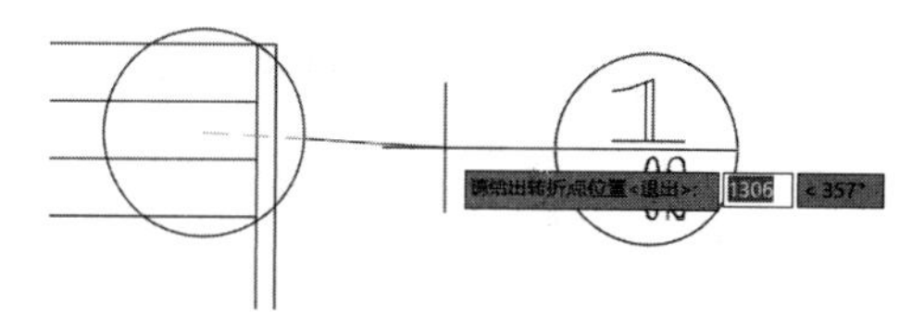

图 6-91 依次指定各点

6.4.5 剖切索引

调用“剖切索引”命令，可以为图中另有剖面详图的某一部分或构件注上索引符号。

“剖切索引”命令的执行方式如下：

➢ 菜单栏：单击“符号”→“剖切索引”命令。

下面以绘制如图 6-92 所示的剖切索引符号为例，讲解调用“剖切索引”命令的方法。

01 按 Ctrl+O 组合键，打开配套资源提供的“第 6 章 / 6.4.5 剖切索引 .dwg”素材文件，如图 6-93 所示。

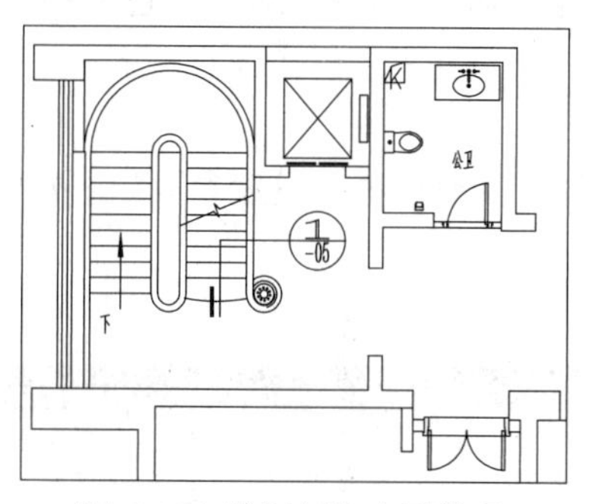

图 6-92 绘制剖切索引符号

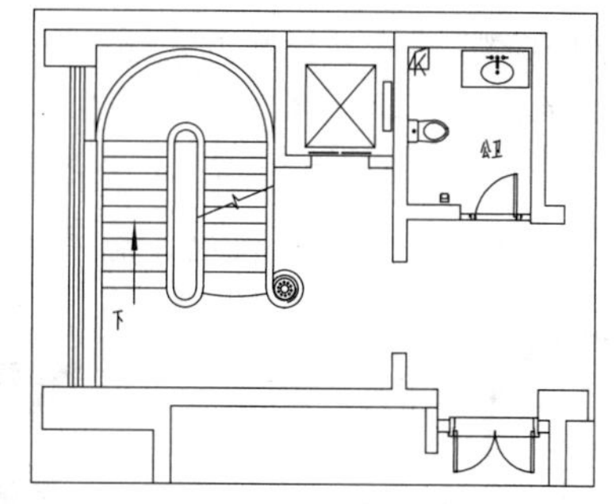

图 6-93 打开素材文件

02 单击“符号”→“剖切索引”命令，打开“剖切索引”对话框，设置参数如图 6-94 所示。

03 命令行提示如下：

```
命令: TSECTINDEX
请给出索引节点的位置<退出>:          //如图6-95所示。
请给出转折点位置<退出>:              //如图6-96所示。
请给出文字索引号位置<退出>:          //如图6-97所示。
请给出剖视方向<当前>:                //向左移动鼠标指定剖视方向，绘制结果如图6-92所示。
```

图 6-94　设置参数

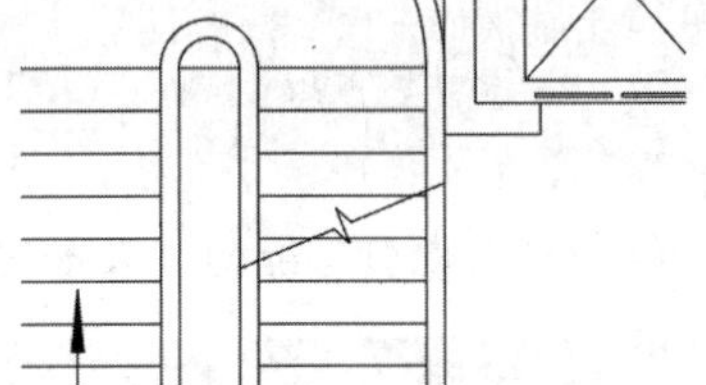
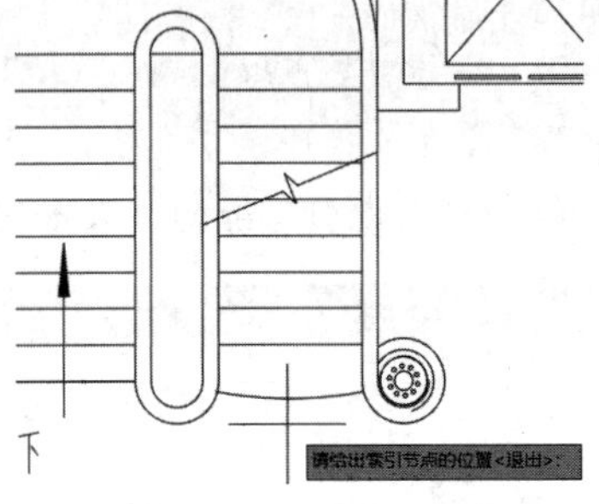

图 6-95　指定索引节点的位置

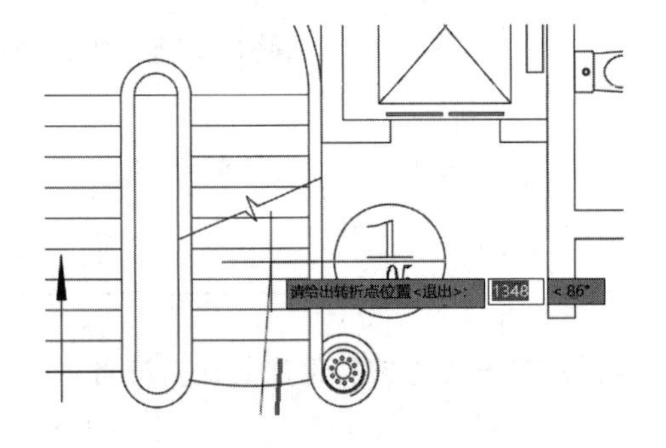

图 6-96　指定转折点的位置

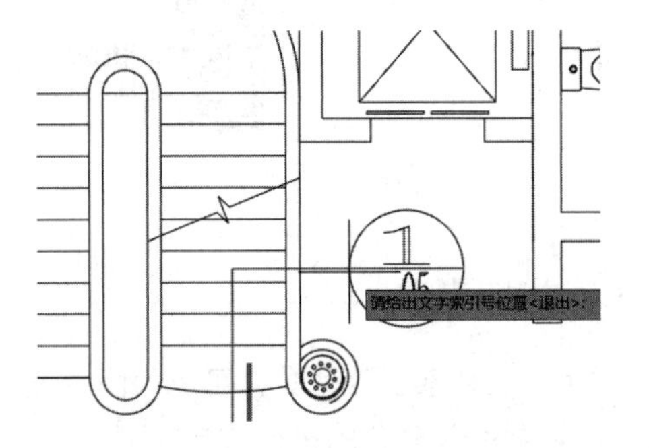

图 6-97　指定文字索引符号的位置

6.4.6　索引图名

调用“索引图名”命令，可为详图添加图名标注。图 6-98 所示为绘制索引图名的结果。

“索引图名”命令的执行方式如下：

➢ 菜单栏：单击“符号”→“索引图名”命令。

单击“符号”→“索引图名”命令，弹出“索引图名”对话框，设置参数如图 6-99 所示。在图中选取位置，绘制索引图名，结果如图 6-98 所示。

图 6-98　绘制索引图名

图 6-99　“索引图名”对话框

在“索引图名”对话框中选择“图名”选项，自定义图名，然后在“索引图号”选项中输入图号，如图 6-100 所示。添加图名的结果如图 6-101 所示。

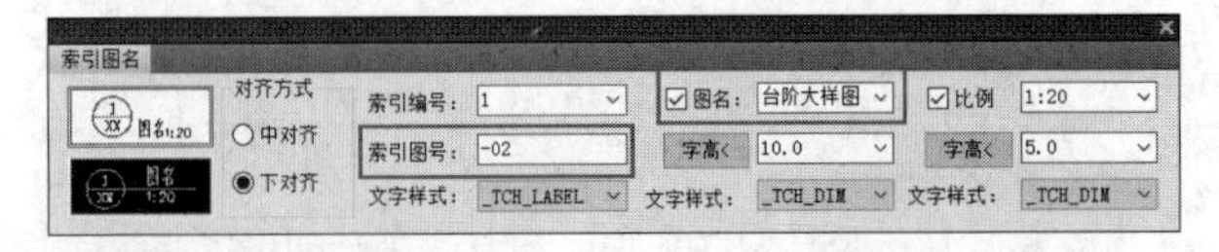

图 6-100　设置“图名”和“索引图号”

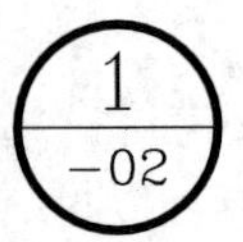

台阶大样图 1:20

图 6-101　添加图名

6.4.7 剖切符号

调用“剖切符号”命令，可在图中标注剖面的剖切符号，还可以自定义剖面图的编号。剖面图用于表示切断面上的构件及从该处沿视线方向可见的建筑构件。图 6-102 所示为绘制剖切符号的结果。

“剖切符号”命令的执行方式如下：

➢ 菜单栏：单击“符号”→“剖切符号”命令。

下面以绘制如图 6-102 所示的剖切符号为例，讲解调用“剖切符号”命令的方法。

01 按 Ctrl+O 组合键，打开配套资源提供的“第 6 章 / 6.4.7 剖切符号 .dwg”素材文件，如图 6-103 所示。

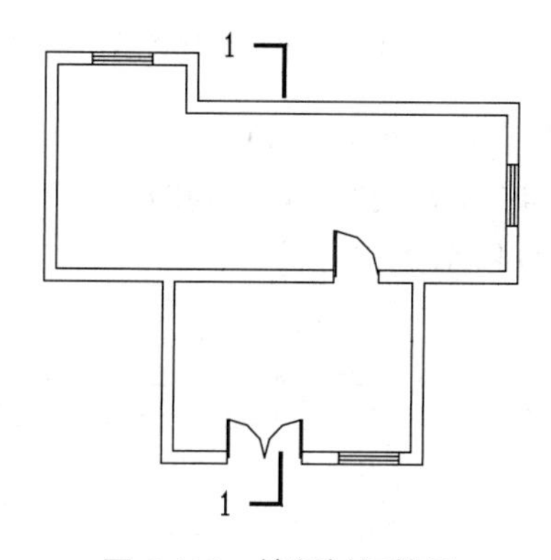

图 6-102 绘制剖切符号

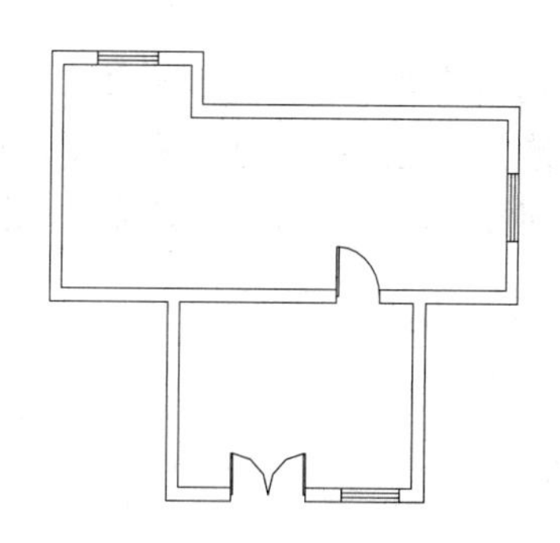

图 6-103 打开素材文件

02 单击“符号”→“剖切符号”命令，弹出“剖切符号”对话框，设置参数如图 6-104 所示。

03 命令行提示如下：

```
命令：T93_TSection
点取第一个剖切点 <退出>:                    // 如图 6-105 所示。
点取第二个剖切点 <退出>:                    // 如图 6-106 所示。
点取剖视方向 <当前>:                        // 如图 6-107 所示。
```

图 6-104 “剖切符号”对话框

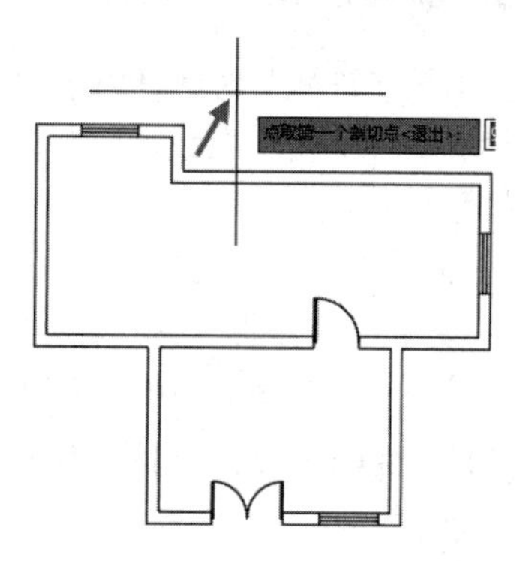

图 6-105 指定第一个剖切点

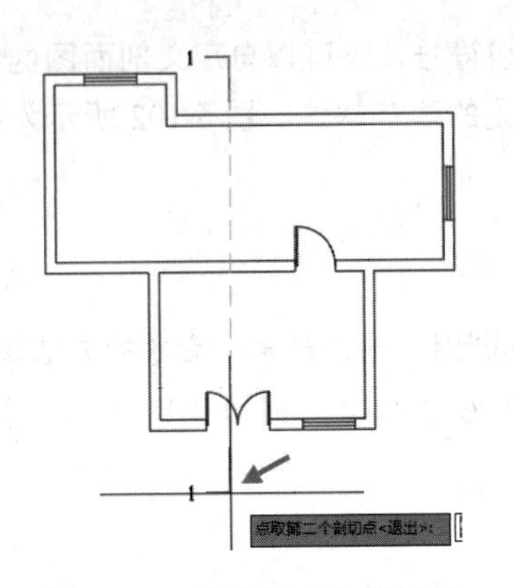

图 6-106　指定第二个剖切点

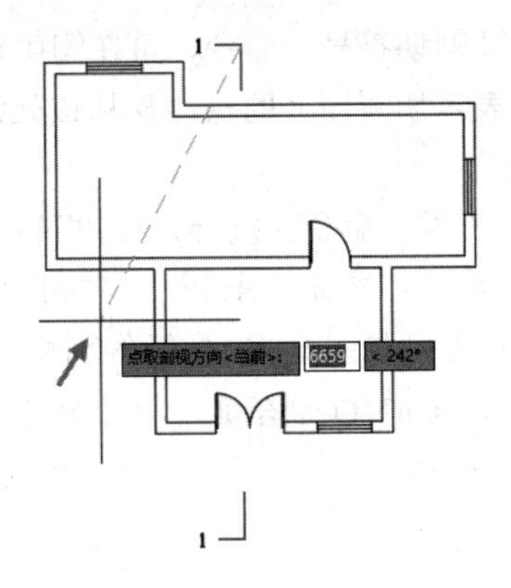

图 6-107　指定剖视方向

在“剖切符号”对话框中选择“剖面图号”选项，自定义图号，如图 6-108 所示。在“标注位置”选项中选择图号的位置，默认选择“两端”，即在剖切线的两端绘制图号。此时，在图中绘制剖切符号还可以同时添加自定义图号，如图 6-109 所示。

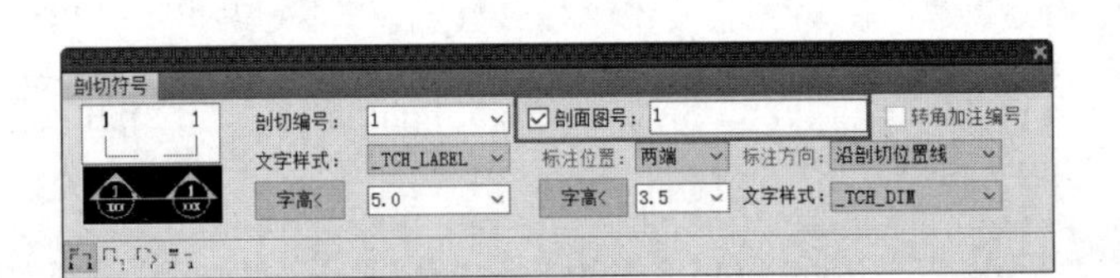

图 6-108　自定义图号

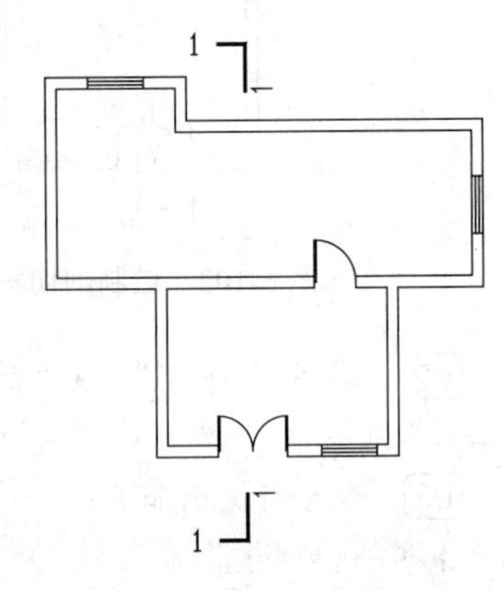

图 6-109　添加自定义图号

6.4.8　断面剖切

在“剖切符号”对话框中单击“断面剖切”按钮，可在图中绘制断面剖切符号，生成的剖切符号不带剖视方向线，以断面编号的所在位置表示剖视方向。如图 6-110 所示为绘制断面剖切符号的结果。

“断面剖切”命令的执行方式如下：

➢ 菜单栏：单击“剖切符号”对话框中的“断面剖切”按钮。

下面以绘制如图 6-110 所示的断面剖切符号为例，讲解调用“断面剖切”命令的方法。

01 按 Ctrl+O 组合键，打开配套资源提供的“第 6 章 / 6.4.8 断面剖切 .dwg”素材文件，如图 6-111 所示。

02 单击“符号”→“剖切符号”命令，弹出“剖切符号”对话框，设置“剖切编号”为 1，然后单击“断面剖切”按钮，如图 6-112 所示。

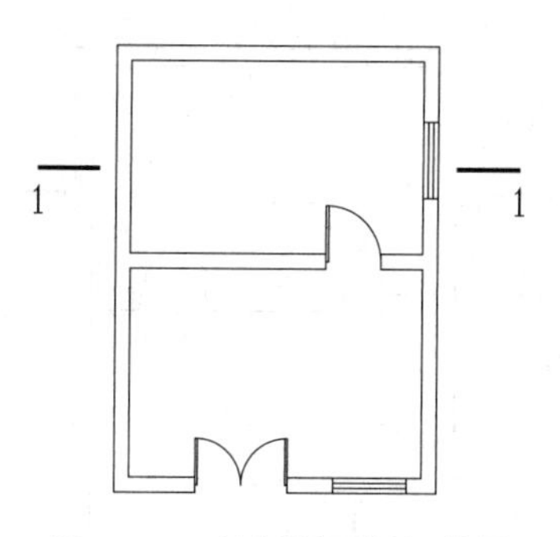

图 6-110　绘制断面剖切符号

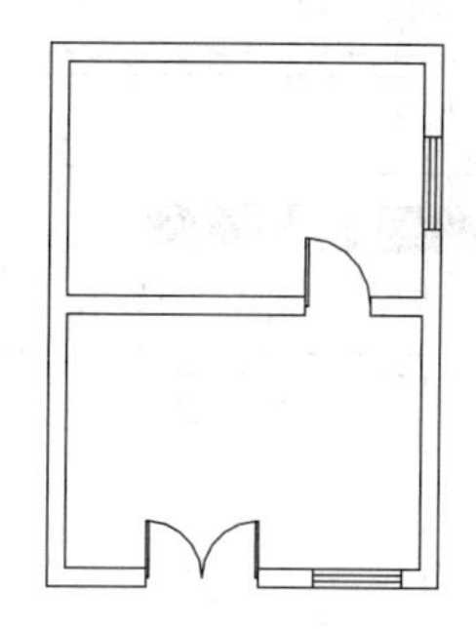

图 6-111　打开素材文件

03　命令行提示如下：

```
命令：T93_TSection1
点取第一个剖切点 < 退出 >：                          // 如图 6-113 所示。
点取第二个剖切点 < 退出 >：                          // 如图 6-114 所示。
点取剖视方向 < 当前 >：                              // 如图 6-115 所示。
```

04　绘制断面剖切符号的结果如图 6-110 所示。

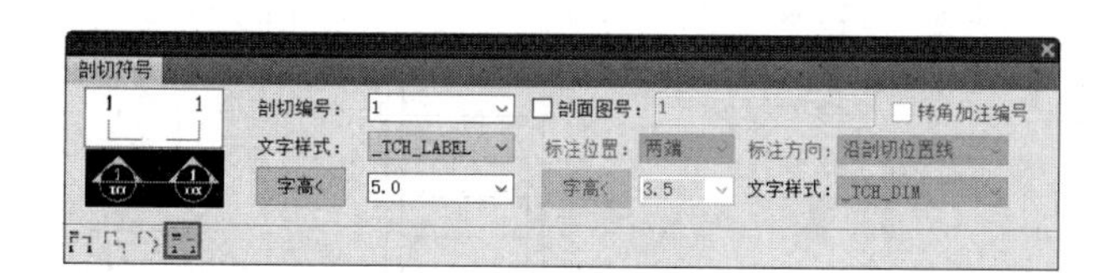

图 6-112　“剖切符号”对话框

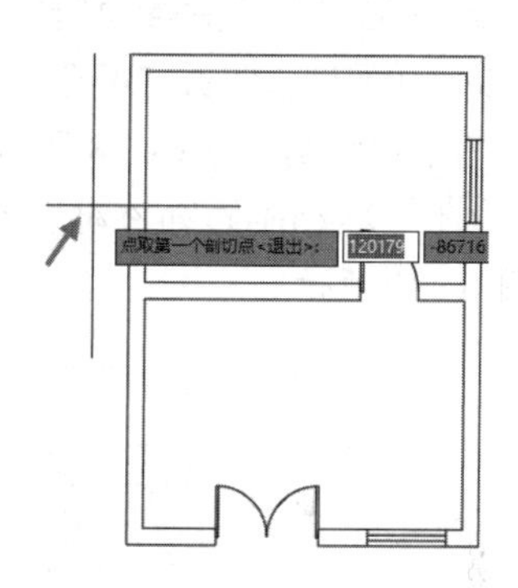

图 6-113　指定第一个剖切点

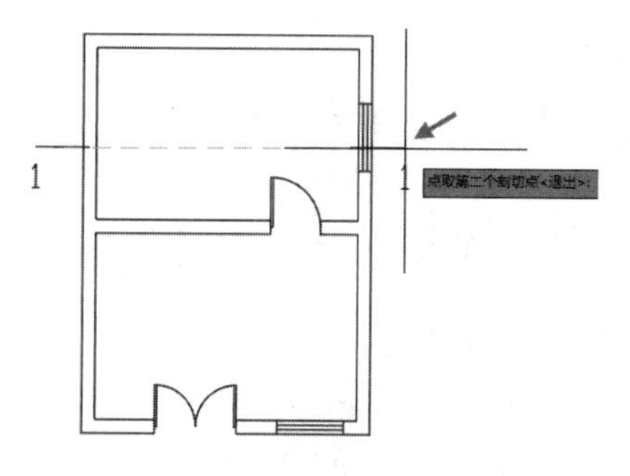

图 6-114　指定第二个剖切点

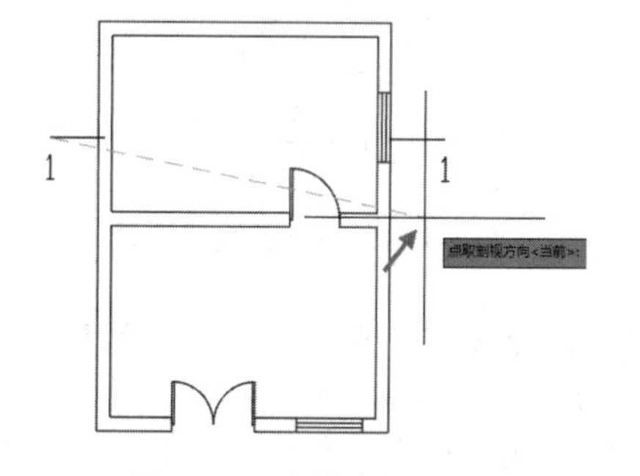

图 6-115　指定剖视方向

提示

可选中断面剖切符号，激活标注文字的夹点，移动光标，调整文字位置，如图 6-116 所示。更改文字位置，可更改剖切方向，如图 6-117 所示。

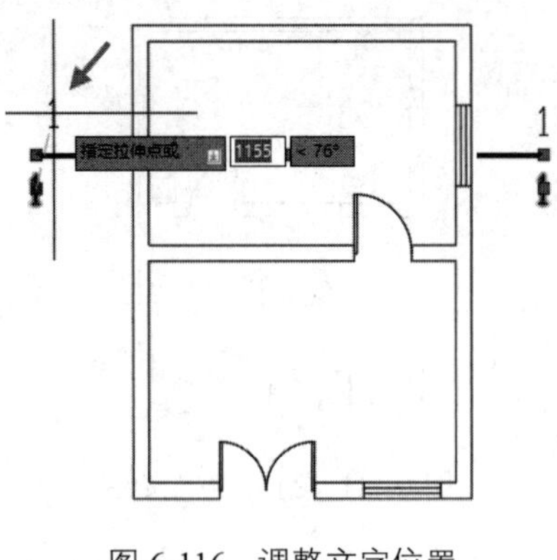

图 6-116　调整文字位置

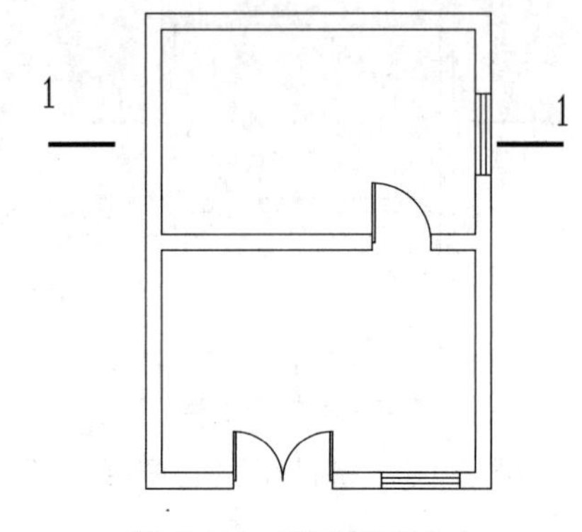

图 6-117　更改剖切方向

6.4.9　加折断线

调用“加折断线”命令，可在指定的对象中绘制折断线。可以根据实际情况决定折断线的样式。图 6-118 所示为加折断线的结果。

“加折断线”命令的执行方式如下：

➢ 菜单栏：单击“符号”→“加折断线”命令。

下面以绘制如图 6-118 所示的折断线为例，讲解调用“加折断线”命令的方法。

01　按 Ctrl+O 组合键，打开配套资源提供的“第 6 章 / 6.4.9 加折断线 .dwg”素材文件，如图 6-119 所示。

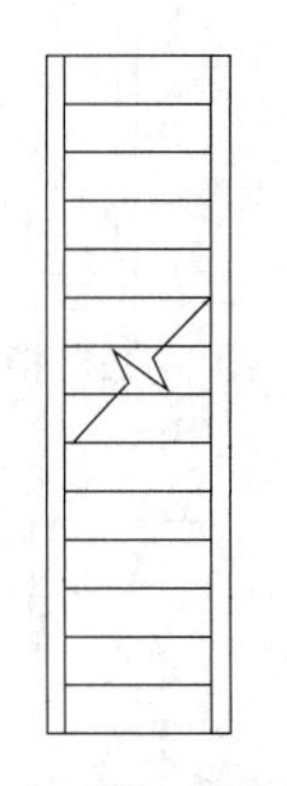

图 6-118　加折断线的结果

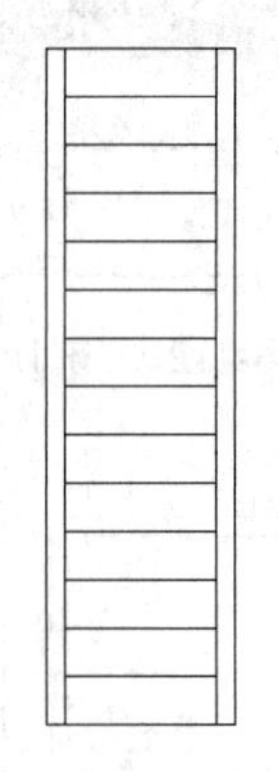

图 6-119　打开素材文件

02　单击“符号”→“加折断线”命令，命令行提示如下：

```
命令：TRupture
点取折断线起点 < 退出 >：                          // 如图 6-120 所示。
点取折断线终点或 [ 折断数目，当前 =1（N）/ 自动外延，当前 = 关（O）]< 退出 >：
                                                  // 如图 6-121 所示。
```

在命令行提示“点取折断线终点或 [折断数目，当前 =1（N）/ 自动外延，当前 = 关（O）]< 退出 >：”时输入“O”，开启“自动外延”功能，可向外延伸绘制折断线，结果如图 6-122 所示。

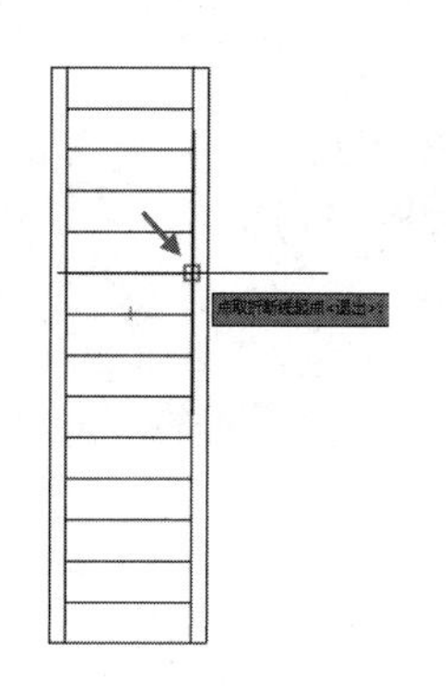

图 6-120　指定折断线起点

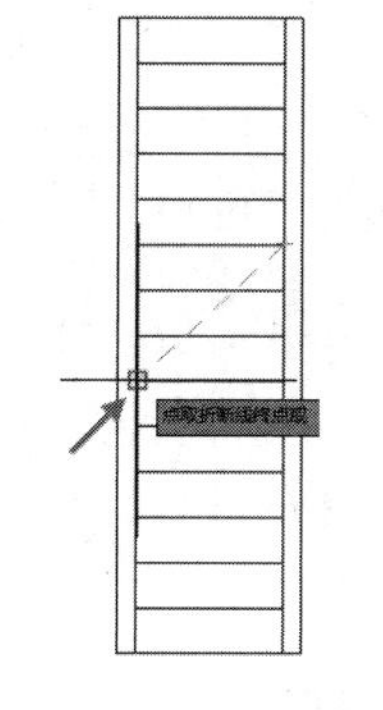

图 6-121　指定折断线终点

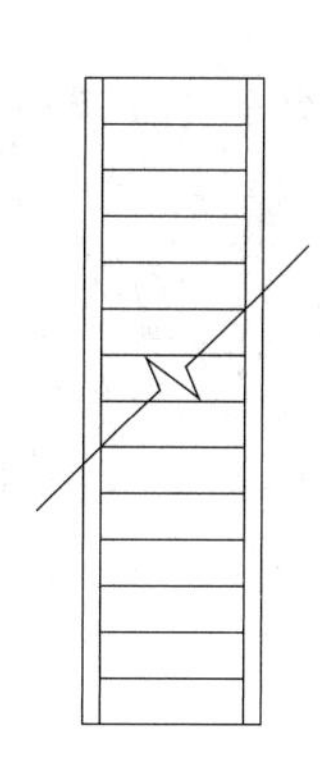

图 6-122　向外延伸绘制折断线

6.4.10　箭头引注

调用“箭头引注”命令，可绘制带箭头的引出标注。引线可以转折多次，常常用来标注楼梯的上、下楼方向。图 6-123 所示为绘制箭头引注的结果。

“箭头引注”命令的执行方式如下：

- 菜单栏：单击“符号”→“箭头引注”命令。

下面以绘制如图 6-123 所示的箭头引注为例，讲解调用“箭头引注”命令的方法。

01　按 Ctrl+O 组合键，打开配套资源提供的“第 6 章 / 6.4.10 箭头引注 .dwg”素材文件，如图 6-124 所示。

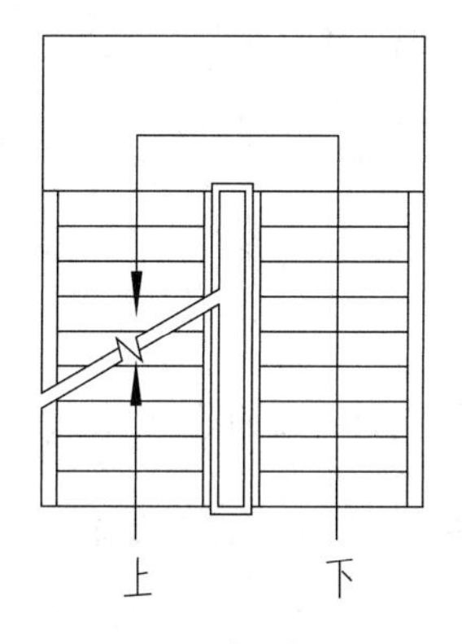

图 6-123　绘制箭头引注

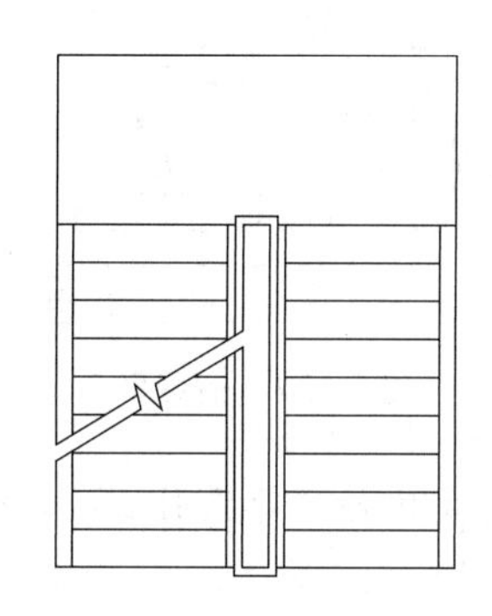

图 6-124　打开素材文件

02　单击“符号”→“箭头引注”命令，弹出“箭头引注”对话框，设置参数如图 6-125 所示。

图 6-125　“箭头引注”对话框

03 命令行提示如下：

```
命令: TArrow
箭头起点或 [ 点取图中曲线 (P) / 点取参考点 (R) ]<退出>:          // 如图 6-126 所示。
直段下一点或 [ 弧段 (A) / 回退 (U) ]<结束>:                        // 如图 6-127 所示。
直段下一点或 [ 弧段 (A) / 回退 (U) ]<结束>:                        // 如图 6-128 所示。
直段下一点或 [ 弧段 (A) / 回退 (U) ]<结束>:                        // 如图 6-129 所示。
```

04 绘制箭头引注（下）的结果如图 6-130 所示。

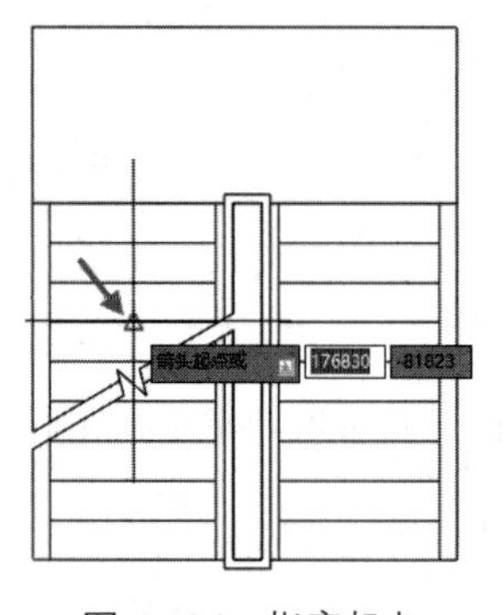

图 6-126　指定起点

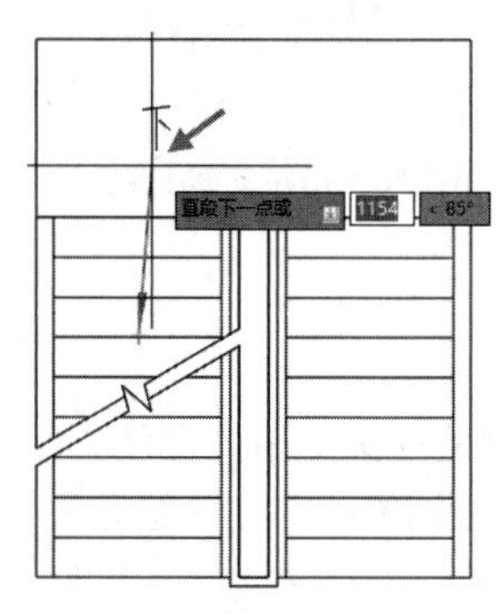

图 6-127　指定点 1

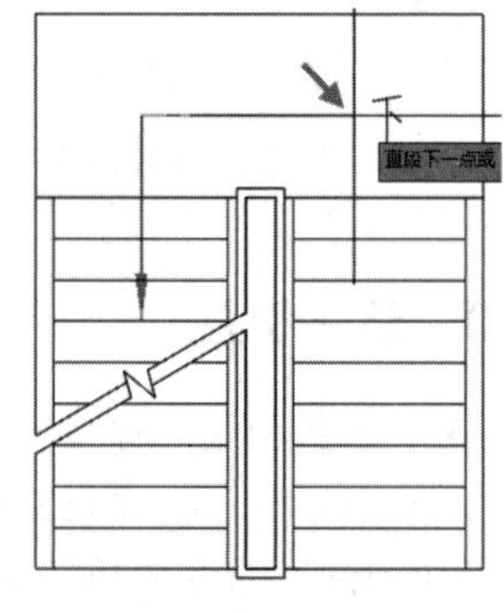

图 6-128　指定点 2

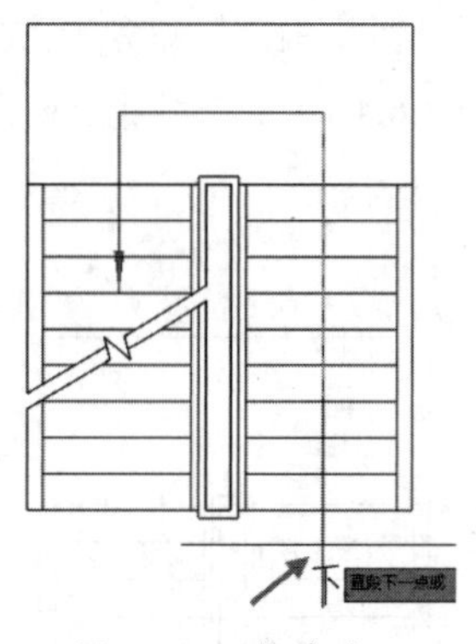

图 6-129　指定点 3

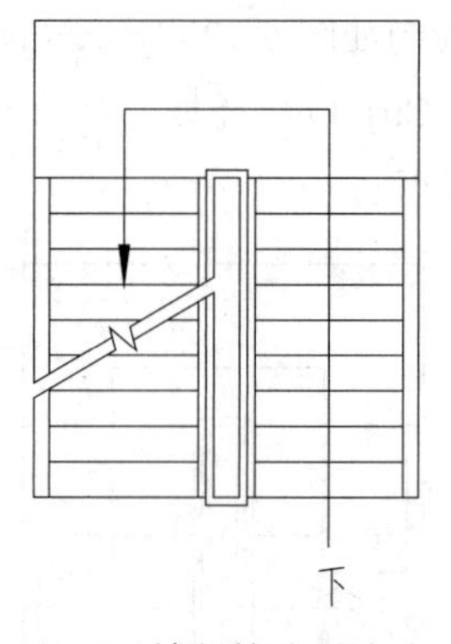

图 6-130　绘制箭头引注（下）

05 重复执行“箭头引注”命令，在“箭头引注”对话框中设置“上标文字”为“上”，如图 6-131 所示。

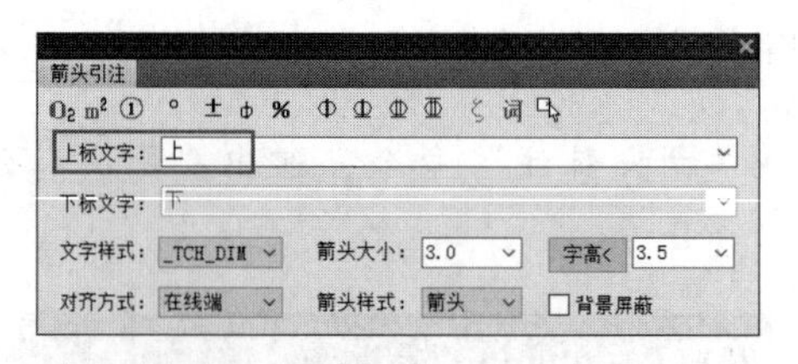

图 6-131　设置“上标文字”为“上”

06 继续绘制箭头引注，结果如图 6-123 所示。

6.4.11 引出标注

调用“引出标注”命令，可为多个对象绘制说明性的文字标注。图 6-132 所示为绘制引出标注的结果。

“引出标注”命令的执行方式如下：

- 命令行：输入“YCBZ”按 Enter 键。
- 菜单栏：单击“符号”→“引出标注”命令。

下面以绘制如图 6-132 所示的引出标注为例，讲解调用“引出标注”命令的方法。

01 按 Ctrl+O 组合键，打开配套资源提供的“第 6 章 / 6.4.11 引出标注 .dwg”素材文件，如图 6-133 所示。

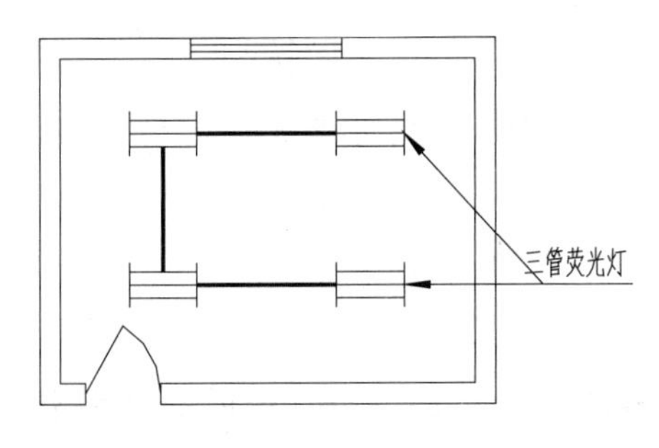

图 6-132 绘制引出标注

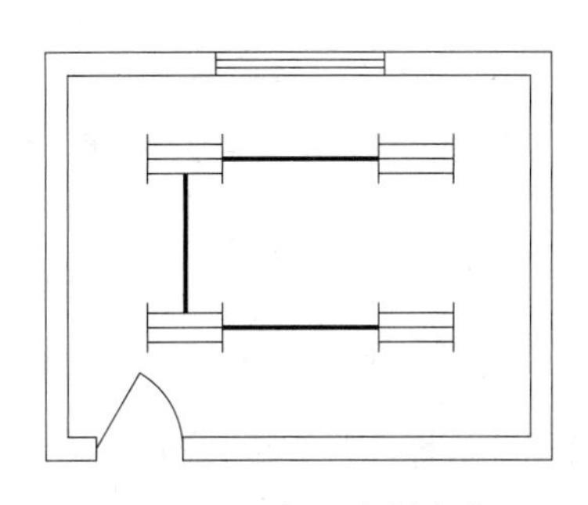

图 6-133 打开素材文件

02 单击“符号”→“引出标注”命令，弹出“引出标注”对话框，设置参数如图 6-134 所示。

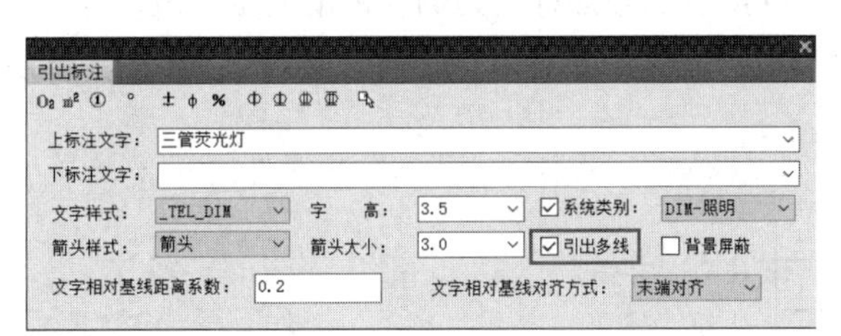

图 6-134 “引出标注”对话框

03 命令行提示如下：

```
命令：YCBZ ↙
请给出标注第一点<退出>:                          //如图 6-135 所示。
输入引线位置或[更改箭头型式(A)]<退出>:            //如图 6-136 所示。
点取文字基线位置<退出>:                          //如图 6-137 所示。
输入其他的标注点<结束>:                          //如图 6-138 所示。
```

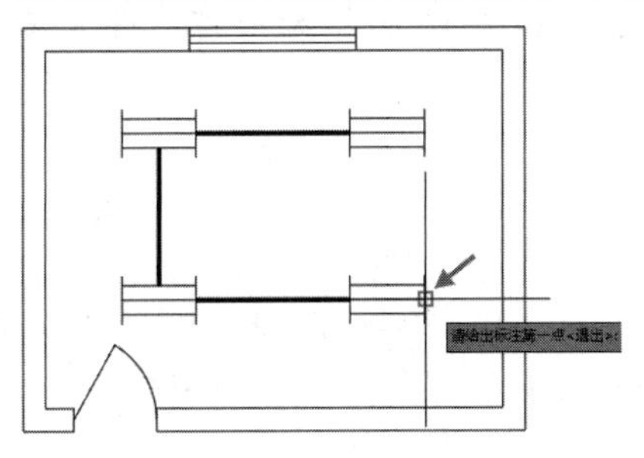

图 6-135 指定标注第一点

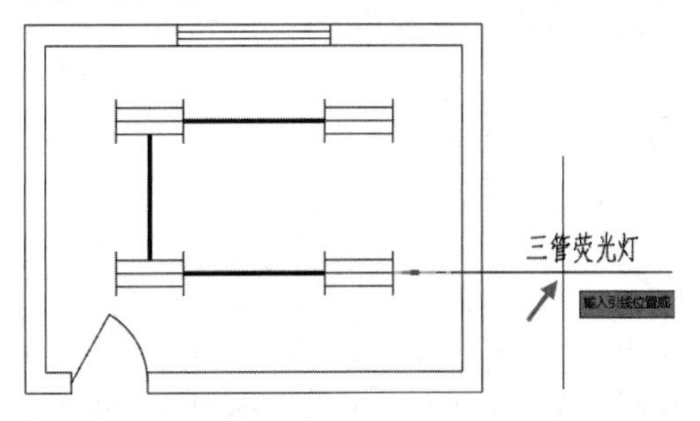

图 6-136 指定引线位置

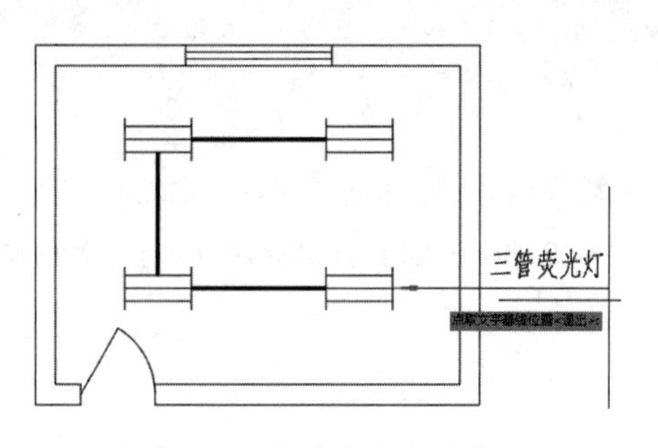

图 6-137 指定文字基线位置

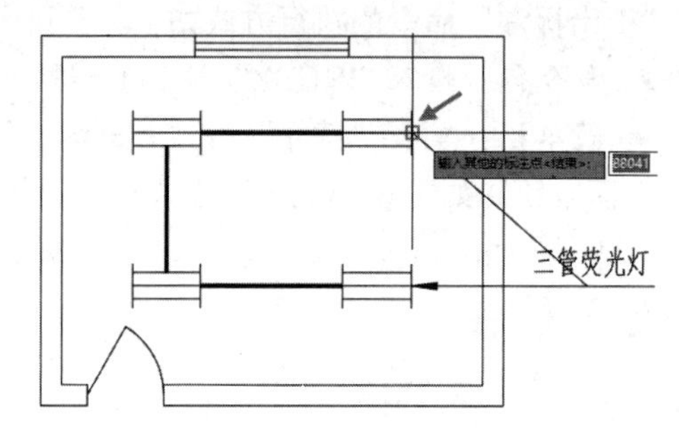

图 6-138 指定其他标注点

04 绘制引出标注的结果如图 6-132 所示。

6.4.12 做法标注

调用“做法标注”命令，可在施工图上标注工程的工艺做法。图 6-139 所示为绘制做法标注的结果。

“做法标注”命令的执行方式如下：

➢ 菜单栏：单击“符号”→“做法标注”命令。

下面以绘制如图 6-139 所示的做法标注为例，讲解调用“做法标注”命令的方法。

01 按 Ctrl+O 组合键，打开配套资源提供的“第 6 章 / 6.4.12 做法标注 .dwg”素材文件，如图 6-140 所示。

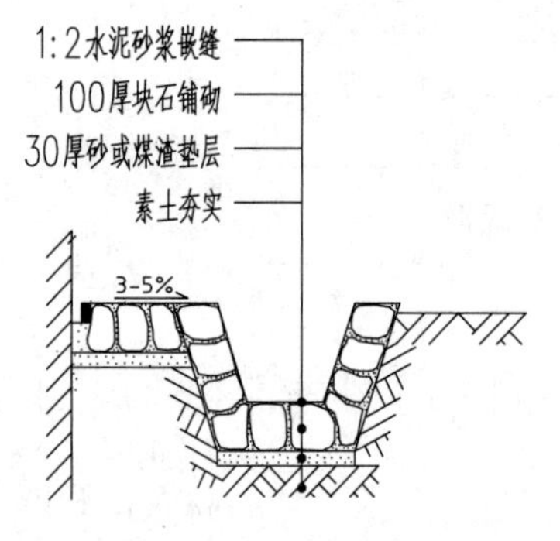

图 6-139 绘制做法标注

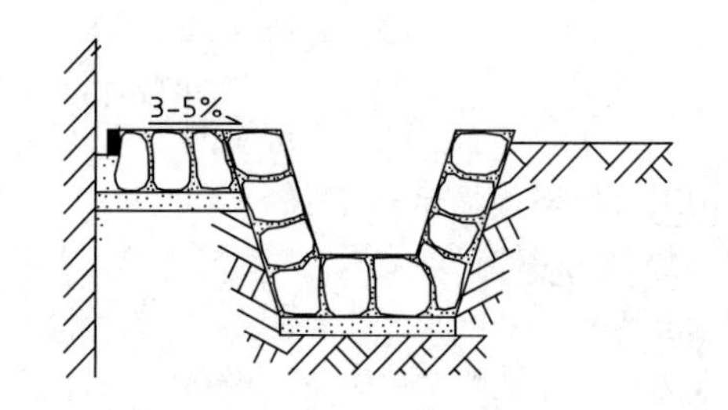

图 6-140 打开素材文件

02 单击“符号”→“做法标注”命令，弹出“做法标注”对话框，设置参数如图 6-141 所示。

03 命令行提示如下：

```
命令：T93_TComposing
请给出标注第一点＜退出＞：                    // 如图 6-142 所示。
请给出文字基线位置＜退出＞：                  // 如图 6-143 所示。
请给出文字基线方向和长度＜退出＞：            // 如图 6-144 所示。
```

04 绘制做法标注的结果如图 6-139 所示。

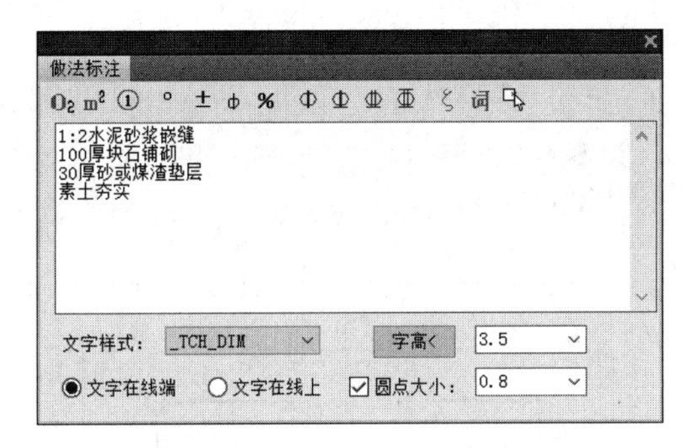

图 6-141 “做法标注”对话框

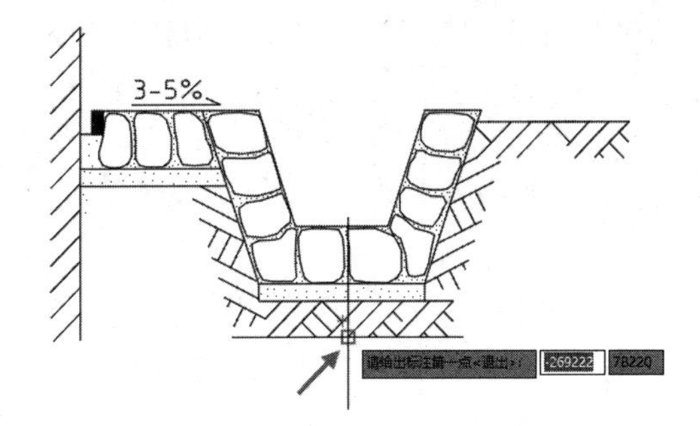

图 6-142 指定标注第一点

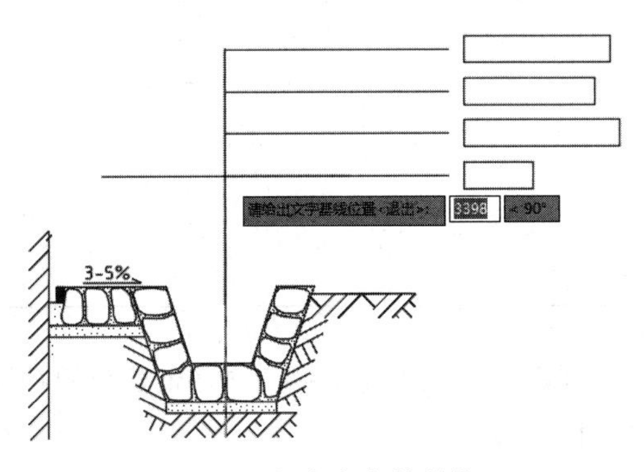

图 6-143 指定文字基线位置

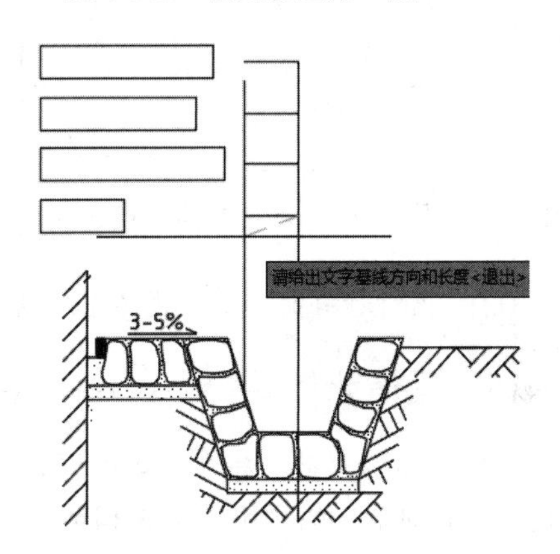

图 6-144 指定文字基线方向和长度

6.4.13 画对称轴

调用“画对称轴”命令，可在施工图上绘制对称轴来表示对象的对称性质。图 6-145 所示为画对称轴的结果。

“画对称轴”命令的执行方式如下：

➢ 菜单栏：单击“符号”→“画对称轴”命令。

下面以如图 6-145 所示的画对称轴结果为例，讲解调用“画对称轴”命令的方法。

01 按 Ctrl+O 组合键，打开配套资源提供的“第 6 章 / 6.4.13 画对称轴 .dwg”素材文件，如图 6-146 所示。

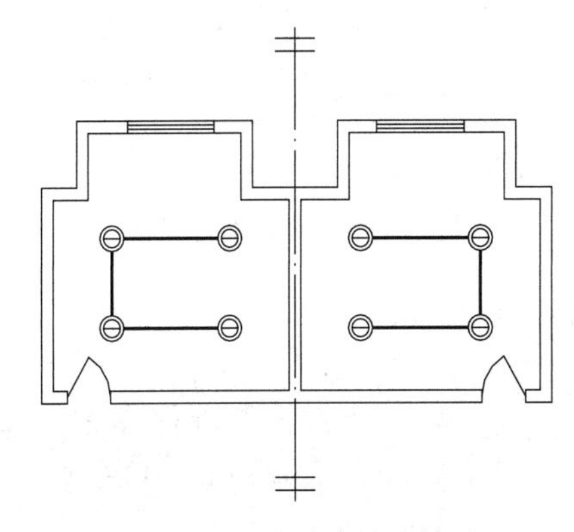

图 6-145 画对称轴的结果

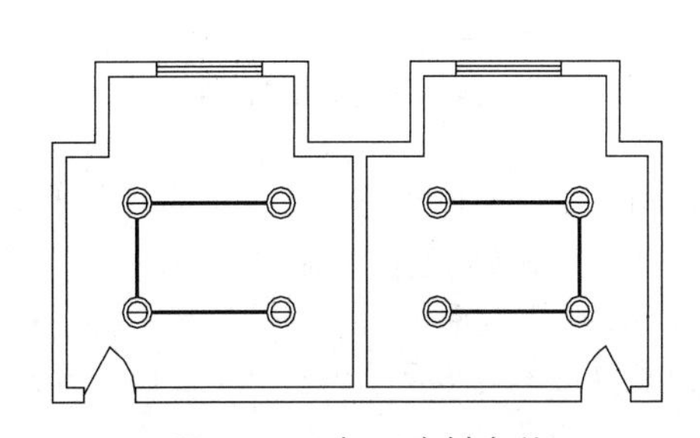

图 6-146 打开素材文件

02 单击“符号”→“画对称轴”命令，命令行提示如下：

```
命令：TSymmetry
起点或［参考点（R）］<退出>：                    //如图 6-147 所示。
终点<退出>：                                      //如图 6-148 所示。
```

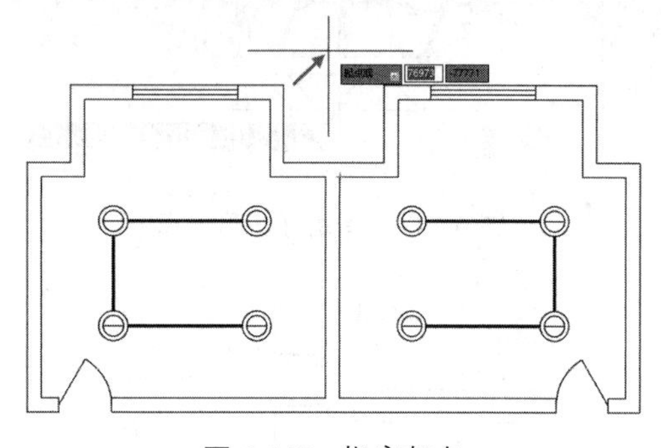

图 6-147　指定起点

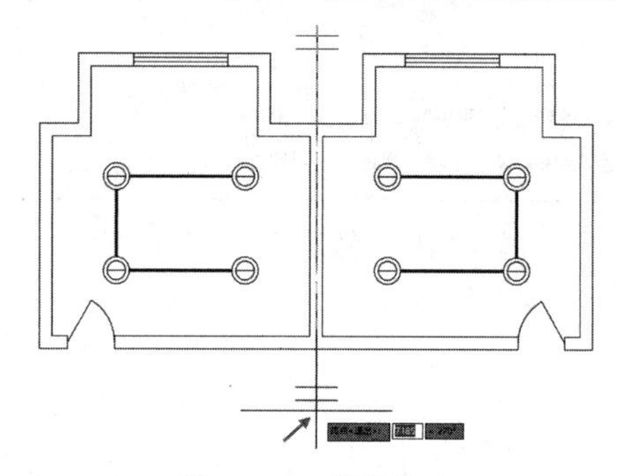

图 6-148　指定终点

03 画对称轴的结果如图 6-145 所示。

6.4.14　画指北针

调用“画指北针”命令，可按国际绘图标准绘制指北针。指北针的方向在创建坐标标注时起到指示北向坐标的作用。图 6-149 所示为画指北针的结果。

“画指北针”命令的执行方式如下：

➢ 菜单栏：单击“符号”→“画指北针”命令。

下面以如图 6-149 所示的画指北针结果为例，讲解调用“画指北针”命令的方法。

01 按 Ctrl+O 组合键，打开配套资源提供的“第 6 章 / 6.4.14 画指北针 .dwg”素材文件，如图 6-150 所示。

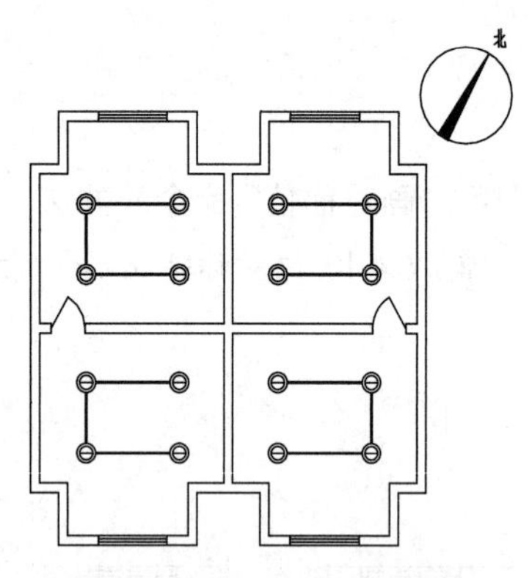

图 6-149　画指北针的结果

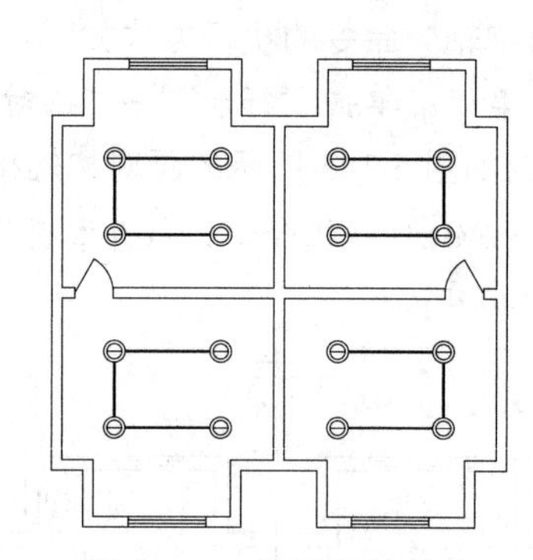

图 6-150　打开素材文件

02 单击“符号”→“画指北针”命令，命令行提示如下：

```
命令：T93_TNorthThumb
指北针位置<退出>：                              //在平面图的右上角指定位置。
指北针方向<90.0>：60                            //输入参数，按 Enter 键完成绘制，结
果如图 6-149 所示。
```

6.4.15 绘制云线

调用“绘制云线”命令，可在图纸上绘制云线符号标注要修改的范围。图6-151所示为绘制云线的结果。

“绘制云线”命令的执行方式如下：

➢ 菜单栏：单击“符号”→“绘制云线”命令。

下面以绘制如图6-151所示的云线为例，讲解调用“绘制云线”命令的方法。

01 按Ctrl+O组合键，打开配套资源提供的“第6章/6.4.15绘制云线.dwg”素材文件，如图6-152所示。

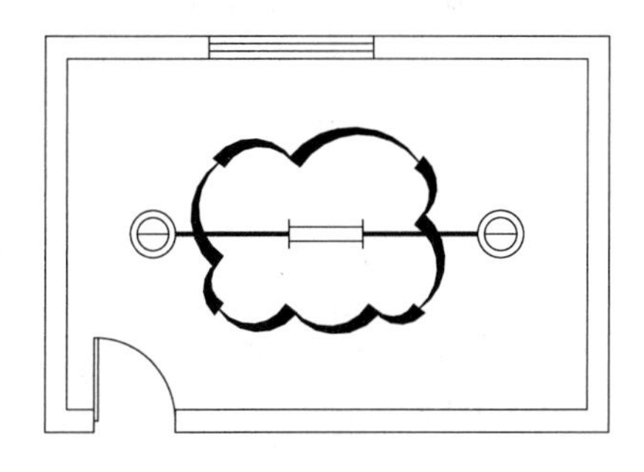

图6-151 绘制云线的结果

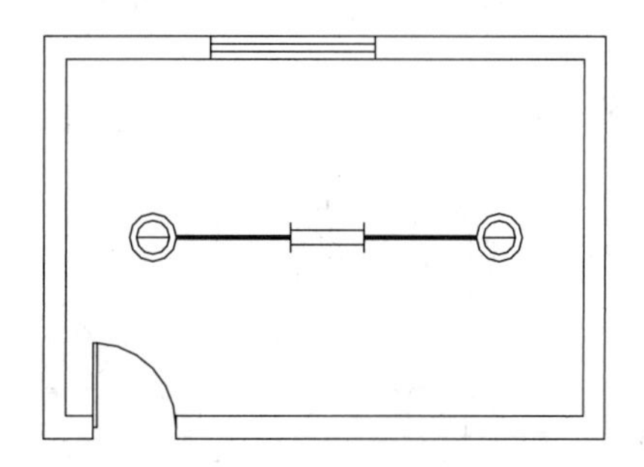

图6-152 打开素材文件

02 单击“符号”→“绘制云线”命令，弹出“云线”对话框，设置参数如图6-153所示。

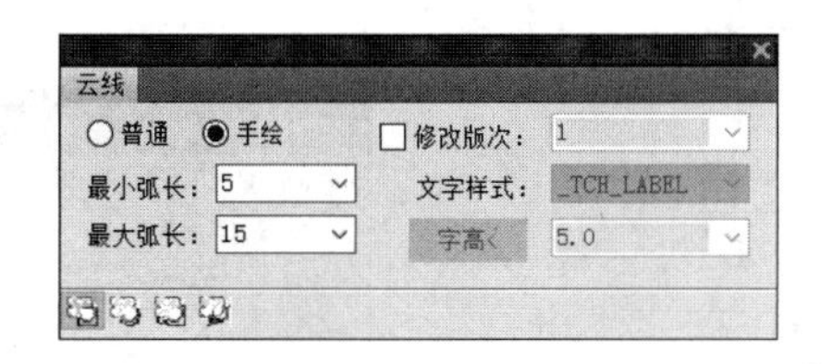

图6-153 “云线”对话框

03 命令行提示如下：

```
命令：T93_trevcloud
请指定第一个角点<退出>:                    //如图6-154所示。
请指定另一个角点<退出>:                    //如图6-155所示。
```

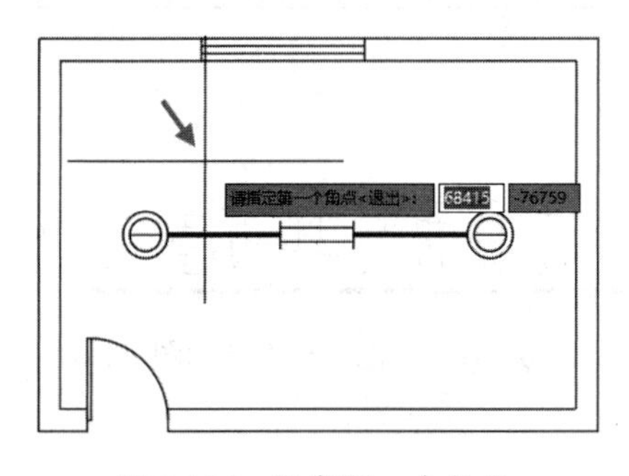

图6-154 指定第一个角点

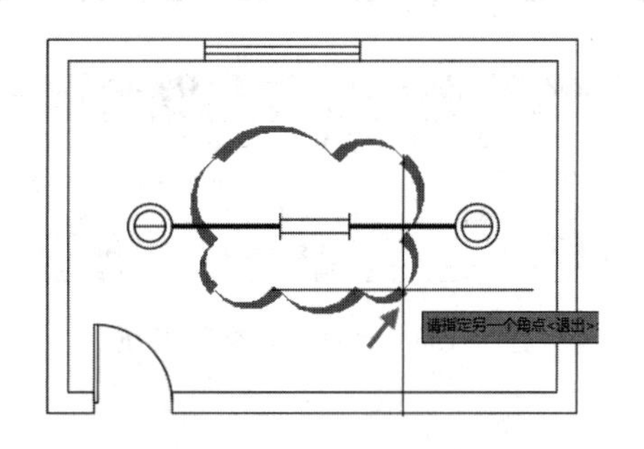

图6-155 指定另一个角点

04 绘制云线的结果如图 6-151 所示。

6.4.16 图名标注

调用“图名标注”命令，可在图中绘制图名和比例标注。图 6-156 所示为绘制图名标注的结果。

“图名标注”命令的执行方式如下：

➢ 菜单栏：单击“符号”→“图名标注”命令。

下面以绘制如图 6-156 所示的图名标注为例，讲解调用“图名标注”命令的方法。

01 单击“符号”→“图名标注”命令，弹出“图名标注”对话框，设置参数如图 6-157 所示。

02 在平面图的下方选取位置，绘制图名标注，结果如图 6-156 所示。

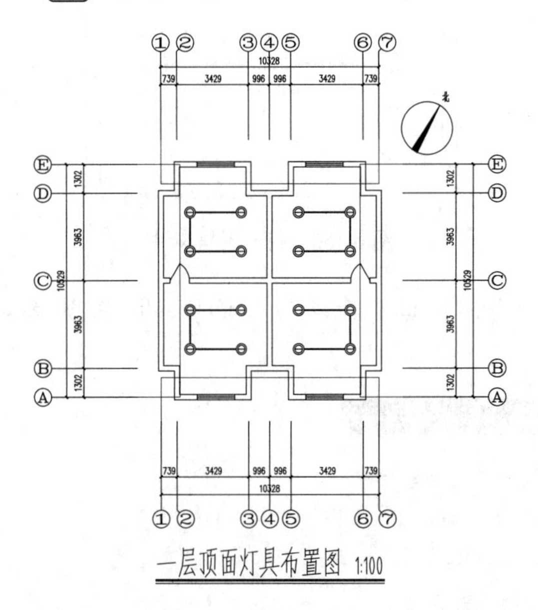

图 6-156 绘制图名标注

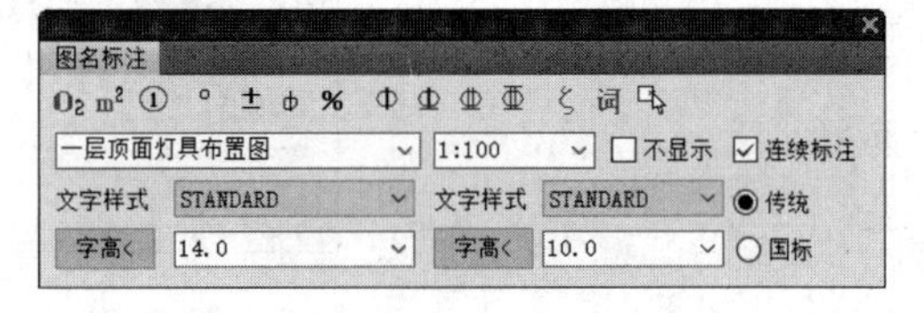

图 6-157 设置参数

提示

在“图名标注”对话框中选择“国标”选项（见图 6-158），可按国家标准绘制图名标注，如图 6-159 所示。

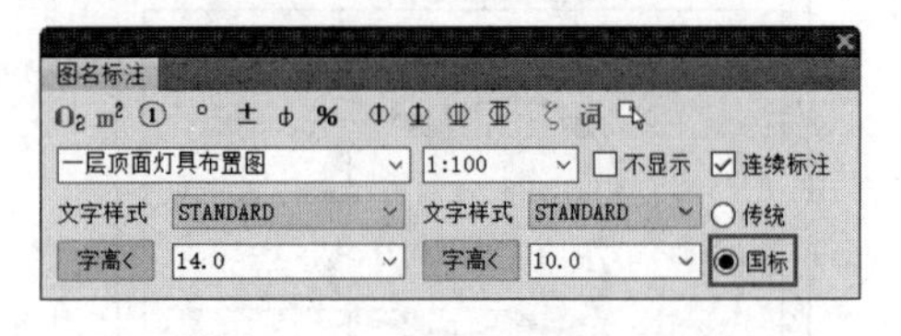

图 6-158 选择“国标”按钮

一层顶面灯具布置图 1:100

图 6-159 按国家标准绘制图名标注

第 7 章 绘图工具

● **本章导读**

天正软件为用户提供了一系列绘图工具，包括选择对象、复制对象、移动对象及编辑对象等。本章将介绍绘图工具的种类及使用方法。

● **本章重点**

◈ 对象的编辑

◈ 绘图工具的使用

7.1 对象的编辑

对象的编辑包括对对象进行选择、移动和复制等操作。对象选择可以根据指定的条件选择对象，为创造选择集提供便利。在进行移动与复制对象的过程中，可以动态翻转和旋转图形，为绘图工作提供方便。本节将介绍对象编辑的命令和方法。

7.1.1 对象选择

调用“对象选择”命令，可以先选取参考对象，然后再选择其他符合参考对象过滤条件的图形，生成预选对象选择集。图 7-1 所示为执行“对象选择”命令选中并删除对象的结果。

“对象选择”命令的执行方式如下：

➢ 菜单栏：单击“绘图工具”→“对象选择”命令。

下面以如图 7-1 所示的操作结果为例，讲解调用“对象选择”命令的方法。

01 按 Ctrl+O 组合键，打开配套资源提供的“第 7 章 / 7.1.1 对象选择 .dwg”素材文件，如图 7-2 所示。

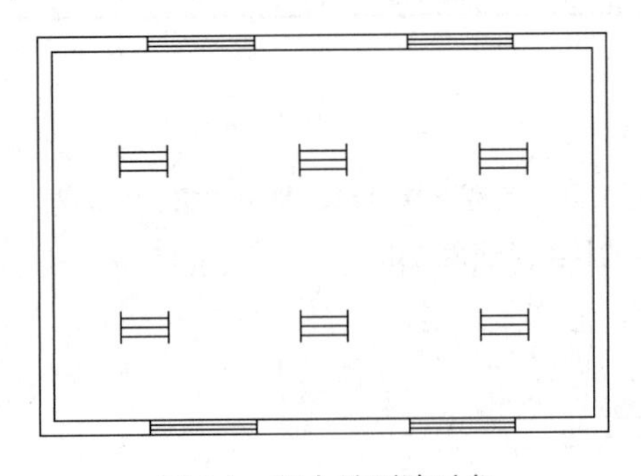

图 7-1 选中并删除对象

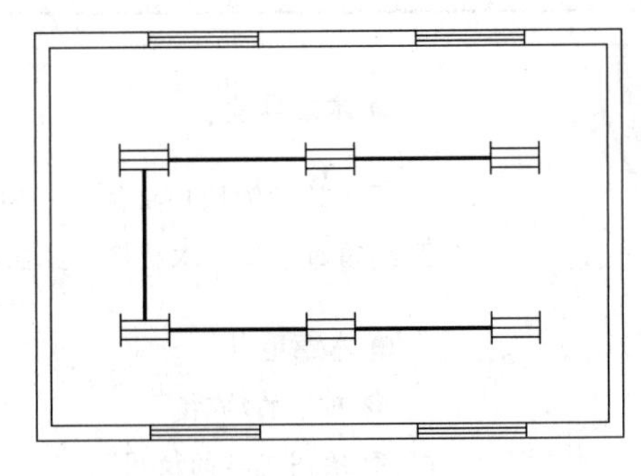

图 7-2 打开素材文件

02 单击“绘图工具”→“对象选择”命令，弹出“匹配选项”对话框，设置过滤条件如图 7-3 所示。

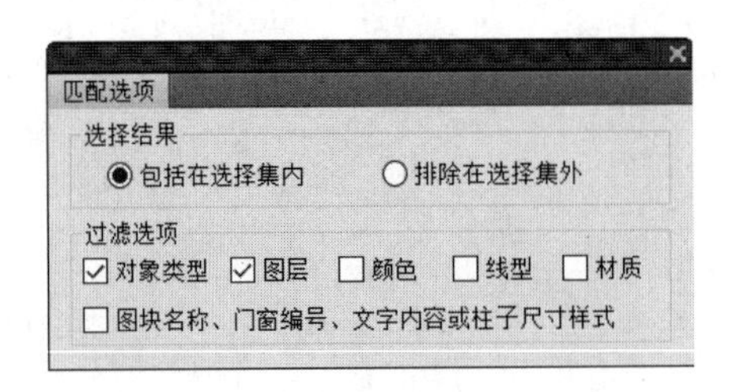

图 7-3 “匹配选项”对话框

03 命令行提示如下：

```
命令：TSelObj
请选择一个参考图元或 [ 恢复上次选择 (2) ]<退出>:                //如图 7-4 所示。
提示：空选即为全选，中断用 ESC!
选择对象:                                                      //按 Enter 键，选择全部导线，
如图 7-5 所示。
```

```
总共选中了 5 个，其中新选了 5 个。
命令：E                                              // 调用“删除”命令。
ERASE 找到 5 个
```

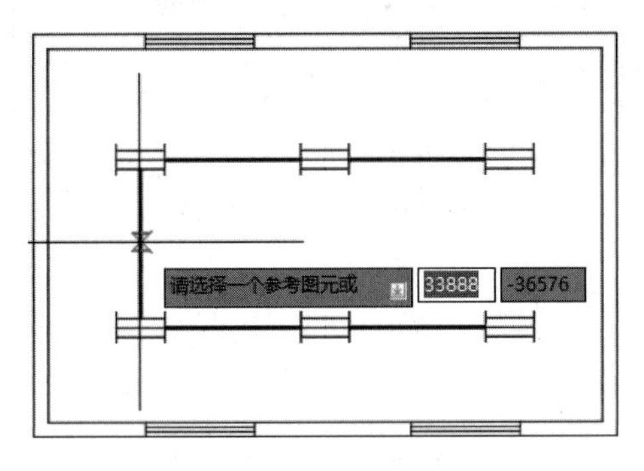

图 7-4　选择参考图元

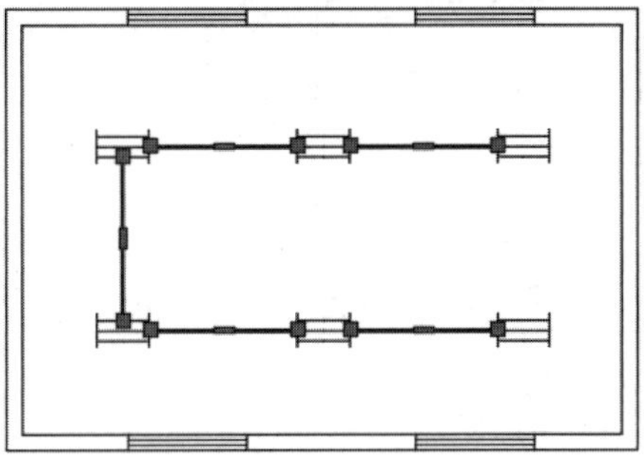

图 7-5　选择全部导线

04　按 Enter 键，删除选中的导线，结果如图 7-1 所示。

7.1.2　自由复制

调用“自由复制”命令，可连续创建对象副本。在执行该命令的过程中，可以对图形进行翻转、改基点等操作。图 7-6 所示为自由复制的结果。

“自由复制”命令的执行方式如下：

➢ 菜单栏：单击“绘图工具”→“自由复制”命令。

下面以如图 7-6 所示的自由复制结果为例，讲解调用“自由复制”命令的方法。

01　按 Ctrl+O 组合键，打开配套资源提供的“第 7 章 / 7.1.2 自由复制 .dwg”素材文件，如图 7-7 所示。

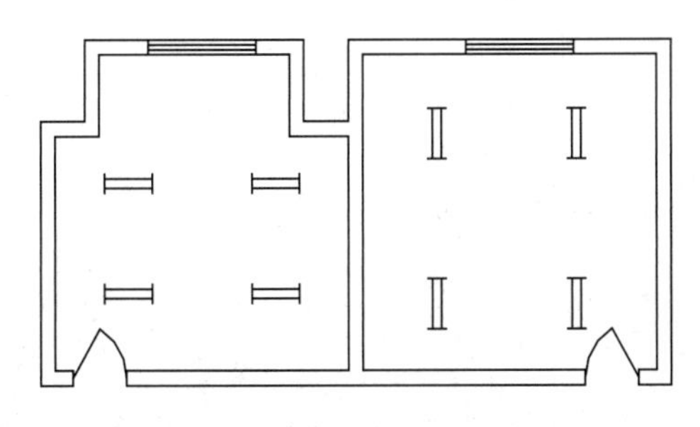

图 7-6　自由复制的结果

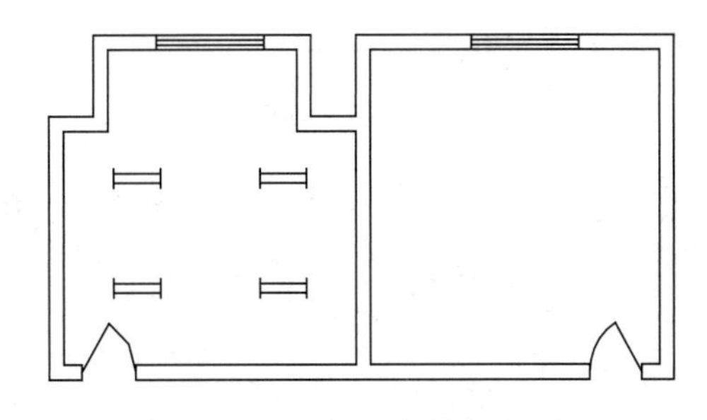

图 7-7　打开素材文件

02　单击“绘图工具”→“自由复制”命令，命令行提示如下：

```
命令：TDragCopy
请选择要拷贝的对象：找到 1 个　// 如图 7-8 所示。
点取位置或 [ 转 90 度 (A) / 左右翻 (S) / 上下翻 (D) / 对齐 (F) / 改转角 (R) / 改基点 (T)]
< 退出 >：
                        // 输入“A”，将图形翻转 90°，选择目标位置，如图 7-9 所示。
点取位置或 [ 转 90 度 (A) / 左右翻 (S) / 上下翻 (D) / 对齐 (F) / 改转角 (R) / 改基点 (T)]
< 退出 >：
```

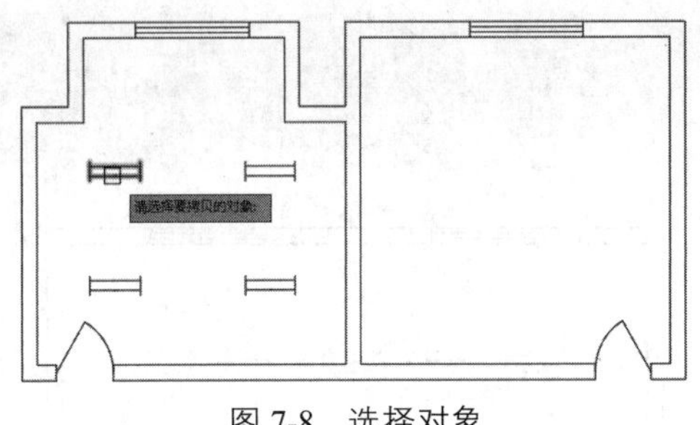
图 7-8　选择对象

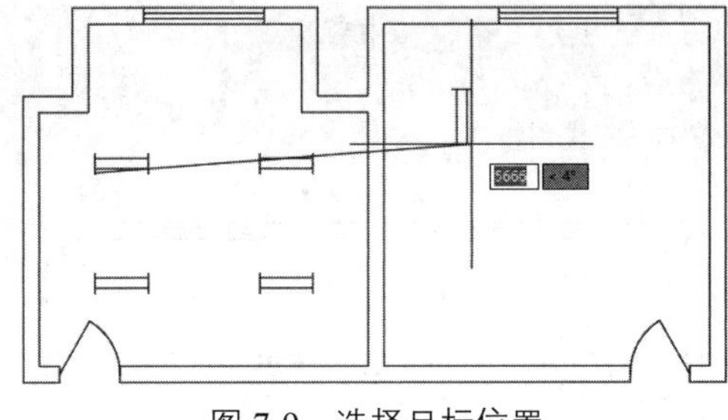
图 7-9　选择目标位置

03　继续选择目标位置，自由复制的结果如图 7-6 所示。

7.1.3　自由移动

调用“自由移动”命令，可在移动对象前先调整对象的显示状态，但是不生成新对象。图 7-10 所示为自由移动的结果。

“自由移动”命令的执行方式如下：

➢ 菜单栏：单击“绘图工具”→“自由移动”命令。

下面以如图 7-10 所示的自由移动结果为例，讲解调用“自由移动”命令的方法。

01　按 Ctrl+O 组合键，打开配套资源提供的“第 7 章 / 7.1.3 自由移动 .dwg”素材文件，结果如图 7-11 所示。

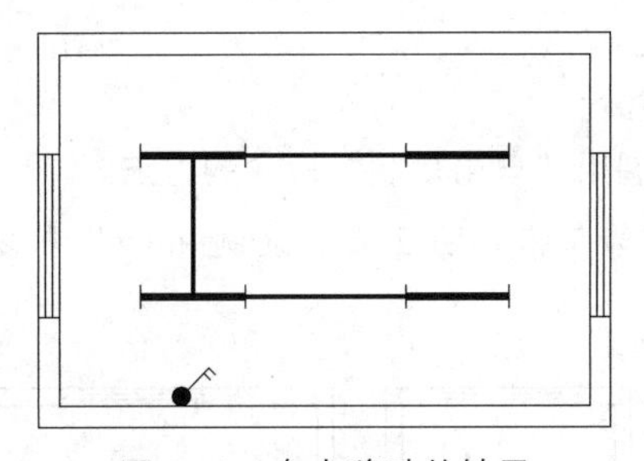
图 7-10　自由移动的结果

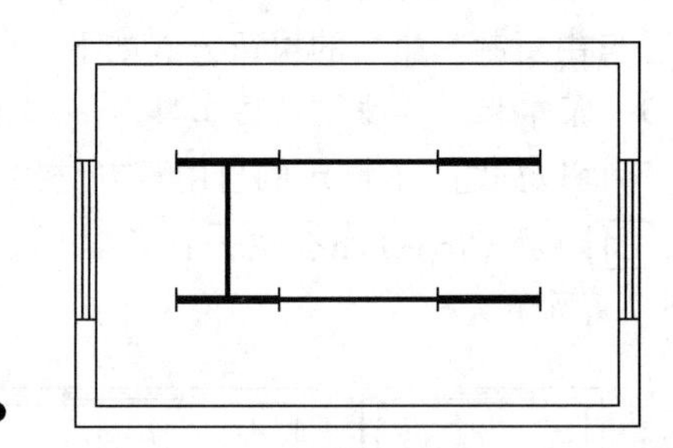
图 7-11　打开素材文件

02　单击“绘图工具”→“自由移动”命令，命令行提示如下：

```
命令：TDragMove
请选择要移动的对象：找到 1 个                    // 如图 7-12 所示。
点取位置或 [ 转 90 度 (A)/ 左右翻 (S)/ 上下翻 (D)/ 对齐 (F)/ 改转角 (R)/ 改基点 (T)]< 退出 >:
                                                // 输入“S”，左右翻转图形，如图 7-13 所示。
```

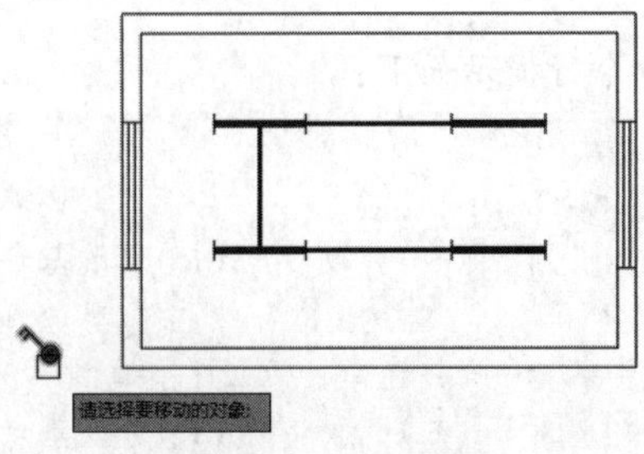

图 7-12　选择对象

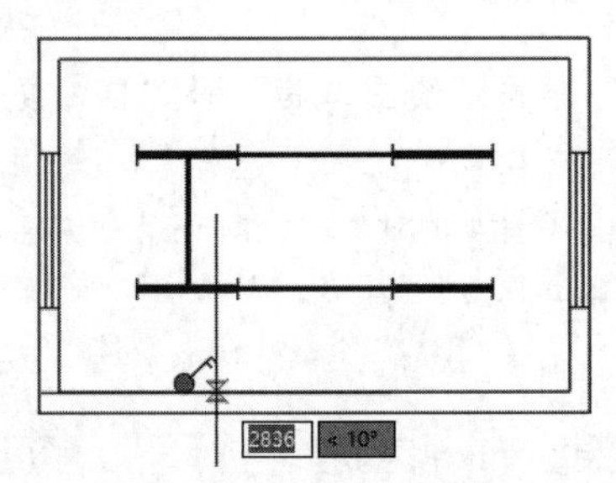
图 7-13　左右翻转图形

03 选择目标点，自由移动的结果如图 7-10 所示。

7.1.4 移位

调用“移位”命令，可按照指定的方向和距离精确地移动对象。图 7-14 所示为移位的结果。

“移位”命令的执行方式如下：

➢ 菜单栏：单击“绘图工具”→“移位”命令。

下面以如图 7-14 所示的移位结果为例，讲解调用“移位”命令的方法。

01 按 Ctrl+O 组合键，打开配套资源提供的“第 7 章 / 7.1.4 移位 .dwg”素材文件，如图 7-15 所示。

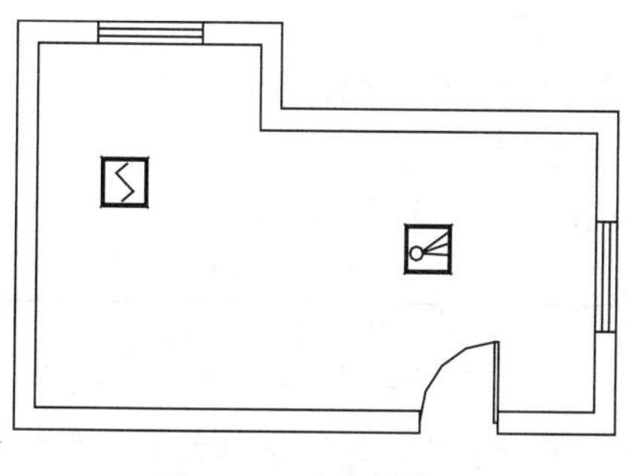

图 7-14 移位的结果

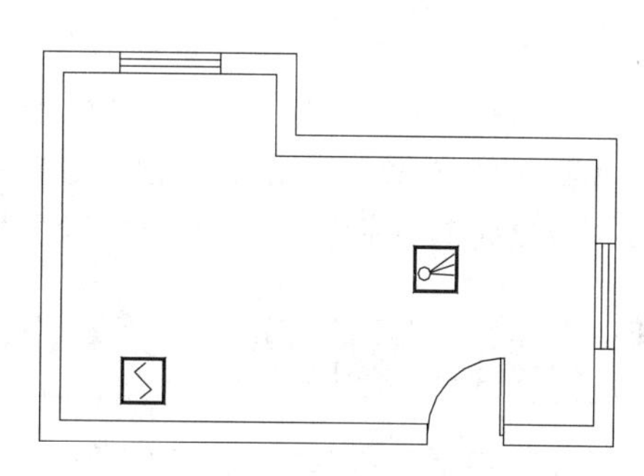

图 7-15 打开素材文件

02 单击“绘图工具”→“移位”命令，命令行提示如下：

```
命令：TMove
请选择要移动的对象：找到 1 个                          // 如图 7-16 所示。
请输入位移（x，y，z）或 [ 横移（X）/ 纵移（Y）/ 竖移（Z）]<退出>：Y
纵移 <0>：2000                                        // 如图 7-17 所示。
```

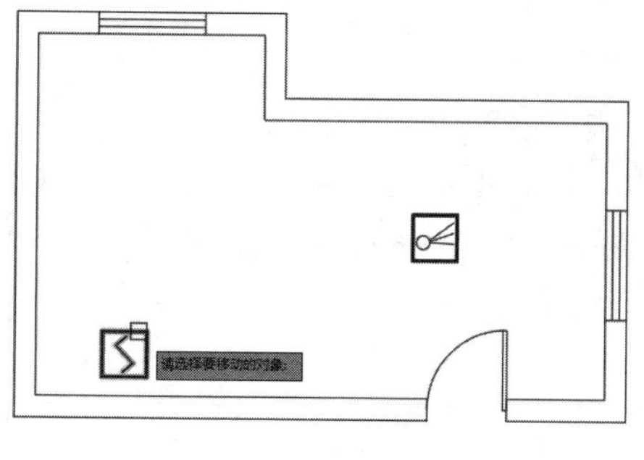

图 7-16 选择对象

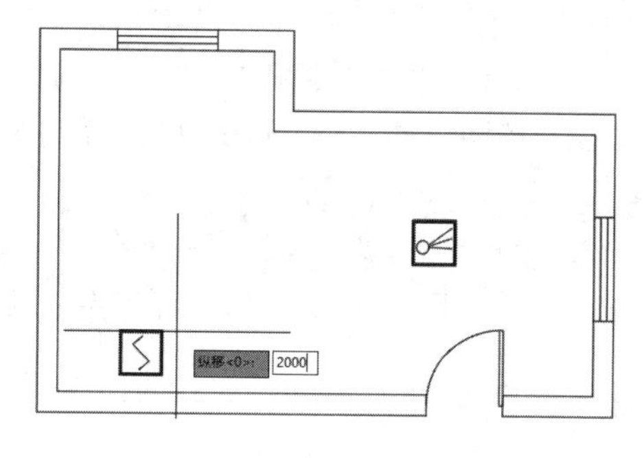

图 7-17 指定移动的距离

03 移位的结果如图 7-14 所示。

提示

在命令行中输入“X”，若设置距离参数为正数则图形向右移，负数则向左移。输入“Y”，若设置距离参数为正数则向上移，负数则向下移。

7.1.5 自由粘贴

调用“自由粘贴”命令，可在多张图纸之间复制和粘贴图形，而且在粘贴图形之前，能对图形对象进行翻转等操作。

“自由粘贴”命令的执行方式如下：

➢ 菜单栏：单击“绘图工具”→“自由粘贴”命令。

选择图形，按Ctrl+C组合键，将图形复制到剪贴板上。单击“绘图工具”→“自由粘贴”命令，命令行提示如下：

```
命令:TPasteClip
点取位置或 [转90度(A)/左右翻(S)/上下翻(D)/对齐(F)/改转角(R)/改基点(T)]<退出>:
```

选择位置，即可粘贴图形。重复操作，可创建多个图形副本。

如果在执行“自由粘贴”命令之前，没有先将图形复制到剪贴板，执行命令后，命令行将提示“找不到OLE对象。输入OLESCALE命令之前必须选定对象。”

此时应该先退出命令，执行复制对象的操作，再执行“自由粘贴”命令。

7.2 绘图工具的使用

绘图工具包括图变单色、颜色恢复、图案加洞和图案减洞等，这些工具为编辑修改图形提供了方便。本节将介绍使用这些工具的方法。

7.2.1 图变单色

调用“图变单色”命令，可将平面图中各个图层的颜色都改为一种颜色。因为有些图形的彩色线框在黑白输出的照排系统中输出时色调较淡，因此调用“图变单色”命令，可以暂时将所有的图形指定为一种颜色，方便清晰出图。

“图变单色”命令的执行方式如下：

➢ 菜单栏：单击“绘图工具”→“图变单色”命令。

单击“绘图工具”→“图变单色”命令，命令行提示如下：

```
命令:clrtos
请输入平面图要变成的颜色/1-红/2-黄/3-绿/4-青/5-蓝/6-粉/7-白/<7>:7
```

输入颜色编号，按Enter键，即可完成图变单色的操作。

7.2.2 颜色恢复

调用“颜色恢复”命令，可将当前各个图层的颜色恢复至图层文件layedef.dat所规定的颜色。执行该命令仅能恢复系统默认的颜色，不能保留用户自己定义的图层颜色。

“颜色恢复”命令的执行方式如下：

➢ 菜单栏：单击“绘图工具”→“颜色恢复”命令。

单击“绘图工具”→“颜色恢复”命令，当前图层的颜色即可恢复为默认的颜色。

7.2.3 图案加洞

调用“图案加洞”命令，可在填充图案中挖出一块空白区域。图 7-18 所示为图案加洞的结果。

“图案加洞”命令的执行方式如下：

➢ 菜单栏：单击“绘图工具”→“图案加洞”命令。

下面以如图 7-18 所示的图案加洞结果为例，讲解调用“图案加洞”命令的方法。

01 按 Ctrl+O 组合键，打开配套资源提供的“第 7 章 / 7.2.3 图案加洞 .dwg”素材文件，如图 7-19 所示。

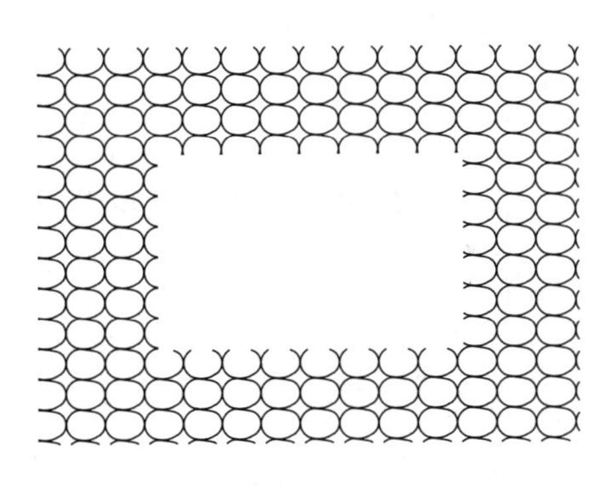

图 7-18 图案加洞的结果

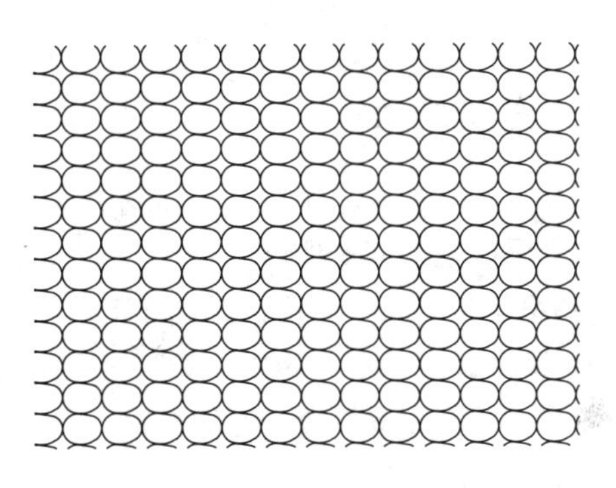

图 7-19 打开素材文件

02 单击“绘图工具”→“图案加洞”命令，命令行提示如下：

```
命令：THatchAddHole
请选择图案填充 < 退出 >：                    // 如图 7-20 所示。
矩形的第一个角点或 [ 圆形裁剪（C）/ 多边形裁剪（P）/ 多段线定边界（L）/ 图块定边界（B）]
< 退出 >：                                   // 如图 7-21 所示。
另一个角点 < 退出 >：                        // 如图 7-22 所示。
```

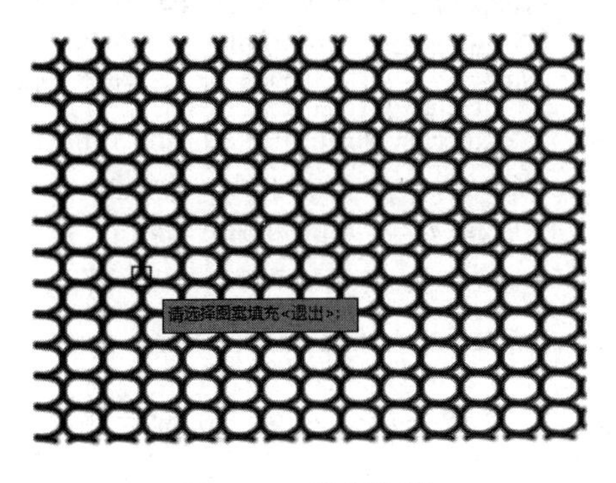

图 7-20 选择图案

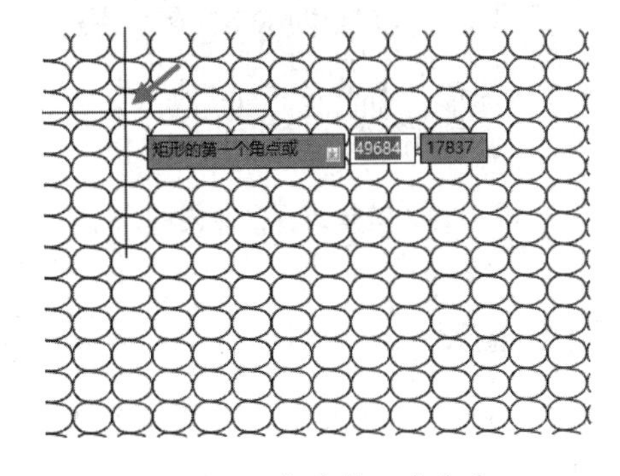

图 7-21 指定第一个角点

03 图案加洞的结果如图 7-18 所示。

在命令行提示“矩形的第一个角点或 [圆形裁剪（C）/ 多边形裁剪（P）/ 多段线定边界（L）/ 图块定边界（B）]< 退出 >：”时，选择其中的选项，可以定义洞口的样式。例如，输入“C”，即选择“圆形裁剪”选项，可以创建圆形洞口，如图 7-23 所示。

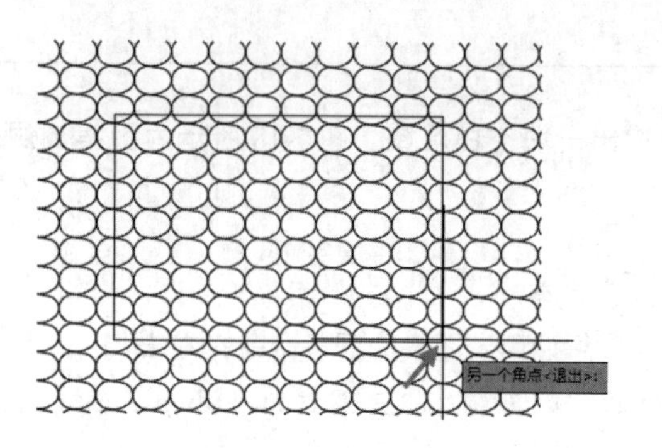

图 7-22　指定另一个角点

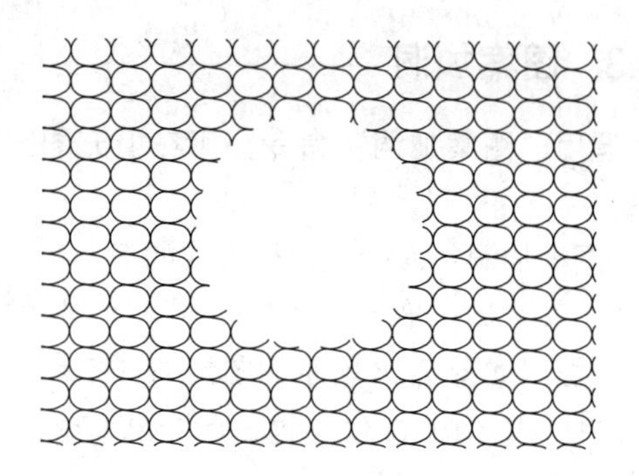

图 7-23　创建圆形洞口

7.2.4　图案减洞

调用“图案减洞”命令，可删除图案填充上的洞口，恢复图案的完整性。该命令只能一次针对一个洞口进行恢复处理。

“图案减洞”命令的执行方式如下：

➢ 菜单栏：单击“绘图工具”→“图案减洞”命令。

单击“绘图工具”→“图案减洞”命令，命令行提示如下：

```
命令: THatchDelHole
请选择图案填充<退出>:
选取边界区域内的点<退出>:                    // 如图 7-24 所示。
```

图案减洞的结果如图 7-25 所示。

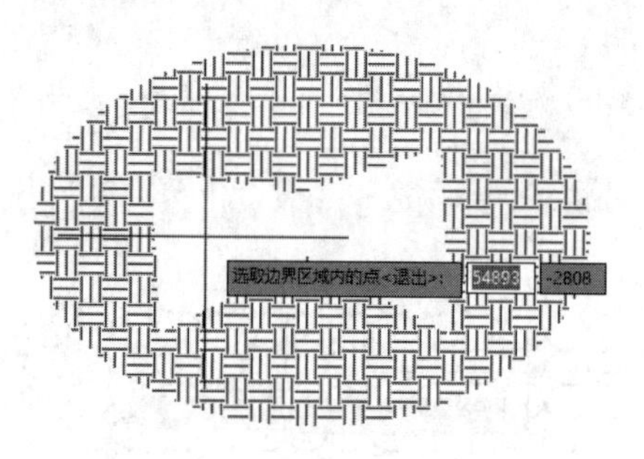

图 7-24　选择边界区域内的点

图 7-25　图案减洞的结果

7.2.5　线图案

调用“线图案”命令，可根据系统提供的方式和图例定义线样式。图 7-26 所示为绘制线图案的结果。

“线图案”命令的执行方式如下：

➢ 菜单栏：单击“绘图工具”→“线图案”命令。

下面以绘制如图 7-26 所示的线图案为例，讲解调用“线图案”命令的方法。

01 按 Ctrl+O 组合键，打开配套资源提供的“第 7 章 / 7.2.5 线图案 .dwg”素材文件，如图 7-27 所示。

图 7-26　绘制线图案

图 7-27　打开素材文件

02　单击“绘图工具”→“线图案”命令，弹出“线图案”对话框，设置参数如图 7-28 所示。

03　命令行提示如下：

```
命令：TLinePattern
请选择作为路径的曲线（线 / 圆 / 弧 / 多段线）< 退出 >：        // 选择路径，如图 7-29 所示。
是否确定 ?[ 是（Y）/ 否（N）]<Y>：Y                          // 选择选项，如图 7-30 所示。
```

04　绘制线图案的结果如图 7-26 所示。

05　在“线图案”对话框中单击“任意绘制”按钮，如图 7-31 所示，可更改绘制方式。

图 7-28　“线图案”对话框

图 7-29　选择路径

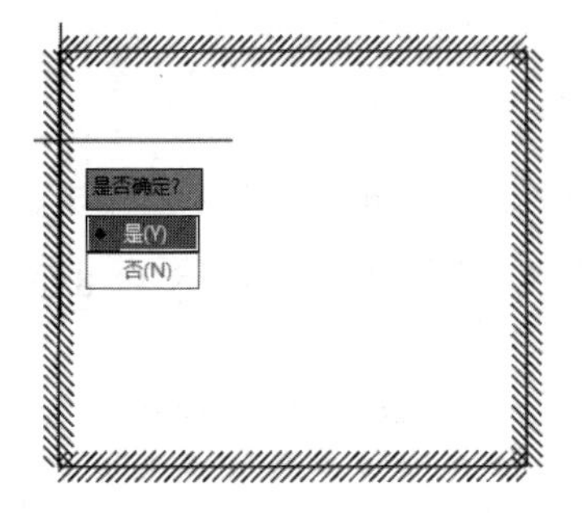

图 7-30　选择选项

图 7-31　单击“任意绘制”按钮

06　此时命令行提示如下：

```
命令：TLinePattern
起点 < 退出 >：                                     // 如图 7-32 所示。
直段下一点或 [ 弧段（A）/ 回退（U）/ 翻转（F）]：     // 如图 7-33 所示。
```

图 7-32　指定起点　　图 7-33　继续指定点

07　继续指定点，自定义路径绘制线图案的结果如图 7-34 所示。

图 7-34　自定义路径绘制线图案

“线图案”对话框中选项的含义如下：

图案宽度：定义填充图案的宽度。

填充图案百分比：定义填充图案的填充比例。

7.2.6　多用删除

调用“多用删除”命令，可删除在指定范围中相同类型的图元。图 7-35 所示为多用删除的结果。

“多用删除”命令的执行方式如下：

- 命令行：输入“DYSC”按 Enter 键。
- 菜单栏：单击“绘图工具”→“多用删除”命令。

下面以如图 7-35 所示的多用删除结果为例，讲解调用“多用删除”命令的方法。

01　按 Ctrl+O 组合键，打开配套资源提供的“第 7 章 / 7.2.6 多用删除 .dwg”素材文件，如图 7-36 所示。

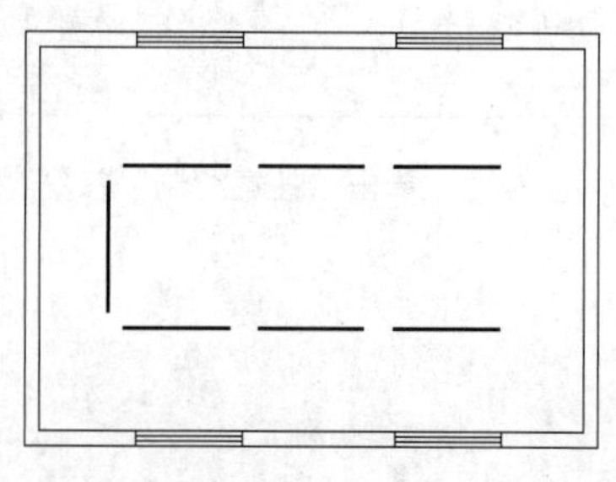

图 7-35　多用删除的结果

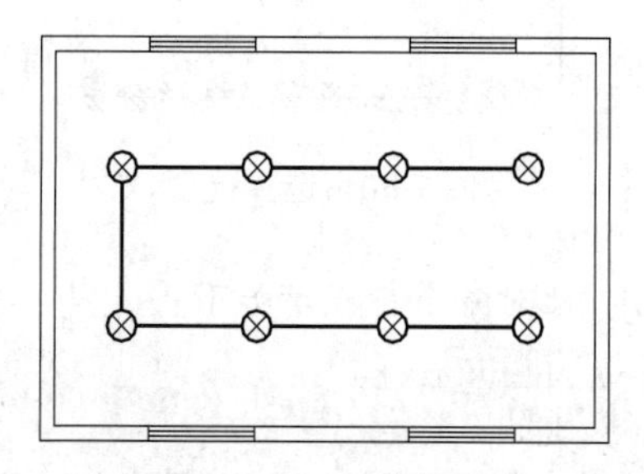

图 7-36　打开素材文件

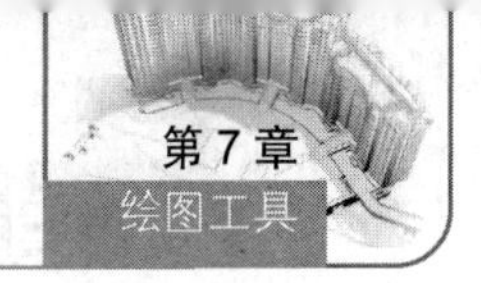

02 单击“绘图工具”→“多用删除”命令，命令行提示如下：

```
命令：DYSC↙
请选择删除范围<退出>：指定对角点：找到 15 个              //如图 7-37 所示。
请选择指定类型的图元<删除>：                              //如图 7-38 所示。
```

03 按 Enter 键，删除选中的灯具，结果如图 7-35 所示。

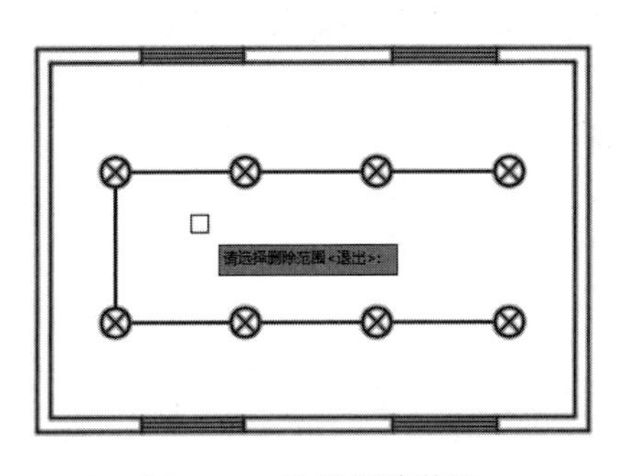

图 7-37 选择删除范围

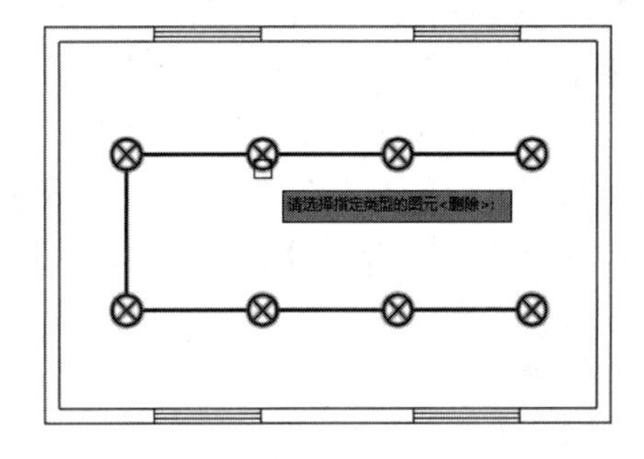

图 7-38 选择图元

7.2.7 消除重线

调用“消除重线”命令，可消除重合的线或圆弧。

“消除重线”命令的执行方式如下：

➢ 菜单栏：单击“绘图工具”→“消除重线”命令。

单击“绘图工具”→“消除重线”命令，命令行提示如下：

```
命令：TRemoveDup
选择对象：指定对角点：找到 1 个
对图层 0 消除重线：由 1 变为 1
```

选择重合的线段，按 Enter 键完成清除。

7.2.8 消重图元

调用“消除重合”命令，可以消除重合的天正对象和线、弧、文字、图块等 AutoCAD 对象。

“消除重合”命令的执行方式如下：

➢ 菜单栏：单击“绘图工具”→“消除重合”命令。

单击“绘图工具”→“消除重合”命令，打开“消重图元”对话框，选择要消重的图元类别，如图 7-39 所示。在右下角选择“整个图形”选项，表示对当前图形进行全区域搜索、消除。单击“搜索范围”按钮，可自定义搜索范围，并对搜索结果进行消除重合的操作。

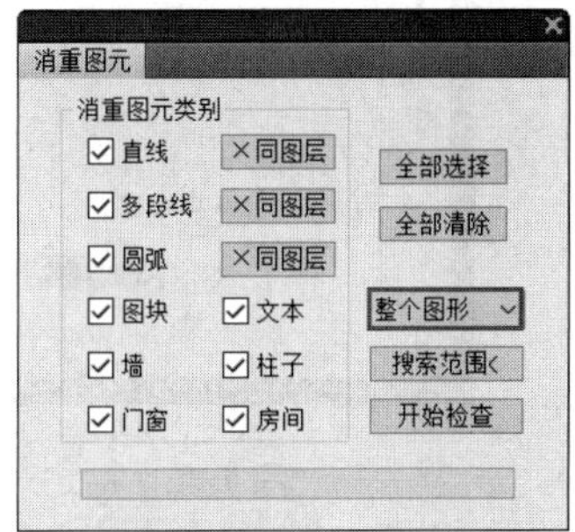

图 7-39 “消重图元”对话框

单击“开始检查”按钮，命令行提示如下：

```
命令：TRemoveDupObj
消除 399 个重合直线，48 个重合圆弧，32 个重合多段线！
删除 1 个文本对象！
```

```
删除 3 个图块！
没有检查到重合的墙体，门窗，柱子，房间！
```

执行命令后，系统会自动将搜索到的重合对象进行删除。

7.2.9 图块剪裁

调用“图块剪裁”命令，可以剪裁当前闭合曲线限定范围外的外部参照对象。

“图块剪裁”命令的执行方式如下：

- 命令行：在命令行中输入“TKJC”按 Enter 键。
- 菜单栏：单击“绘图工具”→“图块剪裁”命令。

执行上述任意一项操作，命令行提示如下：

```
命令：TKJC
选择对象：找到 1 个
选择对象：指定第一个角点：指定对角点：外部模式 - 边界外的对象将被隐藏。
```

根据命令行的提示选择对象，如图 7-40 所示。指定第一个角点和对角点框选剪裁范围，分别如图 7-41 和图 7-42 所示。剪裁结果如图 7-43 所示，红色剪裁边框之外的对象被隐藏，而不是被删除。

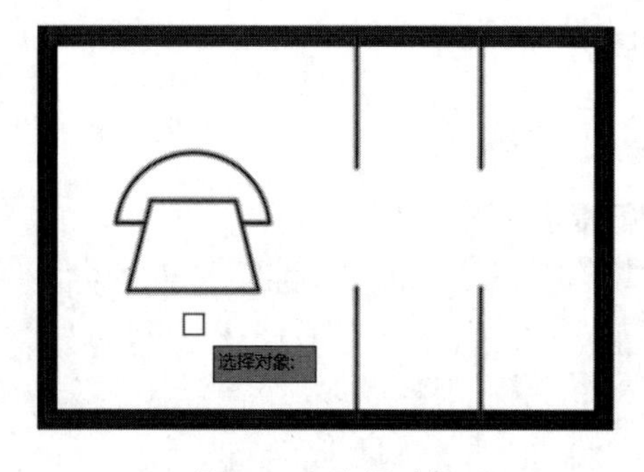

图 7-40　选择对象

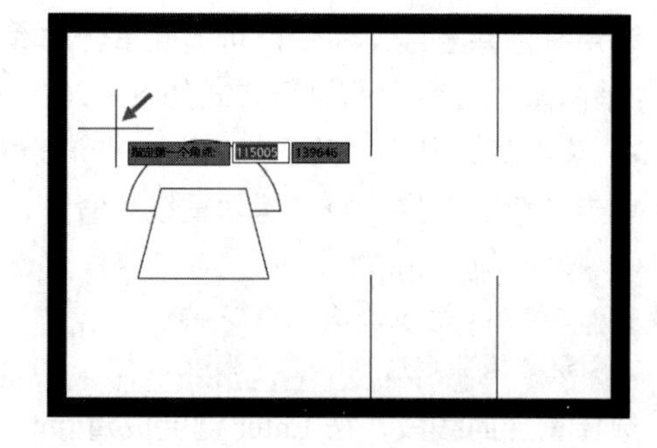

图 7-41　指定第一个角点

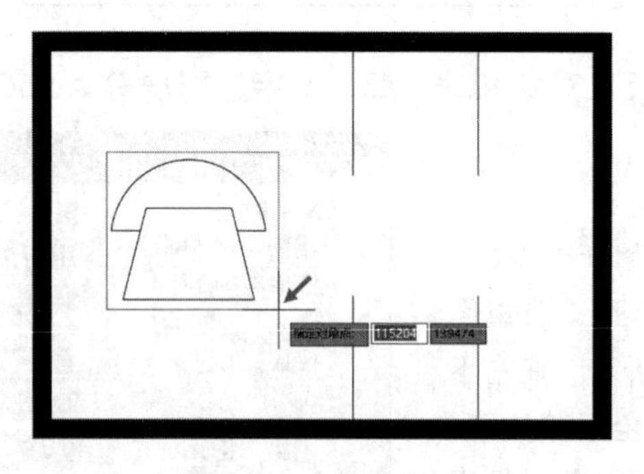

图 7-42　指定对角点

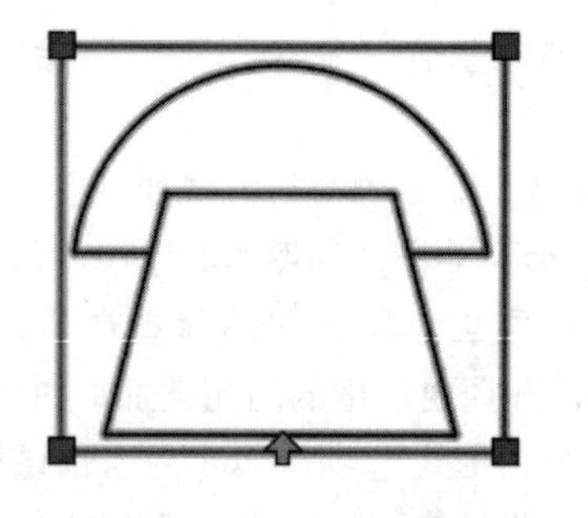

图 7-43　剪裁结果

将光标放置在剪裁边框下方的蓝色箭头上，如图 7-44 所示，单击即可反转剪裁结果，即红色边框内的对象被隐藏，如图 7-45 所示。

执行“分解”命令，可将剪裁结果分解，使对象恢复执行“图块剪裁”命令之前的样式，但是图块属性被消除，组成对象的线段是独立的对象。

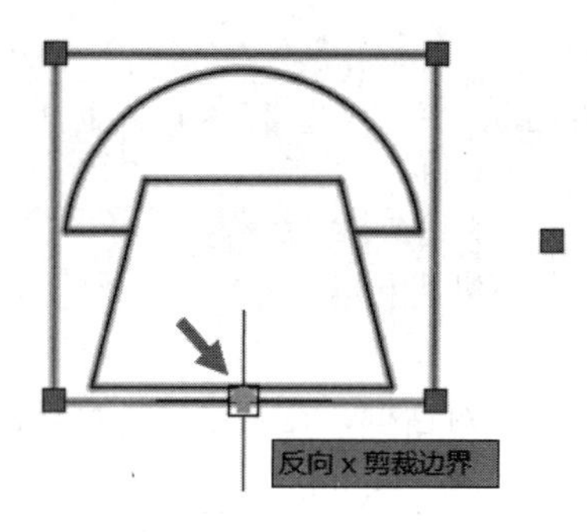

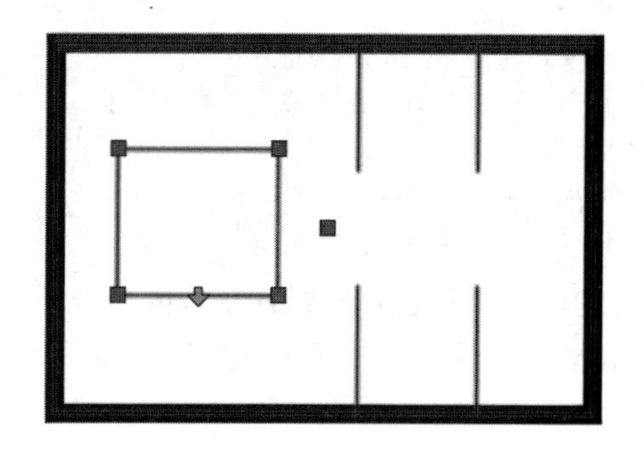

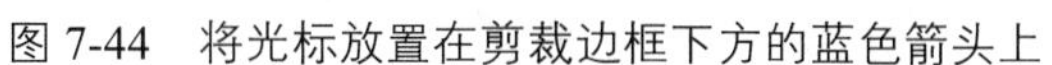
图 7-44　将光标放置在剪裁边框下方的蓝色箭头上

图 7-45　反转剪裁结果

7.2.10　图形切割

调用“图形切割”命令，可从平面图中切割一部分作为详图的底图。图 7-46 所示为图形切割的结果。

“图形切割”命令的执行方式如下：

➢ 菜单栏：单击“绘图工具”→“图形切割”命令。

下面以如图 7-46 所示的图形切割结果为例，讲解调用“图形切割”命令的方法。

01 按 Ctrl+O 组合键，打开配套资源提供的“第 7 章 / 7.2.10 图形切割 .dwg”素材文件，如图 7-47 所示。

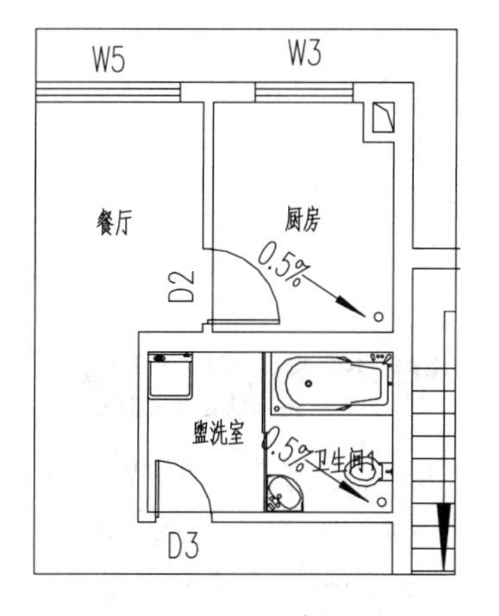

图 7-46　图形切割的结果

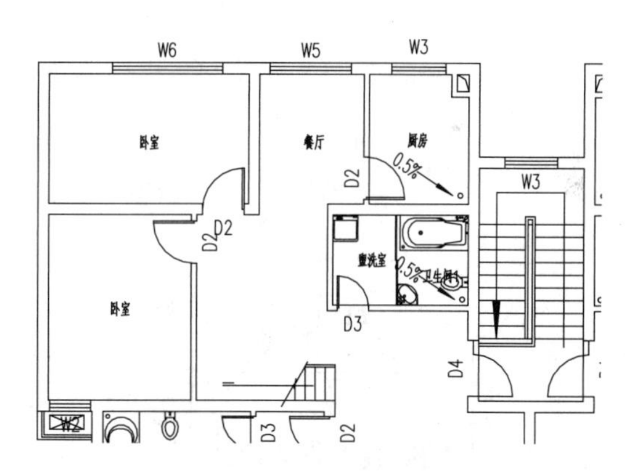

图 7-47　打开素材文件

02 单击“绘图工具”→“图形切割”命令，打开如图 7-48 所示的“图形切割”对话框，同时命令行提示如下：

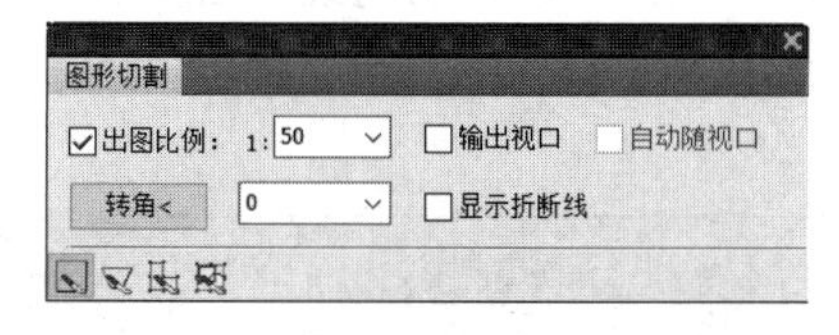

图 7-48　“图形切割”对话框

```
命令：T93_TCutDrawing
矩形的第一个角点或 [ 多边形裁剪（P）/ 多段线定边界（L）/ 图块定边界（B）]<退出>：
                                                    // 如图 7-49 所示。
另一个角点 <退出>：                                  // 如图 7-50 所示。
请点取插入位置：                                     // 如图 7-51 所示。
```

03 图形切割的结果如图 7-46 所示。

双击切割轮廓线，打开如图 7-52 所示的“编辑切割线”对话框，在其中可指定切割类型。

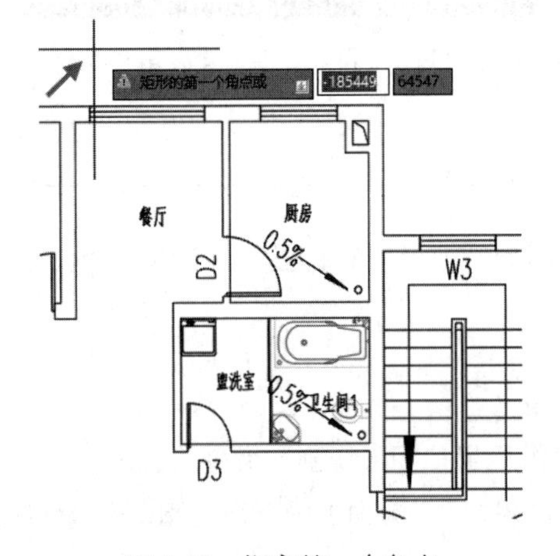

图 7-49　指定第一个角点

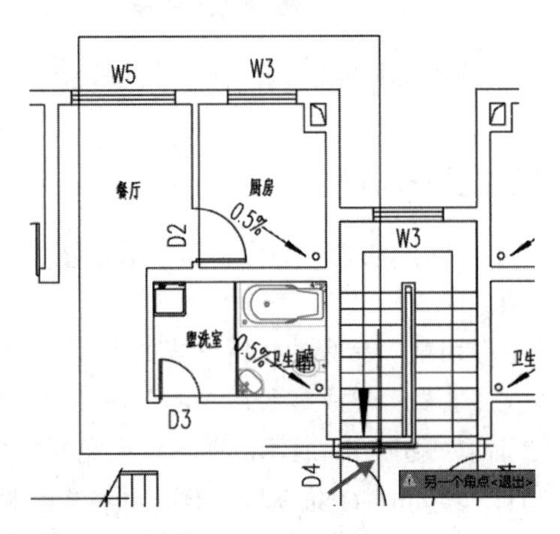

图 7-50　指定另一个角点

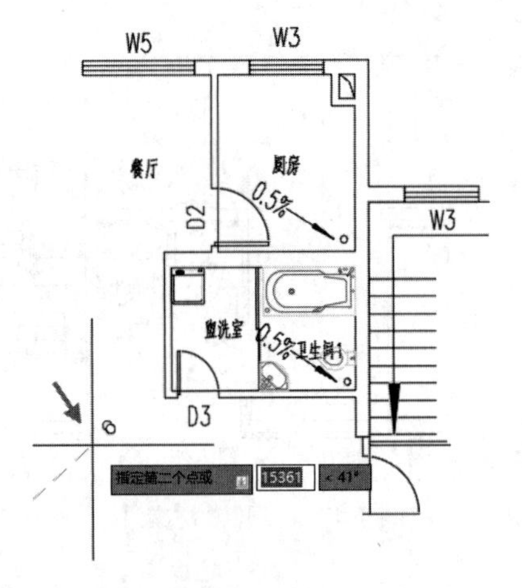

图 7-51　指定插入位置

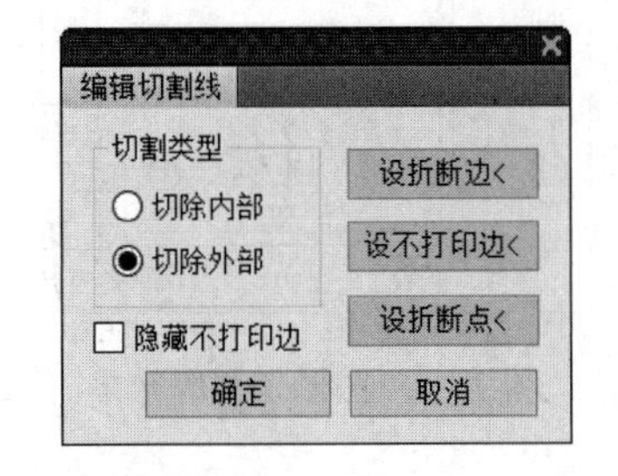

图 7-52　“编辑切割线”对话框

在对话框中单击“设折断边”按钮，选择切割线，如图 7-53 所示。单击，将其指定为折断边，如图 7-54 所示。

提示

“图形切割”命令不能对门窗进行切割操作，如 W5、W3 在已切割的图形中显示为无法切割的样式，如图 7-55 所示。执行“WIPEOUT”命令，可以遮挡门窗图形。

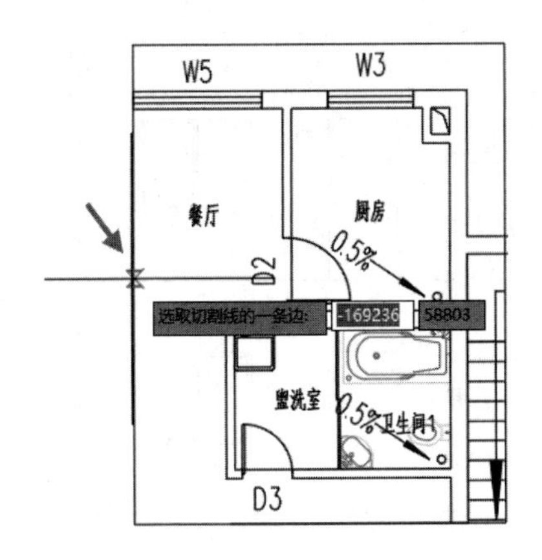

图 7-53　选择切割线

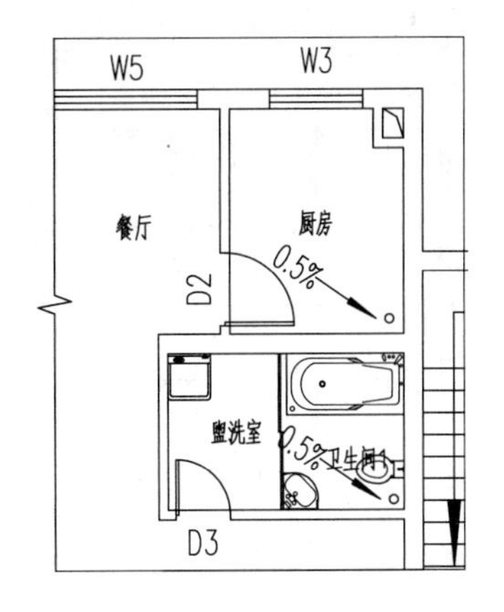

图 7-54　指定折断边

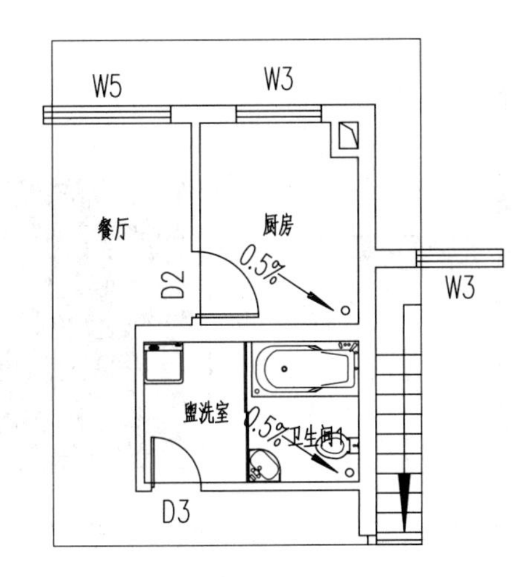

图 7-55　门窗无法被切割

7.2.11　搜索轮廓

调用“搜索轮廓”命令，可为选中的二维图形生成外包轮廓。图 7-56 所示为执行“搜索轮廓”命令生成的轮廓。

“搜索轮廓”命令的执行方式如下：

➢ 菜单栏：单击“绘图工具”→“搜索轮廓”命令。

下面以生成如图 7-56 所示的轮廓为例，讲解调用“搜索轮廓”命令的方法。

01 按 Ctrl+O 组合键，打开配套资源提供的“第 7 章 / 7.2.11 搜索轮廓 .dwg”素材文件，如图 7-57 所示。

02 单击“绘图工具”→“搜索轮廓”命令，命令行提示如下：

```
命令：SeOutline
选择二维对象：指定对角点：找到 26 个          // 如图 7-58 所示。
点取要生成的轮廓（提示：点取外部生成外轮廓 ;PLINEWID 系统变量设置 pline 宽度）<退出>:
                                              // 在图形外单击，如图 7-59 所示。
成功生成轮廓，接着点取生成其他轮廓！
```

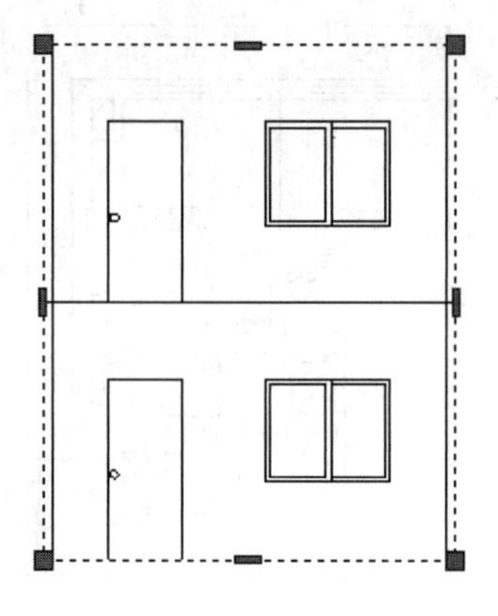

图 7-56　生成的轮廓

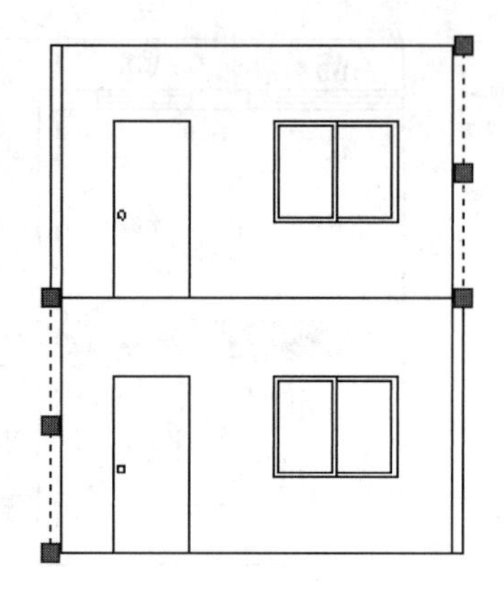

图 7-57　打开素材文件

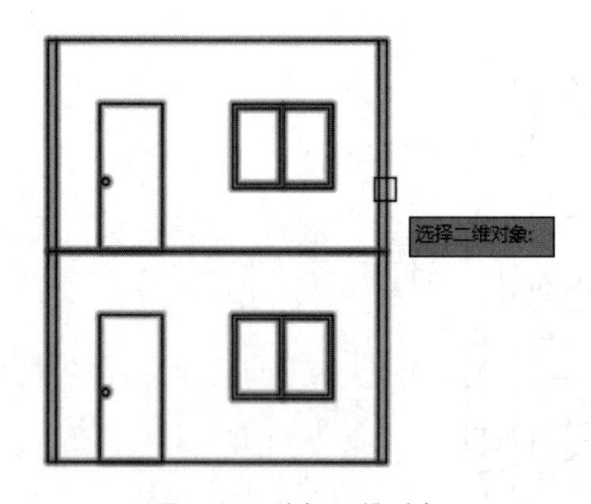

图 7-58　选择二维对象

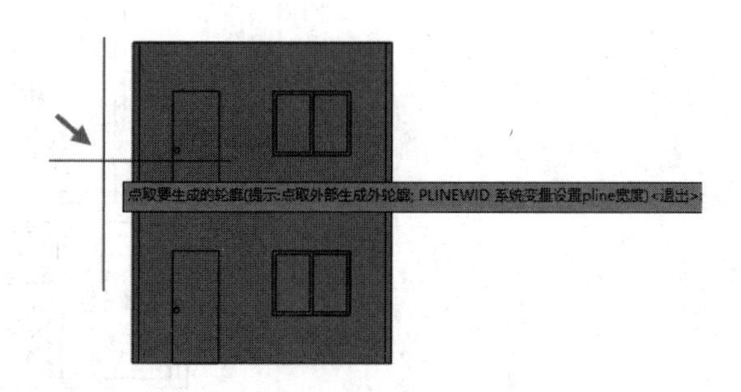

图 7-59　在图形外单击

03　选择轮廓，可查看创建效果，如图 7-56 所示。

7.2.12　房间复制

调用“房间复制”命令，可将矩形房间内的平面设备、导线和标注等复制到另一个矩形房间内。图 7-60 所示为房间复制的结果。

“房间复制”命令的执行方式如下：

- 命令行：在命令行中输入“FJFZ”按 Enter 键。
- 菜单栏：单击“绘图工具”→“房间复制”命令。

下面以如图 7-60 所示的房间复制结果为例，讲解调用“房间复制”命令的方法。

01　按 Ctrl+O 组合键，打开配套资源提供的“第 7 章 / 7.2.12 房间复制 .dwg”素材文件，如图 7-61 所示。

02　在命令行中输入“FJFZ”按 Enter 键，命令行提示如下：

```
命令：FJFZ ↙
请输入样板房间起始点 <退出>：            // 如图 7-62 所示。
请输入样板房间终点 <退出>：              // 如图 7-63 所示。
请输入目标房间起始点 <退出>：            // 如图 7-64 所示。
请输入目标房间终点 <退出>：              // 如图 7-65 所示。
```

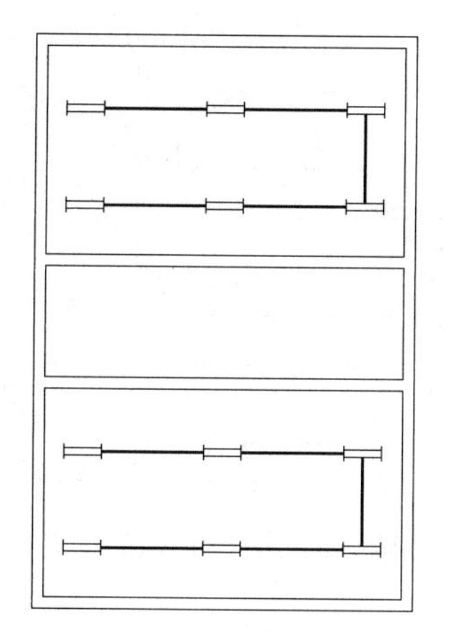

图 7-60　房间复制的结果

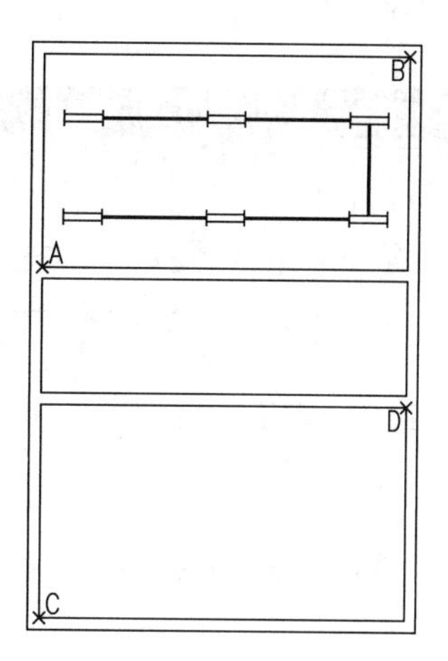

图 7-61　打开素材文件

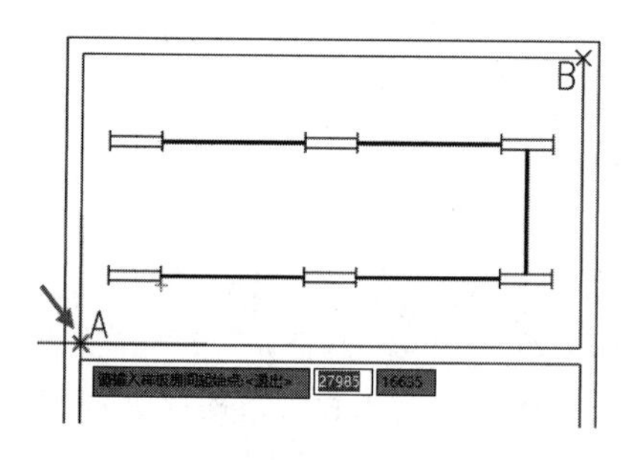

图 7-62　指定样板房间起始点

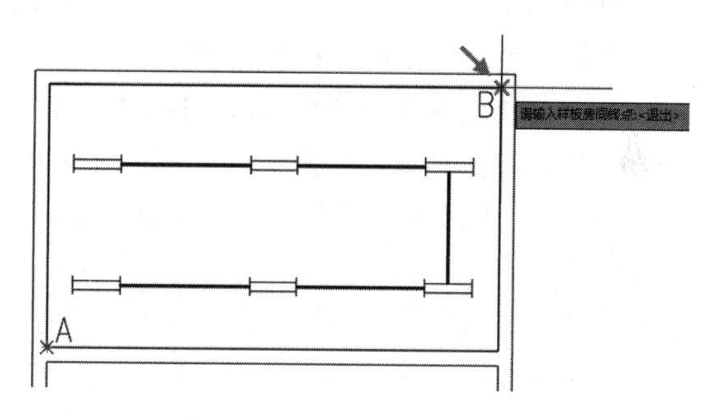

图 7-63　指定样板房间终点

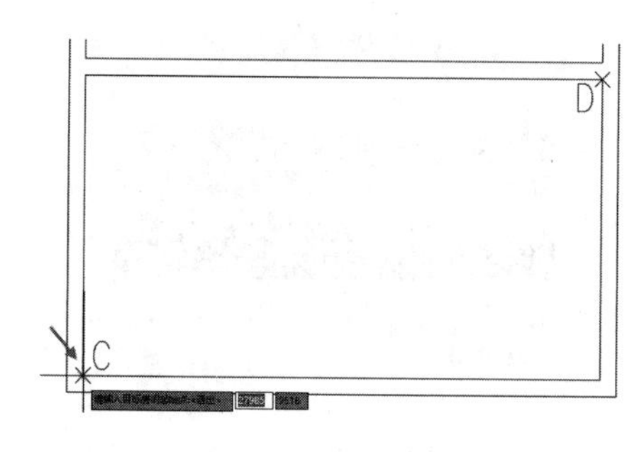

图 7-64　指定目标房间起始点

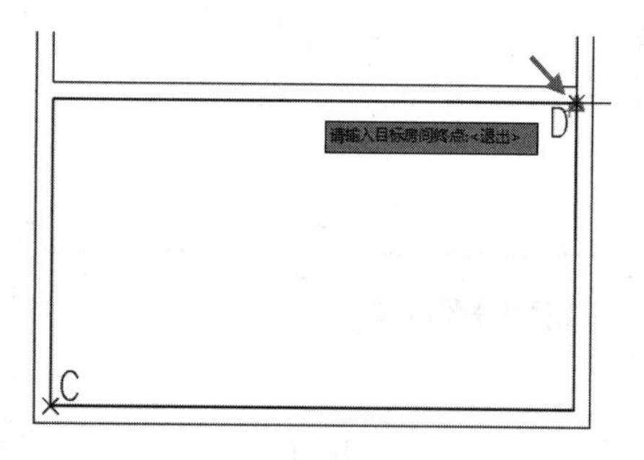

图 7-65　指定目标房间终点

03　此时弹出“复制模式选择”对话框，选择“180° 镜像”模式，如图 7-66 所示。命令行提示如下：

```
复制结果正确请回车，需要更改请键入 Y <确定>:      // 按 Enter 键，结果如图 7-60 所示。
```

按 Enter 键，结束“房间复制”命令。输入“Y”，则再次打开“复制模式选择”对话框，可重新选择复制模式。

在“复制模式选择”对话框中提供了多种复制模式，用户可根据需要选用。例如，选择“原型镜像”模式，可以将样板房间内的图形镜像复制到目标房间内，结果如图 7-67 所示。

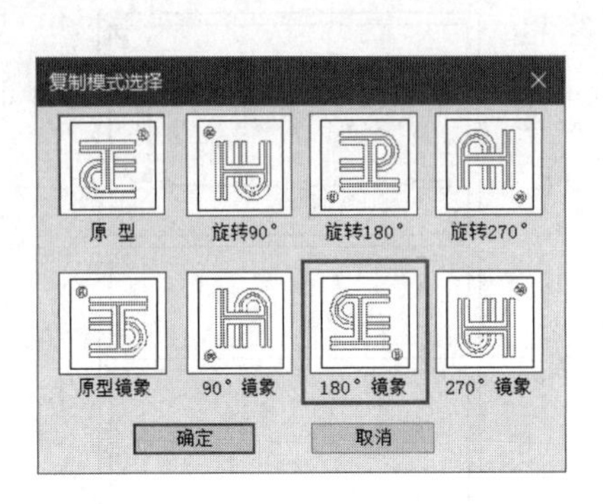

图 7-66　选择“180°镜像”模式

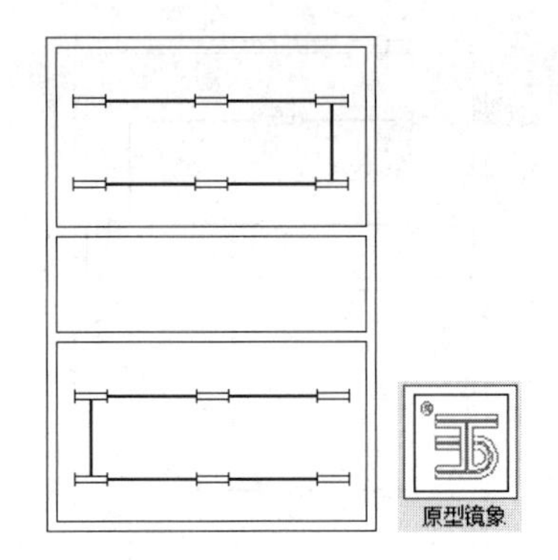

图 7-67　原型镜像的结果

7.2.13　图块改色

调用“图块改色”命令，可修改选中图块的颜色。

“图块改色”命令的执行方式如下：

➢ 命令行：在命令行中输入“DKGS”按 Enter 键。

➢ 菜单栏：单击“绘图工具”→“图块改色”命令。

执行上述任意一项操作，命令行提示如下：

```
命令：DKGS ↙
请选择要修改颜色的图块<退出>：找到 1 个              //如图 7-68 所示。
```

按 Enter 键，弹出如图 7-69 所示的“选择颜色”对话框，在其中可选择颜色色块。

```
同名图块是否同时变颜色？<N>:Y
```

单击“确定”按钮关闭对话框，输入“Y”，同名图块的颜色即可被批量修改。

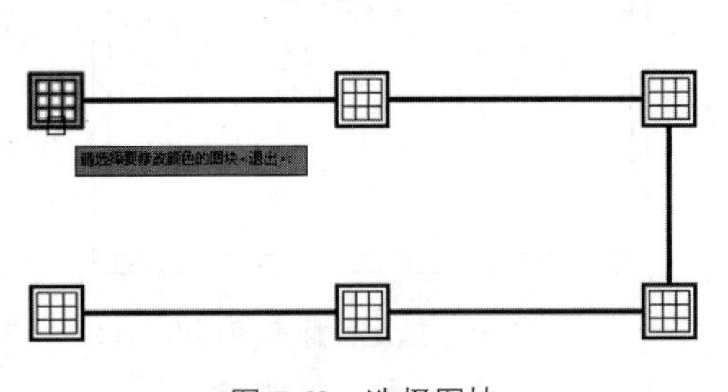

图 7-68　选择图块

图 7-69　“选择颜色”对话框

7.2.14　虚实变换

调用“虚实变换”命令，可使线型在虚线和实线之间变换。

“虚实变换”命令的执行方式如下：

➢ 命令行：在命令行中输入“XSBH”按 Enter 键。

➢ 菜单栏：单击“绘图工具”→“虚实变换”命令。

执行上述任意一项操作，命令行提示如下：

```
命令：XSBH ↙
请选择要变换的图元<退出>：找到2个
请输入线型{1：虚线 2：点划线 3：双点划线 4：三点划线}<虚线>：3
```

输入数字，选择虚线类型，可将实线转换成指定类型的虚线，如图7-70所示。

在命令行提示用户选择虚线线型时，直接按Enter键，默认将实线转换成虚线。

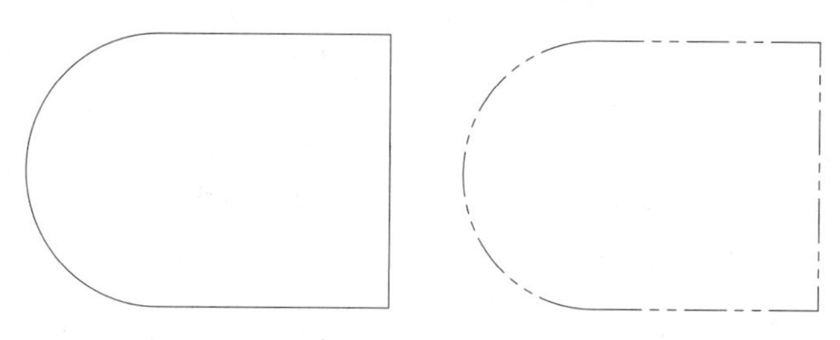

图7-70 将实线转换成指定类型的虚线

7.2.15 修正线形

在逆向绘制带文字的导线时，文字显示为倒置。此时调用“修正线形”命令，可以修正文字方向的倒置问题。

“修正线形”命令的执行方式如下：

- 命令行：在命令行中输入“XZXX”按Enter键。
- 菜单栏：单击“绘图工具”→“修正线形”命令。

执行上述任意一项操作，命令行提示如下：

```
命令：XZXX ↙
请选择要修正线形的任意图元<退出>：        //如图7-71所示。
```

图7-71 选择图元

按Enter键，即可调整导线文字的方向，结果如图7-72所示。

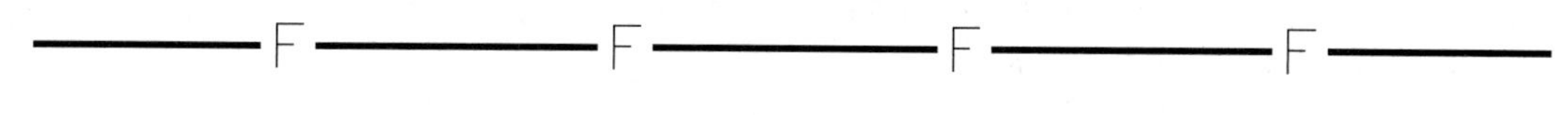

图7-72 调整导线文字的方向

7.2.16 加粗曲线

调用“加粗曲线”命令，可对选定的PLINE线、导线等按指定的宽度加粗。图7-73所示为加粗曲线的结果。

“加粗曲线”命令的执行方式如下：

- 菜单栏：单击“绘图工具”→“加粗曲线”命令。

下面以如图 7-73 所示的加粗曲线结果为例，讲解调用“加粗曲线”命令的方法。

01 按 Ctrl+O 组合键，打开配套资源提供的“第 7 章 / 7.2.16 加粗曲线 .dwg”素材文件，如图 7-74 所示。

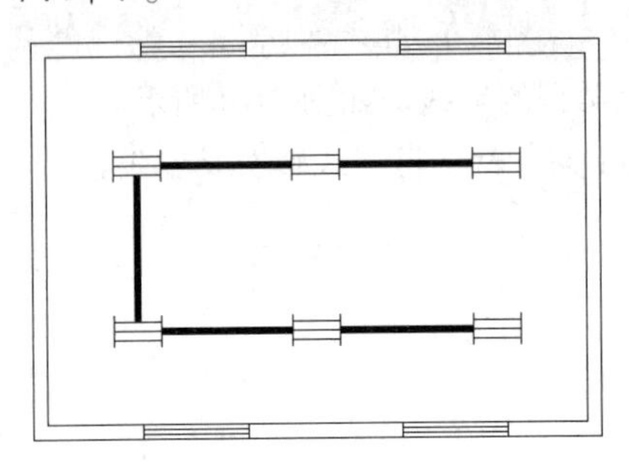

图 7-73　加粗曲线的结果

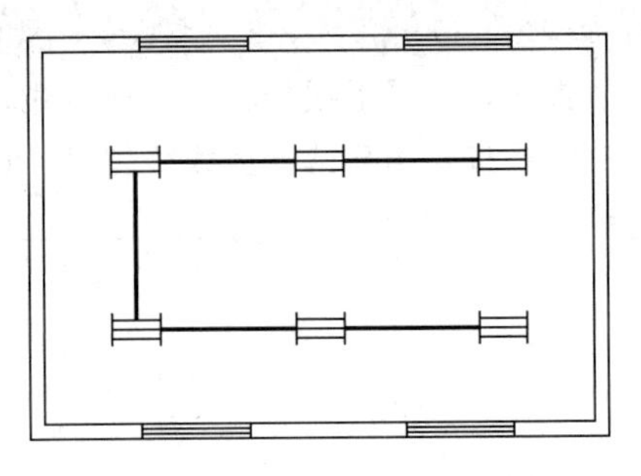

图 7-74　打开素材文件

02 单击“绘图工具”→“加粗曲线”命令，命令行提示如下：

```
命令：towidth
请指定加粗的线段：
选择对象：找到 15 个，总计 5 个                    // 如图 7-75 所示。
选择对象：线段宽 <50>：100                        // 如图 7-76 所示。
```

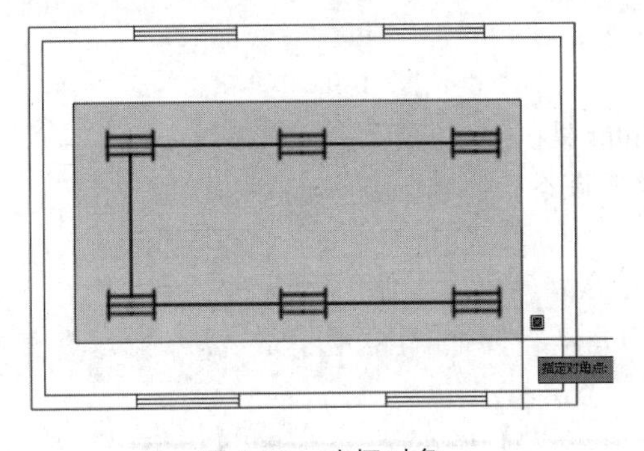

图 7-75　选择对象

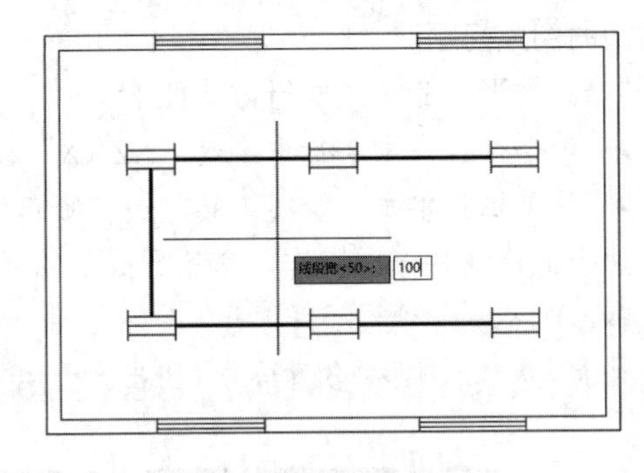

图 7-76　设置宽度

03 加粗曲线的结果如图 7-73 所示。

7.2.17　统一标高

调用“统一标高”命令，可使选中对象的标高值为 0。

“统一标高”命令的执行方式如下：

➢ 菜单栏：单击“绘图工具”→“统一标高”命令。

下面以如图 7-77 所示的修改底标高结果为例，讲解调用“统一标高”命令的方法。

01 按 Ctrl+O 组合键，打开配套资源提供的“第 7 章 / 7.2.17 统一标高 .dwg”素材文件，如图 7-78 所示。

02 单击“绘图工具”→“统一标高”命令，命令行提示如下：

```
命令：TModElev
选择需要恢复零标高的对象或 [ 不处理立面视图对象 (F)，当前：处理 / 不重置块内对象 (Q)，当前：重置 ]< 退出 >：指定对角点：                // 如图 7-79 所示。
```

03 按 Enter 键，使墙体的底标高为 0，结果如图 7-77 所示。

提示

在“墙体”对话框中设置“底高”，如图 7-80 所示，可定义即将绘制的墙体标高。

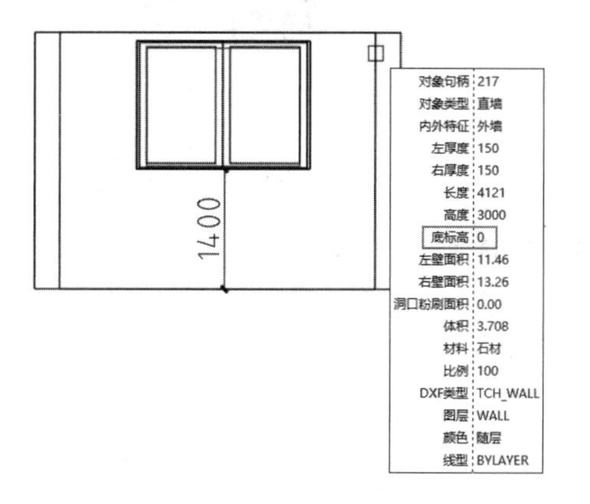

图 7-77 修改底标高的结果

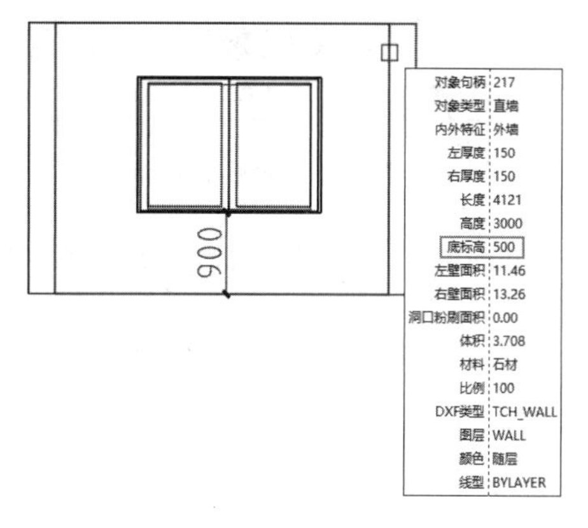

图 7-78 打开素材文件

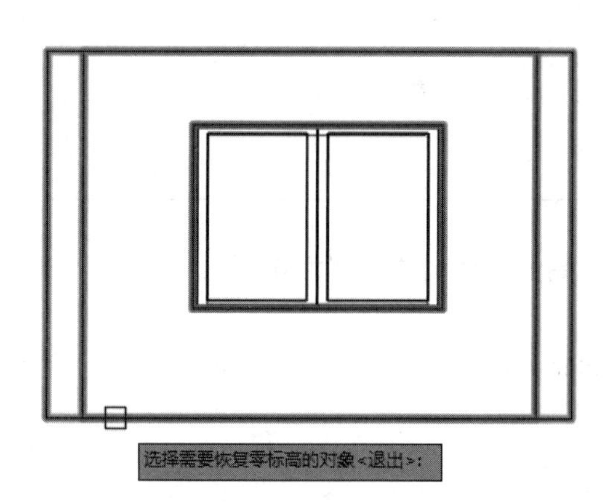

图 7-79 选择对象

图 7-80 设置“底高”

7.2.18 图元改色

调用“图元改色”命令，可以批量修改选中对象的颜色。

“图元改色”命令的执行方式如下：

➢ 菜单栏：单击“绘图工具”→“图元改色”命令。

执行“图元改色”命令，命令行提示如下：

```
命令：TPelChangeColor
请选择需要修改颜色的对象<退出>:                    //如图 7-81 所示。
```

选择对象后按 Enter 键，打开“图元改色”对话框，在颜色下拉列表中选择颜色，同时选择“修改所有同名图块”选项，如图 7-82 所示。

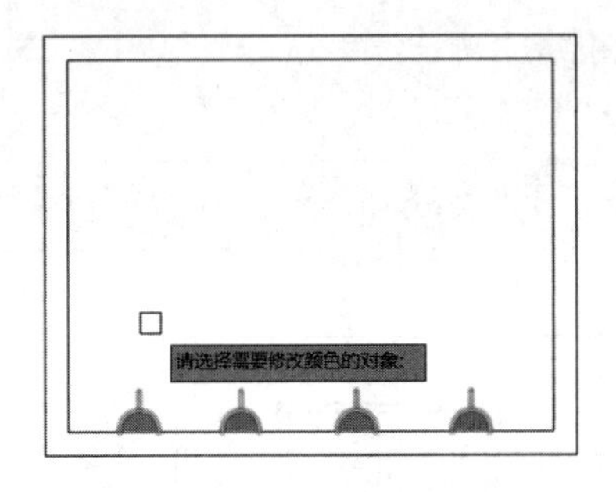

图 7-81 选择对象

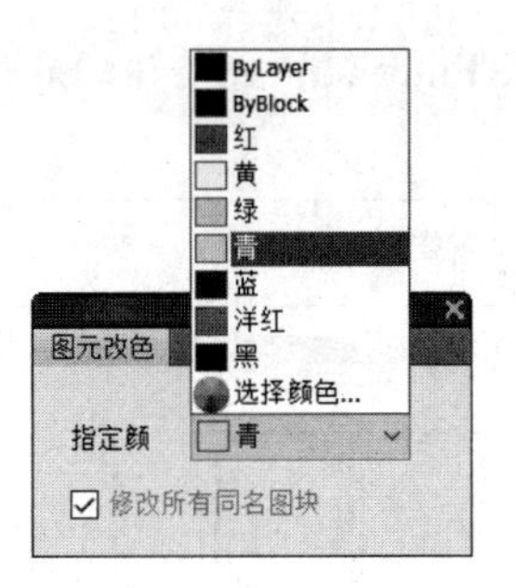

图 7-82 “图元改色”对话框

按 Enter 键，即可批量修改图元颜色，结果如图 7-83 所示。

图 7-83 批量修改图元颜色的结果

7.2.19 电气归零

调用“电气归零”命令，可以使电气图元的标高值在 Z 轴方向都为 0。

“电气归零”命令的执行方式如下：

- 命令行：在命令行中输入“DQGL”按 Enter 键。
- 菜单栏：单击“绘图工具”→“电气归零”命令。

执行“电气归零”命令，命令行提示如下：

```
命令：DQGL
请选取要高度置零的电气图元<整张图>：找到 1 个
```

选择电气图元后按 Enter 键即可将其高度归零。

7.2.20 面积计算

调用“面积计算”命令，可以对选取房间、防火分区、数字、多段线或填充获得的面积进行加减运算，并将结果标注在图上。

“面积计算”命令的执行方式如下：

- 菜单栏：单击“绘图工具”→“面积计算”命令。

执行“面积计算”命令，打开“面积计算”对话框，在“设置”选项组中选择选项，单击“选择对象”按钮，如图 7-84 所示。

同时命令行提示如下：

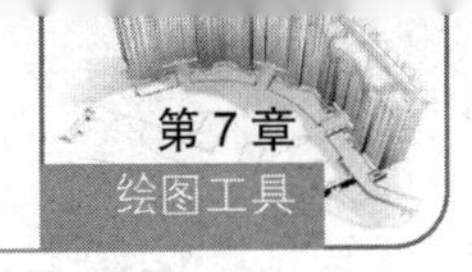

命令：TPlusText
请选择参与面积计算的对象 <退出>：　　// 如图 7-85 所示选择对象，按 Enter 键，显示计算结果，如图 7-86 所示。
点取面积标注位置 <退出>：　　// 标注面积，如图 7-87 所示。

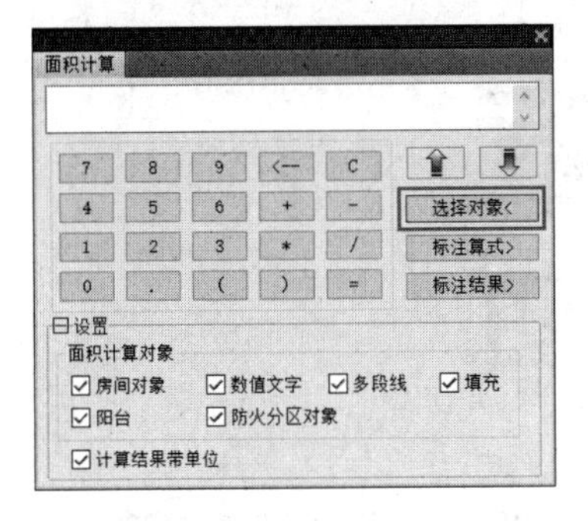

图 7-84 “面积计算”对话框

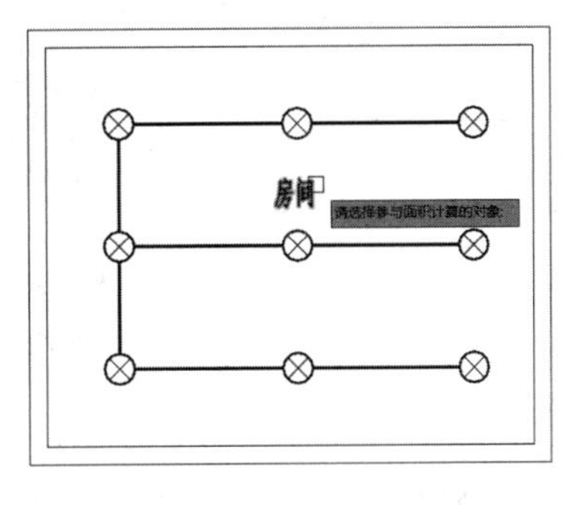

图 7-85 选择对象

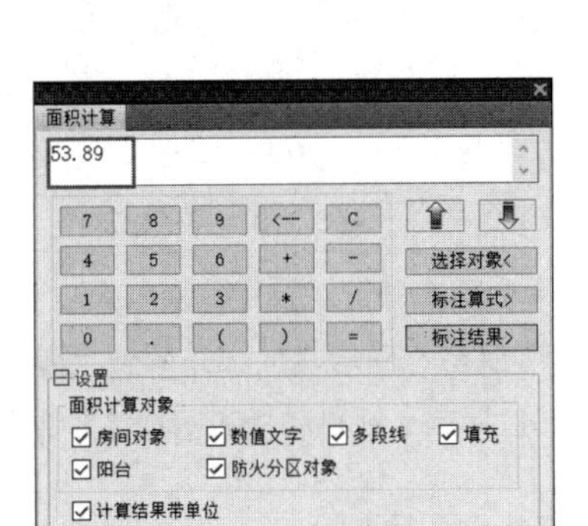

图 7-86 显示计算结果

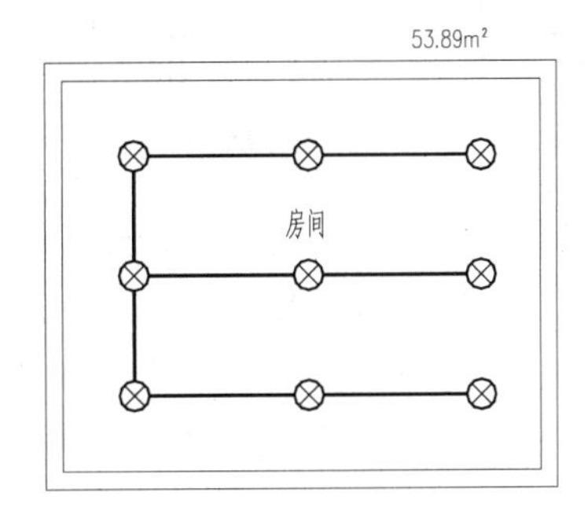

图 7-87 标注面积

第 8 章 文件布图

● **本章导读**

本章内容包括文件接口命令和文件布图命令两个部分。其中，文件接口命令包括图形导出和批量导出命令，导出的图形可以在不同版本的天正软件上查看。文件布图命令主要针对的是图纸的打印输出，包括定义视口和插入图框等命令。

本章将介绍文件布图的操作方法。

● **本章重点**

◈ 文件接口命令

◈ 文件布图命令

8.1 文件接口命令

文件接口可用于有关文件的操作，如图形导出和批量导出。本节将介绍文件接口命令的使用方法。

8.1.1 图形导出

调用“图形导出”命令，可将天正对象分解为天正电气 3.x 兼容的 AutoCAD 基本对象，并另存为其他文件。

天正图档在非天正环境下无法全部显示，即天正对象被隐藏。针对图纸的交流问题，天正研发了图形导出命令。天正软件向下兼容的特性保证了新版本建筑图可以在旧版本的天正软件中进行查看、编辑、出图。

“图形导出”命令的执行方式如下：

➢ 菜单栏：单击“文件布图”→“图形导出”命令。

单击“文件布图”→“图形导出”命令，弹出如图 8-1 所示的“图形导出”对话框。在对话框中设置“文件名”和“保存类型”等参数，单击“保存”按钮，即可导出图形。

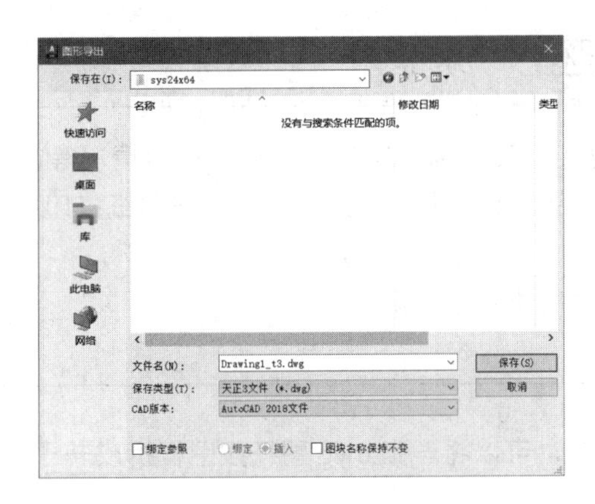

图 8-1 “图形导出”对话框

命令行提示如下：

```
命令：TSaveAs
成功地生成天正建筑 3 文件：C：\Users\xxx\Desktop\Drawing2_t3.dwg
```

8.1.2 批量导出

执行“批量导出”命令，可将当前版本的图纸批量转换为天正软件旧版本的 DWG 格式。该命令同样支持图纸空间布局的转换，在转换天正软件 R14 版本时只转换第一个图纸空间布局。用户可以自定义文件的扩展名。天正图形的导出格式与 AutoCAD 图形的版本无关。

“批量导出”命令的执行方式如下：

➢ 菜单栏：单击“文件布图”→“批量导出”命令。

执行该命令后，打开“请选择待转换的文件”对话框，在其中选择图形文件，如图 8-2 所示。在对话框中允许多选文件，自定义“天正版本”，选择转换后的文件所属的 CAD 版本，与

"图形导出"命令相同。还可以设置导出后的文件末尾是否添加 t3/t20V3 等文件扩展名。

单击"打开"按钮，打开"浏览文件夹"对话框，如图 8-3 所示。在其中选择文件，单击"确定"按钮，导出的文件将被存储到其中。

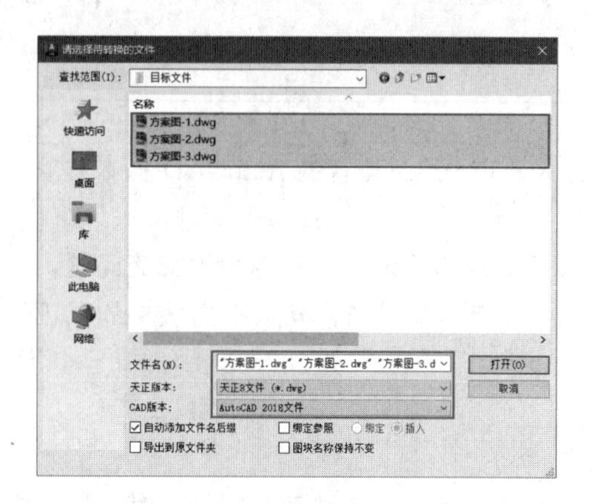

图 8-2　选择图形文件

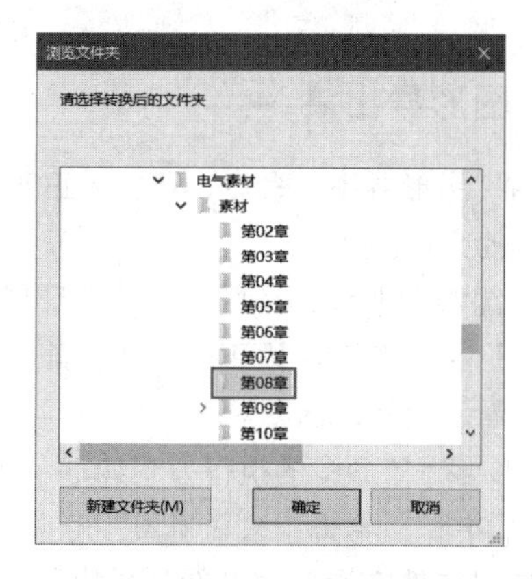

图 8-3　"浏览文件夹"对话框

8.2 文件布图命令

本节概述了出图比例及相关比例的功能、作用、适用情况等，包括当前比例和改变比例等。另外，"插入图框"命令可用来规范化处理图纸，使图纸打印符合绘图标准。"批量打印"命令可根据搜索到的图框属性，同时打印多张图纸。

下面介绍文件布图命令的使用方法。

8.2.1 备档拆图

调用"备档拆图"命令，可以将一张 dwg 图纸按图框拆成若干张图纸。图 8-4 所示为拆分图纸的结果。

"备档拆图"命令的执行方式如下：

- 命令行：输入"BDCT"按 Enter 键。
- 菜单栏：单击"文件布图"→"备档拆图"命令。

下面以如图 8-4 所示的拆分图纸结果为例，讲解执行"备档拆图"命令的方法。

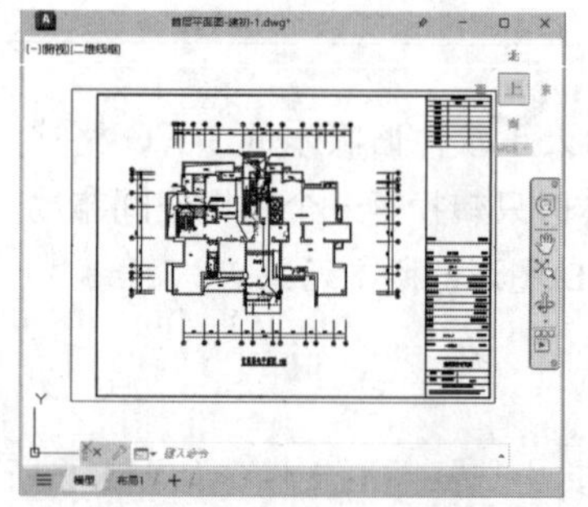

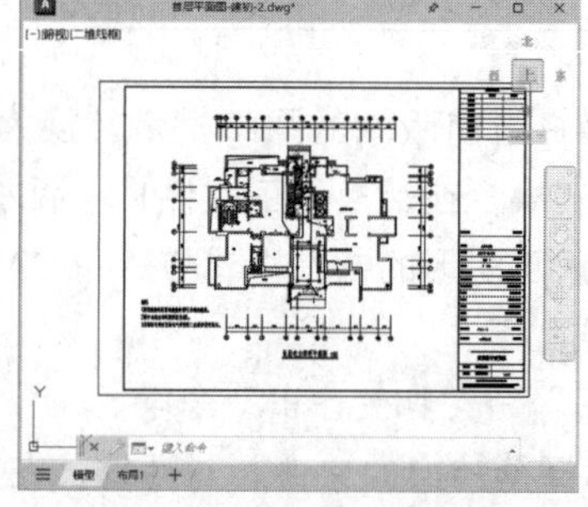

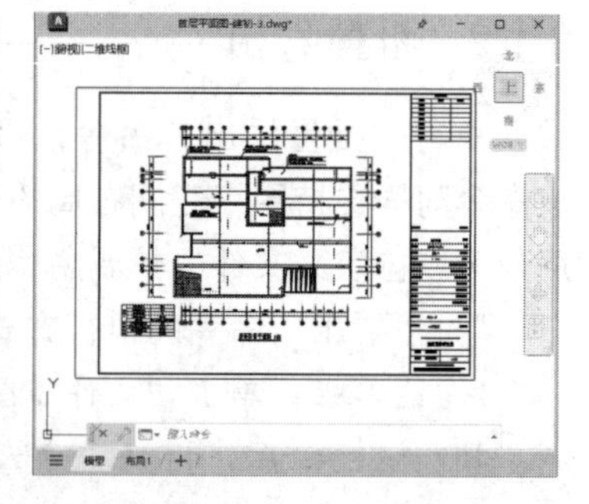

图 8-4　拆分图纸的结果

01 按 Ctrl+O 组合键，打开配套资源提供的“第 8 章 / 8.2.1 备档拆图 .dwg”素材文件，如图 8-5 所示。

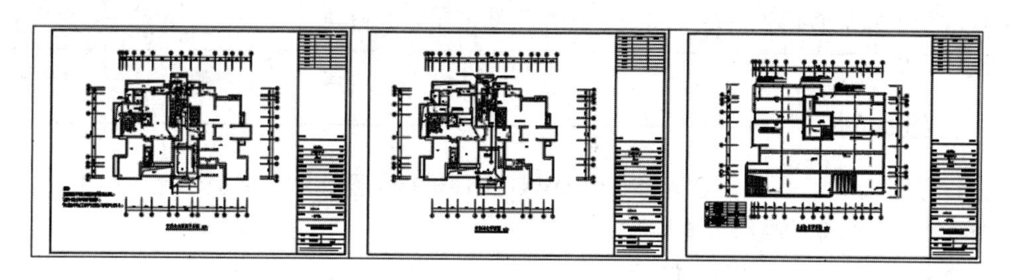

图 8-5　打开素材文件

02 输入“BDCT”按 Enter 键，命令行提示如下：

```
命令：BDCT ↙
请选择备档图框范围（图框外框形式仅支持 PLine 和块）：< 整图 > 指定对角点：找到 3 个
                                        // 如图 8-6 所示。
```

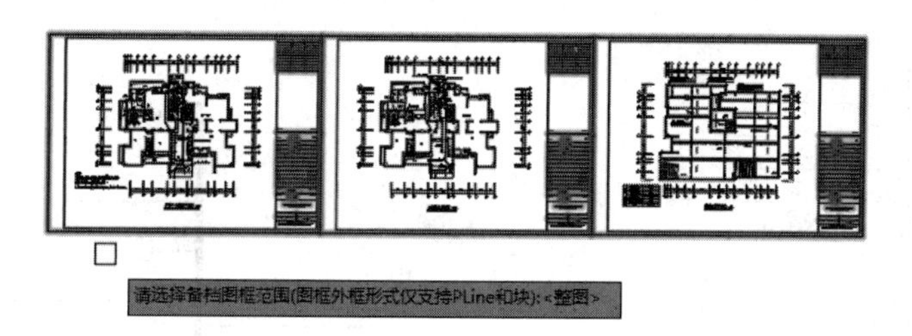

图 8-6　选择备档图框范围

03 按 Enter 键，打开“拆图”对话框。在其中更改文件名（图名及图号可以手动填写，或者选择默认设置不变），如图 8-7 所示。

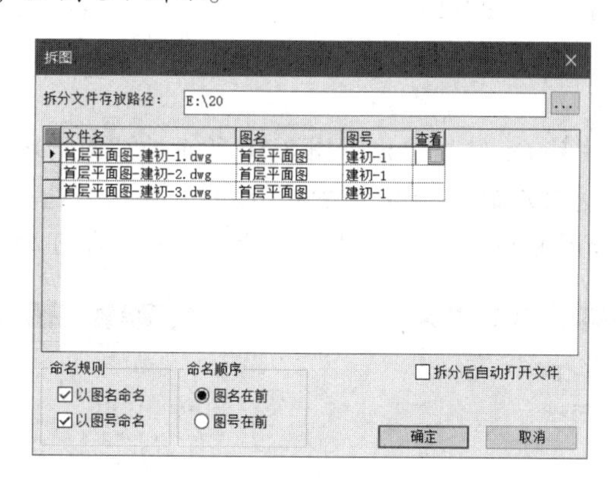

图 8-7　“拆图”对话框

04 单击“确定”按钮关闭对话框，拆分图纸的结果如图 8-4 所示。

如果在对话框中选择“拆分后自动打开文件”选项，则完成拆分操作后，被拆分的多个文件会逐一打开，如果没有选择该项，则需要用户手动打开图纸查看。对拆分得到的若干张图纸，用户可以随意更改文件名称和存储路径。

> **提示**
>
> 图框所在的图层应是“PUB-TITLE”或者“TWT-TITLE”图层，要是图框没有位于这两个图层，则应先将图框所在的图层更改为上述两个图层之一。

8.2.2 图纸比对

调用“图纸比对”命令，可选择两个 DWG 文件进行整图比对，并显示比对结果。

“图纸比对”命令的执行方式如下：

- 命令行：输入“TZBD”按 Enter 键。
- 菜单栏：单击“文件布图”→“图纸比对”命令。

下面介绍进行图纸比对的方法。

01 按 Ctrl+O 组合键，打开配套资源提供的“第 8 章 / 8.2.2 图纸比对 .dwg”素材文件，如图 8-8 所示。

02 图 8-9 所示为“图纸比对 - 副本 .dwg”文件。下面在不打开两张图纸的情况下，比对二者之间的差异。

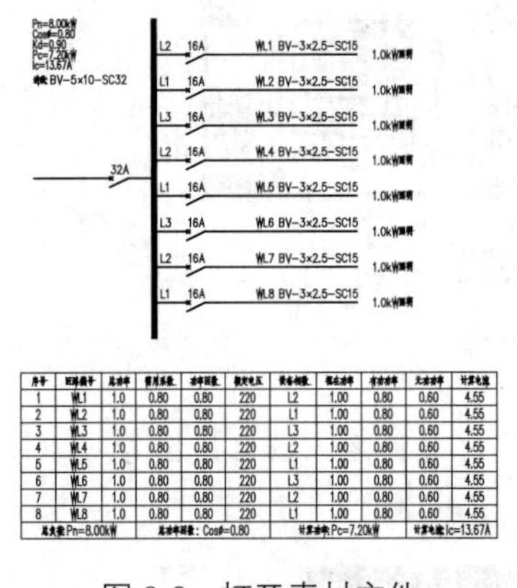

图 8-8 打开素材文件

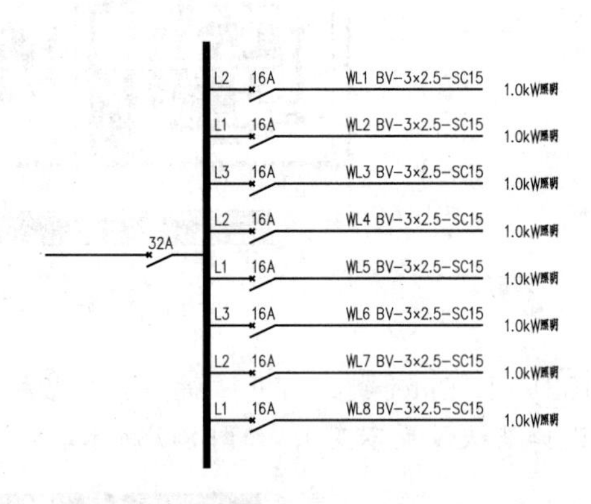

图 8-9 “图纸比对 - 副本 .dwg”文件

03 输入“TZBD”按 Enter 键，弹出如图 8-10 所示的“图纸比对”对话框。

04 单击“文件 1”选项后的“加载文件 1”按钮，弹出“选择要比对的 DWG 文件”对话框，在其中选择文件，如图 8-11 所示。单击“打开”按钮，即可加载文件。

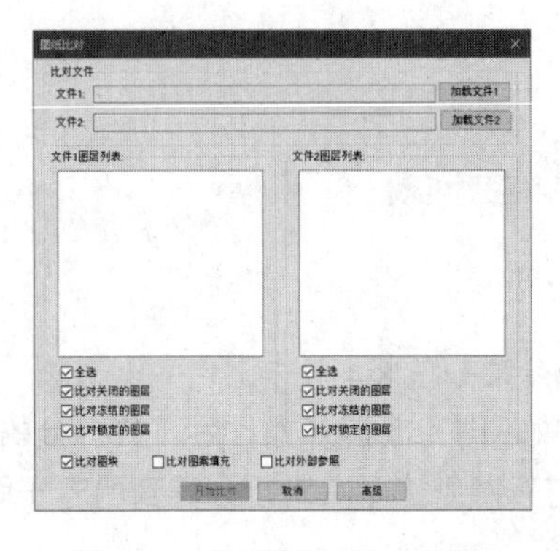

图 8-10 “图纸比对”对话框

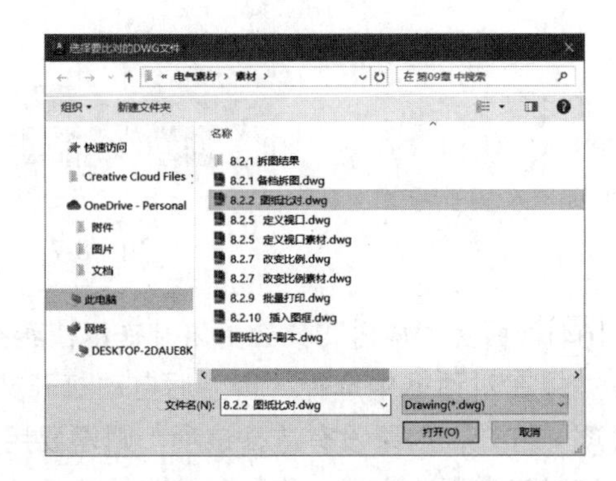

图 8-11 选择文件 1

05 单击“文件 2”选项后的“加载文件 2”按钮，在弹出的“选择要比对的 DWG 文件”对话框中选择文件，如图 8-12 所示。单击“打开”按钮，即可加载文件。

06 在“文件 1 图层列表”和“文件 2 图层列表”中分别显示出文件 1 和文件 2 中所包含的图层。选择列表下方的比对条件，如图 8-13 所示。

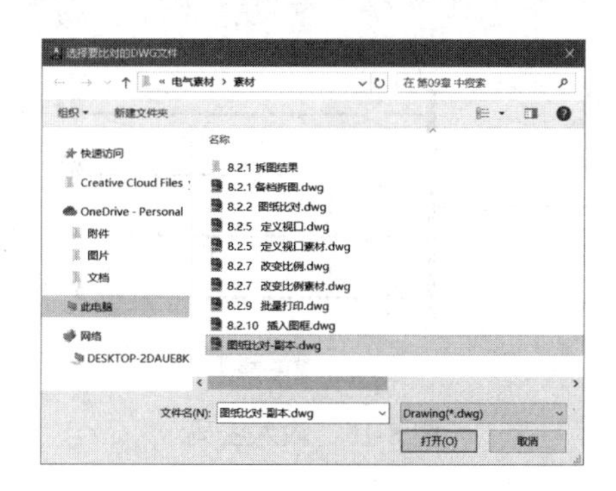

图 8-12 选择文件 2

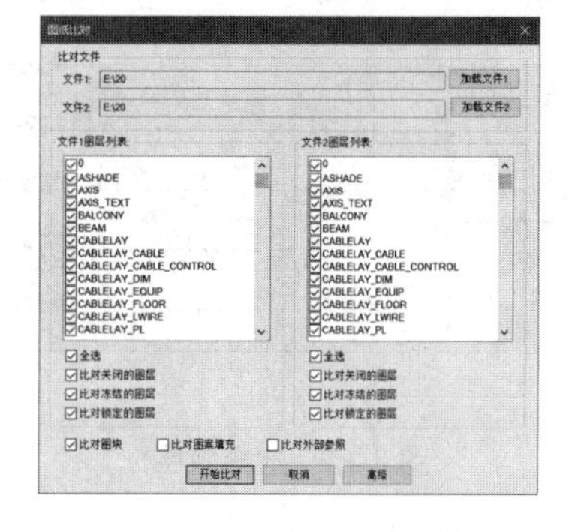

图 8-13 选择比对条件

07 单击“开始比对”按钮，系统开始进行比对操作。操作完成后，打开一个新的图形文件，该文件包含了文件 1 和文件 2 中的所有图形，其中以黑色显示的部分为两个文件中相同的部分，以红色显示的部分则为两个文件中不同的部分。图纸比对的结果如图 8-14 所示。

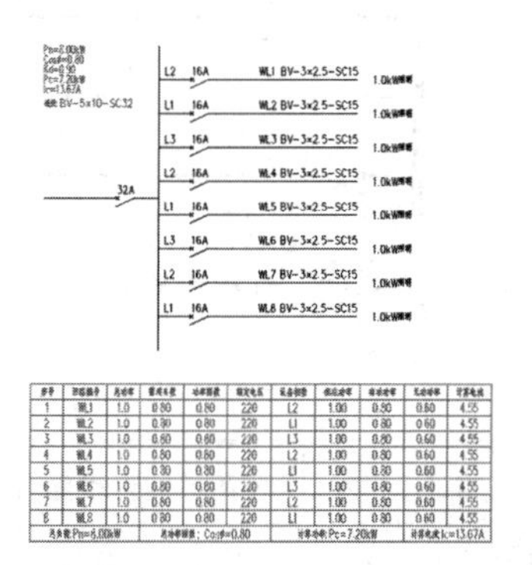

图 8-14 图纸比对的结果

提示

两张待比对的图纸应处于关闭状态。比对图纸时，先新建空白文件再进行比对，这样速度比较快。

8.2.3 图纸保护

调用“图纸保护”命令，可把要保护的图形制作成一个不能分解的图块，并添加密码保护。

“图纸保护”命令的执行方式如下：

- 命令行：输入“TZBH”按 Enter 键。
- 菜单栏：单击“文件布图”→“图纸保护”命令。

输入“TZBH”按 Enter 键，命令行提示如下：

```
命令：TZBH ↙
慎重，加密前请备份。该命令会分解天正对象，且无法还原，是否继续 <N>：Y
请选择范围 < 退出 >：指定对角点：找到 14 个                    // 如图 8-15 所示。
请输入密码 < 空 >：XXXXXX                                      // 如图 8-16 所示。
```

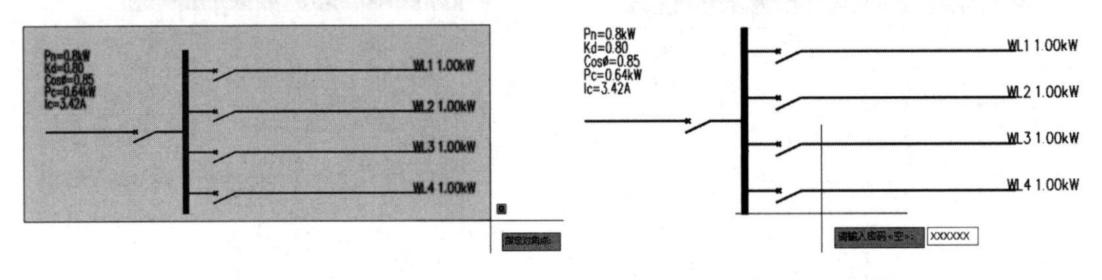

图 8-15　选择范围　　　　图 8-16　输入密码

对创建了密码保护的图形，系统会将其创建为图块，如图 8-17 所示。用户可以调整图块的位置，但无法对其进行编辑操作。

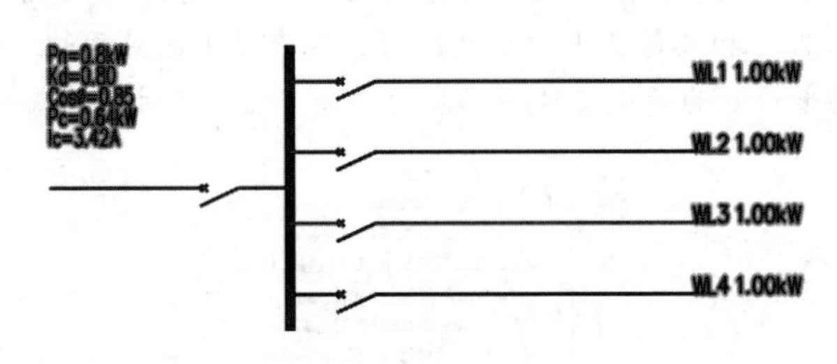

图 8-17　创建为图块

提示

执行“图纸保护”命令后，所选的天正对象会被分解，并且为不可逆的操作，所以在执行该命令之前应该先备份图纸。

8.2.4　图纸解锁

调用“图纸解锁”命令，可把被密码保护的图纸解锁并分解。

“图纸解锁”命令的执行方式如下：

- 命令行：输入“TZJS”按 Enter 键。
- 菜单栏：单击“文件布图”→“图纸解锁”命令。

执行上述任意一项操作，命令行提示如下：

```
命令：TZJS ↙
请选择对象 < 退出 >：
请输入密码：XXXXX
```

输入密码，即可解锁图纸。

提示

解锁后的图形不能使用天正编辑命令对其进行编辑操作。

8.2.5 定义视口

调用“定义视口”命令，指定对角点后，可在布局空间中创建视口，并设置图形的输出比例。图 8-18 所示为定义视口的结果。

“定义视口”命令的执行方式如下：

- 菜单栏：单击“文件布图”→“定义视口”命令。

下面以如图 8-18 所示的定义视口结果为例，讲解调用“定义视口”命令的方法。

01 按 Ctrl+O 组合键，打开配套资源提供的“第 8 章 / 8.2.5 定义视口 .dwg”素材文件，如图 8-19 所示。

02 单击“文件布图”→“定义视口”命令，命令行提示如下：

```
命令：T93_TMakeVP
输入待布置的图形第一个角点 <退出>：          // 如图 8-20 所示。
输入另一个角点 <退出>：                      // 如图 8-21 所示。
图形的输出比例 1：<100>：                    // 按 Enter 键。
```

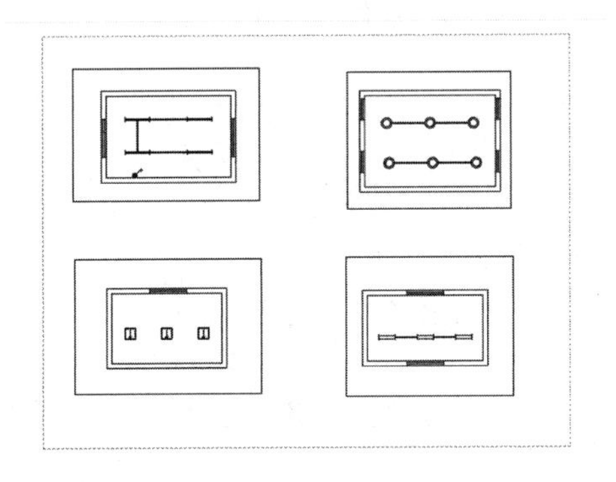

图 8-18　定义视口的结果

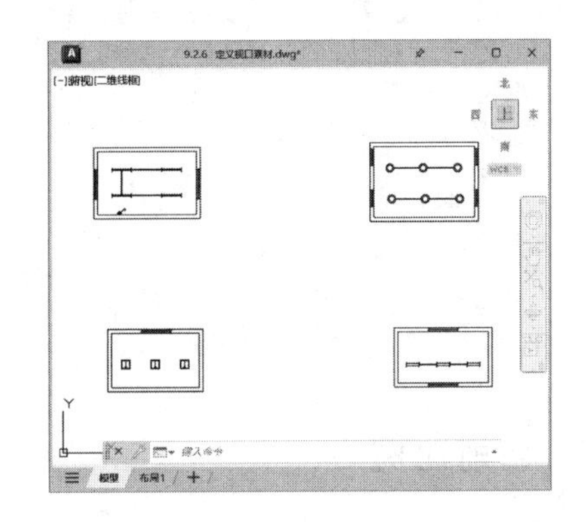

图 8-19　打开素材文件

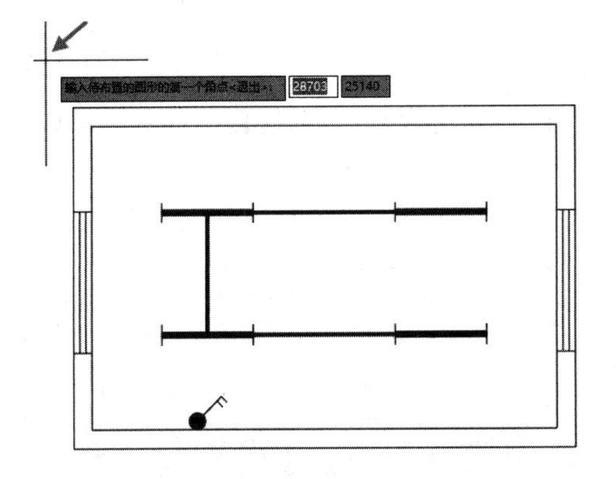

图 8-20　指定第一个角点

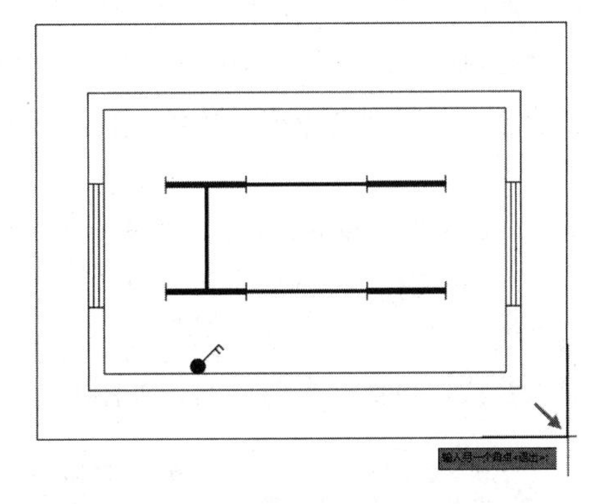

图 8-21　指定另一个角点

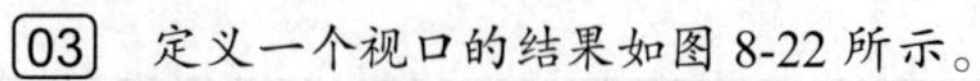
03 定义一个视口的结果如图 8-22 所示。

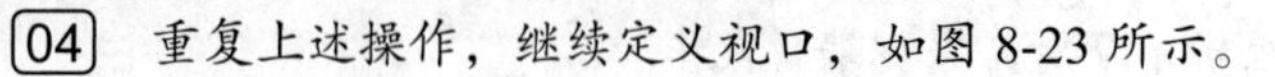
04 重复上述操作，继续定义视口，如图 8-23 所示。

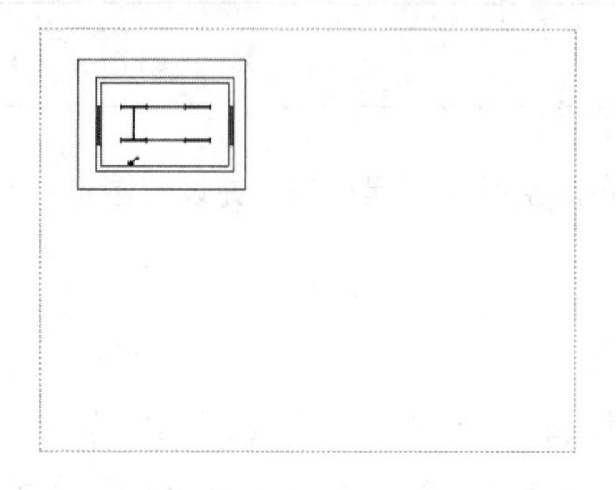

图 8-22 定义一个视口

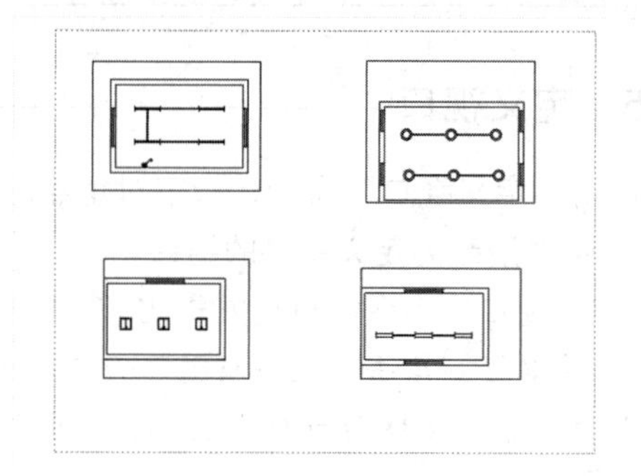

图 8-23 继续定义视口

05 选择视口，显示夹点。激活夹点，如图 8-24 所示。

06 拖动鼠标指针，调整视口的大小，在适当的位置松开鼠标左键，结果如图 8-25 所示。

07 继续调整其余视口，结果如图 8-18 所示。

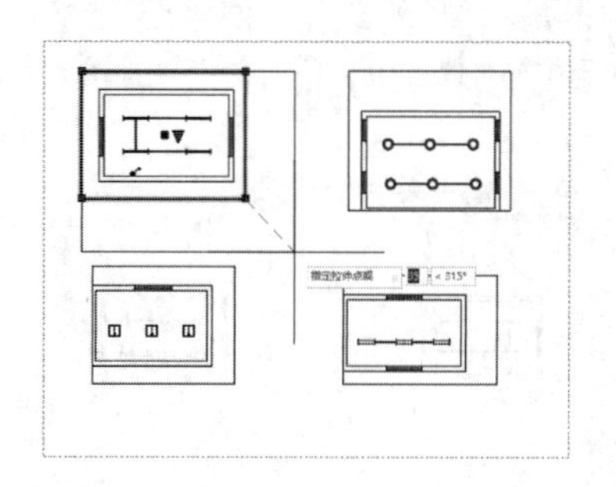

图 8-24 激活夹点

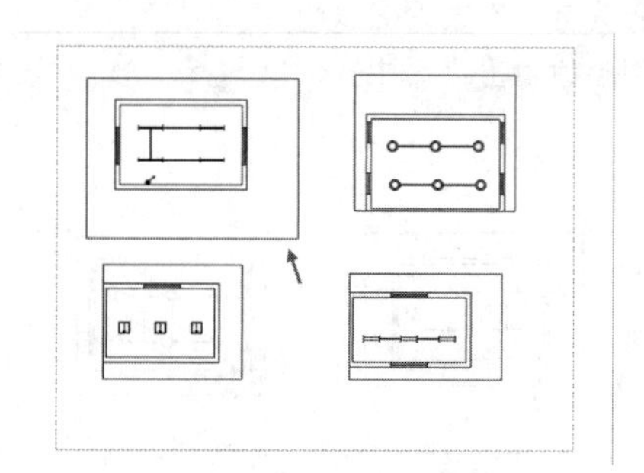

图 8-25 调整视口大小

8.2.6 当前比例

调用“当前比例”命令，可更改当前的绘图比例。

“当前比例”命令的执行方式如下：

- 命令行：输入“DQBL”按 Enter 键。
- 菜单栏：单击“文件布图”→“当前比例”命令。

在状态栏中可以查看当前的绘图比例，如图 8-26 所示。执行“当前比例”命令，可以重定义绘图比例。

输入“DQBL”按 Enter 键，命令行提示如下：

```
命令：DQBL ↙
当前比例 <100>：50
```

输入参数，可更改当前比例，如图 8-27 所示。

比例 1:100 ▾ 36748, 7201, 0 模型

图 8-26 当前的绘图比例

图 8-27 更改当前比例

单击“比例”选项右侧的下拉箭头，弹出如图 8-28 所示的比例下拉列表，从其中选择比例，也可以重定义当前比例。或者在下拉列表中选择“其他比例”选项，打开“设置当前比例”对话框，在“当前比例”下拉列表中选择选项（见图 8-29），单击“确定”按钮，重定义当前比例。

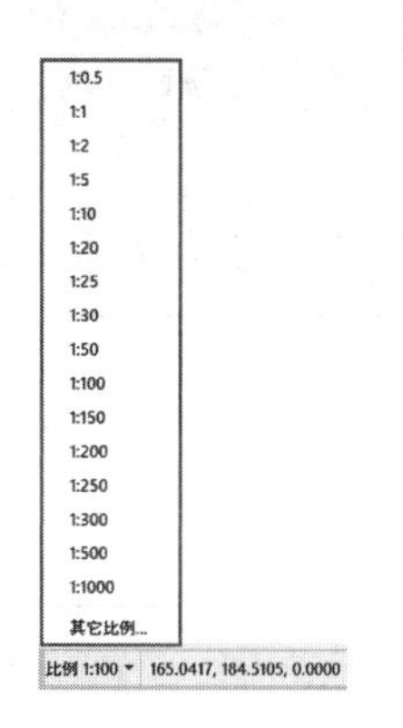

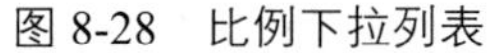

图 8-28　比例下拉列表

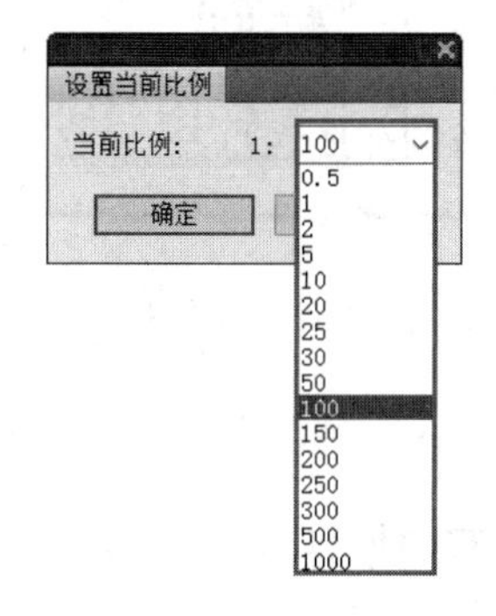

图 8-29　“设置当前比例”对话框

8.2.7　改变比例

调用“改变比例”命令，可改变视口的出图比例，使得图形以合适的比例输出。如图 8-30 所示为改变比例的结果。

“改变比例”命令的执行方式如下：

➢ 菜单栏：单击“文件布图”→“改变比例”命令。

下面以如图 8-30 所示的改变比例结果为例，讲解调用“改变比例”命令的方法。

01　按 Ctrl+O 组合键，打开配套资源提供的“第 8 章 / 8.2.7 改变比例 .dwg”素材文件，如图 8-31 所示。

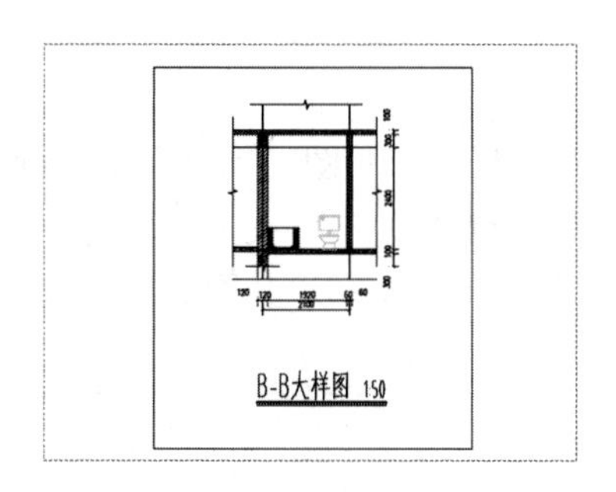

图 8-30　改变比例的结果

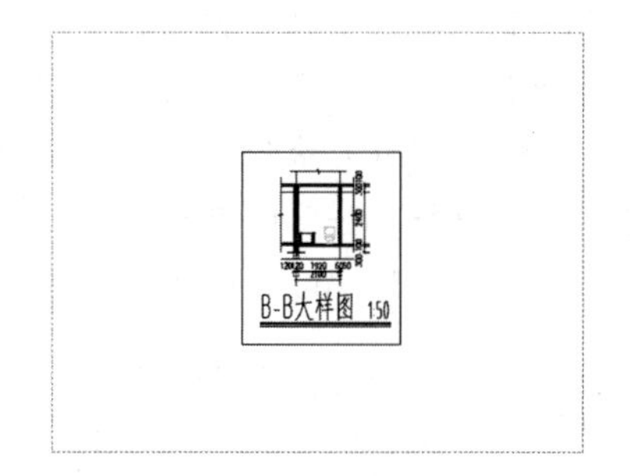

图 8-31　打开素材文件

02　单击“文件布图”→“改变比例”命令，命令行提示如下：

```
命令：T93_TChScale
选择要改变比例的视口：                                    // 如图 8-32 所示。
请输入新的出图比例 <100>：50
请选择要改变比例的图元：指定对角点：找到 4 个               // 如图 8-33 所示。
```

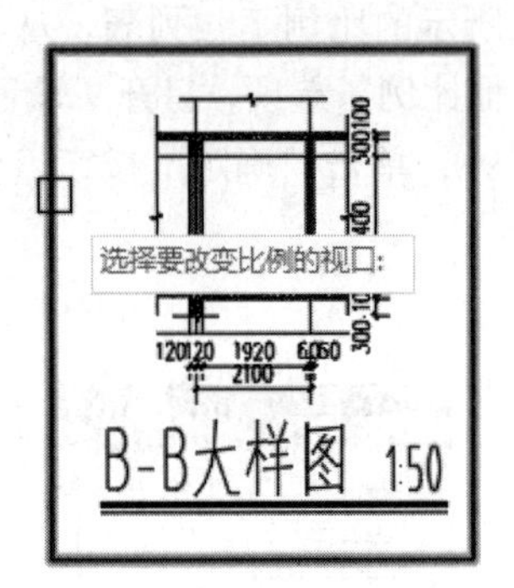

图 8-32 选择视口

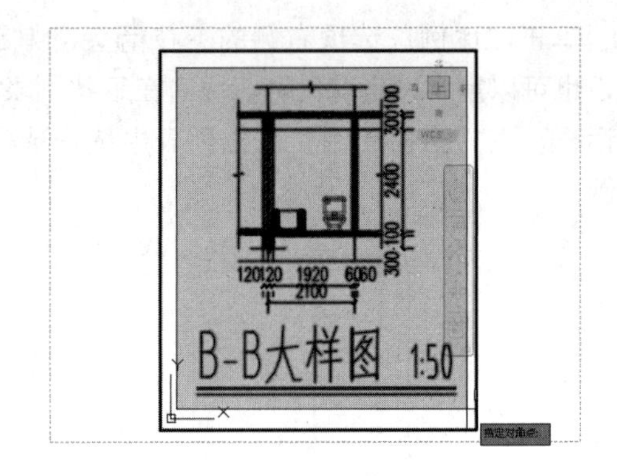

图 8-33 选择图元

03 按 Enter 键，完成改变比例，结果如图 8-30 所示。

8.2.8 改 T3 比例

调用“改 T3 比例”命令，可改变 T3 图纸中视口的出图比例，使图形以合适的比例输出。

“改 T3 比例”命令的执行方式如下：

➢ 菜单栏：单击“文件布图”→“改 T3 比例”命令。

单击“文件布图”→“改 T3 比例”命令，命令行提示如下：

```
命令：chscl
请点取要改变比例的窗口 <退出>：                     //选择视口边框。
请输入出图比例 <1：50>：1：100                       //输入比例。
请选取要改变比例的图元（ALL-全选）<不选取>：        //选择图元，按 Enter 键完成操作。
```

8.2.9 批量打印

调用“批量打印”命令，可以根据搜索到的图框同时打印若干图幅。

“批量打印”命令的执行方式如下：

➢ 菜单栏：单击“文件布图”→“批量打印”命令。

执行“批量打印”命令，弹出“天正批量打印”对话框。在“图框图层”选项组中单击“选择图框层”按钮，在图中单击图框（见图 8-34），选中图框所在的图层。

单击“窗选区域（W）”按钮，在图中指定对角点，选择打印范围，如图 8-35 所示。

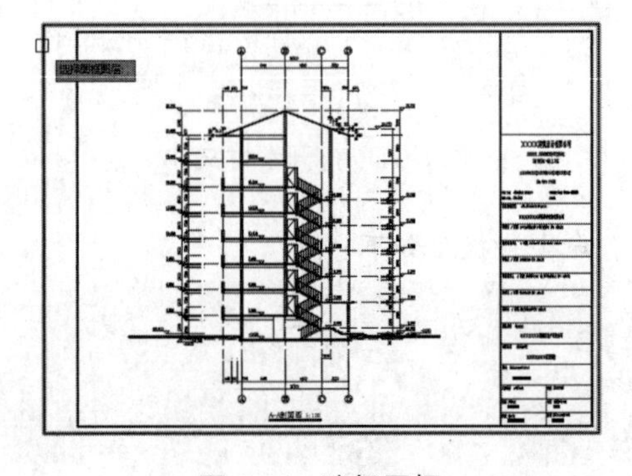

图 8-34 选择图框

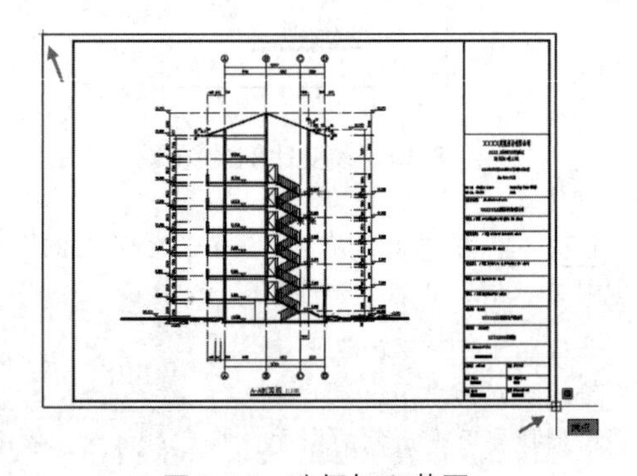

图 8-35 选择打印范围

返回“天正批量打印”对话框，设置打印参数，如图 8-36 所示。单击“预览”按钮，可预览打印效果，如图 8-37 所示。确认无误后，在空白区域右击，在弹出的快捷菜单中选择“打印”命令，即可打印图形。

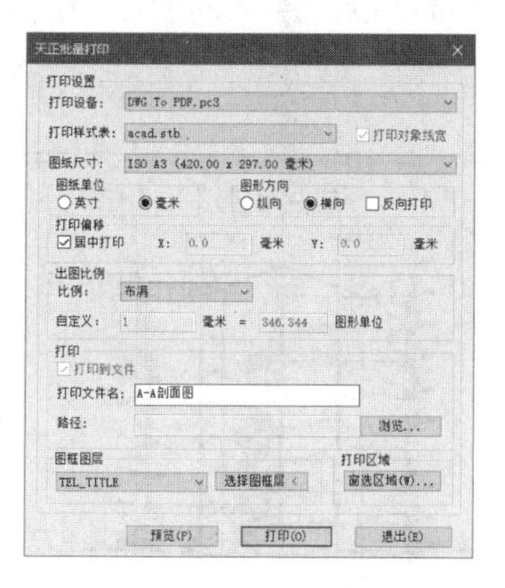

图 8-36　设置打印参数

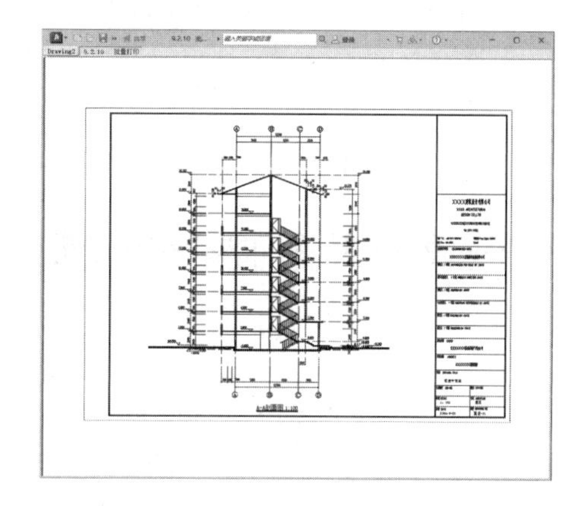

图 8-37　预览打印效果

8.2.10　插入图框

调用“插入图框”命令，可在模型空间或图纸空间中插入图框。图 8-38 所示为插入图框的结果。

“插入图框”命令的执行方式如下：

➢ 菜单栏：单击“文件布图”→“插入图框”命令。

下面以如图 8-38 所示的插入图框结果为例，讲解调用“插入图框”命令的方法。

01 按 Ctrl+O 组合键，打开配套资源提供的“第 8 章 / 8.2.10 插入图框 .dwg”素材文件，如图 8-39 所示。

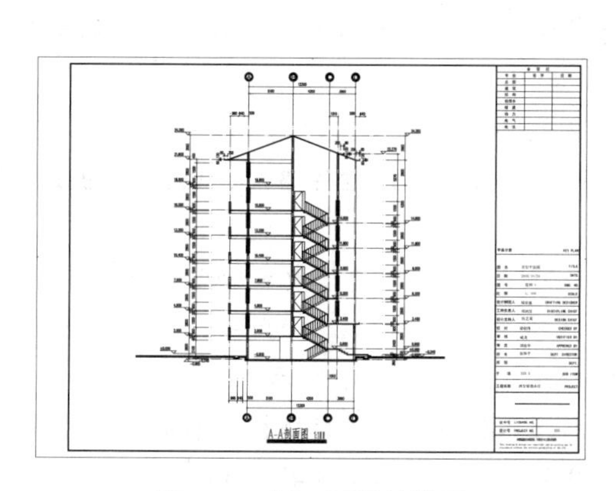

图 8-38　插入图框的结果

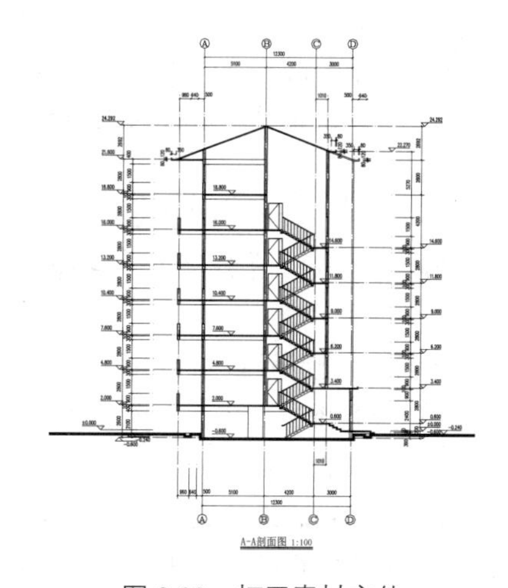

图 8-39　打开素材文件

02 单击“文件布图”→“插入图框”命令，弹出“插入图框”对话框，设置参数如图 8-40 所示。单击“插入”按钮，关闭对话框。

03 命令行提示如下：

```
命令：TTitleFrame
点取位置或 [ 转 90 度 (A) / 左右翻 (S) / 上下翻 (D) / 对齐 (F) / 改转角 (R) / 改基点 (T)]
<退出 >：                                      // 如图 8-41 所示。
```

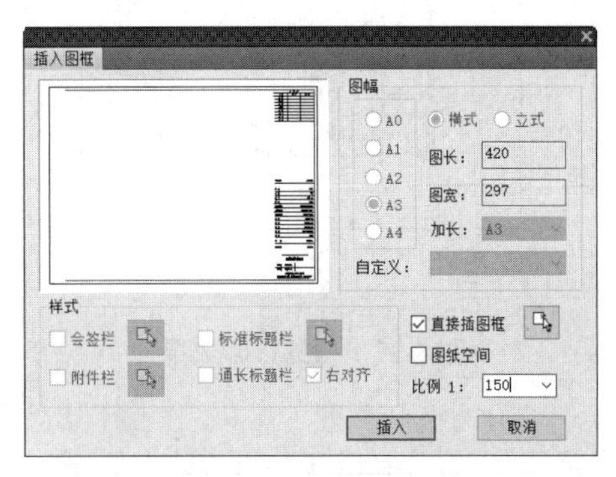

图 8-40 “插入图框”对话框

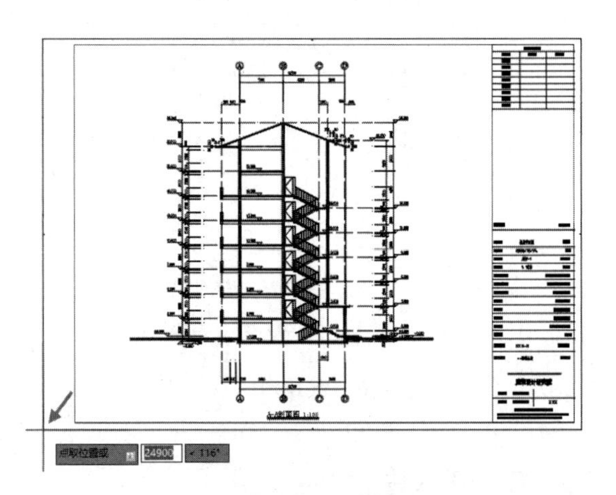

图 8-41 选取位置

04 插入图框的结果如图 8-38 所示。

“插入图框”对话框中的选项介绍如下：

“图幅”选项组：提供了 A0 ~ A4 五种标准的图幅。单击其中一个选项可选择相应的图幅。

“横式”/“立式”：指定图纸的格式。

“图长”/“图宽”：自定义图纸的长、宽尺寸，或者显示标准图幅的长、宽参数。

“加长”：在下拉列表中可选择加长型的标准图幅。单击“标准标题栏”选项后的按钮，打开“天正图库管理系统”对话框，在其中可选取国家标准加长图幅。

“自定义”：在“图长”/“图宽”文本框中若输入非标准的图框尺寸，系统会把尺寸参数作为自定义尺寸保存在该项。单击该选项右侧的下拉箭头，可在下拉列表中选择已保存的自定义尺寸。

“比例 1”：设置图框的出图比例，与“打印”对话框中的“出图比例”值一致。可从下拉列表中选择比例，或者自行输入。选择“图纸空间”选项时，该控件暗显，比例自动设置为 1：1。

“图纸空间”：选择该选项，可切换到图纸空间，在“比例 1”选项中显示比例为 1：1。

“会签栏”：选择该选项，允许在图框左上角加入会签栏。单击右边的按钮，打开“天正图库管理系统”对话框，在其中可以选取预先入库的会签栏，如图 8-42 所示。

“标准标题栏”：选择该选项，允许在图框右下角插入标准样式的标题栏。单击右边的按钮，打开“天正图库管理系统”对话框，可选取预先入库的标题栏，如图 8-43 所示。

“通长标题栏”：选择该选项，允许在图框右方或者下方加入用户自定义样式的标题栏。

“右对齐”：图框在下方插入横向通长标题栏时，选择“右对齐”选项可以使标题栏向右对齐，在左边插入附件。

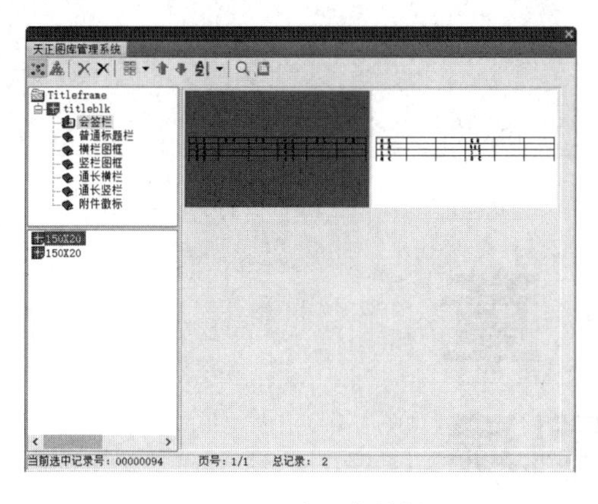

图 8-42　选取会签栏

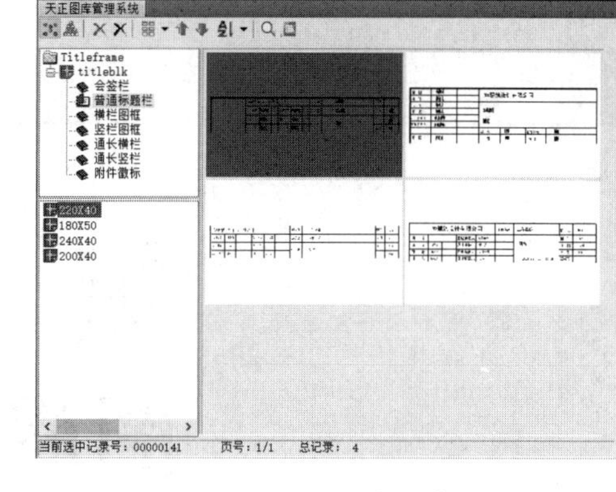

图 8-43　选取标题栏

“附件栏”：选择“通长标题栏”选项后，“附件栏”选项可以被选择。选择“附件栏”选项后，允许在图框的一端插入附件栏。单击右边的按钮，打开“天正图库管理系统”对话框，可选取预先入库的附件栏，其可以是设计单位徽标或者是会签栏。

“直接插图框”：选择该选项，允许在当前图形中直接插入带有标题栏与会签栏的完整图框，不必选取图幅尺寸和图纸格式。单击右边的按钮，打开“天正图库管理系统”对话框，可选取预先入库的完整图框。

在图框中双击要修改的属性文字，打开“增强属性编辑器”对话框，在其中可修改属性参数。例如，双击“日期”属性文字，在对话框中修改参数，如图 8-44 所示。

单击“确定”按钮，返回图中，观察修改结果，可以发现日期已被修改，如图 8-45 所示。

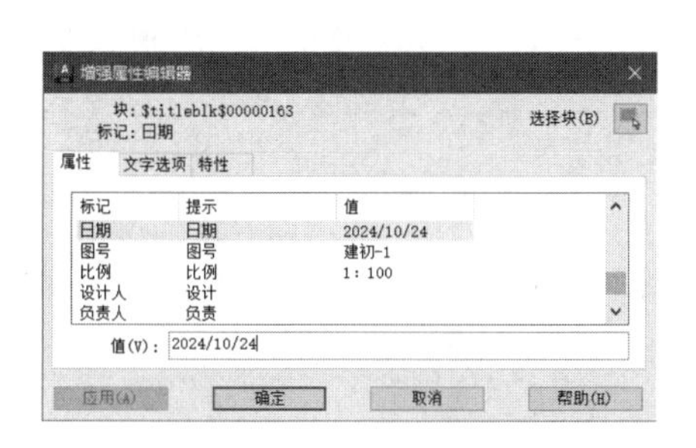

图 8-44　修改参数

平面示意		KEY PLAN
图 名	首层平面图	TITLE
日 期	2024/10/24	DATE
图 号	建初-1	DWG. NO
比 例	1: 100	SCALE
设计制图人		DRAFTING DESIGNER
工种负责人		DISCIPLINE CHIEF
设计主持人		DESIGN CHIEF
校 对		CHECKED BY

图 8-45　修改结果

第 9 章
图库图层

● **本章导读**

本章的内容包含图库管理和图层控制。图库管理指管理天正图库中的图形，包括复制、移动、删除和重命名等操作。图层控制即编辑天正图层，包括开、关、锁定和解锁图层等操作。

本章将介绍图库管理和图层控制的知识。

● **本章重点**

◈ 图库管理

◈ 图层控制

9.1 图库管理

为了检索和查询图块，天正软件使用关系数据库对 DWG 文件进行管理，包括分类、赋予汉字名称等。单独的天正图库是一个 DWB 文件、TK 文件和 SLB 文件的集合。DWB 文件是一系列 DWG 文件打包压缩的文件格式，不仅可使文件数目锐减，而且利用压缩存储技术，节省了图库的存储空间，大大优化利用了磁盘。存放于 DWB 文件中的 DWG 文件使用 TK 表格进行管理查询。

本节将介绍管理图库的相关操作，包括新图入库和删除类别等。

9.1.1 图库管理概述

单击“设置”→“图库管理”命令，弹出如图 9-1 所示的“天正图库管理系统”对话框。

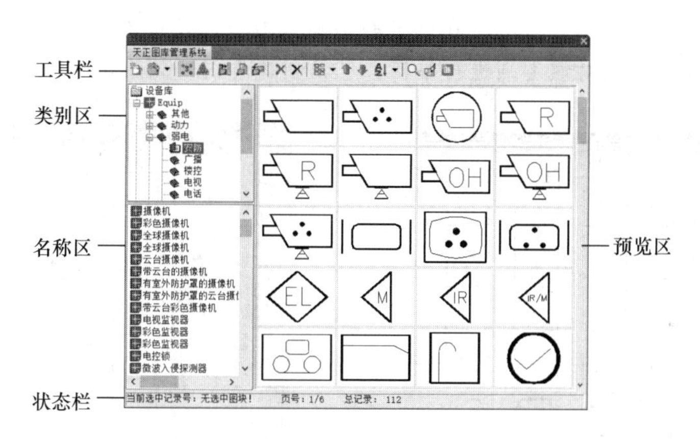

图 9-1 “天正图库管理系统”对话框

“天正图库管理系统”对话框包括工具栏、类别区、名称区、状态栏及预览区五个部分。该对话框可以随意调整大小，并自动记录最后一次关闭时的选择。类别区、名称区和预览区之间可随意调整最佳可视大小及相对位置。

1. 对话框中各分区的介绍

- 工具栏：工具栏（见图 9-2）由命令按钮组成，将鼠标指针放置在其中某个按钮上，将浮动显示该命令的中文提示，单击某个按钮即可执行相应的命令。

图 9-2 工具栏

- 预览区：显示某类别中所有的设备幻灯片。选择设备后，被选中的设备显示为蓝色，并在名称区中加亮显示设备的名称，如图 9-3 所示。在设备上右击，在弹出的如图 9-4 所示的快捷菜单中选择命令，可以编辑被选中的设备。选中“布局”命令，还可以重定义设备的布局方式。

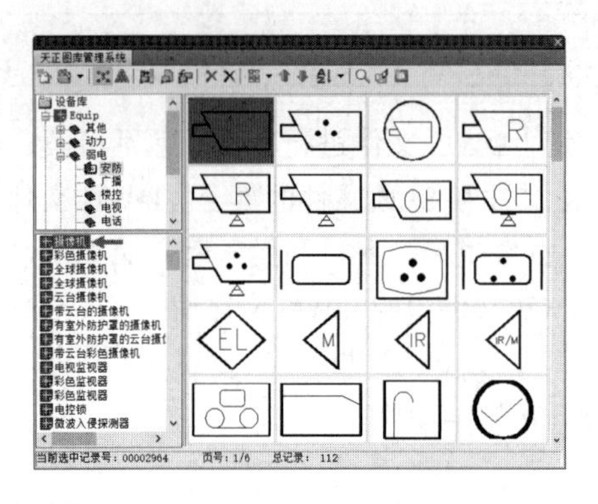

图 9-3　选择设备

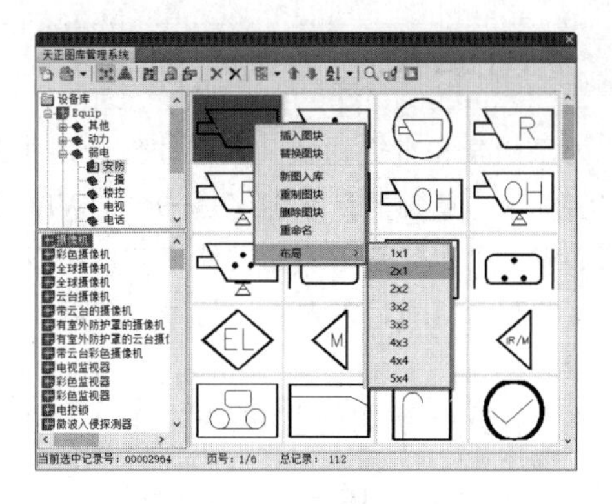

图 9-4　快捷菜单

➢ 类别区：显示图库的设备类别。选择类别后，被选中的类别显示为蓝色，如图 9-5 所示。天正图库支持无限制分层次。在选中的类别上右击，在弹出的如图 9-6 所示的快捷菜单中选择命令，可以对该类别进行编辑，包括新建类别、删除类别及重命名等。

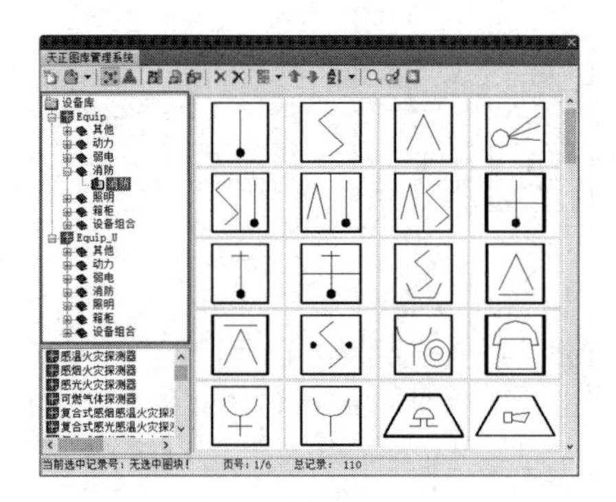

图 9-5　选择类别

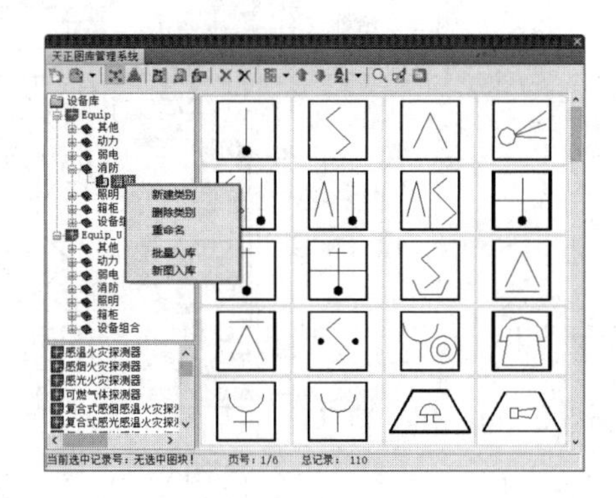

图 9-6　快捷菜单

➢ 名称区：显示类别中的设备名称，如图 9-7 所示。要注意的是，该名称并不是 AutoCAD 图块的名称，而是为了便于理解的描述名称。

➢ 状态栏：显示被选中设备的参考信息。例如，选择“水表”，在状态栏中显示记录号、页号及总记录信息，如图 9-8 所示。

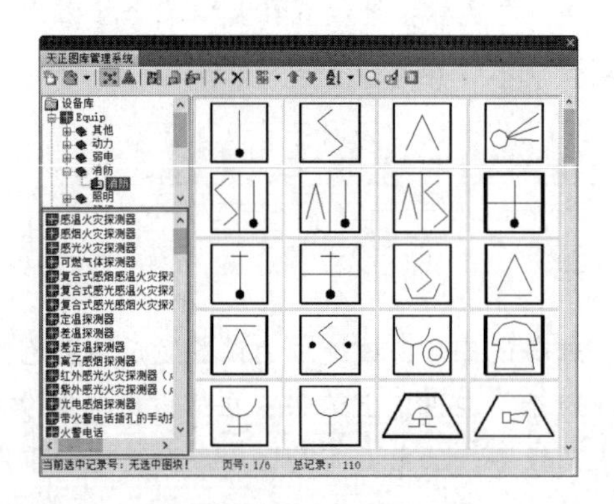

图 9-7　显示设备名称

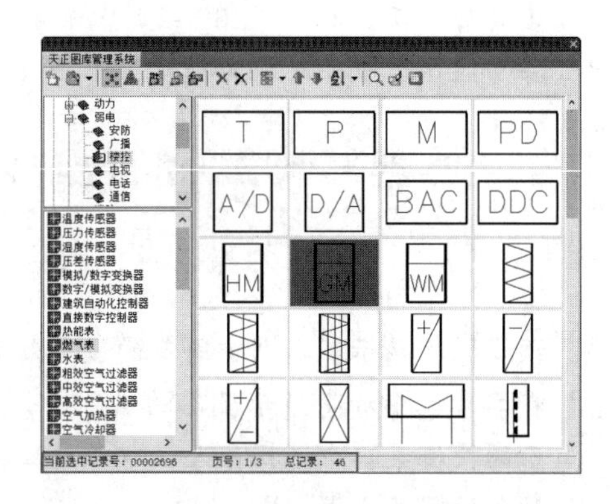

图 9-8　显示设备信息

2. 在图库中复制或移动设备

天正图库管理系统支持利用“拖动鼠标”的方式，在不同类别、不同图库之间成批地移动、复制设备。

下面举例说明复制设备的方法。

选择“灯具”设备类别，在预览区中选择“双管荧光灯”，按住鼠标左键向左拖动，即可将设备复制到“其他”设备类别中，如图 9-9 所示。

操作结束后，展开“其他”设备类别，可以看到复制的“双管荧光灯”，如图 9-10 所示。

在进行上述操作的过程中，如果按住 Shift 键不放，则“双管荧光灯”被移动到“其他”设备类别中。

在选择设备时，按住 Ctrl 键，可以同时选中多个设备进行复制或移动操作。

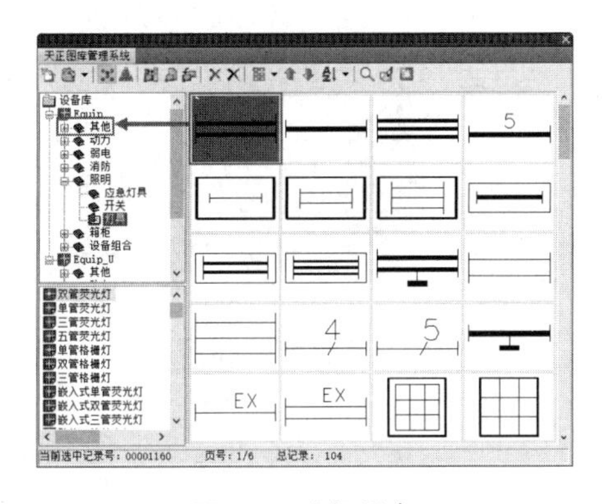

图 9-9　选择设备

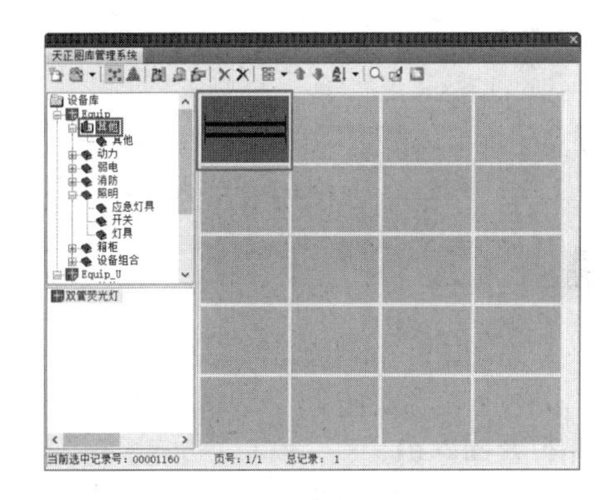

图 9-10　复制设备

在“其他”设备类别中选择新添加的设备，右击，在弹出的快捷菜单中选择“删除图块”命令（见图 9-11），可将其删除。如果选择“重命名”命令，进入在位编辑模式，则用户可以重命名设备，如图 9-12 所示。

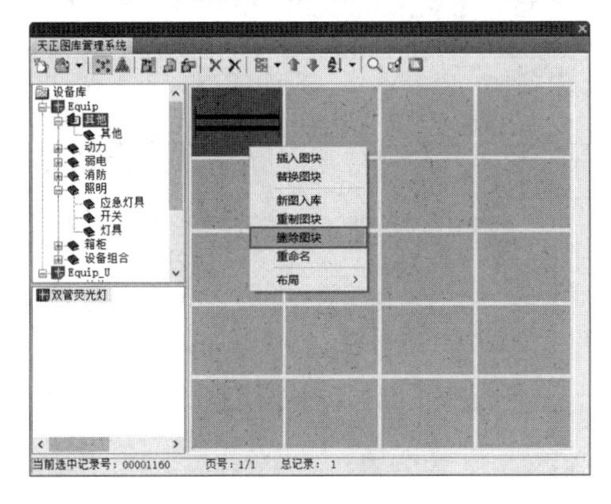

图 9-11　选择命令

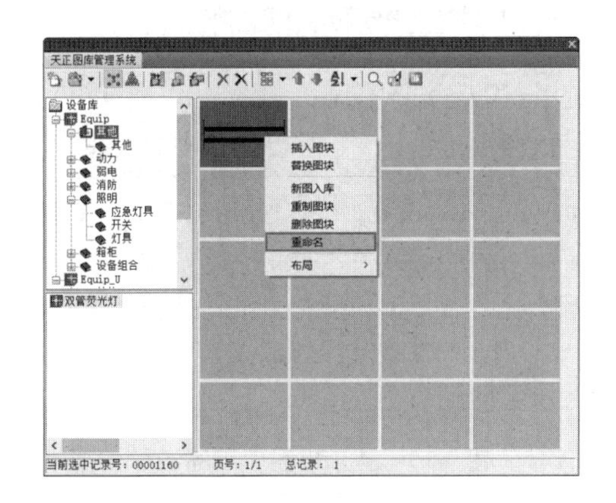

图 9-12　重命名设备

9.1.2　文件管理

图库的文件管理包括新建图库组、打开图库组、加入 TK、新建 TK 和合并检索 5 个方面。

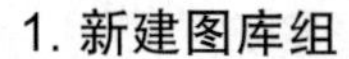

1. 新建图库组

打开“天正图库管理系统”对话框，单击工具栏中的“新建库”按钮，弹出如图 9-13 所示的“新建”对话框。

在对话框中设置图库组的位置和名称，根据需要选择图库组的类型，有“多视图图库”和“普通图库”两个选项。

单击“新建”按钮，创建 TKW 文件。在“天正图库管理系统”对话框中显示出新建的图库组，如图 9-14 所示。

图 9-13 “新建”对话框

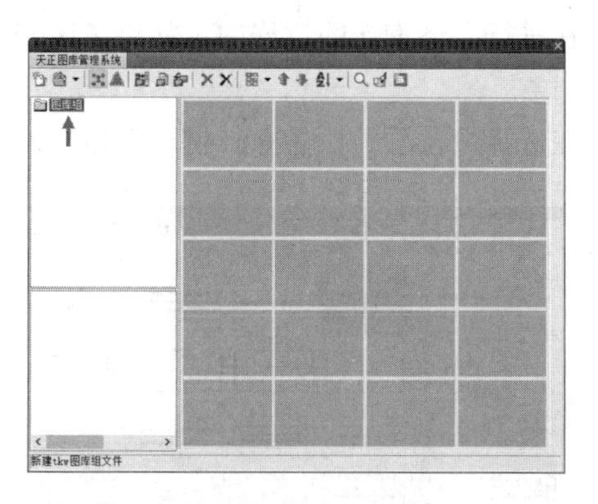

图 9-14 显示出新建的图库组

2. 打开图库组

打开“天正图库管理系统”对话框，单击工具栏中的“打开图库”按钮，在下拉列表中显示出图库组的名称，如图 9-15 所示。

选择其中一个图库组，可显示相应的设备。例如，选择“元件库”，在对话框中可显示各类元件，如图 9-16 所示。

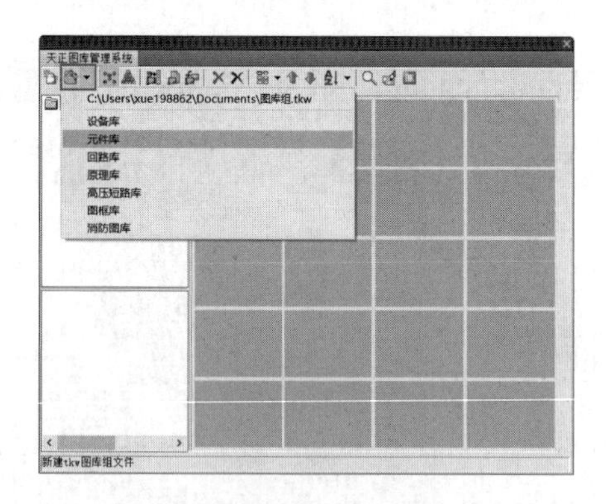

图 9-15 显示出图库组的名称

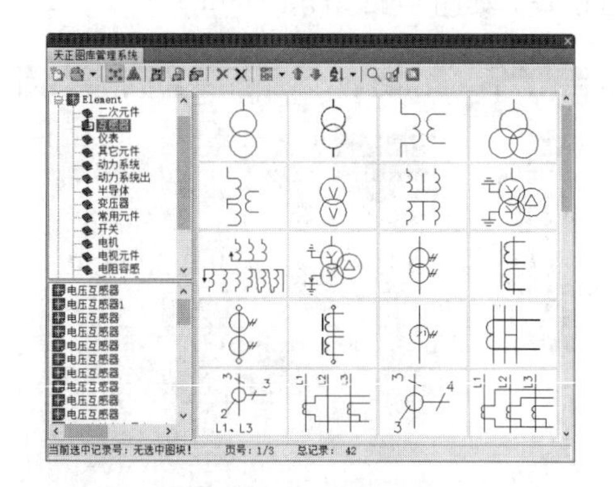

图 9-16 显示各类元件

3. 加入 TK

打开“天正图库管理系统”对话框，在图库组的名称上右击，在弹出的快捷菜单中选择“加入 TK”命令（见图 9-17），弹出“打开”对话框，如图 9-18 所示。选择图库（TK 文件），单击“打开”按钮，可将其加入到当前的图库组中。

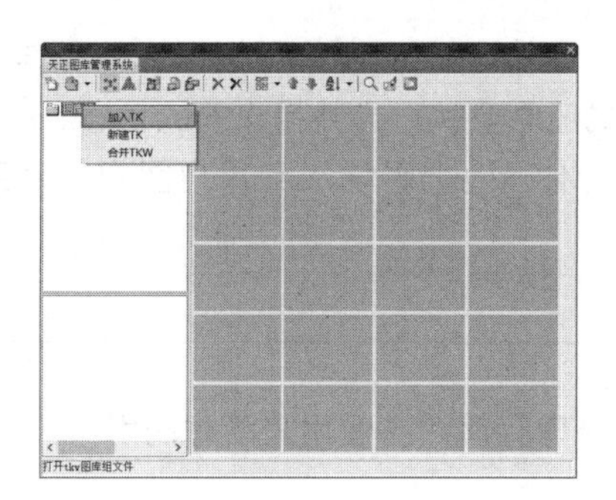

图 9-17　选择“加入 TK”命令

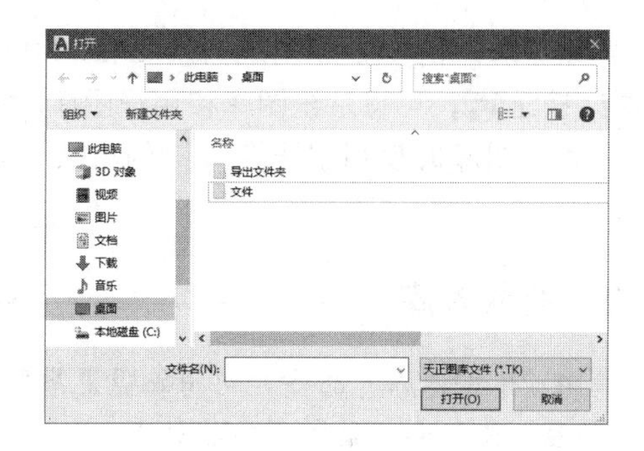

图 9-18　“打开”对话框

4. 新建 TK

在图库组的名称上右击，在弹出的快捷菜单中选择“新建 TK”命令（见图 9-19），弹出“打开”对话框，设置新的文件名，如图 9-20 所示。单击“打开”按钮，系统自动创建新的图库，并将其加入到当前图库组中。

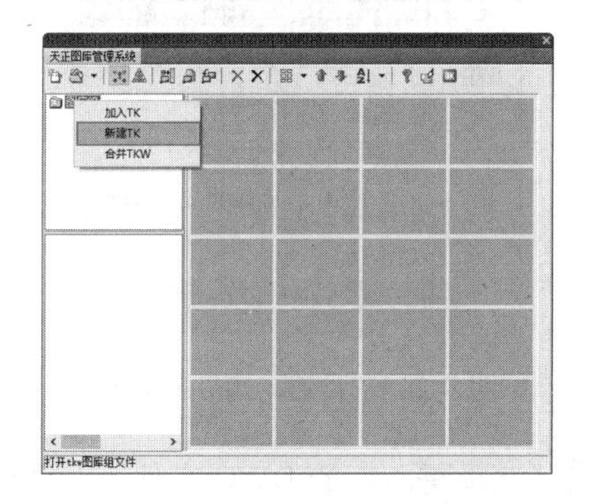

图 9-19　选择“新建 TK”命令

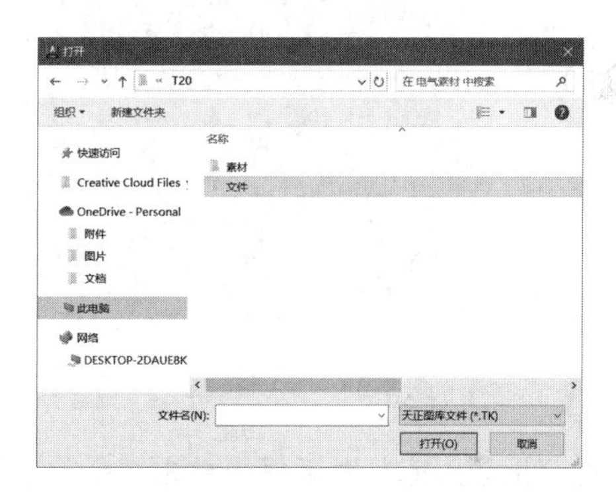

图 9-20　设置新的文件名

5. 合并检索

在对图库进行合并检索前，可以看到系统图库和用户图库，如图 9-21 所示。执行合并检索后，则看不到系统图库和用户图库，如图 9-22 所示。

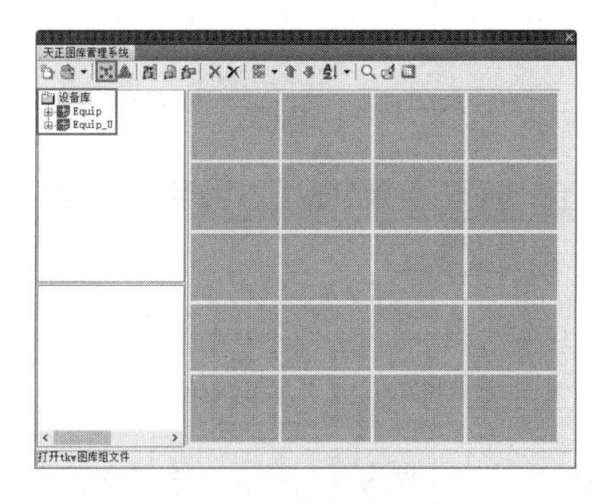

图 9-21　合并检索前

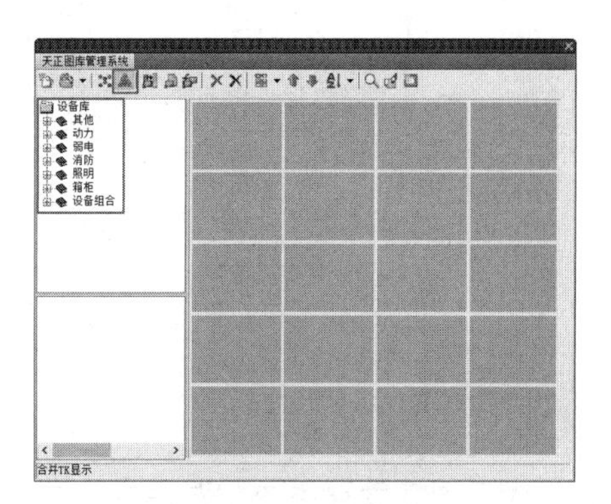

图 9-22　合并检索后

单击“天正图库管理系统”对话框工具栏中的“合并”按钮，可执行合并操作。单击“还原”按钮，可将系统图库和用户图库的显示方式还原至执行合并操作前的状态。

在管理图库时使用“不合并”的方式，可以方便准确地把图块放到用户图库或者系统图库中。

9.1.3 批量入库

调用“批量入库”命令，可将磁盘上零散的图形入库存储，方便用户随时调用。

“批量入库”命令的执行方式如下：

➢ 工具栏：在“天正图库管理系统”对话框中单击工具栏中的“批量入库”按钮。

在对话框中单击工具栏中的“批量入库”按钮（见图 9-23），弹出“批量入库”对话框，如图 9-24 所示。

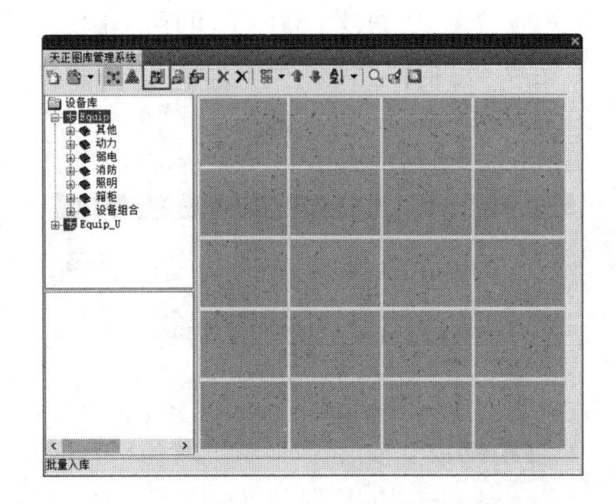

图 9-23 单击按钮

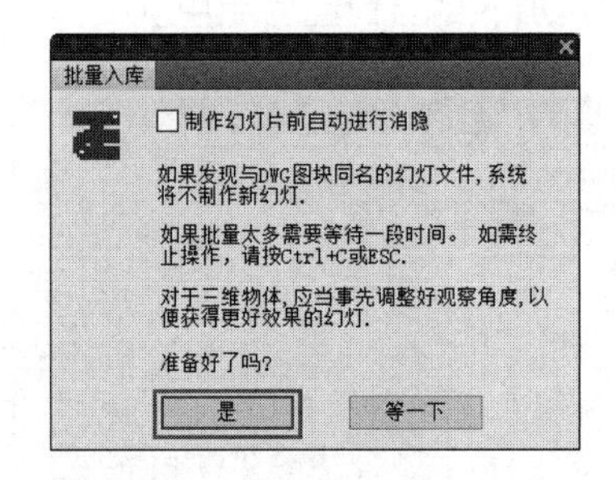

图 9-24 “批量入库”对话框

在“批量入库”对话框中单击“是”按钮，弹出“选择需入库的 DWG 文件”对话框，选择文件，如图 9-25 所示。

单击“打开”按钮，在弹出的提示对话框中显示进度，如图 9-26 所示。对话框关闭后，结束批量入库的操作。

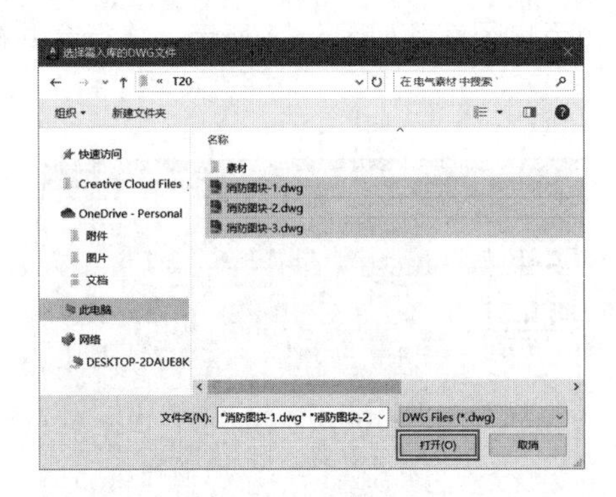

图 9-25 选择文件

图 9-26 显示进度

在“天正图库管理系统”对话框中显示出入库的文件，如图 9-27 所示。选择文件，右击，在弹出的如图 9-28 所示的快捷菜单中选择命令，可以进行多种操作。

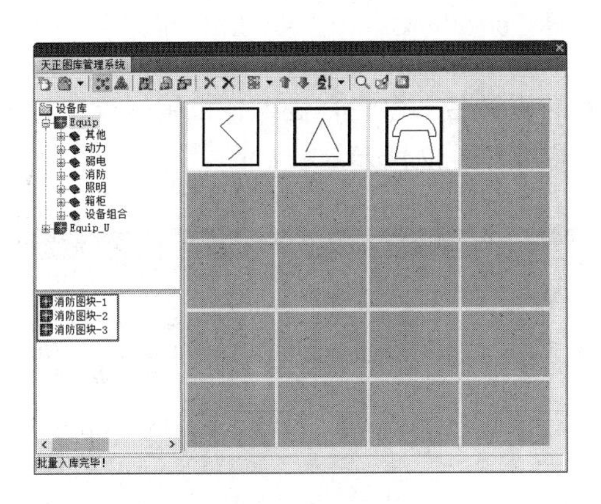

图 9-27　显示出入库的文件

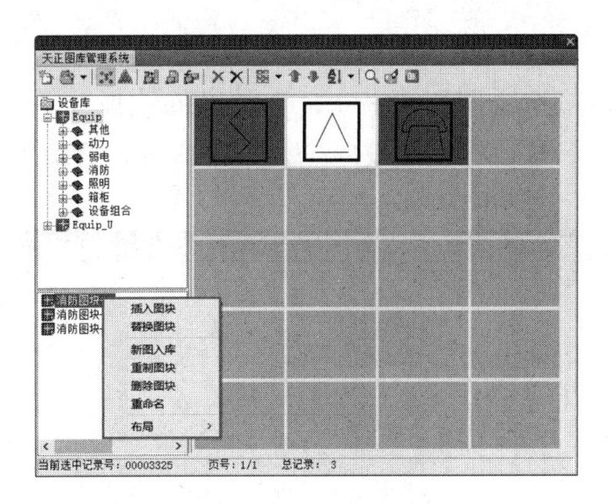

图 9-28　快捷菜单

批量入库的注意事项如下：

- 将三维图块入库应该事先调整好观察角度。如果还未调整图块的角度，可以在“批量入库”对话框中单击“等一下”按钮，返回绘图区去调整。
- 在相同目录的 DWG 文件中如果存在同名的 SLD（即幻灯片文件），系统不予制作新的幻灯片。
- 新入库的图块应该及时重命名，以方便理解和记忆。

9.1.4　新图入库

调用“新图入库”命令，可将选定的图形创建为块，并存储入库，以方便用户绘图时调用。

“新图入库”命令的执行方式如下：

- 工具栏：在“天正图库管理系统”对话框中单击工具栏中的“新图入库”按钮。

单击“新图入库”按钮，命令行提示如下：

```
命令：tkw
选择构成图块的图元：指定对角点：找到 15 个            // 如图 9-29 所示。
图块基点 <（51.1102，-23.0562，0）>：                // 如图 9-30 所示。
制作幻灯片（请用 zoom 调整合适）或 [ 消隐（H）/ 不制作返回（X）]< 制作 >：
                                                     // 按 Enter 键，选择是否制作幻灯片。
```

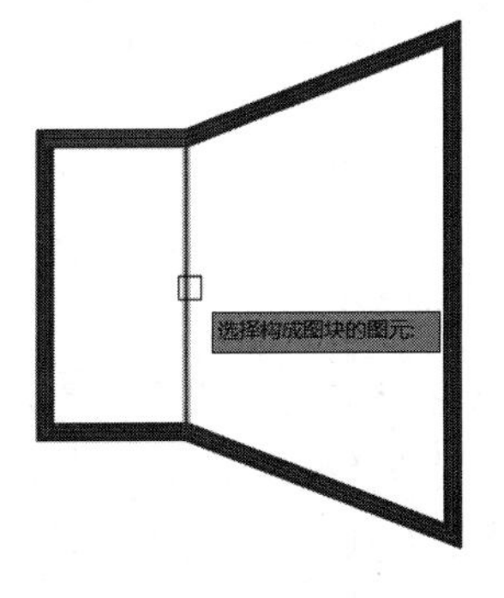

图 9-29　选择图元

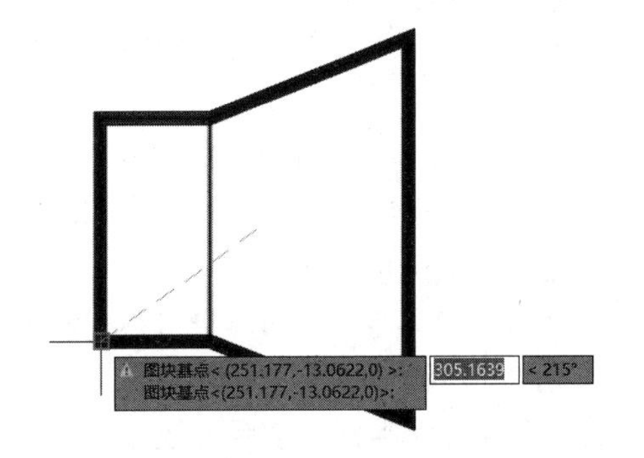

图 9-30　指定基点

完成上述操作后，返回“天正图库管理系统”对话框，可以看到新入库的图形，如图 9-31 所示。选择图形，右击，在弹出的快捷菜单中选择“重命名”命令，进入在位编辑模式，重新定义名称。在空白处单击，结束命名，重命名的结果如图 9-32 所示。

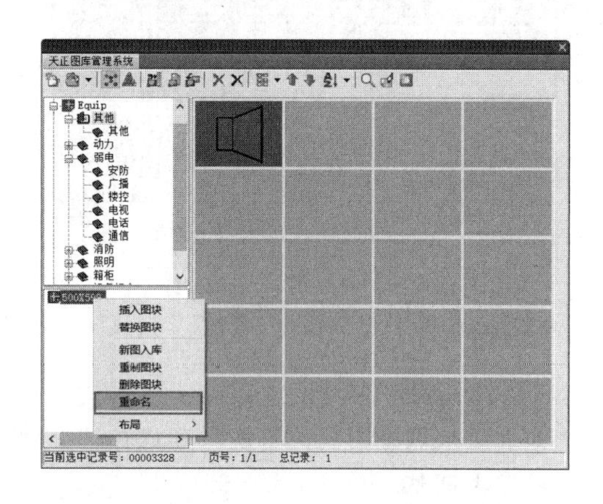

图 9-31　新入库的图形

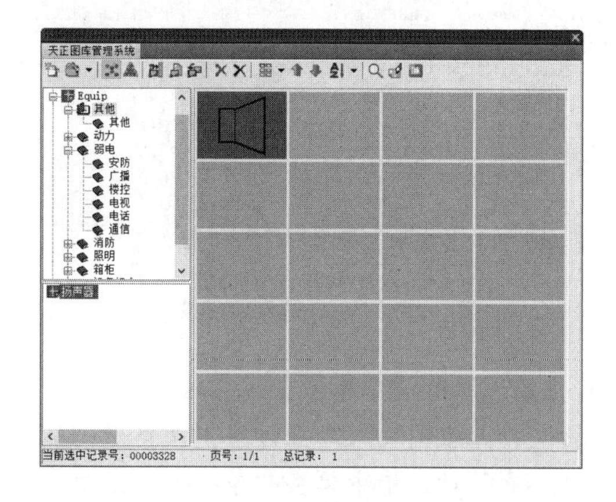

图 9-32　重命名

9.1.5　重制库中图块

调用“重制”命令，可重新制作图库中选定的图块，以达到更新图块的目的。

“重制”命令的执行方式如下：

- 工具栏：在“天正图库管理系统”对话框中单击工具栏中的“重制”按钮。

单击“重制”按钮，命令行提示如下：

```
命令：tkw
选择构成图块的图元<只重制幻灯片>：指定对角点：找到 15 个
图块基点<(51.1102, -23.0562, 0)>：
制作幻灯片(请用 zoom 调整合适)或[消隐(H)/不制作(N)/返回(X)]<制作>：
```

该命令与“新图入库”命令相似，用户可以参考“9.1.4 新图入库”的介绍来进行操作。

9.1.6　删除类别

调用“删除类别”命令，可删除当前库中被选定的类别，并将包含的子类别和图块全部删除。

“删除类别”命令的执行方式如下：

- 工具栏：在“天正图库管理系统”对话框中单击工具栏中的“删除类别”按钮 ×（红色），如图 9-33 所示。
- 右键快捷菜单：在图库组名称上右击，在弹出的快捷菜单中选择“删除类别”命令，如图 9-34 所示。

在类别区选中类别，按照上述任意一种方式进行“删除类别”操作，都可以删除选定的类别。

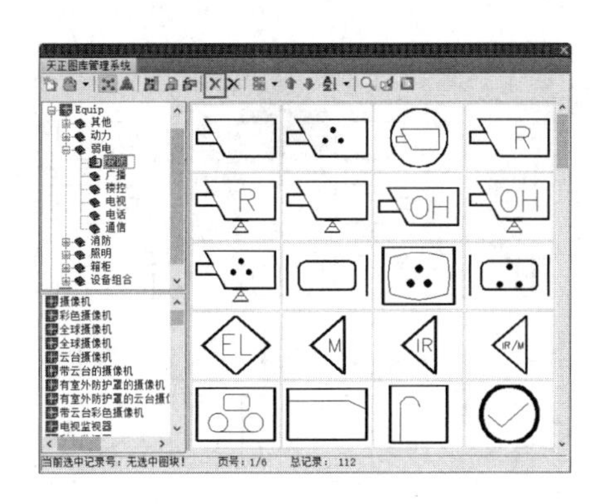

图 9-33　单击“删除类别”按钮

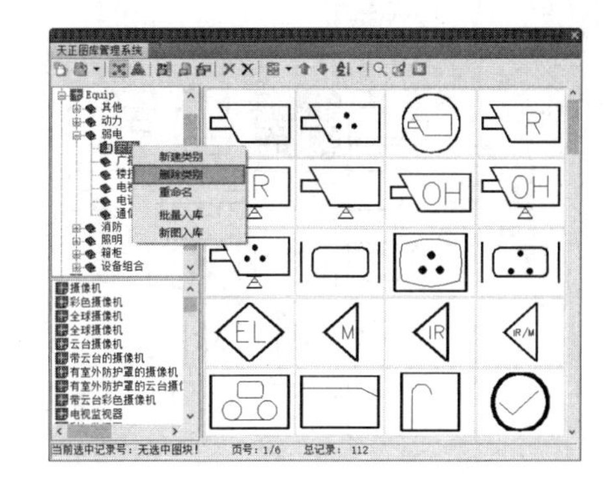

图 9-34　选择“删除类别”命令

9.1.7　删除图块

调用“删除图块”命令，可在图库中删除选定的图块。

“删除图块”命令的执行方式如下：

- 工具栏：在“天正图库管理系统”对话框中单击工具栏中的“删除”按钮 ✕（黑色），如图 9-35 所示。
- 右键快捷菜单：在图块上右击，在弹出的快捷菜单中选择“删除图块”命令，如图 9-36 所示。

在预览区中选择图块，按照上述任意一种方式进行“删除图块”操作，都可以删除选定的图块。

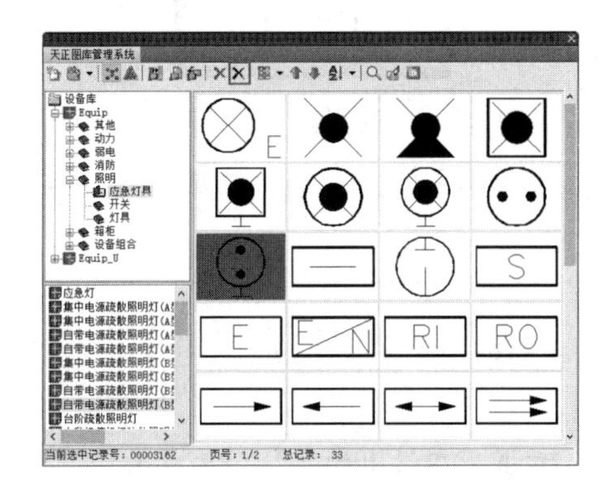

图 9-35　单击“删除”按钮

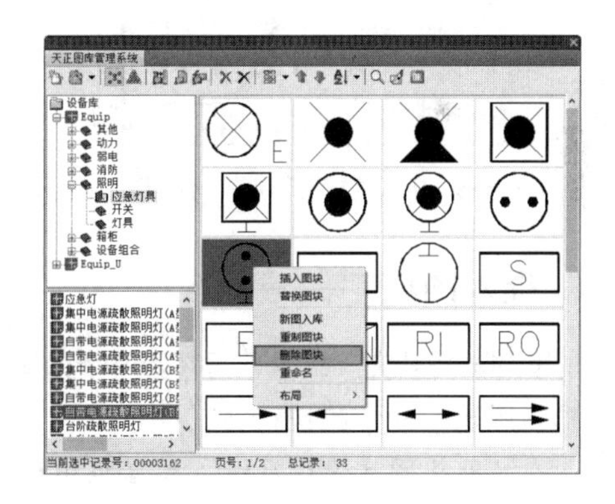

图 9-36　选择“删除图块”命令

9.1.8　替换图块

调用“替换图块”命令，可在图库中选中图块，替换图纸中的图块。

“替换图块”命令的执行方式如下：

- 工具栏：在“天正图库管理系统”对话框中单击工具栏中的“替换”按钮，如图 9-37 所示。
- 右键快捷菜单：选中图块，右击，在弹出的快捷菜单中选择“替换图块”命令，如图 9-38 所示。

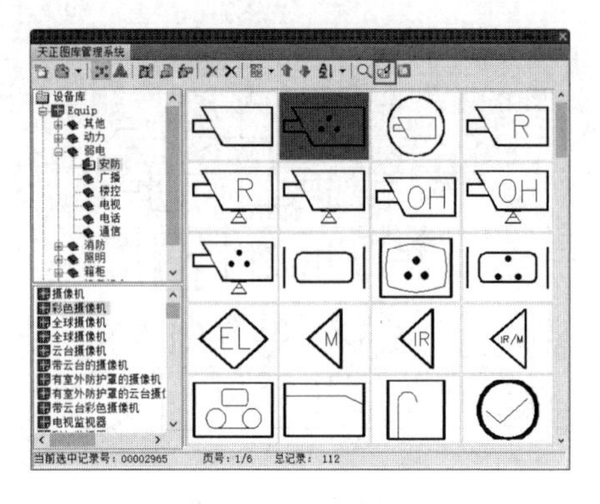

图 9-37　单击“替换”按钮

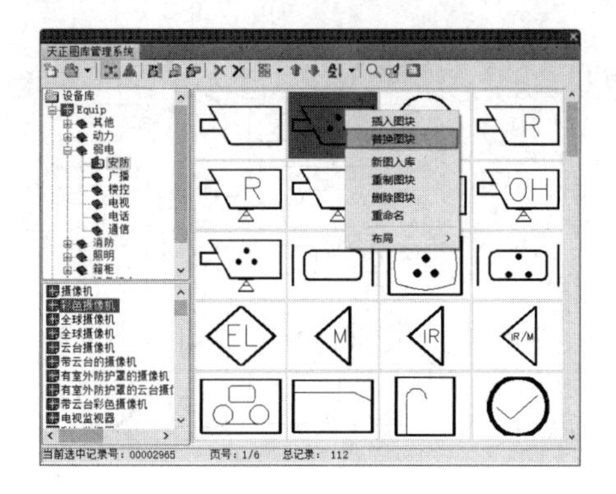

图 9-38　选择“替换图块”命令

在预览区中选择图块，按照上述任意一种方式进行“替换”操作，弹出如图 9-39 所示的“替换选项”对话框。命令行提示如下：

```
命令：T93_tkw
选择图中将要被替换的图块！
选择对象：                                    // 如图 9-40 所示。
```

按 Enter 键，即可替换图块。

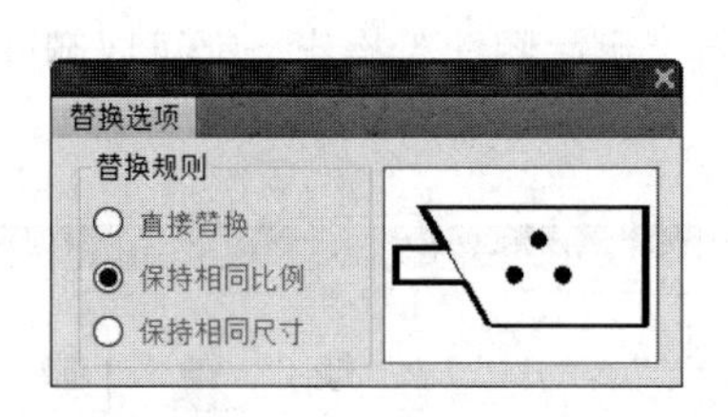

图 9-39　“替换选项”对话框

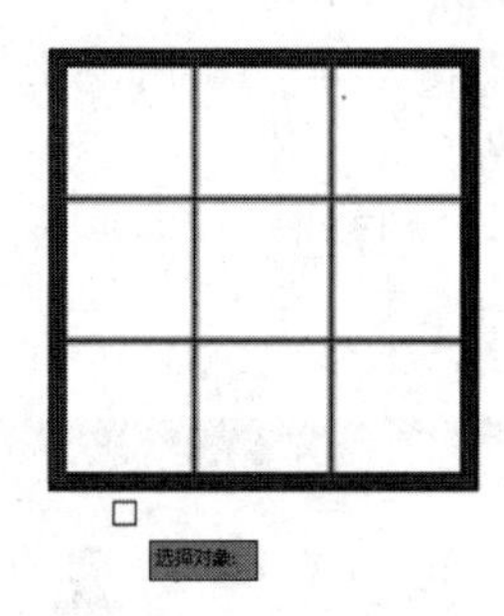

图 9-40　选择对象

9.1.9　插入图块

调用“插入图块”命令，可将选中的图块插入到当前视图中。

“插入图块”命令的执行方式如下：

- 在“天正图库管理系统”对话框中选中图块，右击，在弹出的快捷菜单中选择“插入图块”命令。
- 在对话框中选中并双击图块。

执行上述任意一项操作，命令行提示如下：

```
命令：TKW
点取插入点或 [ 转 90(A)/ 左右 (S)/ 上下 (D)/ 转角 (R)/ 基点 (T)/ 更换 (C)/ 比例 (X)]
<退出>：
```

命令行中的选项介绍如下：

1. 翻转图块

转 90（A）：输入“A”，按 90° 翻转选中的图块。

左右（S）：输入“S”，左右翻转选中的图块。

上下（D）：输入“D”，上下翻转选中的图块。

2. 定义图块的转角尺寸

转角（R）：输入“R”，可定义图块的插入角度。命令行提示如下：

```
命令：T93_tkw
点取插入点或 [ 转 90（A）/ 左右（S）/ 上下（D）/ 转角（R）/ 基点（T）/ 更换（C）/ 比例（X）]
<退出>：R
旋转角度：45                                    // 如图 9-41 所示。
点取插入点：                                    // 插入图块，如图 9-42 所示。
```

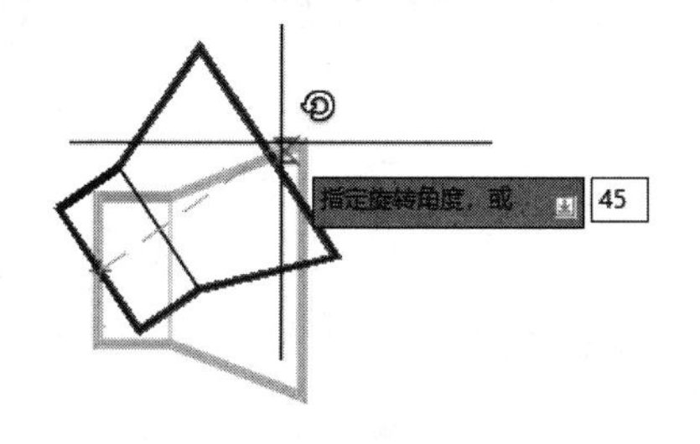

图 9-41　指定旋转角度

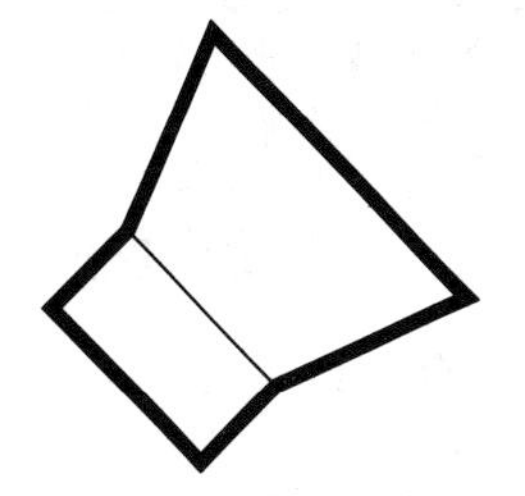

图 9-42　插入图块

3. 改变图块的插入基点

基点（T）：输入“T”，可更改图块的插入基点。命令行提示如下：

```
命令：T93_tkw
点取插入点或 [ 转 90（A）/ 左右（S）/ 上下（D）/ 转角（R）/ 基点（T）/ 更换（C）/ 比例（X）]
<退出>：T
输入插入点或 [ 参考点（R）]<退出>：            // 如图 9-43 所示。
点取插入点：
```

在没有重定义插入点之前，图块的插入点默认在右侧，如图 9-44 所示。完成上述操作后，插入点被指定在圆心位置。

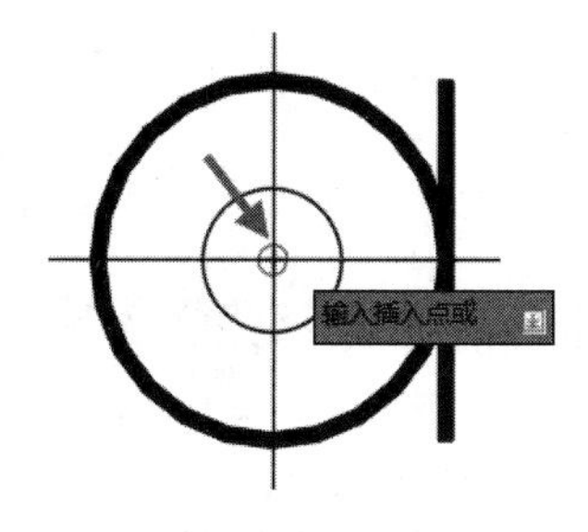

图 9-43　指定插入点

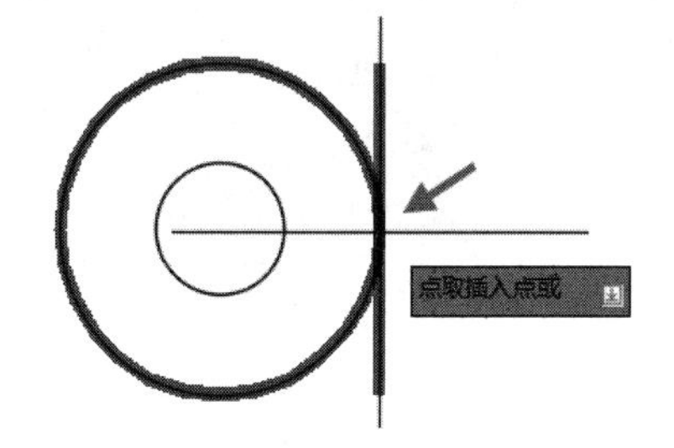

图 9-44　图块的插入点默认在右侧

4. 更换插入对象

更换（C）：输入“C”，返回“天正图库管理系统”对话框，可重新选择图块，并将重选后的图块插入至当前视图。

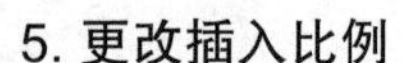

5. 更改插入比例

比例（X）：输入“X”，可更改插入图块的比例。命令行提示如下：

```
命令：T93_tkw
点取插入点或［转90（A）/左右（S）/上下（D）/转角（R）/基点（T）/更换（C）/比例（X）］
<退出>：X
请输入比例<500.0>：200                          //如图9-45所示。
点取插入点：
```

更改图块比例前后的效果如图9-46所示。

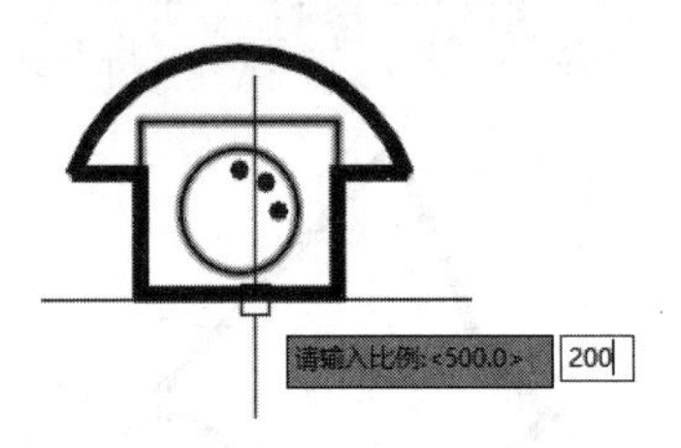

图9-45　输入比例

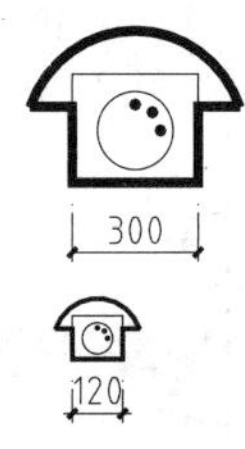

图9-46　更改图块比例前后

9.2 图层控制

调用“图层控制”命令，可控制图层的状态，包括开/关、锁定/解锁等，以及管理图层中图形的显示效果。

单击菜单栏中的“设置”→“图层控制”命令，弹出如图9-47所示的图层管理菜单。选择菜单中的命令，可对图层进行编辑操作。

菜单中的命令按钮介绍如下：

天正建筑层：单击该按钮，当命令按钮前的灯泡暗显时表示该图层处于关闭状态，图层上的所有图形也不显示。

天正电气层：单击该按钮，可以隐藏或开启所有天正电气图形所在的图层。

定义图层：单击该按钮，弹出如图9-48所示的“定义图层”对话框。在其中可以设置新图层的名称，并将其添加到“自定义本专业图层”列表中。

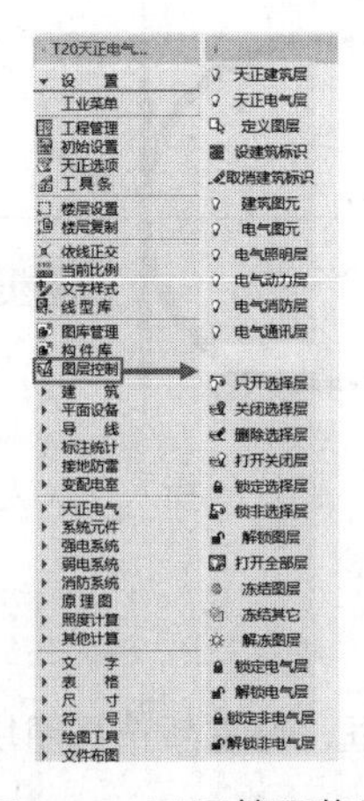

图9-47　图层管理菜单

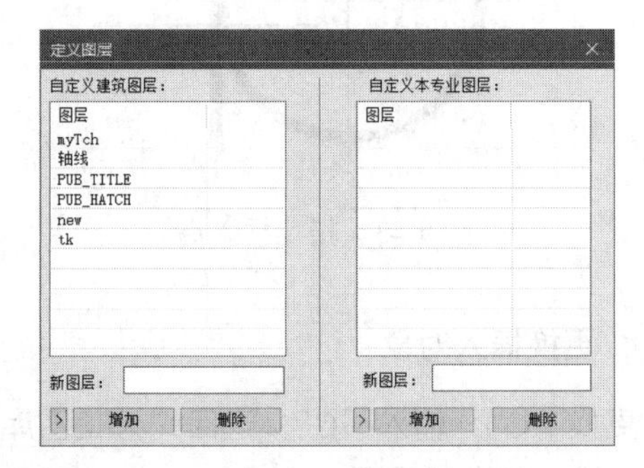

图9-48　“定义图层”对话框

设建筑标识：单击该按钮，可为选定的图层设置建筑标记。

建筑图元：单击该按钮，可控制所有建筑图元所在图层的隐藏或开启。

电气图元：单击该按钮，可控制“电气照明层”“电气动力层”“电气消防层”“电气通讯层”等图层的隐藏或开启。

电气照明 / 动力 / 消防 / 通讯层：单击相应的按钮，可以控制相应图层上的隐藏或开启。

图 9-49 所示为开启“电气照明层”时图形的显示效果。图 9-50 所示为关闭“电气照明层”时图形的显示效果。

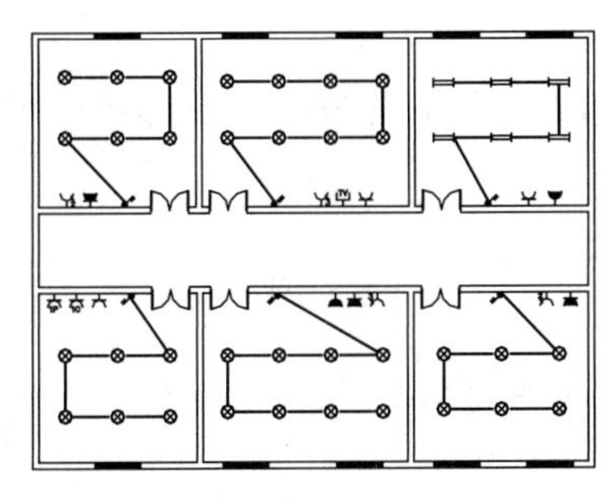

图 9-49　开启“电气照明层”

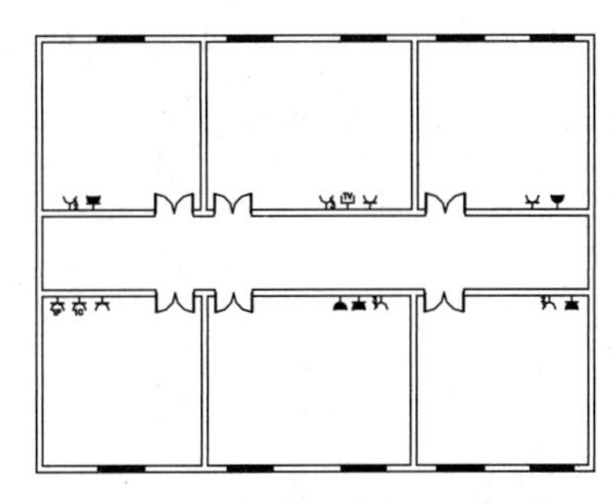

图 9-50　关闭“电气照明层”

9.2.1　只开选择层

调用“只开选择层”命令，可以关闭除了被选图形所在图层之外的所有图层。图 9-51 所示为执行“只开选择层”命令的结果。

“只开选择层”命令的执行方式如下：

- 菜单栏：单击“设置”→“图层控制”→“只开选择层”命令。
- 快捷键：在命令行中输入“66”按 Enter 键。

下面以如图 9-51 所示的显示只开选择层结果为例，讲解调用“只开选择层”命令的方法。

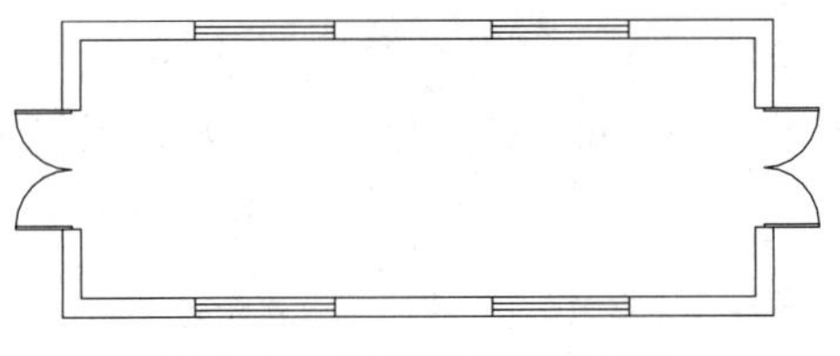

图 9-51　只开选择层的结果

01　按 Ctrl+O 组合键，打开配套资源提供的“第 9 章 / 9.2.1 只开选择层 .dwg”素材文件，如图 9-52 所示。

02　选择墙体和门窗，如图 9-53 所示。

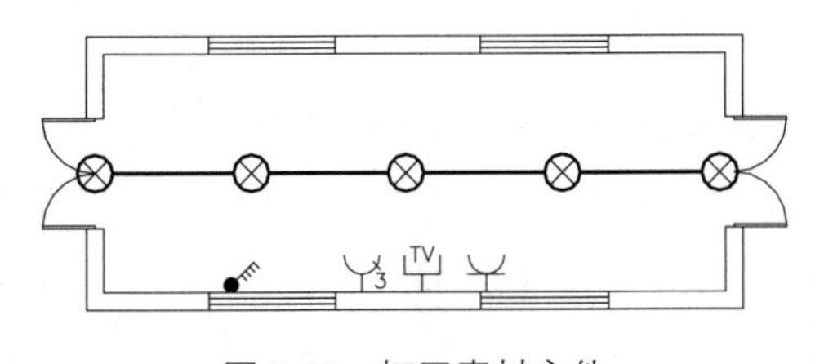

图 9-52　打开素材文件

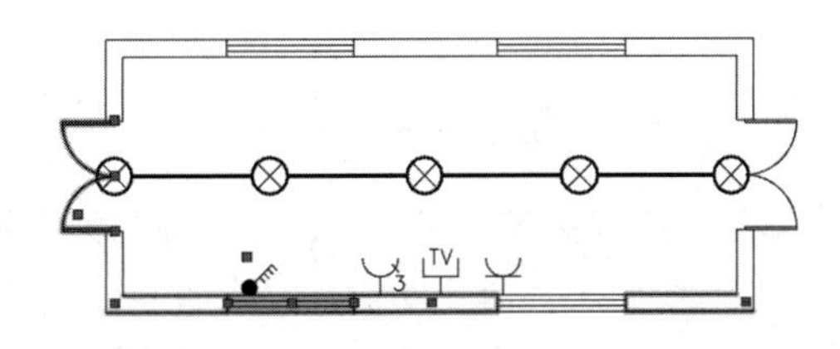

图 9-53　选择墙体和门窗

03 在命令行中输入“66”，按 Enter 键，即可关闭除了墙体和门窗图层外的其他图层，结果如图 9-51 所示。

9.2.2 关闭选择层

调用“关闭选择层”命令，可关闭被选图形所在的图层。

“关闭选择层”命令的执行方式如下：

- 菜单栏：单击“设置”→“图层控制”→“关闭选择层”命令。
- 快捷键：在命令行中输入“11”按 Enter 键。

选择平面窗，如图 9-54 所示。在命令行中输入“11”，按 Enter 键，即可关闭平面窗所在的图层，如图 9-55 所示。

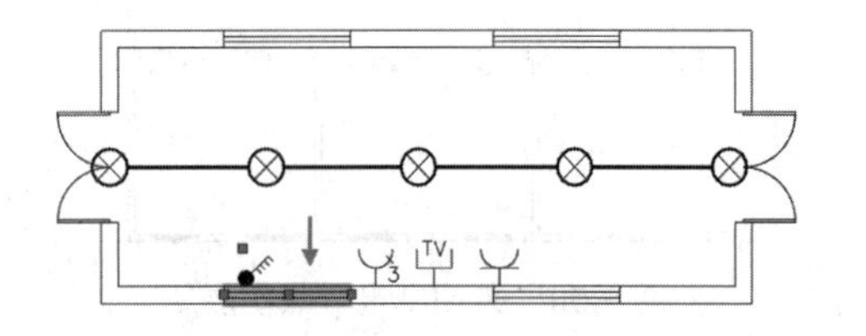

图 9-54 选择平面窗

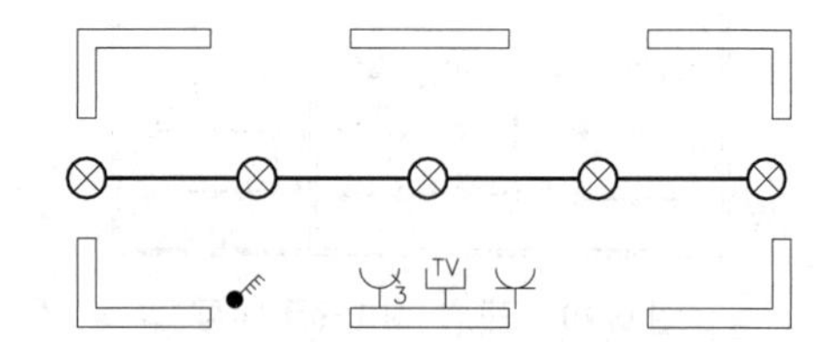

图 9-55 关闭平面窗所在的图层

9.2.3 删除选择层

调用“删除选择层”命令，可删除指定图层上的图元。

“删除选择层”命令的执行方式如下：

- 菜单栏：单击“设置”→“图层控制”→“删除选择层”命令。

单击“删除选择层”命令，命令行提示如下：

```
命令：_u ERASESELLAYER
请选择删除层上的图元<退出>：找到 1 个
```

选择灯具，如图 9-56 所示。按 Enter 键，删除所有与灯具在同一图层上的图元（包括开关），如图 9-57 所示。

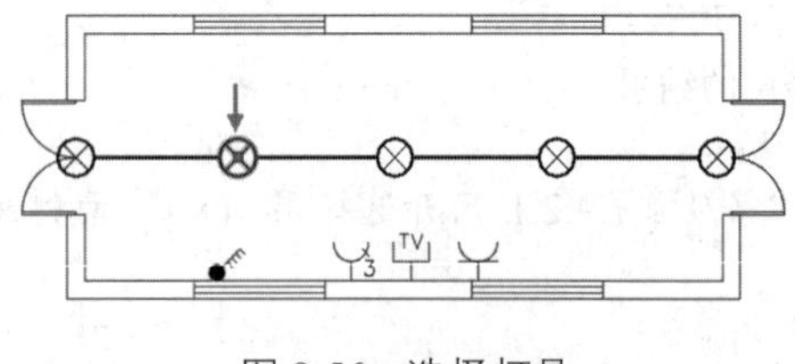

图 9-56 选择灯具

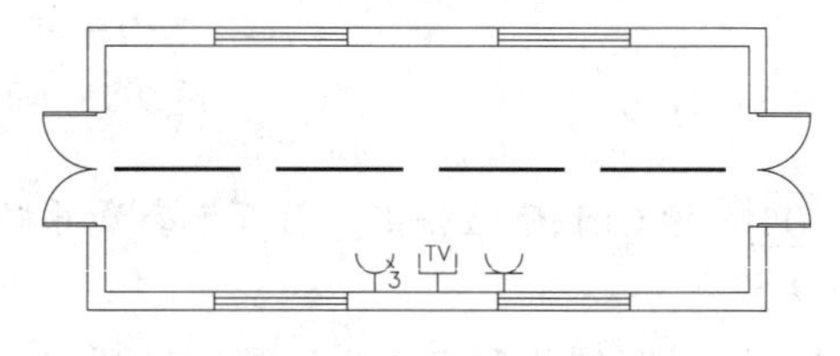

图 9-57 删除图元

9.2.4 打开关闭层

调用“打开关闭层”命令，可打开已关闭的图层。

“打开关闭层”命令的执行方式如下：

- 菜单栏：单击“设置”→“图层控制”→“打开关闭层”命令。

执行“打开关闭层”命令，弹出“打开图层”对话框，在其中选择图层，如图 9-58 所示。单击“确定”按钮，开启选中的图层，图层中的图形也会全部显示。

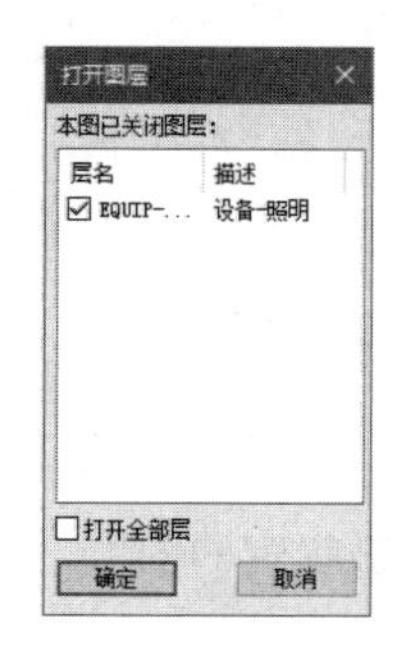

图 9-58 “打开图层”对话框

9.2.5 锁定选择层

调用“锁定选择层”命令，可锁定指定图元所在的图层。

“锁定选择层”命令的执行方式如下：

- 菜单栏：单击“设置”→“图层控制”→“锁定选择层”命令。

单击“锁定选择层”命令，命令行提示如下：

```
命令：_u LOCKSELLAYER
请选择要锁定层上的图元<退出>：找到 1 个            // 如图 9-59 所示。
```

按 Enter 键，锁定选择层。将鼠标指针置于图形上，在右上角显示锁定图标，如图 9-60 所示。被锁定的图形无法进行编辑。

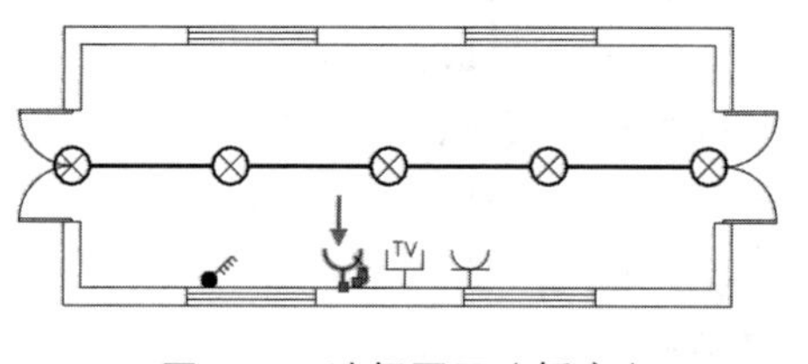

图 9-59 选择图元（插座）

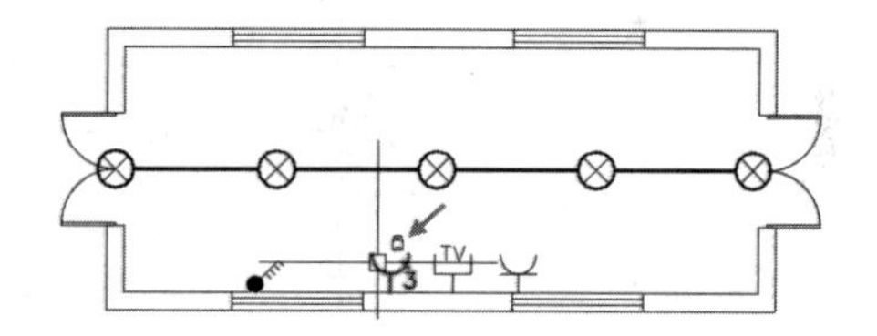

图 9-60 显示锁定图标

9.2.6 锁非选择层

调用“锁非选择层”命令，可锁定除了选定图元所在图层外的所有图层。

“锁非选择层”命令的执行方式如下：

- 菜单栏：单击“设置”→“图层控制”→“锁非选择层”命令。

单击“锁非选择层”命令，命令行提示如下：

```
命令：WINDOW 层打开
其它层已经锁定。您可以用“解锁图层”命令打开它们。需要手工 REGEN 才能更新锁定图层透明效果
```

选择平面窗，如图 9-61 所示。完成上述操作后，除了平面窗所在图层以外的所有图层都被锁定。例如，将鼠标指针置于墙体上，在右上角显示锁定图标，如图 9-62 所示。

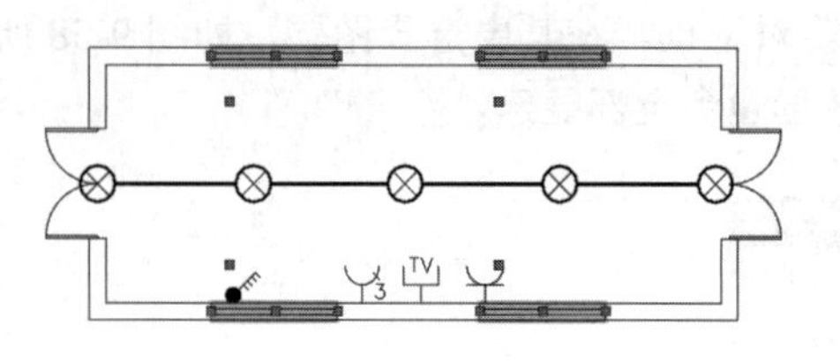

图 9-61　选择平面窗

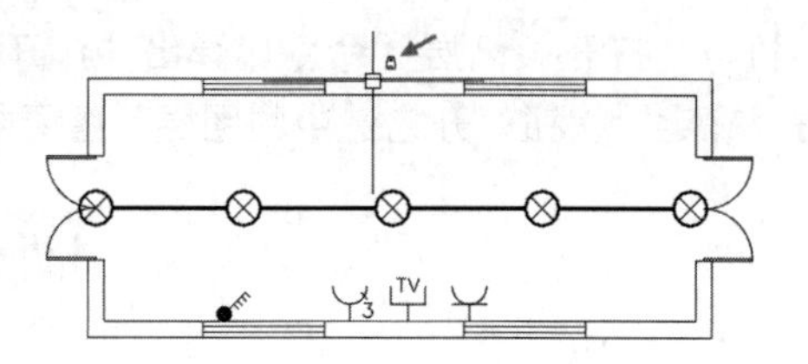

图 9-62　显示锁定图标

9.2.7　解锁图层

调用“解锁图层”命令，可解开已被锁定的图层。

“解锁图层”命令的执行方式如下：

- 菜单栏：单击“设置”→“图层控制”→“解锁图层”命令。
- 快捷键：在命令行中输入“55”按 Enter 键。

执行上述任意一项操作，命令行提示如下：

```
命令：请选择要解锁层上的图元（ESC 退出，空格解开全部层）<全部>：指定对角点：找到 23 个
                                                  // 如图 9-63 所示。
```

按 Enter 键，解锁图层，命令行提示如下：

```
WINDOW 层本身就没有锁定！
EQUIP- 插座层已经解锁！
EQUIP- 照明层已经解锁！
WIRE- 照明层已经解锁！
WALL 层已经解锁！需要手工 REGEN 才能更新锁定图层透明效果
```

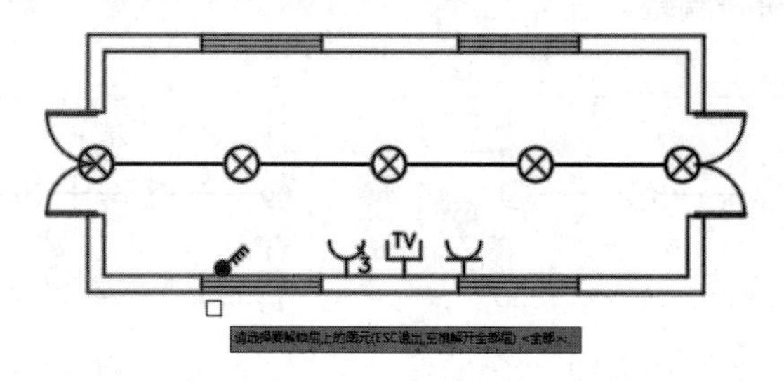

图 9-63　选择图元

9.2.8　打开全部层

调用“打开全部层”命令，可自动打开全部被关闭的图层。

“打开全部层”命令的执行方式如下：

- 菜单栏：单击“设置”→“图层控制”→“打开全部层”命令。

单击“打开全部层”命令，即可打开全部图层。

9.2.9　冻结图层

调用“冻结图层”命令，在打开的如图 9-64 所示的“冻结图层”对话框中设置选项，选择对象后可冻结选定对象所在的图层。

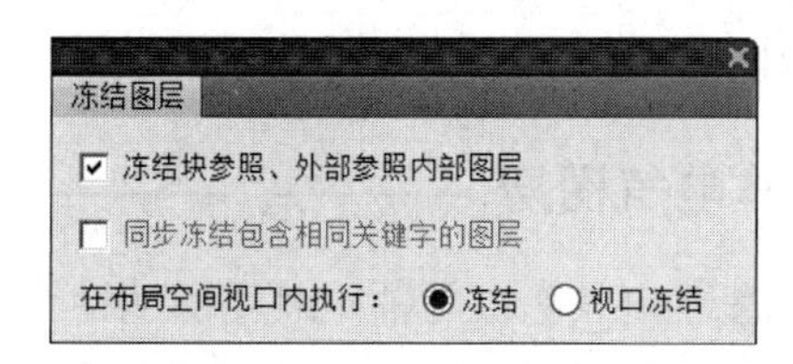

图 9-64 “冻结图层”对话框

“冻结图层”命令的执行方式如下：

➢ 菜单栏：单击“设置”→“图层控制”→“冻结图层”命令。

单击“冻结图层”命令，命令行提示如下：

```
命令：TFreezeLayer
选择对象 [ 冻结块参照和外部参照内部图层（Q）]<退出>:      // 如图 9-65 所示。
```

按 Enter 键，导线所在的图层被冻结，导线图形也被隐藏，如图 9-66 所示。

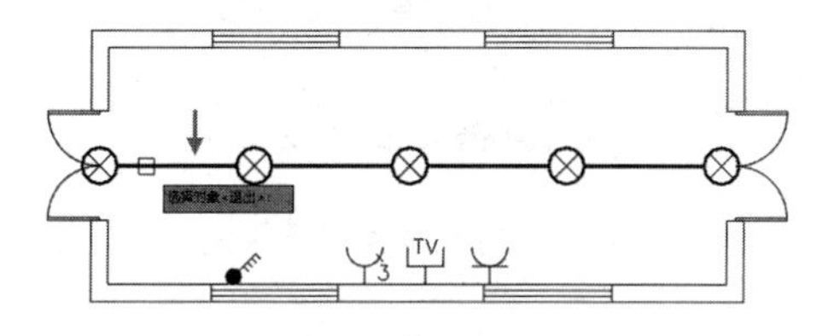

图 9-65 选择对象（导线）

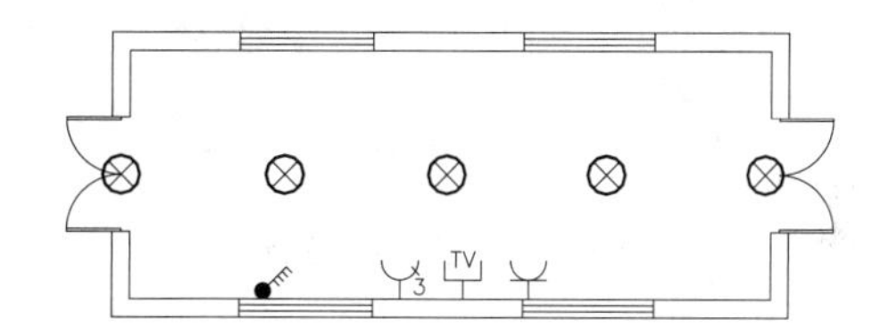

图 9-66 冻结导线所在的图层

9.2.10 冻结其他

调用“冻结其他”命令，可冻结除了选定图形所在图层之外的所有图层。

“冻结其他”命令的执行方式如下：

➢ 菜单栏：单击“设置”→“图层控制”→“冻结其他”命令。

单击“冻结其他”命令，根据命令行的提示选择墙体，如图 9-67 所示。墙体所在图层之外的所有图层都会被冻结，如图 9-68 所示。

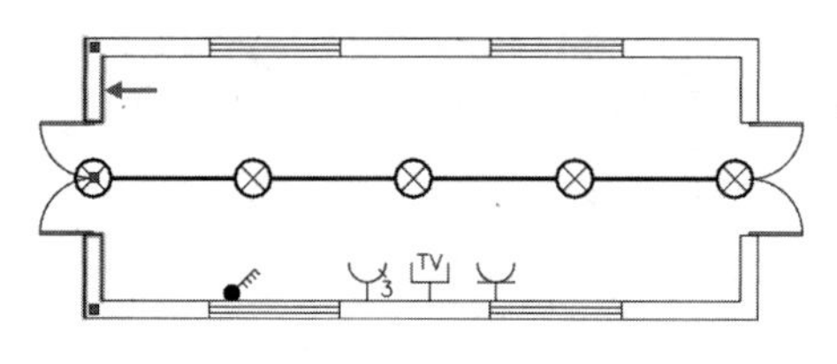

图 9-67 选择墙体

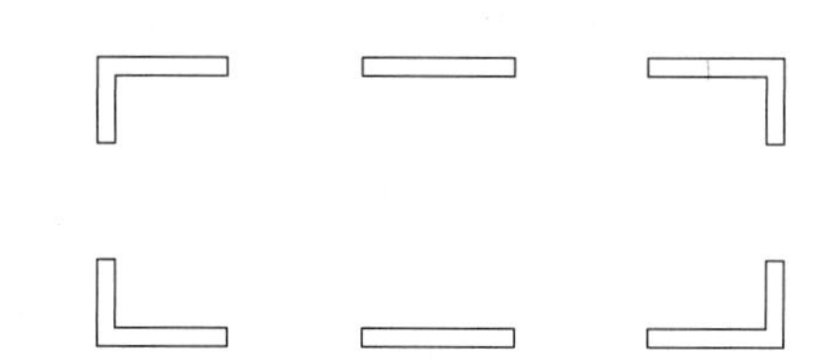

图 9-68 冻结墙体之外的所有图层

9.2.11 解冻图层

调用“解冻图层”命令，可解冻指定的图层。

“解冻图层”命令的执行方式如下：

➢ 菜单栏：单击“设置”→“图层控制”→“解冻图层”命令。

单击“解冻图层”命令，弹出如图 9-69 所示的“解冻图层”对话框，在其中选择图层，单

击“确定”按钮，即可解冻选中的图层。

9.2.12 管理电气图层与非电气图层

在图层管理菜单的末尾是管理电气图层与非电气图层的命令，包括“锁定电气层”“解锁电气层”“锁定非电气层”“解锁非电气层”命令，如图 9-70 所示。单击某个命令按钮，可以管理相应的图层。例如，单击“锁定电气层”命令按钮，可以锁定电气图层，电气图层以外的其他图层不会受到该命令的影响。

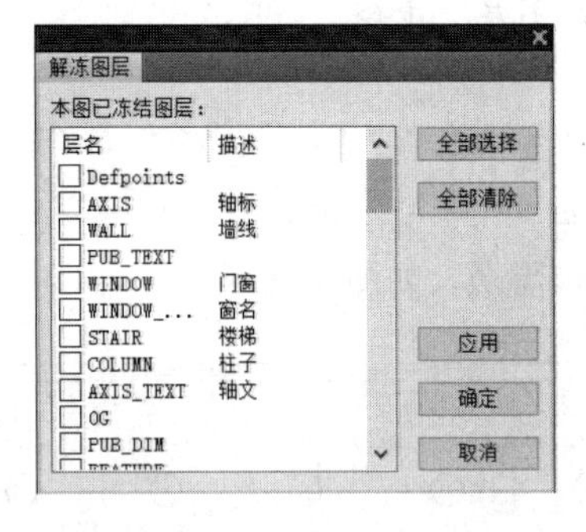

图 9-69 “解冻图层”对话框

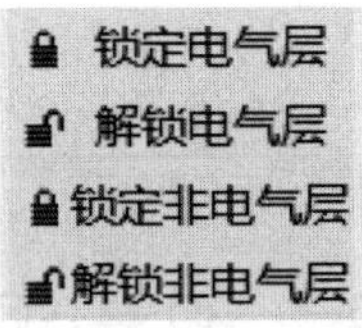

锁定电气层
解锁电气层
锁定非电气层
解锁非电气层

图 9-70 图层管理菜单末尾的命令

第 10 章 住宅楼电气设计

● 本章导读

电气设计说明是施工图集中的重要组成部分，也是不可缺少的，因此本章首先介绍了电气设计说明所涉及的内容。

此外，本章重点介绍了住宅楼电气设计图样的绘制，包括配电系统图、照明平面图、弱电平面图、电气消防系统图和屋面防雷平面图。这些图样是电气设计施工图集中的重要图样，表达了住宅楼电气设计中所涉及的设备使用和管道敷设等内容。

● 本章重点

◈ 住宅楼电气设计说明
◈ 绘制配电系统图
◈ 绘制照明平面图
◈ 绘制弱电平面图
◈ 绘制电气消防系统图
◈ 绘制屋面防雷平面图

10.1 住宅楼电气设计说明

设计说明是施工图必不可少的技术说明材料，其以文字的方式解释说明了工程的概况，包括工程本身的属性、施工工艺和施工单位等。住宅楼电气设计图的内容包括设计说明、照明平面图、插座平面图、单元供配电系统图和防雷接地平面图。住宅弱电系统包括有线电视、电信网络、安防系统的平面图和弱电预留管线系统图。

本节将介绍住宅楼电气设计说明的内容。

1. 设计依据

住宅楼电气设计的依据包括《民用建筑电气设计标准》(GB 51348—2019)、《低压配电设计规范》(GB 50054—2011)、《建筑物防雷设计规范》(GB 50057—2010)、《供配电系统设计规范》(GB 50052—2009)、《建筑设计防火规范》(GB 50016—2014)、《火灾自动报警系统设计规范》(GB 50116—2013)、《住宅建筑规范》(GB 50368—2005)、《建筑照明设计标准》(GB 50034—2024)、《住宅设计规范》(GB 50096—2011)等有关标准以及建设单位和其他专业提供的有关资料。

2. 住宅楼概况

建筑工程设计规模及使用性质：二级民用建筑

建筑防火分类：一类高层建筑

耐火等级：一级

建筑结构型式：钢筋混凝土框架结构

抗震设防烈度：6 度

建筑层数：地上主体 21 层，地下 1 层

建筑高度：83.2m

占地面积：755.68m^2

总建筑面积：14677.34m^2

3. 设计范围

本工程的设计涉及电力照明系统、防雷接地系统、电视系统、电话系统和消防系统等规划设计。

4. 电源设置

1）本工程高压电源由当地 10kV 电网引至本工程变电所。

2）本工程低压电源由公用变压器供给。

3）本工程电源由本单位低压配电室引来。

4）本工程设自备柴油发电机组。

5）本工程电源分别供给本住宅楼的动力负荷及照明负荷用电，照明负荷电源同时可作为动力负荷的备用电源承担本工程的全部负荷。

6）本工程属于一类高层公共建筑，消防电力、事故照明及重要场所等按一级负荷供电，其余按三级负荷供电。

5. 线路及敷设

1）380V/220V 低压配电线路中使用的绝缘导线的额定电压不低于 500V，电力电缆额定电压应不低于 1000V。

2）普通电力照明线路采用：① YJV 型铠装交联铜芯电力电缆；② YJV 型交联铜芯电力电缆；③ BV 型双塑铜芯线；④ ZR-VV 型阻燃聚氯乙烯绝缘聚氯乙烯护套电力电缆；⑤ ZR-BV 型阻燃双塑铜芯线。

3）消防中心、消防水泵、消防电梯、应急照明灯具等消防线路采用：① NH-VV 型耐火聚氯乙烯绝缘聚氯乙烯护套电力电缆；② NH-BV 型耐火双塑铜芯线；③ NH-YJV 耐火交联铜芯电力电缆；④ ZR-BV 型阻燃双塑铜芯线。

4）电力线路敷设：

暗敷时管线保护用：①镀锌钢管 GG；②厚钢电线管 SC；③塑料管 PC。

明敷时管线保护用：①厚钢电线管 SC；②塑料管 PC；③电缆桥架；④镀锌铁槽 SR。

5）照明线路敷设：

暗敷时管线保护用：①厚钢电线管 SC；②电线管 TC；③塑料管 PC。

明敷时管线保护用：①电线管 TC；②塑料管 PC；③难燃塑料线槽 PR；④镀锌铁槽 SR；⑤硬塑管 VG。

6）图中未注的插座线路均为 BV-3×2.5。

7）住宅顶层照明电气线路穿管在顶板内暗敷时应采用镀锌电线管。

8）消防用电设备的配电线路暗敷时，应穿管并敷设在不燃烧体结构内，且保护层厚度不小于 30mm。明敷时（包括敷设在吊顶内），应穿有防火保护的金属管或有防火保护的封闭式金属线槽。图中管线标注后带有“-X”图示须做防火处理。

9）电气管线穿过楼板和墙体时，孔洞周边应采取密封隔声措施。电缆井应在每层楼板处采用不低于楼板耐火极限的不燃性材料或防火封堵材料进行封堵。

6. 电气设备及安装高度

1）设备安装高度均以图例或平面标注为准。

2）插座设备容量：普通插座每只按 100W 计算，厨房插座每只按 500W、750W、1000W 计算，空调插座参见系统图。

3）所有单相插座均为带保护门的安全插座。

4）卫生间内开关、插座应选用防潮、防溅型面板，有淋浴、浴缸的卫生间内开关、插座须设在 2 区以外。

5）阳台照明灯具采用壁灯时，壁灯防护等级应不低于 IP53，其他室外露天照明灯具防护等级应不低于 IP54。

6）应急照明灯具和消防疏散指示标志（包括兼作应急照明的正常照明灯具）应设玻璃或其他不燃烧材料制作的保护罩对其进行保护。

7）本工程兼作应急照明的正常照明灯具所带开关仅为控制市电，且所带的充电电源线平时不断电，当无市电时，该灯具自行点亮，且放电时间大于 90min。

8）消防设备应采用专用的供电回路，其配电设备应设有明显标志。

9）消防电气设备线路过负载保护作用于信号，不切断电路。

7. 防雷与接地

1）本建筑物按第三类防雷建筑物进行防雷设计，每根引下线的防雷冲击接地电阻不大于10Ω。

2）屋面避雷带采用不锈圆钢或扁钢，避雷带安装样式参照国标图集99D501-1。

3）利用竖向结构主筋作防雷引下线，基础内钢筋作接地装置，具体做法及说明见国标图集99D501-1。

4）利用直径10mm镀锌圆钢作防雷引下线，利用人工接地装置，具体做法见国标图集86D563和99D501-1。

5）本工程电气工作接地、保护接地与防雷接地共用接地装置，其接地电阻值应不大于4Ω。

6）本工程低压配电引入干线重复接地的接地装置，其接地电阻值应不大于10Ω，重复接地装置的具体做法详见国标图集86D563。

7）当低压线路全长采用埋地电缆或敷设在架空金属线槽内的电缆引入时，应在电缆入户端将电缆的金属外皮、金属线槽接地。

8）本工程低压配电系统接地形式采用TN-C-S系统的，从中性线N重复接地处引出保护线PE，引出后N线与PE线应严格分开。

9）本工程低压配电系统接地形式采用TN-S系统的，保护干线PE直接从小区配电房引出。

10）保护线PE采用管径不小于2.5mm的BVR型黄绿双色多股软线，其允许载流量应不小于相线的1/2，PE线截面按表10-1选择，保护线也可采用相当截面的电缆桥架配线所使用的钢管或其他金属导体，由设计人员选定，详见平面图。

表10-1　PE线截面规定

相线截面 A/mm^2	PE线最小截面 $/mm^2$
$\leqslant 16$	A
$16 < A \leqslant 35$	16
$A > 35$	$A/2$

11）等电位连接：电源进线处做总等电位连接，淋浴间等处做局部等电位连接。安装示意和大样图详见国标图集02D501-2。

12）为防止侧向雷击，将45m及以上外墙上的栏杆、门窗等较大的金属物与防雷装置连接，竖直敷设的金属管道及金属物的顶端和底端应与防雷装置连接。

13）总等电位连接：本工程选择总等电位连接。采用接地故障保护时，在建筑物内应将下列导电体做总等电位连接：PE、PEN干线，电气装置接地极的接地干线，建筑物内的水管、煤气管、采暖和空调管道等金属管道，条件许可的建筑物金属构件等导电体。

14）在室外引进室内的弱电进线处均应设适配的电涌保护器SPD。

8. 节能措施

1）本工程住户内起居室、厨房、卫生间照度设计照度为100lx，卧室照度设计照度为75lx，餐厅照度设计照度为150lx，对应功率密度值都不宜大于$7W/m^2$。

2）本工程商铺设计照度为300lx，对应功率密度值都不应大于$12W/m^2$。

3）本工程照明光源应选用绿色节能高效光源：①荧光灯采用T5灯，1×28W，光通量为2500lx，显色指数为82，采用电子镇流器；②吸顶灯采用电子节能灯，1×13W，光通量为

650lx，显色指数为 80；③气体放电灯采用金属卤化物灯，1×75W，光通量为 5000lx，显色指数为 72，采用电子镇流器。

4）照明灯具采用高效灯具，其灯具效率应符合以下要求：①筒式荧光灯灯具的效率不低于 75%；②吸顶灯（附玻璃罩）的效率不低于 55%；③气体放电灯（开敞式）的效率不低于 75%。

5）住宅节能控制措施：①住宅公共部分照明采用高效光源、高效灯具，并采用节能自熄开关或时间控制；②住宅电梯、水泵、风机应采用相应的节电措施。

9. 电气消防系统

1）火灾自动报警系统线路由小区消防控制室引来。

2）本楼内在电梯前室设火灾手动报警按钮、消火栓按钮、火灾事故警铃和感烟探测器。

3）电梯控制设电梯归底装置。

4）其余详见总体消防系统图说明。

10. 其他

1）电话线路采用 PVC-0.5/1Q 四芯电话线，电视天线采用同轴电缆，敷设方式同照明线路。

2）本工程电话及电视系统设计预留管线，其余由有关专业公司设定。

3）图中线路敷设部位及敷设方式文字符号含义如下：

CC——在顶棚内暗敷；WE——沿墙明敷；WC——沿墙内暗敷；PIE——用瓷绝缘子沿顶棚明敷；FC——在地面（板）内暗敷；CE——沿顶棚明敷；BE——沿屋顶弦架明敷；AC——在吊顶内暗敷。

4）常用导线穿管（槽）图见表 10-2。

5）本工程所选设备、材料必须具有国家级检测中心的检测合格证书（3C 认证），必须满足与产品相关的国家标准，供电产品、消防产品应具有入网许可证。

表 10-2 常用导线穿管（槽）图

BV 线芯截面 /mm^2	水煤气钢管（SC）（管内导线根数）							电线管（TC）PVC 管（PC）（管内导线根数）						
		3	4	5	6	7	8		3	4	5	6	7	8
1.5	15	15	20	20	20	25	25	20	20	20	25	25	32	32
2.5	15	15	20	20	20	25	25	20	20	25	25	25	32	32
4.0	15	20	20	20	25	25	25	20	20	25	25	32	32	32
6.0	20	20	20	25	25	25	32	20	25	25	32	32	32	40
10.0	20	25	25	32	32	40	40	25	32	32	32	40	40	40

BV 线芯截面 /mm^2	线槽规格（槽内导线根数）						
	25×14	40×18	60×22	60×40	80×40	100×27	100×40
1.0	10	16	42	81	100	99	165
1.5	9	20	37	72	96	87	146
2.5	6	14	26	50	67	62	103
4.0	5	11	20	41	54	49	81
6.0	4	9	16	31	42	39	66
10.0			8	16	21	19	32
16.0				12	17	14	24
25.0				6	10	9	15

10.2 绘制配电系统图

本节将介绍住宅楼配电系统图的绘制，主要讲解电气设备图形插入、系统母线和干线的连接方法等。

01 绘制进户线。在命令行中输入“PMBX”按 Enter 键，弹出“设置当前导线信息”对话框，设置参数如图 10-1 所示，指定起点和终点绘制进户线。

02 插入断路器。在命令行中输入“YJCR”按 Enter 键，弹出“天正电气图块”对话框，选择“断路器”（见图 10-2），单击对话框上方的“旋转”按钮，在图中单击插入点，并指定旋转角度，结果如图 10-3 所示。

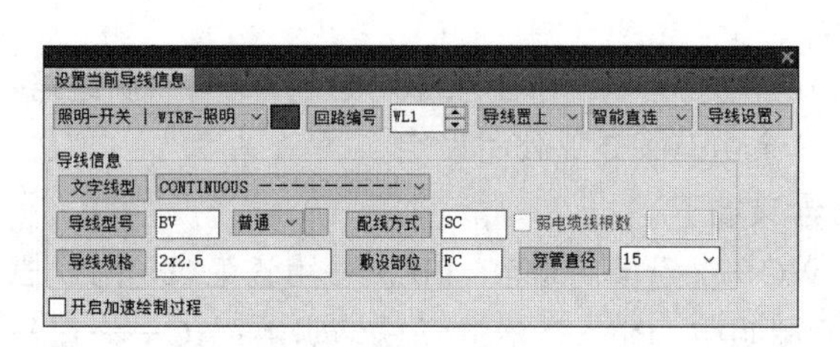

图 10-1 “设置当前导线信息”对话框

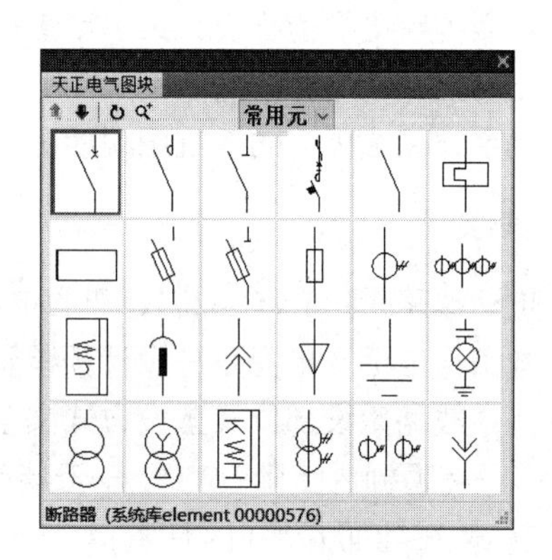

图 10-2 选择“断路器”

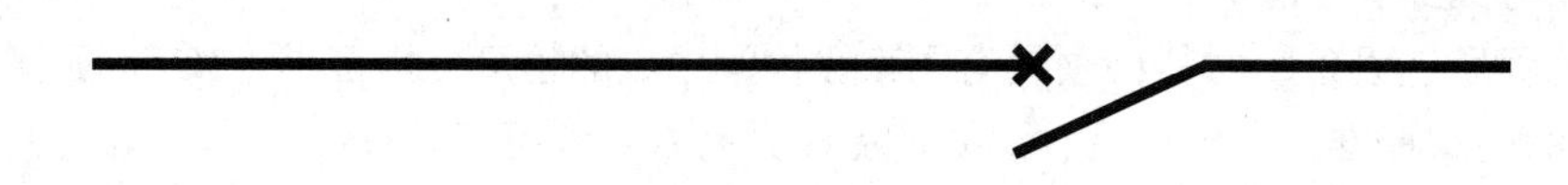

图 10-3 插入断路器

03 重复执行“YJCR”命令，在“天正电气图块”对话框中选择“电度表”，如图 10-4 所示。根据命令行的提示调整其角度并插入图中，结果如图 10-5 所示。

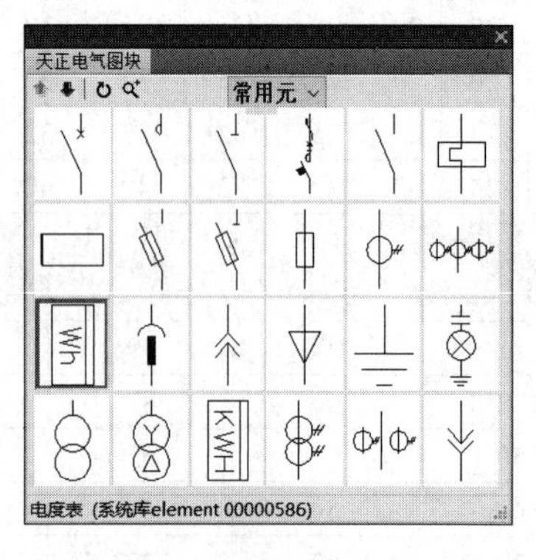

图 10-4 选择“电度表”

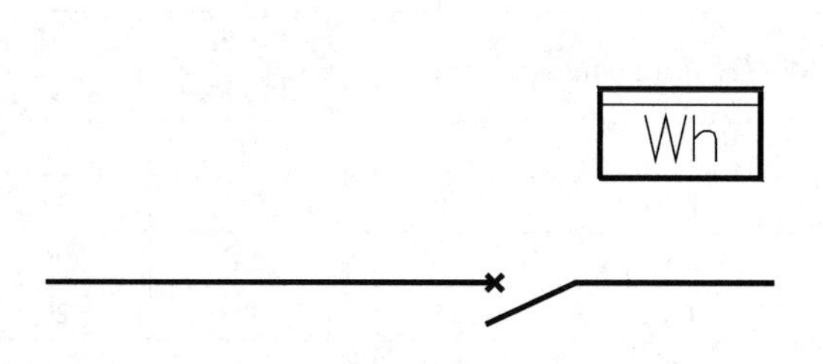

图 10-5 插入电度表

04 文字标注。在命令行中输入“YCBZ”按 Enter 键，弹出“引出标注”对话框，设置参数如图 10-6 所示。

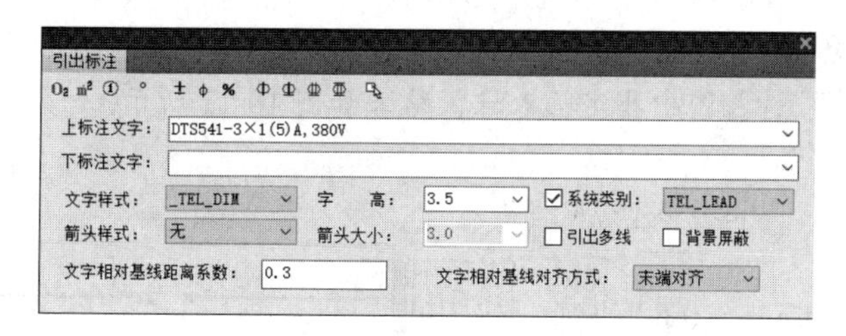

图 10-6　“引出标注”对话框

05　根据命令行的提示，为电度表绘制文字标注，结果如图 10-7 所示。

06　再执行“文字”→“多行文字”命令，添加相关的电气说明文字，结果如图 10-8 所示。

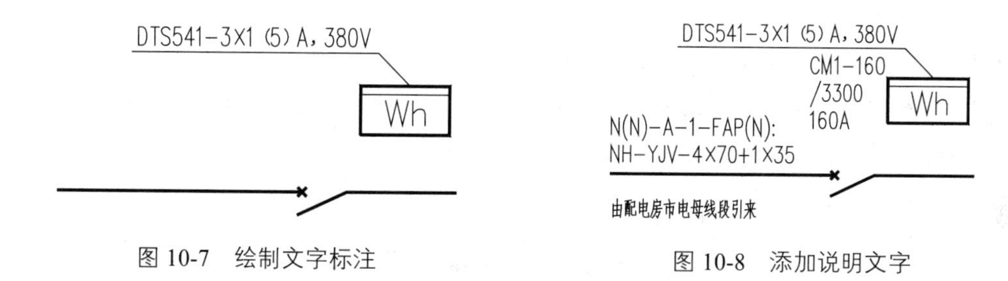

图 10-7　绘制文字标注　　　图 10-8　添加说明文字

07　绘制母线。在命令行中输入“XTDX”按 Enter 键，在弹出的“系统图 - 导线设置”对话框中设置参数，如图 10-9 所示。

08　分别指定起点和终点，绘制母线，结果如图 10-10 所示。

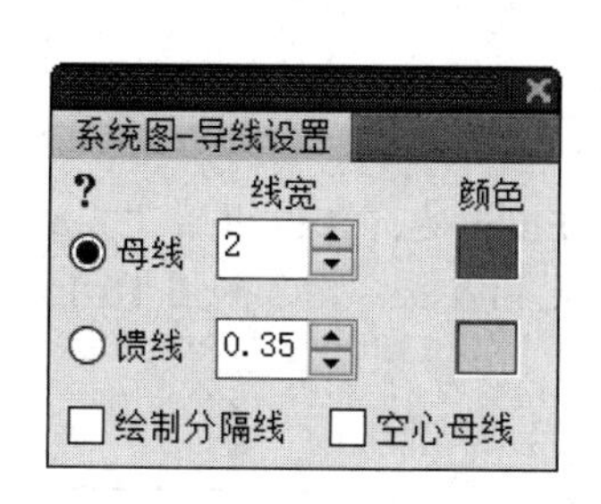

图 10-9　“系统图 - 导线设置”对话框

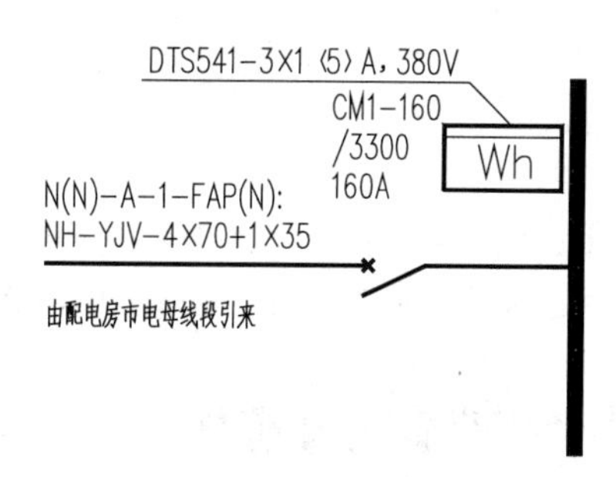

图 10-10　绘制母线

09　绘制各层干线。在命令行中输入“RYDX”按 Enter 键，在弹出的“设置当前导线信息”对话框中采用默认设置绘制导线，结果如图 10-11 所示。

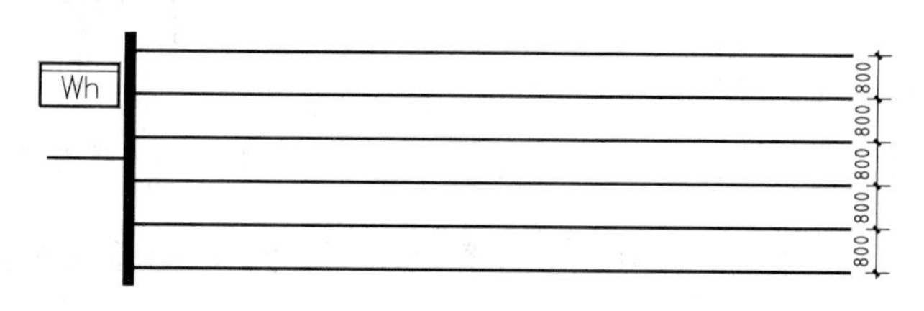

图 10-11　绘制各层干线

[10] 插入断路器符号。在命令行中输入“YJCR”按 Enter 键，在弹出的“天正电气图块”对话框中选择“断路器”，在图中指定插入点，结果如图 10-12 所示。

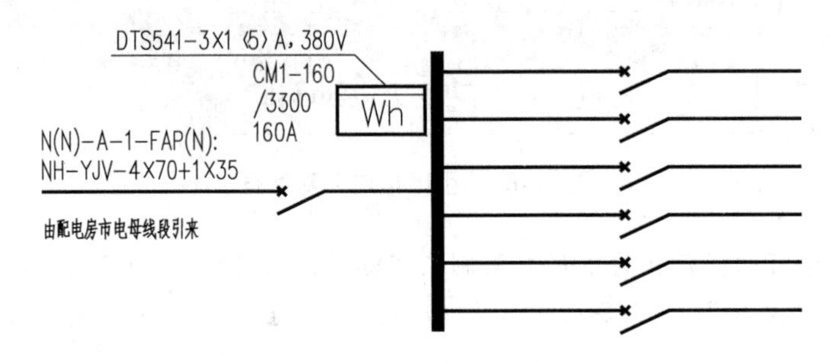

图 10-12　插入断路器符号

[11] 绘制虚线。在命令行中输入“RYDX”按 Enter 键，指定起点和终点绘制导线。

[12] 在命令行中输入“XSBH”按 Enter 键，选择所绘制的导线，将其线型转换为虚线，结果如图 10-13 所示。

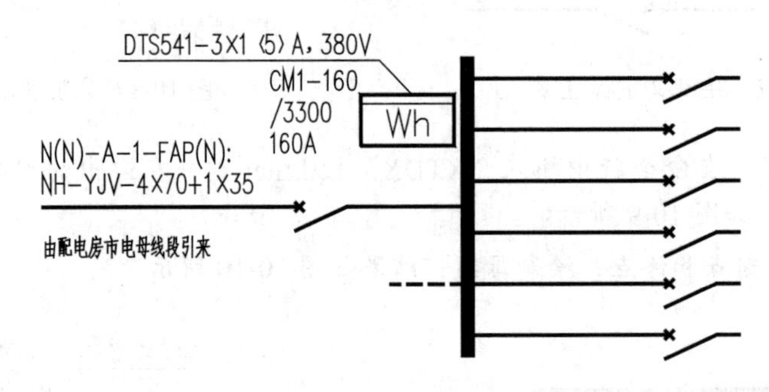

图 10-13　绘制虚线

[13] 插入接地符号。在命令行中输入“YJCR”按 Enter 键，在弹出的“天正电气图块”对话框中选择“接地”元件，如图 10-14 所示。在图中指定插入点，结果如图 10-15 所示。

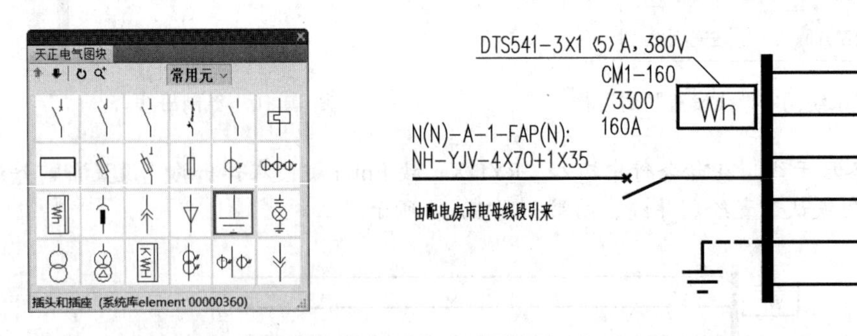

图 10-14　选择“接地”元件　　　图 10-15　插入接地符号

[14] 绘制文字标注。执行“文字”→“多行文字”命令，为系统图绘制文字标注，结果如图 10-16 所示。

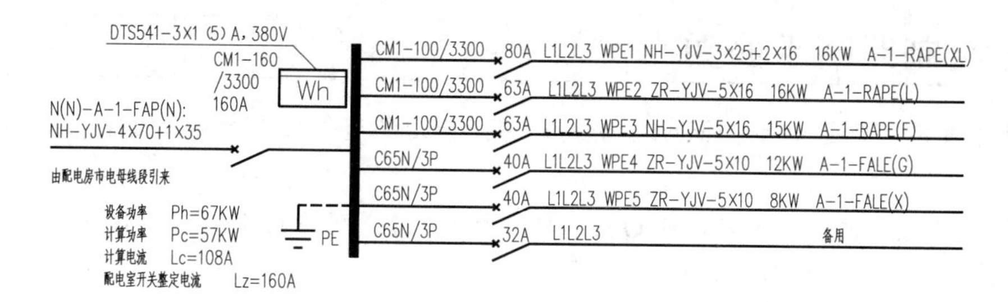

图 10-16 绘制文字标注

15 图名标注。单击“符号”→“图名标注”命令，在弹出的如图 10-17 所示的“图名标注”对话框中设置参数，并选择“不显示”选项，即在图名标注中不显示比例标注。

图 10-17 “图名标注”对话框

16 在系统图的下方选取位置，绘制图名标注，结果如图 10-18 所示。

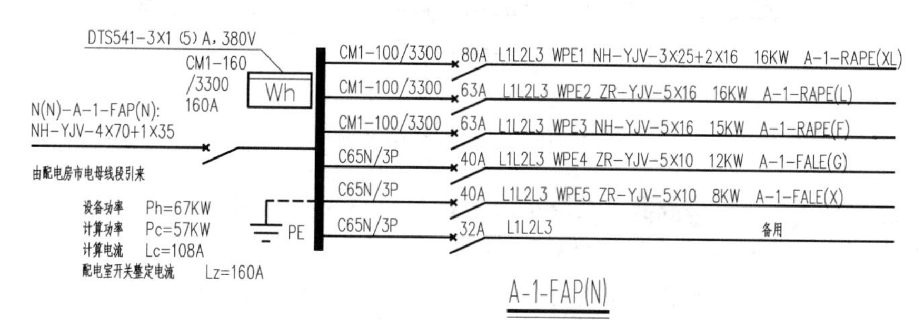

图 10-18 绘制图名标注

17 执行“文字”→“多行文字”命令，在图名标注的下方绘制文字标注，结果如图 10-19 所示。

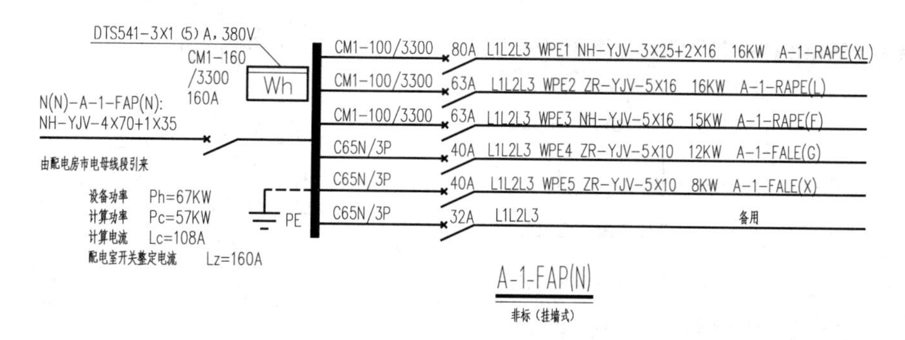

图 10-19 绘制文字标注

10.3 绘制照明平面图

照明平面图可表达住宅楼照明设备的布置结果，即电气设备导线的连接情况及连接方法等。

01 打开素材文件。按下 Ctrl+O 组合键，打开配套资源中提供的“第 10 章 / 首层标准平面图 .dwg”素材文件，结果如图 10-20 所示。

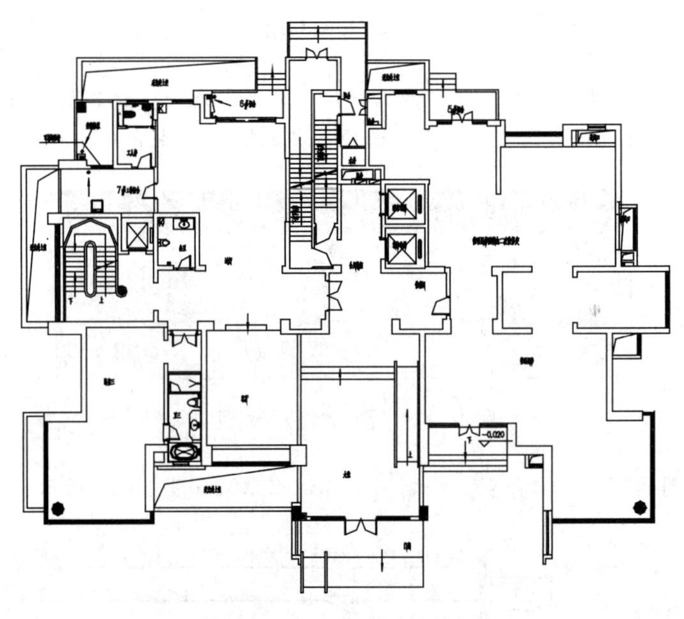

图 10-20 打开素材文件

02 插入照明配电箱。在命令行中输入“RYBZ”命令按 Enter 键，在弹出的“天正电气图块”对话框中选择“照明配电箱”，如图 10-21 所示。

03 在平面图中指定位置插入照明配电箱，结果如图 10-22 所示。

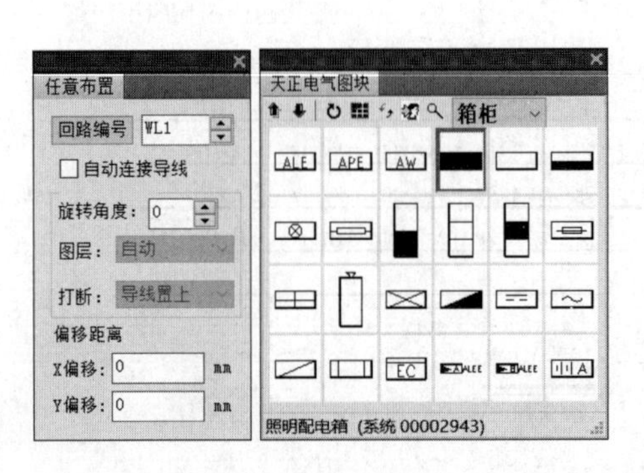

图 10-21 选择照明配电箱

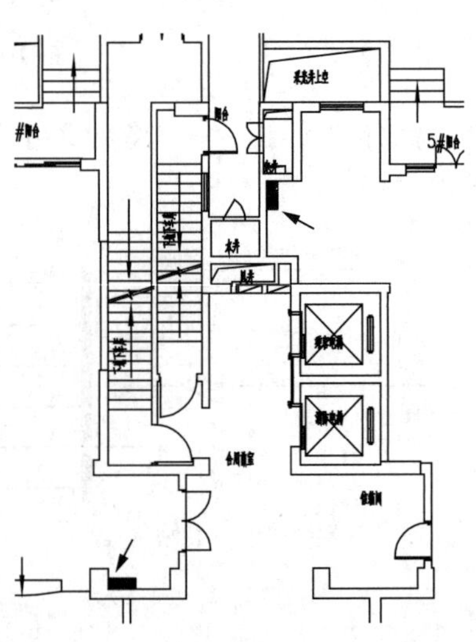

图 10-22 插入照明配电箱

04 布置吸顶灯◎。在命令行中输入“LDJB”按Enter键，在弹出的“天正电气图块”对话框中选择“半嵌入式吸顶灯”，在“两点均布”对话框中的“数量”文本框中设置参数为2，如图10-23所示。

05 在图中分别选取起点和终点，布置吸顶灯，结果如图10-24所示。

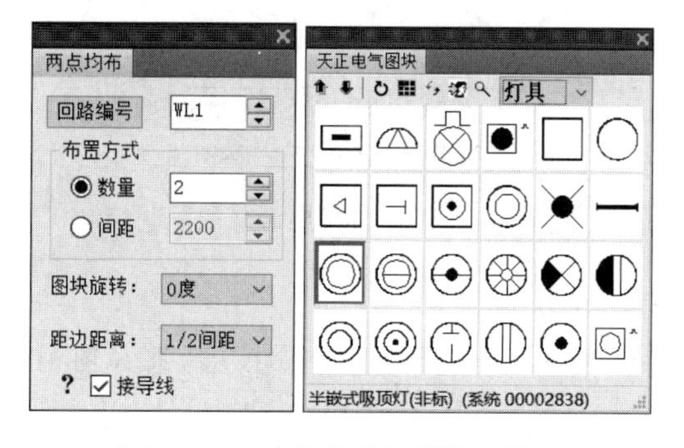

图10-23 选择吸顶灯并设置数量

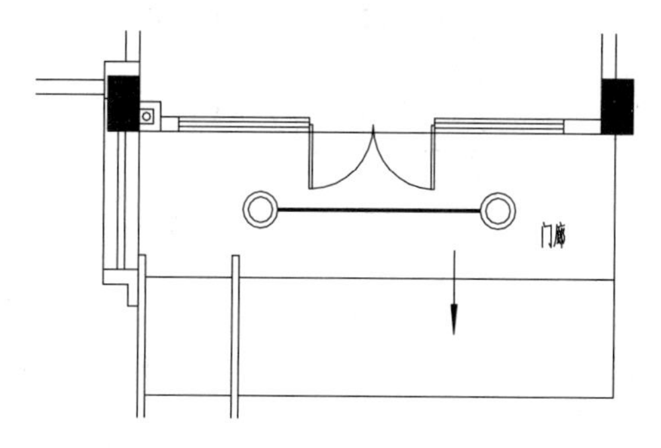

图10-24 布置吸顶灯

06 重复调用“LDJB”命令和“RYBZ”命令，完成平面图吸顶灯的布置，结果如图10-25所示。

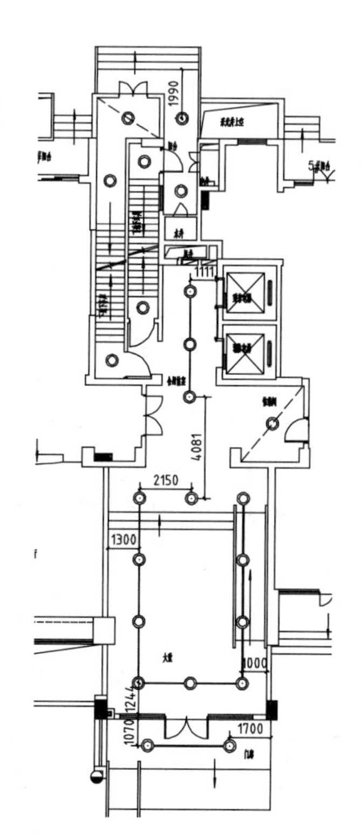

图10-25 完成平面图吸顶灯的布置

07 布置疏散出口标志灯[E]、自带电源疏散照明灯⊠。在命令行中输入“RYBZ”按Enter键，在弹出的“天正电气图块”对话框中选择“疏散出口标志灯”和“自带电源疏散照明灯”，如图10-26和图10-27所示。

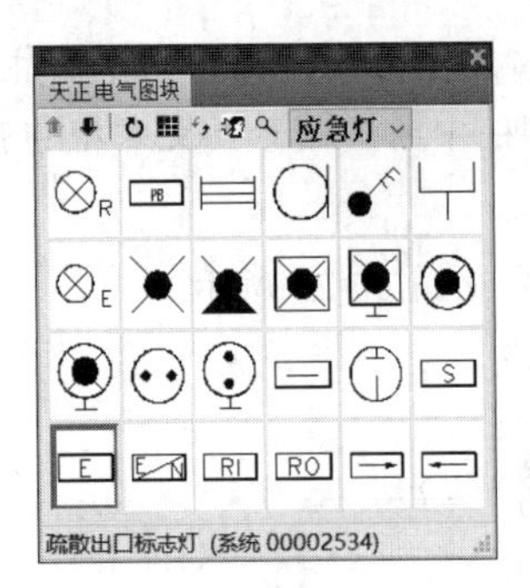

图 10-26　选择疏散出口标志灯

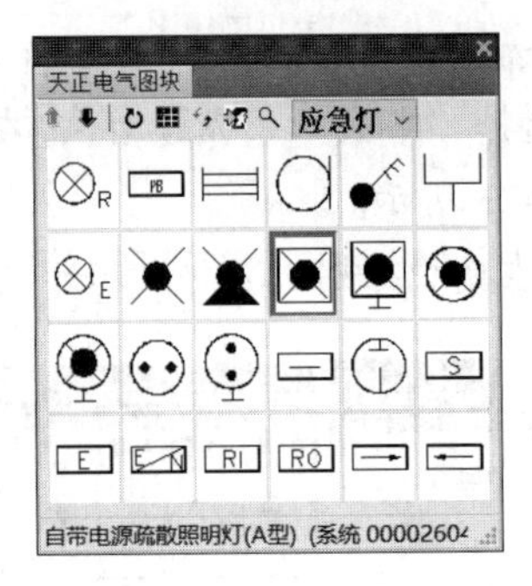

图 10-27　选择自带电源疏散照明灯

08 在图中选取插入位置，布置灯具结果如图 10-28 所示。

09 重复上述操作，继续在各出入口布置疏散出口标志灯和照明灯，结果如图 10-29 所示。

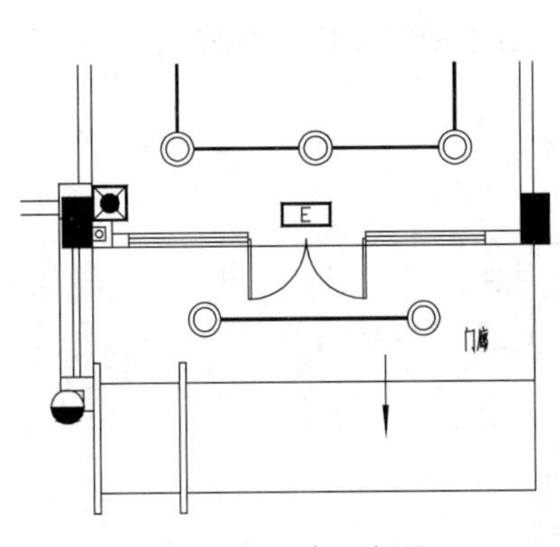

图 10-28　布置灯具

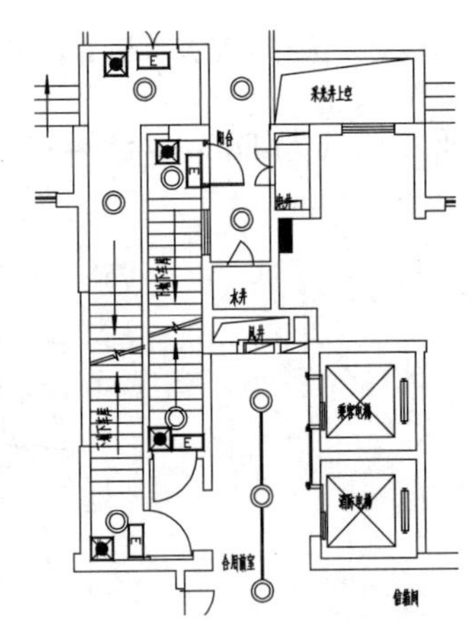

图 10-29　继续布置疏散出口标志灯和照明灯

10 布置引线。在命令行中输入“CRYX”按 Enter 键，在弹出的“插入引线”中选择引线，如图 10-30 所示。

11 选取插入位置，布置引线，结果如图 10-31 所示。

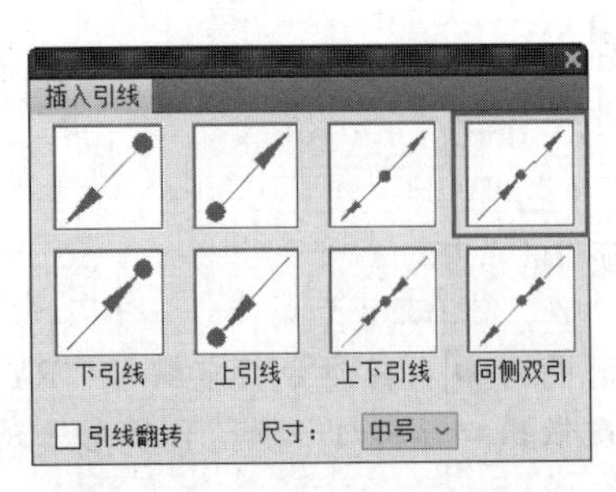

图 10-30　“插入引线”对话框

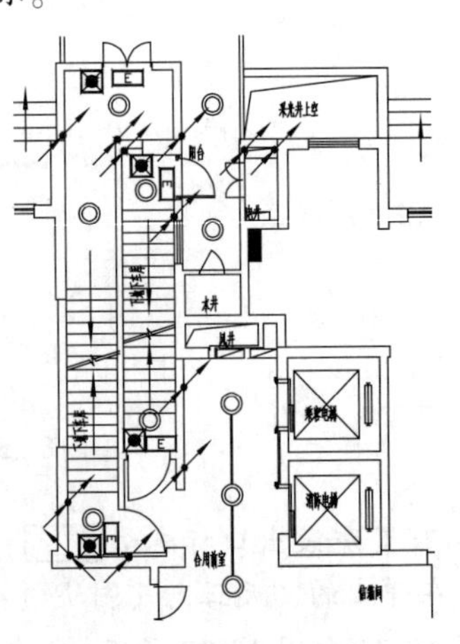

图 10-31　布置引线

12 布置单联开关和双联。在命令行中输入“RYBZ”按 Enter 键，在弹出的“天正电气图块”对话框中选择“单联开关”和“双联开关”，如图 10-32 和图 10-33 所示。

13 在图中指定位置，布置开关，结果如图 10-34 所示。

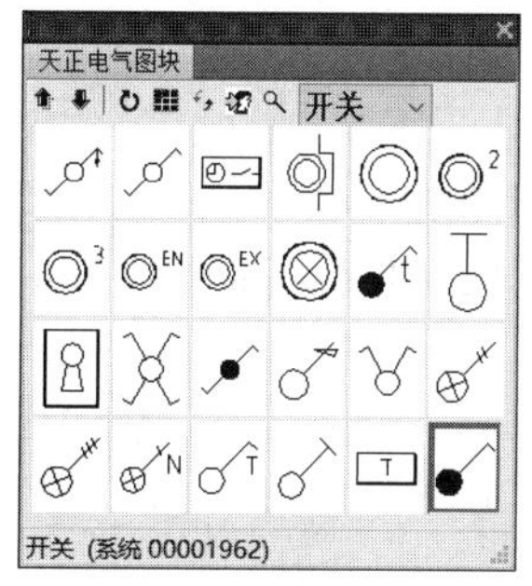

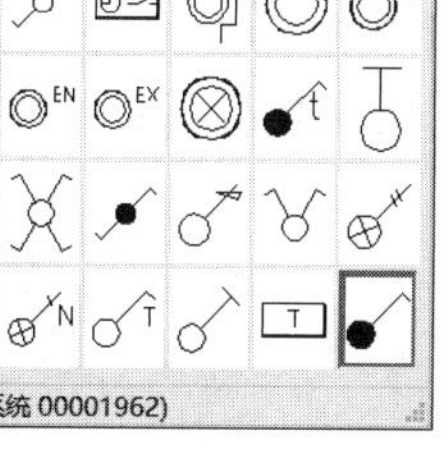

图 10-32 选择单联开关

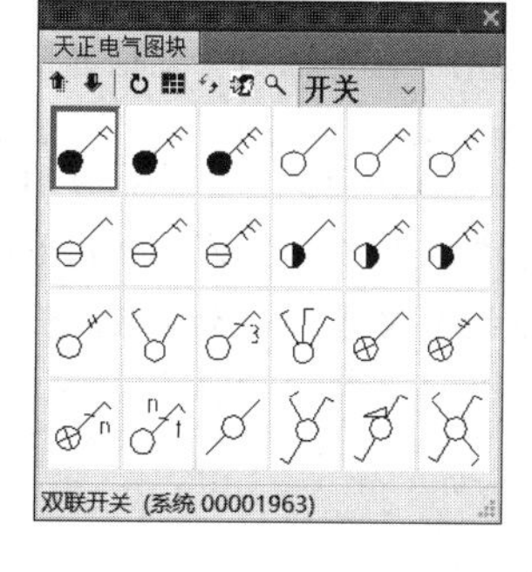

图 10-33 选择双联开关

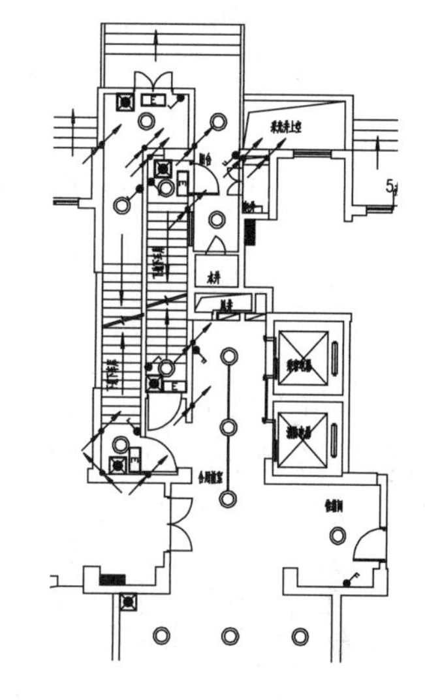

图 10-34 布置开关

14 绘制导线。在命令行中输入“RYDX”，分别指定起点和终点，在灯具与开关之间绘制连接导线。调用“XSBH”命令，选择导线转换为虚线。图 10-35 所示为绘制导线的结果。

15 导线置下。在命令行中输入“DXZX”按 Enter 键，选择导线，更改其位置。导线置下的结果如图 10-36 所示。

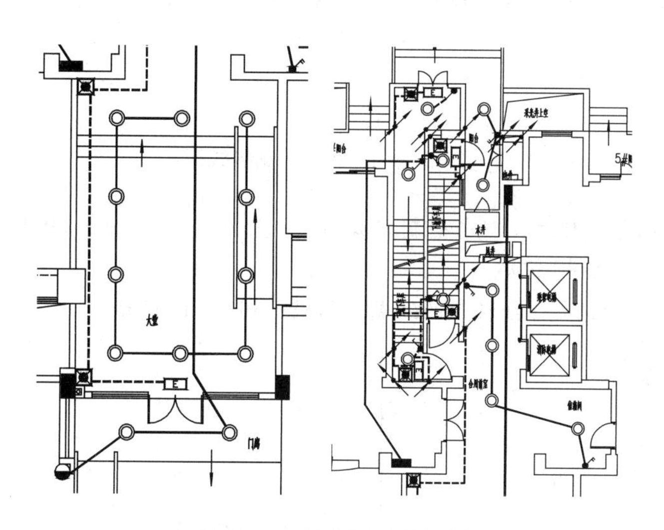
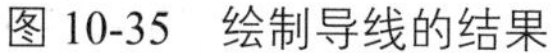

图 10-35 绘制导线的结果

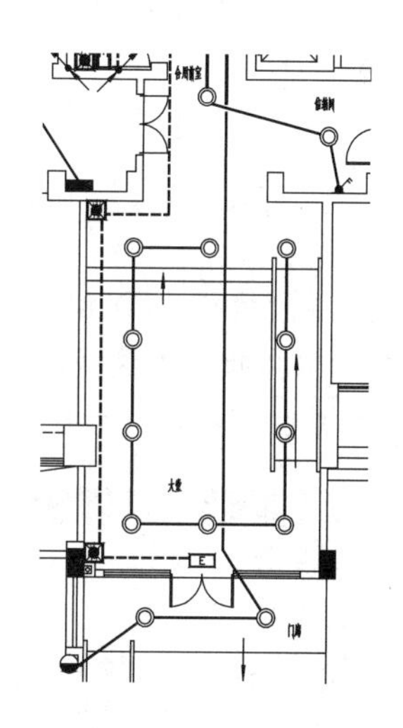

图 10-36 导线置下的结果

16 标注导线根数。在命令行中输入“BDXS”按 Enter 键，在弹出的“标注”对话框中选择“4 根”“5 根”选项，如图 10-37 所示。

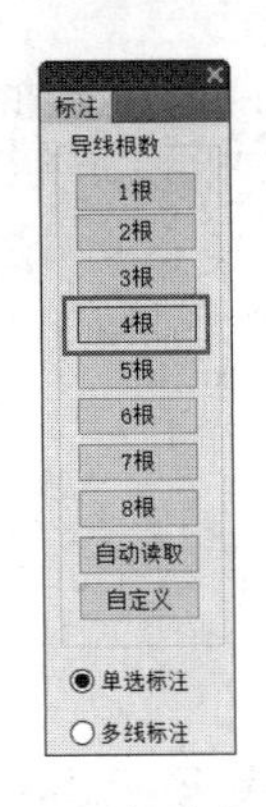

图 10-37 “标注”对话框

17 在导线上单击，完成导线根数的标注，结果如图 10-38 所示。

18 绘制导线标注。在命令行中输入“DXBZ”按 Enter 键，根据命令行的提示，分别选择导线和指定文字线的位置，绘制导线标注，结果如图 10-39 所示。

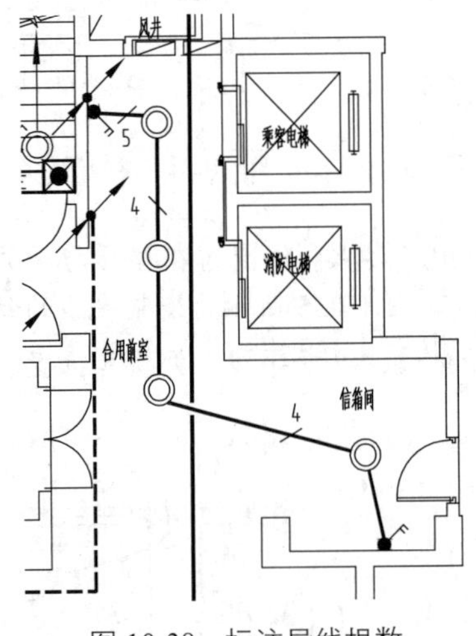

图 10-38 标注导线根数

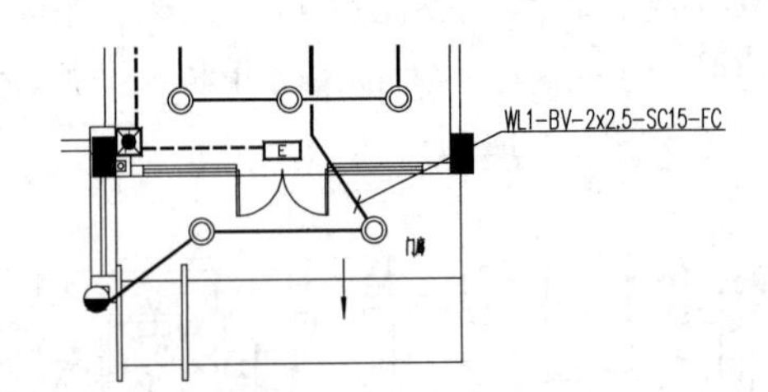

图 10-39 绘制导线标注

19 继续执行“DXBZ”命令绘制导线标注，双击绘制完成的导线标注，在弹出的“编辑导线标注”对话框中更改回路编号，如图 10-40 所示。

20 单击“确定”按钮关闭对话框，完成导线标注的绘制，结果如图 10-41 所示。

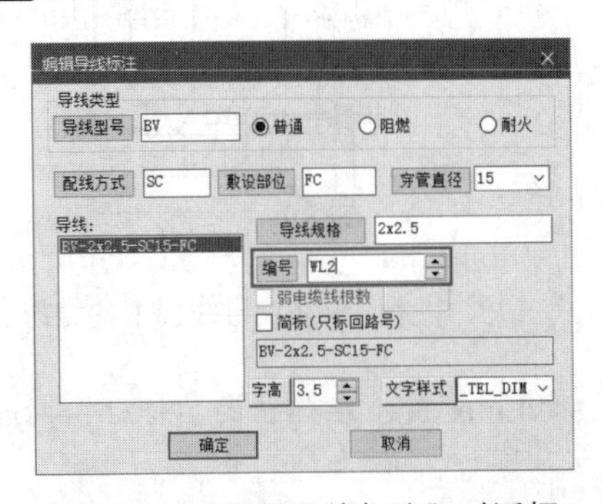

图 10-40 “编辑导线标注”对话框

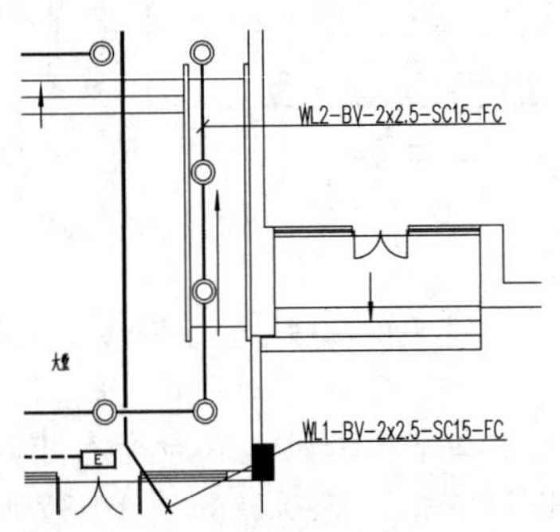

图 10-41 完成导线标注的绘制

[21] 绘制文字说明。执行“文字”→“多行文字”命令，在弹出的“多行文字”对话框中输入说明文字，单击“确定”按钮关闭对话框。在图中指定位置，绘制文字说明，结果如图 10-42 所示。

[22] 绘制图名标注。执行“符号”→“图名标注”命令，在弹出的“图名标注”对话框中设置参数，如图 10-43 所示。

说明：
1.照明插座线路穿难燃塑料管PC在墙内敷设。
2.图中未标注的线路根数为3根。
3.本图住宅部分室内电气布置待二次装修另行设计。

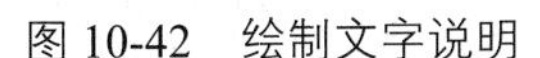

图 10-42　绘制文字说明

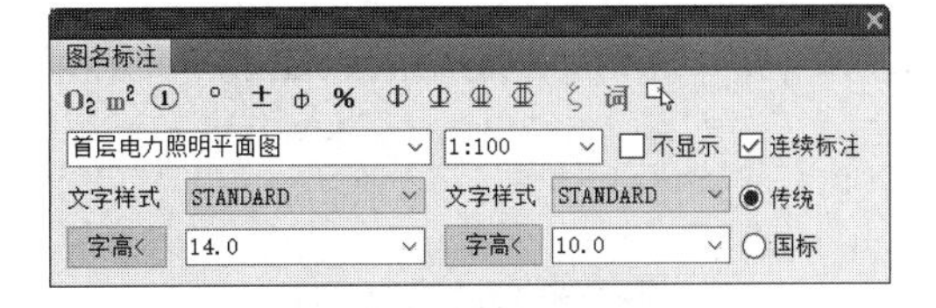

图 10-43　“图名标注”对话框

[23] 在平面图下方中间指定位置，绘制图名标注，结果如图 10-44 所示。

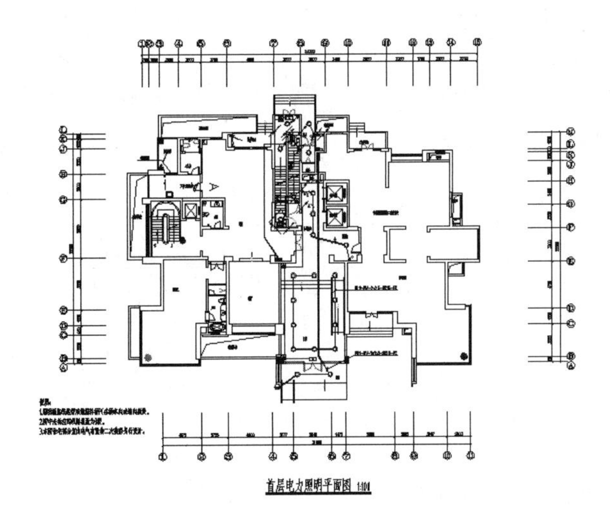

图 10-44　绘制图名标注

10.4 绘制弱电平面图

弱电平面图主要表达住宅楼消防报警设备的布置情况，包括安装位置和导线连接。通过导线可将所有的电气设备都归纳在一个系统内，实行统一的管理。

[01] 布置电控锁、读卡器、户外可视对讲机、按钮开关。在命令行中输入“RYBZ”按 Enter 键，在弹出的“天正电气图块”对话框中选择设备，如图 10-45~图 10-48 所示。

[02] 在图中指定位置，布置弱电设备，结果如图 10-49 所示。

[03] 布置感烟火灾探测器。调用“RYBZ”命令，在弹出的“天正电气图块”对话框中选择“消防”类别，选择“感烟火灾探测器”，如图 10-50 所示。

[04] 在图中指定位置，布置感烟火灾探测器，结果如图 10-51 所示。

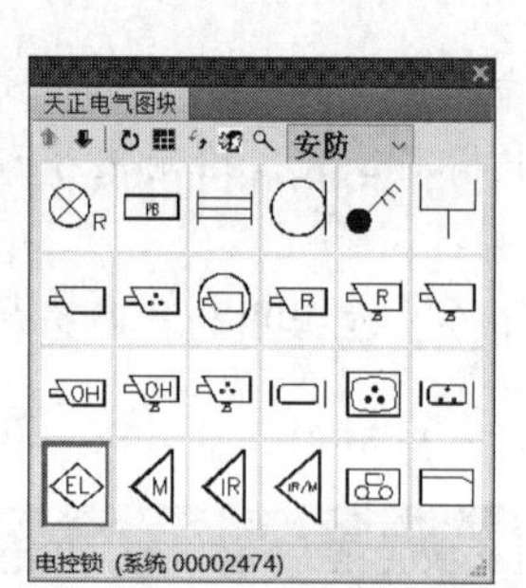

图 10-45　选择电控锁

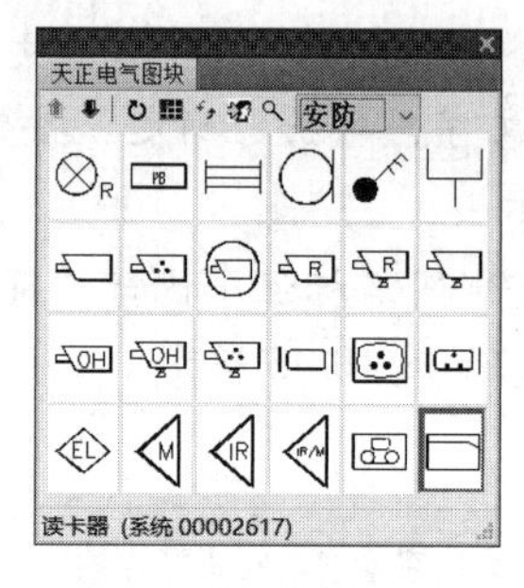

图 10-46　选择读卡器

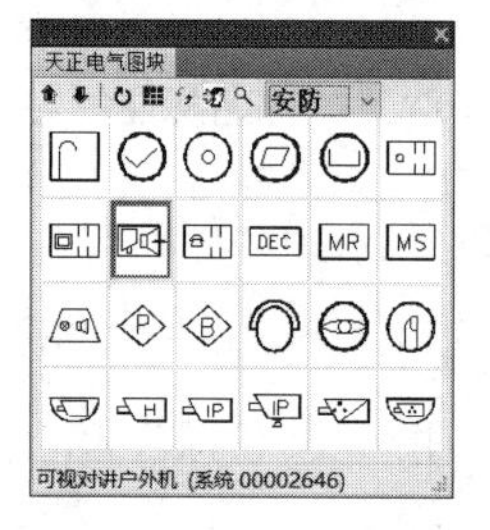

图 10-47　选择户外可视对讲机

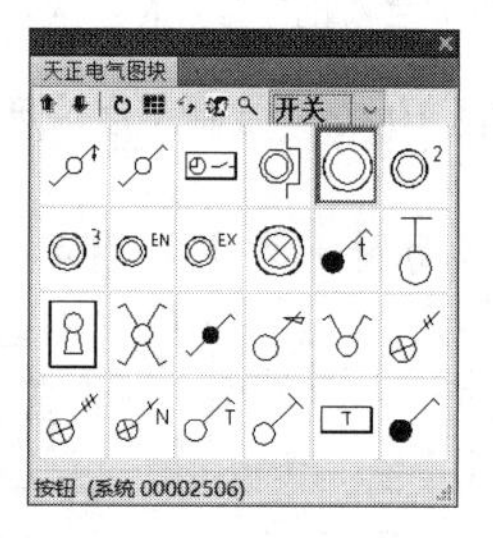

图 10-48　选择按钮开关

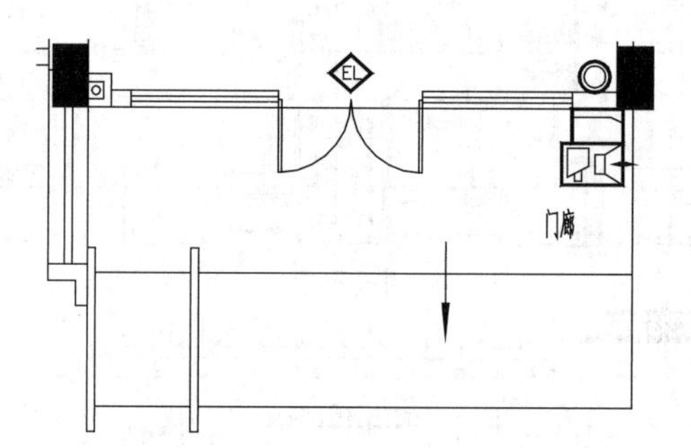

图 10-49　布置弱电设备

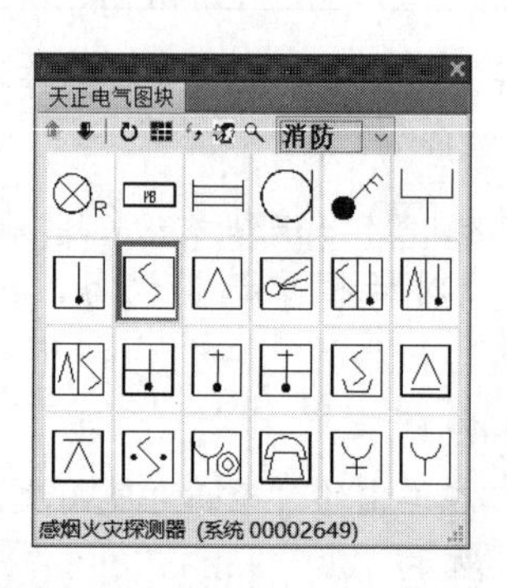

图 10-50　选择感烟火灾探测器

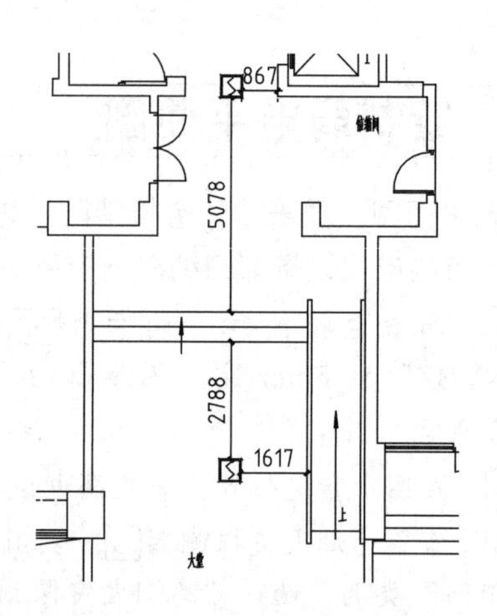

图 10-51　布置感烟火灾探测器

05 布置手动火灾报警装置、电铃、水表。执行“平面设备”→“任意布置”命令，在弹出的“天正电气图块”对话框中分别选择设备，如图10-52~图10-54所示。

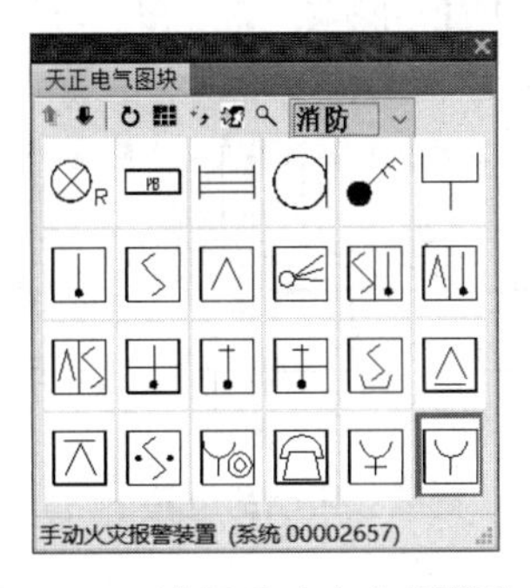

图10-52 选择手动火灾报警装置

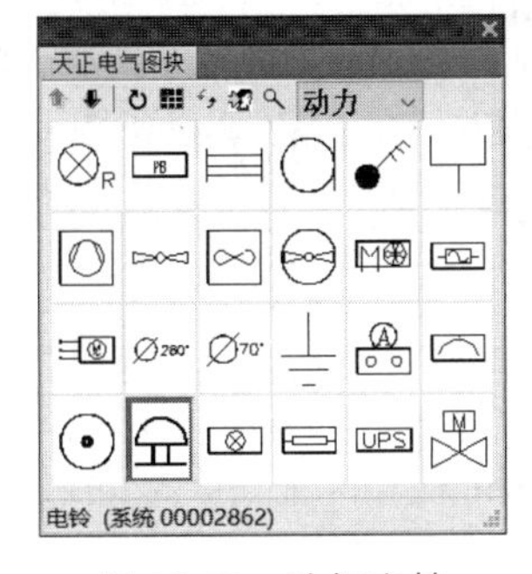

图10-53 选择电铃

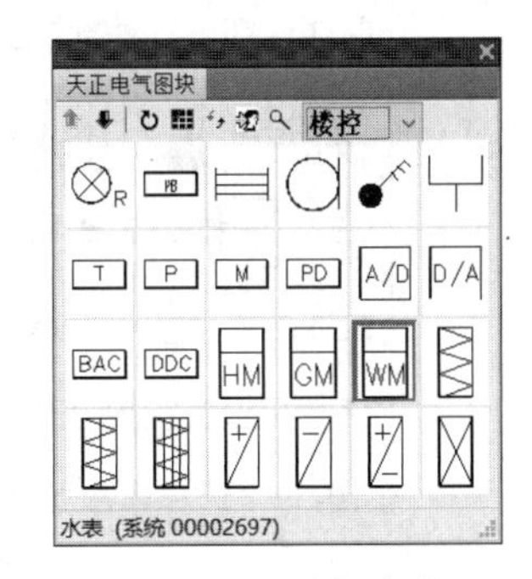

图10-54 选择水表

06 将设备布置到平面图中，结果如图10-55所示。

07 绘制接线盒。调用“REC”（矩形）命令，绘制尺寸为225mm×225mm的矩形作为接线盒，并将其布置在水表右侧，结果如图10-56所示。

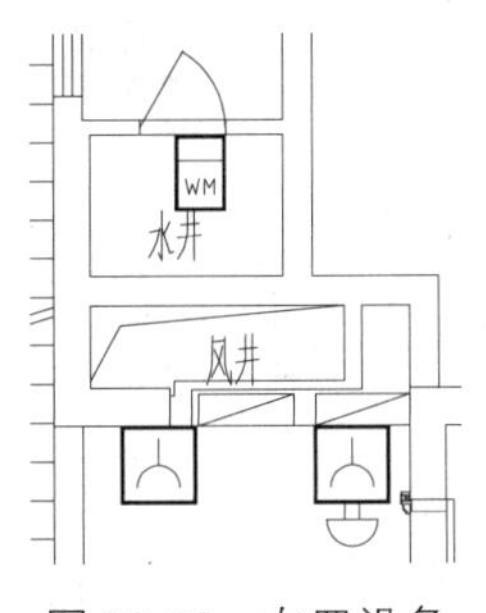

图10-55 布置设备

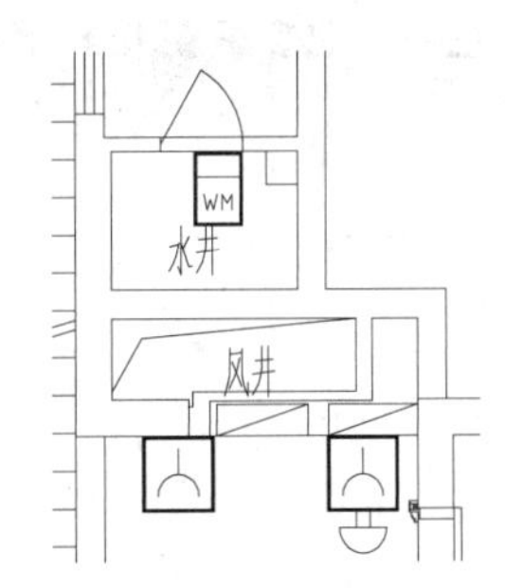

图10-56 绘制接线盒

08 布置燃气表。在命令行中输入“RYBZ”按Enter键，在弹出的“天正电气图块”对话框中选择“燃气表”，如图10-57所示。

09 在图中指定位置，布置燃气表，结果如图10-58所示。

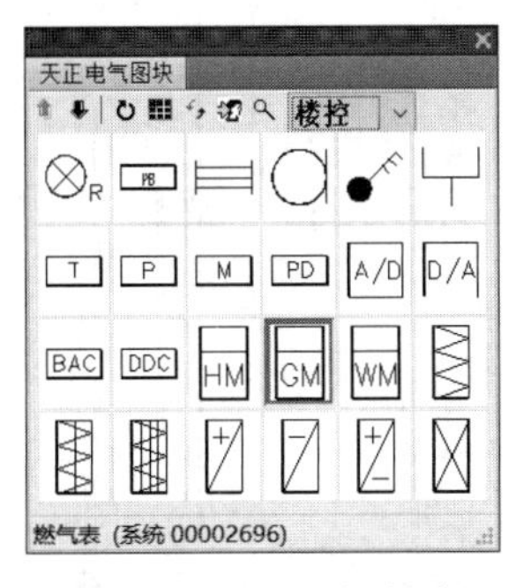

图10-57 选择燃气表

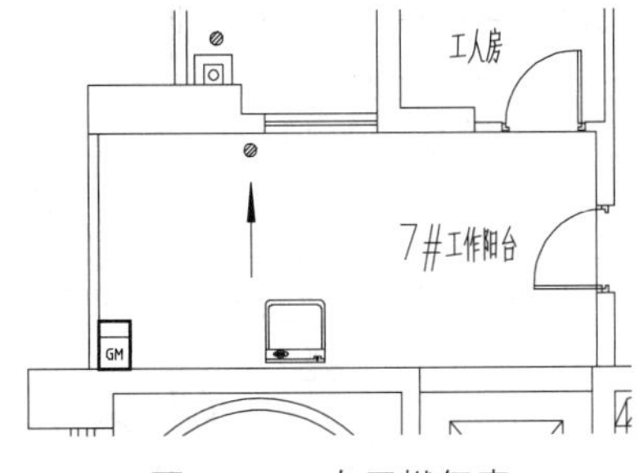

图10-58 布置燃气表

10 布置事故照明配电箱。调用“RYBZ”命令，在弹出的“天正电气图块”对话框中选择“箱柜”类别，选择“事故照明配电箱”，如图10-59所示。

11 将事故照明配电箱布置到平面图中，结果如图10-60所示。

图 10-59 选择事故照明配电箱

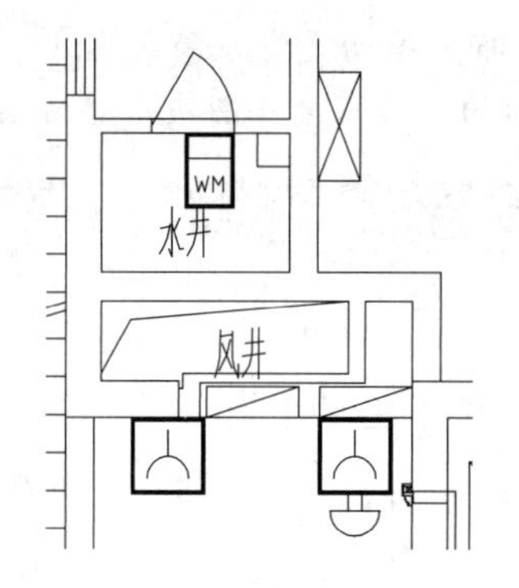

图 10-60 布置事故照明配电箱

12 布置引线。在命令行中输入“CRYX”按 Enter 键，在弹出的“插入引线”对话框中选择“同侧双引”类型的引线，如图 10-61 所示。

13 在图中选取位置，布置引线，结果如图 10-62 所示。

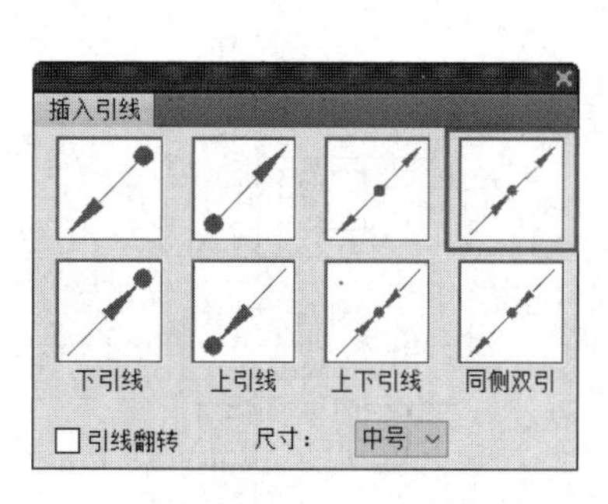

图 10-61 选择引线

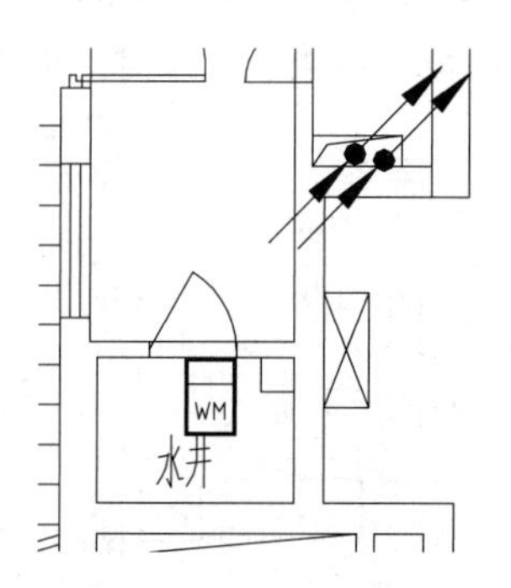

图 10-62 布置引线

14 重复上述操作，将其余的弱电设备布置到平面图中，结果如图 10-63 所示。

15 绘制导线。在命令行中输入“RYDX”按 Enter 键，分别指定起点和终点，完成绘制导线的操作，结果如图 10-64 所示。

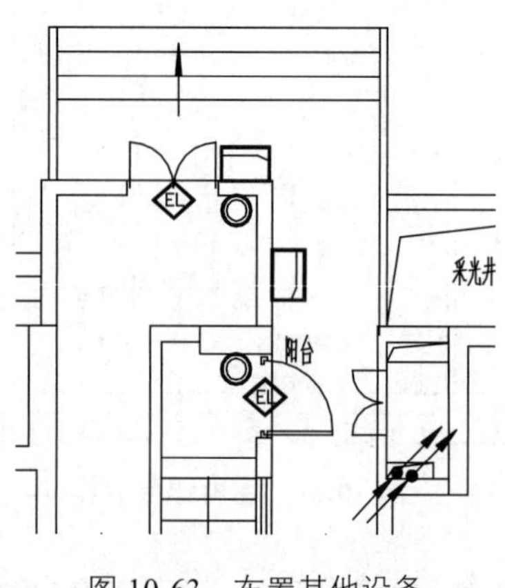

图 10-63 布置其他设备

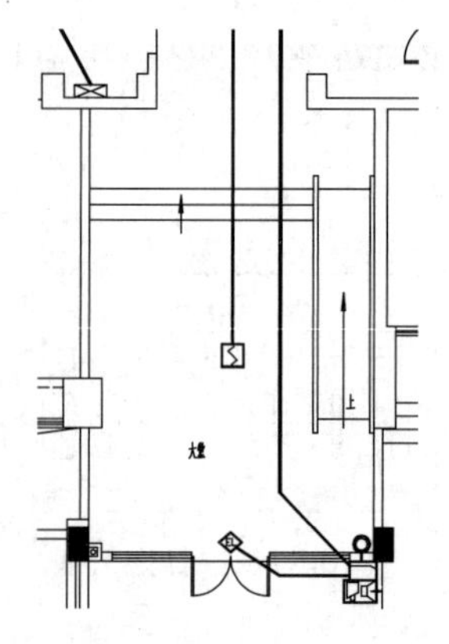

图 10-64 绘制导线

16 调用“XSBH”命令，选择导线，将导线线型更改为虚线，如图 10-65 所示。

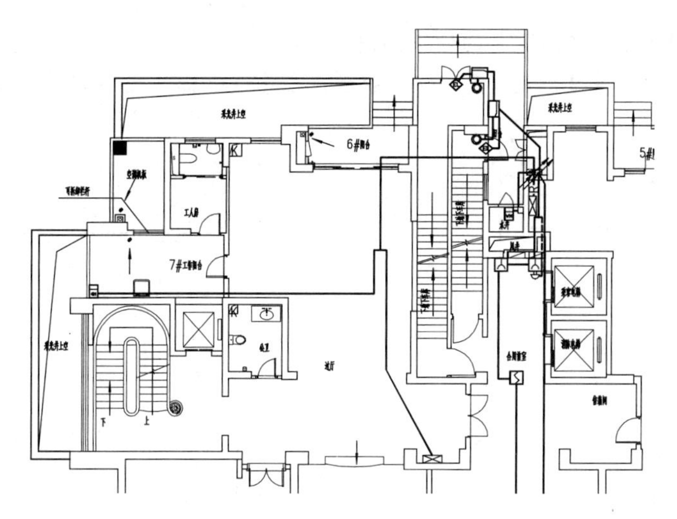

图 10-65　将导线线型改为虚线

17　沿线标注。在命令行中输入“YXBZ”按 Enter 键，命令行提示如下：

命令：YXBZ ↙
请输入起始点：< 退出 >　　　　　　　　　　// 如图 10-66 所示。
请输入终止点：< 退出 >　　　　　　　　　　// 如图 10-67 所示。
请输入方框处要标注的字符：Z　　　　　　　　// 如图 10-68 所示。
目标位置：　　　　　　　　　　　　　　　　　// 如图 10-69 所示。

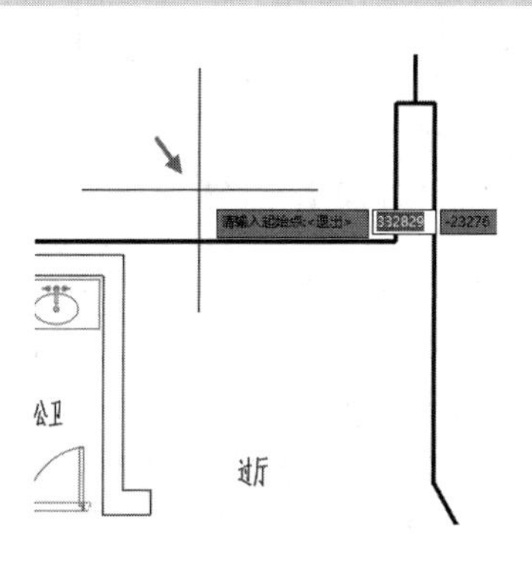

图 10-66　指定起始点

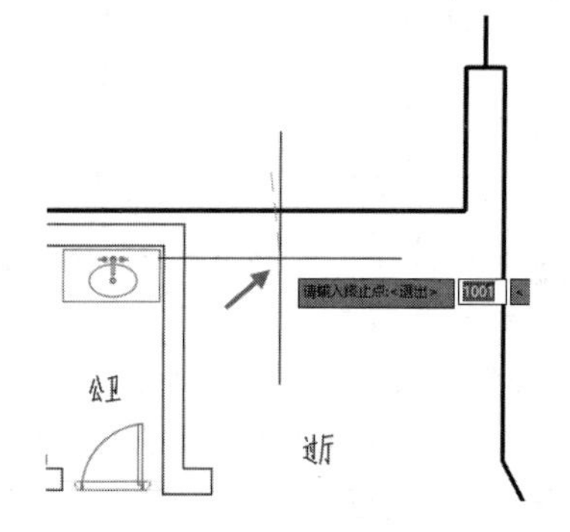

图 10-67　指定终止点

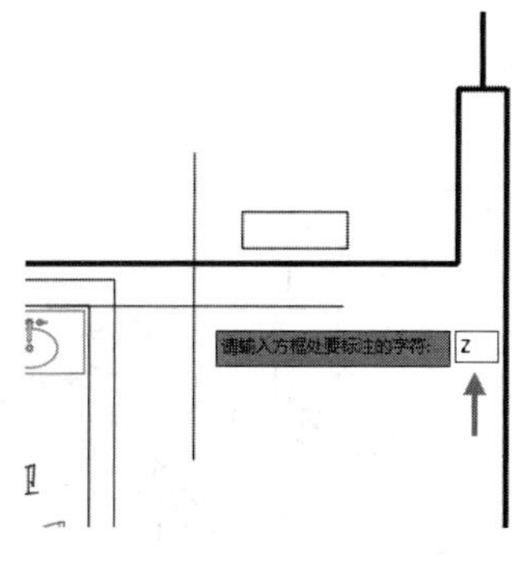

图 10-68　输入文字

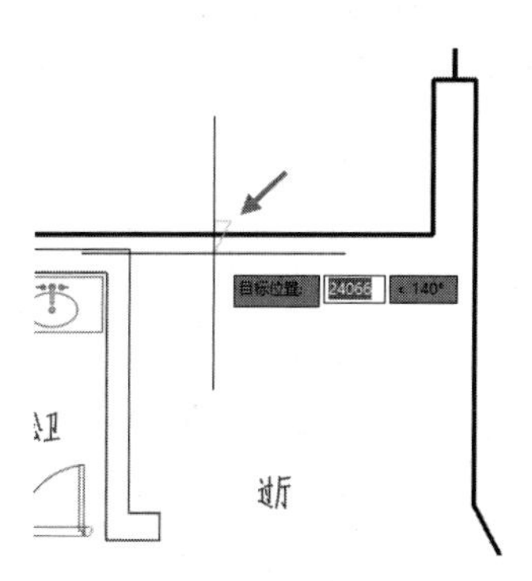

图 10-69　指定目标位置

18 在导线上标注文字“Z”的结果如图 10-70 所示。

19 按 Enter 键，重复调用“YXBZ”命令，在导线上标注文字“R”，如图 10-71 所示。

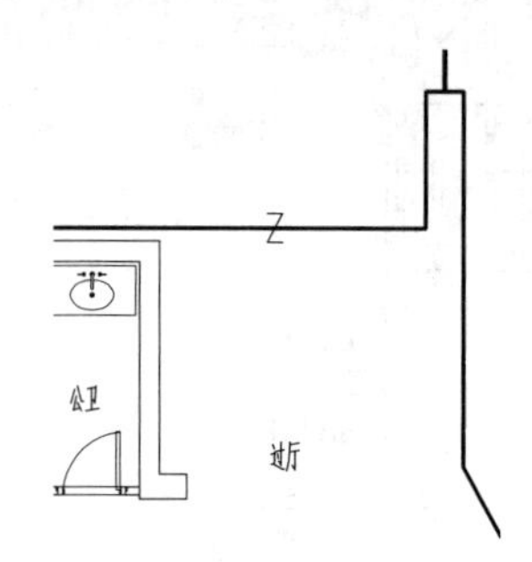

图 10-70 沿线标注文字“Z”

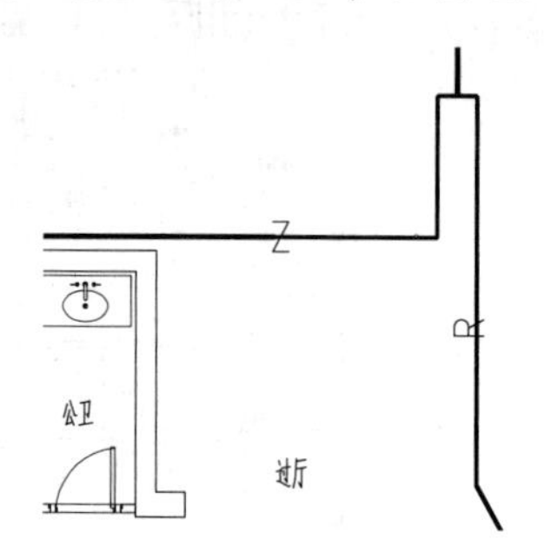

图 10-71 沿线标注文字“R”

20 调用“REC”（矩形）命令，绘制矩形框选导线标注文字，如图 10-72 所示。

21 调用“TR”（修剪）命令，修剪矩形内的导线。调用“E”（删除）命令，删除矩形，结果如图 10-73 所示。

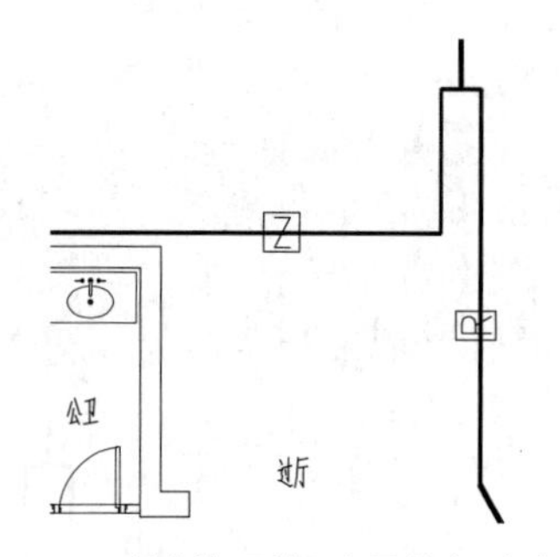

图 10-72 绘制矩形框选导线标注文字

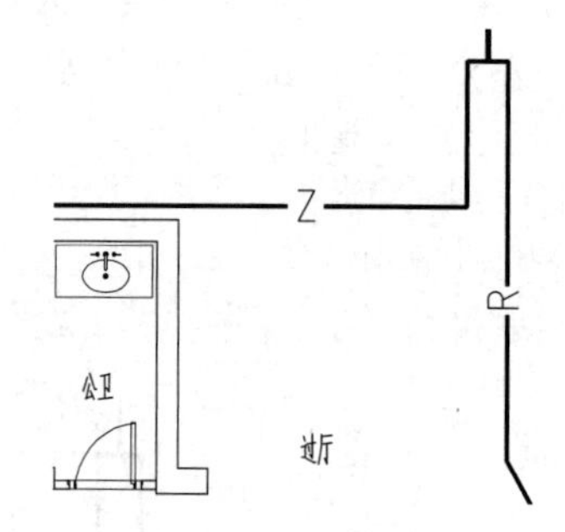

图 10-73 修剪导线

22 导线标注。在命令行中输入“DXBZ”按 Enter 键，选取导线，完成对导线的标注。

23 编辑导线标注。由于在绘制导线的时候没有对导线属性进行设置，所以在绘制导线标注后，要对导线标注进行编辑修改，以符合实际敷设导线的属性。

24 双击导线标注，在弹出的“编辑导线标注”对话框中分别修改“回路编号”“配线方式”“敷设部位”“穿管直径”参数（具体参数可参见修改结果）。单击“确定”按钮关闭对话框，编辑导线标注的结果如图 10-74 所示。

25 重复上述操作，继续绘制和编辑导线标注。调用“L”（直线）命令，绘制短斜线，为导线标注添加标注点，结果如图 10-75 所示。

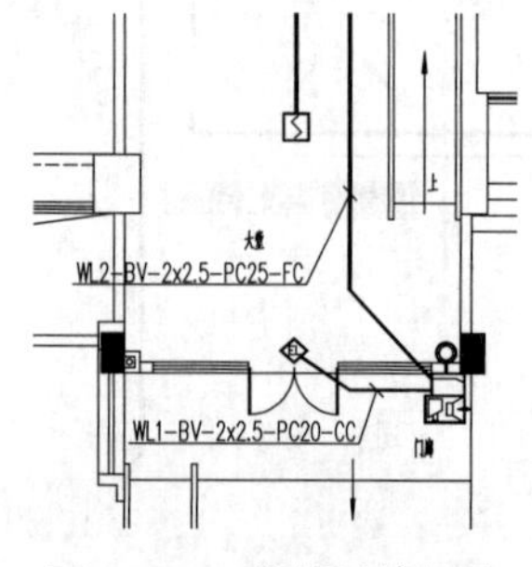

图 10-74 编辑导线标注

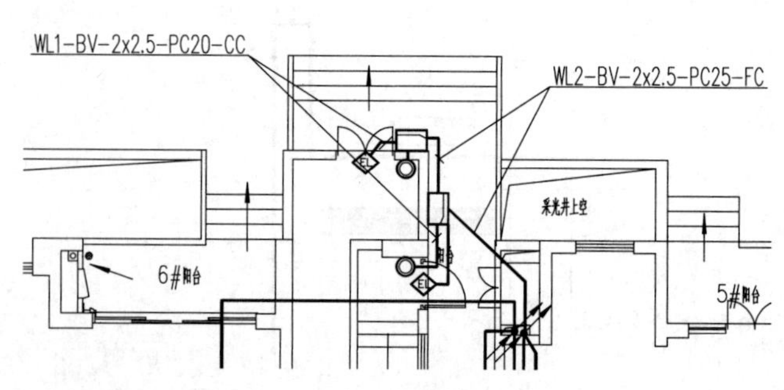

图 10-75 添加标注点

[26] 绘制文字标注。在命令行中输入“YCBZ”按 Enter 键，在弹出的“引出标注”对话框中设置参数。然后根据命令行的提示，在图中指定各标注点，绘制文字标注，结果如图 10-76 所示。

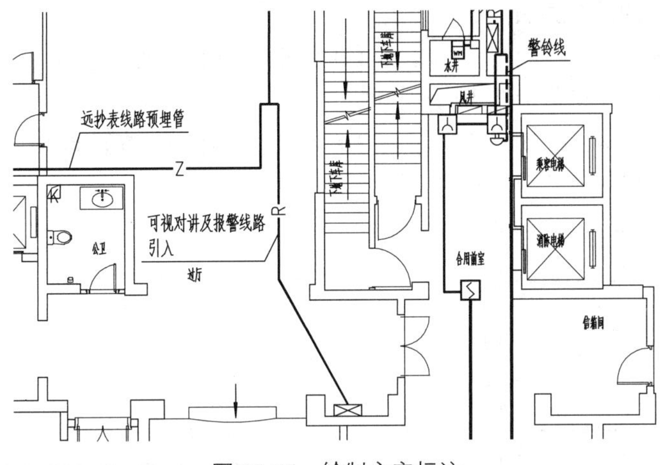

图 10-76 绘制文字标注

[27] 绘制图名标注。执行“符号”→“图名标注”命令，在弹出的“图名标注”对话框中设置参数，如图 10-77 所示。

图 10-77 设置参数

[28] 在平面图下方指定位置，绘制图名标注，结果如图 10-78 所示。

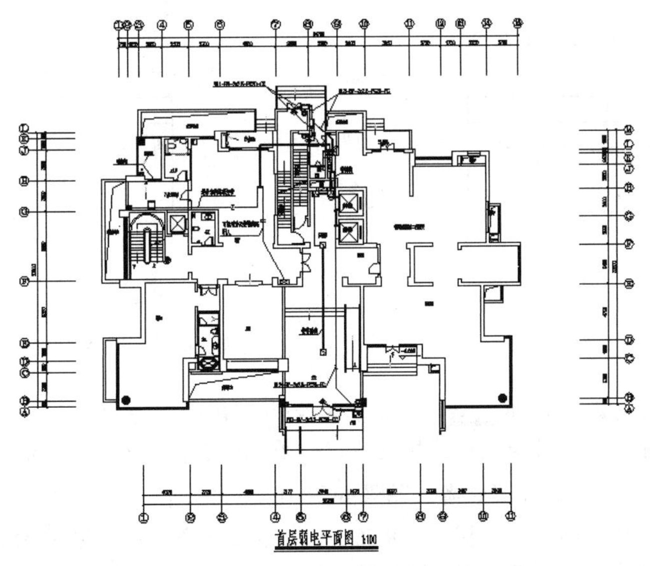

图 10-78 绘制图名标注

10.5 绘制电气消防系统图

电气消防系统图用来表达各楼层在垂直方向上消防设备的布置及管道的连接情况。本节将介绍电气消防系统图的绘制方法。

01 绘制楼层分隔线。调用“L”（直线）命令，绘制直线，再调用“O”（偏移）命令，偏移直线。绘制的楼层分隔线如图 10-79 所示。

02 绘制文字标注。执行“文字”→“单行文字”命令，在弹出的“单行文字”对话框中设置参数，如图 10-80 所示。

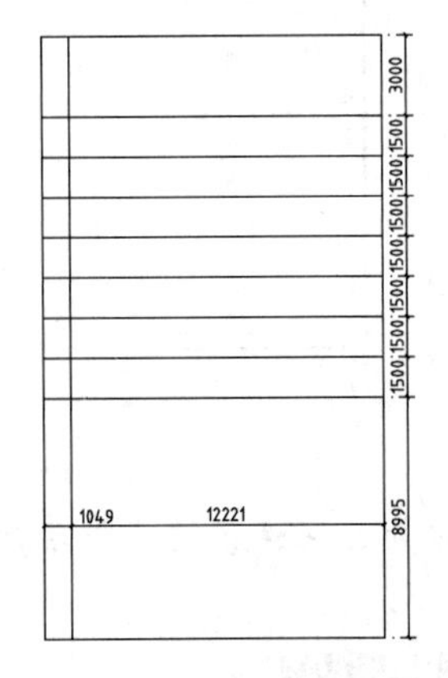

图 10-79 绘制楼层分隔线

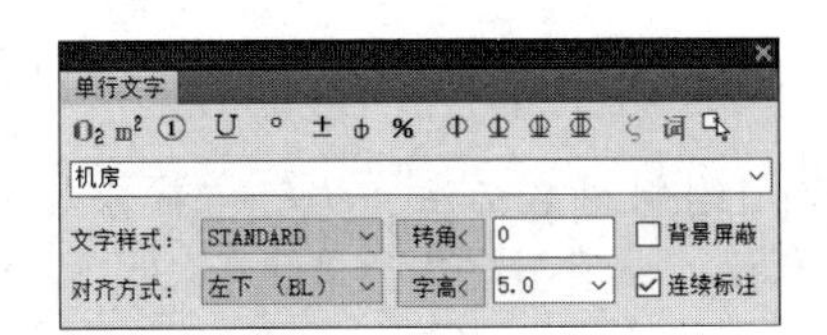

图 10-80 设置参数

03 在图中选取位置，绘制文字标注，结果如图 10-81 所示。

04 在“单行文字”对话框中修改参数，继续绘制其他文字标注，结果如图 10-82 所示。

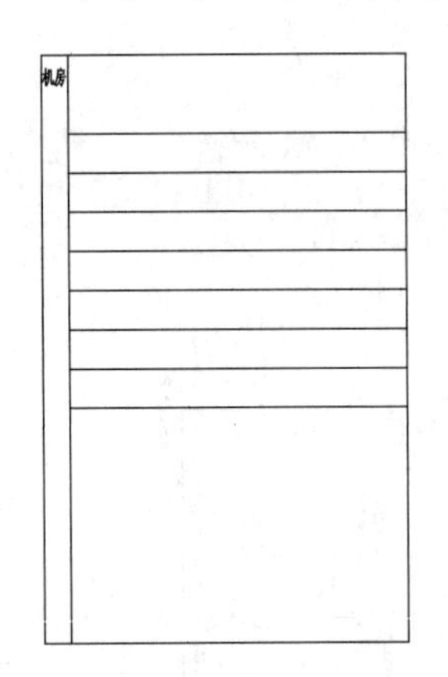

图 10-81 绘制文字标注

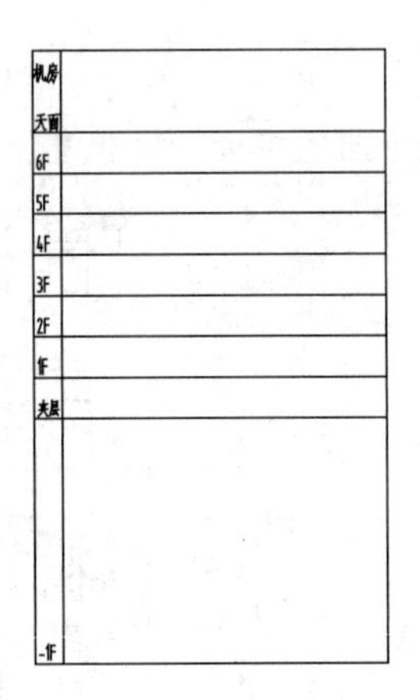

图 10-82 继续绘制其他文字标注

05 标注多种电源配电箱、火警电话。在命令行中输入“RYBZ”按 Enter 键，在弹出的“天正电气图块”对话框中选择设备，如图 10-83 和图 10-84 所示。

06 在图中指定位置，布置设备，结果如图 10-85 所示。

07 绘制三方通话接线盒。调用“REC”（矩形）命令，绘制尺寸为 200mm×200mm 的矩形作为三方通话接线盒，结果如图 10-86 所示。

图 10-83　选择多种电源配电箱

图 10-84　选择火警电话

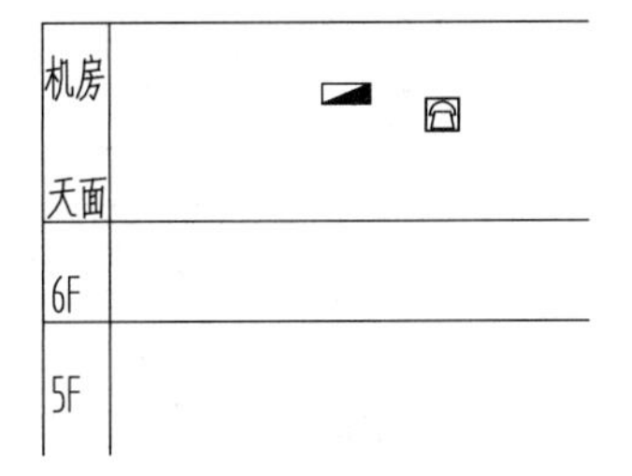

图 10-85　布置设备

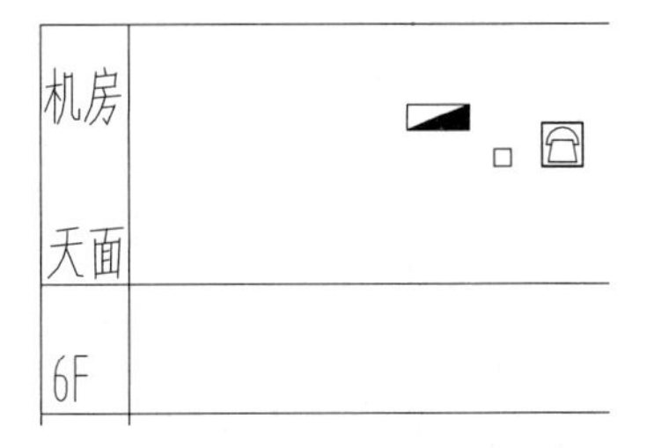

图 10-86　绘制三方通话接线盒

08 绘制控制线、通信线和电话线。在命令行中输入"XTDX"命令，在弹出的"系统图 - 导线设置"对话框中选择"馈线"选项，设置"线宽"为 0.35，如图 10-87 所示。

09 在图中分别指定导线的起点和终点，绘制导线，结果如图 10-88 所示。

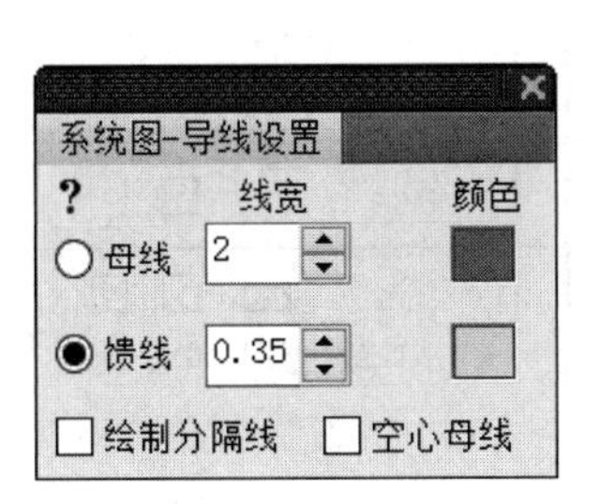

图 10-87　设置参数

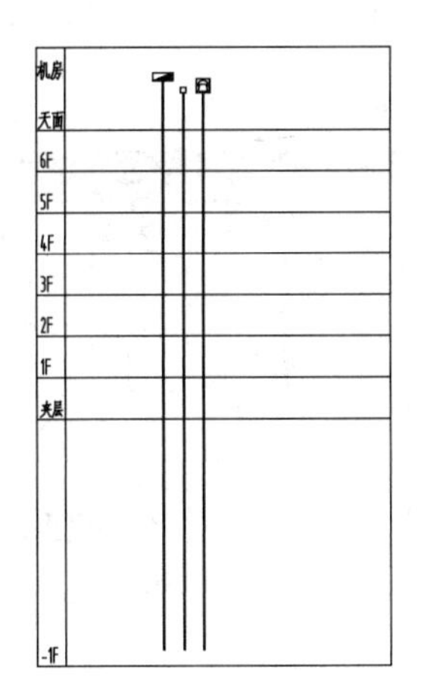

图 10-88　绘制导线

10 布置事故照明配电箱和集中型火灾报警控制器。调用"RYBZ"命令，在弹出的"天正电气图块"对话框中选择设备，如图 10-89 和图 10-90 所示。

11 在图中指定位置，布置设备，结果如图 10-91 所示。

12 绘制消防接线箱。调用"REC"（矩形）命令，绘制尺寸为 325mm×325mm 的矩形。调用"L"（直线）命令，在矩形内部绘制相交直线，完成消防接线箱的绘制，结果如图 10-92 所示。

图 10-89　选择事故照明配电箱

图 10-90　选择集中型火灾报警控制器

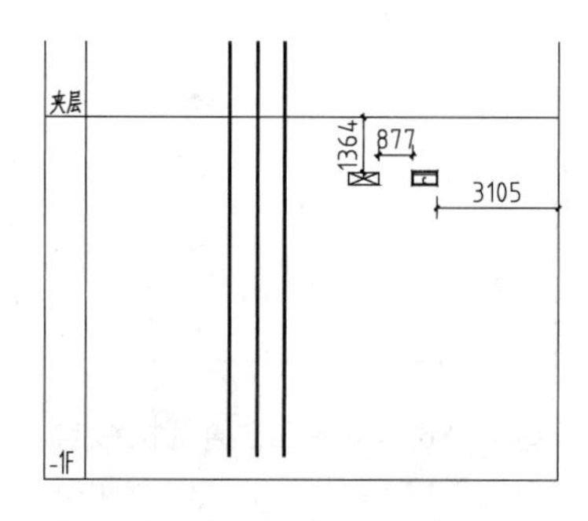

图 10-91　布置设备

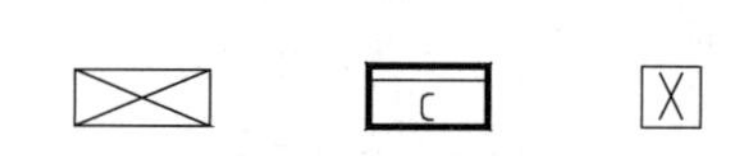

图 10-92　绘制消防接线箱

13　布置手动火灾报警装置、电铃、感烟火灾探测器等消防设备。执行“平面设备”→“任意布置”命令，在弹出的“天正电气图块”对话框中选择设备，将设备布置到图中，结果如图 10-93 所示。

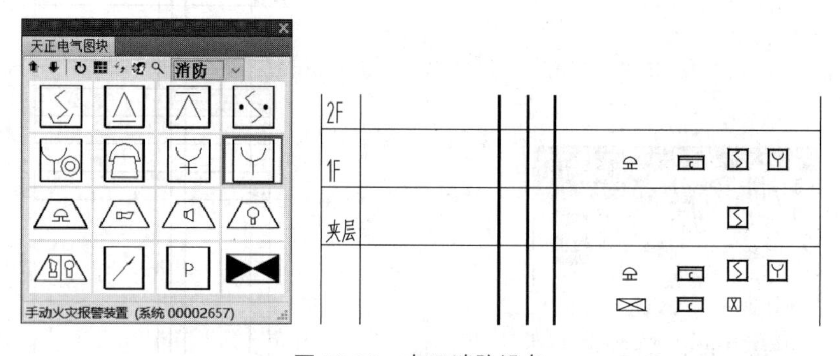

图 10-93　布置消防设备

14　调用“CO”（复制）命令，向上移动复制消防设备至 2F，结果如图 10-94 所示。

15　绘制消防模块。调用“REC”（矩形）命令，绘制尺寸为 300mm×300mm 的矩形，再调用“L”（直线）命令，在矩形内部绘制对角线，完成消防模块的绘制，结果如图 10-95 所示。

16　调用“CO”（复制）命令，移动复制消防设备到其他楼层，结果如图 10-96 所示。

17　调用“M”（移动）命令和“EX”（延伸）命令，调整楼层分隔线，结果如图 10-97 所示。

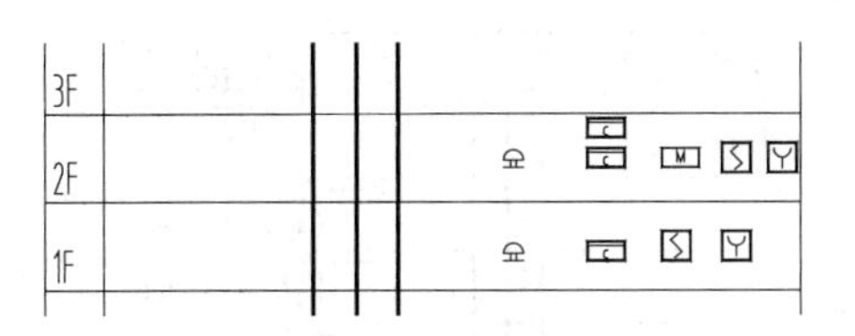

图 10-94　移动复制消防设备至 2F

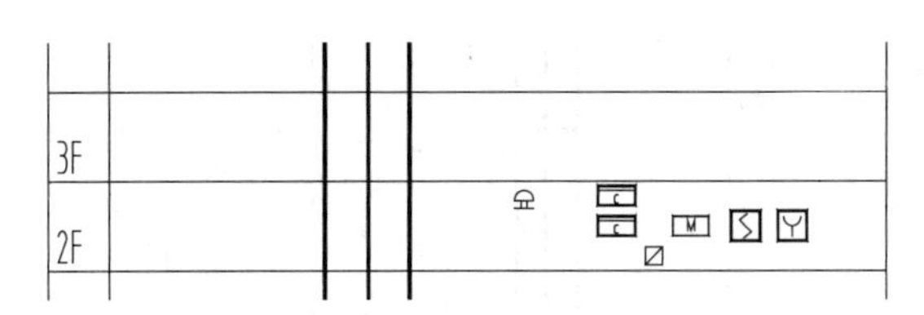

图 10-95　绘制消防模块

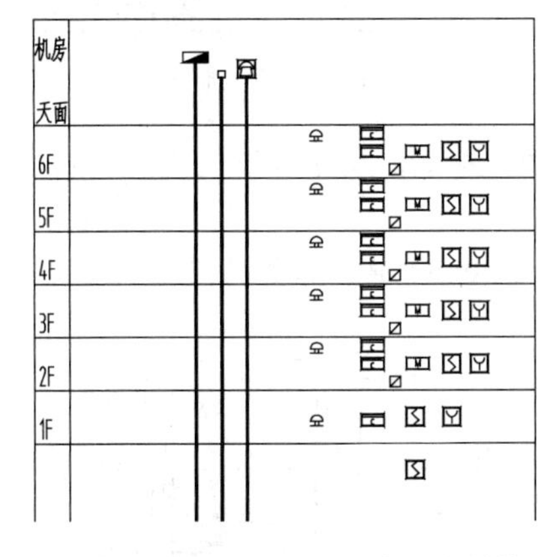

图 10-96　移动复制消防设备到其他楼层

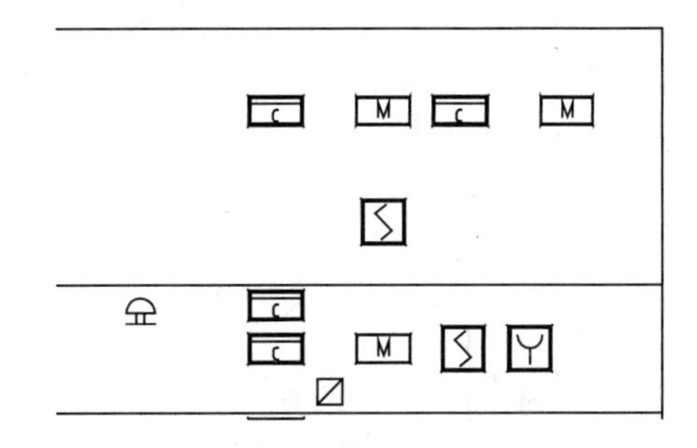

图 10-97　调整楼层分隔线

18 绘制电梯控制箱 LT 。调用“REC”（矩形）命令，绘制尺寸为 325mm×650mm 的矩形。然后执行“文字”→“单行文字”命令，在矩形内绘制标注文字“LT”，完成电梯控制箱的绘制，结果如图 10-98 所示。

19 绘制导线。调用“XTDX”命令和“RYDX”命令，在图中绘制连接导线。然后调用“XSBH”命令，更改部分导线的线型为虚线，结果如图 10-99 所示。

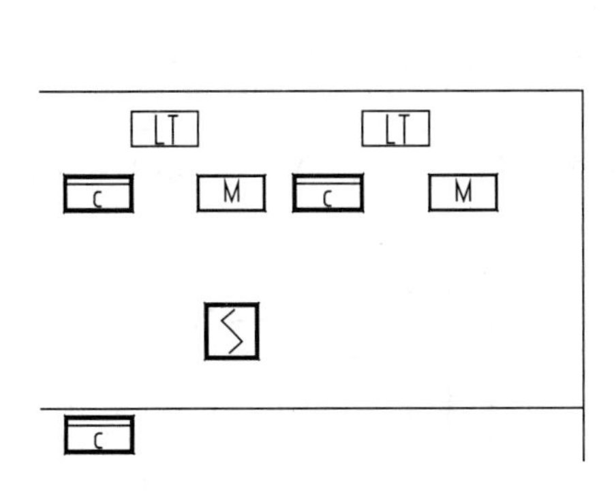

图 10-98　绘制电梯控制箱

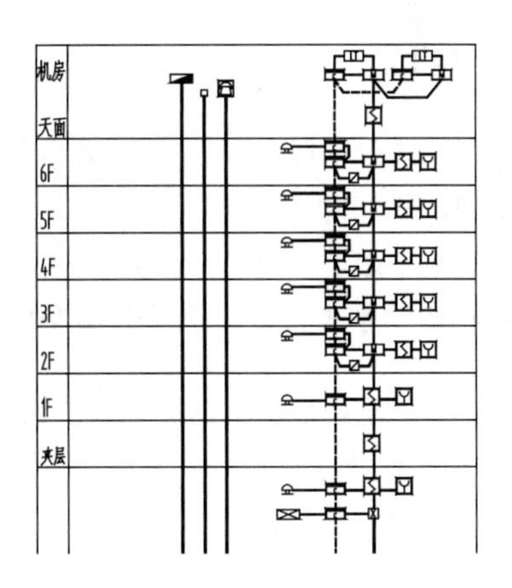

图 10-99　绘制导线

20 绘制虚线框。执行“原理图”→“虚线框”命令，在图中分别指定虚线框的对角点，绘制虚线框，结果如图 10-100 所示。

21 重复执行“原理图”→“虚线框”命令，继续在系统图中绘制虚线框，结果如图 10-101 所示。

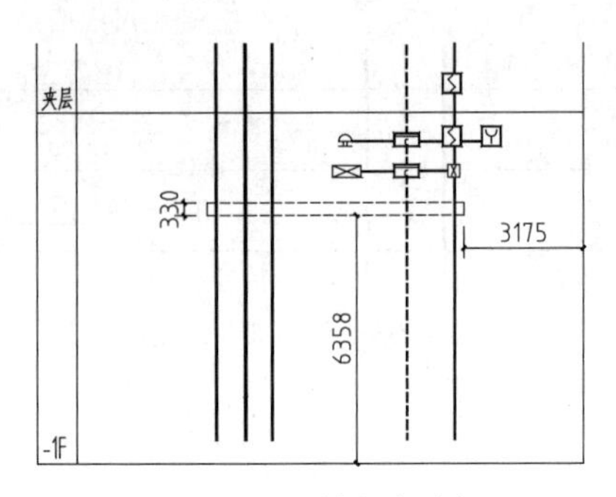

图 10-100　绘制虚线框

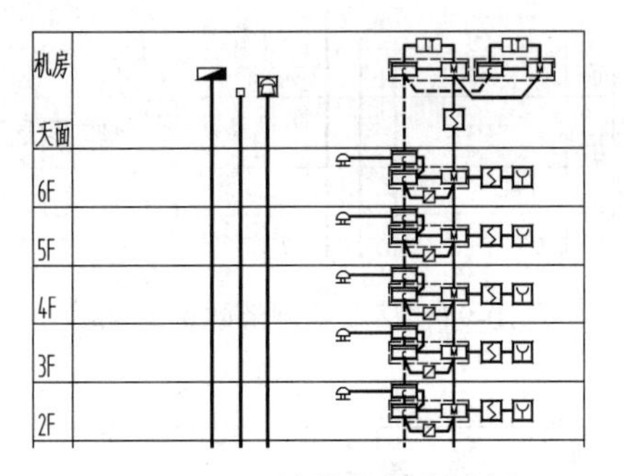

图 10-101　继续绘制虚线框

22 标注设备个数。执行"文字"→"单行文字"命令，在弹出的"单行文字"对话框中设置参数，标注消防设备个数，结果如图 10-102 所示。

23 绘制引出标注。在命令行中输入"YCBZ"按 Enter 键，在系统图中绘制引出标注，结果如图 10-103 所示。

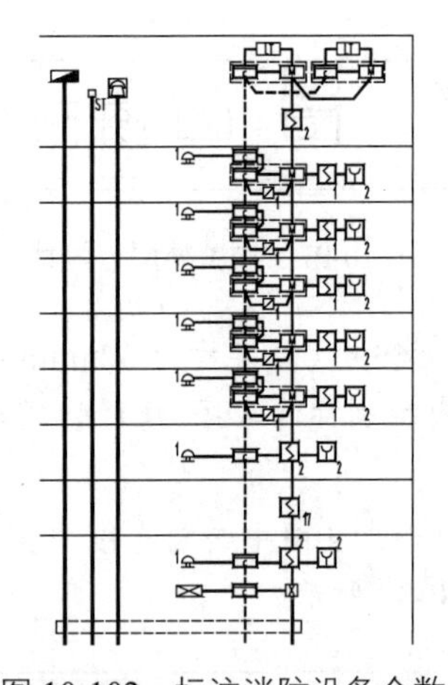

图 10-102　标注消防设备个数

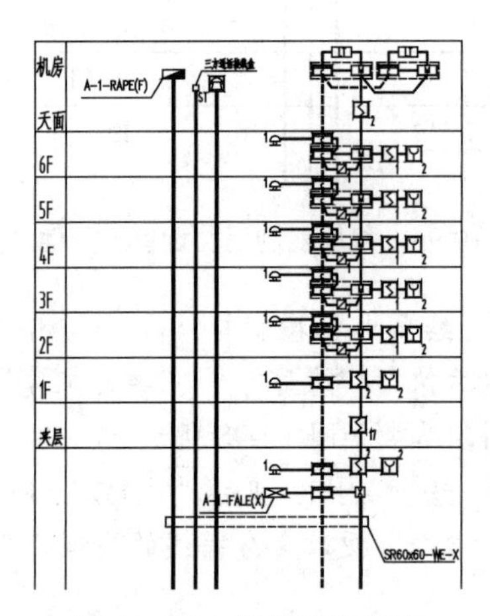

图 10-103　绘制引出标注

24 绘制文字标注。执行"文字"→"单行文字"命令，绘制导线信息的文字标注，结果如图 10-104 所示。

25 插入文字。调用"RO"（旋转）命令，旋转文字，再调用"M"（移动）命令，移动文字并将其插入导线之上，结果如图 10-105 所示。

正压送风机控制线 1（ZR-KVV-7X1.0）

三方通话通讯线 ZR-RVV-8X1.0

消防电话线 ZR-RVV-2X1.5

直流24V电源线 ZR-BV-2X1.5

报警总线 ZR-RVS-2X1.5

图 10-104　绘制导线信息的文字标注

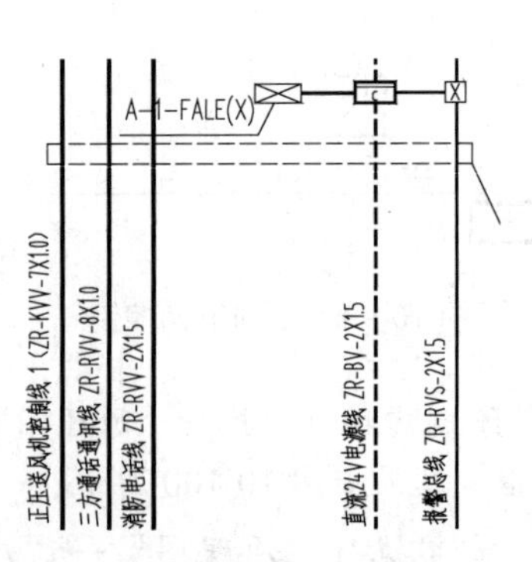

图 10-105　插入文字

[26] 绘制图名标注。单击“符号”→“图名标注”命令，在弹出的“图名标注”对话框中设置参数，并选择“不显示”复选框（即在图名标注中不显示比例标注），如图 10-106 所示。

[27] 在系统图的下方选取位置，绘制图名标注，结果如图 10-107 所示。

图 10-106 设置参数

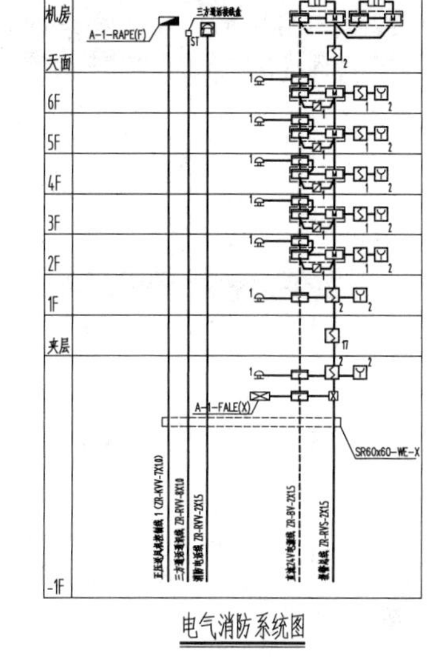

图 10-107 绘制图名标注

10.6 绘制屋面防雷平面图

在建筑物的屋面制作防雷系统，可以有效地保护建筑物及建筑物内人员和物品的安全。高层建筑一般通过在屋面设置避雷网来达到全面保护建筑物的目的。本节将介绍绘制屋面防雷平面图的方法。

[01] 打开素材文件。按下 Ctrl+O 组合键，打开配套资源中提供的“第 10 章 / 10.6 屋面平面图 .dwg”素材文件，如图 10-108 所示。

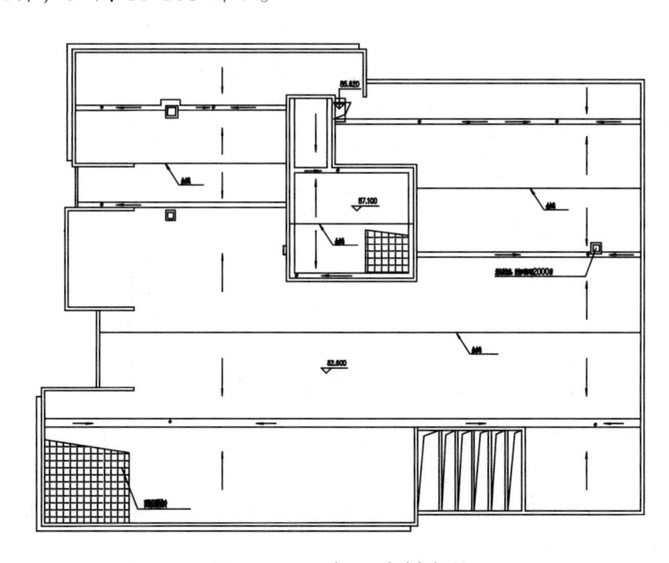

图 10-108 打开素材文件

02 绘制接闪线。在命令行中输入“JSX”按 Enter 键，命令行提示如下：

```
命令：JSX ↙
请点取接闪线的起始点:或 [ 点取图中曲线（P）/ 点取参考点（R）]< 退出 >:  // 如图 10-109 所示。
直段下一点 [ 弧段（A）/ 回退（U）}< 结束 >:                    // 如图 10-110 所示。
请点取避雷线偏移的方向 < 不偏移 >:                             // 按 Enter 键。
请输入接闪线到外墙线或屋顶线的距离 <120.00>:                    // 按 Enter 键。
```

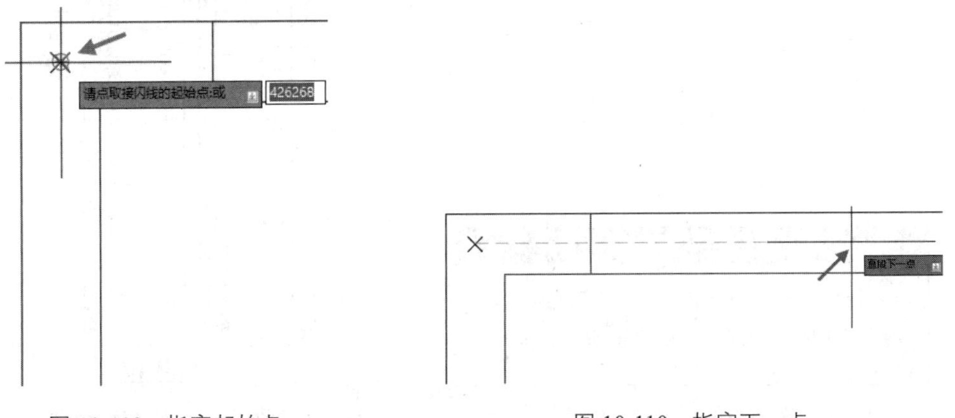

图 10-109　指定起始点　　　　图 10-110　指定下一点

03 绘制接闪线的结果如图 10-111 所示。

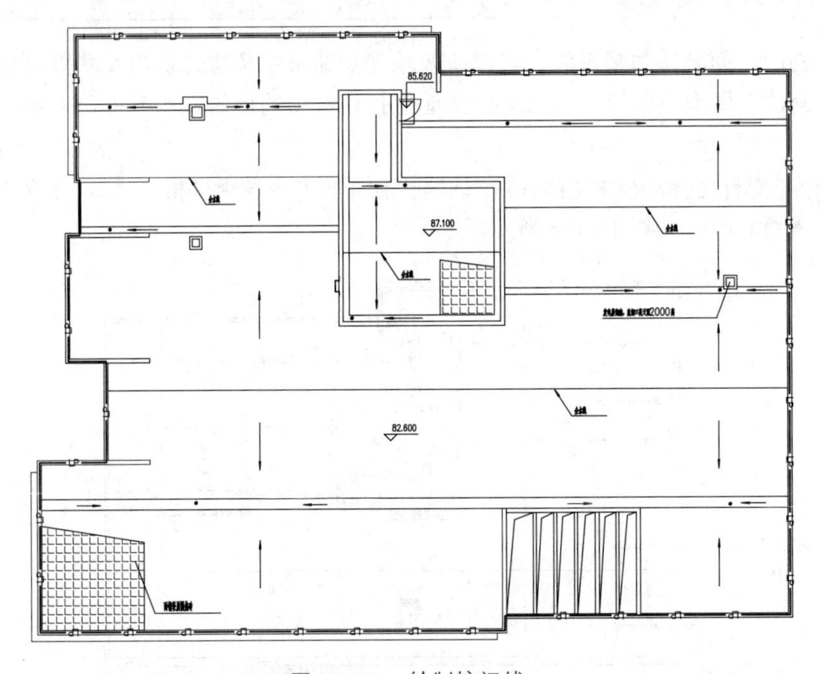

图 10-111　绘制接闪线

04 执行“接地防雷”→“接闪线”命令，继续绘制接闪线（选取墙宽中点为起点），结果如图 10-112 所示。

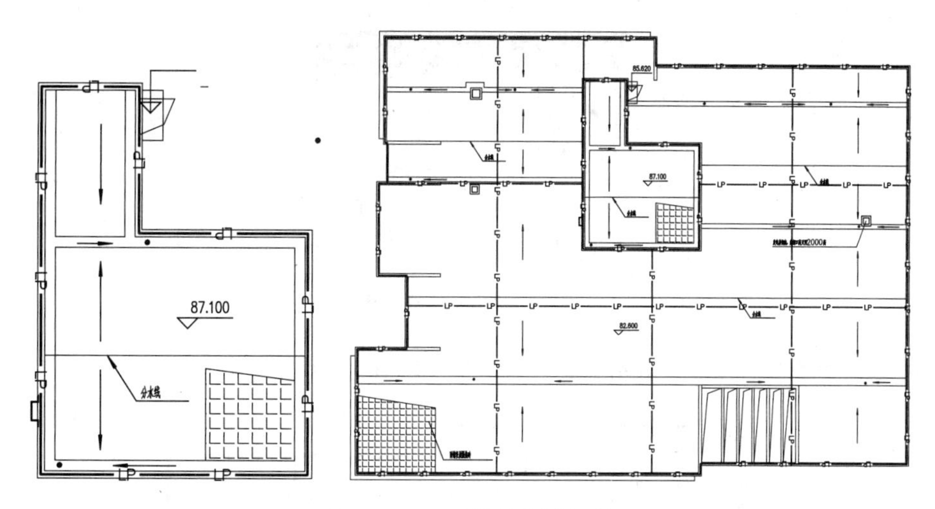

图 10-112 继续绘制接闪线

05 绘制接闪短线。调用“C”（圆形）命令，绘制半径为152mm的圆形。调用“H”（图案填充）命令，选择“ANSI31”图案，设置比例为10、角度为90°，如图10-113所示。

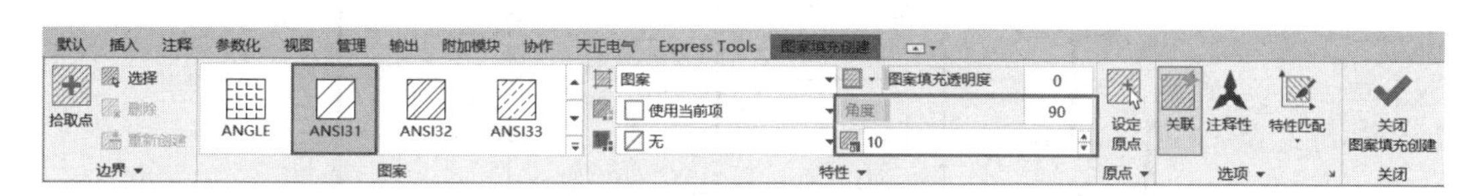

图 10-113 设置参数

06 在墙角处绘制接闪短线，结果如图10-114所示。具体的绘制结果请参阅配套资源中本节的最终结果文件。

图 10-114 绘制接闪短线

07 布置引线。在命令行中输入“CRYX”按Enter键，在弹出的“插入引线”对话框中选择“下引线”，在“尺寸”下拉列表中选择“巨号”选项，如图10-115所示。

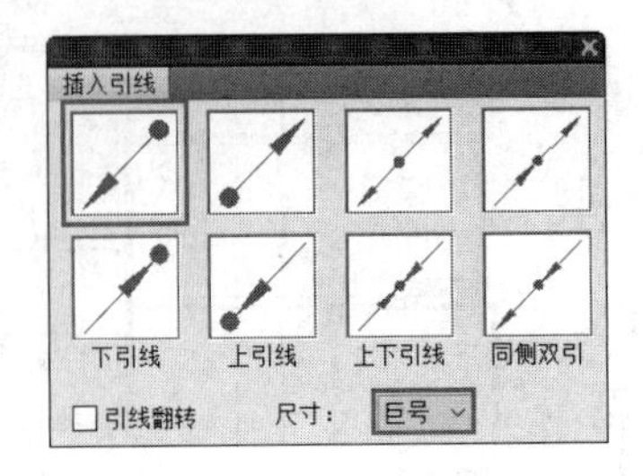

图 10-115 “插入引线”对话框

08 在图中指定位置，布置引线，结果如图 10-116 所示。

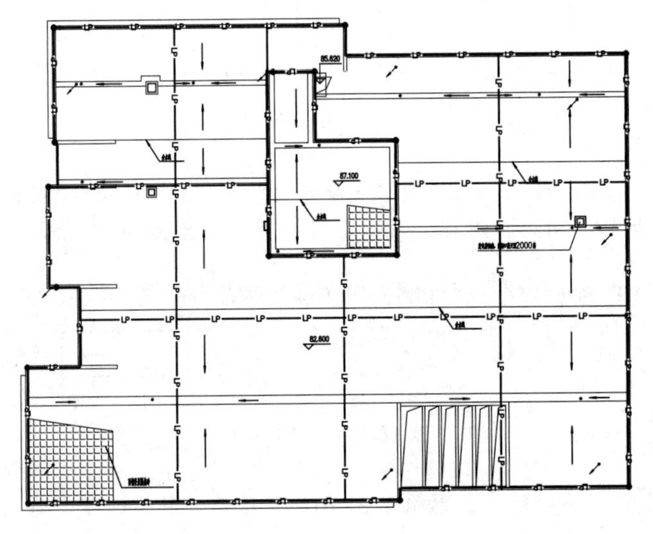

图 10-116 布置引线

09 绘制接闪线。调用“JSX”命令，根据命令行的提示绘制接闪线，结果如图 10-117 所示。

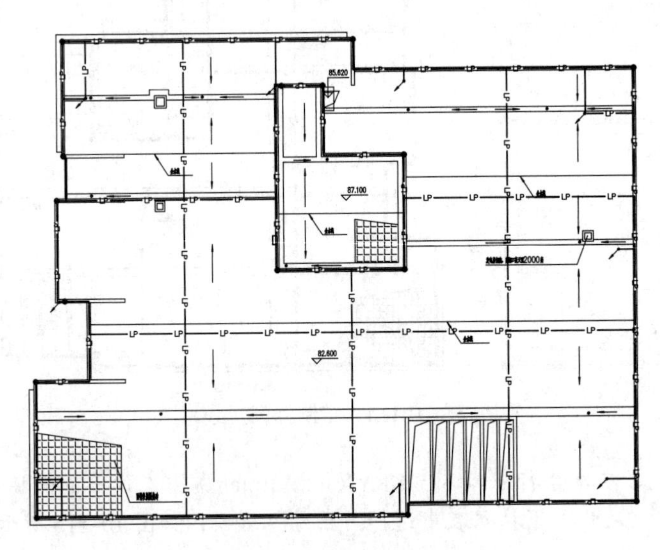

图 10-117 绘制接闪线

[10] 绘制做法标注。执行“符号”→“做法标注”命令，在弹出的“做法标注”对话框中设置参数。根据命令行的提示，在图中分别指定各个标注点，绘制做法标注，结果如图 10-118 所示。

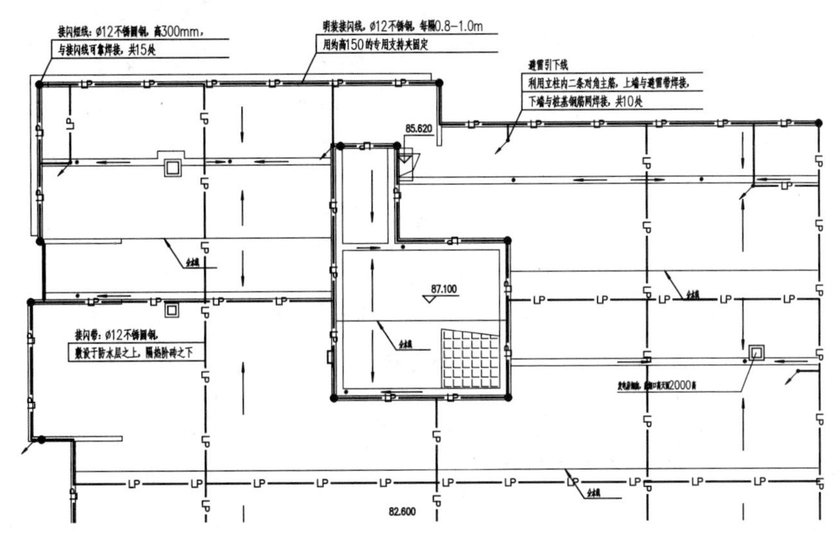

图 10-118　绘制做法标注

[11] 年雷击数计算。在命令行中输入“NLJS”按 Enter 键，弹出“建筑物防雷”对话框。在右上角设置建筑物的长、宽、高尺寸，如图 10-119 所示。

[12] 单击“年平均雷暴日”选项右侧的地图按钮，在打开的对话框中设置测试地区为“湖南省”，测试城市为“长沙市”，系统将自动定位，并以红色显示定位结果，如图 10-120 所示。

图 10-119　设置参数

图 10-120　显示定位结果

[13] 单击“确定”按钮，返回“建筑物防雷”对话框。单击“绘制表格”按钮，在图中指定插入点，绘制表格，结果如图 10-121 所示。

[14] 绘制图名标注。执行“符号”→“图名标注”命令，在弹出的“图名标注”对话框中设置参数，如图 10-122 所示。

年雷击计算表(矩形建筑物)		
建筑物数据	建筑物的长L(m)	28.8
	建筑物的宽W(m)	34.7
	建筑物的高H(m)	22
	等效面积Ae(km²)	0.0212
	建筑物属性	住宅、办公楼等一般性民用建筑物或一般性工业建筑物
气象参数	地区	湖南省长沙市
	年平均雷暴日Td(d/a)	46.6
	年平均密度Ng(次/(km².a))	4.6600
计算结果	预计雷击次数N(次/a)	0.1528
	防雷类别	第三类防雷

图 10-121　绘制表格

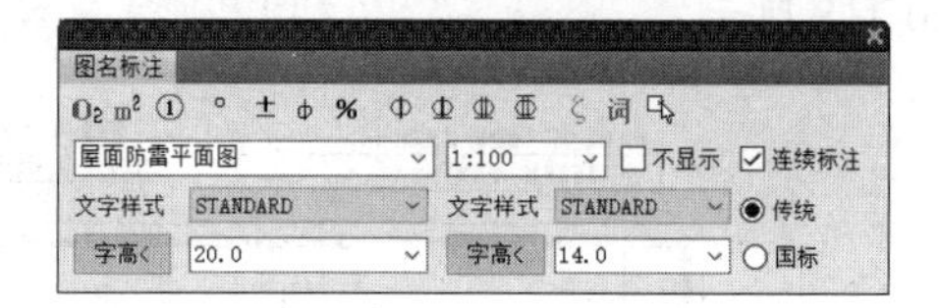

图 10-122　设置参数

15 在平面图的下方选取插入点，绘制图名标注，结果如图 10-123 所示。

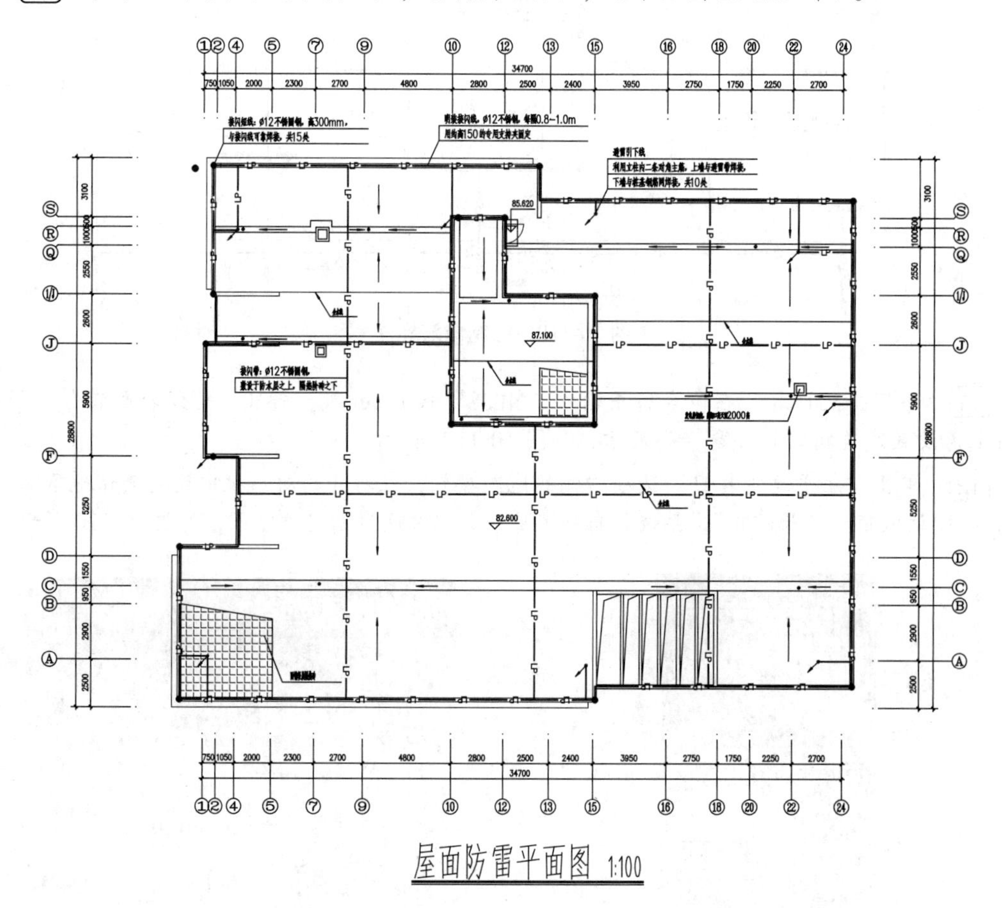

图 10-123　绘制图名标注

第 11 章 写字楼电气设计

● 本章导读

本章介绍了写字楼电气设计相关图样的绘制，包括竖向干线配电系统图、配电箱系统图和消防自动报警系统图等。这些图样涉及了写字楼电气设计的各个重要方面。

本章还介绍了写字楼的电气设计说明，以方便读者识图。

● 本章重点

◈ 写字楼电气设计说明
◈ 绘制竖向干线配电系统图
◈ 绘制配电箱系统图
◈ 绘制消防自动报警系统图
◈ 绘制电话及宽带网络系统图
◈ 绘制照明平面图
◈ 绘制弱电平面图
◈ 绘制消防配电平面图
◈ 绘制防雷接地平面图

11.1 写字楼电气设计说明

完整的电气设计施工图集除了各类必备的图纸，还包括电气设计说明。电气设计说明介绍了绘制图样时所参考的标准信息、施工工艺及所使用设备的相关属性等重要信息，所以是必不可少的。

本节将介绍写字楼电气设计说明的内容。

1. 工程概况

本建筑物为二类高层建筑，地下一层，地上八层，框架墙结构。建筑高度 31.5m。总建筑面积 9716m^2。

2. 设计内容

本建筑物内的动力、照明配电、防雷接地、等电位连接、弱电及消防等内容见相应的图纸。

3. 供电系统

1）本建筑物的电梯、消防用电设备、应急照明、疏散指示标志灯、楼道照明等为二级负荷，其余为三级负荷。

2）在本建筑物室外设置箱式变压器一台，专供建筑用电。

3）本建筑物电源均由室外箱式变压器引来，采用电缆 YJV-1.0。电缆沿电缆沟敷设，室内采用沿桥架敷设。引入电压均为 220V/380V。

4）本建筑物用电计算负荷为 370kW。消防用电设备计算负荷为 90kW。备用电源由柴油发电机供电。补偿后功率因数 $\cos\phi$=0.91。

4. 设备的选型及安装

1）室内照明灯具主要采用荧光节能灯，楼梯间、走道采用吸顶灯。

2）安全出口灯、疏散指示灯采用自带蓄电池的灯具，平时和电源失电时灯都亮。应急时灯亮时间不小于 30min。

3）各层楼梯口、走道各出口设安全出口灯，安装于门框上方。

4）各层走道、楼梯间设疏散指示诱导灯，诱导灯嵌墙安装，底距地 0.5m。

5）水箱间及电缆井的配电箱、电源切换箱挂墙明装，底距地 1.4m；其余照明配电箱嵌墙暗装，底距地 1.4m。

6）除注明外，各房间暗插座距地 0.3m，开关距地 1.4m，声光控开关除与灯具一体外距地 1.4m。

5. 线路敷设

1）由配电室至各层配电箱的供电干线，竖向沿竖井内电缆桥架敷设，水平干线在吊顶内沿电缆桥架敷设。由电气竖井引至顶层水箱间电源线路穿钢管暗敷。各层配电箱引出支线采用穿 SC 管暗敷。

2）弱电线路与强电线路同在一个竖井内敷设，分设在竖井的两侧。

3）照明支线均采用 BV-2.5mm^2，导线穿 SC 管暗敷，三根及以下穿 SC15，四根及以上穿

SC20。插座回路采用 BV-3×$4mm^2$，导线穿 SC20 管沿墙或地板暗敷。

4）应急照明支线均采用 ZRBV-$2.5mm^2$，阻燃型导线穿钢管，敷设方式与正常照明线路的敷设方式一致。

5）室内电缆桥架间应该采取消火措施。

6. 防雷与接地

1）本建筑物按三类防雷建筑设置防雷措施，具体设置可见“防雷接地平面图”。

2）本建筑物接地采用 TN-S 系统，保护接地、防雷接地、弱电系统接地共用接地装置。接地电阻不大于 1Ω，N 线和 PE 线分开，严禁混用。所有电气设备正常不带电外露金属部分均应可靠接 PE 线。

3）本建筑物的总等电位连接信息详见详图图集。

7. 其他

1）电气竖井墙及楼板上的穿线孔洞安装完毕后用防火材料填实。

2）施工时注意配合土建留槽、洞及预埋管路。

3）配电室电缆沟做法见土建图纸。

4）明敷钢管及桥架外皮均涂刷防火涂料。

11.2 绘制竖向干线配电系统图

竖向干线配电系统图可表达建筑物在垂直方向上配电设备的分布情况，其中的配电设备主要指配线箱。建筑物由于有各种各样的电源，因此必须配备不同种类的配电箱以满足使用需求。下面介绍竖向干线配电系统图的绘制方法。

01 绘制低压配电柜及备用电源配电箱。调用“REC”（矩形）命令，绘制尺寸为 47124mm×1837mm 的矩形，表示低压配电柜及备用电源配电箱，如图 11-1 所示。

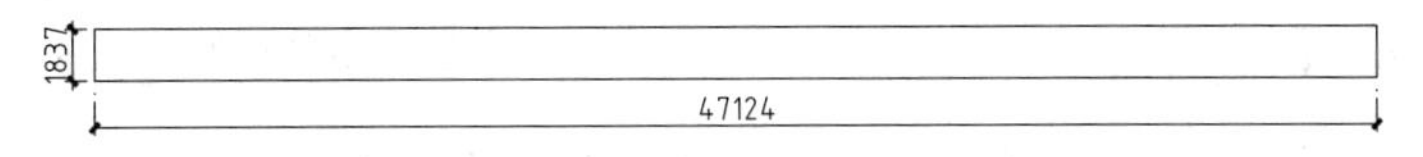

图 11-1 绘制低压配电柜及备用电源配电箱

02 绘制楼层分隔线。调用“L”（直线）命令，绘制虚线，再调用“O”（偏移）命令，偏移虚线，结果如图 11-2 所示。

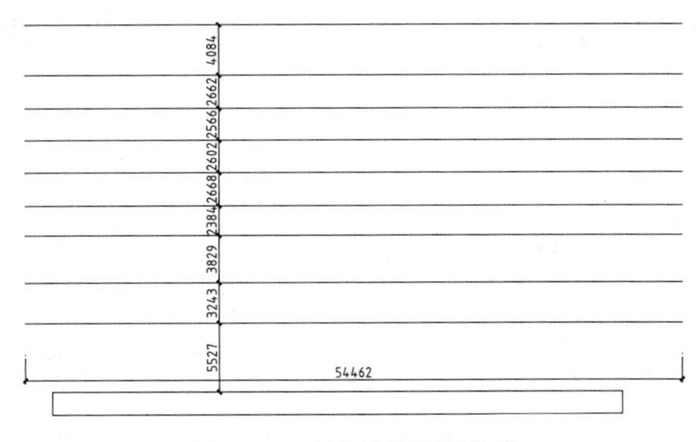

图 11-2 绘制楼层分隔线

03 绘制层数标注。执行“文字”→“单行文字”命令，在弹出的“单行文字”对话框中设置参数，如图 11-3 所示。

04 在图中选取插入点，绘制层数标注。继续在“单行文字”对话框中设置参数，绘制层数标注，结果如图 11-4 所示。

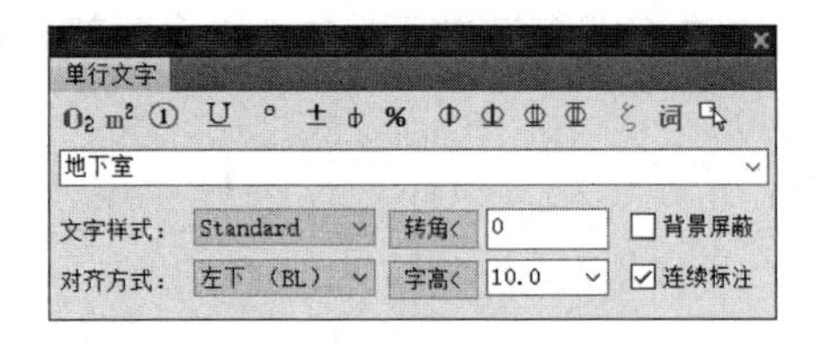

图 11-3 “单行文字”对话框

图 11-4 绘制层数标注

05 布置照明配电箱、动力照明配电箱、箱柜、电源自动切换箱。在命令行中输入“RYBZ”按 Enter 键，在弹出的“天正电气图块”对话框中选择设备，如图 11-5~图 11-8 所示。

图 11-5 选择照明配电箱

图 11-6 选择动力照明配电箱

图 11-7 选择箱柜

图 11-8 选择电源自动切换箱

06 在图中指定位置，布置设备，结果如图 11-9 所示。

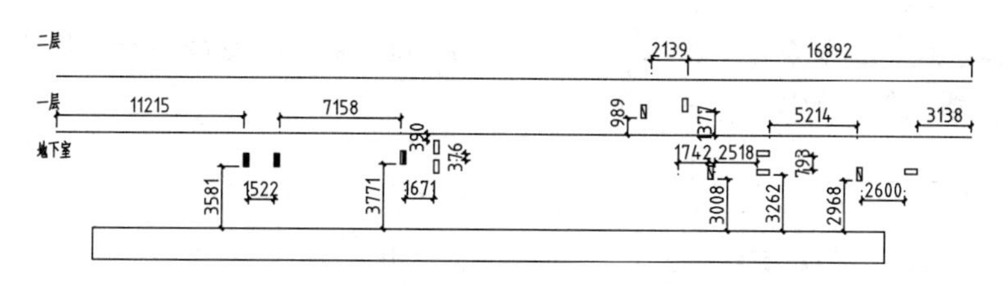

图 11-9　布置设备

07　布置多种电源配电箱。重复调用"RYBZ"命令，在弹出的"天正电气图块"对话框中选择多种电源配电箱，如图 11-10 所示。

08　在图中指定位置，布置多种电源配电箱，结果如图 11-11 所示。

图 11-10　选择多种电源配电箱

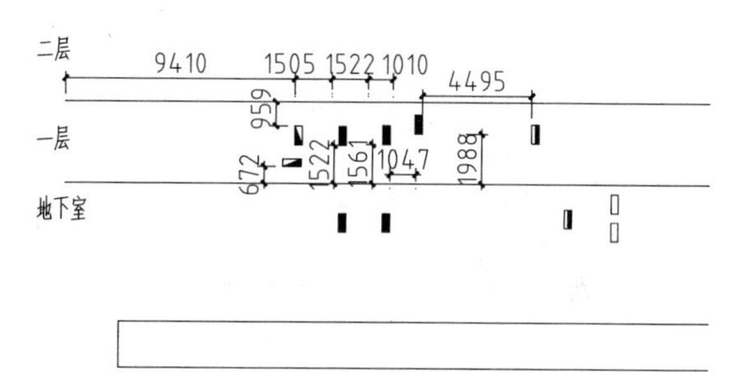

图 11-11　布置多种电源配电箱

09　复制设备。调用"L"（直线）命令，绘制辅助线。调用"CO"（复制）命令，向其他楼层移动复制设备，结果如图 11-12 所示。

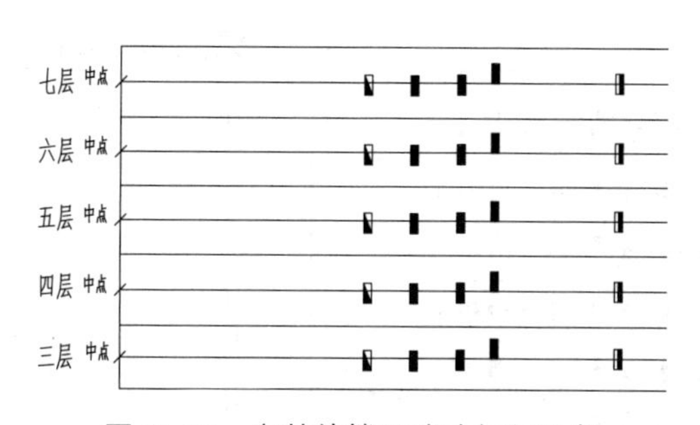

图 11-12　向其他楼层移动复制设备

10　按 Enter 键，重复调用"CO"（复制）命令，继续向其他楼层复制设备，结果如图 11-13 所示。

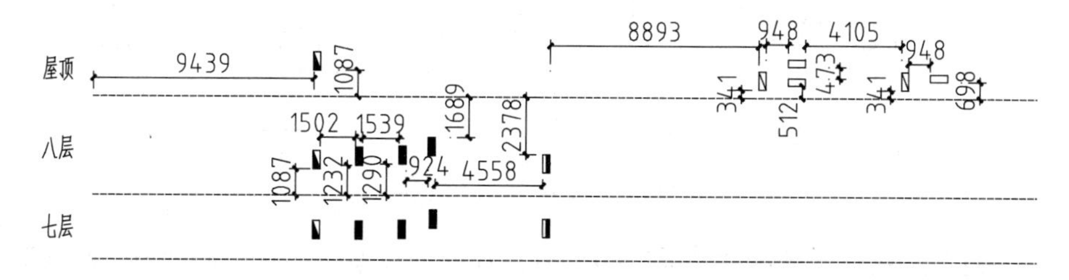

图 11-13　继续向其他楼层复制设备

(11) 绘制导线。在命令行中输入“RYDX”按Enter键，根据命令行的提示分别指定起点和终点，绘制导线，结果如图11-14所示。

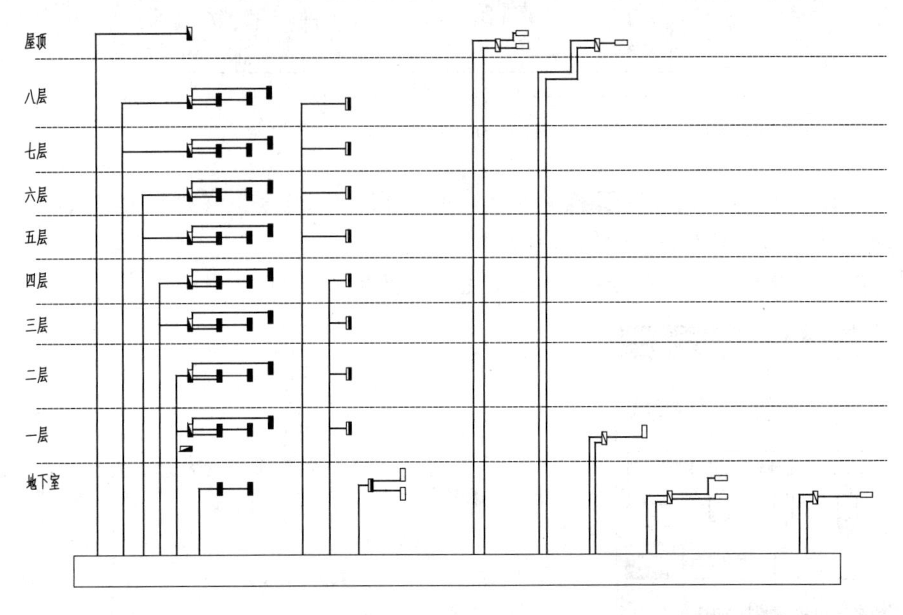

图11-14　绘制导线

(12) 绘制文字标注。执行“文字”→“单行文字”命令，在弹出的“单行文字”对话框中设置参数，在图中选择位置，绘制文字标注，结果如图11-15所示。

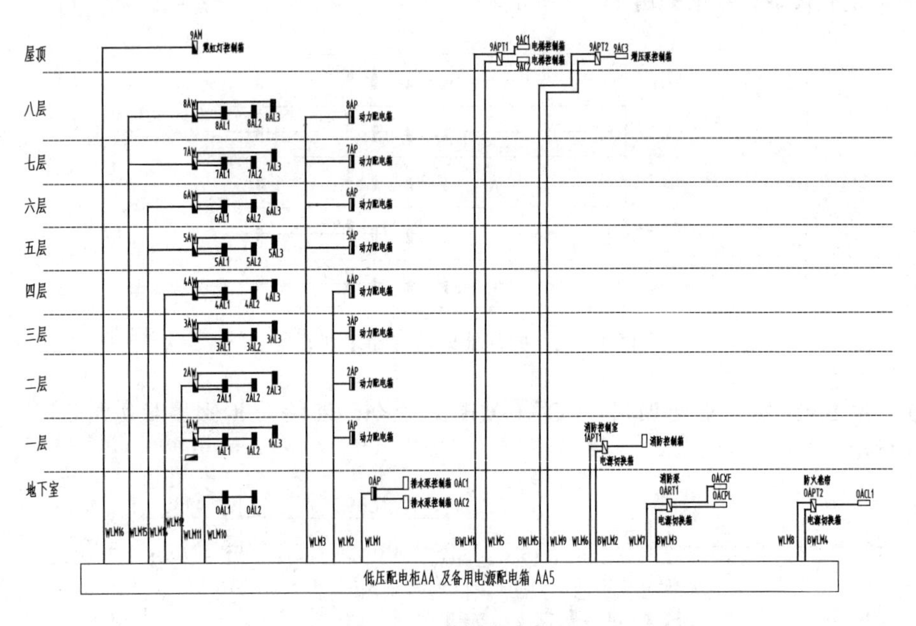

图11-15　绘制文字标注

(13) 绘制图名标注。单击“符号”→“图名标注”命令，在弹出的“图名标注”对话框中设置参数，选择“不显示”复选框（即在图名标注中不显示比例标注），如图11-16所示。

图 11-16　设置参数

[14] 在图中选取位置，绘制图名标注，结果如图 11-17 所示。

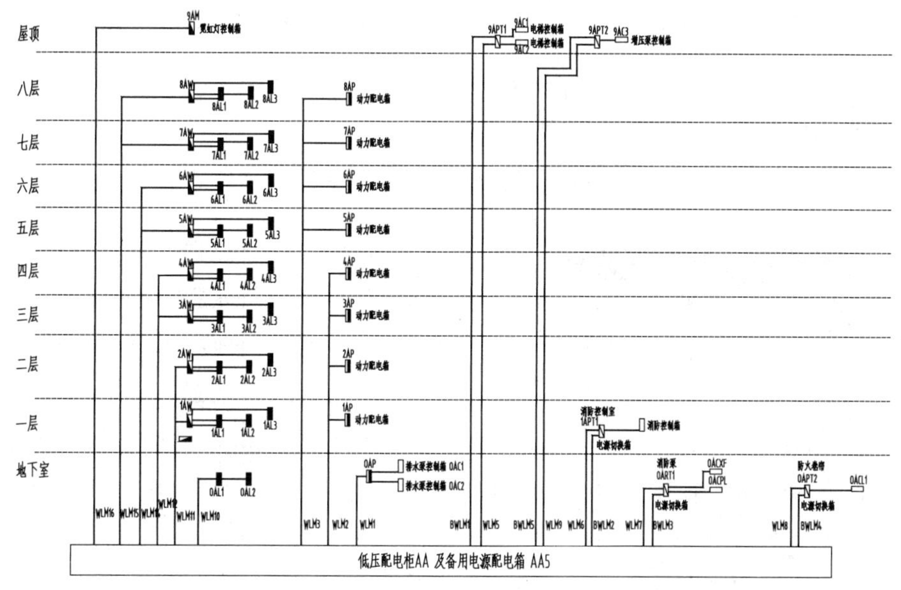

图 11-17　绘制图名标注

11.3 绘制配电箱系统图

配电箱系统图可表达配电箱与总开关和各支路开关之间的关系。在配电箱中，总开关控制所有支路的用电，各支路开关控制位于该支路上各用电设备的用电情况。下面以照明配电系统图为例，介绍配电箱系统图的绘制方法。

[01] 绘制系统导线。在命令行中输入“RYDX”按 Enter 键，在图中指定起点和终点，绘制导线，结果如图 11-18 所示。

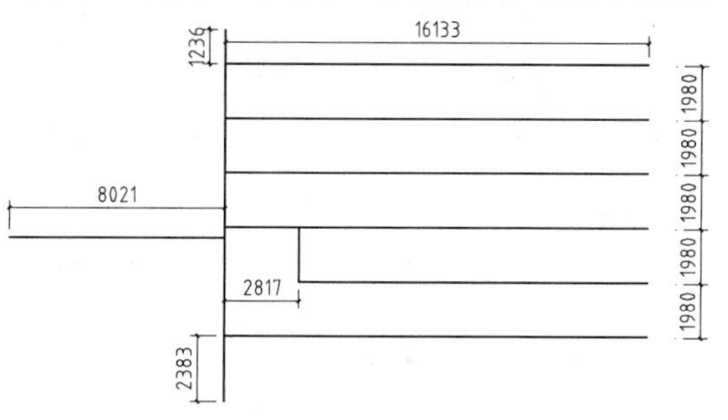

图 11-18　绘制导线

[02] 布置断路器。在命令行中输入“YJCR”按 Enter 键，在弹出的“天正电气图块”对话框中选择断路器，如图 11-19 所示。

[03] 在导线上选取插入点，布置断路器，结果如图 11-20 所示。

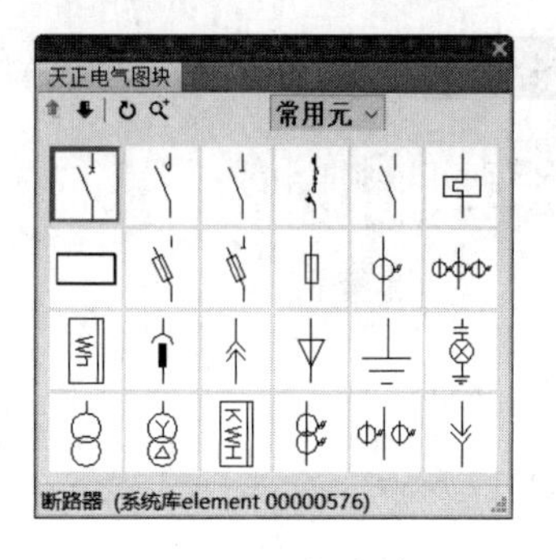

图 11-19　选择断路器

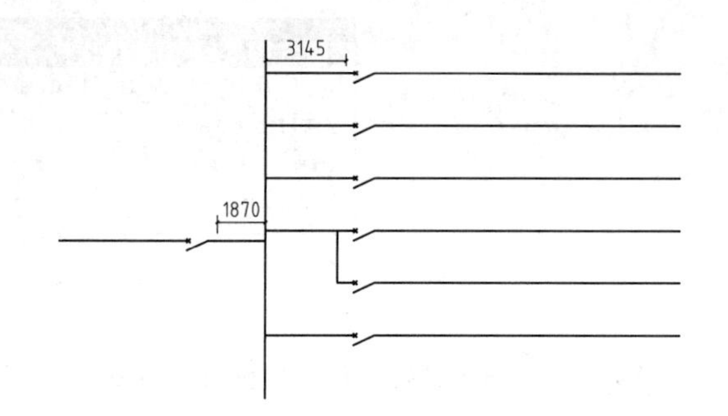

图 11-20　布置断路器

04　布置电度表KWH。执行“系统元件”→“元件插入”命令，在弹出的“天正电气图块”对话框中选择电度表，如图 11-21 所示。

05　在图中指定插入点，布置电度表，结果如图 11-22 所示。

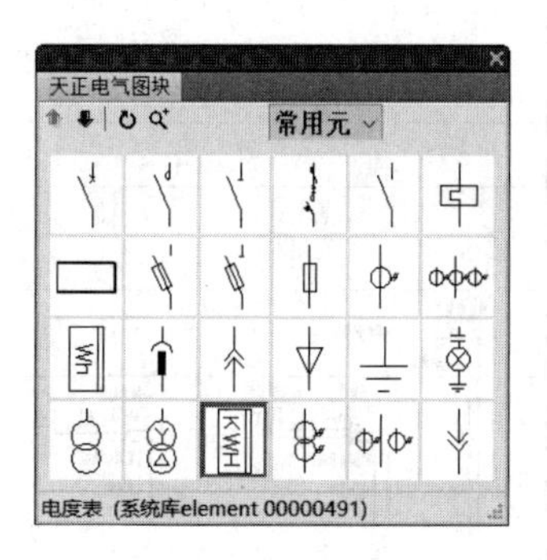

图 11-21　选择电度表

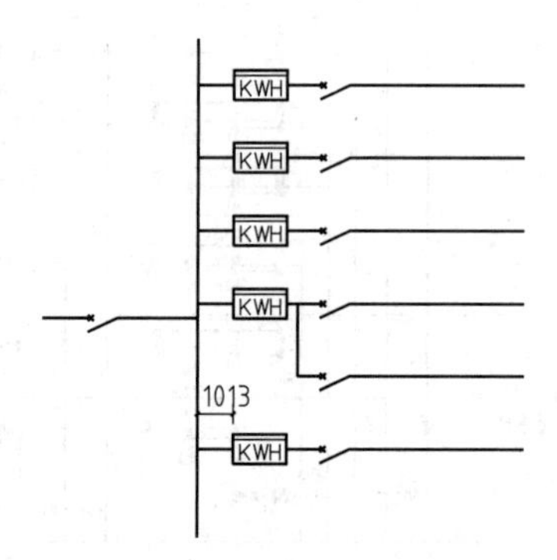

图 11-22　布置电度表

06　绘制照明箱。调用“REC”（矩形）命令，绘制尺寸为 2136mm×700mm 的矩形，再调用“CO”（复制）命令，移动复制矩形，完成照明箱的绘制，结果如图 11-23 所示。

07　标注导线根数。在命令行中输入“BDXS”按 Enter 键，在弹出的“标注”对话框中选择“3 根”，如图 11-24 所示。

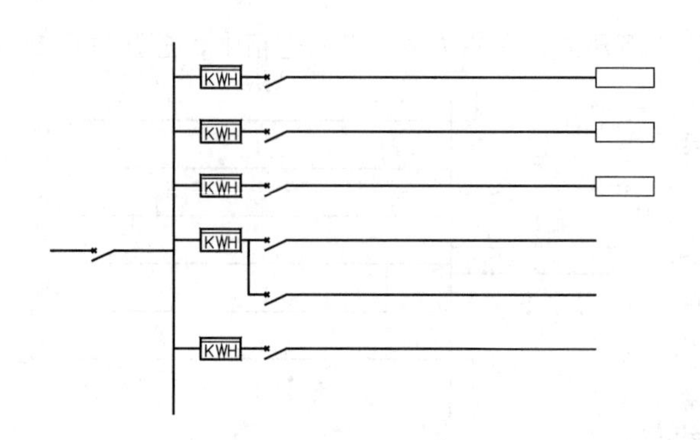

图 11-23　绘制照明箱

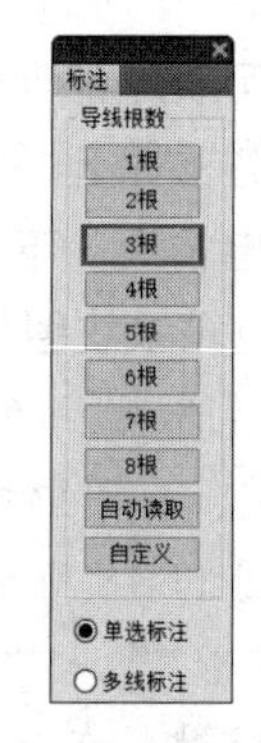

图 11-24　“标注”对话框

08　在图中选取导线，标注导线根数，结果如图 11-25 所示。

[09] 绘制文字标注。执行“文字”→“单行文字”命令，在弹出的“单行文字”对话框中设置参数，如图 11-26 所示。

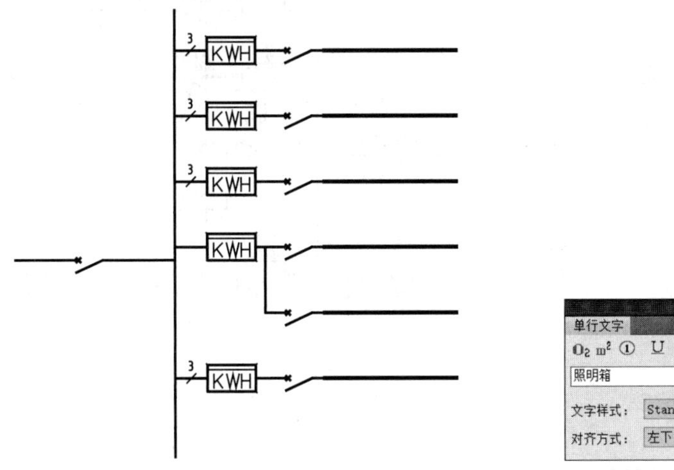

图 11-25　标注导线根数

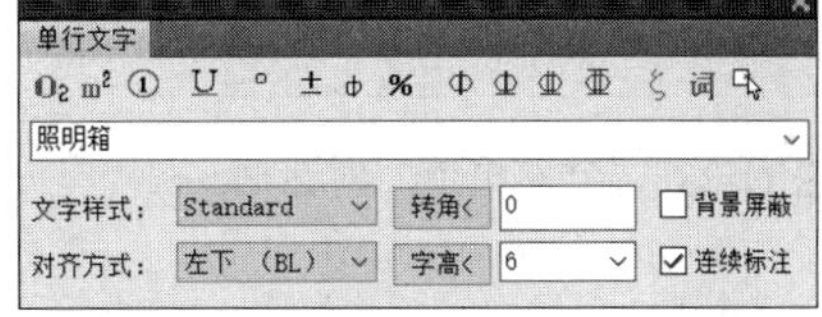

图 11-26　设置参数

[10] 在图中选取位置，绘制文字标注，结果如图 11-27 所示。

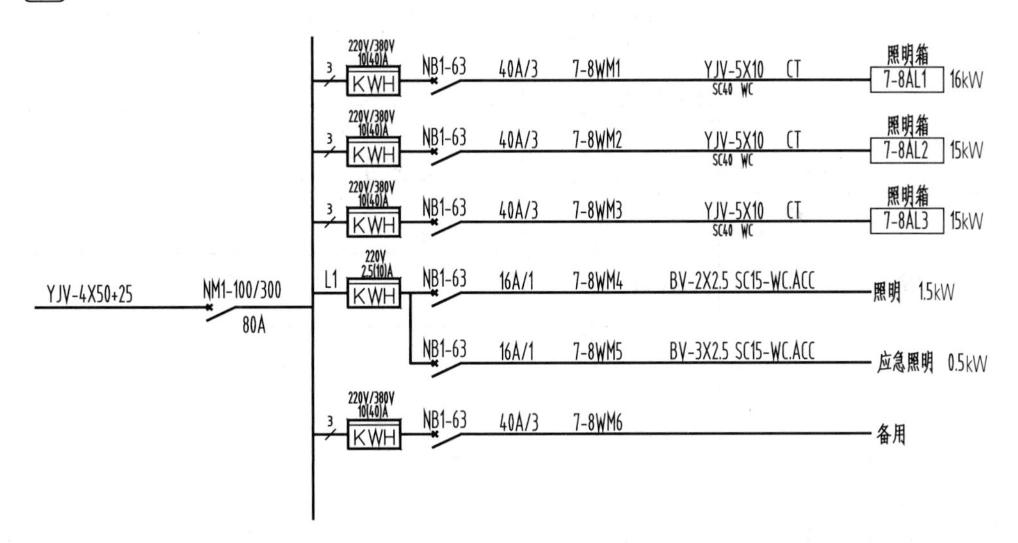

图 11-27　绘制文字标注

[11] 计算电流。在命令行中输入“JSDL”命令，在弹出的“计算电流”对话框中分别设置“额定功率”“利用系数”“功率因数”三个选项，单击“计算”按钮，在“计算结果”选项组中显示出计算电流的结果，如图 11-28 所示。

[12] 单击“确定”按钮关闭对话框，在图中选取插入点，标注计算结果，如图 11-29 所示。

[13] 绘制虚线框。执行“原理图”→“虚线框”命令，在图中分别指定对角点，绘制虚线框，结果如图 11-30 所示。

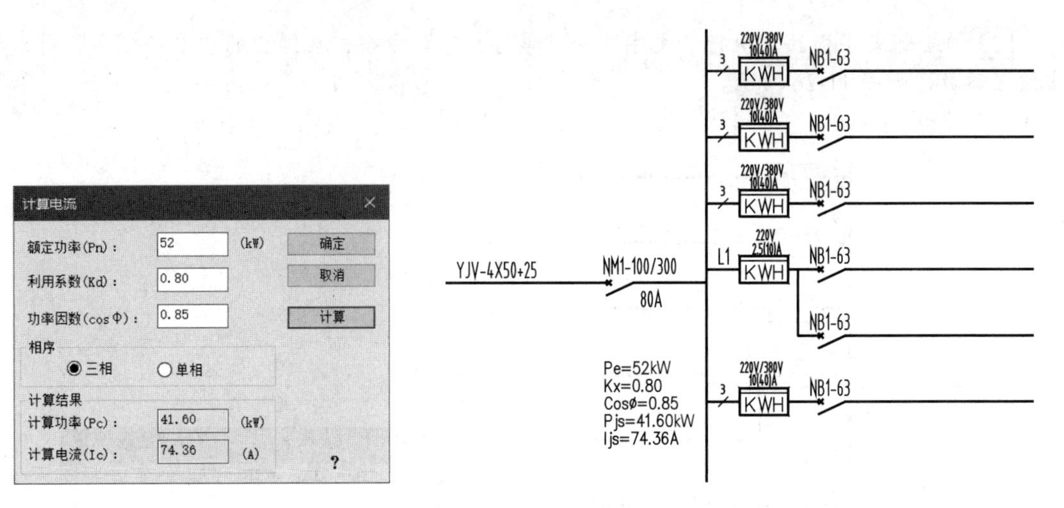

图 11-28 “计算电流”对话框　　　　图 11-29 标注计算结果

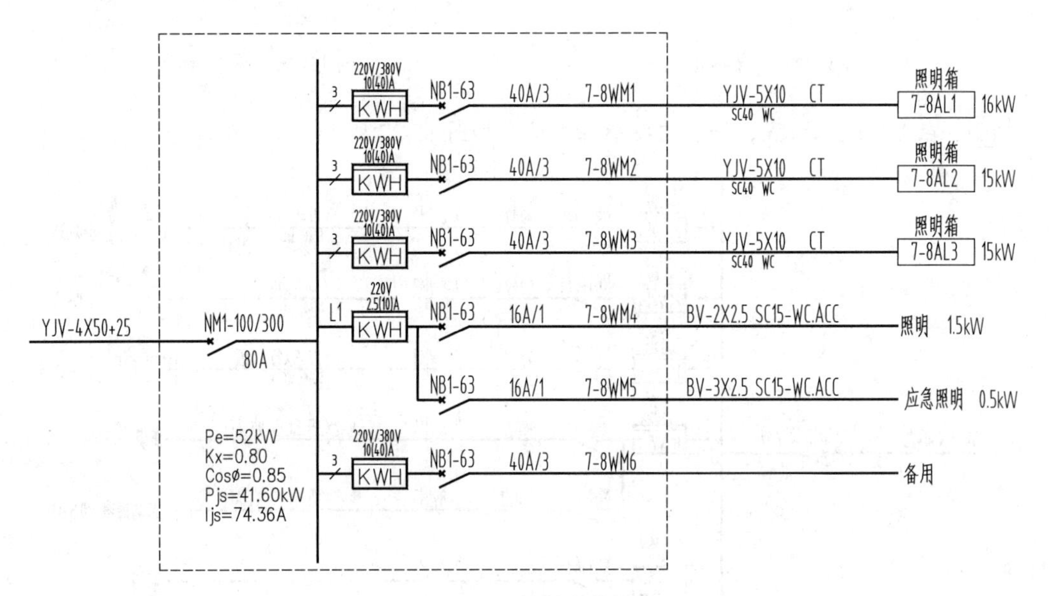

图 11-30 绘制虚线框

14 绘制图名标注。单击“符号”→“图名标注”命令，在弹出的“图名标注”对话框中设置参数，选择“不显示”复选框（即在图名标注中不显示比例标注），如图 11-31 所示。

图 11-31 设置参数

15 在图中选取位置，绘制图名标注，结果如图 11-32 所示。

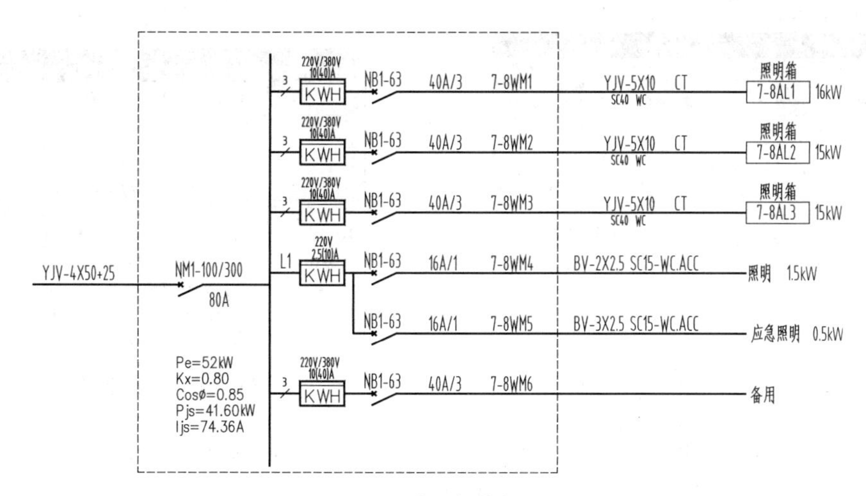

照明配电系统图

图 11-32 绘制图名标注

11.4 绘制消防自动报警系统图

消防自动报警系统图可表达建筑物在垂直方向上消防报警设备的分布情况。建筑物中的消防报警系统十分重要，因为这关乎人们生命和财产的安全。下面以火灾报警及消防联动系统图为例，介绍消防自动报警系统图的绘制方法。

01 新建表格。执行“表格”→“新建表格”命令，在弹出的“新建表格”对话框中设置“行数”“行高”“列数”“列宽”参数，如图 11-33 所示。

02 单击“确定”按钮关闭对话框。在图中选取插入点，绘制表格，结果如图 11-34 所示。

图 11-33 “新建表格”对话框

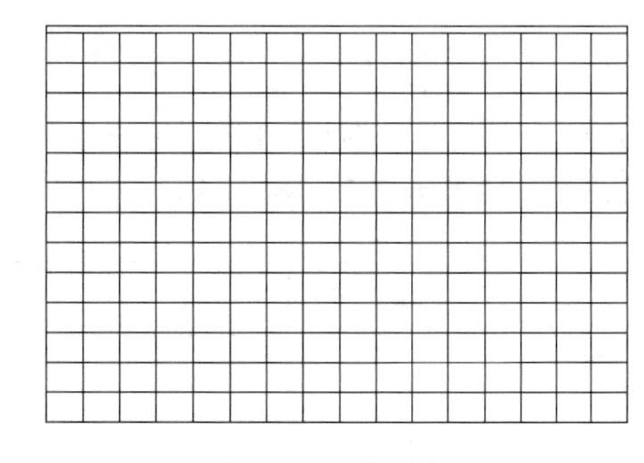

图 11-34 绘制表格

03 全屏编辑。执行“表格”→“全屏编辑”命令，选择表格，弹出“表格内容”对话框。在其中输入表格内容，如图 11-35 所示。单击“确定”按钮，退出操作。

04 编辑单元格。执行“表格”→“单元编辑”命令，选中单元格，在弹出的“单元格编辑”对话框中设置参数，并在“水平对齐”“垂直对齐”选项的下拉列表中都选择“居中”方式，如图 11-36 所示。单击“确定”按钮，退出操作。

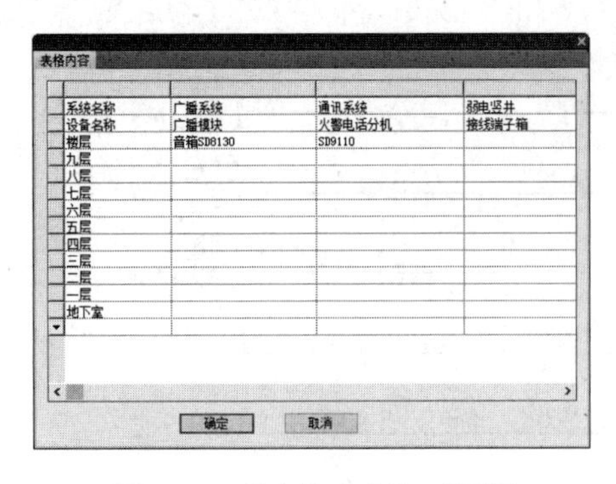

图 11-35 “表格内容”对话框

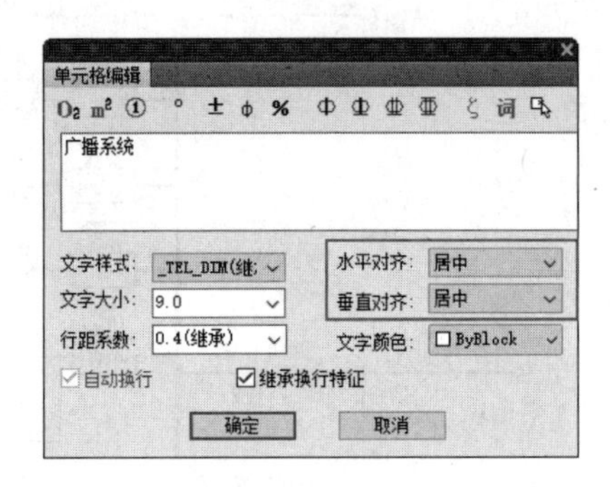

图 11-36 设置参数

05 编辑表格。选中表格，激活并移动表格的夹点来调整表格的行高和列宽，使其适合单元格内容，结果如图 11-37 所示。按 Esc 键退出操作。

系统名称	广播系统	通信系统	弱电竖井			探测器		照明	消防给水系统					防火卷帘系统	电梯
设备名称	广播模块	火警电话分机	接线端子箱	总线隔离器	楼层复示器	感温探测器	手动报警按钮（火警电话插孔）	输出模块单切换接口	消火栓按钮	输入模块	输入模块	输出入模块	输入模块	输出入模块	输出入模块
楼层	音箱 SD8130	SD9110		SD6010	SD2000X	SD6600	SD6011	照明回路	SD6011	信号阀	水流指示器	压力开关	消火水箱液位计	卷帘门控制箱	电梯控制箱
九层															
八层															
七层															
六层															
五层															
四层															
三层															
二层															
一层															
地下室															

图 11-37 编辑表格

06 绘制箱柜。调用“REC”（矩形）命令，绘制矩形，并将表示消防泵房的矩形的线型设置为虚线，结果如图 11-38 所示。

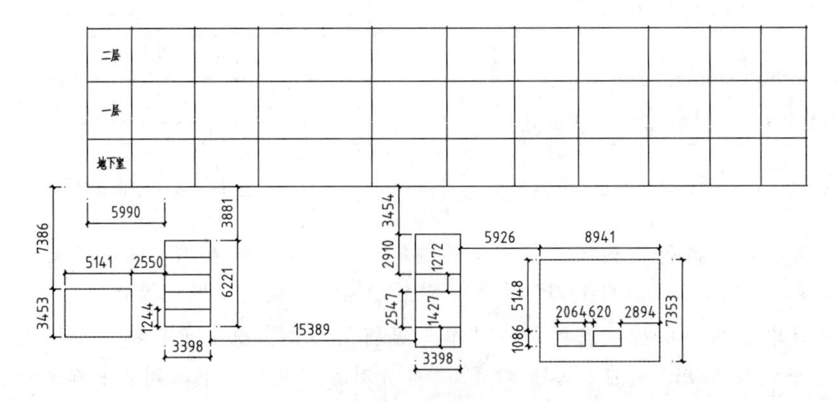

图 11-38 绘制箱柜

07 布置火警电话、输出模块。在命令行中输入“RYBZ”按 Enter 键，在弹出的“天正电气图块”对话框中选择“消防”类别，选择火警电话和输出模块，如图 11-39 和图 11-40 所示。

图 11-39 选择火警电话

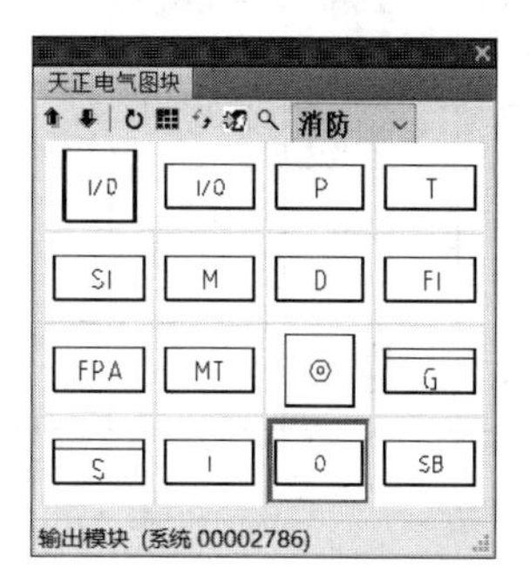
图 11-40 选择输出模块

08 在图中指定位置，布置火警电话和输出模块，如图 11-41 所示。

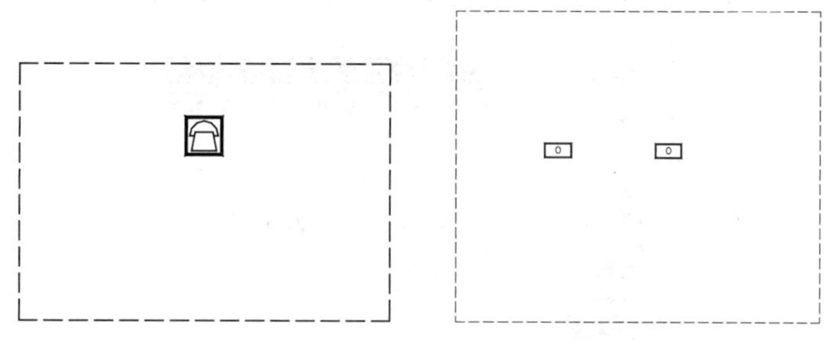
图 11-41 布置火警电话和输出模块

09 绘制文字标注。执行“文字”→“单行文字”命令，在弹出的“单行文字”对话框中设置参数，如图 11-42 所示。

10 在图中选取位置，绘制文字标注，结果如图 11-43 所示。

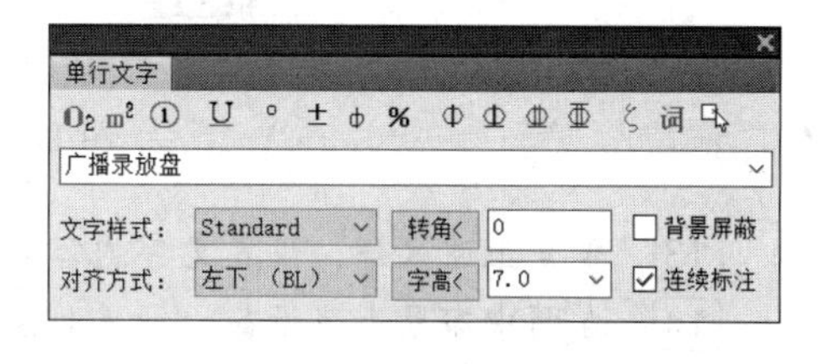
图 11-42 设置参数

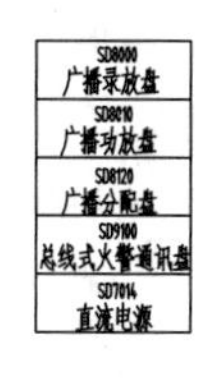

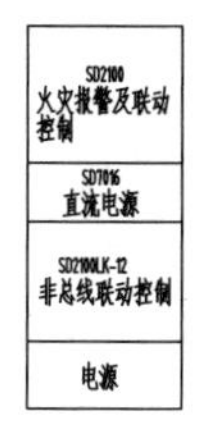

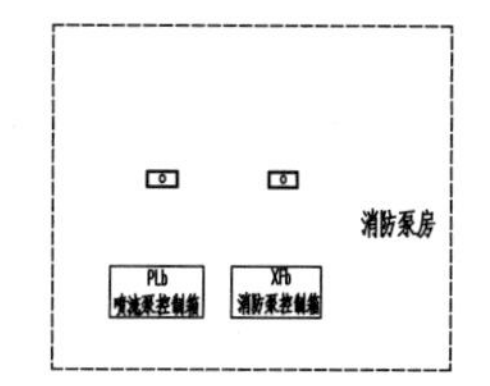

图 11-43 绘制文字标注

11 布置电气设备。调用“RYBZ”命令，根据表中的内容，在弹出的“天正电气图块”对话框中选择与之对应的设备，如表中的内容为“广播模块”“音箱”，需要在图中布置“广播模块”“音箱”设备，结果如图 11-44 所示。

系统名称	广播系统	通信系统	弱电竖井			探测器	
设备名称	广播模块	火警电话分机	接线端子箱	总线隔离器	楼层复示器	感温探测器	手动报警按钮（火警电话插孔）
楼层	音箱 SD8130	SD9110		SD6010	SD2000X	SD6600	SD6011
九层							
八层							

图 11-44 布置电气设备

[12] 在“天正电气图块”对话框中选择“消防”类别，选择“输出模块”设备。在图中指定位置，布置输出模块。选择刚布置的输入模块，右击，在弹出的快捷菜单中选择“改属性字”命令，弹出“编辑属性字”对话框，修改文字内容如图 11-45 所示。

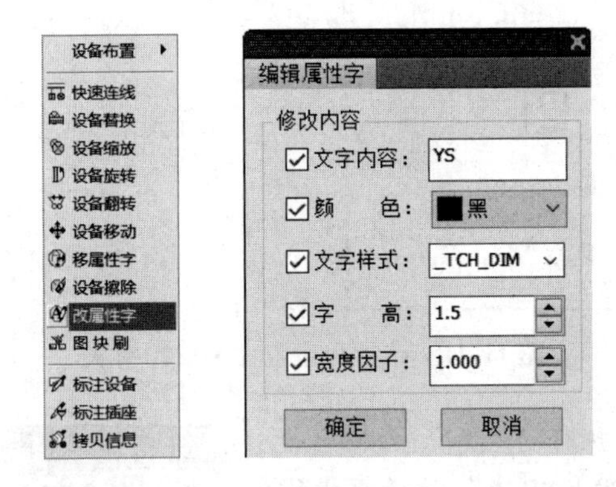

图 11-45 修改文字内容

[13] 重复上述操作，设置文字内容为“DT”，即“电梯控制箱”设备。

[14] 在图中布置上述设备，结果如图 11-46 所示。

	照明	消防给水系统					防火卷帘系统	电梯
火	输出模块单切换接口	消火栓按钮	输入模块	输入模块	输出入模块	输入模块	输出入模块	输出入模块
	照明回路	SD6011	信号阀	水流指示器	压力开关	消火水箱液位计	卷帘门控制箱	电梯控制箱

图 11-46 布置设备

[15] 调用“CO”（复制）命令，移动复制电气设备，结果如图 11-47 所示。

系统名称	广播系统	通信系统	弱电竖井			探测器		照明	消防给水系统					防火卷帘系统	电梯
设备名称	广播模块	火警电话分机	接线端子箱	总线隔离器	楼层复示器	感温探测器	手动报警按钮（火警电话插孔）	输出模块单切换接口	消火栓按钮	输入模块	输入模块	输出入模块	输入模块	输出入模块	输出入模块
楼层	音箱 SD8130	SD9110		SD6010	SD2000X	SD6600	SD6011	照明回路	SD6011	信号阀	水流指示器	压力开关	消火水箱液位计	卷帘门控制箱	电梯控制箱
九层															
八层															
七层															
六层															
五层															
四层															
三层															
二层															
一层															
地下室															

图 11-47 移动复制电气设备

16 标注文字。执行“文字”→“单行文字”命令，在弹出的“单行文字”对话框中设置参数。在图中选取位置，标注文字，结果如图 11-48 所示。

系统名称	广播系统	通信系统	弱电竖井			探测器		照明	消防给水系统					防火卷帘系统	电梯
设备名称	广播模块	火警电话分机	接线端子箱	总线隔离器	楼层复示器	感温探测器	手动报警按钮（火警电话插孔）	输出模块单切换接口	消火栓按钮	输入模块	输入模块	输出入模块	输入模块	输出入模块	输出入模块
楼层	音箱 SD8130	SD9110		SD6010	SD2000X	SD6600	SD6011	照明回路	SD6011	信号阀	水流指示器	压力开关	消火水箱液位计	卷帘门控制箱	电梯控制箱
九层		n=1 (电梯机房内)				n=4			n=1				X=1 n=1		X=2 n=2
八层	n=1 n=8		8DZX		n=2	n=57	n=5		n=4						
七层	n=1 n=8		8DZX		n=2	n=57	n=5		n=6						
六层	n=1 n=8		8DZX		n=2	n=57	n=5		n=6						
五层	n=1 n=8		8DZX		n=2	n=57	n=5		n=6						
四层	n=1 n=8		8DZX		n=2	n=57	n=5		n=6						
三层	n=1 n=8		8DZX		n=2	n=57	n=5		n=6						
二层	n=1 n=8		8DZX		n=2	n=58	n=5		n=6						
一层	n=1 n=8				n=2	n=60	n=6		n=8						
地下室	n=1 n=8				n=1	n=57	n=4	X=9 n=9 照明动力回路开关	n=6	X=1 n=1	X=1 n=1	X=1 n=1		X=1 n=1	

图 11-48 标注文字

17 绘制导线。在命令行中输入“XTDX”按 Enter 键，在弹出的“系统图 - 导线设置”对话框中选择“馈线”选项，设置“线宽”为 0.35，如图 11-49 所示。

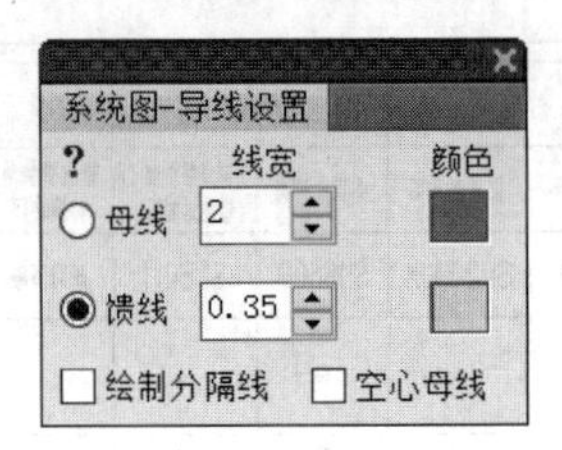

图 11-49 “系统图 - 导线设置”对话框

(18) 在图中分别指定起点和终点，绘制导线，如图 11-50 所示。

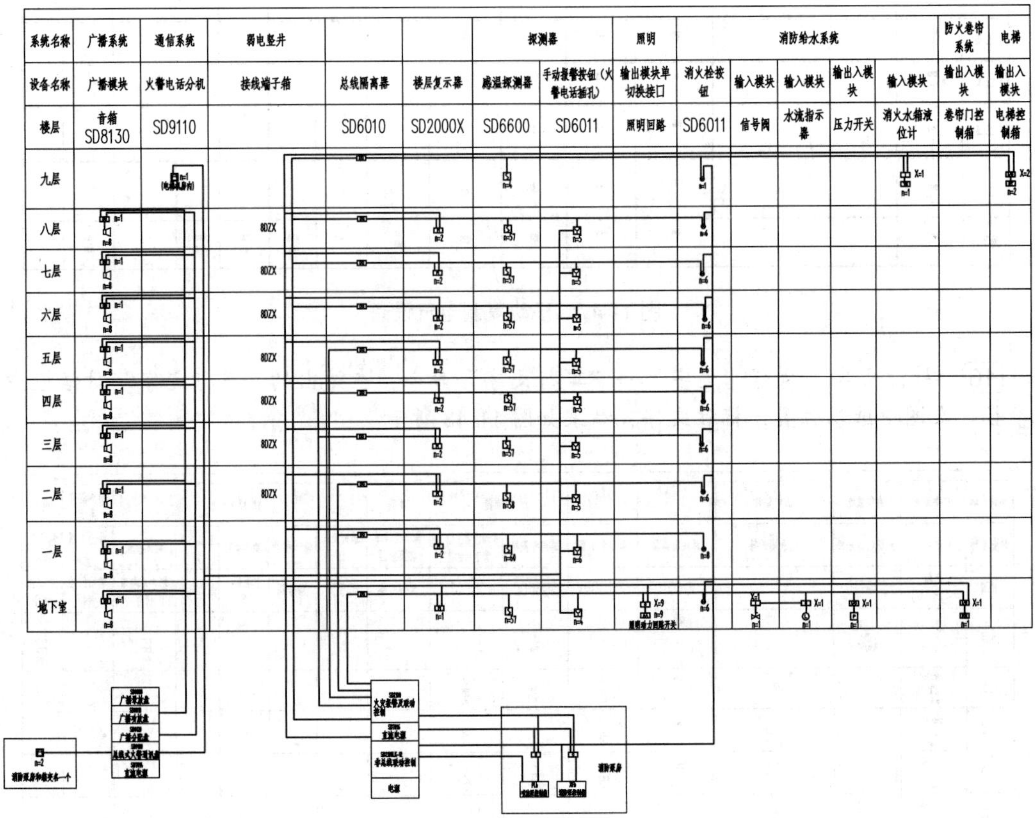

系统名称	广播系统	通信系统	弱电竖井			探测器		照明	消防给水系统					防火卷帘系统	电梯
设备名称	广播模块	火警电话分机	接线端子箱	总线隔离器	楼层复示器	感温探测器	手动报警按钮（火警电话插孔）	输出模块单切换接口	消火栓按钮	输入模块	输入模块	输出入模块	输入模块	输出入模块	输出入模块
楼层	音箱 SD8130	SD9110		SD6010	SD2000X	SD6600	SD6011	照明回路	SD6011	信号阀	水流指示器	压力开关	消火水箱液位计	卷帘门控制箱	电梯控制箱
九层															
八层			80ZX												
七层			80ZX												
六层			80ZX												
五层			80ZX												
四层			80ZX												
三层			80ZX												
二层			80ZX												
一层															
地下室															

图 11-50 绘制导线

(19) 绘制图名标注。单击“符号”→“图名标注”命令，在弹出的“图名标注”对话框中设置参数，选择“不显示”复选框（即在图名标注中不显示比例标注），如图 11-51 所示。

图 11-51 设置参数

[20] 在图中选取位置，绘制图名标注，结果如图 11-52 所示。

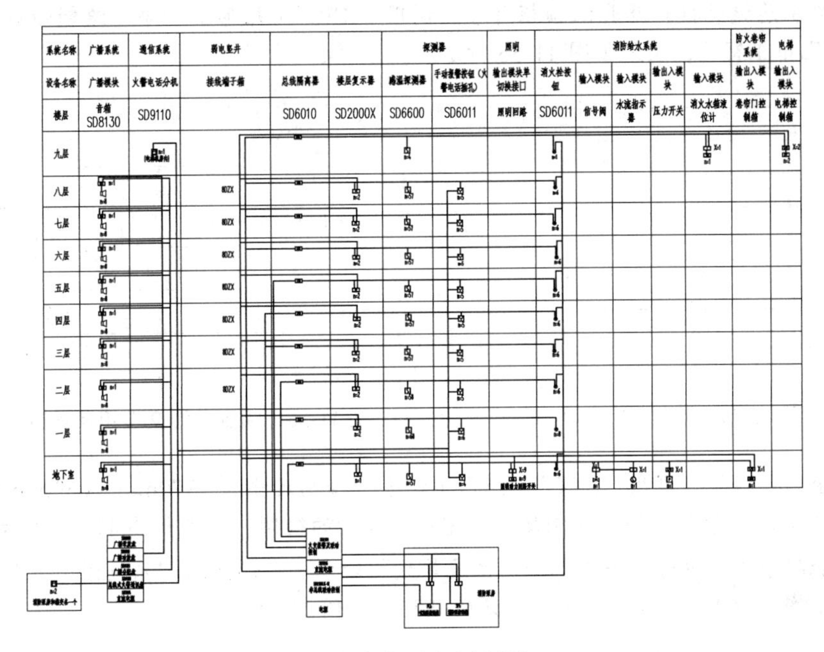

图 11-52 绘制图名标注

11.5 绘制电话及宽带网络系统图

电话及宽带网络系统图可表达建筑物在垂直方向上电话及宽带设备的分布情况。不管是居住建筑还是办公建筑，电话及宽带设备都是必不可少的。下面介绍电话及宽带网络系统图的绘制方法。

[01] 绘制楼层分隔线。调用“L”（直线）命令，绘制直线，再调用“O”（偏移）命令，偏移直线，并将直线的线型设置为虚线，完成楼层分隔线的绘制，结果如图 11-53 所示。

[02] 绘制文字标注。执行“文字”→“单行文字”命令，在弹出的“单行文字”对话框中设置参数，如图 11-54 所示。

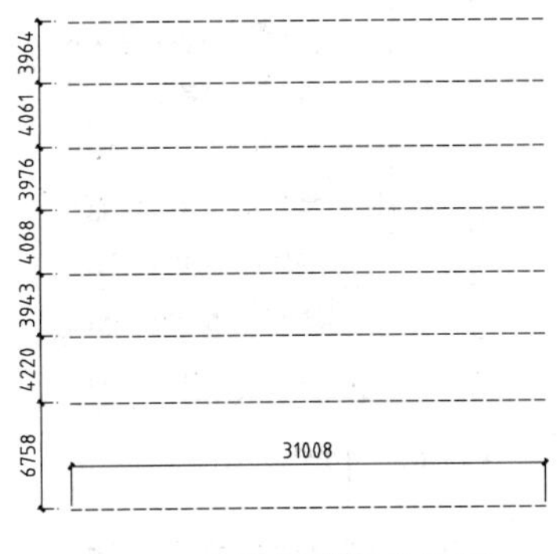

图 11-53 绘制楼层分隔线

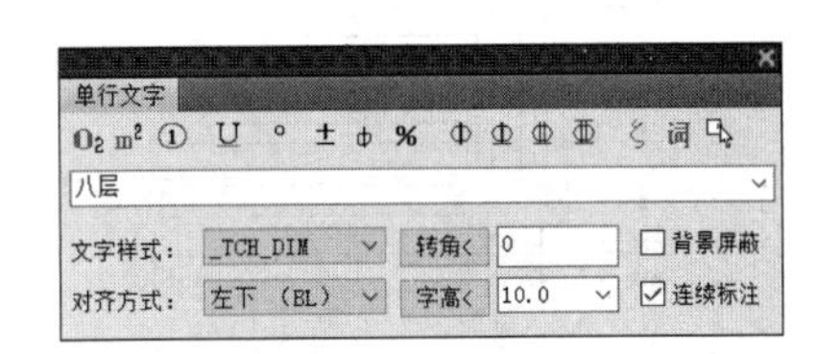

图 11-54 设置参数

03 在图中选取位置，绘制文字标注，结果如图 11-55 所示。

04 绘制总线交接箱及其他箱柜符号。调用“REC”（矩形）命令，绘制矩形，表示总线交接箱及其他箱柜符号，结果如图 11-56 所示。

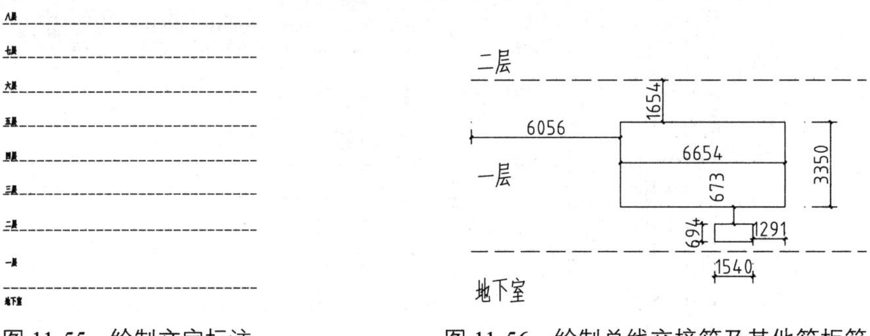

图 11-55 绘制文字标注

图 11-56 绘制总线交接箱及其他箱柜符号

05 绘制分线箱。调用“REC”（矩形）命令，绘制尺寸为 1379mm × 659mm 的矩形，再调用“CO”（复制）命令，移动复制矩形，完成分线箱的绘制，结果如图 11-57 所示。

06 绘制导线。执行“导线”→“系统导线”命令，在弹出的“系统图 - 导线设置”对话框中选择“馈线”选项，“线宽”采用默认的 0.35，如图 11-58 所示。

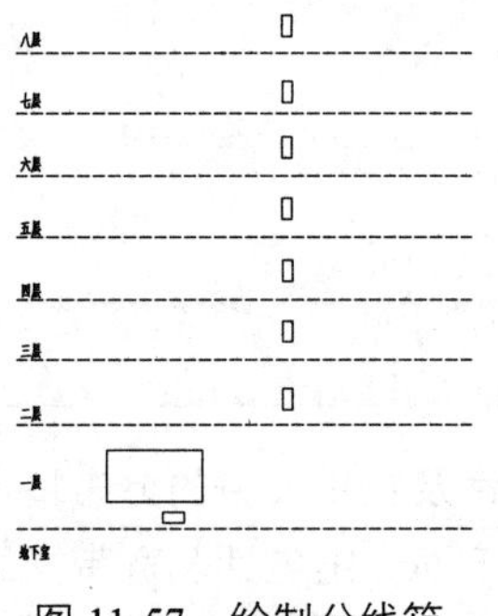

图 11-57 绘制分线箱

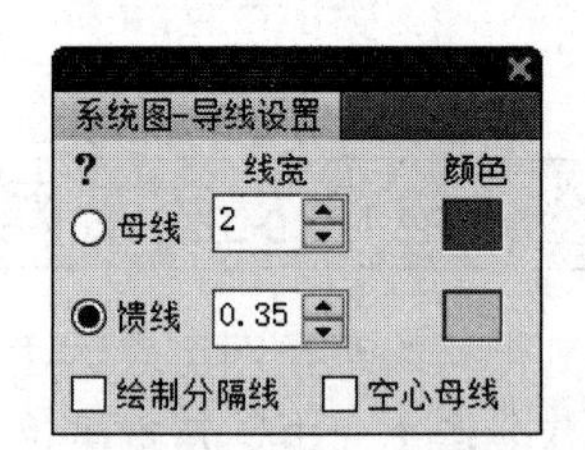

图 11-58 “系统图 - 导线设置”对话框

07 在图中指定起点和终点，绘制导线，结果如图 11-59 所示。

08 绘制文字标注。执行“文字”→“单行文字”命令，在弹出的“单行文字”对话框中输入标注文字。根据命令行的提示，在图中选取位置，绘制文字标注，结果如图 11-60 所示。

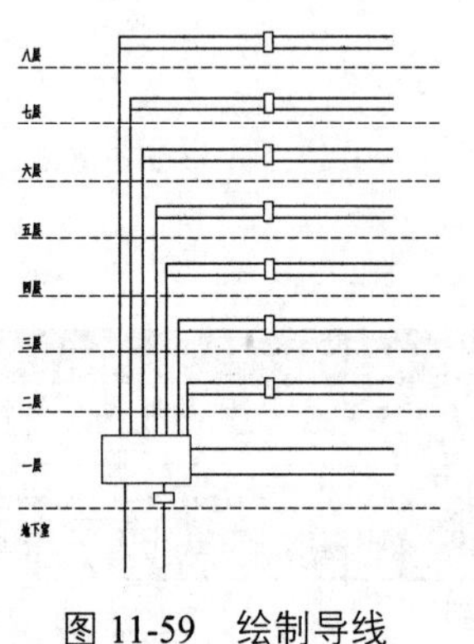

图 11-59 绘制导线

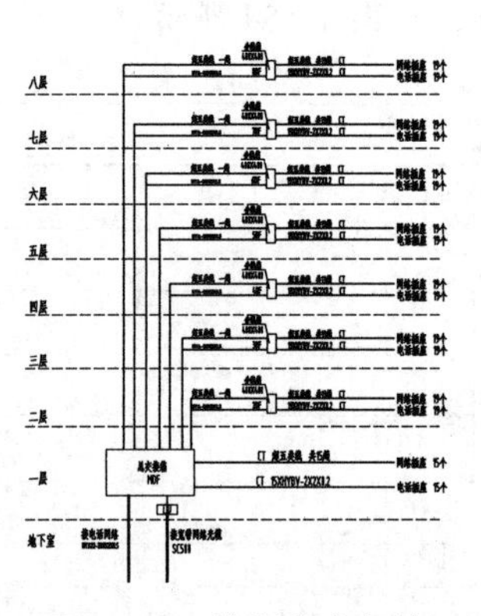

图 11-60 绘制文字标注

[09] 绘制图名标注。单击“符号”→“图名标注”命令，在弹出的“图名标注”对话框中设置参数，选择“不显示”复选框（即在图名标注中不显示比例标注），如图 11-61 所示。

[10] 在图中选取位置，绘制图名标注，结果如图 11-62 所示。

图 11-61　设置参数

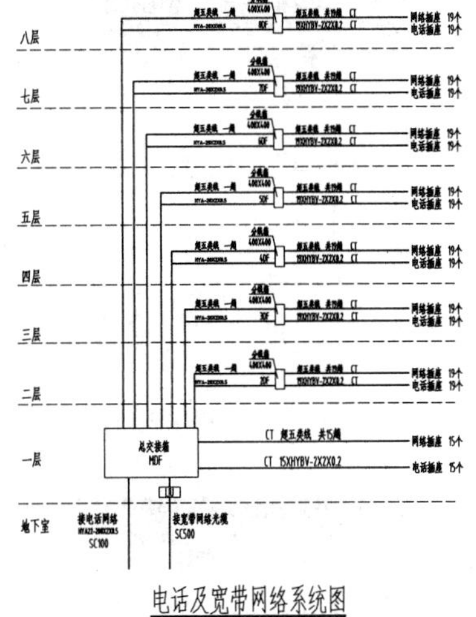

图 11-62　绘制图名标注

11.6 绘制照明平面图

照明平面图可表达建筑物内部照明设备的分布情况。照明设备除了灯具之外，还有与之配套使用的开关和插座等。下面以一层照明配电平面图为例，介绍照明平面图的绘制方法。

[01] 打开素材文件。按 Ctrl+O 组合键，打开配套资源提供的“第 11 章 / 写字楼首层平面图 .dwg”文件，如图 11-63 所示。

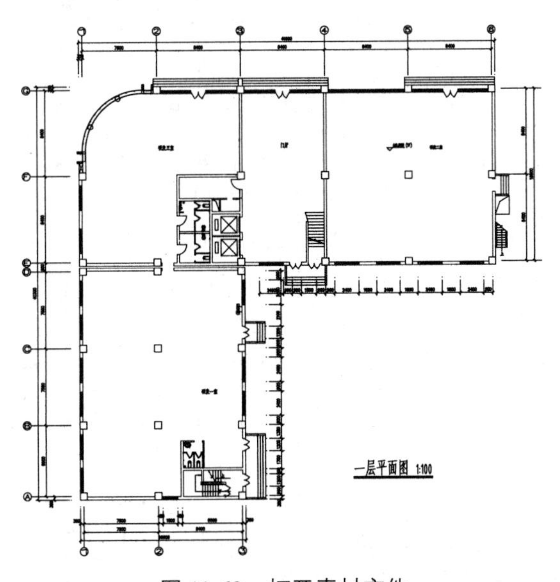

图 11-63　打开素材文件

02 布置方格栅吸顶灯、半嵌式吸顶灯、天棚灯、单管荧光灯。在命令行中输入“RYBZ”按Enter键，在弹出的“天正电气图块”对话框中选择灯具，如图11-64~图11-67所示。

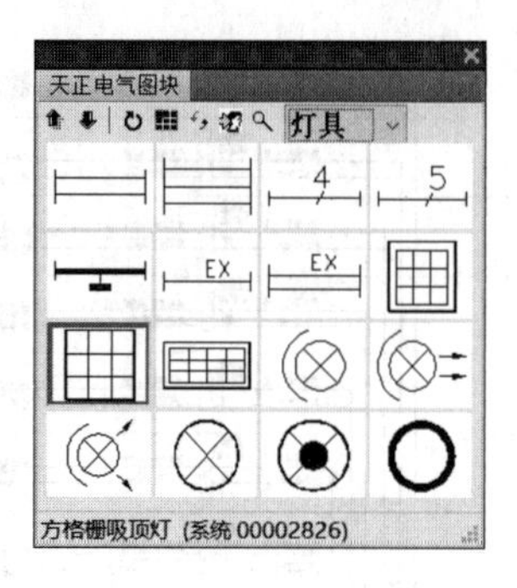

图11-64 选择方格栅吸顶灯

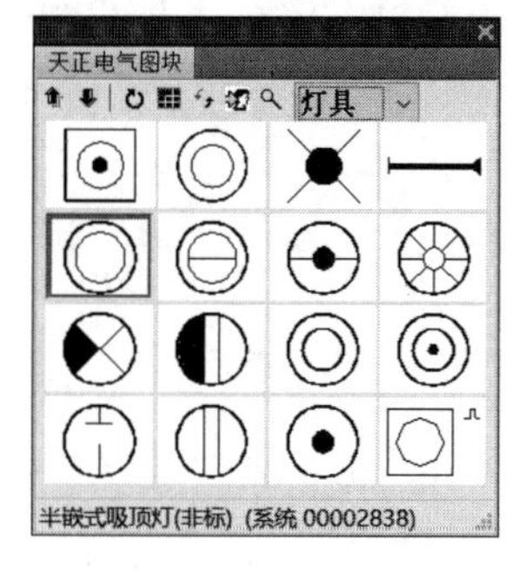

图11-65 选择半嵌式吸顶灯

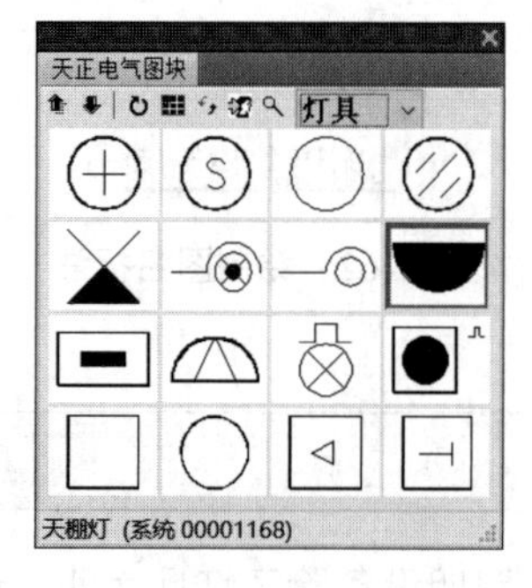

图11-66 选择天棚灯

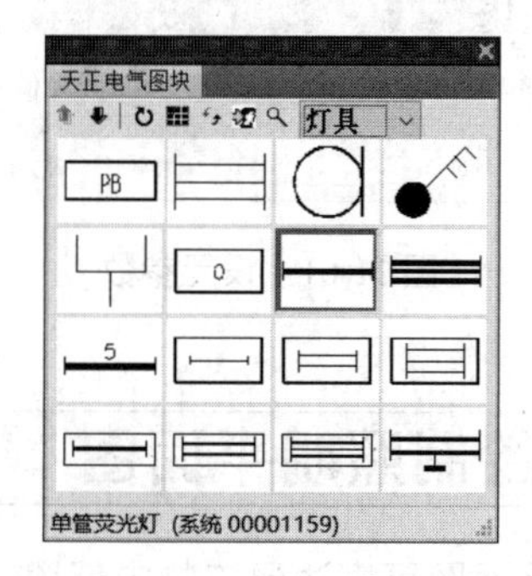

图11-67 选择单管荧光灯

03 在图中选取位置，布置灯具，结果如图11-68所示。

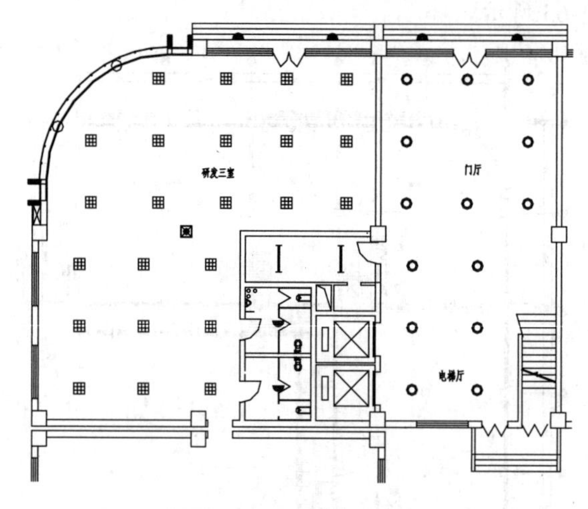

图11-68 布置灯具

04 布置自带电源疏散照明灯、疏散出口标志灯 E 、照明配电箱。调用“RYBZ”命令，在弹出的“天正电气图块”对话框中选择设备，如图11-69~图11-71所示。

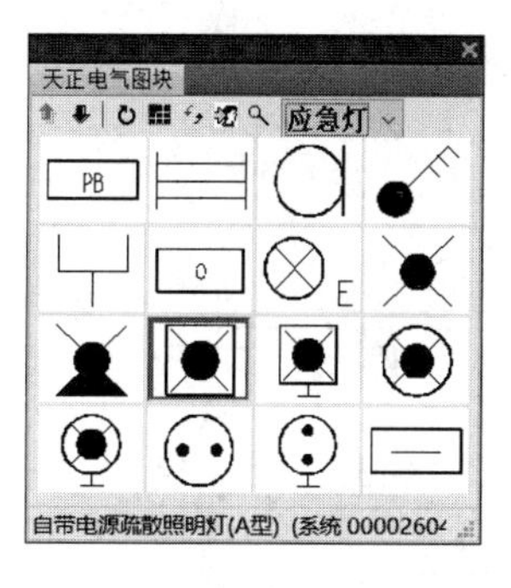

图 11-69　选择自带电源疏散照明灯

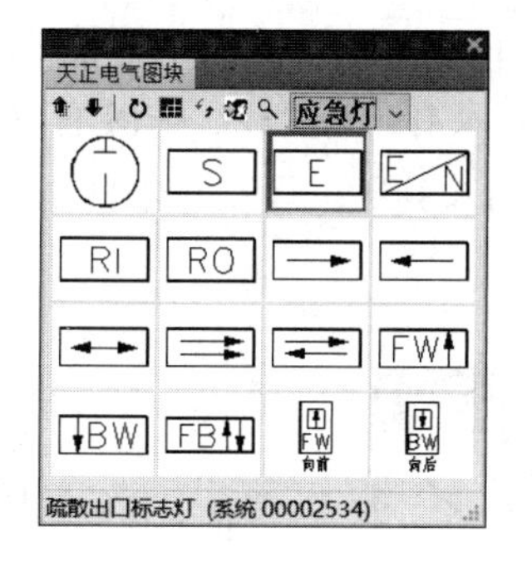

图 11-70　选择疏散出口标志灯

图 11-71　选择照明配电箱

05　在图中选取位置，布置设备，结果如图 11-72 所示。

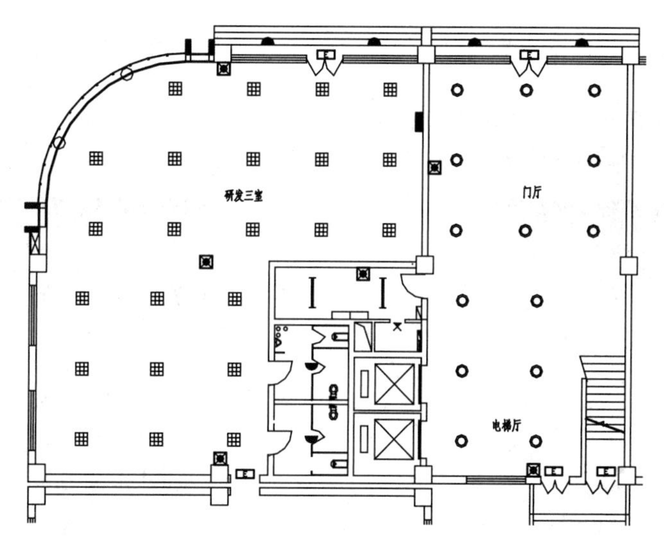

图 11-72　布置设备

06　绘制桥架。在命令行中输入“HZQJ”按 Enter 键，在弹出的“绘制桥架”对话框中设置参数，如图 11-73 所示。

07　根据命令行的提示，在图中分别指定第一点和第二点，在配电箱的上方绘制桥架，结果如图 11-74 所示。

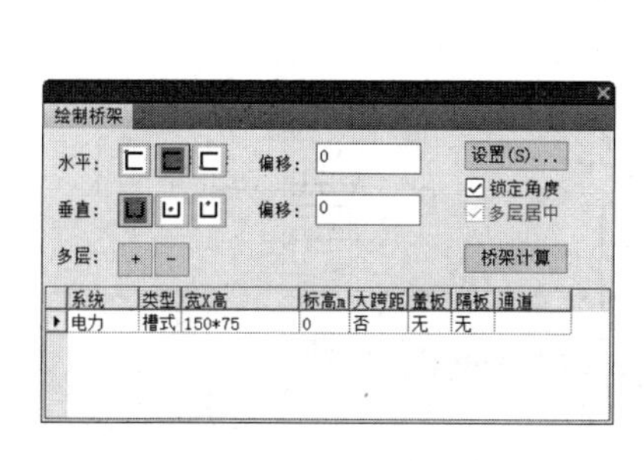

图 11-73　设置参数

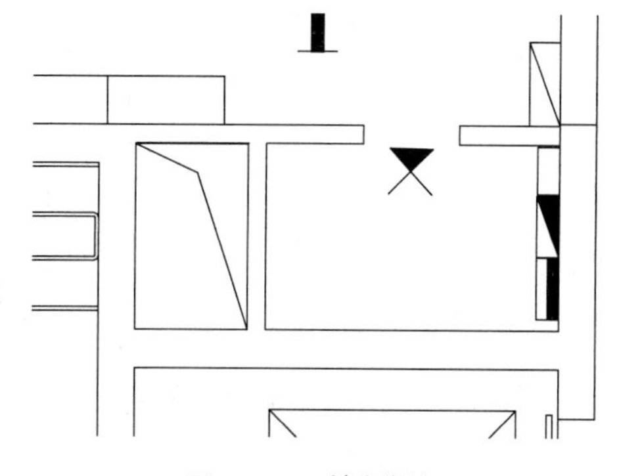

图 11-74　绘制桥架

08 插入引线。在命令行中输入“CRYX”按Enter键，在弹出的“插入引线”对话框中分别选择名称为“上引线”“同侧双引”的引线，如图11-75所示。

09 在图中指定插入点，插入引线，结果如图11-76所示。

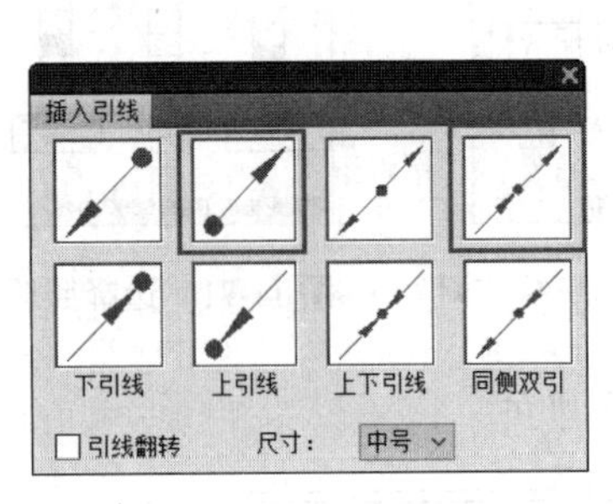

图 11-75 选择引线

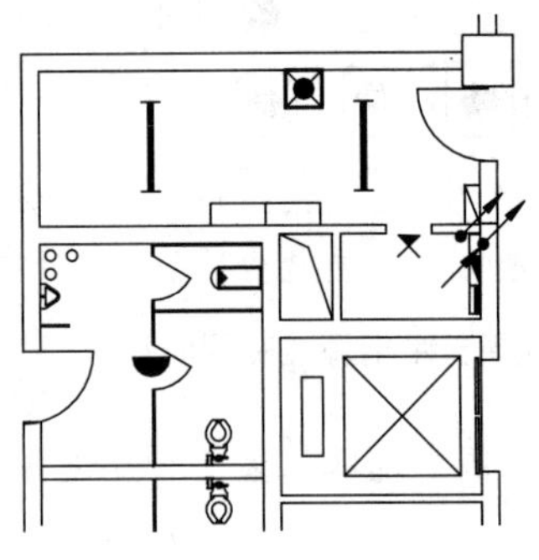

图 11-76 插入引线

10 布置单联开关、双联开关。调用“RYBZ”命令，在弹出的“天正电气图块”对话框中选择开关，如图11-77和图11-78所示。

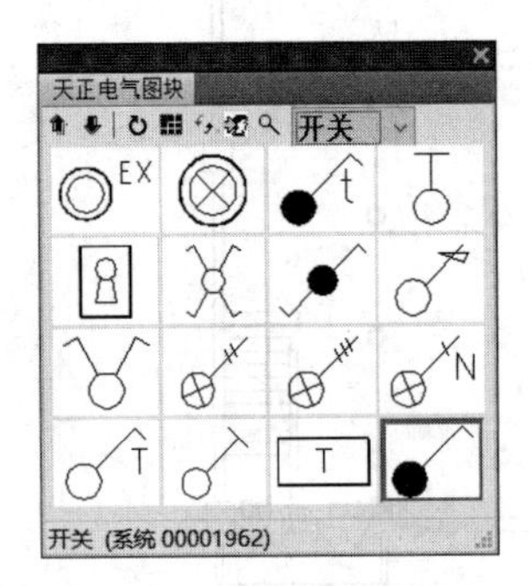

图 11-77 选择单联开关

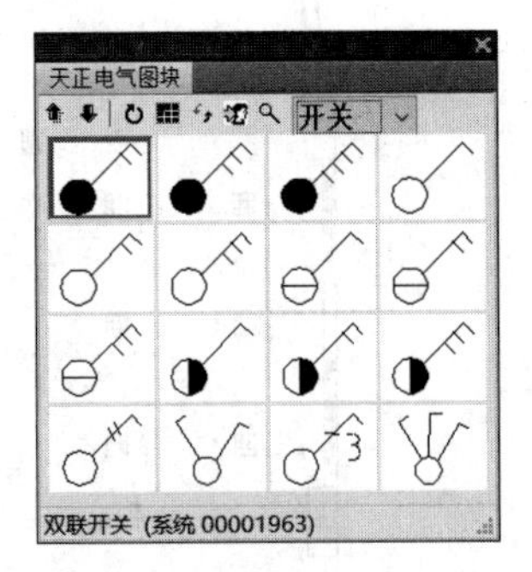

图 11-78 选择双联开关

11 在图中指定位置，布置开关，结果如图11-79所示。

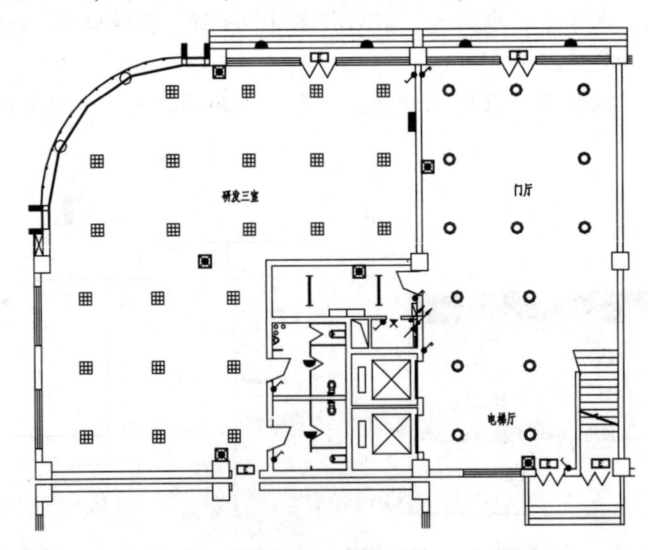

图 11-79 布置开关

12 布置带保护接点暗装插座。执行“平面设备”→“任意布置”命令，在弹出的“天正电气图块”对话框中选择插座，如图 11-80 所示。

13 在平面图中指定位置，布置插座，结果如图 11-81 所示。

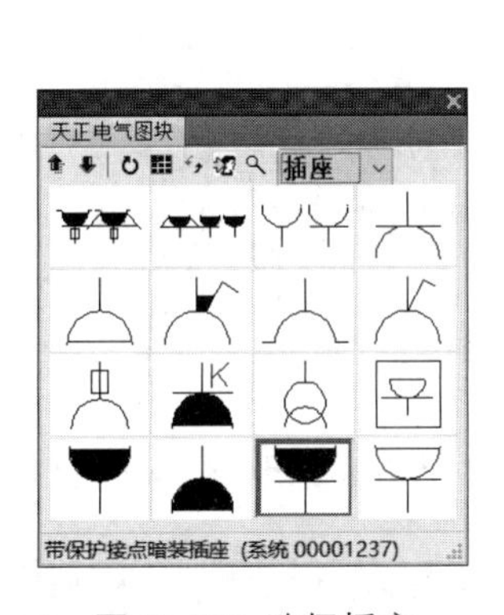

图 11-80　选择插座

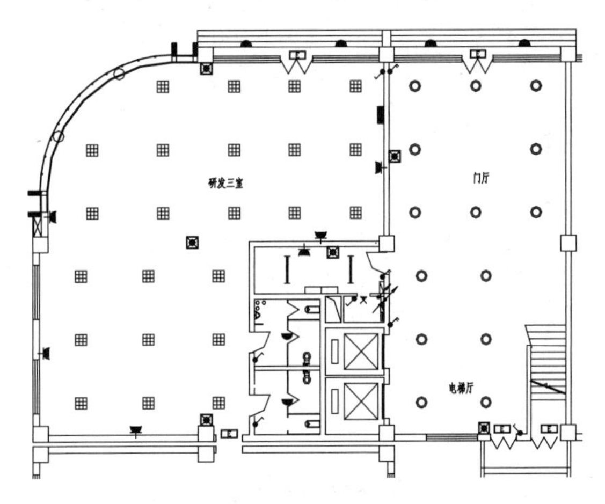

图 11-81　布置插座

14 绘制灯具连接导线。在命令行中输入“PMBX”按 Enter 键，在图中指定起点和终点，绘制导线，结果如图 11-82 所示。

15 绘制插座连接导线。按 Enter 键，重复执行“PMBX”命令，在图中指定起点和终点，绘制导线，结果如图 11-83 所示。

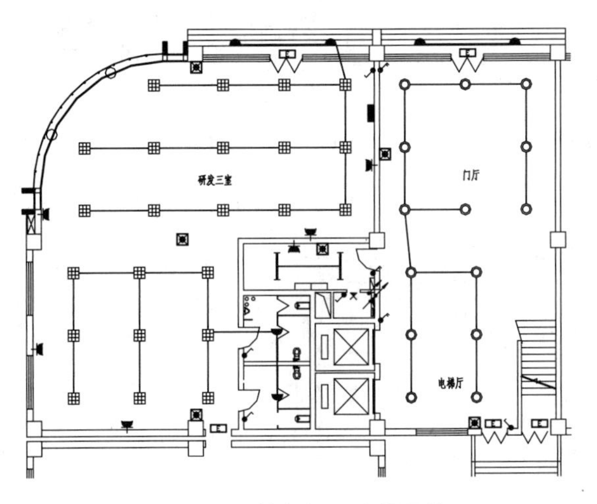

图 11-82　绘制灯具连接导线

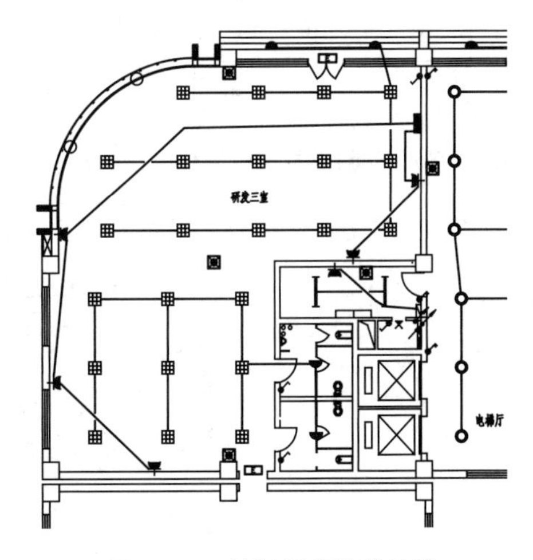

图 11-83　绘制插座连接导线

16 绘制开关与灯具之间的连接导线。执行“PMBX”命令，在图中指定起点和终点，绘制连接导线，结果如图 11-84 所示。

17 绘制事故照明设备之间的连接导线。执行“PMBX”命令，在图中指定起点和终点，绘制连接导线，结果如图 11-85 所示。

18 绘制电气设备与配电箱之间的连接导线。执行“PMBX”命令，在图中指定起点和终点，绘制连接导线，结果如图 11-86 所示。

19 标注导线数。在命令行中输入“BDXS”按 Enter 键，在弹出的“标注”对话框中分别选择“3 根”“4 根”选项。在图中选取导线，标注导线数，结果如图 11-87 所示。

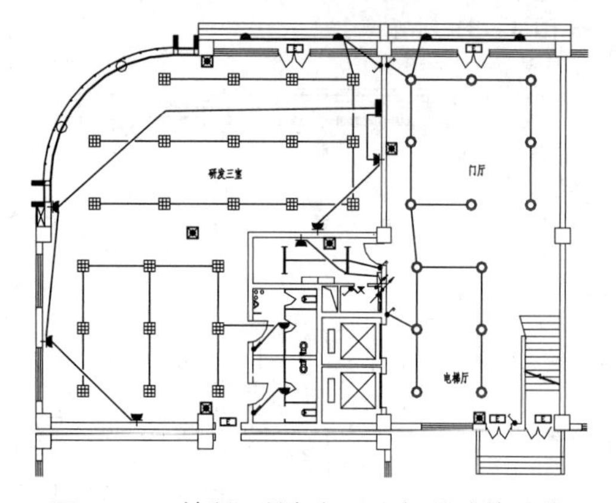

图 11-84 绘制开关与灯具之间的连接导线

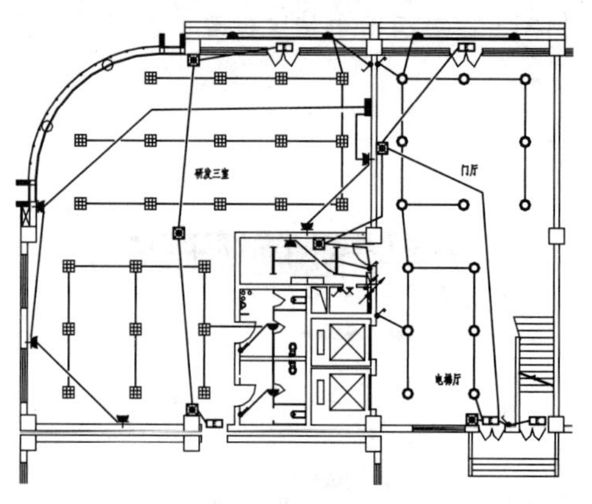

图 11-85 绘制事故照明设备之间的连接导线

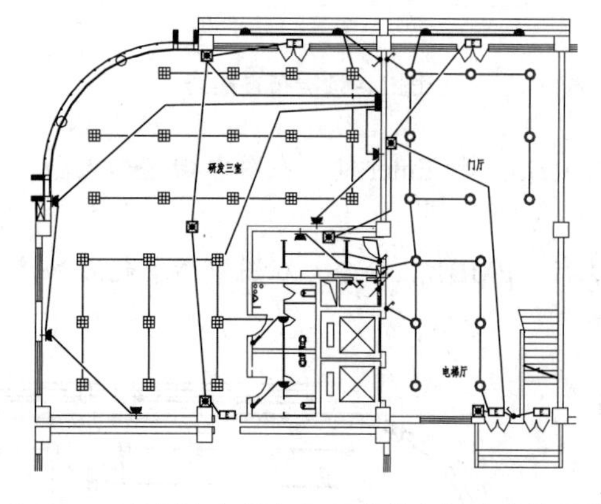

图 11-86 绘制电气设备与配电箱之间的连接导线

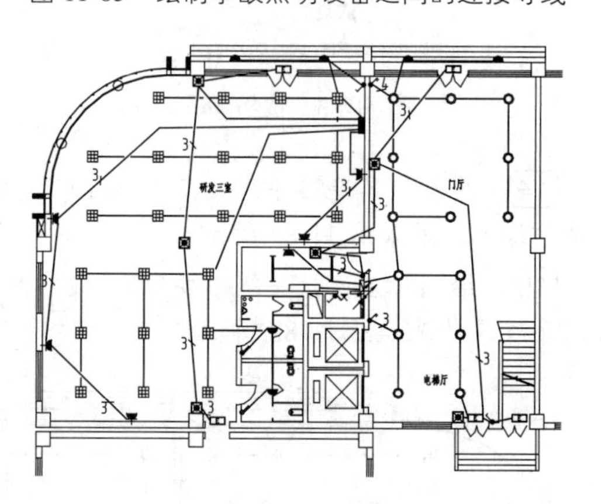

图 11-87 标注导线数

20 重复上述操作，继续布置电气设备及绘制连接导线，结果如图 11-88 所示。

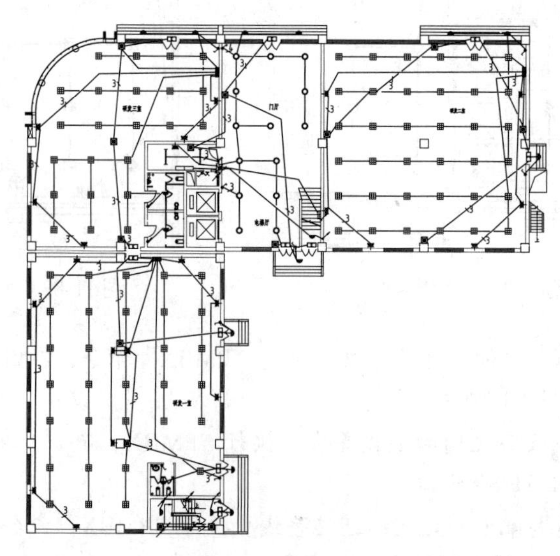
图 11-88 继续布置电气设备及绘制连接导线

21 绘制图名标注。执行“符号”→“图名标注”命令，在弹出的“图名标注”对话框中设置图名和比例参数，选择“传统”选项，如图 11-89 所示。

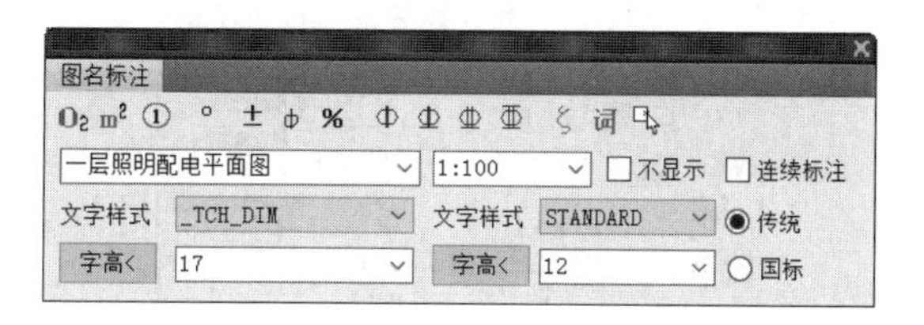

图 11-89　设置参数

22 在平面图下方选取位置，绘制图名标注，结果如图 11-90 所示。

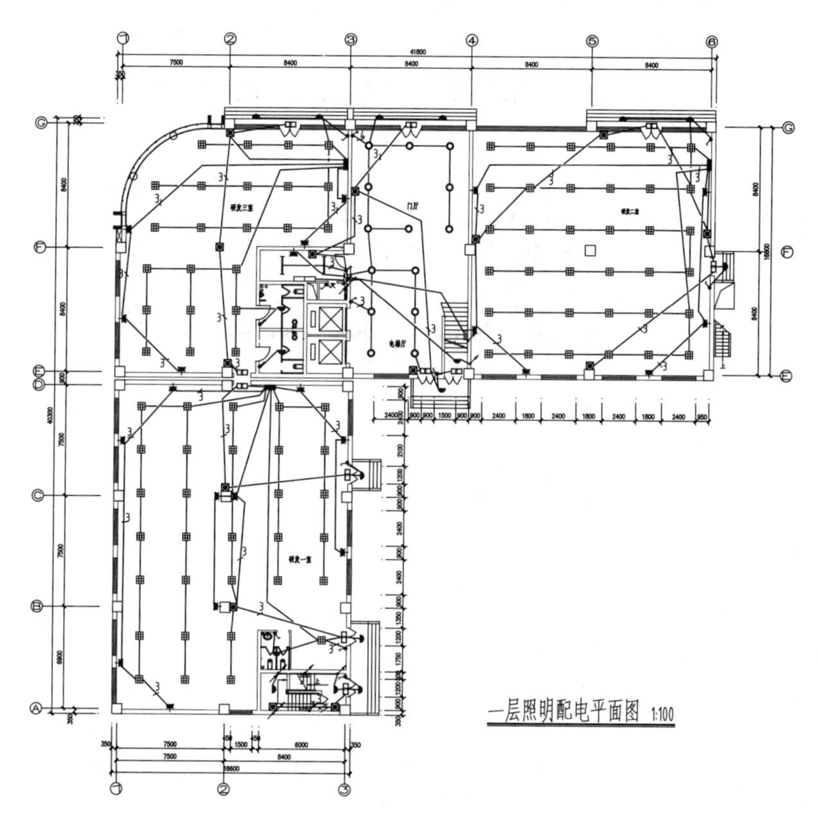

图 11-90　绘制图名标注

11.7 绘制弱电平面图

弱电平面图可表达建筑物内部插座与配电箱等设备的布置情况。各电气设备都应该由独立的支路来控制，以方便管理及保证使用安全。下面以一层弱电平面图为例，介绍弱电平面图的绘制方法。

01 打开素材文件。按 Ctrl+O 组合键，打开配套资源提供的“第 11 章 / 写字楼首层平面图 .dwg”文件。

02 绘制桥架。在命令行中输入“HZQJ”按 Enter 键，弹出“绘制桥架”对话框，设置桥架的“宽 × 高”为“200×100”，如图 11-91 所示。

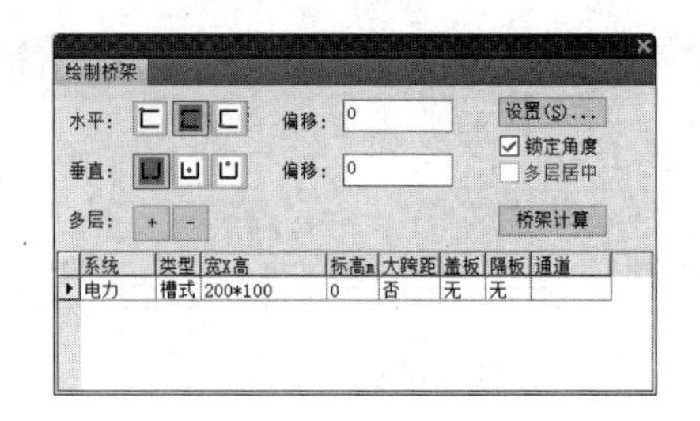

图 11-91 设置参数

03 在图中分别选取起点和终点，绘制桥架，结果如图 11-92 所示。

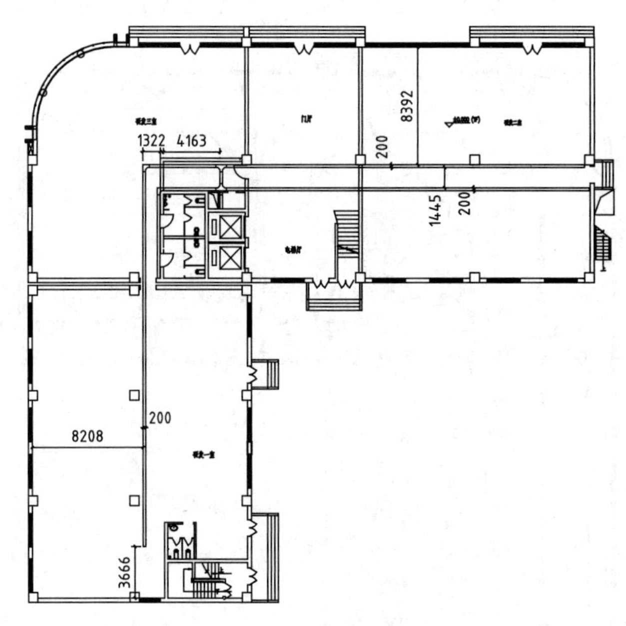

图 11-92 绘制桥架

04 布置电话插座TP、网络插座TD。在命令行中输入“I”按 Enter 键，在图块面板中选择插座。在图中指定插入点，布置插座，结果如图 11-93 所示。

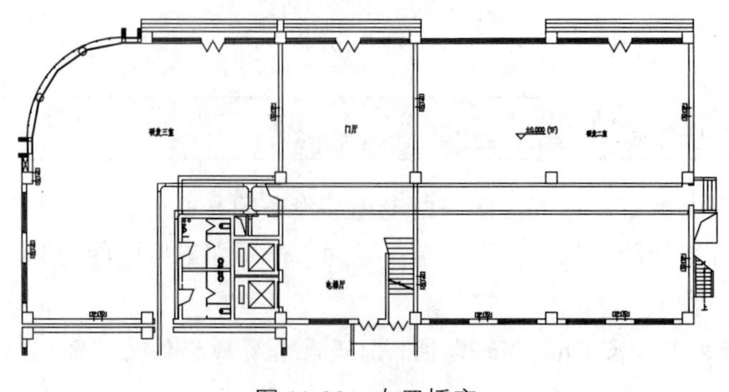

图 11-93 布置插座

> **提示**
>
> 电话插座和网络插座可以调用“平面布置”→“造设备”命令来制作，具体的操作方法可以查看第 2 章中的相关内容。

05 布置总配线架 MDF 、等电位端子板 LEB 、引线、箱柜等设备。调用“RYBZ”命令，在弹出的“天正电气图块”对话框中选择设备，并布置在平面图中，如图 11-94 所示。

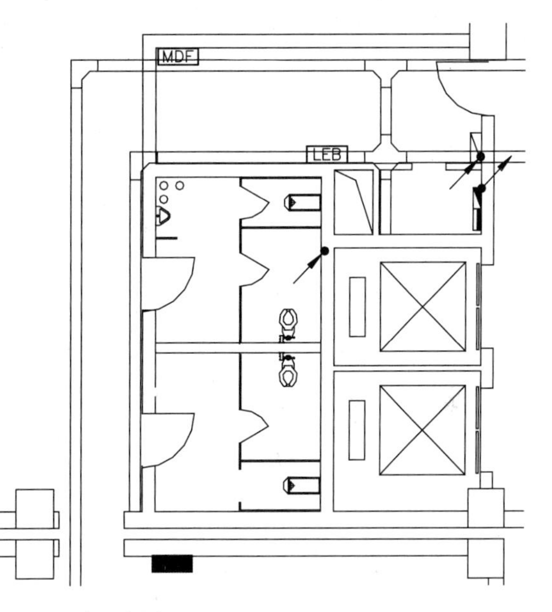

图 11-94 布置设备

> **提示**
>
> 双击总配线架 MDF ，弹出“增强属性编辑器”对话框，在其中修改设备名称及参数（见图 11-95），单击“确定”按钮关闭对话框，即可得到等电位端子板 LEB 。

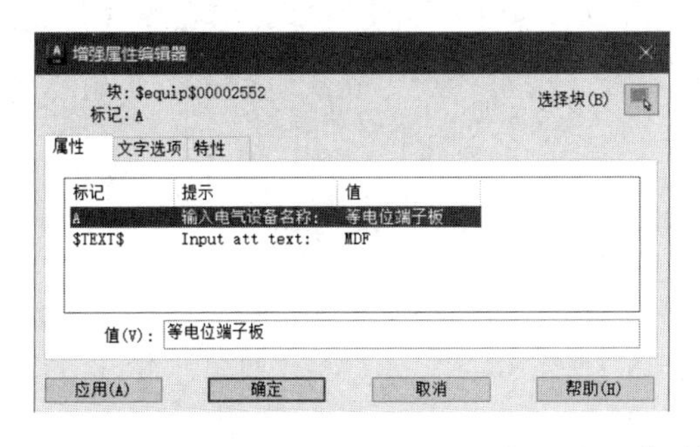

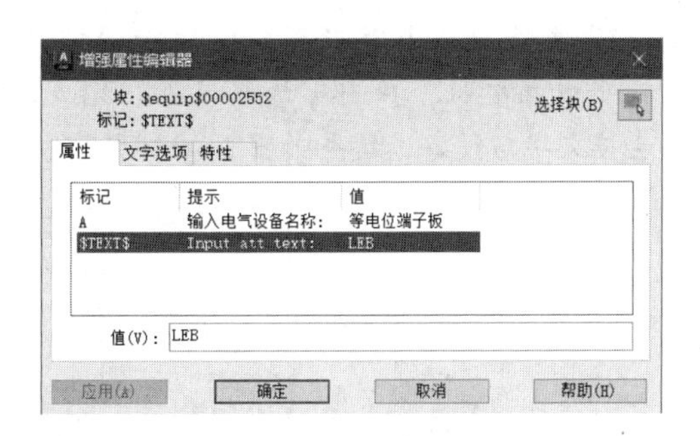

图 11-95 修改设备名称及参数

06 重复上述操作，继续为平面图布置电气设备，结果如图 11-96 所示。

07 绘制导线。在命令行中输入“RYDX”按 Enter 键，在图中指定起点和终点，绘制导线，结果如图 11-97 所示。

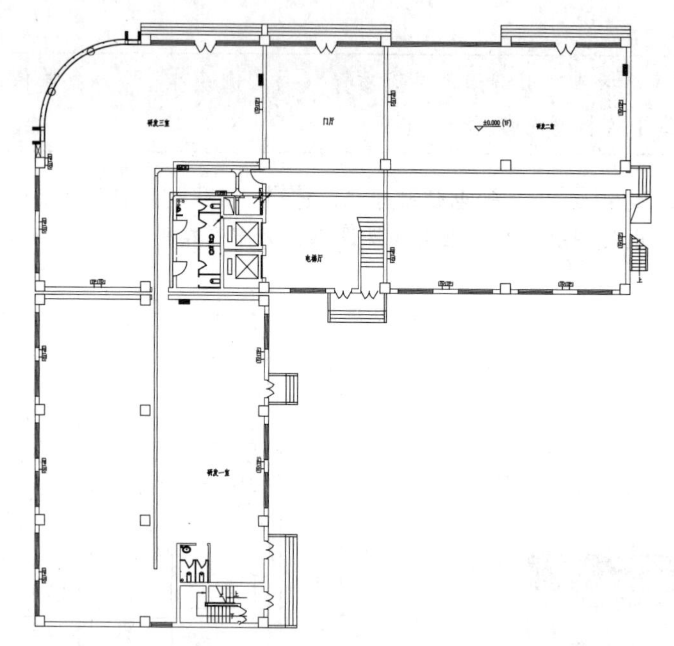

图 11-96　继续布置电气设备

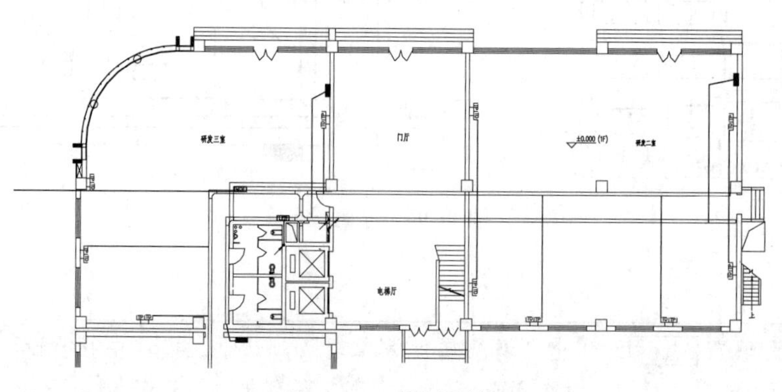

图 11-97　绘制导线

08 绘制文字标注及引线。执行“文字”→“单行文字”命令，在弹出的“单行文字”对话框中设置参数。在图中选取位置，完成文字标注。调用“L”（直线）命令，绘制标注引线，连接文字与设备，结果如图 11-98 所示。

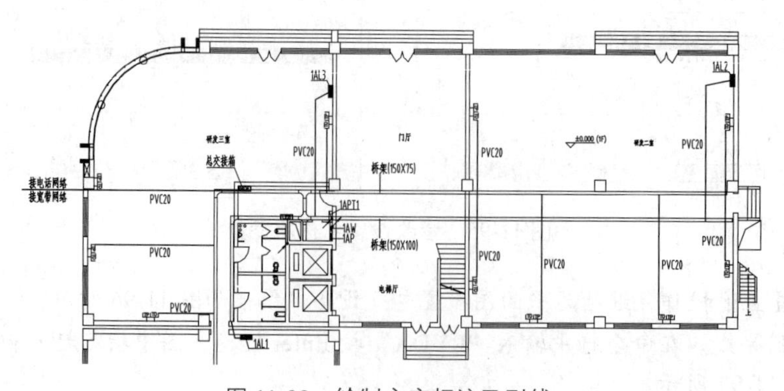

图 11-98　绘制文字标注及引线

(09) 重复上述操作，继续绘制导线及文字说明。

(10) 执行“符号”→“图名标注”命令，在弹出的“图名标注”对话框中设置图名和比例参数，选择“传统”选项，如图 11-99 所示。

图 11-99 “图名标注”对话框

(11) 在图中选取位置，绘制图名标注，结果如图 11-100 所示。

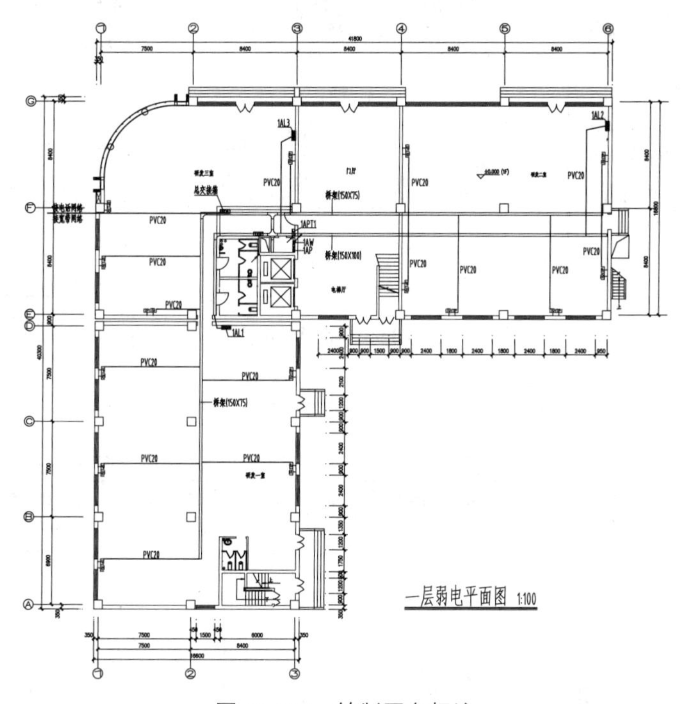

图 11-100 绘制图名标注

11.8 绘制消防配电平面图

消防配电平面图可表达消防设备在建筑物内部的布置情况。消防设备要求在发生火灾的时候也能正常使用，达到通知险情和减缓伤害的目的。下面以一层消防配电平面图为例，介绍消防配电平面图的绘制方法。

(01) 打开素材文件。按 Ctrl+O 组合键，打开配套资源提供的“第 11 章 / 写字楼首层平面图 .dwg”文件。

(02) 布置手动火灾报警装置、室内消火栓、感烟火灾探测器、扬声器、楼层显示器 FI 。执行“平面布置”→“任意布置”命令，在弹出的“天正电气图块”对话框中选择设备，如图 11-101~ 图 11-105 所示。

图 11-101　选择手动火灾报警装置

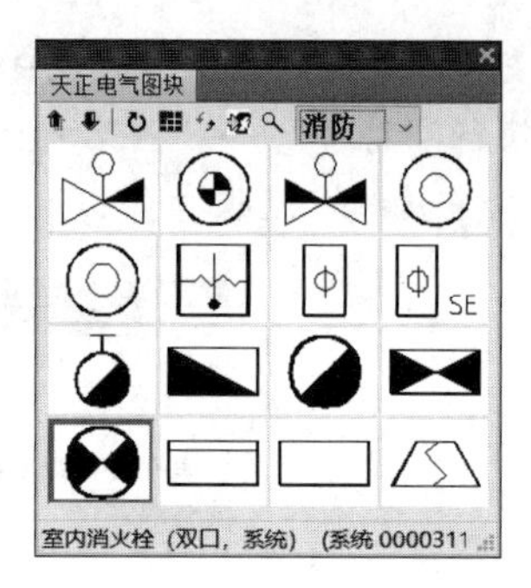

图 11-102　选择室内消火栓

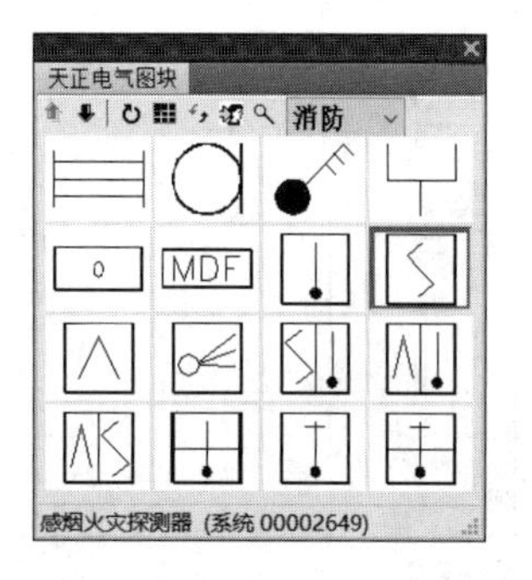

图 11-103　选择感烟火灾探测器

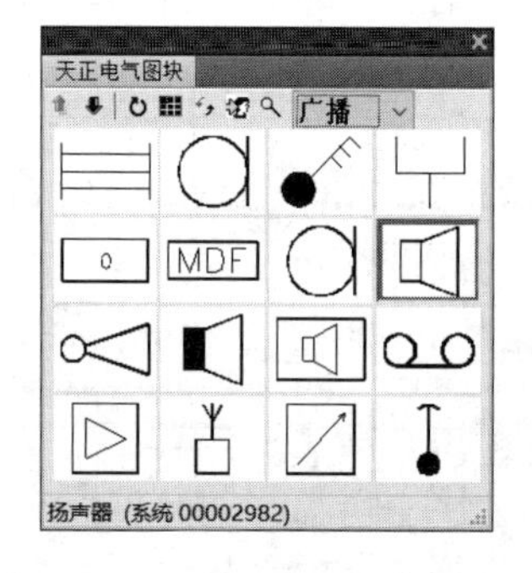

图 11-104　选择扬声器

图 11-105　选择楼层显示器

03　在平面图中选取位置，布置设备，结果如图 11-106 所示。

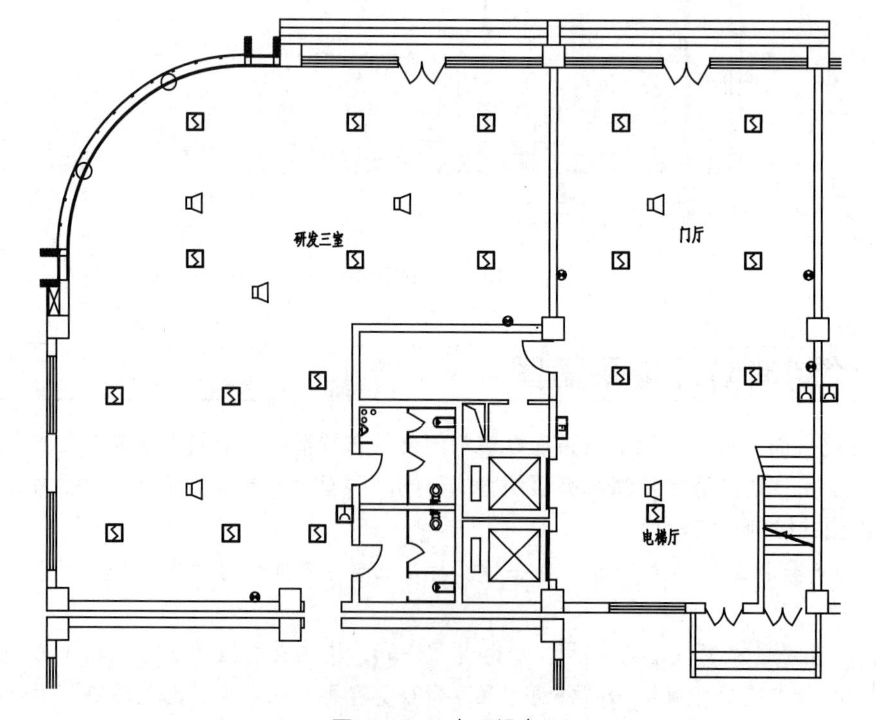

图 11-106　布置设备

[04] 绘制消防控制箱。调用“REC”（矩形）命令，绘制两个尺寸为 622mm×498mm 的矩形，表示消防控制箱，如图 11-107 所示。

[05] 绘制桥架。调用“HZQJ”命令，绘制尺寸为 200mm×100mm 的桥架，如图 11-108 所示。

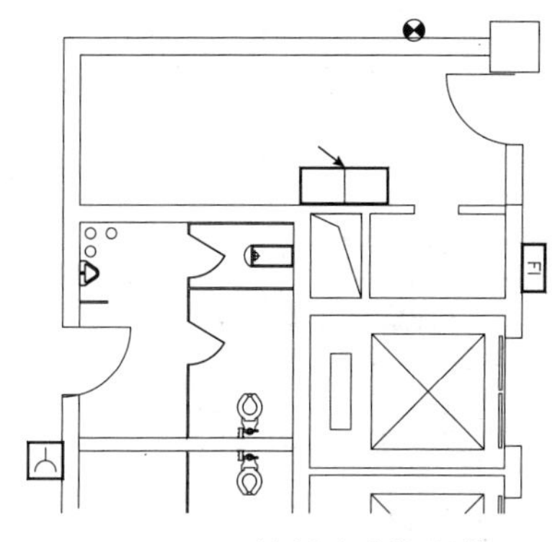

图 11-107　绘制消防控制箱

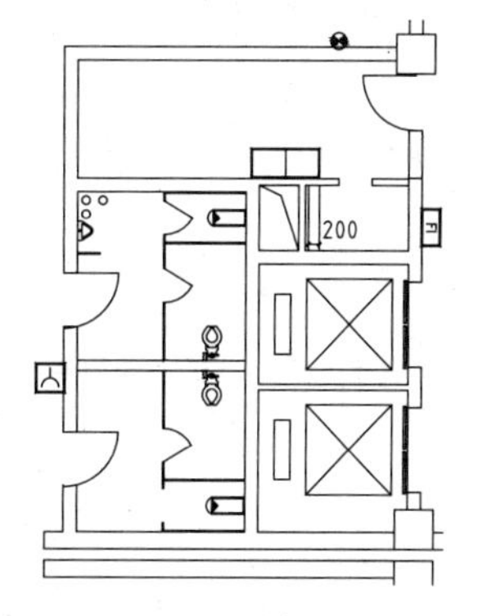

图 11-108　绘制桥架

[06] 插入引线。在命令行中输入“CRYX”按 Enter 键，在弹出的“插入引线”对话框中选择引线，在图中选取位置，插入引线，如图 11-109 所示。

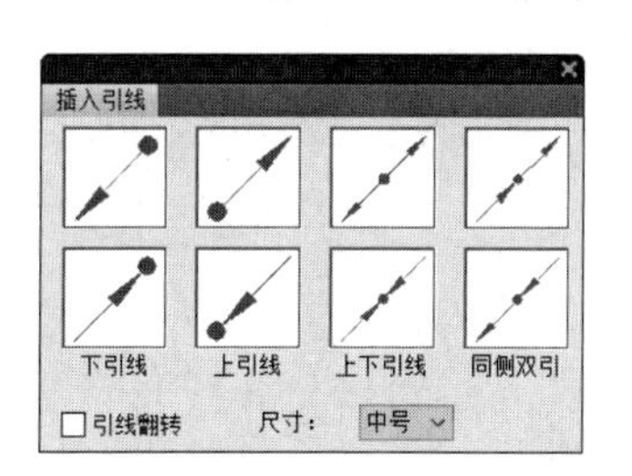

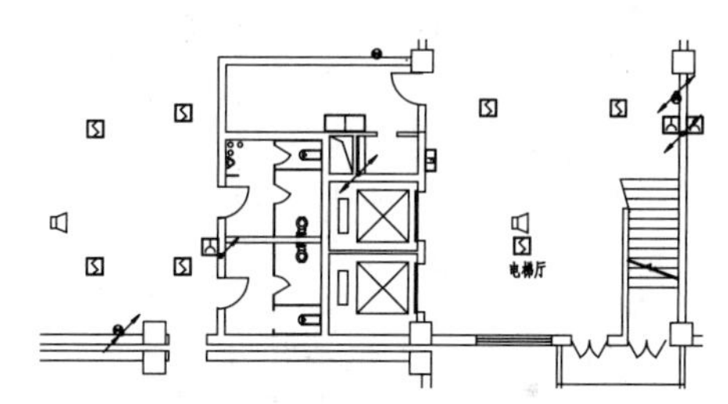

图 11-109　插入引线

[07] 绘制连接导线。在命令行中输入“PMBX”按 Enter 键，根据命令行的提示，在图中分别指定起点和终点，绘制连接导线，如图 11-110 所示。

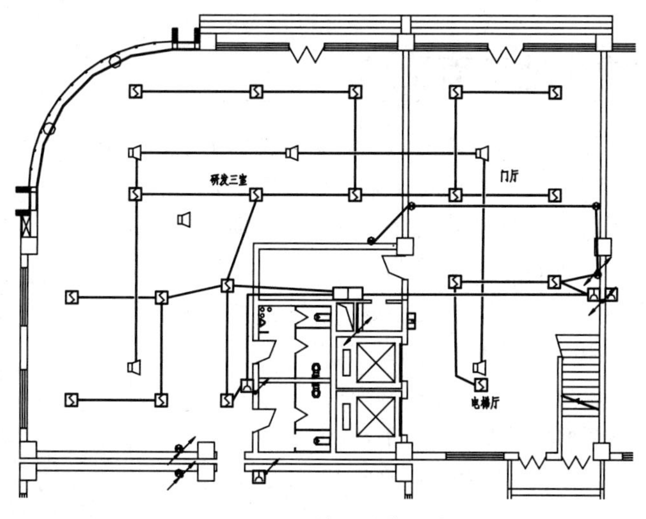

图 11-110　绘制连接导线

[08] 重复上述操作，继续在平面图中布置电气设备和绘制连接导线。

[09] 执行“符号”→“图名标注”命令，在弹出的“图名标注”对话框中设置图名和比例参数，选择“传统”选项，如图 11-111 所示。

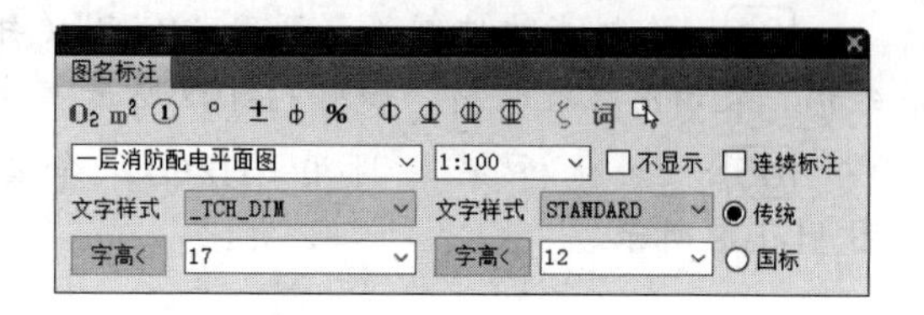

图 11-111　设置参数

[10] 在图中选取位置，绘制图名标注，结果如图 11-112 所示。

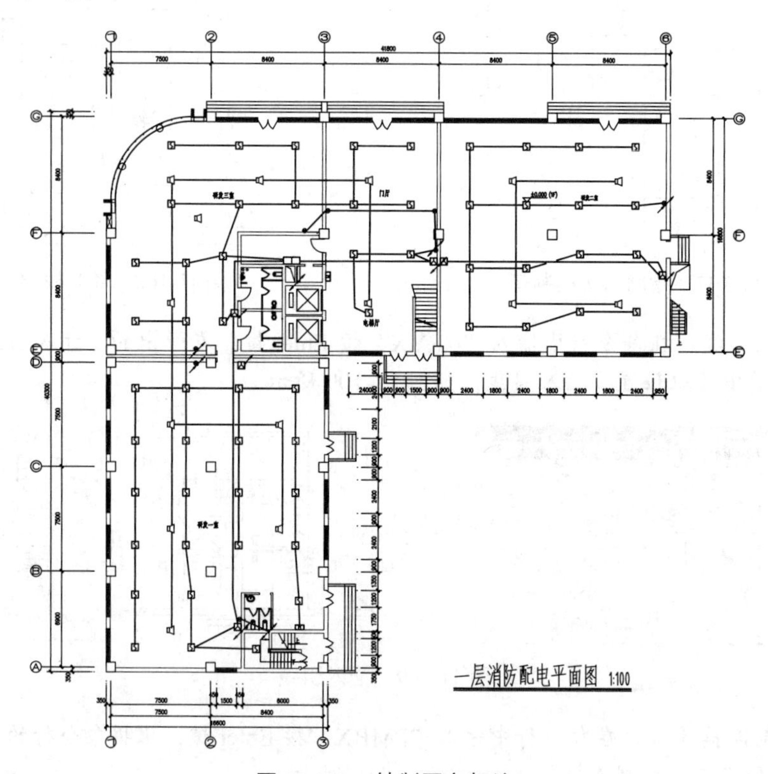

图 11-112　绘制图名标注

11.9 绘制防雷接地平面图

防雷接地平面图可表达屋面避雷网的设置结果及引下线的安装位置。避雷网要根据建筑物的特点来设计和安装，并且需要按照建筑物的避雷等级来选用材料。下面以屋顶防雷平面图为例，介绍防雷接地平面图的绘制方法。

[01] 打开素材文件。按 Ctrl+O 组合键，打开配套资源提供的“第 11 章 / 写字楼首层平面图 .dwg”文件。

[02] 整理图形。调用“E”（删除）命令，删除平面图上多余的图形，整理图形的结果如图 11-113 所示。

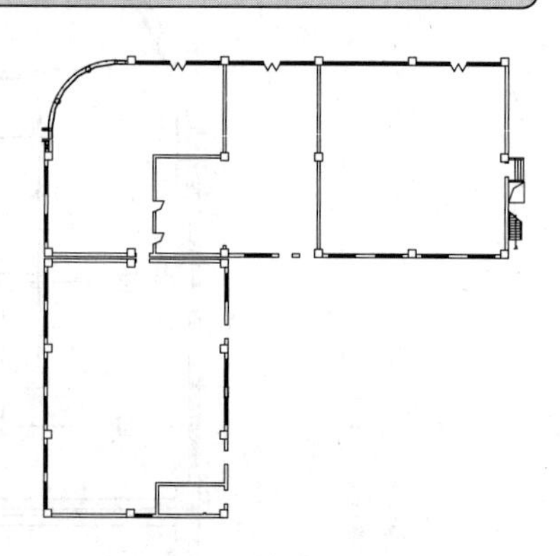

图 11-113　整理图形的结果

[03] 绘制接闪线。在命令行中输入“JSX”按 Enter 键，命令行提示如下：

```
命令：JSX↙
请点取接闪线的起始点：或 [点取图中曲线(P)/点取参考点(R)]<退出>:
                                        //在外墙中心线指定起始点。
直段下一点 [弧段(A)/回退(U)}<结束>:
直段下一点 [弧段(A)/回退(U)]<结束>:
请点取接闪线偏移的方向 <不偏移>: //按 Enter 键，绘制接闪线，结果如图 11-114 所示。
```

04 重复执行“JSX”命令，沿建筑物的外墙继续绘制接闪线，结果如图 11-115 所示。具体的绘制结果请参阅配套资源中本节的最终结果文件。

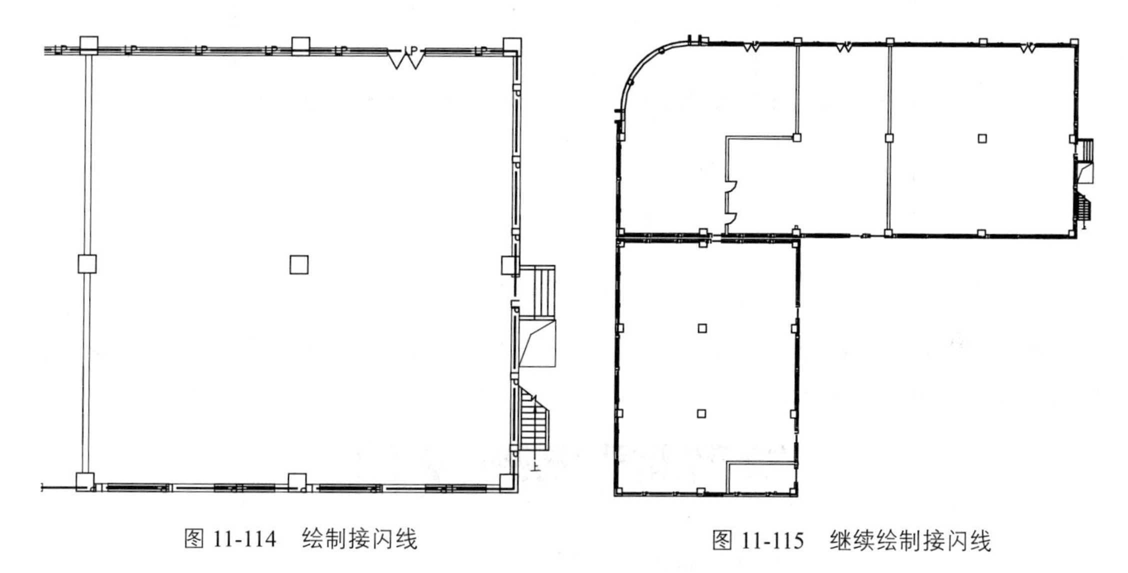

图 11-114 绘制接闪线

图 11-115 继续绘制接闪线

05 调用“JSX”命令，在内墙中心线指定点绘制接闪线。然后将墙体、门窗等图形所在的图层关闭，观察接闪线的绘制结果，如图 11-116 所示。

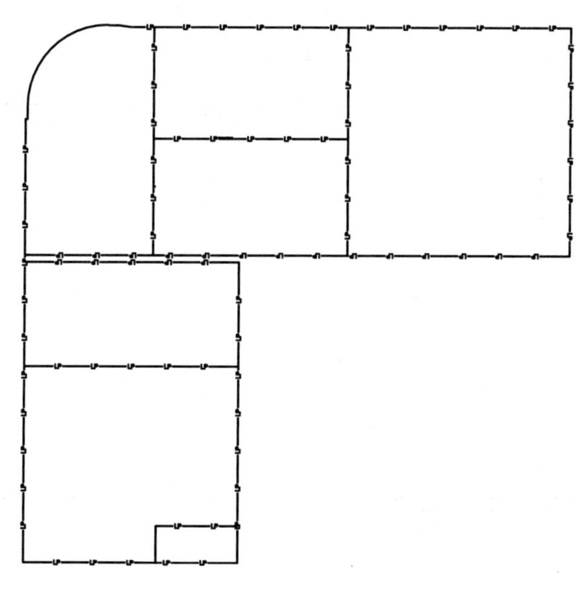

图 11-116 观察接闪线

06 绘制下引线。在命令行中输入“CRYX”按 Enter 键，在弹出的“插入引线”对话框中选择“下引线”，将其插入平面图，结果如图 11-117 所示。

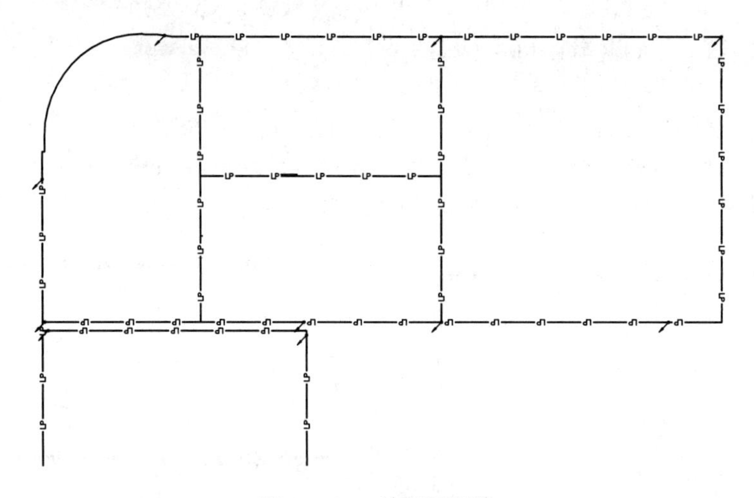

图 11-117　绘制下引线

07 绘制文字标注。执行“文字”→“单行文字”命令，在弹出的“单行文字”对话框中设置参数，如图 11-118 所示。

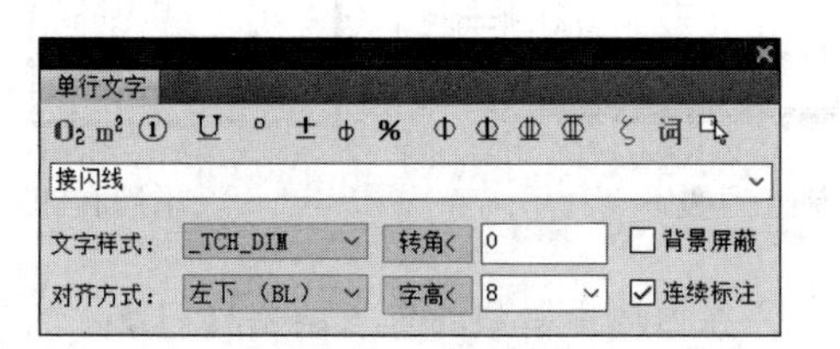

图 11-118　设置参数

08 在图中指定位置，绘制文字标注，结果如图 11-119 所示。

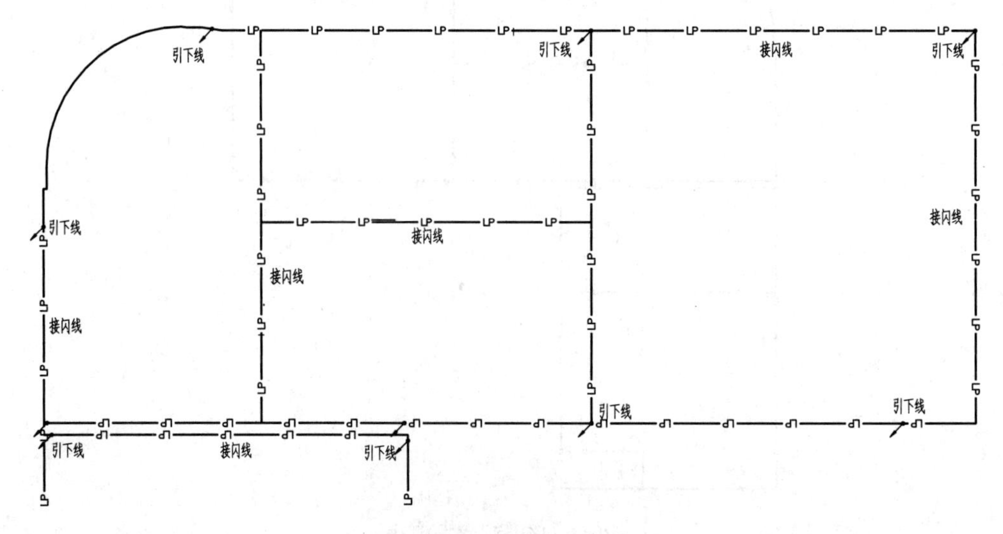

图 11-119　绘制文字标注

09 图名标注。执行“符号”→“图名标注”命令，在弹出的“图名标注”对话框中设置图名和比例参数，选择“传统”选项，如图 11-120 所示。

图 11-120 设置参数

10 在图中选取插入位置，绘制图名标注，结果如图 11-121 所示。

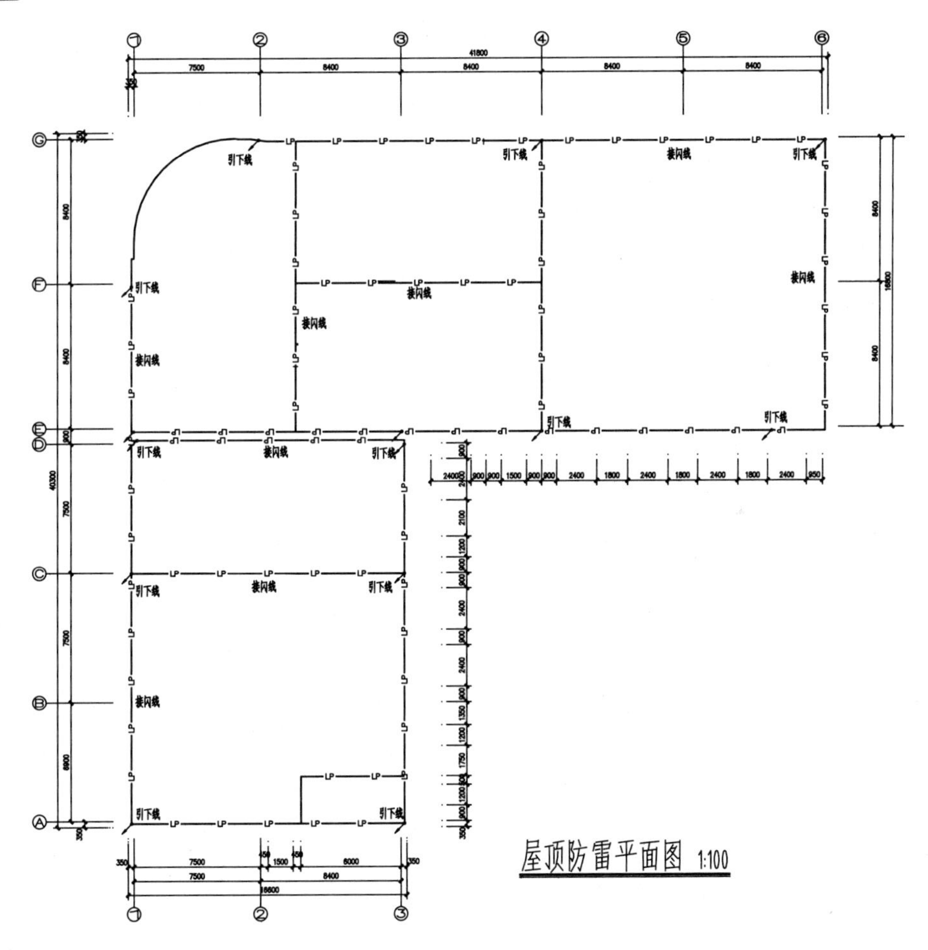

图 11-121 绘制图名标注